替代能源的催化技术

Catalysis for Alternative Energy Generation

〔匈〕拉兹洛·古兹(Laszlo Guczi)
〔匈〕安德拉斯·埃尔多洛尔(Andras Erdohelyi) 主编
中国石化催化剂有限公司 译

中国石化出版社

著作权合同登记　图字 01-2015-8345 号

Translation from English language edition:
Catalysis for Alternative Energy Generation
by László Guczi and András Erdöhelyi
Copyright © 2012 Springer New York
Springer New York is a part of Springer Science+Business Media
All Rights Reserved

中文版权为中国石化出版社所有。版权所有，不得翻印。

图书在版编目(CIP)数据

替代能源的催化技术／(匈)拉兹洛·古兹(Laszlo Guczi)，(匈)安德拉斯·埃尔多洛尔(Andras Erdohelyi)主编；中国石化催化剂有限公司译. —北京：中国石化出版社，2021.2
ISBN 978-7-5114-6052-3

Ⅰ.①替… Ⅱ.①拉… ②安… ③中… Ⅲ.①能源-催化 Ⅳ.①TK01

中国版本图书馆 CIP 数据核字（2021）第 031507 号

未经本社书面授权，本书任何部分不得被复制、抄袭，或者以任何形式或任何方式传播。版权所有，侵权必究。

中国石化出版社出版发行
地址：北京市东城区安定门外大街 58 号
邮编：100011　电话：(010)57512500
发行部电话：(010)57512575
http://www.sinopec-press.com
E-mail:press@sinopec.com
北京富泰印刷有限责任公司印刷
全国各地新华书店经销

*

710×1000 毫米 16 开本 26.25 印张 487 千字
2021 年 3 月第 1 版　2021 年 3 月第 1 次印刷
定价：128.00 元

编译委员会

主　任：陈遵江
副主任：焦　阳　刘志坚
委　员：曹光伟　王志平　蒋绍洋　吴绍金
　　　　伊红亮　雷　霆　胡学武

译者序

众所周知，催化剂是现代石油炼制和石油化工的核心技术产品，而催化材料又是开发新催化剂不可或缺的基础。进入21世纪后，催化技术在应对日益增多的来自经济、能源和环境保护的挑战方面，发挥着比以往更加重要的作用。中国石化催化剂有限公司是全球品种最全、规模最大的催化剂专业公司之一，产品涵盖炼油催化剂、化工催化剂、基本有机原料催化剂和环保催化剂四大领域，是催化剂行业内举足轻重的催化剂制造商。为更加深入地了解国外在催化材料、催化剂设计、合成、表征以及催化剂使用方面的最新技术进展，并为对催化剂感兴趣的研发人员提供有价值的参考资料，中国石化催化剂有限公司与中国石化出版社合作，选择并引进了国外新近出版的催化剂技术专业图书，由中国石化催化剂有限公司负责组织编译，由中国石化出版社出版发行。《替代能源的催化技术》便是其中一部值得向读者推荐的佳作。

这是一本介绍有关替代能源的催化技术等方面知识的好书，它既可为在校学生和初级从业者提供替代能源催化领域的入门介绍，也可作为具有一定经验的科技工作者和资深从业者的极具参考价值的催化专著。

参与本书翻译的人员虽然都是相关专业人士，但由于自身专业知识结构所限，翻译过程并没有想象中那样顺利。为了使译文更加准确、文字表达符合专业要求，译者们查阅了大量的文献和资料，个人从中也收获颇丰。

本书由刘志坚、曹光伟组织翻译，执笔翻译人员有王志平、雷霆（1~2章），曹光伟（3~5章），蒋绍洋（6~8章），吴绍金（9~11章），伊红亮（12~14章），全书由刘志坚、曹光伟、胡学武统稿、审校。

限于译者的水平，不妥和错误之处在所难免，敬请读者批评指正。

译　者

2020 年 10 月

前　言

没有催化的化学就像是没有声音的铃铛，或是没有刀剑的武士。

——Alwin Mittasch

在 21 世纪，人们面临着化石能源枯竭的情况。高品质的、容易获取的原料日益减少，人们不得不开发重质、劣质原料。有毒有害原油需要加工处理以除去那些含氮含硫污染物分子以及金属毒物。因此，替代能源的开发变得十分必要，比如以生物质开发化学品或运输燃料。布什总统启动了氢燃料计划。为强调其重要性，请让我引述布什总统的话："今晚，我们正式启动 12 亿美元研究基金，让美国可以引领全球开发清洁的，氢动力汽车。伴随着这个国家承诺，我们的科学家与工程师将克服困难将氢动力汽车从实验室送至产品展示厅，今天出生的小孩就会开上由氢能作为动力的无污染汽车。"

人们正在对生物精炼厂进行研究，以便由替代原料如生物质与可再生物质去生产生物燃料和生物化学品。这些替代原料含有许多含氧化合物，因而或多或少带有极性。这为处理这类新原料的催化技术的开发带来了特殊问题。

纯正的天然原料，如甲烷和轻质烷烃，也可以用作生产运输燃料和化学品的基材。此处的根本问题是要选择性激活 C—H 键，而不形成过量的 CO_2，将 CO_2 加氢反应或是变为其他有用的物质。

纵观可能的技术可以清楚看到，催化技术是解决可替代原料利用的关键。传统催化剂对于纯的、非极性的石油原料是极高效的。重劣质原料需要催化剂脱除和分解有害分子并脱除重金属。这些过程能否只用一种催化剂来实现？这样一种"理想"的催化剂可以以某种方式固定重金属使其可以作为催化活性中心去分解和脱除有害分子。此外，该催化剂应该含有酸性活性中心以使长链烷烃裂解和异构化。

至于生物质和可回收资源，一定要避免催化剂表面被极性分子毒化。"理想"催化剂能将氧原子从极性分子中移除，并以适宜方式储存在自身结构中，进而将生物质转换成燃料和基本化学品。

对于甲烷变换反应，催化研究归结于"选择性"：选择性活化 C—H 键，同时避免甲烷完全燃烧生成二氧化碳和水。

如上所述，理想催化剂还不存在。除了生物酶在甲烷的 C—H 键上嵌入氧原子外，理想催化剂依赖于：

1) 改性催化剂材料的设计制造。这要根据理论创新和先进的表征手段，进行方法组合或理性催化剂设计。

2) 利用催化材料的不同功能，进行不同类型催化剂的组合。各种组合均可：酶与非均相催化剂、均相和非均相催化剂，等等。在这方面，也可考虑光催化作用。

3) 可替代的反应介质将催化作用和分离技术相结合。例如离子液体中的催化作用，超临界条件下的催化反应。通过这种方式，不反应的分子聚集体可以被分解为更易受到催化作用的单分子。

最后，不论催化工艺如何发展，关于催化剂的可持续性、对环境的压力、对气候变化的压力等问题都会产生。在投入生产之前，必须要进行经济、环境和社会影响评估。科学家在进行多领域研究时，必须把这些因素也考虑进去。

通过阅读，读者将了解催化作用在这些过程中的重要性。介绍性章节讨论了处理各种各样替代原料(生物质、甲烷、超重质原油及沥青)的催化作用及催化过程，这些替代原料可以用来生产运输燃料和化学品。讨论的开始部分介绍了有关当前市场上催化剂的性能知识，以及研发中催化剂的性能表现。之后的章节探索了替代原料中杂质与毒物对现有催化剂材料性能的影响，并提出改进这些催化剂材料的新挑战。此外，本书设计了多个路径来实现"理想"的多功能催化剂或是"理想"催化材料"最恰当"的组合以便处理这些新原料。文章强调了新型研究工具的作用，包括反应中催化剂的实时光谱观测以及此一过程中催化剂研发的理论。最后，本书也简略涉及了使用这些替代原料对社会经济的影响。

原书编者

Marc ArmbrUster
Max-Planck-Institut fur Chemische Physik fester Stoffe, Dresden, Germany

Chinmoy Baroi
Catalysis and Chemical Reaction Engineering Laboratories, Department of Chemical Engineering, University of Saskatchewan, Saskatoon, SK, Canada

Malte Behrens
Department of Inorganic Chemistry, Fritz-Haber-Institut der Max-Planck-Gesellschaft, Berlin, Germany

Christina Bock
Institute for Chemical Processes and Environmental Technologies, National Research Council of Canada, Ottawa, ON, Canada

Gabriele Centi
Department of Industrial Chemistry and Engineering of Materials and CASPE(INSTM Laboratory of Catalysis for Sustainable Production and Energy), University of Messina, Messina, Italy

Jean-Philippe Dacquin
Cardiff Catalysis Institute, School of Chemistry, Cardiff University, Cardiff, UK

Ajay K. Dalai
Catalysis and Chemical Reaction Engineering Laboratories, Department of Chemical Engineering, University of Saskatchewan, Saskatoon, SK, Canada

Imre Dékány
Supramolecular and Nanostructured Materials Research Group of the Hungarian Academy of Sciences, University of Szeged, Szeged, Hungary Department of Physical Chemistry and Materials Science, University of Szeged, Szeged, Hungary

James A. Dumesic
Department of Chemical and Biological Engineering, University of Wisconsin—Madison, Madison, WI, USA

András Erdöhelyi
Department of Solid State and Radiochemistry, University of Szeged, Szeged, Hungary

Koichi Eguchi
Department of Energy and Hydrocarbon Chemistry, Graduate School of Engineering, Kyoto University, Nishikyo-ku, Kyoto, Japan

Titipong Issáriyákul
Catalysis and Chemical Reaction Engineering Laboratories, Department of Chemical Engineering, University of Saskatchewan, Saskatoon, SK, Canada

Naoto Kámiuchi
Department of Energy and Hydrocarbon Chemistry, Graduate School of Engineering, Kyoto University, Nishikyo-ku, Kyoto, Japan

László Korosi
Supramolecular and Nanostructured Materials Research Group of the Hungarian Academy of Sciences, University of

Szeged, Szeged, Hungary

Paola Lanzafáme
Department of Industrial Chemistry and Engineering of Materials and CASPE(INSTM Laboratory of Catalysis for Sustainable Production and Energy), University of Messina, Messina, Italy

Adam F. Lee
Cardiff Catalysis Institute, School of Chemistry, Cardiff University, Cardiff, UK

Haris Matralis
Department of Chemistry, University of Patras, Patras, Greece

Barry MacDougall
Institute for Chemical Processes and Environmental Tech¬ nologies, National Research Council of Canada, Ottawa, ON, Canada
Guido Mul Photocatalytic Synthesis Group, Faculty of Science and Technology, University of Twente, Enschede, The Netherlands

Christina Papadopoulou
Department of Chemistry, University of Patras, Patras, Greece

Rita Patakfalvi
Supramolecular and Nanostructured Materials Research Group of the Hungarian Academy of Sciences, University of Szeged, Szeged, Hungary

Szilvia Papp
Supramolecular and Nanostructured Materials Research Group of the Hungarian Academy of Sciences, University of Szeged, Szeged, Hungary

Siglinda Peráthoner
Department of Industrial Chemistry and Engineering of Materials and CASPE(INSTM Laboratory of Catalysis for Sustainable Production and Energy), University of Messina, Messina, Italy

Juan Carlos Serrano-Ruiz
Department of Chemical and Biological Engineering, University of Wisconsin—Madison, Madison, WI, USA

M. Aulice Scibioh
NASA-URC Centre for Advanced Nanoscale Materials, University of Puerto Rico-Rio Piedras, San Juan, PR, USA
National Centre for Catalysis Research(NCCR), Indian Institute of Technology Madras(ⅡTM), Chennai, India

C. -L. Sun
Department of Chemical and Materials Engineering, Chang Gung University, TaoYuan, Taiwan Province, China

András Tompos
Research Center for Natural Sciences, Hungarian Academy of Sciences, Budapest, Hungary

Xenophon Verykios
Department of Chemical Engineering, University of Patras, Patras, Greece

B. Viswanathan
National Centre for Catalysis Research(NCCR), Indian Institute of Technology Madras(ⅡTM), Chennai, India

Karen Wilson
Cardiff Catalysis Institute, School of Chemistry, Cardiff University, Cardiff, UK

目　　录

第1章　介绍和概述 ……………………………………………………（ 1 ）
　1.1　催化作用的介绍与催化原理 ………………………………………（ 1 ）
　1.2　未来可持续能源方案 ………………………………………………（ 2 ）
　1.3　能量载体 ……………………………………………………………（ 5 ）
　1.4　生物质转化 …………………………………………………………（ 8 ）
　1.5　纳米结构的电极 ……………………………………………………（ 15 ）
　1.6　太阳能燃料 …………………………………………………………（ 17 ）
　1.7　远景 …………………………………………………………………（ 19 ）
　1.8　结论 …………………………………………………………………（ 22 ）
　参考文献 …………………………………………………………………（ 22 ）

第2章　催化生产液态烃运输燃料 ……………………………………（ 24 ）
　2.1　引言 …………………………………………………………………（ 24 ）
　2.2　由木质纤维素生物质生产液态烃运输燃料的催化路径 …………（ 28 ）
　2.3　结论 …………………………………………………………………（ 41 ）
　参考文献 …………………………………………………………………（ 41 ）

第3章　生物气体作为可再生碳资源的利用：甲烷干重整 …………（ 45 ）
　3.1　引言 …………………………………………………………………（ 45 ）
　3.2　生物气体，一种可再生碳资源 ……………………………………（ 47 ）
　3.3　甲烷干重整的热力学 ………………………………………………（ 51 ）
　3.4　反应机理 ……………………………………………………………（ 53 ）
　3.5　催化剂研究 …………………………………………………………（ 67 ）
　3.6　反应条件 ……………………………………………………………（ 87 ）
　3.7　结论 …………………………………………………………………（ 88 ）
　参考文献 …………………………………………………………………（ 90 ）

第4章　乙醇重整 ………………………………………………………（ 99 ）
　4.1　引言 …………………………………………………………………（ 99 ）
　4.2　乙醇重整的热力学 …………………………………………………（100）
　4.3　乙醇水蒸气重整反应中不同催化剂活性的对比 …………………（103）
　4.4　在贵金属载体催化剂上进行的乙醇重整反应 ……………………（105）

4.5 乙醇在负载型过渡金属催化剂上的重整反应 …………………… (109)
4.6 在负载型含铜催化剂上进行的乙醇重整反应 …………………… (113)
4.7 氧化物和碳化物对于乙醇转化的影响 …………………………… (116)
4.8 乙醇重整反应的动力学研究 ……………………………………… (117)
4.9 乙醇与催化剂和载体的相互作用 ………………………………… (119)
4.10 乙醇重整反应机理 ………………………………………………… (126)
4.11 结论 ………………………………………………………………… (131)
参考文献 ………………………………………………………………… (132)

第5章 甲醇水蒸气重整
5.1 引言 ………………………………………………………………… (137)
5.2 用于甲醇水蒸气重整反应的铜基催化剂 ………………………… (140)
5.3 甲醇水蒸气重整反应中的金属间化合物 ………………………… (161)
参考文献 ………………………………………………………………… (180)

第6章 综述：生产生物柴油的均相和多相催化剂 ………………… (187)
6.1 介绍 ………………………………………………………………… (187)
6.2 可用于生产生物柴油的各种油 …………………………………… (187)
6.3 生物柴油的质量 …………………………………………………… (189)
6.4 酯交换和酯化的生物柴油生产 …………………………………… (190)
6.5 反应动力学 ………………………………………………………… (200)
6.6 结论 ………………………………………………………………… (202)
参考文献 ………………………………………………………………… (202)

第7章 用于可再生原料转化制备燃料和化学品的多相催化剂 …… (206)
7.1 引言 ………………………………………………………………… (206)
7.2 生物质资源 ………………………………………………………… (207)
7.3 油脂化学原料 ……………………………………………………… (208)
7.4 纤维素和木质纤维素原料 ………………………………………… (224)
7.5 未来的挑战 ………………………………………………………… (231)
参考文献 ………………………………………………………………… (232)

第8章 甲烷的催化燃烧 ……………………………………………… (239)
8.1 引言 ………………………………………………………………… (239)
8.2 催化燃烧 …………………………………………………………… (239)
8.3 贵金属催化剂 ……………………………………………………… (240)
8.4 CeO_2-ZrO_2基催化剂 ……………………………………………… (246)
8.5 钙钛矿型催化剂 …………………………………………………… (248)

8.6 六铝酸盐相关化合物 (250)
8.7 结论 (252)
参考文献 (252)

第9章 应用于聚合物电解液膜燃料电池的催化剂现状 (256)
9.1 引言 (256)
9.2 PEMFC 工作原理 (257)
9.3 PEMFC 的操作事项 (258)
9.4 在 PEMFC 中装备电极膜的关键部件的挑战 (259)
9.5 在 PEMFC 中电催化作用的挑战 (259)
9.6 PEMFC 电极材料的选择：催化研究开发途径(方法) (260)
9.7 展望 (280)
参考文献 (282)

第10章 直接甲醇燃料电池的催化转换过程 (288)
10.1 燃料电池开发与应用的简短历史 (288)
10.2 引言：直接甲醇燃料电池 (289)
10.3 热力学 (294)
10.4 仅含铂电极上的甲醇和 CO_{ads} 电氧化反应的机理和速率 (298)
10.5 促进甲醇和 CO_{ads} 的电氧化反应：向铂中加入反应促进剂 (303)
10.6 用于催化剂评价的"纯"电化学方法 (312)
参考文献 (318)

第11章 合成金属纳米粒子基催化剂的一些胶体路线 (322)
11.1 引言 (322)
11.2 金属纳米颗粒在聚合物溶液中形成 (325)
11.3 层状硅酸盐中的金属纳米粒子的形成 (338)
参考文献 (355)

第12章 二氧化钛及其表面改性衍生物的合成、结构和光催化活性 (357)
12.1 引言 (357)
12.2 实验细节 (358)
12.3 结果与讨论 (361)
参考文献 (378)

第13章 光催化：制造太阳能燃料和化学品 (381)
13.1 引言 (381)
13.2 理论 (383)
13.3 太阳能燃料转换 (384)

 13.4 过程强度……………………………………………………………（391）
 13.5 结论………………………………………………………………（395）
 参考文献……………………………………………………………………（395）
第14章 结论和未来展望……………………………………………………（398）
 14.1 储能………………………………………………………………（399）
 14.2 生物质转化：液体燃料的生产…………………………………（400）
 14.3 通过重整生产氢气………………………………………………（401）
 14.4 聚合物电解质膜燃料电池：电催化剂…………………………（402）
 14.5 光催化剂…………………………………………………………（403）
 14.6 结论………………………………………………………………（404）
 参考文献……………………………………………………………………（404）

第1章 介绍和概述

Gabriele Centi，Paola Lanzafame，and Siglinda Perathoner

1.1 催化作用的介绍与催化原理

能源是社会发展的核心，能源消耗与人均国内生产总值(GDP)的关系客观存在[1]。然而，由于不同的气候环境、生产活动类型，特别是不同的生活方式以及在节能方面的态度/政治环境，造成了市场偏差。由图1.1可见不同国家间人均GDP和人均能源消耗的关联情况。这些数据来自2006年，这是由世界银行和OECD(经济合作和发展组织)得到的数据文件，过去几年的观察没发现有重大趋势变动。

在人均能耗与研发活动间可以观察到更好的关联关系，后者是以每百万人中参与研发的研究人员数目为参数的(见图1.1)。与预期相反，研究成就的增长并未相应降低人均能源消耗的强度。因为大家以为科学和技术的发展应该带来新的节能过程、装备以及措施。因此，能源密集型国家会由于能源成本的增加而有增加研发投入的冲动，但将研发成果转变为人均能耗的减少则是一个缓慢的过程。因此，有必要加快创新研究机制并使之更加有效率，成为节能政治的推动力。在将来可持续能源情境下，能源利用及其对社会可持续发展的影响将成为社会政治发展的指标，也代表科技发展的程度。

在过去几年，社会压力加速了这种转变，能源问题成为研发活动的主要推动因素。事实上，第五次油价震荡已经引起了全社会对于现实社会赖以生存的化石能源可用性与可供性的缺乏的强烈反响。如同其他与日俱增的敏感的全球性问题(气候变化和环境保护)，现有能源供应系统在大多数国家都需要进行根本性改变这一点已经日渐明显[2]。有限的化石燃料资源和广泛关注的气候变化已经刺激了整个社会因而也刺激了科学团体，大家需要付出更多努力去开发替代能源。

催化作用，特别是非均相催化，在20世纪一直处于应对由社会发展所产生的能源挑战科技发展的核心[3,4]。没有催化过程，就无法生产出足够数量与必要质量的汽油、柴油、喷气燃料等液体燃料以满足社会需求，也不可能消除与这些能量载体的生产与使用相关联的污染，即实现可持续发展。虽然如此，对不同国

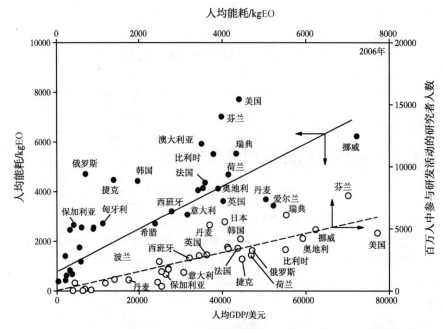

图 1.1 不同国家人均 GDP 与人均能耗的关联情况(2006 年),以及人均能耗与研发活动(百万人中参与研发活动的研究者)的关联情况[来源:世界银行和 OECD(经济合作和发展组织)的国民经济核算数据文件]

家关于催化的论文(标准化为相关研究人员数目)和人均能耗的相关性所做分析(见图1.2)表明,某一国家在催化技术研究领域所做努力与该国人均能耗之间的关联性不明显。对这一观察的解释是,仅有一些有限的并且只在过去几年才真正付出的努力,用在了推动催化向着研究可替代能源(非化石能源为基础的)及其载体的趋势上。

1.2 未来可持续能源方案

从主要能源来源开始至实际应用的能流通量示于图1.3中,该图参考了美国2009年的情况,可以看作是发达国家的典型情况。化石燃料目前是主要能源来源,非化石燃料(包括核能)在总的能源利用中仅占17%,交通运输、工业应用以及居住与商用各占能源利用的大约三分之一。发电占用了主要能源来源的40%。在主要能源来源中,仅有42%用于能源服务,其余则一般是以低温蒸汽形式被废(弃)掉了。在发电中,仅有约32%的输入能量被有效地转化为电能。同样的,在交通运输方面,只有大约25%的输入能量被利用。在工业应用、商业与居住方面,能量利用率则要高一些,大约为80%。

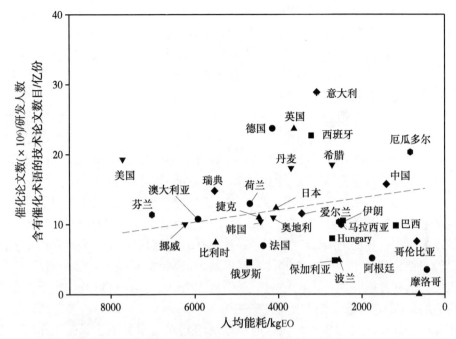

图1.2 不同国家间(2006年)人均能耗与作为该国研发人数标准的(化学文摘)含有术语催化技术的论文数目($\times 10^6$)间关系

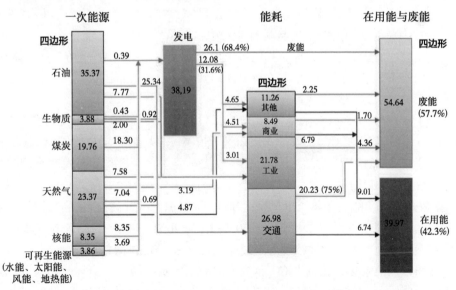

图1.3 美国2009年预计的主要能流通量(在四边形中,相当于1.055×10^{18} J)(来源: Lawrence Livermore National Laboratory, USA)

图 1.3 清楚地表明，可持续能源和减少温室气体排放的着力点应该放在消减能量损失上。催化作用在这一目标中扮演着多重角色：

(1) 允许提高化学工艺和能量过程的效率，由此降低其能耗强度。

(2) 促成新材料用于许多工业生产过程以节约能源的因素，例如，用泡沫来改善隔热，用新材料来减少汽车能耗，替代钢材的轻型材料，改善空气动力性能的纳米涂料，减少摩擦的轮胎等。

(3) 在控制催化剂纳米结构和反应性等方面取得的许多进展，通常都是与能量应用材料密切相关的最新发展的基础。例如，燃料电池电极、新一代光伏电池、锂电池和超级电容器、从低温废蒸汽回收电能的新材料等[5~9]。

改进后的材料对节能很关键，可以使高能效过程和高效输送成为可能。下一代清洁和高能效技术将随着由新兴纳米科学和纳米技术带来的新材料而出现。纳米技术在过去几年的进展已经使其从实验室规模走向商业应用，因而人们期望性能已经最佳化到满足可持续能源技术需求的新材料得到促进[10,11]。不过，实际研发受到的种种限制使得人们将侧重点仍放在新颖(纳米)材料的合成上，力求理解它们的(纳米)特征与功能特性间的关系[9]。基于此，作为其核心活动是了解催化剂表面反应性的催化作用，应该在纳米材料的研发中起到引领作用。不过，很有必要对于涉及催化剂纳米结构及其催化性能的基本面的研究和认识予以重点关注[12]。

一般而言，催化作用以及化学科学在可持续能源方面扮演着多种关键角色[2]，特别在如下领域的工艺与材料开发中：能量转换反应，能量储存和传输，能量利用效率。根据本书目标，我们将聚焦于新一代替代能源方面的讨论，即仅只是上面三个领域中的第一个。不过上面提到的其他两个领域也同样与实现未来可持续能源有关并是其组成部分。

图 1.4 是另一张与未来能源相关的有价值的图，该图显示了国际能源署(IEA)估计到 2030 年 CO_2 排放量变化在参考情境(一切如常)与限制同温层 CO_2 排放浓度小于 450μL/L 时的情况[13]。后一数值对应于上一次哥本哈根联合国气候大会(2009 年 12 月)同意的，为限制全球平均温升不超过 2℃ 所需控制的同温层 CO_2 排放预计值。图 1.4 还给出了要达到这个 450μL/L 的目标所需的不同能源贡献的预估值。图 1.4(右边)中预计了 2030 年(与 2007 年进行对比)不同主要能源来源在参考情境与 CO_2 排放浓度不超过 450μL/L 的情况下的估计值。

按照以前的意见，在减少 CO_2 排放方面的主要贡献源来自最终使用与电厂两方面的节能(提高能效)。但是，没有可再生能源(包括生物燃料)、核能以及碳捕获和封存(CCS)等的实质贡献，就无法实现国际能源署 450μL/L 的目标。我们也许应该注意到，核能使用的扩展情况被高估了，但这也表明在可再生能源利用

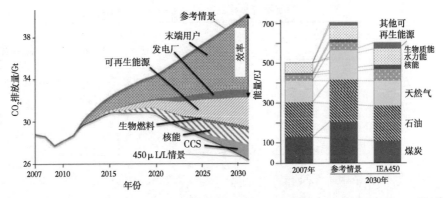

图1.4 估计到2030年CO_2排放量变化在参考情境(一切如常)与限制同温层CO_2排放浓度小于450μL/L时的情况(左图);反映到2030年参考情境与CO_2排放浓度不超过450μL/L的情况下各种主要能源来源贡献的估计值(与2007年进行对比)(右图)[13]

上的努力必须加强。CCS的贡献预期会在2020~2025年以后显现,但是人们正在强化这方面的努力以尽早应用这一技术,尽管对于CO_2(大部分CO_2存储地远离产生地)的储存和长距离输送的安全性吸引了较大关注[14,15]。假设IEA展望被有效落实,通过CCS捕获的CO_2会从2020年的102Mt增长到2030年的1410Mt,意味着我们很快就能获取巨量免费或负收费的CO_2。回收CO_2用于生产化工品和燃料的可能性引起了人们与日俱增的兴趣,尤其是后者[16,17]。

然而,即使在450μL/L情况下,随着油气资源利用百分比的缓慢增长,化石燃料的贡献仍然显著(大约占能源的70%),并且考虑到总能源消耗的实际情况,则其值几乎没有变化。因此,可再生能源的利用应该补偿能源消耗的增长,比如在不同国家(特别是在亚洲)由于人均GDP的增长而使世界人口中又有一部分享受到了更高的人均能源消耗。对于这样一些关键区域进行能源预测会有一些明显的限制,但是图1.4给出的要点是,化石燃料及相关的能源基础设施在相当长的时间内仍将占据能源结构的主导地位。因此,要讨论替代能源生产以及催化作用,有必要在此深入探索。因为如后详细讨论的那样,这将决定不同替代能源的选取。

1.3 能量载体

另一个涉及能量的基本概念示于表1.1中,该表概述了不同可再生能源可能用到的能量载体。尽管它们都能产生电能,且几乎都可以产生热能,而液体燃料基本上只能来自生物质。由太阳能生产液体燃料是否可行还是一个未知数。如后所述,利用太阳能将CO_2转化为液体燃料是一个成长中的研究领域,但仍处在发展的初级阶段[18-20]。

表 1.1　用于不同可再生能源的可能的能量载体

能　源	能量载体			
	电能	热能	机械能	液体燃料
生物能	●			●
地热能	●	●		
碳氢化合物	●	●	●	
洋能(潮汐能、波浪能、热洋流)	●	●	●	
太阳能	●	●		?
风能	●		●	

为了明白表格中未来能量方案的含义，需要简略介绍能量载体的概念。如图1.3所示，现实社会很大程度建立在石油炼制获得的液体碳氢化合物的使用上，因为能量需要分配和储存。大约全球能量最终消耗的43%与石油和其派生的液体燃料(汽油、柴油、航煤、轻油等)有关[21]，而只有大约17%来自电能。后者的应用需要建网，因为蓄电池储能的实际密度太低，无法满足能源密集型的应用(如后所示)。在交通方面，清洁化趋势除特殊情况外，倾向于混合动力而非纯电力。在未来，仍然需要携带具有足够高能量密度的能量并且易于再充电的装置。在重型车辆(卡车、公交车等)或飞机上，这一问题会更加突出。可能的选择应该是通过将与H_2结合的燃料电池用作能量载体，对引擎系统进行改造。几年前这一选项引起了人们很大的兴趣，但今日已兴趣不再。因为其引发了许多问题：H_2的机载储存、改变为新发动机与新能源分配模型所需的高额投入、燃料电池生产的成本及有限的寿命等[22]。因而对于运输部门而言，并不预期很快就能有可以替代实际使用的液体燃料的能量载体。

在大约各需要世界能源三分之一的工业和居住领域中，化石燃料未来还将继续起到主导作用。能量的储存在此仍将是关键，同时还需要电厂能够对能量需求变化做出快速反应(有时变化因子会达到十倍)。除其他因素外，核能还无法在电力输出上做出快速变化，这与依赖化石燃料的电厂不同。电能存储目前基于与机械能的相互转换(利用过剩能量将水泵送至高位蓄水池蓄能；在用电高峰时，这些水再用来发电)，但这种储能的效率有限(<40%)。

总之，来自化石资源的液体燃料在储存和运输方面展示出了竞争优势。在不同来源的可再生能源(太阳能、风能、潮汐能、水电等)中，只有生物质能可以被转换成液体燃料，而其他则只能用来产生电能(见表1.1)。热能和机械能只能是可供当地使用的替代能量载体。不过，生物质能是相当复杂的。即使考虑到这一领域的快速发展[23-26]，要用可持续和较经济的方式由其生产液体燃料还是充满了挑战。如图1.4所示，鉴于其较高的成本，对于生物燃料对未来可持续能源的贡献所做预测极为有限。

因此，可持续能源的未来发展在于为可再生能源的有效储存和运输提供解决方案。电能转化为化学能仍然是更好的选择,问题是怎样发展最佳载体来存储和运输再生能源,这是发展太阳能的基础概念[18-20,27,28]。太阳能将是未来主要的可再生能源。例如,若辐照地球表面1%的光照以10%的效率转化为电能,可以提供105TW($1TW=1\times10^{12}W$,下同)基础能量,这相当于到2050年世界能源增长预估值的10倍。作为比较,风能的可利用值大约为(2~4)TW、潮汐能的大约(2~3)TW、生物质的大约(5~7)TW、地热能的约(3~6)TW[29]。适宜的能量载体要能满足许多需求:在单位体积和单位重量两方面都具有较高的能量密度;在室温下无需高压就易储存;毒性低且处置安全,在分布式(非技术性的)应用方面风险可控;与现有能源基础设施良好整合而无需新的专用装备;在其生产和应用两方面均对环境影响较小。

将所做分析限定于最后一方面,则H_2是一种理想的能量载体[22,30,31]。许多学者建议把H_2当作未来能量载体,因为H_2是理想的清洁燃料,而且可能具有由可再生资源予以生产的潜力[18,28-30]。"氢经济"是指未来低碳或无碳能源的一个流行术语[32,33],虽然还存在一些反对意见[34]。事实上,尽管已经考虑了未来存储材料可能的进展,氢气的能量密度仍将是其实际大规模应用的主要问题。图1.5通过给出一系列液体燃料(化石或可再生资源)、H_2(气体、液体、压缩的或储氢材料中)与电能(传统的或新一代锂电池)等的能量密度值而进一步强调了这一观点[35]。

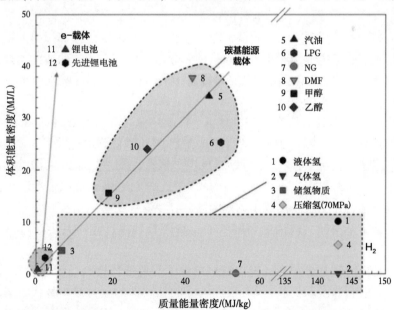

图1.5 一系列液态和气态燃料(来自化石资源或可再生资源如乙醇和DMF)、H_2(液体、气体、70MPa压缩的和在先进纳米材料中存储的)与电能(锂电池,包括传统的与高级的)的单位质量与单位体积能量密度之比[35]

除了第五点外，当前基于液体燃料的能量载体可满足所谓适宜能量载体的所有需求条件，特别是在涉及温室气体排放方面，因为现有催化技术已经可以有效减少燃烧过程中的污染物排放。因此，对于未来可持续能源状况，最好能找到利用可再生能源将燃烧中产生的 CO_2 转换回燃料的高效解决方案，而不是去开发新的能源载体和新的能源基础设施。这样，通过回收 CO_2 生产太阳能燃料就成为储存和运输太阳能（和其他可再生或无碳基能源）的碳中和方法，该方法可以很好地与当前能源基础设施进行整合。我们之后将继续就此进行讨论。

1.4 生物质转化

前面的讨论指出生物燃料在中短期是生产液体燃料的更好选择，液体燃料在接下来的20年里仍将是处于支配地位的能量载体，尤其是在运输部门。本书各章将讨论用于生物燃料转化的催化剂和催化技术。此外，最近的一些综述详细讨论了这一话题[23-26,36-38]。因而，此处的重点就放在了评估不同可能选择和可替代方案时所需考虑的总体背景与限制的讨论上，包括那些通常未予考虑但又与正确确定此领域的研究重点相关联的方面[39]。

运输部门占了世界能源消耗的约三分之一，其实际值大约为500EJ（$1EJ = 1×10^{18}J$，下同）（见图1.4）。虽然我们需要减少运输部门的单位能耗，进而如前所述相应减少每公里的 CO_2 排放量，图1.4的预测却表明运输部门引入更多的节能设备仍不能弥补因亚洲和拉丁美洲机动车数量的增加而导致的液体燃料用量的增长。因此，未来20年运输部门的碳排放量的减少将主要依赖于由可再生资源如生物质所得的燃料的引入。

尽管在这一领域的研究在快速增长（目前这是催化技术的主要研究领域），大多数的估算指出，除了少数特例（主要是巴西甘蔗得到的生物乙醇），生物燃料成本在未来20年仍将高于化石燃料成本。因此，发达国家的生物燃料市场将更多依赖于经济补贴（直接的或间接的），由此对于生物质转化中不同可能的选择和可选方案的评估过程形成了约束[39]。

然而，有几个社会政治原因刺激了生物燃料的生产和对其生产进行补贴的延续。

（1）走向低碳足迹社会。生物燃料减少了需要液体燃料与现有设施（配送系统、与现有燃料和发动机兼容等）很好集成的移动性的碳排放。替代方案是由天然气或煤生产燃料（GTL和CTL工艺），但这还是要比从原油生产燃料贵。全寿命周期评价（LCA）表明，生物燃料在 CO_2 减排方面的有效贡献接近中性且有时负面（根据LCA法的边界极限，要看土地使用变化的影响和土壤 N_2O 排放等这些方面是否计入在内等)[40],此外还相当地依赖原材料和生物燃料的类型[38]。不过,平均来看,相较于化石燃料,生物燃料的使用会导致移动性的碳排放减少。

(2)提高能源安全。对化石燃料依赖性的减少是能源经济和地缘政治策略最重要的方面。利用生物质废料的可能性则从减少环境影响和有效定价未利用资源两方面进一步予以刺激。

(3)社会和就业的影响以及农村的提升。对当地农业和土地保护带来的益处以及能源区的建立,对创造和保持就业、提高农村生活质量带来重要机遇。在能源区,通过对食物、能源以及化工原材料的生产之间进行整合可以更有效地利用生物质。

各方面都是缘于上面的解释,但要注意下面的总体上考虑是正确的,而在具体案例上则会各有不同。生物燃料市场未来将依赖补贴,因而其成长将依赖直接或间接的公共金融支持(补贴)。通常,作为一种经济选择,人们认为生物燃料市场将持续增长。但是,真正缺乏外部金融支持的生物燃料板块并不经济,所以其只能被看作是一个市场扩张很有限的中短期(未来20年)解决方案,不会超过运输部门燃料10%~15%的市场份额(运输部门大约占有全球能耗的三分之一)。这与图1.4的预测相一致。许多研究者和政策制定者现在认为生物燃料在未来能源结构中的贡献是有限的,因而必须从这一观点来重新审视生物燃料生产的策略和技术。一些可能的选择,如热化学路线等,需要大规模投资和长期摊销成本。如上所述,对于尚需依赖补贴的具有不确定性的生物燃料结构,巨大的投资成本将是负面影响因素,其可持续性也不乐观,因为这些将极大地限制新技术引进的速度[41]。

此外,日益增长的作为农村发展促进因素的农业能源区概念,也在向着中小规模竞争技术发展。这些技术可以弹性处理不同的当地原材料(如生物质废料、能源作物、木材残留物),但是还可以跨区域分配并降低生物质运输的(能源)成本。在当代社会,要创造真正的竞争条件以避免市场垄断是非常重要的,垄断会增加成本。因此,对于生物燃料来说,对那些有利于广大投资人的条件与解决方案予以激励是非常重要的。换句话说,(在所有可能性中)那些可以在中小规模上高效运行且无需大规模投资的解决方案应该予以促进。

生物燃料领域由于包含很多相关的社会经济影响因素,不能只用传统的技术经济参数来评估,还需包括以可持续性和竞争能力加以衡量的社会影响与回报加以评估。讨论第二代生物燃料以及催化作用/催化技术将从这一点出发。

为了集中讨论焦点,我们至此还未讨论生物燃料的生态效应。不过,我们有必要简要提及各种环境影响类别,如非生物耗竭、臭氧层耗竭、人体毒性和水生动物毒性、酸化作用和富营养化等,在不同生物燃料路线对比时都必须加以考虑

(例如，通过 LCA 分析)。相较化石燃料，生物燃料的使用对酸化作用和富营养化都会产生负面影响。酸化作用是由于生物生产(化肥使用)和为产生热量和能量以维持较高能量需求而进行生物质燃烧的过程。富营养化则大部分是因为施肥造成的。因施肥而产生的排放物也会影响环境，如陆地和淡水生态毒性、人体毒性等。因此，生态社会维度(依据可持续性和对生态环境的影响)也是生物质能和生物经济发展以及下一代生物燃料最佳战略评选的一个重要组成部分。不过，少有研究将技术层面和这些因素相结合[38]。由于生物燃料领域拥有非常具体的特性，这些层面不能分别考虑，两者在决定未来能源结构的可持续路径方面同时起着作用。

还有其他一些在以可持续的角度评估如何利用生物质时需要考虑的相关因素。与现有能源基础设施兼容不仅仅在经济上，在其他方面也是很重要的。实际上，引入需要在配送系统和发动机上进行重大变革的生物燃料就意味着巨大的投资，而考虑到未来生物燃料市场的实际经济状况以及巨大的不确定性，这就妨碍了或是大大限制了成功的可能性。生物燃料的引入，要保持可持续的流动性，关键因素在于要在成功可能性极为有限的领域进行投资(从全球视野来看，且不仅仅局限于技术上的考虑)，这就意味着对可持续性呈负面影响。

还有其他许多方面需要在评估生物质转化最佳路线与生物燃料组成类型时加以考虑：

商业特点和与实用燃料的兼容性：对于商业应用，有许多重要参数需要加以考虑：从特定属性(黏度、闪点和倾点、水和沉渣含量、残炭和灰分、蒸馏温度范围、密度、热值、碳氢物含量、碳氧物含量)到燃料品质(辛烷值或十六烷值、沸点和凝点、润滑性能、烟气性能，等等)。在被推荐的生物燃料中，有一些无法满足所有这些要求。

能量密度和每公里 CO_2 排放：碳氢化合物比含氧化合物具有更高的能量密度，因而若使用混合燃料，消耗每升燃料所走公里数会减少30%(对于 E85 来讲)，这就与降低单位公里行程上 CO_2 排放量的意愿相背而行。从这一点来看，在单位公里行程上柴油机比汽油机的 CO_2 排放量减少了30%，这就是为何欧洲60%以上新的轻型汽车采用柴油发动机的原因之一。不过，在第二代生物柴油上所作的研究努力还是很有限的。

与化工生产的集成：通过那些可以或转向化学品(如聚合物单体)或转向生物燃料的平台分子来生产生物燃料，为生物炼制厂提供了快速应对不断变化的市场的弹性。生物乙醇在巴西成功的因素之一是其生产可以在生物乙醇与糖之间进行切换，因而能更好地适应市场并减少风险。

成本效益：较高的成本效益表明生物燃料生产过程中 CO_2 的减少，这包括工艺过程中直接的(比如，在发酵过程中，一个葡萄糖单元形成了两个乙醇分子和两个 CO_2 分子)和间接的 CO_2 排放。间接排放是因为有些生产步骤需要加氢(氢可来自生物质或化石燃料)而生物燃料生产过程中需要输入能量。

涉及后一方面的有趣结果示于表 1.2 中[42]。该表依据美国环境保护署(EPA)对来自日益增加的可再生燃料利用的全生命周期温室气体排放的研究。全生命周期温室气体排放是与完整燃料循环有关的温室气体总量，包括燃料的全部阶段和原料生产与配送、从原料制备和提取经过配送及传输直至成品燃料的使用。将可再生燃料的全生命周期温室气体排放与汽油或柴油的全生命周期温室气体排放进行了对比。

由生物燃料引起的土地用途变更可以产生显著的短期温室气体排放，这可以在今后的岁月里予以偿还。因此，对其间排放加以分析的时间维度(短期排放与长期排放的对比)就是关键因素。美国环境保护署 EPA 的研究分析了两种选项：一个 30 年期和一个 100 年期来评估未来温室气体排放的影响。

表 1.2 在不同的时间维度下，全生命周期的温室气体减排[42]

	燃料途径	30 年，%	100 年，%
玉米乙醇	天然气干磨机	+5	-16
	优化的天然气干磨机①	-18	-39
	煤干磨机	+34	+13
	生物质干磨机	-18	-39
	带热电联产的生物质干磨机	-26	-47
	甘蔗乙醇	-26	-44
	柳枝稷乙醇	-124	-128
	玉米秸秆乙醇	-116	-115
	大豆生物柴油	+4	-22
	废油脂生物柴油	-80	-80

① 工厂化生产+湿式蒸馏器+粮食副产物，且包含有下述科技：热电联产(CHP)、分馏、膜分离以及生淀粉水解。

表 1.2 显示了一些有趣的方面。第一代生物燃料(玉米乙醇和大豆基生物柴油)的应用导致温室气体排放增加(正值)或(根据所用技术)非常缓和地减少。只有在长期的时间维度内所有燃料路线(除了煤炭干燥机)才趋向减少温室气体排放。第二代生物乙醇工艺(柳枝稷或玉米秸秆乙醇)的使用或是废弃原材料(废油脂生物柴油)的使用则在减少温室气体排放上带来更多相应效果，并且与时间维度无关。

在欧盟委员会推动的一项类似研究[43]中，他们采用了不同的评估方法，评价了生物燃料利用对全球的影响。结果发现,平均来看,生物燃料能够减少 CO_2 排放大约要在土地用途变更之后约 30 年。这些结果以欧盟联合研究中心建立的模型为根据。但是,这些模型所用方法有些局限,使用不同的模型还是会得到不同的结果。因而,理解生物燃料带来的温室气体排放的真实影响仍然是一个问题,但已引起大家对其效益的关注。因而有必要把生物燃料当作过渡方案,并选择相应的最佳路线。

与当前化石资源燃料的优化集成是一个关键因素。从这一点来看,生物质碳氢化合物燃料在本质上(而在能量上则与生物乙醇不同)与当前来自石油的燃料一样。因此,没有必要改造现有基础设施(如管道、发动机),而且碳氢化合物生物炼制过程可以编入到现有石油炼制系统[37]。由生物质得到的碳氢化合物产品与水不相混溶。一方面,与较具极性的分子如含氧产品相比,它们无需能源密集型分离过程就很容易从生物质水溶液流程中收集出来。另一方面,碳氢化合物生产需要大量使用 H_2[外部产生或生产现场通过水相重整(APR)过程产生],因此成本效益较低。与化工产品整合的可能性并不很高,因为在脱氧去官能团后还有必要通过插入氧来实现官能化。从这一点来看,最好选择一个能够轻易调节以进行燃料和化工品生产的转化路线(例如,由木质纤维素中纤维素成分的选择性解构而生产出像糠醛这样的平台分子)[39]。很显然,更好的路线还未被确认,有必要全面考虑这一复杂问题的各个方面。

催化(作用)在这一复杂的化学过程中起着关键作用。不过,我们能够注意到,在生产生物燃料过程中所包含的多个催化反应,都涉及一步或多步氢化作用或相关反应(氢解反应、氢转移,等等)。不足为奇,大部分生物质转化所用催化剂都基于贵金属,但是由于贵金属的短缺又限制了该领域的扩张。因此,要优先研发用于这类反应的高活性和高稳定性不含贵金属的催化剂。

图 1.6 给出了由生物质生产液体燃料的不同路线的原理概述图[44]。糖和淀粉通过发酵和糖化(用淀粉时)可以生产生物乙醇。不同种类的植物油通过催化酯交换反应可以用于生产生物柴油,或通过加氢处理(UOP/Eni 的 Ecofining™ 工艺、Neste 石油公司的 NExBTL 可再生柴油工艺和巴西石油公司的 H-Bio 工艺)生产"绿色柴油"。同样的工艺可以适应于藻类生物油过程升级。

木质纤维素原料可以通过三条主要路线转化:热化学法、生物化学法和化学催化法。热化学法对生物质的热解处理工艺以生产固体、液体或气体产品为主,随后再被升级为燃料(合成生物燃料)。依据反应条件,可以采用不同类型的裂解和/或气化工艺。这些初始处理方法可以产生中间产品,这些中间产品先要经过包含多个步骤的精制,然后通过催化剂处理提升为燃料产品,例如加氢处理、裂解、蒸汽重整、甲烷化、费-托合成等。

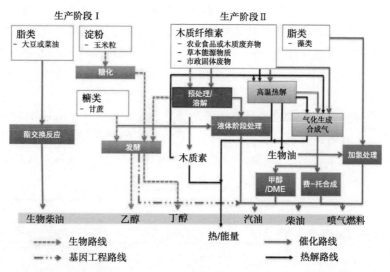

图1.6 生产生物燃料的主要路径[44]

当前大多采用生化路线，但反应速率比催化路线低，这就需要在更大体积和更加稀释的溶液条件下操作。采用新颖的催化工艺可以减少固定成本，降低废物量，降低过程能耗，简化分离过程。与酵母受到约束的稀释糖溶液相比，由生物质加工碳氢化合物燃料时，水的用量可以大大减少。这是因为非均相催化剂可以在浓缩水溶液或替代溶剂（如离子液体）中很好发挥效力。此外，与使用生物催化剂相比，非均相催化剂能够连续运转而减少了分离过程成本。与当前可用于生产纤维素乙醇的生化路线相比，由于高能耗蒸馏过程的取消、更高的反应速率、更小的反应过程，所以也导致了更低的生物燃料成本。换句话说，生物燃料生产可持续性的增长意味着我们会开发使用固体催化剂的改进工艺。

在化工或化学-催化方法中，人们可以利用水溶液中的酸（商业方法，如采用稀硫酸）或使用固体催化剂或离子液体的非均相酸，对纤维质生物质进行催化水解。化学催化方法对于将中间平台分子转化为合成燃料、生物H_2或化学品是必须的。本书不同章节将详细讨论这类议题以及催化工艺在这些反应中的作用。

因为有时针对生物燃料不同的分类有分歧，所以在此做一些说明。依据国际能源署（IEA）生物能源任务39（2009）：

第一代生物柴油是那些当今市场数量最大的产品。典型的第一代生物燃料是甘蔗乙醇、淀粉基或"玉米"乙醇、生物柴油和纯植物油（PPO）。生产第一代生物燃料的原料由糖、淀粉、油料作物组成或者由动物脂肪组成，这些原料在大多数情况下都还可以用作食品和饲料或是由食物残渣组成。

第二代生物燃料是产自纤维素、半纤维素或木质素的产品。相关技术主要在中试或示范阶段，极少数处于半商业状态(由某些木质素制备的生物乙醇)，并将在未来十年内商业化。第二代生物燃料可以混入石油基燃料在现有内燃机内燃烧并利用现有基础设施配送，或者专用在对现有内燃机进行轻微改造的车辆(如二甲醚专用车辆)上使用。第二代生物燃料有纤维素乙醇、费希尔-特罗普希燃料等。

第三代或第四代生物燃料目前还处在研究开发阶段，其投入使用的时间维度在十年以上。有时认为其显著特点是(并非总被接受)使用碳中性或负碳作物(或其他生物质)(见表1.3)。海藻油通常被认为是第三代生物燃料。

表1.3　生物燃料世代分级总结

第一代	第二代	第三代	第四代
由粮食作物制得的生物燃料	由非粮食作物制得的生物燃料	转基因的碳中性作物	转基因的负碳作物

第一代生物燃料包含：

(1) 生物醇。这些是使用酶和微生物使淀粉和糖经历发酵过程制得的乙醇。乙醇是最普通的生物醇，而丁醇和丙醇则是不太知名的。已经大规模生产的是产自甘蔗(巴西)和玉米(美国)的生物乙醇。

(2) 由植物油酯交换反应制得的生物柴油。利用均相催化剂如氢氧化钠使植物油与甲醇反应得到的生物柴油，主要用在欧洲以及像阿根廷或马来西亚这类出口柴油到欧洲的国家中。采用多相催化剂代替均相催化剂的情况还很有限，可以被看作是先进的第一代生物燃料。

(3) 植物油。植物油甚至可以被用于大多数老式柴油机中，但仅限于温暖的气候中。在许多国家，植物油主要用于生产生物柴油(如上所述)。

生物柴油可以通过不同工艺产自于植物油(以及动物脂肪)(UOP/Eni的Ecofining™工艺、Neste石油公司的NExBTL可再生柴油工艺和巴西石油公司的H-Bio工艺)。这些通常被看作是第二代生物燃料，但已处于半商业阶段(尤其是Neste石油公司)，所用资源为与食物竞争的植物油等。更广泛地使用这些工艺的限制主要涉及植物油和H_2(常常不来自生物资源)的成本。因而将其当作先进的第一代生物燃料更为恰当。

另一个问题是有机原料厌氧发酵分解后产生的生物气体。生物气体也可以通过将废旧原料投入制备生物气体的厌氧分解池，通过生物降解予以生产。这也是世界范围内大量使用的传统技术。生物气体被认为是先进的第一代生物燃料，甚至有人认为生物SNG(天然气替代品)为第二代生物燃料，因其使用废弃生物质。

最后，结合了生物质的气化反应、燃烧过程和裂解工艺以生产合成气(CO/H_2混合物)的技术以及通过费-托合成将合成气变为含氧化合物[生物乙醇或生物二甲醚(CH_3OCH_3)]或碳氢化合物的转化过程通常被看作第二代生物燃料(如下所述),但它们本质上是基于已知可用的技术。这些工艺所用的原料大概也可以被认为是先进的第一代生物燃料,尽管其采用的都是第二代生物燃料的典型原材料。

根据联合国生物燃料报告,"第二代生物燃料是采用先进的工艺技术由木质纤维素原料制备的",木质纤维素资源包括不与食物生产发生竞争的"木质的"和"含碳的"原料,如树叶、树皮、秸秆或木屑。来源于农产品生产和部分市政固废的废弃生物质,也都是有价值的资源。第二代生物燃料被认为有以下几种:

纤维素生物乙醇,利用先进的预处理、酶催化水解和发酵工艺。

碳氢化合物或柴油、汽油和航空煤油的添加剂,利用木质纤维素原料的催化转化工艺。多相转化或多相与生物催化复合的转化常被用于这些工艺中。

经由热化工路线的合成生物燃料,可以有多种选择:经由气化与合成工艺的生物质制液体(BTL)技术、合成柴油的费-托柴油(FT)技术、生物甲醇、较重的醇类(丁醇及其混合物)和二甲基醚(DME)。

替代天然气(SNG),利用气化与合成工艺,即经由厌氧发酵工艺生产生物合成天然气(bio-SNG)的另外工艺。

生物氢,气化(经由合成气与持续的 WGS 工艺)或利用催化合成技术(液相催化转化-APR-或生物质转化副产品,如丙三醇的气相转化)。人们对于通过此路径生产 H_2 涉及的经济性和温室气体(GHG)影响比较关注。更先进的生物制氢路径,如使用聚光太阳能的生物过程以及通过半导体的技术(水的裂解或光电解法),则会被认为是第三或第四代技术,因为估计其应用时间要长于 10~15 年。

长期来看,许多设想的生物燃料甚至是来自不依赖耕地的原料,如生长在水中的藻类材料。不过,典型的看法是来自藻类或微藻类的生物燃料要在十多年后才能商业化,因此被认为是第三代生物燃料。利用太阳能(太阳能集中电池板)将生物质转化为燃料的技术也被当作第三代工艺。木质素催化解构和脱官能团以选择性地生产化学品和燃料的方法也属于这一类别。

第四代生物燃料正处于初级发展阶段,因而具有长期的(>15~20 年)应用前景。一些第四代技术路线包括太阳能制燃料以及生物体的基因操作以直接生产碳氢化合物或乙醇。这样的实例包括采用非天然代谢工程手段的异丁醇和其他长链醇的生产(如加州大学洛杉矶分校 UCLA/三菱化学),或是开创了人工代谢途径的异丁烯的直接生产(全球生物能源)。

1.5 纳米结构的电极

提高能源生产、储存和使用的可持续性与效率的需求,极大推动了人们对于开发带有先进纳米结构的新型改进电极的研究兴趣[3-9]。在能源结构的几个关键性技术领域，需要更好地设计电极纳米结构以克服当前的限制和/或达到其性能的新水平：

（1）可逆的化学能电能转化：低温和高温燃料电池以及先进的电解作用。

（2）太阳能向电能或化学能的转化：第三代光伏电池(薄膜和Grätzel类型)、水的光电解、光电化学太阳能电池以及将CO_2转化为燃料的PEC装置。

（3）热能向电能的转化：热电装置。

（4）电能存储：先进的锂电池和超级电容器。

在所有这些电极中，常见的问题是如何控制/优化质量和电荷传输(即电子和离子的迁移率)，在多相边界的电子转移动力学，以及在电极间施以电势时对所发生的这些过程的改进。这些装置中的许多方面都需要同时优化。以聚合物电解质膜(PEM)燃料电池的电极为例，以下各方面必须同时进行优化：在质子传导介质、电子传输碳基质和气相之间的三相接触；质子、电子和反应物(阳极的H_2与阴极的O_2)以及产物(阴极的H_2O)的传输速率；在电催化位点(即铂基纳米颗粒)的表面过程，以及电化学操作(在电极间施加电压或电流时)中纳米粒子充电时表面过程发生的变化。

在电池中，人们也需要协调质量传递、电荷传输(电子和离子迁移)以及电子迁移动力学以便存储或释放能量。较弱的电荷-载体迁移率与较弱地向吸附质的电子-转移将限制TiO_2基材料中能量向水光电解转化的效率，因为不仅电荷重组率会增加而且表面冷却作用也增加了。因此，对于性能的优化要求有控制复杂反应环境的能力，该环境下决定性能的许多动力学要素会同时起作用。与催化反应的比较是非常明显、毫不出奇的。在设计先进电极与催化剂方面有许多共同方面[9]。

所有这些方面都与纳米结构催化剂设计中遇到的问题紧密相关，并且在这些材料中的电催化和电化学效应的分界线常常是不明确的。因此，人们对于这些装置和材料上的催化作用的研发兴趣增加了。本书的不同章节将详细讨论这些方面。

控制方面的许多内容都与尺寸有关，因此，能量转换和存储装置的区域自然在制备纳米结构电极时吸引了极大的注意力。这些用于能源获取、转换和存储的材料相对于小微尺寸材料显示了性能的改善，这不仅仅归因于表面积与容积比的增加，同时也归因于进入纳米尺寸时与材料性能变化相关的"真实尺寸效应"。

不仅仅是纳米尺寸，这些材料的纳米构筑更加关键。有关纳米尺寸、纳米构筑、坚固性和稳定性、单位质量或单位体积的性能间的最佳优化平衡存在着设计上的问题，同时也关系到生产电极的方法是否具有成本效益和可以放大生产。基于主体宏观结构之上发展的多层次三维组织,层级组织材料的概念成为实现上述目标的有用方法。例如,该法使快速质量传输所需的恰当三维组织成为可能。在这个主体宏观结构之上,可以建立二级客体微米和/或纳米级次级结构,由此可以利用纳米级构建块和微米级组件的性能。然而,一般研究层次组织中催化剂和电极仅仅聚焦于微、中尺度,而许多性能却依赖于纳米层级组织和结构。这是未来研究需要关注的领域。

许多先进的方法可以用来为电极准备定制的层级组织。整齐的层级孔隙金属纳米结构可以使用胶质晶体(或人工猫眼石)予以制备,即用有序系列硅胶或聚合物微球作为模板,再使金属粒子在其上沉积,除去模板就会导入有序金属纳米结构。由纳米浇注而复制介结构的合成法可以被视为模板合成概念的扩展。用高度有序介孔二氧化硅为模板进行纳米浇注[45]的方法,已经给带有可控纳米结构的新颖介孔材料的制备带来了令人难以置信的可能性。这一应用正在迅速扩展到催化技术和先进电极领域。纳米浇注法可用于制备各种各样的介孔结构和介孔材料,包括介孔结构金属和半导体纳米线。

自组装方法的应用也引起了人们日益增长的兴趣。该法基于使用各种物理化学手段以使小尺寸颗粒单元进行合成,如胶质法、溶胶法和胶束法以及其他湿态或气态工艺。这些纳米单元有可能自组装或定向组装成二维(2D)或三维(3D)超结构,播种或磁场诱导增长、外延生长,或是经历其他纳米结构程序增长。一个有趣的快速发展领域也是通过电场协助的自组装(特别是避免了分形增长)。这些电化学法的一个实例就是阳极氧化法。在电极和电解质间界面上创建的电场是纳米结构增长取向的强大影响因素,正如二氧化钛电极所展示的那样[46-48]。

还有其他几种制备专为能源应用的纳米材料的方法。这是一个快速发展的新型研发领域,它与新型可持续能源解决方案的产生高度相关。进一步的相关方面将在后面的章节提出。

1.6 太阳能燃料

前面已经阐明,从长期来看,太阳能应该成为可再生能源的主要来源,同时存在着将太阳能转化为化学能以利于能量储存和运输的问题。利用光伏(PV)电池生产可再生电能是极具吸引力的,有价值的选择也在快速扩张,但这只是能源问题的一部分。目前储存电能的方法还不是很有效,虽然纳米材料在这些应用方面的研发取得了进步,而关键问题仍然是电能的储存。因此,将太阳能转化为化学能是对当前太阳能储存和运输方案的必要集成。

光伏电池(或其他可再生电能资源甚至核能)或许可以与水电解槽集成,以生产之后会在 PEM 燃料电池中使用去生产回电能的 H_2[49]。通过使光伏设备的电压和最大输出功率匹配 PEM 电解槽的操作电压,可以达到 10%~12% 的效率,而通过两个设备的简单耦合则效率只有 2%~6%[50]。用这种方法制造的 H_2 成本仍高于从化石燃料制 H_2 的成本,比如通过甲烷蒸汽重整法制得的氢。

能源部氢项目对于由水电解而分布式制氢的目标成本是到 2012 年为 3.70 美元/gge(gge 是指加仑汽油当量,1gge ≈ 120.8MJ,下同)。当前最佳水电解工艺的效率为 50%~80%,所以 1kg 氢气需要 50~80kW·h 的电力。最近成本估算报告表明[51],就地天然气重整制氢成本为 8~10 美元/kg H_2、就地电解制氢成本为 10~13 美元/kg H_2。即,没有实现 4 美元/gge 的成本目标(对于 H_2 来讲,1gge 约为 0.997kg H_2 的热值)。此成本高度依赖于电能成本。考虑到由光伏电池(或其他可再生能源)生产电能的实际成本大约比一般的电能(在用电高峰时段,此成本会有大幅变化)生产成本高 2~4 倍,可以认为,PV-PEM 组合制 H_2 生产成本大约比从化石燃料制 H_2 成本高 6~8 倍。但这个数值会严重依赖于诸多因素,如生产能力、光伏电池和日照的效率以及化石燃料的成本。

还有其他方法来生产可再生 H_2:生物方法(使用蓝藻细菌或绿藻)、光热水解离(在氧化还原金属氧化物协助下)、光催化/光电解和/或光电催化方法[18,19]。它也可以由光重整废弃有机溶液物流或通过 APR 法制得,这些将在下面章节更详细地讨论。尽管因为总的来说,各种数据仍然过于有限,所以在这些情况下很难做出精确的成本估计。但是,所有这些制 H_2 方法都比 PV-PEM 组合更贵。此外,在现代电解槽中,H_2 是带压生产的,而其他方法则基本上是在大气压下操作的。因此,这又额外增加了压缩 H_2 的成本。

使用 H_2 以存储可再生能源所受到的限制,进而也是一般"氢经济"法所受限制,实际上是 H_2 存储的效率问题。作为气体的氢,其单位体积的密度很低。因此有必要使 H_2 液化(然而,这需要非常低的温度,在一个大气压下约为-250℃)或者使用非常高的压力。人们对于储 H_2 材料进行了大量的研究(金属氢化物、胺硼烷复合物、金属有机框架材料 MOF 和其他纳米材料)[22,52,53],但要达到必要的密度显得遥不可及。因此,人们对使用可替代 H_2 的能源载体的兴趣越来越浓。但是,如果可再生氢能直接用于进一步的化学合成(例如,如后所述的将二氧化碳转化为甲醇),则存储氢气的问题并不难办。

因此,就存在有一个有趣的通过将二氧化碳转化回易于储存和运输并与现有的能源基础设施很好集成的液体燃料而解决温室气体排放问题的机会,这样人们就可以使用这些碳-基能量载体作为方便与可持续的方式来存储和分配太阳能,即,开发了新的太阳能燃料解决方案[35]。

将二氧化碳转化回燃料的不同路线都是可行的[16]。研究最多的领域是二氧化碳形成含氧化合物和/或碳氢化合物的氢化过程。由二氧化碳和 H_2 合成甲醇的研究已经发展到中试阶段，前景值得预期。另一种可能性是 DME（二甲醚）的生产，这是一种作为柴油潜在替代品的清洁燃料。不论是直接的还是通过甲醇同系化反应，或是二氧化碳转换为甲酸的途径，其所对应的乙醇生成法都是潜在的有趣路线。甲醇、乙醇和甲酸可以作为燃料电池的原料，这也为储存来自二氧化碳的能量，然后发电提供了路径。乙醇原则上是优先于碳氢化合物的，因其单位产品的合成所需氢气较少，但是它们的能量密度要低于（液体）碳氢化合物。

虽然太阳能燃料的发展绝对落后于太阳能向电能的转化，后者却仅仅是未来可持续能源架构的一部分。因此，迫切需要对太阳能燃料的研发进行投入。

1.7 远景

本介绍性章节讨论了替代能源产生的技术、经济和社会等各个方面以及相关的能源和气候问题。结论可以概括如下：

（1）在一段仍然很长的时间内，化石燃料和相关能源基础设施仍将是能量结构的主导因素。化石燃料的有效资源数量仍不确定，因其取决于很多因素。但许多专家指出其蕴藏量足以保证平稳过渡，即化石燃料仍将是今后 30~50 年的主导能源。这并不意味着没有必要加速从传统能源过渡到可再生能源，因为还存在着温室气体排放、地缘政治动机、能源安全等问题。与催化技术相关的关键概念是，人们有必要开发能顺利融入这类能源结构的技术性解决方案以便使该能源基础设施所需投资最小化。依据所选择的催化技术，人们会得到许多结果。

（2）要将同温层的二氧化碳浓度降低到可接受的水平（$450\mu L/L$），能源效率的提高起着主导作用。核能、可再生能源以及碳捕获与封存技术 CCS 的使用也有重要意义。在这个快速增长的一部分人口正在接近能源的大规模使用（按"发达"国家标准，见图 1.1）的世界上，要限制二氧化碳排放，确实需要付出我们更多的努力。因此需要有一个两种战略，分别对应于短期和中长期需求。短期而言，关键是能量的节省（由此提高能量效率）和二氧化碳的储存或再利用，同时要增加非化石燃料能源（核电和生物质）占比。所需的投资和许多其他约束条件（包括社会认可）会使这些能量来源在接下来的 20 年内（见图 1.4）占比不高于 20%~25%。这方面也会对催化技术产生影响，因为短期来讲，人们的努力将是把（催化）纳米材料的知识用于下面各项开发：

① 节能工艺。像蒸汽转化和烯烃生产等大型工艺的能源效率很低，只有 60% 左右的能量融入最终的产品中。一般来说，大家的注意力已经由能源经济性转移到原子经济性了。

②能材料。把研究方面的核心放在如材料内能容量等上面,即要包括其生产、处理、再利用等所需的能量,或把核心放在材料能力上以节约能源(为移动性提供更轻的材料,例如,生产更好的碳纳米管用于纳米复合材料,以及更高性能的纳米泡沫用于隔热材料等)。同时,还有必要将"传统的"化石燃料储量与不太传统的或未使用的储量(供需紧张的天然气、煤、页岩油、油砂等)整合在一起。也有必要创建一个新颖的化学过程用于这些资源的转化和升级。

(3)预计生物燃料在运输市场份额不会超过10%~15%,但无论如何,其对于相关的环保、能源安全和农村就业都产生了影响。生物质转化是复杂和昂贵的,在未来20~30年仍然有足够化石燃料资源[预测表明稳定的石油供应不高于120美元/bbl(1bbl≈159L,下同)]的世界上,如果不对其进行补贴,它们就没有竞争力。尽管存在不同观点,预测认为其增长不会超过10%~15%。然而,在多年前做出了更加乐观的预测后,现在是有了一个总体修正值。与化石燃料相比,生物燃料在温室气体排放的影响方面更具优势,尽管其相关性不如人们通常认知的那样多,为了支持生物燃料进行市场渗透,有必要实现带有下面特点的生物质转化路径:

①尽可能减少工艺步骤和环境影响(催化在这里作为推动者的角色可减少转化步骤,但也必须意识到解决方案还要能同时解决反应-分离问题,即,将催化与膜技术合并使用);

②在整个区域的基础上,对于可获得的各种生物质源进行灵活操作;

③通过普通的平台分子与灵活的操作技术将燃料生产与化学品生产整合在一起;

④树立小型专用(产品不多)生物炼制厂的理念,这种生物炼制厂投资少并能很好整合整个地域的农业区。

(4)长期(>15~20年)来看,太阳能将成为可再生能源的主要来源。例如,人们需要投资于太阳能燃料的研发,以便使用太阳能H_2将二氧化碳转变回液体燃料。太阳能的确是实现可再生能源的终极目标,但需要发展有效的方法,通过把太阳能转化为化学能以"存储和传输"太阳能。太阳能燃料(基于二氧化碳和水)已经被指定为催化技术研究的长期目标。然而,为了实现这些目标,有必要从现在就开始强化这个领域的研发活动,特别是要扶持该领域的基础研究。催化技术是达到这一目标的关键要素。

(5)催化和纳米技术应该是替代能源时代的优先研究领域。催化是纳米技术首要的和更有效的(经济上也是如此)示例,有必要将广泛的关于交叉区域如电极方面的现有知识加以扩展,以便开发用于能量储存和转换的改进技术。

能源是一个复杂的和普遍存在的问题,任何人都没有能力做出准确的预测。

因此，上面总结的一些见解，有相当部分是个人对不同技术及其对经济和社会的影响在远近不同的未来的可能性。读者也可以基于文中展示的数据和想法得出自己的结论。同样明显的是，在一些重要的方面，比如生物燃料对未来能源的作用等也存在着一些不同的想法。相对于汽油和柴油（见表1.2），生物燃料在生命周期内温室气体排放的降低是很好的，但却还远少于大多数"决策者"下达指令和提供补贴时所假设的。然而，这些情况将由于理解的增加和经济危机等外部因素的推动而得到改进。为此原因再反观图1.4，使用生物燃料的总体积极效应似乎对于平流层的二氧化碳平衡非常小。这一结论明显与欧盟指令冲突，但IEA的估算所考虑的是在全球范围内不断发展的全景。应该指出，这些数据并非表明不值得将生物质转化为生物燃料。它们所指出的是需要从不同的角度（如上所述）考虑问题，尤其是需要考虑生物质向化学品转化与向生物燃料转化两种过程的整合。还应指出，用于生物质的新颖高效燃烧器在产生热量和电能时，可比将生物质转化为生物燃料再产生热量和电能提供更好的能源效率。生物燃料对于移动应用是必要的，但其只占总能量需求的三分之一。还应该指出的是，如果太阳能燃料如此处所预测的那样在未来可获得更高的份额，则由生物质制生物燃料而对就业和安全的影响就会消失。各种各样的发展拥有不同的时间尺度，而且太阳能燃料也会对就业和能源安全提供如果不是更多至少也是平等的机会。不足为奇的是，太阳能研究的大量投资来自如沙特那样拥有更多化石燃料资源的国家或是来自石油公司。他们已经认定从现在就需要准备转变而不是在遥远的未来。

最后，我们讨论一下未来直接使用氢气作为发动机燃料的问题。我们是怀疑这种可能性的，但是也有一部分汽车公司和许多独立的能源评估者是持相似意见的。问题是需要避免大规模的投资来改变能源基础设施及解决与H_2储存和运输相关的诸多问题。与日俱增的认识认为人们不可能达到所必需的目标，出于这个原因，美国能源部在2010年已大幅降低了用于此项活动的研究基金。与实际基础设施技术更好整合的技术会有更高的成功可能性。这就是为何我们主张使用（可再生）氢将二氧化碳转化回液体燃料，即再生H_2作为中间介质生产液体燃料，而该液体燃料可以合并到实际的基础设施中。因此，我们的目标不是生产甲酸这样的化学物质而是生产甲醇这样的醇或长碳链碳氢化合物或含氧化合物。这类操作所用能源都必须清楚地来自非化石燃料资源，首选是太阳能，但是有一部分与在短期范围内也可包括核能。

我们是否在提出"绿色"核能概念？不是。但在实用上应该考虑核能的存在，而出于多种因素考虑，核能在未来（能量池中）的占比还会增加，如图1.4所示。通过利用部分余热由二氧化碳和水生产燃料，人们还有机会提高核能反应堆的效率。这是催化面临的另一个机遇和挑战。

1.8 结论

由于宏观经济和社会的进步，催化研究领域和优先顺序在过去十年中都发生了明显变化。在20世纪初，催化是炼油和化工生产的核心技术，超过90%的过程使用催化剂。然而，一些公司管理者认为催化已经是一个成熟的发展领域。第五次能源危机加速了社会政治的演变，将能源议题以及可再生能源和替代能源生产问题放在了社会和企业战略的核心。这就给了催化研究以新的动力，因为催化是实施这些战略的支柱之一，从生产生物燃料到为多种应用(从新一代光伏电池到燃料电池)开发先进的电极、生产可再生 H_2 以及从长期角度来看的太阳能燃料。因此，世界范围内的催化研究在过去几十年中已发生了显著变化，本书提供了有关新趋势、机会、研究需要的综合情况。

然而，由于这个演变的综合背景，我们不可能将各项讨论只限定在技术层面，还有必要考虑整体的经济和社会背景以及相关约束条件，这些也决定着研究优先顺序的选择，尤其是像生物质转换基础所显示的那样。因此，这篇介绍性章节主要关注这些方面，而关于催化剂特定方面内容则在接下来的章节介绍。

不过，作出总体评论还是必要的。过去十年的主要特征是纳米技术成指数级发展的研发活动以及拥有先进纳米构筑的新颖材料/催化剂的发展。研发努力主要放在了这些材料的合成上，而比较有限的努力放在了将纳米结构性质与功能行为(特别是催化活性)相关联方面。而可持续能源的挑战需要在这些方面更加努力。这是催化作用在替代能源生产领域内应该优先研究的区域。

致谢

本文总结了在不同项目框架内的讨论，在此予以衷心感谢：PRIN08项目"在木质纤维素生物精炼厂中 C_5 组分的催化升级"、PRIN07项目"由可再生资源制氢的二代可持续工艺"以及IDECAT欧洲催化卓越网络和成本行动CM0903(UBIOCHEM)的欧盟网络。

参 考 文 献

[1] Spivey JJ(2005)Catalysis in the development of clean energy technologies. Catal Today 100：171-180.
[2] Schlogl R(2010)The role of chemistry in the energy challenge. ChemSusChem 3(2)：209-222.
[3] Centi G, Perathoner S(2009)Catalysis：role and challenges for a sustainable energy. Top Catal 52(8)：948-961.
[4] Centi G, Perathoner S(2008)Catalysis, a driver for sustainability and societal challenges. Catal Today 138(1-2)：69-76.
[5] Liu J, Cao Y, Yang Z, Wang D, Dubois D, Zhou X, Graff GL, Pederson LR, Zhang JG(2008)Oriented nanostructures for energy conversion and storage. ChemSusChem 1(8-9)：676-697.
[6] Su DS, Schlogl R(2010)Nanostructured carbon and carbon nanocomposites for electrochemical energy storage applications. ChemSusChem 3(2)：136-168.
[7] Rolison DR, Long JW, Lytle JC, Fischer AE, Rhodes CP, McEvoy TM, Bourg ME, Lubers AM(2009)Multifunctional 3D nanoarchitectures for energy storage and conversion. Chem Soc Rev 38：226-252.
[8] Garcia-Martinez J(ed)(2010)Nanotechnology for the energy challenge. Wiley-VCH, Weinheim.
[9] Centi G, Perathoner S(2009)The role of nanostructure in improving the performance of electrodes for energy storage and conversion. Eur J Inorg

Chem 26: 3851-3878.
[10] Li Y, Somorjai GA(2010) Nanoscale advances in catalysis and energy applications. Nano Lett 10: 2289-2295.
[11] Gates BC, Huber GW, Marshall CL, Ross PN, Siirola J, Wang Y(2008) Catalysts for emerging energy applications. MRS Bull 33: 429-435.
[12] Centi G, Perathoner S(2011) Creating and mastering nano-objects to design advanced catalytic materials for societal challenges. Coord Chem Rev 255: 1480-1498.
[13] IEA(2009) World energy outlooks 2009. International Energy Agency, Paris.
[14] Maroto-Valer MM(ed)(2010) Developments and innovation in carbon dioxide(CO_2) capture and storage technology, volume 2: carbon dioxide (CO_2) storage and utilization. CRC Press, London.
[15] Jones W, Maginn EJ(guest eds)(2010) Carbon capture and sequestration(special issue). ChemSusChem 3(8): 861-991.
[16] Centi G, Perathoner S(2009) Opportunities and prospects in the chemical recycling of carbon dioxide to fuels. Catal Today 148(3-4): 191-205.
[17] Aresta M(ed)(2010) Carbon dioxide as chemical feedstock. Wiley-VCH, Weinheim.
[18] Centi G, Perathoner S(2010) Towards solar fuels from water and CO_2. ChemSusChem 3: 195-208.
[19] Centi G, Perathoner S, Passalacqua R, Ampelli C(2012) Solar production of fuels from water and CO_2. In: Veziroglu N, Muradov N(eds) Carbon neutral fuels and energy carriers: science and technology. Taylor & Francis, London, Ch. 4, pp 291-323.
[20] Roy SC, Varghese OK, Paulose M, Grimes CA(2010) Toward solar fuels: photocatalytic conversion of carbon dioxide to hydrocarbons. ACS Nano 4(3): 1259-1278.
[21] International Energy Agency(IEA)(2010) Key world energy statistics 2009. IEA, Paris.
[22] Zuttel A, Borgschulte A, Schlapbach L(2008) Hydrogen as a future energy carrier. Wiley-VCH, Weinheim.
[23] Centi G, van Santen RA(2007) Catalysis for renewables. Wiley-VCH, Weinheim.
[24] Stocker M(2008) Biofuels and biomass – to – liquid fuels in the biorefinery: catalytic conversion of lignocellulosic biomass using porous materials. Angew Chem Int Ed 47(48): 9200-9211.
[25] Gallezot P(2008) Catalytic conversion of biomass: challenges and issues. ChemSusChem 1(8-9): 734-737.
[26] Huber GW, Iborra S, Corma A(2006) Synthesis of transportation fuels from biomass: chemistry, catalysts, and engineering. Chem Rev 106(9): 4044-4098.
[27] Nozik AJ(2010) Nanoscience and nanostructures for photovoltaics and solar fuels. Nano Lett 10(8): 2735-2741.
[28] Morris AJ, Meyer GJ, Fujita E(2009) Molecular approaches to the photocatalytic reduction of carbon dioxide for solar fuels. Acc Chem Res 42(12): 1983-1994.
[29] Lewis NS, Crabtree G, Nozik A, Wasielewski M, Alivisatos P(2005) Basic research needs for solar energy utilization. US Department of Energy, Washington, DC.
[30] Mandal TK, Gregory DH(2010) Hydrogen: a future energy vector for sustainable development. Proc Inst Mech Eng C J Mech Eng Sci 224(3): 539-558.
[31] Sartbaeva A, Kuznetsov VL, Wells SA, Edwards PP(2008) Hydrogen nexus in a sustainable energy future. Energy Environ Sci 1(1): 79-86.
[32] Farrauto RJ(2009) Building the hydrogen economy. Hydrocarbon Eng 14(2): 25-30.
[33] Muradov NZ, Veziroglu TN(2008) " Green" path from fossil – based to hydrogen economy: an overview of carbon – neutral technologies. Int J Hydrogen Energy 33(23): 6804-6839.
[34] Strahan D(2008) Hydrogen's long road to nowhere. New Sci 200(2684): 40-43.
[35] Centi G, Perathoner S(2010) CO_2-based energy vectors for the storage of solar energy. Greenhouse Gases Sci Technol 1: 21-35.
[36] Vlachos DG, Caratzoulas S(2010) The roles of catalysis and reaction engineering in overcoming the energy and the environment crisis. Chem Eng Sci 65(1): 18-29.
[37] Huber GW(ed)(2008) Breaking the chemical and engineering barriers to lignocellulosic biofuels: next generation hydrocarbon biorefineries. National Science Foundation, Washington, DC.
[38] Zinoviev S, Muller-Langer F, Das P, Bertero N, Fornasiero P, Kaltschmitt M, Centi G, Miertus S(2010) Next-generation biofuels: survey of emerging technologies and sustainability issues. ChemSusChem 3(10): 1106-1133.
[39] Centi G, Lanzafame P, Perathoner S(2011) Analysis of the alternative routes in the catalytic transformation of lignocellulosic materials. Catal Today 167: 14-30.
[40] Cherubini F, Jungmeier G(2010) LCA of a biorefinery concept producing bioethanol, bioenergy, and chemicals from switchgrass. Int J Life Cycle Assess 15(1): 53-66.
[41] Cavani F, Centi G, Perathoner S, Trifiro F(2009) Sustainable industrial chemistry. Wiley-VCH, Weinheim.
[42] US Environmental Protection Agency(EPA)(2009) EPA lifecycle analysis of greenhouse gas emissions from renewable fuels. Report EPA-420-F-09-024.
[43] Hiederer R, Ramos F, Capitani C, Koeble R, Blujdea V, Gomez O, Mulligan D, Marelli L(2010) Biofuels: a new methodology to estimate GHG emissions from global land use change. European Commission, Joint Research Centre, report EUR 24483 EN-2010.
[44] Regalbuto JR(2010) An NSF perspective on next generation hydrocarbon biorefineries. Comput Chem Eng 34(9): 1393-1396.
[45] Lu A-H, Schuth F(2010) Nanocasting: a versatile strategy for creating nanostructured porous materials. Adv Mater 18(14): 1793-1805.
[46] Grimes CA, Mor GK(2009) TiO_2 nanotube arrays: synthesis, properties, and applications. Springer, Heidelberg.
[47] Shankar K, Basham I, Allam NK, Varghese OK, Mor GK, Feng X, Paulose M, Seabold J, Ky-S C, Grimes CA(2009) Recent advances in the use of TiO_2 nanotube and nanowire arrays for oxidative photoelectrochemistry. J Phys Chem C 113(16): 6327-6359.
[48] Centi G, Perathoner S(2009) Nano-architecture and reactivity of titania catalytic materials. Part 2. Bidimensional nanostructured films. Catalysis 21: 82-130, Royal Society of Chemistry Pub: Cambridge, UK.
[49] Tributsch H(2008) Photovoltaic hydrogen generation. Int J Hydrogen Energy 33(21): 5911-5930.
[50] Gibson TL, Kelly NA(2008) Optimization of solar powered hydrogen production using photovoltaic electrolysis devices. Int J Hydrogen Energy 33(21): 5931-5940.
[51] Wipke K, Sprik S, Kurtz J, Ramsden T(2010) Learning demonstration interim progress report-July 2010. Technical report NREL/TP-560-49129 (Sept 2010). National Renewable Energy Laboratory(NREL), Golden, CO.
[52] Liu C, Li F, Lai-Peng M, Cheng H-M(2010) Advanced materials for energy storage. Adv Mater 22(8): E28-E62.
[53] Serrano E, Rus G, García-Martínez J(2009) Nanotechnology for sustainable energy. Renew Sustain Energy Rev 13(9): 2373-2384.

第 2 章 催化生产液态烃运输燃料

Juan Carlos Serrano-Ruiz，*James A. Dumesic*

2.1 引言

化石燃料(如煤、天然气和石油)是我们现代社会当前主要的能源。根据最近可获得的统计数据，这些不可再生资源 2008 年在美国能源消耗总量中占了 85%[1]，占据欧盟全部能源产量的几乎 80%[2]。化石能源在欧盟的这个较低使用量是由更广泛的核能利用予以补充的。因为，这两大工业区域内可再生能源的比例基本相同(8%)。化石燃料能源在社会不同部门(即住宅、商业、工业、交通、社会和电力)的分布是不均衡的。因此，煤炭供应了超过 50%的电力生产，天然气供应在住宅和商业领域占有垄断地位，而石油则基本上(96%)用作交通运输能源[3]。另一方面，可再生能源在任一单一领域的供应量都不足 10%，而其在运输领域的贡献率(2%)最低。这一贡献率预期将在未来几年迅速增加。因此，根据国际能源机构预测，全球生物燃料生产将从 2010 年的 1.90Mbbl/d 增加到 2030 年的 5.90Mbbl/d，占全球传统燃料生产的 6.3%[4]。

上述能源消耗数据表明，化石燃料仍占当前全球能源系统主导地位。然而，有几个重要的问题在本质上是与这些不可再生资源的使用相关联的。首先是可用性。化石燃料储备是有限的，而其消费量则逐年增加以满足工业化国家日益增长的需求和新兴经济体的快速发展。在这方面，美国能源信息管理局推测未来 20 年内世界能源消费量将增加 35%[4]。而对探明储量与消费速率的最新分析表明，石油、天然气、煤炭将会分别在接下来的 40 年、60 年和 120 年内耗尽[5]。第二个重要的问题是环境因素。消耗的化石燃料导致二氧化碳向大气中排放，引起全球变暖和气候问题[6]。最近研究表明，用于能源生产所燃烧的化石燃料对于 70%的全球变暖问题有关[7]。第三个重要的问题由化石燃料储备的地理分布导出。据估计，世界已探明石油储量的 60%和天然气供应量的 41%位于中东国家，而美国、俄罗斯和中国则垄断了世界可采煤炭储量的 60%[4]。这种不均匀的储备分布有可能在世界范围内引起政治、经济和安全问题。

为了解决上面的重要问题，各国政府通过咄咄逼人的指令[8,9]刺激社会使用可再生能源(例如太阳能、风能、水力发电、地热和生物质能)，以便逐步从能源生产系统中取代石油、煤炭、天然气。与化石燃料不同，可再生资源极为丰富且分布在世界各地。此外，它们可以促进零碳或碳中和技术的发展，从而缓解全球变暖的影响。

与化石燃料对社会不同能源行业有不同贡献的情况相一致，可再生能源技术也将选择性地分布于社会上各种需求中。一方面，最近的研究表明，太阳能、风能、地热和水力发电将会在固定动力中应用以产生热量和电力，可最终替代煤和天然气[10,11]。另一方面，生物质已被认为是当前地球上唯一可获得的有机碳来源[12]，因此是最适合用于生产燃料和化学品的石油的潜在替代资源[13,14]。石化工业目前消耗了大部分的原油用于液态烃燃料的生产，而只有一小部分用于化学物质生产。因此，生物质要能有效取代石油，就需要采用新技术以使其能生产液体燃料，即所谓的生物燃料。与石油基燃料不同，生物燃料在概念上讲是碳中性的。因为其燃烧产生的二氧化碳会被随后的生物质再生过程所消耗[15]。不过，生物燃料在生产和运输中产生的二氧化碳量也必须予以考虑。此外，生物燃料的大规模生产可以通过减少对剧烈波动的石油价格的依赖[16]和在不同的部门如农业、森林管理、石油工业[7]等创建新的高薪工作岗位而振兴经济。

当今运输行业上最广泛使用的液体生物燃料是乙醇和生物柴油。乙醇是占据主导地位的由生物质派生出的燃料，生物燃料使用总量的90%是乙醇[17]。它是由来自玉米与蔗糖的糖分经厌氧发酵生产的，而仅仅两个国家（美国和巴西）就占有了全球产量的90%。发酵过程产生了含乙醇稀水溶液，需要由昂贵的耗能蒸馏步骤将水从乙醇混合物中全部蒸出。对于当前火花点火式发动机，要把乙醇用作燃料，只有与汽油进行低浓度(5%~15%)混合（即E5-E15）才行。对于富乙醇混合物(E85)，则需要发动机进行额外升级后才行。将可食生物质用于其生产、与水混溶度过高以及与汽油相比的过低能量密度等特性，也都是将乙醇用作运输燃料的严重局限。

生物柴油是长链烷基酯的混合物，主要来自植物油。其生产过程是在碱性催化剂存在条件下，使植物油与甲醇类醇进行化学结合，此工艺被称作酯交换反应。以浓缩水溶液形式存在的甘油，是生物柴油生产过程的主要副产品。如下所述（见2.2.3节），将此废物予以升级的重要催化路线已经有所发展。类似于乙醇，生物柴油的使用目前仅限于与传统柴油低浓度混合（B5、B20），纯生物柴油(B100)会导致发动机或燃油管中的橡胶和其他组件损坏[17]。此外，对于来自化石燃料的甲醇的需求，已经引发了人们对于可再生生物乙醇用作酯化剂的研究。

人类社会的运输领域需要清洁燃烧并在环境条件下高效存储的高能量密度燃料。来自石油的液态烃燃料最能满足这些条件，使用这些燃料的基础设施（如发动机、加油站、配送网络、石化流程）已经很完备。乙醇和生物柴油能够高效快速启用就得益于这些基础设施。因为这些生物燃料虽然还有一些局限性，但整体上是适应于目前烃基运输系统的。乙醇和生物柴油烷基酯作为运输燃料的主要局限性(混合比例低、能量密度较低、乙醇等还易与水混溶)，从根本上来讲，都来自这些分子与烃类燃料相比的不同化学组成。因此，除去使用生物质生产具有新组成的含氧燃料之外，能克服这些限制的富有吸引力的替代方案是利用生物质生产化学成分上与当今所用来自石油的产品相类似的液体燃料[18]。与乙醇相比，由生物质生产烃类燃料有许多重要优势，如下面所述：

(1) 与现有的能源基础设施兼容。除了来自生物质这一点之外，可再生烃燃料同目前从石油中获得的烃类本质上相同。因此，将其用于运输领域时不必对现有基础设施进行改造。此外，生产烃类生物燃料的工艺过程可以对接上已有成熟石油精炼厂的燃料生产系统。

(2) 高热值。热值(即已知数量的燃料在特定条件下燃烧所释放的热量)是重要的燃料品质，它最终决定了车辆的燃油里程数。燃料的氧含量对此参数有负面影响。例如，乙醇热值只有汽油的 66%。因此，汽车上运行富含乙醇混合物(如 E85 燃料)时，燃油里程数会降低 30%[19]。相比之下，生物质基碳氢化合物燃料可以提供与石油中提炼的燃料相等的能含量和燃油里程数指标。

(3) 疏水性。不吸收水分的燃料是非常理想的。然而，向普通汽油中加入含氧化合物就增加了水与该混合物的溶解度。对于乙醇/汽油混合物，水污染能够引发此两组分分离，而在寒冷气候条件下尤为严重。生物质派生的碳氢化合物的疏水特性可以消除这个问题，因为这些分子与水不溶。此外，碳氢化合物自有的分水能力也是极为有益的，因为它消除了乙醇提纯所需的昂贵耗能步骤。

(4) 更小的反应器。生物质相比于化石燃料的较低能量密度特性，是该资源的固有约束性。因此，要将其加工成能源和燃料，就需要把大量的生物质通过较高成本(还可能要使用化石燃料)从生物质源所在地运到加工厂[20,21]。与乙醇不同，生物质基的烃类燃料可以在高温下并利用浓缩水溶液进行生产[13]。这就使更快的转换反应和更小型的反应器成为可能。因此，代替了先前乙醇生产所需的大型集中化加工厂，这些小单元可以放置在接近生物质源的地方，从而避免生物质的长距离运输。一直有人建议，生物燃料行业的这种小规模、地理上的局部分布还将额外有利于农村经济并降低基础设施的脆弱性[15]。

大规模生产生物燃料的一个主要问题是它选择了食用生物质为原料(如糖类、淀粉、植物油)。这种做法带来严重的道德和伦理问题，因为会与食物竞争土地使用。这些问题推动世界各地的研究人员开发非食用生物质(木质生物质)技术路线，从而允许新一代燃料(所谓的第二代燃料)的可持续生产而不影响粮食供应。在这方面，木质纤维素生物质是丰富的[22]而且比粮食作物生长更快速、价格更低廉[23]。木质生物质包括三个主要组分(见图2.1):纤维素、半纤维素和木质素[24,25]。纤维素是由 β-1,4 糖苷线性连接的葡萄糖线性聚合物,通常在给定木质纤维素来源中占比达约 40%~50%。如图 2.1 所示,这种排列使得不同纤维素链之间有高度的氢键结合,赋予这种材料以高度耐化学稳定性和耐侵蚀性[26]、高结晶度、低表面积。与纤维素不同,半纤维素是无定形的并具有异质成分,因为它是由五个不同的 C_5、C_6 糖的聚合物组成的。它包围着纤维素纤维,一般占木质纤维素来源总量的 20%~30%。木质素是复杂的由乙醚和碳碳键键合在一起的丙基苯酚三维立体聚合物。它通过将纤维多糖聚在一起而提供了结构刚度。它一般存在于木质生物质中,根据来源不同通常含有 15%~25% 的木质纤维素。

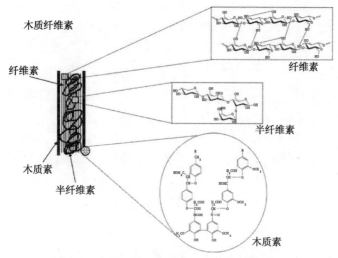

图 2.1　木质纤维素生物质的结构及其组成[47]

目前有两个因素限制了木质纤维素作为运输燃料的原料:顽固性和复杂性。因为有木质素对纤维素和半纤维素提供额外的保护,所以木质纤维素的结构自然就提供了对外部攻击的稳定性和抵抗力。相比之下,食用生物质如淀粉是由带 a 链接的葡萄糖聚合物组成的,这就使得该聚合物高度无定形从而更容易分解成单体[27]。食用生物质的这种化学结构使得人们可以对其进行简单而经济的加工。例如,玉米乙醇折合 0.6~0.8 美元/Lge(Lge 即升汽油当量,1Lge ≈ 31.9MJ,下同),而最近的经济研究则表明利用木质纤维素生产乙醇会将成本增加到 1.0 美元/Lge[28]的水平。因此,世界范围内的研究都在致力于如何减少木质生物质的顽固性[29-31]以便开发出有成本竞争优势的技术,用于从不可食用资源制备液体燃料。后一方面已被专家确认为木质素制生物燃料工业大规模推广的关键瓶颈[32]。

木质纤维素生物质的结构和化学复杂性表明，将不同工艺组合应用可能会使收益最大化。今天最有前途的用于生物质处理的方法类似于石油在石油精炼厂的处理过程，包括木质纤维素原料被转换为简单组分后，再进一步转化成各种各样的有用产品。这些转换将在一个叫作生物炼制的设备中进行，它会将生物质转化工艺与设备整合为一体以便由此资源生产燃料、动力和化学品[33-35]。当前将木质纤维素生物质转化为液态烃燃料的技术包括三大主要路线：气化、热解和水解（见图2.2），后续将在本章各节中分别予以描述。第一个技术（见2.2.1节）可以使生物质转换为合成气(Syngas)，这是有价值的一氧化碳和氢气混合物，可以作为液态烃燃料前体。第二条路径（见2.2.2节）能将固体生物质转化为被称作生物油的液体组分，并可进一步升级到汽油和柴油组分。最后，如2.2.3节所述，第三条路线包括生物质水解生产糖和有价值的中间体，继而这些物质可以在液相中催化加工为全范围的液态烃燃料包括汽油、柴油和喷气燃料。

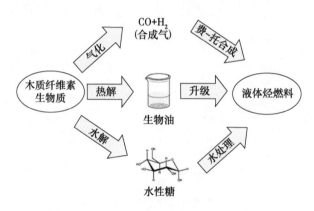

图2.2　木质纤维素转化成液态碳氢化合物
运输燃料的不同路线示意图

2.2　由木质纤维素生物质生产液态烃运输燃料的催化路径

固体生物质通过气化和热解分别转化为气体和液体组分，之后它们再升级到最终燃料产品。气化和热解是纯粹的热化学路线，即生物质分解是在没有催化剂的受控气氛条件下，通过增加温度和/或压力下进行。催化剂则是在下游用于合成气和生物油升级过程。相比之下，生物质衍生品液相处理过程涉及了一系列的催化反应以便有选择性地将水溶性糖(或源于这些糖的分子)转化为液体碳氢化合物燃料。先前的木质纤维素预处理步骤(打破木质素保护)和水解(解聚纤维素和半纤维素组分)步骤对于生成此法中的水溶性原料是必须的。

2.2.1 生物质向液体的转换

与煤制液体(CTL)或气体制液体(GTL)技术相类似,生物质制液体(BTL)路线指的是生物质通过两种不同流程的整合而转化为液体碳氢化合物燃料的过程:生物质气化为合成气(H_2/CO)和后续的费-托合成(FTS)生产碳氢化合物燃料。单独来讲,这两种技术都相对地有较大改善提高。生物质气化类似于煤炭气化,而费-托合成则作为工业过程首先开发于20世纪初,广泛用于南非这样的国家以生产液体碳氢化合物燃料。BTL面临着有效集成这两种技术的挑战。因此,利用生物质替代煤或天然气等传统原料以生产合成气会带来新困难,这些将在本节中概括介绍。

气化是指在外部提供的含氧剂(如空气、蒸汽、氧气)存在条件下进行的热降解。通过控制反应气氛,生物质可以部分燃烧后生成包含CO、H_2、CO_2、CH_4和N_2(水煤气)的高热值气体流,或是生成富含CO和H_2(合成气)的混合物[36]。当以空气为氧化剂时,生成的是水煤气,通常会被用于燃烧以生成电和热能;当以纯氧作为氧化剂时,生成的是合成气流体,这些流体会优先作为生产燃料与化学品的化工原料。后一种路径是本节的重点。

生物质气化合成气倾向于在高温(1100~1300K)下进行,因为碳水化合物分解为CO和H_2是一个吸热反应[37]。然而,在这样苛刻的条件下要控制从气化炉出来的气体组分是很困难的,这要取决于多种不同因素,如生物质来源和颗粒大小、气化条件和气化炉的设计。如上所述,同时加入的氧气量若低于化学计量量则因其有利于部分氧化反应而使混合物富含CO和H_2[24]。生物质颗粒大小也是一个同时影响气化速率和气体流组成的重要因素。为使出口合成气产率最大化,原料的粒度应该足够小(直径小于1mm)以便进行完全和高效的气化过程[38]。至于气化炉类型,根据床体构造(固定床或流化床)、进料方式(上升气流、下降气流或直接夹带)、工作压力(常压或加压)和供热方式(直接或间接),专利文献包含了各种各样的设计[39]。研究表明,在常压下操作的直接空气喷射气化炉不适合BTL应用,因为得到的气体流是高度稀释在惰性氮中的。相比之下,直接夹带的气化炉允许高压(1~6MPa)、高温(1500~1800K)和短停留时间操作,这些都是有利于生产合成气的条件[40]。

生物质气化过程与费-托反应集成时的主要问题是在反应器间的气体净化。从气化炉获得的气体流除含有CO和H_2外,还包含一定数量的污染物需要在到达费-托合成单元前去除,费-托单元对这些杂质高度敏感。焦油(生物质不完全气化产生的高相对分子质量的碳氢化合物)代表了任何气化技术的主要问题[39]。它们会凝结在气化炉或下游加工设备中,造成管道堵塞和操作问题。焦油量可以通过选择适当的气化条件和反应器构型予以减少[41],或者通过在气化炉中添加 Pt、Ru 和 Ni 基固体催化剂辅助重质碳氢化合物气化[42-45]。木质纤维素生物质通常包含各种各样微量组分,如富含硫的蛋白质和含磷、钾与卤素的无机物质。因此,从生物质气化工艺产生的气体流就会携带碱、HCl、NH_3 和挥发性硫化合物,它们会腐蚀发电用的涡轮机,或是在 BTL 技术中毒害费-托下游单元中使用的催化剂。此外,气化流体含有会导致管线堵塞和过滤器阻塞的微粒,特别是使用小粒径原料时。

如上所述,BTL 技术必须在气化炉和费-托反应器之间包括有气体调节单元。已经有人指出,足够的气体清洁过程是实用 BTL 工艺发展的关键环节[46]。因为清洁过程要把许多不同的污染物(焦油、粒子、化学品等)清洁到百万分之一水平[21],此单元通常由多个步骤和先进技术组成[47],这就显著地增加了 BTL 工厂的复杂性和成本。对于费-托单元中气体组成的另一要求涉及 CO/H_2 物质的量比。生产碳氢化合物燃料的费-托过程通常需要合成气中 H_2/CO 物质的量比接近 2[48,49],而由于生物质氧含量较高,一般从此资源产生的流体所含 H_2/CO 的物质的量比约为 0.5[50]。这个比例可以通过水煤气变换反应(WGS)加以调整,CO 与蒸汽反应产生 CO_2 和 H_2。

$$CO+H_2O \longrightarrow CO_2+H_2 \qquad (2.1)$$

这种调整将由额外设置在气化炉和费-托单元之间的 WGS 反应器完成,或者是不另加反应器,而通过与生物质共进料时在气化炉中补加额外的水来完成。不过,后一种选择会对气化工艺热效率有负面影响。

合成气被清洗和"转移"后将被引入到 FTS 反应器中,这是 BTL 技术的最后单元。FTS 是使用 Co、Fe 或 Ru 基催化剂从合成气中生产烷烃(C_nH_n)的著名工业过程[49]:

$$CO+2H_2 \longrightarrow (1/n)C_nH_n+H_2O \qquad (2.2)$$

WGS 反应也发生在费-托催化剂(尤其是那些 Fe 基催化剂)上,这就允许在同一合成床上对 H_2/CO 比例进行最终调整。费-托技术的主要局限性之一是缺乏对最终烷烃产品的选择性,所得产品分布过于宽泛,一般其范围为 $C_1 \sim C_{50}$。支配着烷烃链增长概率的安德森-苏尔茨-弗洛里(Anderson-Schulz-Flory, ASF)聚合模型表明,无论是汽油还是柴油燃料都无法定向产出,生产过程中总会同时产生大量的副产物[47]。为了克服这个限制,间接的路线正在被用于选择性 FTS 反应,其中包括重碳氢化合物(蜡)的初始生产与随后这些重质化合物的受控加氢裂化为汽油和柴油[51]、利用活性材料如 ZSM-5 负载 Co 和 Fe 催化剂进行裂解和异构化反应以生产汽油组分[52]。

当前的 BTL 活动处在研究、开发和示范阶段。目前最有前途的 BTL 项目是在荷兰由木质生物质制备柴油燃料的小型示范工厂[53]以及在德国每年由多种木质纤维素原料生产15000t液体燃料的最新工厂[54]。BTL技术商业化的一个挑战是生产燃料的成本,其复杂的工艺过程会对成本产生负面影响。因此,这条路径只有提高规模才有经济性,所以要求有传输低能量密度生物质的大型集中设施的应用。为了提高BTL工艺的经济性,在由生物质衍生的合成气制备碳氢化合物燃料时,联产高价值的化学品如甲醇[55]和氢[56,57]也是一种选项。

2.2.2 生物质热解过程与升级工艺的集成

生物质在惰性气氛下于648~800K温度范围进行处理时,会形成气态产品,它们冷凝后就形成了通常被称为生物石油的深色黏性液体。这种液体由超过400种高含氧化合物的复杂混合物组成,其中包括酸、醇、醛、酯类、酮类、芳香族化合物、高分子碳水化合物和木质素碎片[58,59]。要想控制生物石油的最终组成是困难的,因为这会受到大量不同因素的影响,如原料类型(木材、农业废物、森林废弃物)、反应条件(温度、压力、气化物停留时间)、反应器设计、原料的碱含量、粒子大小和存储条件[60]。在典型的热解过程中,生物石油含有约25%的水(由最初的生物质原料带来和由转换过程产生)与10%的悬浮焦炭,这些焦炭会从生物液体随后的利用过程中分离出去。

与气化过程相似,热解的一个主要优势是其允许木质生物质中所有有机物质都被转换,包括高度顽固的木质素部分。此外,生物质能的大部分(高达70%)可以保留在生物石油中[47],使得生物能集中,这些液体可以更方便地处理和运输。有别于BTL,热解工艺很简单,只需要一个单独的反应器。这有利于小型转换达到经济规模,使人们可以使用更易布置在生物质源附近的小型轻便热解单元[15]。因此,多个小型设施(每天10~100t生物质)目前正在美国、加拿大和荷兰进行工业应用[61]。生物石油目前正被用作锅炉燃料以提供固定电力和热能以及化学品生产。

将生物石油作为运输燃料还有关键障碍。如上所示,热解油是含氧化合物的复杂混合物,使得该液体能量密度较低(通常是传统碳氢化合物燃料的50%)、挥发性低、稳定性低,这些都是不适合作为液体运输燃料的特征。此外,其较高的酸度(pH值为2.5)、黏度和水含量还可能导致存储和发动机问题。因此,生物石油作为运输燃料必须进行预处理。升级生物石油的主要路线将在下节中描述。

2.2.2.1 加氢脱氧

热解过程不涉及原料的深度化学转换,因而所得有机液体的成分更与生物质近似而与碳氢燃料不同。所以,要以石油原料炼制同样的方式来将其成分调整为传统燃料,生物石油必须先进行化学转化以使之具有液体碳氢化合物燃料的特点如高能量密度、挥发性和热稳定性。与石油炼制中去除硫和氮的过程相对应,所需变化要通过生物石油深入除氧来完成。降低生物石油氧含量的方法之一包括在较高压力和适当温度下加氢处理,这一过程被称为加氢脱氧[62,63]。生物石油组分的加氢反应通常是在硫化 CoMo-基和 NiMo-基催化剂上进行,这两类催化剂被广泛用于石化行业的脱硫和脱氮反应。贵金属 Pt 和 Ru 也被用于这个目的,不过它们较高的成本以及对生物石油中通常所含硫杂质的较低耐受性严重限制了其商业应用。由于加氢处理,生物石油中的含氧化合物被完全消除,氧以水的形式除去,水则作为分离相出现在反应器中。由此产生的有机层拥有类似碳氢化合物的属性,如低黏度、高稳定性和高热值,可以满足燃料应用。

生物石油的加氢脱氧有许多缺点必须解决,以使其在经济上可行。首先,加氢脱氧需要消费大量通常产自化石燃料的氢气。要克服这个限制,应该开发从木质生物质产氢。在该方法中,生物质的一小部分会用于生产可再生氢,之后将其用于生物石油脱氧。目前已有几种可用于加氢脱氧工艺的产氢技术。其中包括气化-WGS 路线(在前一节中描述过)、生物石油水溶性组分蒸汽重整[64]和生物质派生糖类液相重整(APR)[65,66]。加氢脱氧的第二个重要问题来源于生物液体的复杂成分,其中包括大量的化合物(如酸、酮、醛、醇、芳烃),其对加氢反应各有极为不同的反应活性。因而这个过程的挑战之一是控制加氢的程度。目标是有选择性地去除氧而不去除氢化芳香化合物(来自木质素并作为汽油有用组分),避免不必要的氢耗。最后,使用高压氢气(通常是 100bar 以上)使生物石油完全脱氧会因为操作成本上升而对该工艺的经济性带来不利影响。

2.2.2.2　分子筛升级

另一种可不使用氢的生物石油脱氧替代方法是基于石油炼制的催化裂化方法,其中包括在常压和适度温度下用酸性沸石对生物液体进行处理[67-69]。处理的结果是,伴随着适度收益,生物石油中含氧化合物得以转化为芳香族和脂肪族碳氢化合物的混合物,而氧则通过一套复杂的包括脱水、裂化、芳构化的反应以 CO、CO_2 和水的形式被脱除。所得芳香族和脂肪族碳氢化合物的分布由催化剂的酸度和多孔结构确定。因此,H-ZSM5 可以使芳香族与脂肪族产品之比最大化,而无定型 $SiO_2-Al_2O_3$ 则主要成就了脂肪族碳氢化合物。相比加氢脱氧,沸石升级提供了有重要意义的处理过程和经济优势。因为不需要氢,反应可以在常压和适度温度(623~773K)下进行。重要的是,这些温度与生物石油生产类似,因而允许热解和沸石升级被整合在一个单一反应器中[70]。沸石升级的有效性在两个重要方面受到限制:较差的碳氢化合物产率与失活问题。烃产量低的一个主要原因是生物液体中大部分(40%~60%)有机碳丢失在了气相中(以轻烯烃、CO 和

CO_2的形式)和以结焦方式沉积在了沸石上。这个焦炭沉积过程造成了催化剂失活,尽管通过燃烧含碳物质可以恢复其初始活性。此外,还观察到了不可逆失活。因为沸石结构骨架面对生物石油中常见的水分和生产现场脱水反应产生的水分会出现脱铝现象。

2.2.2.3 生物石油酮基化

与生物石油升级相关的主要挑战是实现高效脱氧同时使氢耗最小化。一方面,特别是生物石油升级使用氢期间没有过多的焦炭形成而实现了清洁生产,但与此同时,它的高成本增加了该工艺的费用。另一方面,生物石油通常包含大量(30%)的羧酸[71],会使这些液体具有较高酸度和腐蚀性。此外,酸的高度反应性会使生物石油不稳定。这些不受欢迎的属性,以及将羧酸加氢脱氧为碳氢化合物所耗费的大量氢,使得人们要开发理想的技术以有效去除生物石油的酸度。这方面,有一个不用氢来处理生物石油酸性组分的有趣路线,其中包括了催化酮式脱羧反应或酮基化作用[72]。通过这个反应,两个羧酸分子会缩合成一个较大的酮($2n-1$ 个碳原子)并释放出理论配比的二氧化碳和水:

$$2CH_3(CH_2)_nCOOH \longrightarrow CH_3(CH_2)_nCO(CH_2)_nCH_3+CO_2+H_2O \quad (2.3)$$

这个反应通常由 CeO_2、TiO_2、Al_2O_3 和 ZrO_2 等无机氧化物在适中温度(573~773K)和大气压力下催化进行[73,74]。酮基化作用能够在生物石油催化升级中得到应用源于以下几个原因:首先,生物石油中的羧酸可以选择性地移除[75](在不影响其他化合物的情况下)并在热解常用的温度和压力下转换成更疏水的较大的酮。其次,这种转化发生的同时减少了酸的氧含量(以水和二氧化碳的形式)且不使用氢。因此,生物原油通过酮基化床的预处理有利于减少酸度和氧含量,从而既减少了氢耗也使生物石油更易于参与后续加氢脱氧过程。第三,酮基化作用也可以应用于通常存在于生物石油中的其他化合物,如酯类物质[76,77],它们通常是由酸类与醇类物质之间的反应形成[78]。最后,与沸石升级不同,这个反应可以在有适量水[79]存在的情况下有效进行,这些水通常见于生物石油中。

2.2.3 生物质衍生物液相处理

如本章先前所述,木质纤维素生物质是由三个单元组成:纤维素、半纤维素和木质素。前两个单元是 C_5 和 C_6 糖的聚合物,可通过酶或酸水解作用解构为糖类物质的水溶液。但是,要有效解聚纤维素和半纤维素,则木质素保护层必须先被打破或削弱。为此,人们开发了多种包括化学和物理处理过程的方法[29],有人最近研究了这些预处理对于生物质形态和结构的影响[31]。

水解后获得的糖类物质的水溶液可以用作生产乙醇等燃料的原料,或者也可以通过化学和生物路线生产一系列有用的化学衍生品[80]。如本节所述,糖以及来自于它们的其他重要化学物质，还可以在液相中进行催化处理，以生产化学性质类似于目前交通部门在用的液体烷烃类。与其他两个将生物质转化为碳氢化合物燃料的主要路线不同（即气化和热解），生物质衍生化合物的液相处理是在温和温度下进行的，该温度使我们能更好地控制催化反应。在此情况下，有可能由生物质得到具体、明确的液态烃燃料，并具有较高产量。不过，生物质必须预处理以制备满足后续催化加工的液相原料，而木质素组分一旦被分离将不能使用这个路线。这些因素代表了相对于气化和热解工艺的不利方面，因为气化和热解工艺是设计用来处理包括纤维素、半纤维素和木质素组分在内的生物质原料的。

与石油原料不同，生物质衍生物含有大量的有机官能团（例如—OH、—C═O 和—COOH 基团）。这种化学组成清楚地决定着用于升级改质这些生物质衍生物分子为液体碳氢化合物燃料所用的催化策略。一方面，这些生物分子氧含量高带来两个重要的后果：这些分子是具有高化学活性的（随温度升高有自然分解倾向），以及考虑到它们的高水溶性，它们通常是以水溶液形式从生物质中得到的。这些特征表明，温和温度下进行水相处理，可能是催化处理这些资源的有效方法。不幸的是，这些生物质衍生物的化学成分迥异于目标化合物（即液态烷烃类），迫使我们采取需要多个处理步骤进行深度化学转换。因此，就需要有各种类型的反应，包括脱水、异构化、碳碳耦合、重整、加氢和氢解。这些反应中一部分尤其有助于生物质衍生物脱氧（即脱水、加氢和氢解），而其他反应（例如碳碳耦合）则使我们可以调整最终碳氢化合物燃料的相对分子质量。

一些最相关的生物质衍生物分子将在接下来的小节中讨论。对其选择的标准是其通过水相催化处理生产液体碳氢化合物燃料的潜力。如引言所述，选择甘油（见 2.2.3.1 节）是因为其重要的、处于增长期的生物柴油行业的一种废物流，此外，其还可在一定条件下由糖的细菌发酵生产[81]。羟甲基糠醛（HMF）是葡萄糖和果糖脱水的重要产品，还被作为生产聚合物[80]、溶剂[82]和燃料添加剂[83]的重要中间体而得到广泛研究。如 2.2.3.2 节所示，羟甲基糠醛还可以作为平台分子，用于适合柴油和喷气燃料用途的液态烃燃料的生产。与用糖产生甘油和羟甲基糠醛等二次产品不同，这些分子可以直接作为原料，通过包括有重整和碳碳偶联反应的两步串联催化法来生产液态烃燃料。这一能够灵活生产不同组成的碳氢化合物燃料用作汽油、柴油和航空燃油的重要路线，将在 2.2.3.3 节予以重点介绍。生物质脱氧反应为碳氢化合物燃料是一个复杂的过程，理想上应该最少的利用外部氢，从而使生物过程经济可行并使其成本竞争力比肩当前石油基技术[84]。因此，没有氢耗（或最小氢耗）的从生物质生产碳氢化合物燃料的催化路线的发展是最值得期待的，这方面的最新进展将在 2.2.3.4 节予以介绍。

2.2.3.1 与费-托合成进行整合的甘油转换过程

甘油（1,2,3-丙三醇）是一种高沸点的（563K）、溶于水的吸湿性化合物。甘油包含有三个决定其物理性能的羟基。此外,这些羟基还赋予该分子较高的多功能性和化学反应活性。因此,甘油可以发生氧化[85]、脱水[86,87]、还原[88]、氢解作用[89,90]、缩醛作用[91]和醚化反应[92]以制备有价值的化学物质。

由于生物柴油产业的发展,甘油升级至有用产品的过程吸引了世界各地研究人员的关注[88]。引起人们兴趣的主要原因是甘油的巨大数量(例如,每吨生物柴油含有100kg的甘油[93]),它们每日以浓缩水溶液形式在生物柴油生产设施中产出,并在市场上出售。此外,甘油还可以作为副产物由木质素向乙醇的转化过程中获得,该转化过程预计不久将成为重要的产业[94]。尽管甘油目前在不同领域大量应用于如化妆品、制药、食品和饮料行业,生产生物柴油派生的甘油过剩产量仍将超过当前化学品生产对该化合物的需求。因此,需要大规模使用这一原料的新技术。尽管生物柴油生产水平在欧洲与美国的预期增长会刺激研究人员寻找粗甘油的新应用,当前的甘油生产已经由于其与粮食生产的竞争,而到达了一个平衡期。大规模消费甘油的可能性之一是将其用于交通行业。不幸的是,与乙醇不同,甘油在碳氢化合物中溶解度低,不能直接添加到传统燃料中。此外,这种化合物的高黏度和不稳定性(高温下)严重阻碍其在内燃机中作为添加剂使用。因此,甘油必须进行化学转化(例如脱氧)以调整其属性与液态烃燃料的相当。在这方面,富有前景的甘油转换路径包括了通过APR过程进行的合成气生产:

$$C_3O_3H_8 \longrightarrow 3CO+4H_2 \tag{2.4}$$

这个反应通常是在铂催化剂上进行的,因为该金属具有进行C—C键分解反应(产生CO、H_2和CO_2)而非C—O键分解反应(生成轻质烃)的能力[65,96]。要有选择地生成合成气,必须避免WGS过程[见式(2.1)]。例如,通过使用惰性材料(如碳)而非氧化物作为催化剂载体以免氧化物载体把水激活[95]。化学惰性(避免酸催化的聚合反应发生)和疏水性(提供水环境下的稳定性)的组合可能是碳催化剂在甘油转为合成气的水相处理过程中具有良好稳定性的原因。

随后,甘油派生的合成气可分别通过费-托合成和甲醇合成反应,用于生产液态烃燃料和/或化学物质。这一新路径将是对BTL的极具吸引力的替代(见2.2.1节),因为它克服了由可再生资源生产液体烷烃的该项复杂技术的许多局限性,如下所示:

(1)与生物质气化所需的高温(1100~1300K)形成对比的是,甘油重整通常在相对温和的温度(498~620K)下进行。该温度范围也适用于FTS[见式(2.2)],因此,将这两个过程在一个反应器内进行有效整合是可行的[97]。

(2)浓缩甘油水溶液(例如由生物柴油设施生产的)可以在一个反应器中重整。因此,就不需要再有BTL所需的大型生物质气化炉和制氧厂。此外,所得合成气是未被稀释和不含杂质的,这就降低了与昂贵的气体净化单元(见2.2.1节)

相关的资金成本。因此，这个路线允许有成本竞争力的小规模运作，如2.2.2节中所述，这是对分散式生物质资源进行处理的优势。

(3) FTS过程受到热效率低的制约[98]。将甘油生成合成气的吸热反应与FTS放热过程耦合在一起，如在反应[见式(2.5)]中生成辛烷情况所示，则会产生一个利用可再生资源生产液态烃运输燃料的节能路径。

$$C_3O_3H_8 \longrightarrow 7/25C_8H_{18} + 19/25CO_2 + 37/25H_2O \quad (2.5)$$

2.2.3.2 糖脱水：生产碳氢化合物燃料的羟甲基糠醛和糠醛平台

以纤维素、半纤维素或淀粉为来源的生物质派生糖，可以脱水形成呋喃化合物如糠醛和羟甲基糠醛(HMF)等。这些分子在作为化学中间体生产工业溶剂、聚合物和燃料添加剂方面有大量的应用。而工业上基于酸催化的C_5糖分脱水制糠醛技术很发达[99]，大规模生产HMF目前受限于缺乏成本效益的技术，有两个主要的挑战在这方面依然存在。第一个挑战涉及直接从葡萄糖有效生产HMF的工艺流程的开发。特别是，当前技术需要葡萄糖异构化得到果糖的步骤，因为由果糖脱水制羟甲基糠醛会有更好的选择性和更高的速率[100,101]。第二个重要的问题涉及对包括了反应物、中间体和最后的羟甲基糠醛产品的不必要副反应的控制。在后一情况下，使用两相反应器显示了富有前景的结果，在其中果糖在液相中脱水为羟甲基糠醛，羟甲基糠醛再由有机溶剂提取以避免进一步的降解反应[102]。

除了上面提到的应用，糠醛和羟甲基糠醛还通过包括有脱水、加氢和醇醛缩合反应的串联过程，形成了用于由生物质派生糖类生产液态烃运输燃料的建筑模块[103,104]（见图2.3）。这个多步过程开始于多糖体如纤维素、半纤维素和淀粉等经酸水解产生单糖如葡萄糖、果糖和木糖。这些糖可以在同样的酸性环境进一步脱水形成含有羰基呋喃的化合物如糠醛和羟甲基糠醛。在后续步骤中，这些糠醛化合物可以通过与含羰基分子如丙酮的醇醛缩合反应而转化为更大的分子。缩合反应通常在低温极性溶剂如水中进行，并由Mg-Al氧化物等碱性固体或均相碱性催化剂如氢氧化钠予以催化。得到的醇醛加合物含有较多的碳原子和不饱和C＝C键，因此，这些化合物显示较低水溶性，并易于从水相沉淀出来。另外，醇醛缩合也可以在两相反应器中进行，糠醛化合物（之前在四氢呋喃等有机溶剂中提取的）与含氢氧化钠的液相接触即可[104]。这个过程代表了一种进步，因为醇醛加合物是原位提取到有机相。有趣的是，醇醛加合物可以与初始的糠醛化合物经历第二个缩合反应从而生产更大的分子（见图2.3）。过程的第三步包括了醇醛加合物的C＝C和C＝O键在金属（通常是Pd）存在下的加氢反应，从而增加了溶解度并生成了大型水溶性有机化合物。有趣的是，醇醛缩合和随后的加氢步骤可以使用双功能（金属和碱基）与水稳定的$Pd/MgO-ZrO_2$催化剂在单一反应器中进行[105]。在最后一步中，氢化的醇醛加合物通过液相脱水/加氢（APD/H）反应转化成液态烷烃[106]。这个过程通过在含有金属和酸基双功能催化剂（Pt-SiO₂-Al₂O₃）上连续的脱水和加氢反应循环达到水溶性加合物的除氧。这最后一步是在一个包括加合物的水溶液、氢气入口流、十六烷清扫流和固体催化剂的四相反应器中进行[103]。由于氧气是以水的形式从氢化加合物中移除，故能使之变得更疏水，而十六烷清扫流则可以帮助从催化剂表面去除这些物料以避免反应过度形成焦炭。ADP/H 步骤的最新进展使我们可以通过使用水稳定双官能 Pt/NbPO₄ 催化剂解除十六烷清扫流步骤[104]，铌基载体在水环境下呈现了优越的脱水活性和稳定性[107]。由于这项进展，拥有目标相对分子质量（$C_9 \sim C_{15}$ 的羟甲基糠醛和 $C_8 \sim C_{13}$ 的糠醛）的最终产品液体碳氢化合物燃料，可以以纯有机料流形式自发地从水中分离出来，同时保留初始糖原料约 60%的碳。

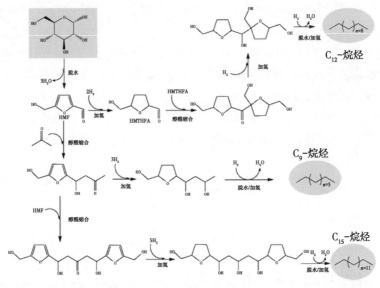

图 2.3　生物质派生葡萄糖通过 HMF 而转化为液态烷烃的反应途径[103]

2.2.3.3　糖在 Pt-Re 催化剂上的重整/还原

生物质派生碳水化合物（从纤维素和半纤维素获得）通常是具有较高氧含量（C∶O 化学比为 1∶1）的 C_5、C_6 分子。这种化学成分与运输燃料形成反差，因为后者的分子很大（例如汽油为 $C_5 \sim C_{12}$，喷气燃料为 $C_9 \sim C_{16}$ 而柴油用途的为 $C_{10} \sim C_{20}$）且不含氧。因此，从生物质派生碳水化合物生产液体碳氢化合物燃料必须包括除氧反应（例如 C—O 氢解、脱水、加氢），并将其与 C—C 键合成步骤（如醇醛缩合、酮基化作用、齐聚反应）相结合以增大相对分子质量。为确保过程的经济可行性，这个深度化学变换最好是在理想情况下进行：使用最少量的外部来源的氢气和使用有限数量的来自反应器与提纯/分离步骤的氢气。人们提出了几种方法来解决这些问题。首先，利用 APR 反应原位生成氢[65]，则脱氧过程所必需的氢可以由一小部分同源糖原料提供，以葡萄糖为例：

$$C_6O_6H_{12}+6H_2O \longrightarrow 6CO_2+12H_2 \tag{2.6}$$

其次，能够在同一反应器内进行不同反应的多功能催化剂，可以用来降低生物质升级流程的复杂性[108]。

最近，一项将两种方法（例如原位制氢和多功能催化剂的使用）结合在一起的新技术，已被用来通过简单的两步过程[75]（见图 2.4）将糖和糖醇的水溶液转换为液体碳氢化合物燃料。在第一步中，糖和多元醇在接近 500K 的温度附近用 Pt-Re/C 催化剂部分脱氧，由此得到 $C_4 \sim C_6$ 范围的单官能团碳氢化合物混合物（包括酸类、醇类、酮类和杂环化合物），它们都存储在自发从水中分离的有机相中。Pt-Re/C 催化剂通过适当的控制 C—C 断裂（生成 CO_2 和 H_2）和 C—O 断裂（生成烷烃）的速率以达到糖原料的部分脱氧（初始糖中高达 80% 的氧被脱除）。C—O 的断裂通过与氢反应（例如氢解作用）来完成并通过铼予以促进[109,110]。随着氧逐渐以水的形式离开这些中间体，其与催化剂表面的交互作用变得很弱，推动了解吸作用，导致了酸类、醇类、酮类和杂环化合物的形成（见图 2.4）。有趣的是，这个过程代表了对热解过程（见 2.2.2 节）的改进提高，因为与生物石油不同，单官能团物流含有处于完全无水有机相中的明确的疏水性化合物混合物。

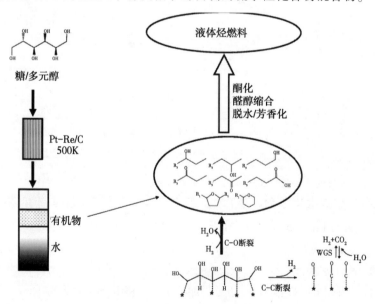

图 2.4　糖和多元醇在 Pt-Re/C 上重整/还原生成中间体疏水性单官能团的示意图，这些中间体可以通过 C—C 偶联反应升级到液态烃燃料[75]

单官能化合物并未完全脱氧,因而其包含可用于后续升级过程的官能团。这种原料部分脱氧外加后续中间体升级的策略使我们能更好控制反应度,一些重要的生物质衍生物如乳酸和乙酰丙酸已经可以通过此法被升级为燃料和化学品[84]。单官能流化合物的有机物流可以通过 C—C 偶联反应转化为不同类别的目标液体碳氢燃料(见图 2.4)。在有机物流中的每种单官能化合物(例如醇、酮、酸)可以通过不同的 C—C 偶联反应(例如齐聚反应、醇醛缩合和酮基化作用)升级为不同的碳氢化合物。例如,由糖衍生的疏水流,预先由酮类的加氢反应使之富含乙醇,可以在常压下使用酸性 H-ZSM5 转化为芳香族化合物(汽油组分)。酮类可以通过双功能 $Cu/Mg_{10}Al_7O_x$(其中,混合氧化物可以促成醇醛缩合反应,Cu 则使不饱和醇醛加合物经历氢化反应)进行醇醛缩合反应以生产低支化的较大化合物,这是柴油应用所需求的[111]。最后,如 2.2.2.3 节所示,酮基化作用可以用来将疏水性物流中酸性组分升级为较大的酮类物质。这个反应在有机流富含羧酸时具有特殊的重要性,物料为葡萄糖时就是这种情况。

2.2.3.4 生产碳氢化合物燃料的乙酰丙酸和 γ-戊内酯平台

乙酰丙酸(4-戊酮酸)是一种重要的生物质派生酸,通过对纤维素废弃物如造纸厂污泥、城市废纸和农业废弃物进行加酸水解处理可以获得较高的收率[112]。此外,鉴于其作为生物炼制工艺开发模块的潜力,乙酰丙酸被认为是 12 个最有前途的生物质衍生品之一[80]。乙酰丙酸包含两个官能团(C═O 和 COOH),这就使得该分子可以通过各种合成转化[113]以生成增值化学品如甲基四氢呋喃(MTHF)(一种汽油添加剂)和 Δ-氨基乙酰丙酸(DALA)(一种可生物降解的农药)[114]。

最近,我们小组开发了一种催化路线可以将乙酰丙酸的浓缩水溶液升级为液体碳氢化合物燃料(汽油和柴油)[115]。该催化方法包括脱水/加氢(降低该分子的氧含量)反应和酮基化(增大其相对分子质量)反应(见图 2.5)。有趣的是,使用双功能(金属和酸性中心)Pd/Nb_2O_5 催化剂使我们能用最少数量的反应器和分离步骤进行这些反应。乙酰丙酸首先在低温下(例如,423K)用 Ru/C 催化剂进行加氢处理形成 γ-戊内酯(GVL)。加氢步骤是必要的,用以防止催化路径穿越高浓度的当归内酯,后者是在较高温度(例如,573~623K)下脱水产生的已知焦炭前体[116]。随后,液相 GVL 在温和温度与压力下用 Pd/Nb_2O_5 催化进行开环(在酸性中心上)反应和加氢反应,以较高收率转化为疏水戊酸。值得注意的是,当空速足够低时,戊酸会在同一 Pd/Nb_2O_5 床层上升级为壬酮,碳收率可达 70%,这就使得人们可以在同一个反应器内由 GVL 直接生产壬酮[115]。在自发与水分离的有机层中得到的壬酮,可以作为平台分子生产用于交通行业的液态烃燃料(见图 2.5)。例如,有机 C_9-酮物流可以由双功能金属-酸催化剂如 Pt/Nb_2O_5[104](通过加氢/脱水循环)进行加工,成为具有可用作柴油掺混剂的优越十六烷值和润滑性的线性正壬烷。另外,由 C_9 酮加氢反应得到的壬醇可以用 USY 沸石催化剂进行单一步骤的脱水和异构化反应,生产具有适宜相对分子质量和结构的支链 C_9 烯烃混合物,在加氢反应为对应烷烃后可用在汽油中。

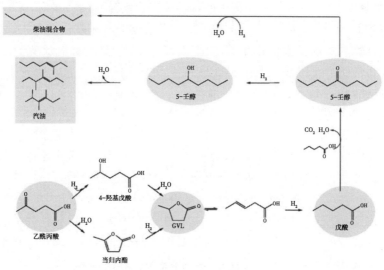

图 2.5 由生物质衍生品乙酰丙酸生产液态烃燃料的催化路线[84]

GVL 是一个有趣的生物质衍生物,已经被人们提出用作潜在的汽油添加剂[117]、聚合物前体[118]和精细化学品[119]。它通常是由乙酰丙酸的催化加氢制得。这一还原反应通常是在低温下进行的以避免 GVL 被过度还原为 MTHF。不过,让 GVL 成为很有趣的生物质原料的原因是,它具有不用任何外部氢源而能加以生产的潜能。特别是作为 C_6 糖的脱水产物,乙酰丙酸的生产还伴随着等化学计量的甲酸,甲酸可在乙酰丙酸还原为 GVL 的相同温度下转换为 CO_2 和 H_2。因此,甲酸可用作可再生氢源将乙酰丙酸还原为 GVL[120]。

最近,一个新的催化路线已经利用了 GVL 的这一重要特性,开发了不需要外部氢源将 GVL 水溶液转化为液态烃燃料的工艺[121]。在这个工艺中,GVL 进料在较高压力(例如 36bar)下由硅/氧化铝催化剂进行脱羧反应,产生了由丁烯异构体和 CO_2 组成的气体流。之后,该气体流在酸性催化剂(H-ZSM5,大孔树脂)下进行丁烯齐聚反应,生成了相对分子质量适合汽油和喷气燃料用途的烯烃。在齐聚反应之前,气体流中的液相水必须由分离器予以脱除以使丁烯在第二反应器实现有效的齐聚反应。这一技术呈现重要的经济和环境优势:在这个过程中不需外部供氢、不需要贵金属催化剂和在较高压力下会产生纯二氧化碳气流,从而使人们能有效利用隔离或捕捉技术来减轻温室气体的排放。

2.3 结论

我们的社会高度依赖于不可再生并会导致全球气候变暖的化石燃料。从非食用木质纤维素生产液态烃运输燃料可以是一个有趣的选择来缓解这些问题,并克服乙醇和生物柴油作为生物燃料而产生的许多局限性。抗降解屏障和复杂性是大规模利用木质纤维素资源生产液态烃燃料的两个主要障碍。有多个路线可以实现将生物质变为液体碳氢燃料所需的深度化学转化(例如生物质转化为液体的 BTL 过程,与升级处理整合了的热解过程以及生物质衍生物液相加工过程),所有这些路线都包含了多相催化剂的使用以便控制最终燃料的技术路线。

参 考 文 献

[1] EIA Annual Energy Review(2008)http://www.eia.doe.gov/aer/pdf/aer.pdf. Accessed 7 Jul 2010.
[2] Eurostat(2009)Statistical aspects of the energy economy in 2008, issue number 55/2009. http://epp.eurostat.ec.europa.eu/cache/ITY_OEFPUB/KS-SF-09-055/EN/KS-SF-09-055-EN.PDF. Accessed 7 Jul 2010.
[3] Simonetti D, Dumesic JA(2008)Catalytic strategies for changing the energy content and achieving C-C coupling in biomass-derived oxygenated hydrocarbons. ChemSusChem 1: 725-733.
[4] Energy Information Administration, International Energy Outlook(2009)http://www.eia.doe.gov/oiaf/ieo/pdf/0484%282009%29.pdf. Accessed 7 Jul 2010.
[5] BP(2009)Statistical review of world energy. http://bp.com/statisticalreview. Accessed 7 Jul 2010.
[6] Intergovernmental Panel on Climate Change(2007)Climate change 2007: synthesis report. http://www.ipcc.ch/publications_and_data/ar4/syr/en/contents.html. Accessed 7 Jul 2010.
[7] Worldwatch Institute Center for American Progress(2006)American energy: the renewable path to energy security. http://www.worldwatch.org/files/pdf/AmericanEnergy.pdf. Accessed 7 Jul 2010.
[8] White House(2007)President Bush state on the union address. http://usgovinfo.about.com/h/2007/01/23/bush-delivers-his-seventh-state-of-the-union-address.htm. Accessed 7 Jul 2010.
[9] Official Journal of the European Union(2003)Directive 2003/30/EC of the European Union Parliament. http://ec.europa.eu/energy/res/legislation/doc/biofuels/en_final.pdf. Accessed 7 Jul 2010.
[10] Kreith F, Goswami DY(2007)Handbook of energy efficiency and renewable energy. CRC Press, Boca Raton.
[11] Graziani M, Fornasiero P(2007)Renewable resources and renewable energy: a global challenge. CRC Press, Boca Raton.
[12] Klass DL(1998)Biomass for the renewable energy, fuels and chemicals. Academic, London.
[13] Chheda J, Huber GW, Dumesic JA(2007)Liquid-phase catalytic processing of biomass-derived oxygenated hydrocarbon to fuels and chemicals. Angew Chem Int Ed 46: 7164-7183.
[14] Ragauskas AJ et al(2006)The path forward for biofuels and biomaterials. Science 311: 484-489.
[15] NSF(2008)Breaking the chemical and engineering barriers to lignocellulosic biofuels: next generation hydrocarbon biorefineries. http://www.ecs.umass.edu/biofuels/Images/Roadmap2-08.pdf. Accessed 7 Jul 2010.
[16] US Energy Information Administration(2009)Petroleum navigator. http://tonto.eia.doe.gov/dnav/pet/hist/wtotworldw.htm. Accessed 7 Jul 2010.
[17] Worldwatch Institute(2007)Biofuels for transport. Earthscan, London.
[18] Regalbuto JR(2009)Cellulosic biofuels—got gasoline? Science 325: 822-824.
[19] EPA/DOE sponsored web site. http://www.fueleconomy.gov/feg/flextech.shtml. Accessed 7 Jul 2010.
[20] Hamelinck CN, Suurs RAA, Faaij APC(2005)International bioenergy transport costs and energy balance. Biomass Bioenergy 29: 114-134.
[21] Spath PL, Dayton DC(2003)Preliminary screening-technical and economic assessment of synthesis gas to fuels and chemicals with emphasis on the potential for biomass-derived syngas. United States Department of Energy, National Renewable Energy Laboratory. http://www.nrel.gov/docs/fy04osti/34929.pdf. Accessed 7 Jul 2010.
[22] Perlack RD, Wright LL, Turhollow AF, Graham RL, Stokes BJ, Erbach DC(2005)Biomass as feedstock for a bioenergy and bioproducts industry: the technical feasibility of a billion-ton annual supply. DOE/GO-102005-2135, Oak Ridge National Laboratory. http://feedstockreview.ornl.gov/pdf/billion_ton_vision.pdf. Accessed 7 Jul 2010.
[23] Klass DL(2004)Biomass for the renewable energy and fuels. In: Cleveland CJ(ed)Encyclopedia of energy. Elsevier, London.
[24] Lange JP(2007)Lignocellulose conversion: an introduction to chemistry, process and economics. Biofuels, Bioprod Biorefin 1: 39-48.
[25] Stocker M(2008)Biofuels and biomass-to-liquid fuels in the biorefinery: catalytic conversion of lignocellulosic biomass using porous materials. Angew Chem Int Ed 47: 9200-9211.
[26] US Department of Energy(2005)Feedstock composition glossary. http://www1.eere.energy.gov/biomass/feedstock_glossary.html#C. Accessed 7 Jul 2010.
[27] US Department of Energy(2005)Feedstock composition glossary. http://www1.eere.energy.gov/biomass/feedstock_glossary.html#S. Accessed 7 Jul 2010.
[28] International Energy Report(2007)Energy technology essentials, biofuel production. http://www.iea.org/techno/essentials2.pdf. Accessed 7

Jul 2010.
[29] Kumar P, Barrett DM, Delwiche MJ, Stroeve P (2009) Methods for pretreatment of lignocel-lulosic biomass for efficient hydrolysis and biofuel production. Ind Eng Chem Res 48: 3713–3729.
[30] Carrol A, Somerville C (2009) Cellulosic biofuels. Annu Rev Plant Biol 60: 165–182.
[31] Kumar R, Mago G, Balan V, Wyman CE (2009) Physical and chemical characterizations of corn stover and poplar solids resulting from leading pretreatment technologies. Bioresour Technol 100: 3948–3962.
[32] Bozell JJ (2008) Feedstocks for the future: biorefinery production of chemicals from renewable carbon. Clean Soil Air Water 36: 641–647.
[33] Lynd LR, Wyman C, Laser M, Johnson D, Landucci R (2002) Strategic biorefinery analysis: analysis of biorefineries, technical report. US National Renewable Energy Laboratory. http://www.nrel.gov/docs/fy06osti/35578.pdf. Accessed 7 Jul 2010.
[34] Kamm B, Gruber PR, Kamm M (2006) Biorefineries–industrial processes and products: status quo and future directions. Wiley–VCH, Weinheim.
[35] Kamm B (2007) Production of platform chemicals and synthesis gas from biomass. Angew Chem Int Ed 46: 5056–5058.
[36] Bridgwater AV (2001) Progress in thermochemical biomass conversion. Blackwell Science Ltd, Oxford.
[37] Lange JP (2007) Lignocellulose conversion: an introduction to chemistry, process and economics. In: Centi G, van Santen RA (eds) Catalysis from renewables: from feedstock to energy production. Wiley, Weinheim.
[38] Kavalov B, Peteves SD (2005) European commission joint research centre. Status and perspectives of biomass–to–liquid fuels in the European Union. http://www.mangus.ro/pdf/Stadiul%20actual%20si%20perspectivele%20bio–combustibililor%20in%20Europa.pdf. Accessed 7 Jul 2010.
[39] Milne TA, Evans RJ, Abatzoglou N (1998) Biomass gasifier tars: their nature, formation and conversion; Report No. NREL/TP–570–25357. National Renewable Energy Laboratory. http://www.nrel.gov/docs/fy99osti/25357.pdf. Accessed 7 Jul 2010.
[40] Boerrigter H, Van Der Drift A (2004) Biosyngas: description of R&D trajectory necessary to reach large–scale implementation of renewable syngas from biomass. Energy Research Centre of the Netherlands. http://www.ecn.nl/docs/library/report/2004/c04112.pdf. Accessed 7 Jul 2010.
[41] Devi L, Ptasinski KJ, Janssen FJJG (2003) A review of the primary measures for tar elimination in biomass gasification processes. Biomass Bioenergy 24: 125–140.
[42] Rapagna S, Jand N, Kiennemann A, Foscolo PU (2000) Steam–gasification of biomass in a fluidised–bed of olivine particles. Biomass Bioenergy 19: 187–197.
[43] Tomishige K, Asadullah M, Kunimori K (2004) Syngas production by biomass gasification using $Rh/CeO_2/SiO_2$ catalysts and fluidized bed reactor. Catal Today 89: 389–403.
[44] Sutton D, Kelleher B, Ross JRH (2001) Review of literature on catalysts for biomass gasification. Fuel Process Technol 73: 155–173.
[45] Mudge LK, Baker EG, Mitchell DH, Brown MD (1985) Catalytic steam gasification of biomass for methanol and methane production. J Solar Energy Eng 107: 88–92.
[46] Stahl K, Waldheim L, Morrim M, Johnsson U, Gardmark L (2004) Biomass IGCC at Varnamo, Sweden: past and future, GCEP Energy Workshop. http://gcep.stanford.edu/pdfs/energy_workshops–04–04/biomass–stahl.pdf. Accessed 7 Jul 2010.
[47] Huber GW, Iborra S, Corma A (2006) Synthesis of transportation fuels from biomass: chemistry, catalysts, and engineering. Chem Rev 106: 4044–4048.
[48] Caldwell L (1980) Selectivity in Fischer–Tropsch synthesis: review and recommendations for further work. http://www.fischer–tropsch.org/DOE/DOE–reports/81223596/pb81223596.pdf. Accessed 7 Jul 2010.
[49] Dry ME (2002) The Fischer–Tropsch process: 1950–2000. Catal Today 71: 227–241.
[50] Boerrigter H, Zwart R (2004) High efficiency co–production of Fischer–Tropsch (FT) transportation fuels and substitute natural gas (SNG) from biomass. Energy Research Centre of the Netherlands. http://www.biosng.com/fileadmin/biosng/user/documents/reports/rx04042.pdf. Accessed 7 Jul 2010.
[51] Steynberg A, Dry M (2004) Fischer–Tropsch technology. In: Steynberg A, Dry M (eds) Studies on surface science and catalysis, vol 152. Elsevier, New York.
[52] Martinez A, Lopez C (2005) The influence of ZSM–5 zeolite composition and crystal size on the in situ conversion of Fischer–Tropsch products over hybrid catalysts. Appl Catal A Gen 294: 251–259.
[53] Boerrigter H, Calis H, Slort D, Bodenstaff H, Kaandorp A, Den Uil D, Rabou L (2004) Gas cleaning for integrated biomass gasification (BG) and Fischer–Tropsch (FT) synthesis. Energy Research Centre of the Netherlands and Shell Global Solutions International. http://www.ecn.nl/docs/library/report/2004/c04056.pdf. Accessed 7 Jul 2010.
[54] Choren Industries Press Release. http://www.choren.com/en/choren–industries/information–press/press–releases/?nid=195. Accessed 7 Jul 2010.
[55] Lange JP (2001) Methanol synthesis: a short review of technology improvements. Catal Today 64: 3–8.
[56] Zhang R, Cummer K, Suby A, Brown RC (2005) Biomass–derived hydrogen from an air–blown gasifier. Fuel Process Technol 86: 861–874.
[57] Koppatz S, Pfeifer C, Rauch R, Hofbauer H, Marquard–Moellensted T, Specht M (2009) H2 rich product gas by steam gasification of biomass with in situ CO_2 absorption in a dual fluidized bed system of 8 MW fuel input. Fuel Process Technol 90: 914–921.
[58] Elliott DC, Beckman D, Bridgwater AV, Diebold JP, Gevert SB, Solantausta Y (1991) Developments in direct thermochemical liquefaction of biomass: 1983–1990. Energy Fuel 5: 399–410.
[59] Mohan D, Pittman CU, Steele PH (2006) Pyrolysis of wood/biomass for bio–oil: a critical review. Energy Fuel 20: 848–889.
[60] Diebold JP (2000) A review of the chemical and physical mechanisms of the storage stability of fast pyrolysis bio–oils, Report No. NREL/SR–570–27613. National Renewable Energy Laboratory: Golden, CO. http://www.p2pays.org/ref/19/18946.pdf. Accessed 7 Jul 2010.
[61] Czernik S, Bridgwater AV (2004) Overview of applications of biomass fast pyrolysis oil. Energy Fuel 18: 590–598.
[62] Elliott DC (2007) Historical developments in hydroprocessing bio–oils. Energy Fuel 21: 1792–1815.
[63] Furimsky E (2000) Catalytic hydrodeoxygenation. Appl Catal A Gen 199: 147–190.
[64] Czernik S, French R, Feik C, Chornet E (2002) Hydrogen by catalytic steam reforming of liquid byproducts from biomass thermoconversion processes. Ind Eng Chem Res 41: 4209–4215.
[65] Cortright RD, Davda RR, Dumesic JA (2002) Hydrogen from catalytic reforming of biomass–derived hydrocarbons in liquid water. Nature 418: 964–967.
[66] Davda RR, Dumesic JA (2004) Renewable hydrogen by aqueous–phase reforming of glucose. Chem Commun 36–37.
[67] Ramesh K, Sharma N, Bakhshi N (1993) Catalytic upgrading of pyrolysis oil. Energy Fuel 7: 306–314.

[68] Adjaye JD, Katikameni SPR, Bakhshi NN(1996) Catalytic conversion of a biofuel to hydrocarbons: effect of mixtures of HZSM-5 and silica-alumina catalysts on product distribution. Fuel Process Technol 48: 115-143.
[69] Gayubo AG, Aguayo AT, Atutxa A, Aguado R, Bilbao J(2004) Transformation of oxygenate components of biomass pyrolysis oil on a HZSM-5 zeolite. Ind Eng Chem Res 43: 2610-2618.
[70] Carlson TR, Vispute TP, Huber GW(2008) Green gasoline by catalytic fast pyrolysis of solid biomass derived compounds. ChemSusChem 1: 397-400.
[71] Milne TA, Aglevor F, Davis MS, Deutch D, Johnson D(1997) Development in thermal biomass conversion. Blackie Academic and Professional, London.
[72] Renz M(2005) Ketonization of carboxylic acids by decarboxylation: mechanism and scope. Eur J Org Chem 6: 979-988.
[73] Dooley KM, Bhat AK, Plaisance CP, Roy AD(2007) Ketones from acid condensation using supported CeO_2 catalysts: effect of additives. Appl Catal A Gen 320: 122-133.
[74] Hendren TS, Dooley KM(2003) Kinetics of catalyzed acid/acid and acid/aldehyde condensation reactions to non-symmetric ketones. Catal Today 85: 333-351.
[75] Kunkes EL, Simonetti DA, West RM, Serrano-Ruiz JC, Gartner CA, Dumesic JA(2008) Catalytic conversion of biomass to monofunctional hydrocarbons and targeted liquid-fuel classes. Science 322: 417-421.
[76] Klimkiewicz R, Fabisz E, Morawski I, Grabowska H, Syper L(2001) Ketonization of long chain esters from transesterification of technical waste fats. J Chem Technol Biotechnol 76: 35-38.
[77] Glinski M, Szymanski W, Lomot D(2005) Catalytic ketonization over oxide catalysts: transformations of various alkyl heptanoates. Appl Catal A Gen 281: 107-113.
[78] Gaertner CA, Serrano-Ruiz JC, Braden DJ, Dumesic JA(2009) Catalytic upgrading of biooils by ketonization. ChemSusChem 2: 1121-1124.
[79] Serrano-Ruiz JC, Dumesic JA(2009) Catalytic upgrading of lactic acid to fuels and chemicals by dehydration/hydrogenation and C-C coupling reactions. Green Chem11: 1101-1104.
[80] Werpy T, Petersen G(2004) Top value added chemicals from biomass. US Department of Energy, Office of Scientific and Technical Information. http://www.nrel.gov/docs/fy04osti/35523.pdf. Accessed 7 Jul 2010.
[81] Gong CS, Du JX, Gao NJ, Tsao GT(2000) Coproduction of ethanol and glycerol. Appl Biochem Biotechnol 84: 543-559.
[82] Lichtenthaler FW, Peters S(2004) Carbohydrates as green raw materials for the chemical industry. C R Chimie 7: 65-90.
[83] Paul SF(2001) US patent 6309430.
[84] Serrano-Ruiz JC, West RM, Dumesic JA(2010) Catalytic conversion of renewable biomass resources to fuels and chemicals. Annu Rev Chem Biomol Eng 1: 79-101.
[85] Gulen D, Lucas M, Claus P(2005) Liquid phase oxidation of glycerol over carbon supported gold catalysts. Catal Today 102-103: 166-172.
[86] Chiu CW, Dasari MA, Suppes GJ, Sutterlin WR(2006) Dehydration of glycerol to acetol via catalytic reactive distillation. AICHE J 52: 3543-3548.
[87] Katryniok B, Paul S, Capron M, Dumeignil F(2009) Towards the sustainable production of acrolein by glycerol dehydration. ChemSusChem 2: 719-730.
[88] Pagliaro M, Rossi M(2008) Future of glycerol, new usages for a versatile raw material. RSC publishing, London.
[89] Wang H, Liu H(2007) Selective hydrogenolysis of glycerol to propylene glycol on Cu-ZnO catalysts. Catal Lett 117: 62-67.
[90] Maris EP, Davis RJ(2007) Hydrogenolysis of glycerol over carbon-supported Ru and Pt catalysts. J Catal 249: 328-337.
[91] Ruiz VR, Velty A, Santos LL, Leyva-Perez A, Sabater MJ, Iborra S, Corma A(2010) Gold catalysts and solid catalysts for biomass transformations: valorization of glycerol and glycerol-water mixtures through formation of cyclic acetals. J Catal 271: 351-357.
[92] Karinen RS, Krause AOI(2006) New biocomponents from glycerol. Appl Catal A Gen 306: 128-133.
[93] Wiinikainen TS, Karinen RS, Krause AOI(2007) Conversion of glycerol into traffic fuels. In: Centi G, Van Santen RA(eds) Catalysis for renewables: from feedstocks to energy production. Wiley-VCH, Weinheim.
[94] Carbohydrate Economy Bulletin(2000) http://www.carbohydrateeconomy.org/library/admin/uploadedfiles/Carbohydrate-Economy-Bulletin-Volume-1-Numb-3.htm. Accessed 7 Jul 2010.
[95] Soares RR, Simonetti DA, Dumesic JA(2006) Glycerol as a source for fuels and chemicals by low-temperature catalytic processing. Angew Chem Int Ed 45: 3982-3985.
[96] Alcala R, Mavrikakis M, Dumesic JA(2003) DFT studies for cleavage of C-C and C-O bonds in surface species derived from ethanol on Pt(111). J Catal 218: 178-190.
[97] Simonetti DA, Rass-Hansen J, Kunkes EL, Soares RR, Dumesic JA(2007) Coupling of glycerol processing with Fischer-Tropsch synthesis for production of liquid fuels. Green Chem 9: 1073-1083.
[98] Bartholomew CH, Farrauto RJ(2006) Fundamental of industrial catalytic processes. Wiley, Hoboken.
[99] Zeitsch KJ(2000) The chemistry and technology of furfural and its many by-products. Elsevier, Amsterdam, pp 34-69.
[100] Chheda J, Roman-Leshkov Y, Dumesic JA(2007) Production of 5-hydroxymethylfurfural and furfural by dehydration of biomass-derived mono- and poly-saccharides. Green Chem 9: 342-350.
[101] Moreau C, Belgacem M, Gandini A(2004) Recent catalytic advances in the chemistry of substituted furans from carbohydrates and in the ensuing polymers. Top Catal 27: 11-30.
[102] Roman-Leshkov Y, Chheda J, Dumesic JA(2006) Phase modifiers promote efficient production of hydroxymethylfurfural from fructose. Science 312: 1933-1937.
[103] Huber GW, Chheda JN, Barrett CJ, Dumesic JA(2005) Production of liquid alkanes by aqueous-phase processing of biomass-derived carbohydrates. Science 308: 1446-1450.
[104] West RM, Liu ZL, Peter M, Dumesic JA(2008) Liquid alkanes with targeted molecular weights from biomass-derived carbohydrates. ChemSusChem 1: 417-424.
[105] Barret C, Chheda J, Huber GW, Dumesic JA(2006) Single-reactor process for sequential aldol-condensation and hydrogenation of biomass-derived compounds in water. Appl Catal B Environ 66: 111-118.
[106] Huber GW, Cortright RD, Dumesic JA(2004) Renewable alkanes by aqueous-phase reforming of biomass-derived oxygenates. Angew Chem Int Ed 43: 1549-1551.
[107] West RM, Braden DJ, Dumesic JA(2009) Dehydration of butanol to butene over solid acid catalysts in high water environments. J Catal 262:

134-143.
[108] Simonetti DA, Dumesic JA(2009) Catalytic production of liquid fuels from biomass-derived oxygenated hydrocarbons: catalytic coupling at multiple length scales. Catal Rev 51: 441-484.
[109] Pallassana V, Neurock M(2002) Reaction paths in the hydrogenolysis of acetic acid to ethanol overPd(111), Re(0001), and PdRe alloys. J Catal 209: 289-305.
[110] Kunkes EL, Simonetti DA, Dumesic JA, Pyrz WD, Murillo LE, Chen JG, Buttrey DJ(2008) The role of rhenium in the conversion of glycerol to synthesis gas over carbon supported platinum-rhenium catalysts. J Catal 260: 164-177.
[111] Kunkes EL, Gurbuz E, Dumesic JA(2009) Vapour-phase C-C coupling reactions of biomass-derived oxygenates over Pd/CeZrO$_x$ catalysts. J Catal 266: 236-249.
[112] Fritzpatrick SW(1997) World patent 9640609.
[113] Leonard R(1956) Levulinic acid as a basic chemical raw material. Ind Eng Chem 48: 1330-1341.
[114] Bozell JJ, Moens L, Elliott DC, Wang Y, Neuenscwander GG et al(2000) Production of levulinic acid and use as a platform chemical for derived products. Resour Conserv Recycl 28: 227-239.
[115] Serrano-Ruiz JC, Wang D, Dumesic JA(2010) Catalytic upgrading of levulinic acid to 5-nonanone. Green Chem 12: 574-577.
[116] Ayoub P, Lange JP(2008) World Patent WO/2008/142127.
[117] Horvath IT, Mehdi H, Fabos V, Boda L, Mika LT(2008) g-valerolactone-a sustainable liquid for energy and carbon-based chemicals. Green Chem 10: 238-242.
[118] Lange JP, Vestering JZ, Haan RJ(2007) Towards bio-based Nylon: conversion of g-valerolactone to methyl pentenoate under catalytic distillation conditions. Chem Commun 3488-3490.
[119] Manzer LE(2004) Catalytic synthesis of a-methylene-g-valerolactone: a biomass-derived acrylic monomer. Appl Catal A Gen 272: 249-256.
[120] Heeres H, Handana R, Chunai D, Rasrendra CB, Girisuta B, Heeres HJ(2009) Combined dehydration/(transfer)-hydrogenation of C_6-sugars (D-glucose and D-fructose) to g-valerolactone using ruthenium catalysts. Green Chem 11: 1247-1255.
[121] Bond JQ, Martin-Alonso D, Wang D, West RM, Dumesic JA(2010) Integrated catalytic conversion of g-valerolactone to liquid alkenes for transportation fuels. Science 327: 1110-1114.

第3章　生物气体作为可再生碳资源的利用：甲烷干重整

Christina Papadopoulou，*Haris Matralis*，*Xenophon Verykios*

3.1　引言

全球能量和物质资源最近几十年正发生着巨大的变化。特别是由于经济的增长，全球范围内能量需求快速增加，亚洲更是如此。一方面，原油和天然气价格的波动说明了能源供给的多样性、可持续性和安全性的重要。另一方面，全球环境保护已经成为一个十分重要的方面。能量的获得始终主要依靠化石燃料燃烧过程产生这一事实看来近期不会有改变(见图3.1)[1,2]。

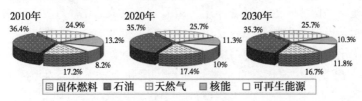

图3.1　各种能源在一次能源中预测贡献百分比[1]

由于这一原因，CO_2排放预测是增加的，此外，森林砍伐和土地使用的变化都加剧了温室效应，引起全球气候变暖和天气形势变化的不可预见性问题。限制气体排放急需发展对环境冲击最小的清洁技术。

在许多欧洲国家大量用可再生资源发电(风能、太阳能、地热能、水能)。然而，总的进展受限于运输方面的阻碍，可从图3.1看到，到2030年来自可再生的能源是否能达到20%的目标份额是不确定的[1,3,4]。供应可靠性问题和来自可再生能源的能源载体运输成本效率问题是十分尖锐的，它影响着运输燃料市场。此外，用于生物燃料生产的土地功能转换是一个棘手问题。因此，有必要制定一个标准，使生物燃料和生物液体仅在确保不产自生物多样性或生物保护区的时候可作为替代能源[3]。

生物质可以依据不同路线途径转化成能源或能源载体，这些路径主要由下面因素决定：生物质原料类型与来源、转化过程、装备设施、能源需求形式、经济性和环境保护等方面。主要转化过程可分为热化学转化(燃烧、气化、热裂解、液化),生物化学转化(厌氧消化、发酵)和萃取方法[5-8]。生物质燃烧技术,从普通柴火到现代系统广泛展开,特别是在北欧,但是生产的能源主要以电能和热能的形式在生产现场使用,而废物的焚烧会引起较高资金浪费和效率低下[5,6]。因此,燃烧不可能用作液体能源载体的生产。热裂解、发酵和萃取(酯基转移作用)可以生产适合内燃机使用的液体燃料,而生物质气化过程可产生一种可燃气体混合物(由 H_2、CO、CO_2、CH_4 和痕量其他烃类组成),这可以直接烧掉或作为气体发动机和透平的燃料,或作为生产液体燃料和甲醇的原料气(合成气)[5-8]。然而,上述过程面临各种限制,比如高投入、严格的操作要求(气化过程)及产品热稳定性(热裂化过程),最重要的是原料质量的限制(热裂化、发酵和萃取过程)[5,6]。

厌氧消化是经过商业证明了的技术并广泛应用在高湿度含量的有机废物的处理中,例如含湿度80%~90%的有机废物[6]。消化器的原料可以是任何可生物降解的原材料,比如来自下水污泥、大都市固废、畜肥、农工业废物、能源作物和生物燃料生产的副产品[9-16]。消化器产生的主要是生物气体,所使用的原材料具有灵活性是这一过程的主要优点。原则上,生物质衍生物可以被认为是大气中二氧化碳的类碳平衡体,通过光合作用,二氧化碳就成为消耗于植物中的类碳平衡体物。然而,近期就生物质燃料是否始终是碳平衡体有争议,因为在一些情况下生物燃料比化石燃料具有多得多的碳排放作用,例如其大量的土地用途变化及森林砍伐[17]。厌氧消化消化器的原料经常是污泥和废物,并且生物气体的开发确实是碳平衡体(见图 3.2)[10,12,18]。此外,消化器出来的渣子可以用作肥料[10,12]。因此,在大多数情况下,使用这一技术不仅因为原料便宜,而且也能使废弃物大量减少,因此具有经济效益和环境效益,因而它是废弃物开发利用的重要过程。

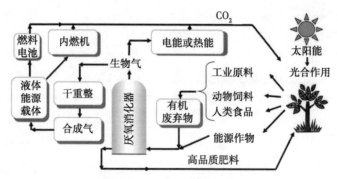

图 3.2　生物气体循环过程

综上所述,在众多生物质转化过程中,热气化和厌氧消化可产生用于液态能量载体合成所用碳源的混合气体。然而,后者对于原料、最终产物和总投资具有本质上的优点。因此,生物气体现在被公认为是一种大有前途的可再生碳资源。

3.2 生物气体，一种可再生碳资源

3.2.1 产品和目前用途

生物气体是指一种主要由甲烷和二氧化碳组成的混合气体，由有机物经过厌氧分解而制得[19]。应考虑开发满足欧洲许多国家标准的最有效的废物改质制有价值肥料和可再生能源的技术[9-13]。

生物气体是由经过细菌的微生物作用使有机物经过厌氧发酵或厌氧消化而制得的。正像所讲到的那样，消化器的原料可以是任何可生物降解的原材料，比如来自下水污泥、大都市固废、畜肥、农工业废物、能源作物和生物燃料生产的副产品[9-16]。至于能源作物，要限制其与食物生产争地，应选择产气量最多植物，并且能在不适合其他农作物生长的贫瘠土地上生长[3]。

目前，由畜肥和农业废物处理产生的生物气体已经在农村加热和利用块装热电装置产电中找到了用途(见图3.2和图3.3)。然而，通过这些方法生物气体能量的回收还不总令人满意[19]。已建议使用生物气体混合气作为带内或外重整的高温燃料电池的原料[11,20,21]。作为一种选择，一个较有吸引力的生物气体利用方法可以将其作为可再生碳资源生产液态能源载体(见图3.3)。基于这一目的，开发可行的过程将促使欧洲运输部门制定与环境和能源有关的政策。

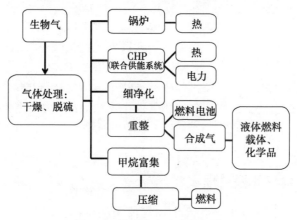

图3.3 能源生产中生物气体

关于生物气体使用的另一方面是其在二氧化碳中的高含量。CO_2脱除和处置是工业上较难解决的问题[22]，需要这样一个过程，既能在二氧化碳存在下成功操作也能将其转化成需要的产品，同时具有可观的经济效益和环境效益。二氧化

碳催化转化制液态燃料已被美国能源部列入优先研究方向[23]。从这一点看，甲烷二氧化碳重整，即所知道的甲烷干重整(DRM)似乎是生物气体全开发利用的最适合的过程。此外，这一过程可能是唯一合算的使用填埋气的方法，这种填埋气含甲烷量低，通常不收集并且正被排到大气中，会产生环境与健康危害[14]。然而，为了使该过程能够走向市场化，必须对原料的可接近性、保供效率和生物气体组成的可变性制定标准和参数。

3.2.2 生物气体组成和杂质

原料生物气体的化学组成和物理性质与制造生物气体的原料类型、消化器工艺设计及操作条件紧密相关[11,16,19,24]。更具体地说，重要的参数主要有有机物组成、水含量、原料密度、厌氧消化温度和消化器进料速度[25]。不同地方的生物气体组成都不一样，即使在同一个地方随着不同生产批次或使用大量相同基质原料，在整个生产周期也会产出不同性质的产品[11,12,14,15,24,26]。表 3.1 列出了文献发表的生物气体组成。如表 3.1 所示，所用基质的性质很大程度上影响了生物气体中甲烷的含量和杂质。两个主要的组分总是甲烷和二氧化碳，但是它们的比值变化很大。因此，下水污泥产生的生物气体中甲烷含量大约在 70%，而来自食物工业废物的生物气体中甲烷含量可高达 85%，而堆埋气中甲烷含量可能低到 30%[26]。甲烷含量越高，生物气体越适合用来合成燃料。甲烷/二氧化碳比趋于 1 的生物气体适合用作干重整反应。可以用生物气体部分燃烧来调节该比例，也可以为吸热反应的 DRM 提供热量。

在生物气体使用中，硫化氢是一种能引起十分不愉快感觉的杂质，它是一种有恶臭、腐蚀性和毒性的气体。填埋气和粪便处理产生的生物气体具有较高含量的硫[19,24]。高碳烃，芳烃(苯、甲苯、二甲苯)，氯/氟烃，有机硫化物如硫醇、氯、氟和二氧化硫也能存在，特别是由填埋物产生的生物气体[14,19,24]。氨是蛋白质在降解过程中产生的，其在原料生物气体中含量取决于所用原料基质的组成和消化过程的 pH 值。使用在脱臭和洗发水中的有机硅(硅氧烷)也以百万分之一级存在于填埋气和下水污泥消化气中[15,27]。

3.2.3 生物气体预处理

各种处理技术都可以用来脱除生物气体中的杂质，使其改质具有适宜的质量，这些技术的使用主要依据生物气体的最初性质和应用的目的而定(见图 3.3)[15,27]。例如，如果生物气体直接用作燃料(生物甲烷)，为了富集甲烷使生物气体改质成具有天然气一样的质量，其具有的能函相当，脱除生物气体中的水汽和 CO_2 是必要的[24,26]。此外，填埋气由于其甲烷含量低，内含多种痕量化合物

表 3.1 生物气体组成对其来源的依赖性

组成	CH$_4$/%(体)	CO$_2$/%(体)	N$_2$/%(体)	O$_2$/%(体)	H$_2$O/%(体)	H$_2$S/(mg/m^3)	H$_2$/%(体)	NH$_3$/(mg/m^3)	芳烃/(mg/m^3)	氯化或氟化有机物/(mg/m^3)	其他碳氢化合物/%(体)
废水处理污泥[16]	60~75	19~33	0~1	<0.5	≤6(40℃)	1000~4000					
瑞典哥德堡污水[26]	约65	约34.4	<0.5	<0.1		15					
瑞典斯德哥尔摩污水[26]	约65	约35	1								
法国里尔污水[26]	63.51	35.5	<0.7	<0.2		4550					
污水消化池[14]	61~65	36~38	<2	<1		检测不到			2.9~12.1		
污水消化池[14]	58	33.9	8.1	0		37					
农业植物生物气体[14]	55~58.1	37~38	<1~2	<1		49~257			0.9~2.0		
生物气体[27]	60~70	30~40	约0.21	0		0~6000	0~3	约76			
农业废弃物[16]	60~75	19~33	0~1	<0.5	≤6(40℃)	3000~10000		50~100			
农业食品行业废弃物[16]	68	26		其余	≤6(40℃)	400					
家庭废弃物[16]	50~60	34~38	0~5	0~1	≤6(40℃)	100~900	0~3		0~200	100~300	
意大利罗马堆填区生物气体[26]	50~60	37~47	其余	其余		1500~7589		约4		5~10	
堆填区生物气体[27]	35~65	15~50	5~40	0~5		0~150					
堆填区生物气体[14]	47~57	37~41	<1~17	<		55~228		0	2.3~7.4		
天然气(丹麦)[27]	89	0.67	0.28	0		2.9%(体)					9.4
天然气(荷兰)[27]	81	1	14	0							3.5

和氮，需要较多的处理过程[14]。用作干重整原料的生物气体中含有 CO_2、水和氧气不是个问题，因为 CO_2 是一种反应物而另两种物质有利于反应。况且，高二氧化碳含量有利该反应进行，这部分将在以后章节讨论。因此，原料生物气体预处理过程是较简单的，这是干重整过程许多的优点之一。当硫化氢存在时就会产生严重问题，它必须从原料中除掉以避免过程设备的腐蚀和机械磨损以及催化剂的失活。大部分其他污染物，如硅氧烷低于天然气网的规格指标，或检测不出来，因为在脱除硫化氢过程中它们可以被除掉[13,19,27]。生物气体中的悬浮粒子可以用机械过滤器加以脱除[27]。

H_2S 杂质以高浓度存在的话，除了有臭味和毒性外，尤其会对 CH_4 转化金属催化剂有毒性。金属镍表面暴露在含 $1\mu L/L$ H_2S 的气流中会导致 Ni_xS_y 表面的生成，它会抑制反应物的吸附[28]。人们提出许多脱除硫化氢的方法，其中包括生物的、吸收的、化学的、吸附的和催化处理的方法[19,27-29]。可用的方法可以分为两类：可用在消化器中作为基本脱硫的方法和产生的原料生物气体精脱硫方法。

经常用在消化器中的生物过程是基于硫化氢消耗微生物群的过程（硫杆菌和硫化叶菌物种很容易在发酵物质中产生），该过程能在氧气存在下把 H_2S 氧化成硫。硫可以进一步氧化成硫酸盐[19,27]。氧可以通过注入空气而得到[氧气占生物气体气流的8%~12%（体）]。采用的方法在技术上容易实现，尤其在小的生物气体装置上。这个过程的一个重要方面是注入空气量要精确控制：氧浓度低了会导致部分和不完全脱硫，而空气注入量大了会导致安全问题（爆炸混合物的生成）并且在生物气体中产生高含量的氧和氮。氮在生物气体作为干重整原料气之外的其他用途中会是一个问题。该过程效果也取决于温度、反应时间、比表面和有效接触面积（因为微生物群是静止的），以及空气注入的位置和注入量。这一过程的脱硫率可以达到99%。在消化器中，硫可以通过低溶解性的硫酸盐，如 FeS 的沉淀而脱除。铁盐（氯化铁或硫酸铁）作为预制盐溶液的基质而加入其中。

生物脱硫也可以作为一个外部处理过程来实现，尤其在专用反应器中和生物洗涤器及生物过滤设备中以便在大的生物气体装置中达到较高的脱硫水平[28-30]。已用在污水处理的生物洗涤器适用生物气体的洗涤，洗涤包括两步，首先 H_2S 吸收在一个液体中，接着在该液体中 H_2S 被生物氧化[29]。生物过滤对脱除生物气体中的 H_2S、挥发性有机化合物和 NH_3 也是有效的[29,31]。H_2S 厌氧生物过滤可具有需氧生物过滤相同的优点，它包括使用廉价材料、没有曝气费用以及消除由于在富氧环境操作下引起的安全危险[29]。

最方便的精脱硫可以使用应用在大规模天然气工业气体净化技术中，同时也推荐使用在生物质气和煤气化气的改质中[28,30,32-40]。反应吸附技术可用于填埋气或厌氧消化器产生的生物气体的 H_2S 脱除[41]。主要的步骤是发生在固相（金属氧化物，MO_x)和气相之间的一个不可逆化学反应：

$$MO_x + xH_2S \longrightarrow MS_x + xH_2O$$

过程的效率是一系列变量的函数，这些变量包括吸附剂特性和性能、生物气体流动速率和接触时间、吸附柱几何尺寸和气流线速度、污染物 H_2S 的浓度和生物气体的湿度。外扩散和内扩散速率通常相对较低[41]。支撑氧化铁的材料要有高比表面积，以便有利于形成硫化铁。再生过程中，用空气氧化硫化铁，回收氧化铁或氢氧化铁。活性炭可用来催化转化硫化氢生成元素硫和水[42,43]。活性炭可以用碘化钾(KI)或硫酸浸渍以增加反应速率。使用一个2%碘化钾浸渍的活性炭，对入口 H_2S 平均浓度为 $2400\mu L/L$ 的原料气，可以获得100% H_2S 脱除效率[43]。已经开发探索使用了天然的和合成的沸石[44]。

生物气体中平均硫含量在 100mg/L 数量级，但是高达 2000~3000mg/L 的浓度也出现过(见表3.1和其中对应的参考文献)。一方面，发动机和燃料电池用生物气体硫含量要求是 1mg/L，这一标准可以通过催化方法达到[28,42]。另一方面，在干重整过程中通过向生物气体原料气中加入 H_2S(几毫克每升)使 Ni-基催化剂选择性中毒，可以延缓积炭生成，就像在 SPARG 过程中按照"组装尺寸控制"策略来进行[28,45]。

3.3 甲烷干重整的热力学

在各种甲烷重整反应中，蒸汽重整(SRM)是从天然气制合成气或氢气的基本工业生产过程。恰在二战前夕发展起来的工业规模的 SRM 有许多用途，特别是在如石油馏分加氢处理和合成氨生产等有氢气需求的工艺中用途广泛。最近，重整反应和合成气技术，作为用于顶替传统发动机石油燃料的清洁合成燃料的生产的替代方法引起人们广泛关注[22,46]。

在重整反应中，甲烷与蒸汽[SRM，式(3.1)]反应，或与二氧化碳[DRM，式(3.2)]反应或与氧气[POM，式(3.3)]反应按照下面化学计量生成氢气和一氧化碳：

$$CH_4 + H_2O \rightleftharpoons CO + 3H_2 \qquad \Delta H_{298}^0 = +206 kJ/mol \qquad (3.1)$$

$$CH_4 + CO_2 \rightleftharpoons 2CO + 2H_2 \qquad \Delta H_{298}^0 = +247 kJ/mol \qquad (3.2)$$

$$CH_4 + 1/2 O_2 \rightleftharpoons CO + 2H_2 \qquad \Delta H_{298}^0 = -38 kJ/mol \qquad (3.3)$$

从这些反应来看，DRM 似乎更适合生物气体的开发利用，因为不需要 CO_2 的分离过程，同时两个碳资源都能进入产品中，增加产率减少废物产生。与二氧化碳相比，生物气体通常含有较高的甲烷(见表3.1)。此外，略高的二氧化碳含量对催化剂稳定性会有正面促进作用(见接下来章节和3.6部分)。对于 DRM 来说，CO_2/CH_4 比值越接近 1 越好，这一比值可以通过燃烧足够量的生物气体和向燃料气中注入燃气来进行调节。这一方法也可以向这个高放热反应提高热量。

因为不使用蒸汽，所以它可以应用在缺水地区，然而，相对于蒸汽重整，为了减少设备和操作费用需要安装越简单越好[47]。该反应以 CH_4 具有高热力学转化为特征，这一转化通过使用适当反应条件来完成(见图 3.4)。此外，由于 DRM 需要大量反应热并且是可逆反应，它具有潜在的热化学热导管效应用于回收、储存和传递来自太阳能和其他可再生资源的能量，这些过程是在化学能量储存和传递系统中进行的(CETS)[48-50]。与 POM 相比，它对于生物气体来说易于获得较高选择性，并且危险性也不高。

常说的 DRM 另一个优点是所得的合成气的 H_2/CO 比值，它比 SRM 得到的富含氢气更适合费-托合成[22,46,51]。化学计量 DRM 中 H_2/CO 比是接近 1 的，但是由于变换气(RWGS)的反应，这一比值通常稍微低一点。费-托合成中，除其他因素外，液体燃料产品选择性也取决于 H_2/CO 比[52]。H_2/CO 比高于 2，如 SRM 产生的合成气，有利于类如甲烷、乙烷轻烃的产生。对于合成烯烃和醇类产品，在不顾链长度的情况下，使用比值为 2 的合成气，但对于合成烷烃类产品，需要低比值的合成气，以便链增长不受限制。对于钴-基的费-托合成催化剂，由于它有很少或没有 WGS 活性，要选择典型的费-托合成条件及 2.05~2.15 之间的比值。如果是铁-基催化剂，WGS 活性高，低温条件下(500K)要使用 H_2/CO 比值大约 1.65 的合成气，而在高温条件下，可以得到高转化率，这时 Ribblett 比值 $H_2/(2CO+3CO_2)$ 大约为 1.05[52]。因此，需要的合成气性质随合成而变化仍在讨论中[51]。对于大规模费-托合成装置，自热重整、放热 POM 热平衡燃烧和吸热 SRM 设计在一个反应器中，被认为是最划算的解决方式[53,55]。空气、甲烷和蒸汽量的调节可提供补偿 SRM 吸热反应需要的能量，同时还可满足 H_2/CO 比的需要。同理，DRM 也可以和 SRM 结合，甚至像 Song 等[56-59]提出的三重整过程中与 SRM 和 POM 两者结合。

该过程的不利因素就是 DRM 反应是高吸热，也就是高耗能过程，需要增加投资和操作费用。在高反应温度下，催化剂有烧结危险。然而，在这个过程中遇到的主要问题是，由于炭沉积物的生成使催化剂失活，导致其活性下降和反应器堵塞[22,46,47,49,55,60]。

与 DRM 主反应[见式(3.2)]平行的还有下列反应发生：

(1) 甲烷分解：

$$CH_4 \rightleftharpoons C+2H_2 \qquad \Delta H_{298}^0 = +75 kJ/mol \qquad (3.4)$$

(2) 反向水气转换(RWGS)反应：

$$CO_2+H_2 \rightleftharpoons CO+H_2O \qquad \Delta H_{298}^0 = +41 kJ/mol \qquad (3.5)$$

(3) Boudouard 反应：

$$2CO \rightleftharpoons C+CO_2 \qquad \Delta H_{298}^0 = -171 kJ/mol \qquad (3.6)$$

(4) 碳气化反应：

$$C+H_2O \rightleftharpoons CO+H_2 \qquad \Delta H_{298}^0 = +131 kJ/mol \qquad (3.7)$$

主反应[见式(3.2)]在高温低压条件下是有利的，该条件也有利于甲烷分解[见式(3.4)和图3.5][61]。用标准自由能计算出 DRM 和甲烷分解的最小操作温度分别是 918K 和 830K[62,63]。Boudouard 反应是放热反应，在温度高于 974K 时就不会进行，而 RWGS 反应[见式(3.5)]在 1090K 以上时会受阻碍[61-63]。甲烷分解[见式(3.4)]和 CO 歧化反应[Boudouard 反应，见式(3.2)]是生成炭的主要原因。在 830~973K 温度范围内 DRM 反应是没有利的(见图 3.5)，甲烷分解和 Boudouard 反应都生成炭了[63]。对于给定的 CO_2/CH_4 比值，有一温度极限，在其之下积炭生成，随着压力降低积炭减少，而在常压下随着 CO_2/CH_4 比值降低极限温度要提高[62-64]。对于 CO_2/CH_4 比值为 1:1 的重整原料，在 1atm(1atm ≈ 101325Pa，下同)温度高达 1143K 和 10atm 温度高达 1303K 的条件下，炭沉积存在热力学可能性[63]。在原料中使用过量 CO_2 可在低温下避免积炭生成，而在化学计量原料情况下，温度高达 1000K，当有热力势存在下可以抑制积炭生成[47]。随着压力增加，除了对积炭有负面效应外，CO_2 转化率和 CO 与 H_2O 的产率也在增加，而 CH_4 转化率和 H_2 产率减少[62]。这些结果说明 RWGS 反应在高压下是有利的。这一反应通常是与压力无关的。Gadalla 和 Bower[62] 给出了下列解释：压力增加导致平衡温度极限的对应增加，而后导致对应的平衡常数 K_{RWGS} 增加。因此产生了压力和 RWGS 之间的相互依赖关系。此外，在工业应用中，为了使反应器尺寸和用能最小，在高压、较低温度和 CO_2/CH_4 比值接近 1 的条件下操作是最有利的[22,47]。因此，为了一个有效的反应过程，开发具有良好抗积炭的高活性重整催化剂是先决条件。因此，在研究开发这一催化剂上要耗费大量投资。

3.4 反应机理

如图 3.4 中所示，DRM 平衡常数在温度高于 973K 时显著增加，也就是在这一极限温度点以上反应物几乎全部转化[61,63]。因此，在这一温度之上，假如使用一个合适的催化剂，获得 CH_4 和 CO_2 的高转化率没有热力学上的限制[49]。适合 DRM 反应的催化剂就是在反应条件下它应该既具有高活性又具有稳定性。除了目标反应外，同样在温度高于 900K 时而加速的其他吸热反应是 CH_4 分解反应[见式(3.4)]，它导致积炭的生成。因此，选择催化剂的基本标准是动力学上阻止积炭生成的能力。为了这一目的，有必要考虑在各种催化系统中目标反应和其他副反应的反应机理。主要的反应步骤都列于表3.2中，并且将在下面章节中讨论。虽然存在一些轻微不同的见解，大部分研究人员都同意列表中的主要反应步骤。

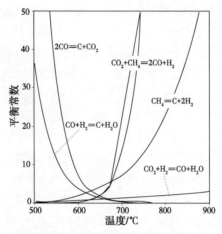

图3.4 甲烷干重整过程反应平衡常数与温度函数的关系[61]

表3.2 通常公认发生在催化剂表面上的 DRM 基本反应步骤

项目	反 应	热力学平衡和动力学常数	反应性质	编号
	$CH_4+S_1 \rightleftharpoons S_1-CH_4$	$K1$	平衡	(3.8)
	$S_1-CH_4+(4-x)S_1 \longrightarrow S_1-CH_x+(4-x)S_1-H$	$k1$	RDS	(3.9)
	$S_1-CH_4+S_1 \longrightarrow S_1-CH_3+S_1-H$	k_a1		(3.9a)
甲烷吸附和解离	$S_1-CH_3+S_1 \longrightarrow S_1-CH_2+S_1-H$	k_b1		(3.9b)
	$S_1-CH_2+S_1 \longrightarrow S_1-CH+S_1-H$	k_c1		(3.9c)
	$S_1-CH+S_1 \longrightarrow S_1-C+S_1-H$	k_d1		(3.9d)
	$2S_1-H \rightleftharpoons H_2+2S_1$	$K2$		(3.10)
	$CO_2+S_2 \rightleftharpoons S_2-CO_2$	$K3$		(3.11)
二氧化碳吸附和解离	$S_2-CO_2+S_2-O^{2-} \rightleftharpoons S_2-CO_3^{2-}$	$K4$		(3.12a)
	$S_2-CO_2+S_1-H \rightleftharpoons S_2-CO+S_1-OH$	$K5$		(3.12b)
	$S_2-CO_2+S_2 \rightleftharpoons S_2-CO+S_2-O$	$K'5$		(3.12c)
表面羟基和水的生成	$S_2-O+S_1-H \rightleftharpoons S_2-OH+S_1$	$K6$		(3.13a)
	$S_1-OH+S_1-H \rightleftharpoons H_2O+2S_1$	$K'7$		(3.13b)
CH_x氧化；CO 及 H_2 生成和解吸	$S_1-CH_x+S_1-OH \rightleftharpoons S_1-CH_xO+S_1-H$	$K8$		(3.14a)
	$S_1-CH_x+S_1-O \rightleftharpoons S_1-CH_xO+S_1$	$K'8$		(3.14b)
	$S_1-CH_xO \longrightarrow S_1-CO+x/2H_2$	$k9$	RDS	(3.14c)

续表

项 目	反 应	热力学平衡和动力学常数	反应性质	编号
CH_x氧化；CO及H_2生成和解吸	$S_1-CH_x+CO_2 \rightleftharpoons S_1-CO+CO+x/2H_x$	$K10$		(3.14d)
	$S_1-CH_x+S_1-OH+xS_1 \rightleftharpoons S_1-CO+(x+1)S_1-H$	$k'9$	RDS	(3.14e)
	$S_1-C+S_1-OH \rightleftharpoons S_1-CO+S_1-H$	$K11$		(3.15)
	$S_1-CO \longrightarrow S_1+CO$	$K12$		(3.16)
	$2S_1-H \rightleftharpoons H_2+2S_1$	$K13$		(3.17)

K和k分别代表热力学平衡和动力学常数。S_1和S_2分别表示金属和金属-载体相界面上的活性位。替换的或连续的路径用相同数字和一个字母表示。在CH_x中，x可以在1~3之间取值。

3.4.1 甲烷吸附和活化

在反应序列中的第一步是甲烷吸附。在低温下，该吸附是以前驱物形式发生的，而在较高温度下，它是直接吸附的[47]。已经推断出CH_4在过渡金属表面上可逆吸附达到平衡[见表3.2中式(3.8)]。这一结论是由稳态同位素示踪动力学分析(SSITKA)方法通过在反应条件下对甲烷在Ni/La_2O_3、Pd/ZrO_2、Pd/ZrO_2-La_2O_3和Pd/γ-Al_2O_3催化剂表面上反应进行探测得到的[65,66]。然而，Nandini等认为，发生在Ni-K/CeO_2-Al_2O_3催化剂上的甲烷吸附和分解是不可逆的[67]。这一结论是基于下面事实而得出的，就是在原料中加入氢气没有影响到甲烷消耗速率，因此它既不是可逆反应也未达到热力学平衡。因此，甲烷吸附是否为可逆反应可能依赖于催化系统。

有这样一个共识，在反应序列中慢反应之一就是在金属表面上[见表3.2中式(3.9)]甲烷的裂解，因为CH_3—H(g)键的解离能高达439.3kJ/mol[68]。然而，CH_x—H键总解离能取决于宿主表面和整个催化系统，它可能是控制表面金属自由能的。所以，在催化分解反应中需要较低的CH_x—H键解离能。然而，对于许多催化系统来说，甲烷分解被认为是反应速率控制步骤(RDS)[22,47,49,55]。

甲烷解离遵循的路径一直是一些研究的主题。CH_4具有四个充满的成键分子轨道MOs和四个空的反键轨道。有人建议，为了甲烷解离，CH_4必须大幅扭曲使其从四面体型变成三角金字塔型结构[22,47]。这是吸附甲烷分子和金属之间电子相互作用的结果，它主导着解离的CH_4吸附过程(文献[47]和其中的参考文献)。早期非负载Pt簇团催化剂研究阐明了这些相互作用的性质，解释了甲烷活化对不同簇团尺寸大小的依赖性[69]。为了理解观察甲烷化学吸附对铂簇团尺寸依赖得到的结果，Trevor等[69]考察了下面两方面内容：反应性的电子效应与电离势

(IPs)或满分子轨道或空缺分子轨道可接近性与特殊对称和金属几何结构,例如,一种活性位的可接近性或作为动力学驱动力的协调度[69]。他们认为,解离化学吸附的反应性不单与金属的最高充满轨道的能力有关,该金属为吸附分子的任何一个最低空缺反键分子轨道(LUMO)提供电子云密度,同时也与在对称限制约束范围内,来自反应物HOMO(最高充满分子轨道)的电子赠与给到位于低位的金属簇的空缺或部分充满的分子轨道有关。这就弱化了C—H键,从而激发了它的解离。随着Pt簇尺寸大小的增加,簇的电离势减小活性也减小。Trevor等[69]得出结论,很小的铂簇具有高的电离势,使得它们成为很好的电荷接受体。

在Ni表面上也观察了金属簇尺寸效应和CH_4解离的结构敏感性[55,70]。Kuijpers等[70]注意到,甲烷优先在小的镍晶体上进行解离[70]。Bradford和Vannice([47]和其中参考文献)已经对各种金属上CH_x($1 \leq x \leq 3$)物种形成方面进行了综述:表明每一个CH_x物种都优先位于(吸附于)满足其四价配位的点;因此,CH_3能吸附在一个金属原子上边,CH_2展现桥接吸附,而CH和C需要共存占据较高的配位体点并且吸附在空位点上,这些点位是四个最近相邻中的三个。然而,这一假设既没有考虑金属自由能和其由吸附的CH_x物种所引起的变化,也未考虑相邻位置其他吸附物种的存在[68]。Bengaard等[71]进行了Ni(111)和台阶Ni(211)表面上甲烷蒸汽重整密度函数理论计算。他们得出结论,甲烷的活化在台折活性位上比台阶密集的表面活性位上容易得多。根据Bengaard等[71]的结论,与台阶活性位有关的反应通道具有比与平台活性位有关的反应通道较低的活性位阻。此外,在台阶上的原子碳表现出比平台上的高很多的稳定性。因此,台折活性位的可接近性对总转化率和石墨的生成都是必不可少的。后者解释了在表面炭生成过程中由于大量集合了所需的金属原子而表现出的结构敏感性。Norskov等[72]延续了Bengaard等[71]的工作,并且在理论和试验上研究了甲烷在Ni(111)晶面上的解离。他们的结果已经证实了甲烷中第一个C—H键在Ni原子表面上的Ni(111)的活化具有105kJ/mol的能垒,而在Ni(211)上进行着类似同样的活化反应路径,但能垒只有88kJ/mol。这一结果已归因于CH_3在台折处有较强的键合,后者比平台处有较高活性。最近,Raroun等[73]利用周期密度泛函理论计算并且研究CH_4在一个完美和一个有缺陷的Ni(111)表面上吸附,结果显示甲烷与一个完美的表面相互作用很弱并且大部分是物理作用,而CH_4吸附在被称作表面缺陷的Ni吸附原子上时化学吸附变得相当强大。甲烷活化结构敏感性在Ru基催化剂上也有报道[74]。相反,Yamaguchi和Iglesia[66]进行同位素示踪和动力学同位素分析研究,显示C—H键活化速度常数不随Pd分散而变化,尽管暴露在角和边Pd原子表面的比例随Pd分散度增加而单一增加。他们得出结论,低指数表面优于大的Pd团簇,显示比其他金属表面上高得多的反应性,这是由于Pd上

C(ads)的强键合，使得来自边和角位的贡献好像甚至比在其他金属上要弱。也尝试确定吸附在过渡金属表面上的 CH_x 物种中氢原子的数目。这些物种已经用稳态和过渡同位素示踪实验方法进行探测，后者工作态金属表面上的反应现象更有代表性[47,55]。Bradford 和 Vannice[47]认为，在 DRM 条件下，CH_4 分解产生一个不同 CH_x 物种的分布，其中 x 数值取决催化剂所用金属和载体。Osaki 等[75,76]报告了 x 数值，在 Ni/MgO 上高达 2.7，在 Ni/ZnO 上为 2.5，在 Ni/Al_2O_3 上为 2.4，在 Ni/TiO_2 上为 1.9 和在 Ni/SiO_2 上为 1.0，而在 Co/Al_2O_3 上 x 只有 0.75，如表 3.3 所示。根据他们的研究，甲烷分解程度与过渡金属和载体的性质有关。

表 3.3 各种催化系统上甲烷裂化度、表示成对应等电点的载体酸度和载在各种氧化物上 NI 所测得的 $Ni_{2p1/2}$ 的结合能

催化剂	CH_x 的 x 数值[75,76]	载体的 IEPS[77]	$Ni_{2p1/2}$(eV)的 B. E. 值[78]
Ni/MgO	2.7	12.1~12.7	856.7±0.1
Ni/ZnO	2.5	8.7~9.7	
Ni/Al_2O_3	2.4	7.0~9.0	
Ni/TiO_2	1.9	6	854.5±0.1
Ni/SiO_2	1.0	1.0~2.0	856.3±0.1
Co/Al_2O_3	0.75	7.0~9.0	

如表 3.3 所示，对于相同的过渡金属，x 值在偏碱性载体上较高。作为金属氧化物酸碱度的粗略测定，Pinna[77]给出等电点(见表 3.3)用于粗略测定金属氧化物的酸碱度。换言之，甲烷裂化程度随着载体酸度的增加而加大。另一方面，因为 C—H 键裂的激活需要从金属表面得到电子，因此，Ni 周围电子环境一定是很重要的。负载在各种氧化物载体上镍的 $Ni_2p_{1/2}$(见表 3.3)的不同键能 B. E. 和金属-载体相互作用(MSIs)已经有了报道[78]。还有，不同镍基材料激活 C—H 键裂的能力很好地对应了 DRM 中它们的催化活性，遵循以下次序：Ni/TiO_2 > Ni/SiO_2 > Ni/MgO[50]。

Trevor 等[69]，研究非负载的 Pt 团簇，观察到含单碳金属团簇物种(PtC)是主要的产物，而随着团簇尺寸大小的增加，产物从 PtC 变成 $Pt_{11}CH_2$。他们预测很大的 Pt 粒子或表面上很可能生成—CH_3 吸附物种，正如所报道的在 Ni(111)表面上发生的类似反应那样。此外，由载体引起的电子效应也同样被金属粒子尺寸大小所影响；对于大粒子(>10nm)这种影响是微不足道的，当镍高度分散，像在 Ni/TiO_2 中那样，其影响是显著的，或镍在载体晶格中扩散形成固体溶液，如在 Ni/MgO 中那样，影响也十分显著[50]。Kuijpers 等[70]，使用一种低场磁方法，观

察到碳-氢复合物 CH、CH_2 或 CH_3 覆盖着 Ni 表面，是一种没有影响铁磁性的化学吸附。Tsipouriari 和 Verykios[79]研究了一种 Ni/La_2O_3 催化剂，报告了在反应条件下存在催化剂表面上的含活性炭物种只由碳组成，不是由 $x>0$ 的 CH_x 物种组成。Topalidis 等[80]报告 x 值在 $0 \leqslant x \leqslant 4$ 范围，它随着金属替代物和温度而变化，经常取值在零左右。Yamaguchi 和 Iglesia[66]，基于同位素踪示动力学测试方法，显示化学吸附碳 $C(ads)$ 和未占据的 Pd 原子是十分丰富的表面中间体。总之，没有催化剂表面上甲烷分解度与其反应性相关联的最终结论。

3.4.2 二氧化碳吸附和活化

与甲烷一样，CO_2 的分解和还原据报道是结构敏感性的，是由诸如角原子这样缺陷位来促进的[47]。从头开始价键的计算和光谱数据显示 CO_2 可以分离状态吸附在各种金属表面上(Pt、Pd、Rh、Re、Ni、Fe、Cu、Ag、Al、Mg)，同时伴有电子转移[81,82]。吸附可通过三种不同的配位几何进行：纯碳配位、纯氧配位和混合碳氧配位，最后两种经常出现(见图 3.5)[81]。电子转移到半个 CO_2 上是靠 C—C 键相对于自由分子时的拉长而完成的。形成的 CO_2^- 阴离子和周围中性 CO_2 分子通过"溶剂化"进行的分子间相互作用同样也在考虑之中。根据 Freund 和 Messmer 的研究[81]，三个反应通道是这样的：在过渡金属表面容易发生分解反应生成 CO 和 O^- 负离子；在贵金属表面上容易氧化生成 CO_3^- 和 CO^{2-}；CO_2^- 阴离子与一个 CO_2 气体分子发生歧化反应生成 CO_3^- 和 CO。Solymosi[82]回顾了相关文献，报告称 CO_2 的吸附、活化、分解和反应的特性取决于金属。一个带阴电荷的负离子 CO_2^- 的前驱物的形成取决于金属的性质，能分解生成 CO 和 O 或转化成 CO_3 和 CO 吸附物种，这一点很像 Freund 和 Messmer[81]的结论。在 Fe、Ni、Re、Al 和 Mg 表面上 CO_2 吸附是游离的。表面吸附原子的存在很大程度上影响 CO_2 的吸附和反应性。预吸附氧(吸附原子)的存在会加速 CO_2 在金属上以不同碳酸盐形式键合，从而增加其稳定性[82]。碱金属原子增加吸附的 CO_2 键能，促进表面 CO_2^- 根生成和 CO_3 和 O 物种生成[82]。Freund 和 Roberts 也已经报道了碱金属促进效应[83]。碱金属(如铯和钾)和比表面结构在电子从表面转移到 CO_2 上以形成 $CO_2^{\delta-}$ 的效率中起到关键作用。在碱金属促进剂的存在下，观察到过渡金属和 sp 金属上高化学反应性，反应路径取决于碱金属的覆盖度[83]。铯的氧化多金属层提供特殊状态的氧，它对 CO 和 CO_2 具有高度反应性，分别生成 $CO_2^{\delta-}$ 和碳酸盐。此外，Freund 和 Roberts[83]报告 CO_2 和其他分子共吸附，例如，氨或甲基碘，能提供生成产品的低能反应路径，其中 CO_2 阴离子物种的生成在反应历程中又是必不可少的。然而，必须注意，进行的光谱学研究的条件远不是在 DRM 中的那些条件。

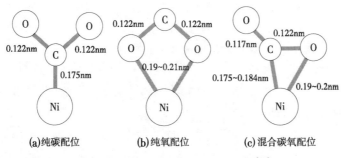

图 3.5 吸附 CO_2 三配位几何示意图[81]

Erdöhelyi 等[84]研究负载型钯催化剂,得出如下结论:二氧化碳在 473~673K 温度范围内,在 Pd 表面上发生解离吸附生成不同配位吸附的一氧化碳。甲烷的存在能促进 CO_2 的解离,尽管没有迹象表明在两个反应物之间生成任何表面配合物。CO_2 解离能力增强归于甲烷分解产生表面氢物种的存在和进而生成的羰基氢化物的存在[84]。CO_2 分解生成 CO 的载体效应是关键,在 773K 下分解活性按照下列次序递减:$Pd/TiO_2>Pd/Al_2O_3>Pd/SiO_2>Pd/MgO$[84]。作为催化剂的 DRM 活性,基于交叉频率,遵循相同活性次序,Erdöhelyi 等[84]提出 CO_2 的废剂一定是与催化剂的效率有关,考虑二氧化碳活化这一在 DRM 反应中一个重要步骤。Pd/TiO_2 的高活性是与 Pd 和 N 型 TiO_2 之间广域电子相互作用相关,导致钯到 CO_2 的较低反键分子轨道回馈电子增加,并且促进它的分解。二氧化碳分解能力增强导致具有反应性的氧物种表面浓度提高。作为氧物种是 CH_x 物种的氧化必不可少的[见表 3.2 中式(3.14)],它的增加又导致 DRM 反应速率的增加。Erdöhelyi 等[84],没有否定载体的重要性:存在二氧化钛表面上的较多的氧空位促进二氧化碳的吸附和分解。

人们知道 CO_2 吸附在通常作为 DRM 催化剂载体的金属氧化物上。CO_2 可能是作为探测表面碱性最常见的分子,因为它是小分子并具有同时探测 O^{2-} 和 OH^- 碱性位的优点[85]。光谱数据显示,可能形成各种表面物种,包括阴离子和阳离子,形成双配位、桥接配位和多配位碳酸盐结构的混合物[85]。最近,人们对于这一难熔分子的化学特性研究又有新兴趣。Burghaus[86]证实了 CO_2 吸附动力学与各种金属(Cu、Cr)、金属氧化物(ZnO、TiO_2、CaO)以及在所谓模型催化剂(Cu-on-ZnO,Zn-on-Cu)和纳米催化剂上的表面结构特性的相关性。金属氧化物上 CO_2 的键能明显高于金属表面上的,相对于氧化物原始位上的吸附,在氧空缺位上的吸附键能又进一步增加[86]。此外,吸附质辅助吸附由于表面缺陷和强表面波纹的存在而减弱,就是说动力学效应远比侧向相互作用影响大得多。根据 Burghaus[86]所述,在 CaO 上的 CO_2 吸附是通过 C 原子吸附在 CaO 晶格氧的 O 位上而进行的，与金属表面上氧-CO 或氧-CO_2 共吸附相中形成碳酸盐(大多数情况下是热活化的)形成鲜明对比。CaO 粉末上形成的表面碳酸盐(CO_{3ads})是很稳定的，观察到将解吸的碳酸盐分解，温度要高达 1100K。这一研究一个有趣的成果是可以预测，在分解烷烃以及碳酸盐上具有出乎意料的反应活性，CaO 与 MgO 比较具有较高的活性。这与表面氧具有较多离域电子分布有关，它能导致与吸附分子的轨道有较充分的重叠[86]。

Pan 等[87]已经进行了泛函理论平板计算研究 CO_2 在氧化铝负载的 3d 过渡金属二聚物 $M_2/\gamma-Al_2O_3$(M=Sc、Ti、V、Cr、Mn、Fe、Co、Ni、Cu)上的吸附和活化。他们的计算与文献报道的许多结果相吻合。CO_2 建议吸附在 $M_2/\gamma-Al_2O_3$ 上，形成一个带负电荷，具有弯曲构型的物种，显示了 CO_2 部分活化。他们提出金属二聚物和 $\gamma-Al_2O_3$ 载体两者促成 CO_2 的活化，这种活化是通过电子赠与给吸附的分子上，使气相中呈直线构型的 CO_2 扭曲来完成的。最有利的吸附位，不论在干的或部分羟基化了的载体上，都希望在金属二聚物和载体之间界面上发现[87]。结果，高度分散的金属相(小金属粒子)期望具有好的活性，因为金属-载体之间相界面最大化了。这一研究的另一重要结果，特别对 DRM 而言，是载体表面羟基化就相同金属二聚物而言减少了传输给 CO_2 的电荷数，并且与对应干的 $M_2/\gamma-Al_2O_3$ 相比弱化了 CO_2 化学吸附键[87]。相反，Cheng 等[88]建议羟基物种的生成，通过氢溢流到载体上形成，通过形成表面甲酸盐促进 CO_2 解离吸附(Al-COOH+O^*)。

与用作载体的金属氧化物有关的二氧化碳吸附行为差异性已经在各种催化体系中有报道。Bradford 和 Vannice[50]已经研究了二氧化碳在 Ni/TiO_2 催化剂上的化学吸附，并且估算了其吸附热是在 1kcal/mol(1kcal≈4.18kJ，下同)数量级，显然是弱吸附。在 Ru/SiO_2 催化剂上，CH_4 和 CO_2 两者都在金属相上活化，而在 Ru/Al_2O_3 上提出了双功能反应机理[74]。虽然 Ru 能够活化和解离 CO_2，但在像氧化铝载体存在下就发生了双功能反应机理：当甲烷吸附在钌上，就发生了路径可变化和较有效的 CO_2 活化，其中包括氧化铝表面上 HCO_3^- 的生成和它在载体上分解成 CO 和羟基基团。后者扩散到金属粒子上，在金属表面上发生吸附碳质物种的氧化[74]。Topalidis 等[80]，基于他们的动力学研究，得出结论是发生在一个 0.5% $Pt/SrTiO_3$ 催化剂上不同和可预见的活性位上的 CH_4 和 CO_2 的吸附；就是说，甲烷弱键接在金属相上，而 CO_2 强吸附在催化剂的氧化物相上。

在 DRM 中用作催化剂组分的氧化物材料的一个重要种类是稀土，特别是铈和镧的氧化物。此种说法极有原因，因为其一是这些材料对 CO_2 的吸附和活化具有高的活性[55,65,89-91]。De Leitenburg 等[89]旨在用程序升温技术和瞬态动力学研究阐明 CO_2 与二氧化铈负载贵金属的相互作用和它的活化。根据他们的研究成果，

M/CeO_2($M=Rh$、Ru、Pt、Pd、Ir)和CO_2之间相互作用机理,不管使用什么金属,都受还原温度的强烈影响。通过将还原温度从473提高到773K,就会发生CeO_2体相的逐渐还原,这一还原过程不是由于金属的存在而得到促进的。CO_2吸附和活化在表面Ce^{3+}位上发生的,并伴有CO的生成,而Ce^{3+}被氧化成Ce^{4+}。氧空缺起着CO_2还原成CO的"额外驱动力"作用[89]。Tsipouriari和Verykios[65]用同位素示踪技术研究了在Ni/La_2O_3和Ni/Al_2O_3催化剂上DRM的反应路径,提出CO_2分子吸附和解离在Ni/La_2O_3上比在Ni/Al_2O_3上快。在Ni/La_2O_3上CO_2分子与载体相互作用生成$La_2O_2CO_3$物种,它又分解生成CO和氧物种,氧物种对DRM反应机理是十分重要的[见表3.2中式(3.14a)或式(3.14b)]。Ni/La_2O_3催化剂对CO_2化学吸附的极高亲和力归因于氧化镧比氧化铝具有更高的碱度[77]。Stagg-Williams等[90]考虑到,在Pt/ZrO_2催化剂上,以La和Ce氧化物作助催化剂,CO_2吸附在载体上并当吸附位接近金属粒子时,它解离成CO和O。在Ce为助剂的Pt/ZrO_2催化剂载体上,二氧化碳解离吸附同样受到Ozkara-Aydinoglu等的高度关注[91]。

综上所述,似乎活性位的性质取决于催化剂体系的金属和金属氧化物的性质、制备过程以及随后的热处理过程。对于许多催化剂体系,CO_2的吸附是一个快速达到热力学平衡的步骤(见表3.2),同时存在一个关于二氧化碳气相反应的Rideal-Eley反应机理方面的研究[46,92]。然而,在大多数情况下,DRM的动力学研究考虑的是Langmuir-Hinshelwood反应机理。CO_2解离吸附对催化活性稳定性是重要的,并且许多研究的尝试都集中在开发催化材料上,以利于增加二氧化碳的吸附和活化。

3.4.3 表面反应

与蒸汽重整相比干重整反应机理方面研究做的工作有限,并且大多数研究结果支持以蒸汽重整为基础的反应机理[46]。Wei和Iglesia[93]进行负载型Rh催化剂方面的动力学研究,得出的结论是:H_2O和CO_2重整及CH_4分解反应所得一级反应速度常数完全相同。DRM的最基本反应步骤金属表面上活性位上CH_4的吸附和分解,生产氢和类甲基吸附物种,并且金属氧化物表面上CO_2的解离吸附,特别是在金属-载体界面上,生成CO和吸附氢物种[见表3.2,图3.6(a)]。一旦甲烷和二氧化碳发生吸附,就会发生许多表面反应,生成希望的或不希望的产物(见表3.2)。许多反应步骤是快速达到平衡的,例如,CO从载体上解吸和氢从金属表面上的解吸[见图3.6(b)]。

DRM动力学研究已经显示WGS反应在一个较宽泛的温度范围内几乎是处于平衡的,这样一个事实导致H_2/CO比是原料转化的函数[47]。WGS反应的准平衡意味着与反应有关的表面反应步骤是快反应[见表3.2中式(3.11)~式(3.13)]。

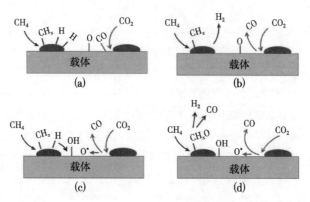

图 3.6 甲烷干重整反应步骤：(a)CH_4 和 CO_2 分别在金属和金属-载体界面间的吸附和解吸；(b)CO 和 H_2 解吸是快反应；(c)表面羟基由氢和氧溢流而产生；(d)表面氧物种或羟基氧化氢减少的类甲基表面物种(S_1-CH_x)，生成 S_1-CH_xO 物种，最后生成 CO 和 H_2

许多动力学模型预测氢从金属表面溢流到载体上，在那与氧物种反应生成羟基基团[见表 3.2 中式(3.13a)和图 3.6(c)]，同时也发生氧从载体向金属溢流[见图 3.6(d)]。然而，在温度高于 1073K 时，载体上就不可能有羟基基团存在了[90]。金属表面迁移的氧与氢减少的 S_1-CH_x 物种反应($0 \leq x \leq 3$)，形成 S_1-CH_xO 物种或 S_1-CO 物种[见表 3.2 中式(3.14)和图 3.6(d)]。有人假设载体上生成的水迁移到载体-金属界面区域，参与了 S_1-CH_xO 的生成[88]。一些研究者认为 S_1-CH_xO 是以一种中间表面物种[见表 3.2 中式(3.14a)和式(3.14b)]形式生成的，而另一些研究者认为直接生成了 S_1-CO[见表 3.2 中式(3.14e)]。Bradford 和 Vannice[91]提出 CH_xO 物种是在 423K 下，CH_4 在还原的 TiO_2 担载的过渡金属(Ni、Pd、Pt、Rh、Cu)上吸附过程中生成的，并且认为这些物种是反应的直接产物[50,95]。Osaki 和 Mori[96]进行了 K-促进 Ni/Al_2O_3 催化剂上的动力学研究。根据他们的研究可知 RDS 一定是 CH_xO_{ads} 解离成 CO 和 $x/2H_2$。Cheng 等[88]提出表面甲酸盐(Al-COOH+O^*)的生成。Portugal 等[97]认为在 DRM 反应过程中，在 Rh/NaY 沸石上可能生成甲酸类中间产物物种 CH_xO。Gheno 等[98]解释他们结果，认为含 Ti 催化剂的性能改进是由于在金属-载体相界面上一种叫生成 CO 的中间体 CH_xO 的加速分解而引起的。Nandini 等[67]进行了 Ni-K/CeO_2-Al_2O_3 催化剂上 DRM 制合成气的动力学研究，把 CH_4 和 CH_xO 分解看作 RDSs。Bitter 等[99]提出载体上金属-载体边界附近甲酸盐生成遵循如下机理：金属上甲烷分解成 CH_x(x 平均值=2)和 H_2，而 CO_2 形成碳酸盐；金属上碳还原碳酸盐形成甲酸盐，其快速分解成 CO 和表面羟基基团。许多其他研究虽然不支持他们结果的这一中间步骤，但认为 CH_xO 的生成是可能的,而其他研究者认为直接生成了 S_1-CO[93,100-102]。CH_xO 物种可能是短命的中间体,这取决反应温度和催化体系。然而,人们不能排除它们在催化剂表面上的生成。在 CH_x 中,x 可以取 0~3。难以接受这一现象,$x \geq 2$ 时,所有氢原子都同时脱除生成 S_1-CO。事实是没有普遍共识认为干重整机理是合理的,因为人们知道它受许多因素影响,像催化剂的组成(载体的性质和酸度及促进剂的存在)和反应条件(主要是反应温度)。此外,DRIFTS 方法不能提供一个清晰的图像,因为样品室最高承受温度不超过 873K,并且反应机理很可能在较高温下是不同的。

S_1-CH_xO 物种的生成和/或分解成 CO 和 H_2 叫作 RDSs[49,65,79]。似乎与解离相比,S_1-CH_x 物种的相对氧化速率是重要的:较高的氧化速率[见表 3.2 中式(3.14)]意味着在 S_1-CH_xO 物种中 $x>0$,而较高的 S_1-CH_x 分解速率[见表 3.2 中式(3.9)]导致 S_1-CH_x 物种完全分解,形成表面碳(S_1-C)。如果表面碳 S_1-C 的氧化速率不足够高,碳质物种就会开始生产并且积累,导致催化剂的失活。由于积炭而导致催化剂失活是 DRM 反应的重要问题。

3.4.4 结焦失活

在 DRM 反应条件下催化剂的失活是通过不同机理发生的,像积炭的积累,金属相的烧结和原料中所含杂质(通常是 H_2S)引起的中毒。在许多烃重整过程中,最重要的失活因素就是富炭沉积的形成,叫作炭或焦炭。后者表现为各种碳质物种,性能和结构各异,被描述为表面碳、石墨烯岛、石墨烯、丝状或晶须状碳、胶囊碳、热解碳、无定型碳、类碳化物体相碳、层状或聚合碳,而有序和无序碳术语也有使用[46,103-107]。显然没有普遍一致的碳质成因的描述,一个以上用于成因的描述取决于反应性/稳定性,结晶学和形状/形成因子。总之,最初形成的是无定型和石墨碳岛,而碳集聚既能引起形成金属相的封装胶囊,或引起丝状碳和晶须类碳的生长。不希望生产体相金属碳化物,但可能会生产表面碳化物[46,108]。符号 C_α 或叫碳化物碳,能在 323K 温度下加氢,符号 C_β 或叫无定型碳,它能在 373~573K 温度之间被加氢,符号 C_γ 或叫石墨碳,能在大于 673K 温度下加氢,这些都用来表示在 TPH(或 TPO)条件下,在不同温度下脱除不同类型的碳[109,110]。碳的性能、结构和生产速率取决于各种参数,像催化剂特性(金属和载体性能、组成、相貌和结构),原料组成和反应条件[105]。

总之,碳质沉积物通过复杂化学反应而生成,其遵循一系列最基本的步骤。其机理包括焦炭的生成和焦炭的气化反应,这些反应是通过几种不同路径进行的。最终,焦炭净积累取决于沉积物脱除反应速率的差异。在 DRM 中,碳由甲烷分解[见表 3.2 中式(3.9d)],一氧化碳歧化(Boudouard 反应)和碳缩合反应产生,并且这些反应中的任一反应都不存在热力学障碍。在高于 973K 时,CH_4 分解是主要反应，而在低于873K[22,46,61,111]时，Boudouard反应是主要反应。两个反应都在金属表面上进行，并且每个反应在碳积累上贡献程度取决于操作条件和催化剂组成。York等宣称在温度高于1050K时，Boudouard反应产生的碳量希望与甲烷分解或POM相比是很低的。然而，有证据说明Boudouard反应[见式(3.6)]的贡献不可忽略不计[112]。

镍催化剂易于积炭从而导致其快速失活。正如所描述的那样，甲烷在镍纳米簇的表面上分散吸附着，释放出氢气和形成S_1-CH_x表面物种。如果具有反应性的氧和/或羟基表面物种易于与氢减少物种反应，然后快速生成S_1-CH_xO或S_1-CO物种[见表3.2中式(3.14)]，最终产生CO和H_2[见表3.2中式(3.16)、式(3.17)和图3.6d]。相反情况下，S_1-CH_x经历进一步分解生成碳原子和/或原子组[见图3.7(a)]。由于碳在镍晶格中具有高溶解性，碳原子可能或者残留在表面上或在亚表面中扩散到碳生长中心，如颗粒边界上[见图3.7(b)][103,106]。Figueiredo和Trimm[113]，计算了镍相中的碳浓度作为Ni_3C的碳含量，假设焦炭积累很可能通过叫作中间产物的碳化物生成而进行的。这些碳化物分解释放出自由碳，它能在镍晶格中迁移。经历一个诱导期后，这些碳质物质形成了镍-载体之间的石墨烯层。根据碳生长机理和催化系统的不同，石墨烯层可能封装粒子或从载体上分离镍粒子并生长成丝状碳(晶须)、纳米纤维、和/或头上边缘具有镍粒子的碳纳米管[见表3.2中式(3.8c)][103]。在许多Ni-基体系中，丝状碳生成占主导地位[22,114~117]。尽管那样，由于反应物仍易于接近镍表面，催化剂在一定时间内保持具有活性，但是炭不断积累，最终导致催化剂活性下降，反应器床层压降增加，最后反应器堵塞[46,106,114,118]。Helveg等[119]用在线HRTEM仪器探测由甲烷催化分解而产生的碳纳米纤维生长。HRTEM图谱展示了石墨纳米纤维在前端与Ni纳米簇一起生长并且石墨烯层同时进入多壁碳纳米纤维结构中(见图3.8)。通过在镍纳米晶体表面上改型或重构单原子阶梯边缘而形成纳米纤维的石墨烯层的成核和生长，并且碳纳米纤维通常具有类似于镍簇团的尺寸：较小的镍粒子倾向于获得一个细长形状的，形成局部多壁碳纳米管，而较大Ni粒子倾向于获得梨状，并且形成偏于纤维轴心方向石墨烯层的晶须类碳纳米纤维[119]。

有人建议碳形成机理是由通过镍晶格(33kcal/mol，1kcal=4.1868kJ，下同)碳扩散和丝状碳生长(30kcal/mol)的可比较活化能而促进的[106,120,121]。Xu和Saeys[104,122]报告扩散到体相镍八面体位热力学上是有利的，在59~120kJ/mol，对应的活化能是相当低的(70kJ/mol)。此外，在第一亚表面层八面体位上的碳化学吸附被认为是优先在表面上的化学吸附[104]。在石墨晶须稳态增长期间，气相-金属和金属-石墨烯相界面之间产生的浓度梯度被认为是碳在垂直于Ni表面通过体相纳米簇而传输的驱动力[123]。虽然计算的石墨烯晶格常数与Ni(111)表面

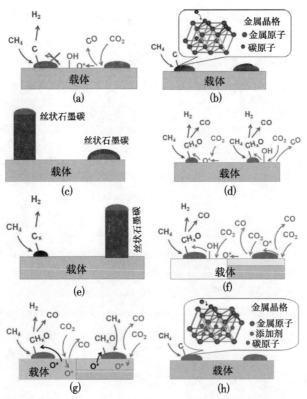

图 3.7 镍晶格中碳扩散、丝状碳的形成和抑制碳积累的各种方法示意图：(a)活性氧物种或羟基获得不够快，S_1-CH_x 表面物种经历进一步分解，形成碳原子和/或原子碳群；(b)在颗粒边界或表面台阶处，这些碳原子和/或原子碳群能够或残留在表面覆盖活性中心，或在金属晶格次表面中扩散到达碳生长中心；(c)在碳成核中心处，碳原子和/或原子碳群能逐渐成为石墨烯层的一部分，形成封装或丝状石墨碳；(d)在分布很好的金属相催化剂中，金属粒子上的 CH_4 吸附-活化中心距载体上 CO_2 吸附-活化中心较近，并且 S_1-CH_x 很容易被氧/羟基表面物种氧化；(e)在分布很好的金属相催化剂中，小金属微晶在石墨碳达到形成石墨烯层的临界尺寸前快速被碳饱和；(f)载体(MgO)或载体组分添加剂(CaO)促进 CO_2 的吸附，形成过量的活性氧物种/羟基；(g)载体(CeO_2-ZrO_2)或载体的组分，通过 Mars-vanKrevelen-型反应机理提供表面活性氧物种(S_2-O)；(h)在金属晶格中或表面台阶处能阻碍碳生长中心的添加剂，可避免碳的扩散

晶格常数很接近，石墨烯和 Ni(111) 表面间的相互作用是十分微弱的，并且甚至是轻微排斥的。Bartholomew[124]得出结论，来自甲烷分解碳的生成在 Ni(111) 上比在 Ni(100) 或 Ni(110) 上要困难得多。

Abild-Pedersen 等[103]和 Helveg 等[119]研究了各种甲烷反应碳生成机理，包括从头开始进行 DFT 计算和实验结果分析。甲烷分解的 DFT 计算显示在镍簇体相中的扩散是完全不同的，并且碳扩散在次表面层中可以沿着表面进行[103]。Abild等[103]演示了阶梯边位扮演着镍表面上石墨烯层优先生长的中心(见图3.8)。

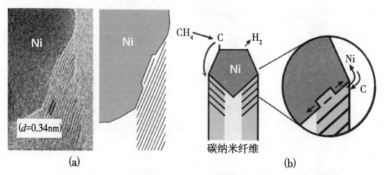

图3.8　(a)碳纳米纤维生长高分辨率电子转换显微图(左侧)，载于 $MgAl_2O_4$ 的镍纳米簇上甲烷催化分解过程中在线获得，显示镍纳米粒子和碳晶须之间相界面，和(右侧)石墨烯-镍相界面示意图，显示镍表面处单原子 Ni 台阶部位之间的石墨烯层的生长；(b)碳纳米纤维生长机理示意图，基于在线 HRTEM 观测和 DFT 计算得到[130]

以上描述的碳形成机理给出了贵金属催化剂是碳形成过程的较高阻碍的合理解释。因为贵金属催化剂比镍催化剂的甲烷分解的计算平衡常数较小，所以，中间表面碳物种的浓度也较低。在氧物种的存在下，这些中间碳物种在碳质沉积物开始形成之前会产生 CO。此外，碳溶解入这些贵金属晶格中成为较小的含量[125]。

关于丝状碳生成中金属粒子尺寸效应方面存在争论。虽然小金属粒子有较多台阶和缺陷，但已经观察到在较小的晶粒上丝状碳的生成是较少的。对于这一观察有个较好解释就是：考虑碳生成机理。根据 Trimm 的研究[106]，镍晶格中碳扩散至镍粒子表面上遇碳饱和，然后停止扩散。希望这种饱和在小的镍粒子中发生的相当快。Bengaard 等[71]已经演示证明了小的碳簇一定是不稳定的。有一个临界石墨烯簇尺寸，大概80个碳原子，大于这个尺寸石墨烯岛就是稳定的。由于临界核相当大，所以过程是缓慢的。如果镍粒子的晶面或台阶边缘太小，碳成核就不能进行，石墨生成就会受抑制[71]。这就是为什么石墨碳(组装或丝状碳)不能在小金属粒子上形成的原因。困难的是如何确定镍粒子的临界尺寸。根据 Lercher 等的研究[126]，临界 Ni 粒子直径是 2nm，低于这个值碳生成速率急剧下降。然而，大部分试验结果给出的结论是临界尺寸必须更高些，大约为 7~10nm[127,134]。

许多研究致力于通过下面方法减少 Ni-基催化剂上碳的生成：

(1) 改善镍金属相的分散，使用适当的制备方法，或使用金属氧化物作为载体或改进剂，以有利于生成小 Ni^0 粒子[见图3.8(e)]。

(2) 提高表面氧物种的可接近性,使用金属氧化物作载体或改进剂以便增加 CO_2 的吸附和解离[见图 3.8(f)、(g)]。

(3) 在工业 SPARG 过程中,使用硫抑制优先担当碳生长中心的镍台阶-边缘位的生成,或使用其他毒物(Sn、B、Au)[见图 3.8(h)]。

这些研究的许多结果会在下面章节中讨论。

3.5 催化剂研究

影响活性、选择性和稳定性的十分重要的参数似乎是:负载金属的尺寸和性能,载体的性能、形貌和结构,反应条件。因此,相当多的研究工作都集中在阐明其重要性和通过适当选择金属组分和载体、催化剂制备方法和添加改进-促进剂来控制这些参数上,以便达到抑制碳生成而保留高活性。

3.5.1 贵金属催化剂

正如以上提到的,基于贵金属的催化剂(Rh、Ru、Pt、Pd、Ir)通常对 DRM 是活性很高的,由于甲烷分解平衡常数小和它们晶格中碳溶解浓度低,没有明显焦炭生成[55,135-142]。活性和抑制炭沉积主要取决于金属但也取决于载体性[55,66,95,97,100,101,135-140,143-153]。Rostrup-Nielsen 和 Hansen[135],在大量研究负载于 MgO 稳定的 Al_2O_3 载体上各种过渡金属中,发现在常压和 773 和 923K 下有下列金属活性顺序:Ru>Rh,Ni>Ir>Pt>Pd,而引起炭生成的顺序是 Ni>Pd>>Ir>Pt>Ru,Rh,后两个可以忽略不计。钌-基催化剂是 DRM 理想的选择,因为它们具有高活性同时具有低的发生成速率。然而,Ru 太难获得使其在整个重整催化剂市场难有大的影响[135]。铑催化剂虽然具有与镍催化剂相差无几的活性,但它的炭沉积速率类似于 $Ru^{[135]}$。

在另一项研究中,为阐明过渡金属与载体在较宽的温度范围(673~1023K)内所起的作用,Ferreira-Aparicio 等研究了载于氧化硅或氧化铝上的过渡金属 Co、Ni、Ru、Rh、Ir 和 Pt。在 723K,活性以转化率表示,以氧化铝为载体催化剂时遵循如下次序:Rh>Ni>Ir>Pt,Ru>Co,而以氧化硅为载体的系列催化剂则遵循如下次序:Ni>Ru>Rh,Ir(见图 3.10)[136]。较高反应性能不是与表面金属位数量有直接关系的,例如,Ir/SiO_2 和 Rh/SiO_2 催化剂具有比 Al_2O_3-基催化剂更高的金属分布,而它们的催化活性却很低。可以推论,载体不仅在所给金属(见图 3.9)的转化率上发挥巨大影响,也对反应机理和反应条件下催化剂稳定性发挥巨大影响。这一研究结果显示,生成合成气的选择性似乎不受金属和载体性能的大的影响。一般情况下,氢选择性随温度升高而增加,而一氧化碳的选择性保持实际不变。碳生成和迁移到载体的速率是影响所给催化剂活性和稳定性的因素[136]。因此，催化稳定性似乎取决于金属分布在其上的载体性能和金属相与载体的相互作用。MSIs 控制烧结过程，因为氧化硅负载金属催化剂的这种作用较弱，烧结影响催化剂就多一些[136]。相比 Rostrup-Nielsen 和 Hansen[135]的结果，Ferreira-Aparicio 等的研究[136]也显示了 Rh/Al_2O_3 催化剂存在高转化率和良好稳定性，而镍-基和钴-基催化剂抗失活。这一研究有趣的发现是，如 TEM 照片所揭示的那样，在 Pt/Al_2O_3、Ru/Al_2O_3 和 Ru/SiO_2 上没有晶须-类碳(丝状碳)存在。因此，沉积炭的解构，特别对 Ru/SiO_2 而言，展现出来的是无定型碳和一些封装金属粒子的碳层[136]。

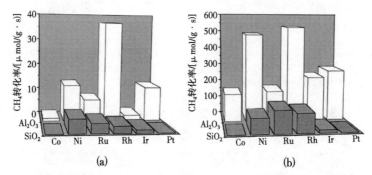

图 3.9　在氧化硅或氧化铝上过渡金属催化剂上的甲烷转化[反应混合物：CH_4：CO_2：He(10∶10∶80)；总流速：100mL/min]：(a)在 723K 下，TOS 为 45min；(b)在 1023K 下，TOS 为 5min[136]

因为负载型 Rh 催化剂似乎展现出最好的性能，大量研究致力于理解反应机理和影响它们活性的稳定性因子。Wang 和 Ruckenstein[138]研究了负载在两种氧化物上还原的 Rh 催化剂的物理化学性质和催化行为：可还原的(CeO_2、Nb_2O_5、Ta_2O_5、TiO_2、ZrO_2)和不可还原的(γ-Al_2O_3、La_2O_3、MgO、SiO_2、Y_2O_3)。根据这一研究，可还原的氧化物在常压和 1073K 下不适合干重整反应，主要由于低的活性。然而，最近研究已经揭示了 CeO_2 和 ZrO_2-基 Ni 和 Pt 催化性能的改进。在不可还原氧化物中，γ-Al_2O_3、La_2O_3 和 MgO 是活泼和稳定的，其活性增加次序是 La_2O_3<MgO<γ-Al_2O_3[138]。Verykios 和合作者[139-142]已经研究了载于金属氧化物和二元载体上的 Rh 催化剂，也对其进行了机理研究[102,151-153]。他们的研究结果显示，Rh 催化剂特殊的活性强烈依赖于用来分散金属的载体，它们递减的次序如下：YSZ(氧化钇稳定氧化锆)>Al_2O_3>TiO_2>SiO_2>La_2O_3>MgO，而在负载 TiO_2 和 MgO 上的 Rh 催化剂失活较快。已经证明金属粒子尺寸对于催化剂固有活性和失活速率是至关重要的，两者都随 Rh 粒子尺寸增加而降低。然而，发现这些依赖度是受载体性能影响的，如不同的 MSI。已经显示催化剂失活的因素是炭沉积、金属烧结和来自载体的物种对表面 Rh 位的中毒[139,140]。在 923K 和 1atm 下用稳态示踪和转换技术进行的机理研究显示在 Rh/Al_2O_3 催化剂上生炭起因主要是 CO 的歧化反应，而在这个反应温度下 CH_4 的贡献是很小的[141,142]。在 823~1023K 和 1atm 反应条件下，催化剂上形成的相对大量的不同碳种类和炭的总量取决于反应温度和运转时间[141,142]。

  Portugal 等研究了担载在如 NaY 沸石、γ-Al_2O_3、Nb_2O_5 和 TiO_2 各种载体上 Rh 催化剂中载体的作用和活化过程[97]。与 Wang、Ruckenstein[138]、Verykios 等[139~142]研究结果一致，CO 生产的 TOF 和金属粒子的分布受载体类型影响很大。金属分布所遵循的次序是 Rh/NaY ≈ Rh/Al_2O_3 >> Rh/Nb_2O_5 > Rh/TiO_2，而一些沸石担载的样品具有较好的金属分布，这取决于活化的过程。他们只研究了 Rh/NaY 沸石催化剂的预处理活化过程，样品经过预焙烧，然后在 H_2 中活化得到的样品中观察到具有最高的金属分散度。在 H_2 或蒸汽中直接活化或直接传递到反应条件都显示有大金属粒子生成。显示了 Rh/NaY 沸石催化剂的金属粒子分布和 CO_2 重整中比活性之间的关系。Portugal 等[97]得出这样的结论，氧化物负载 Rh 催化剂活性主要是 RWGS 反应的参与所决定的。氧化物负载 Rh 催化剂显示出极高的转化率，这是由于 RWGS 反应较高的参与度所导致的。氧化物负载催化剂的热稳定性和催化剂相对抗结焦性遵循上边金属分布性的排列次序，Rh/Al_2O_3 > Rh/Nb_2O_5 > Rh/TiO_2。一方面，抗结焦性归因于载体稳定 CH_x 分解和一氧化碳异构化的能力。另一方面，载于 Na^+ 中和沸石上的催化剂显示出极好的金属分布和沸石结构的热稳定性，因此建议沸石担载 Rh 催化剂可能是稳定的 DRM 催化剂。

  负载 Rh 和反应温度的效应由 Wang 和 Au[143]通过在氧化硅负载的催化剂上进行了研究。负载铑的量增加到 0.05%时会引起 CO 产率的增加，而进一步增加铑的含量则几乎不再有作用。在温度高于 973K 下观察到 CH_4 转化率的大量增加，超过 1073K 下 CO_2 的增加。基于铑氧化物比金属铑具有较高甲烷氧化能力的结果，Wang 和 Au[143]提出了下列反应机理：CO_2 解离会导致 CO 或表面炭，同时还有表面氧生成。在 1073K，小量的铑氧化物能够暂时生成，因此，除了大量甲烷重整反应发生在金属铑活性位上外，一些甲烷会被铑氧化物氧化成 CO_x($x=1$ 或 2)，同时铑氧化物也被还原成金属铑。因此，甲烷解离中，CO 和 H_2 生成可能通过两个路径进行：直接解离和氧-协助解离，后者贡献随温度升高而增加。这一机理解释了相对 CO_2 在 1073K 的转化率，甲烷的转化率更高些。Wang 和 Au[143]也提出表面羟基可能是脱除表面炭的主要途径[见表 3.2 的式(3.15)]。

  最近，研究者在 Rh/Al_2O_3 催化剂[100,101]上进行了两个动力学试验。Maestri 等[100]，使用热力学一致微动力学模型，显示了 Rh/Al_2O_3 催化剂上对于蒸汽重整和干重整，不管共反应物如何(或者 CO_2 或者 H_2O)，甲烷解离都是 RDS 反应。

甲烷转化通过热裂化和碳由 $OH_{(ads)}$（$CH_4 \to S_1-C \to S_1-CO$）氧化来完成，并且共反应物的作用是提供主要的氧化剂，$OH_{(ads)}$。根据 Wei 和 Iglesia 报告的镍催化剂同位素动力学试验[102]，甲烷活化被预测是 RDS 反应，并且包含共反应物的所有反应步骤证明是准平衡的[对 CH_4 浓度为一级反应而与共反应物无关（H_2O 或 CO_2）]。这一研究的意外发现是其中间物和高反应温度，S_1-CH_4、S_1-CH_2 和 S_1-CH 解离步骤快速达到准平衡，而 S_1-CH_3 分解[见表3.2中式(3.9b)]由于其可逆反应的高活化能还远未达到平衡。因此，Maestri 等认为这一步骤是 RDS 反应。因为 RDS 是独立于氧化剂的，不可能指望共反应物在反应速率上发挥任何动力学相关作用。值得注意的是，基于上述模型，$OH_{(ads)}$ 被认为是主要的氧化剂而不是 $O_{(ads)}$，其与文献中[93,141,154]报道的大部分定性机理有所不同。此外，确信在典型的使用条件下，SRM 和 DRM 总是在平衡附近与 WGS 反应相伴发生。Donazzi 等[101]同意表面羟基存在的重要性，提出 DRM 实际是 SRM 和 RWGS 反应的混合反应，例如，表面羟基是吸附的 CH_x 物种的有效共反应物。然而，Donazzi 等[101]认为，RWGS 取决于 CO_2 浓度。因此，甲烷转化动力学是两个反应动力学的函数。此外，因为在大部分条件下，RWGS 是平衡的，CO_2 动力学依赖只在特殊情况下成为主要的，这一特殊情况受限于高时空速率和低 CO_2 浓度的结合。也有人用 Rh/La_2O_3 催化剂进行了动力学研究[144]。结果与 Verykios 等在 Ni/La_2O_3 催化剂上取得的结果相近[49,65,79]。在还原的催化剂中，人们用 XPS 探测到了被还原的铑粒子在其上有很好分布的 La_2O_3 和 $La_2O_2CO_3$（碳酸氧化物）混合物，而在使用过的催化剂上探测到的表面物种仅有碳酸氧化镧和大部分 Rh^0。Munera 等[144]得出结论，慢反应步骤是甲烷分解[见表3.2中式(3.9)]和在用催化剂中存在的含氧碳酸镧上生成碳物种的两个反应，这正如 Ni/La_2O_3 催化剂上发生的反应机理[49]。这一慢反应最有可能发生在金属/载体相界面间，并且作为 Rh/La_2O_3 催化剂的稳定性一个证据[144]。

另一个最近研究聚焦在 $Rh/\gamma-Al_2O_3$ 独居石催化剂上一个反应过程的可行性，揭示了 CH_4 和 CO_2 的平衡转化可以在干重整和自动热条件下获得[145]。在 DRM 条件下，使用化学计量原料时没有发现失活，但在长周期暴露在1.4:1 的 $CH_4:CO_2$ 且无 O_2 的情况下会发现有一些失活。在空气中再生后，催化剂活性得到恢复。

研究者同样研究了其他贵金属催化剂，目的是阐明载体的重要性、促进活性添加剂的存在和催化剂稳定性以及反应和碳形成机理[95,146-153]，读者可参读专门文献以获取更详细的内容。

3.5.2　Ni-基催化剂

Ni-基催化剂对重整反应是很活泼的。此外，自然界中 Ni 含量丰富，相对贵金属价格较低,并且对考虑成本效益的DRM工业过程是较适合的。不幸的是镍催化剂倾向于生炭。在过去的十几年中,这些催化剂已经成为广泛研究的主体,以便对发生在这些材料上的催化现象与它们物化性质的关系有深入的了解。由于上述原因,对Ni-基材料催化系统进行的广泛研究聚焦在催化剂组成的效应(氧化物用作载体或添加剂、第二金属、金属负载)、制备方法和热处理过程。

3.5.2.1 载体的性能、形貌和结构

考虑所有发生在DRM反应过程中的催化现象,很容易理解载体材料的关键作用,特别是在镍催化剂情况下,其作用远超过传统观点对载体只是给催化剂提供高表面积、机械强度和热稳定性的认识。由于甲烷吸附解离发生在金属表面,是一个速度控制步骤,载体显然必须提供最大的金属分布,此外确保在反应条件下稳定并避免烧结。此外,金属分布对炭沉积具有惊人的影响,由于炭生成总需要量比CH_4重整所需要量大[55]。进而,载体必须提供活性位,以便CO_2在前期描述的双功能机理的框架中吸附和解离。表面酸-碱性也是影响活性和炭生成的主要因素。增加路易斯碱度导致CO_2吸附增加,它可以生产表面物种与碳反应生成CO[55,60]。

在镍催化剂的性能表现和稳定性上MSIs是十分重要的[50]。MSI除了稳定金属镍相不产生烧结外,也能在金属微晶中增加电子密度[78]。结果,Ni^0到甲烷反键轨道LUMO的电子赠与能力增加,因而促使C—H键断裂能力也相应增加,像在TiO_2-载体催化剂中那样[50]。对较小的镍微晶粒子,载体诱导的电子效应是明显的,对大金属粒子(直径10~40nm)是可以忽略的。

Bradford和Vannice[50],在载于MgO、TiO_2、SiO_2和活性炭上Ni-基催化剂的对比研究中,试图阐明载体在活性和炭沉积中的作用。他们得出结论,催化剂的物理化学和催化性质不可能只与所用金属氧化物引起的单一参数的改变呈线性关系。例如,Ni/TiO_2的催化行为是由强金属载体相互作用(SMSIs)引起的各种现象的组合。它的高活性归因于在Ni微晶中增加的电子密度,而它改进的抗结焦能力是归因于低的一氧化碳键能和高的一氧化碳分解阻力。此外,TEM结果解释了镍和TiO_x相在还原和/或反应过程中的混溶性,暗示大量镍原子或是与TiO_x物种因反应而移走,或是由移动TiO_x物种而覆盖。因此,Ni/TiO_2的高抗炭沉积能力可以解释为电子效应以及几何效应[50]。

3.5.2.2 氧化铝

氧化铝因其廉价易得并且具有好的机械和热稳定性,同时金属镍相在其表面可高度分散而成为一个十分常见的载体[50]。Ni/Al_2O_3被认为是催化剂的艺术王国,许多文章都致力于阐述在这一催化系统上的反应机理和有效抑制碳的生成。它的酸-碱性取决于制备方法和它所含的杂质。它的CO_2吸附量是适中的。

结晶形式、制备过程和镍的负载都对催化性能具有明显的影响。具有低 Ni 负载量(例如 5%~10%)的高表面积氧化铝获得满意的结果,证明好的 Ni 分散是通过制备和热处理过程而得到的[88,118,131]。后者是一个重要步骤,决定了还原度、$NiAl_2O_4$ 尖晶石的生成,因此决定了这些催化剂的催化行为和稳定性[88,131,155]。Ni/Al_2O_3 催化剂还原是制备活泼催化剂的先决条件。未还原催化剂活性比还原的差,前者是在 1173K 反应条件下改进的[88]。Cheng 等[88]观察到镍的还原度几乎对重整活性没有影响(特别是在高温约 1173K 时)并且得出结论 RDS 一定是 CO_2 在载体上发生解离而不是甲烷在 Ni^0 解离或在金属-载体相届区发生的反应步骤。Juan-Juan 等[131]得出结论,在 773K 和 973K 评价下,预处理过程对 Ni/Al_2O_3 催化剂活性不是必不可少的,但能显著影响积炭量。他们提出,焙烧预处理可以取消,因为对 Ni/Al_2O_3 催化剂所观察到的最低炭沉积不是焙烧而得到的而是在 973K 下直接还原得到的[131]。关于铝酸镍的生成,Sahli 等[155]宣称由一个 Al_2O_3 和 $NiAl_2O_4$ 固体溶液组成的催化剂,其中没有任何可探测到的 NiO 存在,在 773~1073K 温度范围内展现出高的活性,比原始含有 NiO 的催化剂形成少得多的炭。

传统的制备方法给出通常大于 10nm 的 Ni 粒子,它具有在还原时和/或反应条件下烧结以及产生丝状炭的倾向。此外,在高温下可能形成铝酸镍,一种难以还原进而成为对甲烷分解不活泼的相。因此,提出改变制备方法和催化剂预处理,例如,使用等离子技术[156,157]。Ni/Al_2O_3 催化剂等离子处理后焙烧会产生较小的 Ni 粒子,它具有较窄的尺寸分布,光滑的 Ni 粒子表面(激发适中的甲烷分解还原速率,因此形成一个较好的碳生成-气化速率平衡)和增强的 Ni-氧化铝相互作用,导致高的催化活性和极好的抗碳生成性[156,157]。然而,改进 Ni/Al_2O_3 催化剂所遵循的最普通的路径是一个或多个结构或化学助剂,目的在于增加 Ni 的分散,促进表面反应,它可以消耗表面碳簇和阻止碳生长中心的生成。所选择的实例如使用碱金属或稀土金属和/或双金属催化剂将在下面章节讨论。

3.5.2.3 氧化硅

在 Ni/SiO_2 催化剂中没有 SMSI,由于镍烧结和大量积炭而使催化剂失活[50,55]。由于较高的一氧化碳键能和较低的一氧化碳解离阻力共同的影响,氧化硅负载镍催化剂很容易受碳生成影响[50]。Pan 等[158],应用辉光放电等离子体进行氧化硅载体上硝酸镍的分解,目的是加强 Ni 粒子和氧化硅之间相互作用以改进 Ni 的分散。等离子体处理的催化剂具有与传统润湿方法制备的 Ni/SiO_2 催化剂可比的活性。然而 Ni/SiO_2 催化剂抗焦炭沉积性被等离子体处理极大改进,这由等离子体处理后获得较小 Ni 粒子尺寸和较多的 Ni 粒子均匀分布得到了解释,正如 CO 化学吸附和 TEM 研究所揭示的那样[158]。下面叙述了另一个方法,研究了在 Ni/SiO_2 催化剂中加入不同量 Gd_2O_3 的影响[159]。在催化剂上 Gd_2O_3 有双功能作用：因为在Ni、Gd_2O_3和SiO_2间有很强的相互作用，导致较高的Ni分布；Gd_2O_3改进的Ni/SiO_2催化剂具有较高的CO_2消费和活化能力，形成表面碳酸盐物种。所有改进的催化剂具有较高的活性稳定性，最好的是Gd/Ni，原子比为0.45[159]。

3.5.2.4 MgO和水滑石型材料

MgO在实际应用中具有两个重要的优点因为它是廉价的和具有高的热稳定性。此外，对于镍催化剂来说它是独一无二的载体，具有多种有益的效应。MgO^+和Ni^+离子具有类似的晶体离子半径，分别具有0.065~0.072nm，而MgO和NiO具有相同晶体结构。因此，镍可以在氧化镁晶格中扩散，产生NiO-MgO固体溶液，在其两相间存在强相互作用[55,60]。结果，NiO分散良好且只能部分被还原，在固体溶液表面生成很小的镍微晶[见图3.7(d)、(e)]，它们在一些情况下甚至用HRTEM都不能探测到。因此，抑制了金属烧结和炭的沉积。此外，氧化镁是一个具有高表面碱性的碱土金属氧化物，因此对吸附CO_2具有高度亲和性，进而抑制炭的沉积[见图3.7(f)]。Tomishige等[160]提出CO_2在$Ni_{1-x}Mg_xO$固体溶液上活化有两个路径：在金属和载体之间相界面上CO_2的吸附和活化；CO_2在镍金属表面上活化。在$Ni_{1-x}Mg_xO$固体溶液这种情况下，在金属-载体相界面间的CO_2解离被认为是能最有效提供氧的物种，它可能去与中间物种如吸附在Ni上的CH_x，表面Ni碳化物和体相Ni碳化物反应，从而强化了对碳生成的抑制[160]。然而，制备DRM的NiO-MgO催化剂最初尝试导致低活性和选择性，低稳定性和高生焦速率的结果[50,55]。从那时起，NiO-MgO催化剂就成了许多研究的主题，揭示了活性和相对稳定的催化剂可以基于这一固体溶液，并且提供了它们可能的制备方法[161]。显然，存在着各种参数复杂的相互关联作用（比表面、缺陷浓度、碱度和镍分散），这些参数可能对Ni/MgO催化剂的DRM反应性能具有各种不同的影响。比较特殊地，取决于组成（Ni/Mg比）、所用MgO的性质、制备方法和热处理的不同$Ni_xMg_{1-x}O$固体溶液和催化剂可以制得，它们可能具有各种不同的形貌、结构和催化性质。

用Ni^{2+}水溶液浸渍MgO似乎是适合的制备方法，而共沉淀不是[50,55,60,162-166]。MgO的形貌和晶体学性质，例如表面积、孔分布和晶格参数，可能显著影响最终Ni/MgO催化剂的性质：在具有多孔结构的MgO载体上形成具有高催化活性和碳生成抑制性的较小镍粒子，在浸渍过程中进入孔中的金属离子可以很容易地扩散[163,167]。在Ni/MgO中NiO的担载量也调节金属粒子尺寸大小[168]。已发现在5%~15%范围内的Ni含量对DRM是有效的，而在较高含量下，Ni粒子变大并且表现出体相材料性。热处理过程对氧化镁晶格中镍扩散度，固体溶液的形成，以及对催化剂的有效性和稳定性都起到决定性作用[60,164,166]。

总之，影响催化剂性能的最重要因素是固体溶液形成和由它引起的SMSI，

它调节 NiO^0 分布，金属-载体相界面和镍相的还原性。然而，似乎太强的 SMSI 会导致催化剂不活泼，像共沉淀制备的那些催化剂例子一样[163]。

另一个重要范畴的镍-氧化镁催化剂是来自水滑石(HT)-型前驱物的复合材料，其活性相均匀分布在基质中。HT 化合物具有如下总的分子式 $[M^{2+}_{1-x}M^{3+}_x(OH)_2]^{x+}(A^{n-}_{x/n}) \cdot mH_2O$，其中 M^{2+} 和 M^{3+} 是金属阳离子，例如，Mg^{2+} 和 Al^{3+}，A 是个阴离子，$n=$ 阴离子电荷，$1-x>x$，m 是内层水分子数。HT_s 展现独特的内层结构，很像水镁石，$Mg(OH)_2$[169-171]。在水镁石结构中，每一个镁阳离子都是八面体结构周围布满羟基，整个结构没有净电荷。在 HT 化合物中，某些 Mg^{2+} 和阳离子被 Al^{3+} 阳离子取代，导致部分被取代的八面体 $Mg(OH)_6$ 形成带正电荷的层，该处的多余电荷由与水分子共存于层间的阴离子平衡(例如碳酸根离子)[171]。Mg/Al 物质的量比和夹层阴离子可大范围变化，除了化学分子式中显示的二价和三价阳离子外，同时也使用了单价和四价阳离子。夹层阴离子的尺寸和方向决定夹层的空间大小[170]。阳离子和夹层阴离子的相对比例和性质的灵活性允许裁剪 HT 化合物的物化性质。最终催化剂可具有希望的碱性和/或氧化还原性，而在羟基化的层中阳离子的分散热处理后得以保留[171]。由于具有这些优点，发现有许多用途的 HT 派生的材料似乎是 DRM、STR、POM 或 ATM 理想稳定的催化剂[153,170,172-179]。层状氢氧化物制备方法通常是共沉淀法，尽管其他技术方法如尿素方法、转换微乳液法或 HT 结构重建法也都已经试验过[169,171,173-175,178-180]。嵌入 Ni 粒子进入载体中的这些制备方法和 MSI 的作用可以阻碍碳纳米管和/或 Ni 粒子周围胶囊层的生成[176]。对源于 HT 前驱物的 Ni-基 DRM 催化剂，主要优点是与镍分散有关。与传统催化剂相比，在层结构中 Ni 离子的随机分布，阻止了还原过程中镍相的聚集，促进了较小镍晶粒子的生成和增加了结焦阻力[46]。

3.5.2.5 稀土

由于 S_1-CH_x 物种的氧化在 DRM 反应中是慢反应步骤之一，研究者认为是速率控制步骤，控制着碳酸盐沉积的生成，表面氧物种或表面羟基物种的可接近性对催化剂性能好坏是起决定性作用的。稀土氧化物材料，能增加表面 $OH_{(ads)}$ 和 $OH_{(ads)}$ 物种，被认为可以极大提升 DRM 催化剂的效率。

众所周知二氧化铈具有高的氧储存/输送能力(OSC)，例如，它在贫氧环境下释放氧的能力和在富氧环境下快速再氧化的能力。在氧化还原反应中需要氧，期望二氧化铈在其中起到关键作用，因为它能提供从其晶格中释放的氧，而后通过在其表面上的二氧化碳解离来补充，换言之，就是所说的 Mars-vanKrevelen 机理[见图 3.8(g)][94,181,182]。在干重整反应条件下，二氧化铈催化行为是一系列复杂表面反应的结果。二氧化铈可以被 H_2 和 CO 还原，后者甚至是比 H_2 还好的还原剂[183]。CO_2 吸附和活化发生在 Ce^{3+} 表面位上，伴随着 CO 的生成和同时 Ce^{3+} 氧

化成 Ce^{4+}，而体相氧空位扮演着 CO_2 还原成 CO 的"外加驱动力"[89]。此外，二氧化铈能化学吸附大量 H_2 和 CO，摄取量也取决于它的物理化学性质及热处理条件[183,184]。总之，CeO_2 的氧化还原性质对催化系统的纹理构造、结构和形貌性质十分敏感，这些都是由制备方法、金属或金属氧化物添加剂的存在、预处理等所导致的[89,94,181~187]。期望二氧化铈还原程度影响它的反应性；CO_2 吸附和活化取决于表面电子给体的能力；因此，二氧化铈还原程度越大，它的电子给体能力越高[94]。不幸的是，纯二氧化铈的 OSC 在高温和还原条件下呈下降趋势。

除了它在 CO_2 解离吸附上的促进作用外，二氧化铈也能改善金属分布和小金属离子的稳定性。它是已知能够对负载的金属相施加强相互作用的氧化物之一，导致氧化物和金属两者的物理化学、化学吸附和催化性质显著变化[183]。因此，分散金属高的热稳定性及在还原气氛下 Ce-M 合金的形成被认为是由于 SMSI 作用。这些 SMSI 作用通常用氧化物的还原性和它的催化性质的显著变化来表述[185]。Gonzalez-DelaCruz 等[185]，观察了在 Ni/CeO_2 催化剂中镍粒子在 DRM 反应条件下经历了不希望的尺寸和形貌上的修饰改变。用 X-射线吸收光谱(XAS)法研究了用燃烧和 1023K 下氢气中还原方法制备的催化剂。观察到镍粒子是平坦的，在部分还原的二氧化铈表面上是极其稳定的。Gonzalez-DelaCruz 等[185] 建议这些形貌的变化反映了存在一种 SMSI，并能够解释对干重整反应所观察到的较高稳定性。正如 Bernal 等[186] 已证明的那样，在高温还原处理($T_{\text{redn}} \geq 973K$)下发生在 M/CeO_2 和相关镧系元素系统上的化学和结构的变化类似于低温下($T_{\text{redn}} \geq$ 773K)在 M/TiO_2 上观察到的现象。M-Ce 合金只要应用很高的还原温度就肯定能形成，而对于二氧化铈载 RH 催化剂，却从未报告发生过合金生成。

发生在较温和还原温度($T_{\text{redn}} \leq 773K$)下的金属失活可能是由于电子扰动，伴随金属微晶体和还原的二氧化铈载体之间的相互作用。此外，HREM 也证明了在温度高于 973K[见图 3.10(a)]还原条件下，CeO_2-催化系统中发生金属修饰作用。

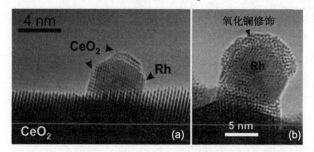

图 3.10 在还原催化剂中修饰金属粒子的稀土氧化物重叠层的 HREM 代表图像：(a) 在 1173K 还原的 2.5% 含量的 Rh/CeO_2 催化剂；(b) 在 773K 还原的 10% 含量的 Rh/La_2O_3 催化剂[186]

虽然对 SMSI 还原催化活性来说，体相 CeO_2 似乎不适合作为镍催化剂的载体，但大部分最近关于 DRM 的文献都致力于开发含二氧化铈的改进型二元和三元金属载体[55,181,182,188-195]。研究比较多的一个催化系统是二氧化铈-氧化锆。Zr^{4+} 能稳定二氧化铈，在所有 Ce/Zr 原子比范围内形成固体溶液，在富含二氧化铈样品中具有立方面心萤石结构。$Ce_{1-x}Zr_xO_2$ 相展示了改进的结果性质，抗热性质，较低温度下的催化活性和十分重要的氧储存/运输性质[182,188,191-195]。$Ce_{1-x}Zr_xO_2$ (111) 表面最新研究表明，结合 DFT 计算第一定律和试验数据，确认了 Zr^{4+} 掺杂诱导还原和未还原的二氧化铈表面原子结构的严重扭曲[196,197]。结果，促进了围绕 Zr^{4+} 掺杂的周围氧空位的形成，而氧的移动和 OSC 得到了改善。由于表面氧物种的获得对 DRM 反应是至关重要的，所以二氧化铈-氧化锆二元金属氧化物已经用作了催化剂组分[182,191-195]。一些研究已经显示，与负载在或者纯 CeO_2 或纯 ZrO_2 上的催化剂相比，二元金属氧化物已经改善了催化剂性质，尽管结果与制备方法、Ce/Zr 原子比、镍含量和分布、有无其他元素和反应条件有关。镍是很好地分散在这些载体上的，金属镍晶体小于 10~15nm，并且其负载量≤5%时，它们尺寸大小可能无法计算[182,192-195]。然而，关于镍是否成为二氧化铈-氧化锆萤石结构中一部分没有一致意见。Chen 等[195]研究了各种方法制备的 $Ni-Ce_{0.75}Zr_{0.25}O_2$ 催化剂(2.1%~4.8%Ni)，计算了共沉淀制备的催化剂具有比其他对应的载体较小的晶格参数。他们把这一降低归因于较小镍粒子离子(0.72A)结合到二氧化铈-氧化锆固体溶液中。Koubaissy 等[198]提出一些金属原子能够并入 $Ni_yCe_{2-x-y}Zr_x$ (3%~5%Ni)催化剂的萤石晶格结构中，并入度随二氧化铈含量增加而减少。Kambolis 等[182]观察到萤石晶格参数只在 Ni/二氧化铈催化剂情况下降低，这是由于催化剂中镍离子存在于二氧化铈晶格中的缘故，而这一现象在含氧化锆的 Ni/Ce_xZr_{1-x} 催化剂中就不明显。此外，Kuznetsova 和 Sadykov[197]陈述了萤石结构的单元晶胞常数随引入的阳离子半径的增加而增加，而随着锆的引入，晶胞常数减少，因为锆离子的半径比铈的小。然而，在 CeO_2 晶格中的较低价离子(如铜、镁、铝)，虽然可产生纯阳离子空缺，但不能改变 CeO_2 晶萤石结构的晶胞常数，即使在很高浓度下也不行，与通过 Zr^{4+} 离子观察到的情况成对比[197]。$Ni/Ce_{1-x}Zr_xO_2$ 催化剂比对应的载体较容易还原，例如，镍物种促进固体溶液还原性，显示 SMSI 的重要性[182,193]。虽然负载在 $Ce_{1-x}Zr_xO_2$ 二元氧化物载体的催化剂对干重整来说比负载在纯二氧化铈或氧化锆催化剂活性更高，但是对于最佳 Ce/Zr 原子比，这些有关催化性能和抗炭生成能力方面没有一致意见，并且这是制备过程和反应条件的一个重要例子[182,192,193,195]。此外，炭生成可能不是活性损失的唯一原因，因为相转移和载体烧结都可能发生[192]。Otsuka 等[199]和 Wang 等[200]已经提供了二氧化铈晶格氧参与 DRM 反应序列中[见图 3.8(g)]的证明。Otsuka 等[199]

在没有气体氧化剂和负载金属的情况下，探索了一系列 $Ce_{1-x}Zr_xO_2$ 固体溶液用于与 CH_4 的气-固反应活性实验。这些材料在氧气中，于 1073K 处理 1h，而反应以 Ar 气稀释的 CH_4 气为原料，在 973K 下进行。$Ce_{1-x}Zr_xO_2$ 复合氧化物及 CeO_2 产生 H_2 和 CO 作为主要产物进行大约 40min。通过把 ZrO_2 加入 CeO_2 中形成 Zr 含量高达 20% 的 $Ce_{1-x}Zr_xO_2$ 复合氧化物获得较高的 H_2 和 CO 产生。相反，掺杂二氧化铈进氧化钇会减少 DRM 反应中 Ni-负载催化剂的活性，同时会沉积较多的炭[200]。EPR 和 XPS 结果提供了这样一个证据，就是在催化活性和炭生成阻力方面的负效应是因为氧化钇-掺杂的二氧化铈中抑制了游离氧，这种抑制随氧化钇负载量增加而增加[200]。这些结果是二氧化铈晶格氧参与反应的重要贡献的额外证据。此外，Akpan 等[92]，在一个全新的 Ni/CeO_2-ZrO_2 催化剂上进行了动力学的、试验的、模型的和模拟的研究，提出一个 Eley-Rideal(ER)机理，假设甲烷像 RDS 一样解离吸附。这些结果对含 $Ce_{1-x}Zr_xO_2$ 固体溶液的催化系统来说是相当惊人的，因为二氧化碳的吸附和活化应该是被加强了。

氧化镧已经用作 DRM 催化剂的主要载体[49,65,74,79,139,140,144]。这些研究结果已经证明，不管哪个是活性金属，Ni 或 Rh，或者是 La_2O_3 与 CO_2 相互反应生成的碳酸氧镧($La_2O_2CO_3$)，它们都在反应机理中扮演重要角色。在两个系统中，存在两种 RDS：甲烷分解和留在表面上碳物种与工作状态催化剂上碳酸氧盐的反应[49]：

$$S_1-CH_4 \longrightarrow S_1-C+2H_2 \quad RDS$$
$$S_1-C+La_2O_2CO_3 \longrightarrow La_2O_3+2CO+S_1 \quad RDS$$

氧化镧在 CO 中于 670K 加热时也能吸附和 CO 反应，导致碳酸盐生成，在 TPD 条件下解吸出 CO_2[201]。氧化镧的催化性质仍强烈依赖于氧化物结构和热处理，因为 1700K 煅烧的氧化镧比 1100K 下热处理的活性低。氧化镧氧化还原性质变化和失活被认为是氧化物结构变化的结果，由于加热，引起无定型物种的生成，增加了氧化镧晶体尺寸或改变了氧化物暴露晶面的类型[201]。Putna 等[201]得出结论，团簇的还原性取决于它的尺寸大小，晶体粒子尺寸增加，或活性表面晶面离开氧化镧失活就会发生。Verykios 等[49,65,79,139,140]提出 Ni/La_2O_3 催化剂很好的稳定性也是由于增加金属载体界面因为 Ni 粒子部分被 $La_2O_2CO_3$ 物种覆盖(修饰)，而催化活性正是在 $Ni-La_2O_2CO_3$ 相界面上发生。Tsipouriari 和 Verykios[65]，用同位素示踪技术在 Ni/La_2O_3 和 Ni/Al_2O_3 催化剂上研究了 DRM 反应路径，认为 CO_2 吸附是重要的。在 Ni/La_2O_3 催化剂上 CO_2 分子的吸附和解离比在 Ni/Al_2O_3 催化剂上快。在 Ni/La_2O_3 催化剂上 CH_4 的干重整过程中 CO_2 分子与载体相互作用形成 $La_2O_2CO_3$ 物种，它能分解产生 CO 和对 DRM 过程有重要作用的氧物种[见表 3.2 中式 3.14(a)或式 3.14(b)]。对 CO_2 化学吸附具有很高亲和力的 Ni/La_2O_3 催化剂可能是由于氧化镧相对于氧化铝来说具有较高的碱性。这些观察得到了 Bernal 等的支持[186]，他们已经证明了负载在三氧化二镧系上(Ln_2O_3)金属催化剂碱性是关键参数，它能影响它们的性质而不是它们的还原性。在浸渍过程中，可能会发生载体的溶解，因为含有金属前驱物的水溶液通常是酸性的，特别是在贵金属的情况下[186]。对于 4f 系三氧化二物载体，随着溶解会发生结构纹理变化，导致载体深刻的化学修饰，进而转化成水合的和碳酸盐相的复合混合物。加热后，金属和 La 离子两者同时再沉淀生成一种材料，在其中金属原子很好地嵌入载体基质中，它在低温还原的催化剂的 HERM 图像中看不到金属纳米颗粒[186]。在较高的还原温度(773~973K)下，金属物种分离形成可看得见的金属颗粒，而载体相(氢氧化镧和碱式碳酸盐)的热分解导致 La_2O_3 的生成。在最终的催化剂中被氧化镧覆盖的分布较好的纳米金属粒子可以被检测到[见图 3.10(b)]。载体分解程度和金属粒子长大程度随温度而增加。Bernal 等[186]确信载在三氧化二镧系上催化剂的化学吸附和催化性能一定优先关联催化剂的纳米结构(制备过程中控制)和这一家族氧化物的内在基本性质，而不是关联在很温和条件下的还原[186]。

此外，载于 SiO_2 和 La_2O_3 上 Ni 和 Rh 金属催化剂的比较研究显示在相对低温下(<873K)氧化镧负载催化剂活性比氧化硅负载催化剂低，生成的炭比它多[202]。这一表现可以解释如下：氧化镧活化 CO_2 的分解，提供 CO 给金属。在低反应温度下(例如<873K，Boudouard 反应是炭生成的主要原因，因此在氧化镧的存在下它得到了加强。此外，氧化镧在金属具有低甲烷化活性时具有正效应，但是快速炭沉积和失活伴随着具有高甲烷化活性的金属如 Ni 的使用而发生[202]。

3.5.2.6 其他载体

最近，已经研究了作为 Ni 催化剂载体的一些其他材料，例如沸石、介孔材料(MCM-41、SBA-15、SBA-16 等)和 SiC[203,208]。建议使用沸石作为 DRM 有希望的催化剂载体是基于它们良好的结构(可获得高金属分散度)、高表面积、高热稳定性和 CO_2 高亲和力，预期能增加催化活性和稳定性[205]。沸石的种类(ZSM5、HY、USY、A、X 等)和改性剂的使用(Mg、Mn、K、Ca、La)用来调节活性，抑制炭生成和稳定催化性能[203-205,208]。

Luengnaruemitchai 和 Kaengsilalai[205]比较了负载在各种沸石上的镍催化剂。在 973K、常压、CH_4/CO_2 比为 1 的条件下转化次数遵循下列顺序：Ni/沸石 Y>Ni/沸石 X>Ni/ZSM-5>Ni/沸石 A。失活速率遵循下列顺序：Ni/沸石 Y<Ni/沸石 X<Ni/ZSM-5<Ni/沸石 A。然而，沉积在 Ni/沸石 Y 上的炭量显示其他催化剂失活的原因一定不是仅仅由于炭的生成。对于每个沸石载体，最好的催化活性是在 7% 的 Ni 负载量的条件下，然而，会产生大量的焦炭[205]。

研究者也探索了沸石负载催化剂上各种促进剂的影响[203,204]。ZSM-5 沸石负载 Ni 催化剂中掺杂 La 物种对于 CO 和 H_2 生成活性和选择性具有正向效应,同时也显示出好的抗焦炭生成性[203]。复合材料催化性质的改进归功于 CO_2 选择吸附在 Ni 附近活性位上,形成 $La_2O_2CO_3$ 物种,然后它与表面碳物种反应生成 CO。Jeong 等[204]也探索了各种促进剂(Mg、Mn、K、Ca)在沸石载体催化剂上的影响,例如 Ni/HY 催化剂上。像计算的 Ni 粒子尺寸那样改进镍分散的大部分促进剂(除 K 外)在修饰的催化剂是非常小的,最小的已经在 Ni-Mg/HY 催化剂上探测到。这个催化剂具有最高的 CH_4 转化率。Ni-Mg/HY 催化剂的抑制失活确信不仅与高分散的镍物种有关,它不能在 DRM 条件下烧结,同时也与镁氧化物上生成碳酸盐物种有关[204]。

SiC 对高吸热和放热反应似乎是有前景的载体,由于它的低密度、高机械强度,特别是它的高热导率。Ni/SiC 泡沫独居石催化剂证明是活泼稳定的。然而,SSA(对于 7%Ni/SiC 比表面 4.4 m^2/g)是很低的并且金属载量相对较高,而没有报道认为有明显炭生成。因此,得出这些材料可以实际应用的结论之前需要进一步研究探索。

3.5.2.7 添加剂

以一种添加剂(金属氧化物或元素)为例,首先,用作改性剂必须至少符合下列要求之一:改善金属相分散形成纳米金属粒子[见图 3.7(e)];强化 CO_2 的吸附和活化[见图 3.7(f)];容易提供活性表面氧物种,它能通过 Mars-vanKrevelen 型机理被解离吸附的 CO_2 再氧化[见图 3.7(g)];在金属晶格中或表面台阶处的"阻塞"炭生长中心,防止炭扩散[见图 3.7(h)]。显示能加强活性中心但稳定性很差或具有低表面积的金属氧化物已经被检测作为促进剂-多组分催化系统的组分,通常需满足上述一个以上的要求。再次,使用的金属氧化物性质、催化剂组成、制备和处理方法是很不相同的,并且结果变化很大,而文献量如此巨大以至于我们只能展示以前从未讨论过的材料的一些大概和实例。对于更多细节,有兴趣的读者可以参考相关文献。

如前所述,DRM 催化剂的强路易斯碱希望减弱甚至抑制炭沉积,促进 CO_2 化学吸附。除了 MgO 通常用作载体或催化剂组分外(水滑石前驱物),其他碱土金属氧化物也已经被深入研究,比较多的是 CaO[134,162,204,209-229]。CaO 作为载体得到的结果不好。Zhang 和 Verykios[210]证明 Ni(17%)/CaO 催化剂与镍负载量相同的 Ni/Al_2O_3 催化剂相比,减少 Ni 的分散和降低 DRM 反应速率。对 DRM 反应 NiO/CaO 很差的催化性能也已经由 Ruckenstein 和 Hu 报道过[162],他们研究了过载于碱土金属氧化物(MgO,CaO,SrO 和 BaO)上的镍催化剂。NiO/MgO 催化剂给出最好的结果。相反,NiO/CaO 和 NiO/SrO 样品展现出较低的重整活性和选择性以及很低的稳定性,而 NiO/BaO 样品实际上没有活性。

为了利用 CaO 的基本特性，这一材料作为添加剂已经被深入研究。Zhang 和 Verykios[210]报道用 CaO 轻微修饰 $Ni/\gamma-Al_2O_3$ 催化剂会增加反应速率和改进稳定性。他们提出增加的反应速率可能与镍相还原性的改善有关，由于延迟生成了稳定的铝酸镍(很难还原)。在线 FTIR 和 O_2-TOSR 显示三类碳酸盐物种(设为 C_α、C_β 和 C_γ)形成在 CaO 修饰和未修饰的两类催化剂上[210]。虽然活性炭酸盐物种的量负责合成气生成(C_α)在两个催化剂上大约是相同的，无活性物种(C_β 和 C_γ)的量在 CaO 修饰催化剂上明显比较大。然而，它们在较低温度下可能会移动。作者[210]建议炭生成速率的增加可能是由于在修饰催化剂上有较大 Ni 晶粒的存在，它容易以碳化镍和/或石墨碳形式累积较多的炭，或者增加甲酸盐物种的量，它能较强地依附在修饰的催化剂上。Tang 等[212]和 Wang 和 Hu[219]也观察研究了在 CaO 修饰的 Ni/Al_2O_3 催化剂上炭沉积的增加。

在比较研究中，Wang 和 Hu[219]探索了各种促进剂，也就是碱金属氧化物(Na_2O)、碱土金属氧化物(MgO、CaO)和稀土金属氧化物(La_2O_3、CeO_2)对 5% $Ni/\gamma-Al_2O_3$ 的催化性能的影响。改性的 $Ni/\gamma-Al_2O_3$ 催化剂的催化行为发现与促进剂性质有关。Na_2O-或 MgO-改性催化剂的活性减少是由于比表面积减少和 Ni 活性位堵塞造成的。相反，CaO、La_2O_3 和 CeO_2 得到较好分布并且具有与未改性 $Ni/\gamma-Al_2O_3$ 催化剂初始活性相一致的活性。CaO 改性会引起催化剂有大量积炭生成，这一点与 Zhang 和 Verykios[210]和 Tang 等[212]所得结论一致，而其他促进剂改性的催化剂会抑制炭的生成。Wang 和 Hu[219]得出结论在 CaO 改性催化剂上沉积炭过程一定与发生在其他改性催化剂上的不同。由于 CaO 是唯一增加 Ni 分散的促进剂(MgO、La_2O_3 或 CeO_2 没有效应，而 Na_2O 会恶化其作用)，他们把在 Ni-$CaO/\gamma-Al_2O_3$ 催化剂上增加的焦炭沉积归因于较小镍颗粒粒子上增强了 CH_4 的分解缘故。此外，CaO(以及 La_2O_3 和 CeO_2)加强了生成在表面的碳物种反应生成 CO 的性能，CaO 改性的样品展现出较好的稳定性，尽管与未掺杂 $Ni/\gamma-Al_2O_3$ 催化剂相比具有较高量的焦炭生成，这一点与 Zhang 和 Verykios[210]所建议的一致。

对比这些研究，都是演示 CaO 改性修饰镍催化剂不会明显影响干重整活性，其他作者得出的结论是钙可能在活性上具有重要影响作用(正面的或负面的)。Cheng 等[215]报告 Ni(10%)/CaO(5%)-$\gamma-Al_2O_3$ 催化剂，通过 CaO 改性载体浸渍镍制得，在 923~1123K 温度范围具有明显比对应的未改性的催化剂高的活性。当氧化铝载体用 5%MgO 代替 CaO 修饰时催化活性的增加甚至更明显。他们提出碱土碳化物(CaO 或 MgO)的促进作用可能与镍和载体间弱相互作用有关，导致生成较容易还原的负载的 NiO_x 物种。这一弱相互作用是由 Ni(Ⅱ)和 Ca(Ⅱ)[或 Mg(Ⅱ)]同时存在于氧化铝表面时竞争引起的。Horiuchi 等[216]研究了用基本金属氧化物(Na_2O、K_2O、CaO 和 MgO)修饰 $Ni/\gamma-Al_2O_3$ 催化剂的效应。他们报告

了虽然 CO_2 重整受所有这些氧化物抑制,但在 DRM 和 CH_4 分解中炭沉积明显减少。在 K_2O 的情况下,对 CO_2 重整速率影响最明显,其次是 CaO,而对 Na_2O 没有明显的作用。这可能是由于这些促进剂的存在使 Ni 金属电子密度增加的原因。电子密度增加抑制甲烷在 Ni 活性位的吸附,因此,可减少甲烷分解的催化活性[216]。关于 CaO 在重整活性和炭沉积方面的效应差异很可能主要由于在这些研究中使用的催化剂合成方法和组成差异的原因。

基本达成的共识是 Ca 的影响强烈依赖于催化剂中 Ca 的含量,许多研究进行过这方面探索[213,220-222,228]。当在低含量时,Ca 可以减少炭的沉积,增加活性,而当较高的 Ca 负载量时,会增加焦炭的量并且使活性变坏。Goula 等[213]报告 $CaO/Al_2O_3=1/2$(物质的量)得到轻微高活性的催化剂,但比 $CaO/Al_2O_3=12/7$ 时积累明显较低量的炭,其区别在于混合载体组成影响其形貌和镍金属粒子分布。Quincoces 等[220]研究了一系列 Ni(15%)/CaO-γ-Al_2O_3 催化剂,其中 CaO 含量 0~5%不等,并报告,对于这一组成范围,CaO 的添加对 DRM 活性没有明显的影响。然而,CaO 含量影响催化剂的稳定性:在低负载下(3%),CaO 可减少在使用的催化剂表面上生成炭的量,而对于 CaO 较高的负载量,在修饰过催化剂的样品上比在未修饰的 Ni/γ-Al_2O_3 催化剂上形成较高的焦炭沉积。作者建议在低负载 CaO-改性的样品上减少焦炭生成的原因可能是由于碱性的增加,它有利 CO_2 的吸附,促进相反的 Boudouard 反应。Dias 和 Assaf[222]观察到具有低 Ca 负载量(3.6% Ca)的 Ni(8%)-CaO/γ-Al_2O_3 催化剂重整活性的增加是由于 CO_2 优先吸附在表面,而对于较高 Ca 含量(5.5%和7.4%的 Ca)催化剂活性的下降可能是由于镍电子密度的增加的原因,这一电子密度是由如此高钙的负载量而激发的,其结果与 Horiuchi 等的工作成果相吻合[216]。此外,这些作者报告了 Ni 和 Ca 在它们先后浸渍样品中的沉积次序对催化活性仅有很小的影响。

在各种参数中,CaO 对镍催化剂 DRM 行为的影响与载体的性质有关。Hou 等[221]比较了三个分别负载在 SiO_2、γ-Al_2O_3、α-Al_2O_3 上 Ca 改性的镍催化剂,共浸渍制备,Ca/Ni=0.04(物质的量比)。钙激发了 SiO_2 和 γ-Al_2O_3 催化剂的重整活性并使之降低,而焦炭生成速率对 SiO_2 是减少的,但对 γ-Al_2O_3 是增加的。相反,少量的 Ca 使 Ni/α-Al_2O_3 的重整活性增加,伴有轻微焦炭生成速率的改变。在 Ni(8%)-CaO/α-Al_2O_3 催化剂中 CaO 有利的影响被推测是由于改进了 Ni 的分散,加强了 Ni 和 Al_2O_3 之间的相互作用,并且避免了 Ni^0 的烧结。根据 Hou 等[221]的研究成果,Ca/Ni=0.2 是一个临界点,高于这个点过量 Ca 将覆盖在 α-Al_2O_3 的表面,阻止 Ni 与载体的相互作用而增加 CH_4 的分解,这是用高钙含量修饰样品失活的主要原因。与上边相一致,Roh 和 Jun[228]也观察到了在 θ-Al_2O_3 负载镍催化剂具有低 CaO[Ca/Al=0.04(物质的量比)]负载量时催化剂行为的改进,而当用 La 或 Mg 代替钙作为促进剂时，对最高的 DRM 活性也需要类似小物质的量比(0.05~0.06)。这些添加剂有利的效应归于 Ni 与 CaO 之间强相互作用，Al_2O_3 上 CaO 的稳定性和 CaO 的强碱性阻止炭的生成。

Quincoces 等[218]报告了 Ni/SiO_2 催化剂用 CaO 修饰恶化了催化剂的结构性质并且减少了活性相的分布。Ca 含量的增加增加了干重整的活性和炭的生成。Ping 等[225]研究了碱金属(K 或 Cs)或碱土金属(Mg、Ca、Sr 或 Ba)改性 Ni/SiO_2 催化剂对 DRM 性能的效应。根据这些作者的研究成果，Mg 和 Ca 改性的 Ni/SiO_2 催化剂具有极好的抗积炭能力，相对未修饰的 Ni/SiO_2 催化剂只是有很少的活性损失。虽然 K 改性和 Cs 改性的催化剂能够减少炭沉积，但它们重整活性也严重地被破坏了。最终，Ba 或 Sr 改性的催化剂具有更糟的抗结焦能力。

Yamazaki 等[209]报告了在 Ni/MgO-CaO 上生成的炭量比在未改性的 Ni/MgO 催化剂上的少。这是由于 CaO 改性产生了较高的碱性，加强了 CO_2 吸附，促进相反的 Boudouard 反应，因此，生成的炭量较低。Mg、Mn 或 Ca 改性的 Ni(13%)/HY 催化剂具有改进的催化活性，没有经历严重的失活[204]。观察到最好的性能是 Mg 改性样品，而 K 改性激发了严重的失活，由于大量炭的生成。介孔 Ni-CaO-ZrO_2 纳米复合物对 DRM 反应显示极好的活性和抗结焦能力[134]。Liu 等[134]报告低 Ni 含量导致高金属分散和好的催化性能，而由 CaO 激发的载体基质的碱性改善了 CO_2 的化学吸附并且促进催化剂上积炭的气化。把 CaO 加入镍催化剂的 ZrO_2 载体中，在 CaO 含量达 8%(物质的量)时会增加 Ni(5%)/CaO-ZrO_2 催化剂的活性，并且在较高 CaO 含量时会急剧减小其活性[229]。Bellido 等[229]观察到载体的氧离子传导随 CaO 含量变化的类似趋势并提出 DRM 活性可能受到 CaO-ZrO_2 载体的电导率影响，主要通过氧空位活化 CO_2 步骤实现。

在几个实例中，DRM 催化性能的加强意在通过同时用多于一个促进剂修饰镍催化剂来完成。Chang 等[214]证明了 Ni(5.3%)/ZSM-5 催化剂用碱(Ca 和 K)促进剂来修饰，在 DRM 过程中能明显抑制焦炭沉积。这一优良的抗结焦能力归因于 CO_2 优先吸附在 Ni 活性位附近以形成碳酸盐物种(主要在 Ca 上)和 Ni 表面上 CO_2 的解离吸附。

Hou 等[223]和 Yashima[224]报告了共改性的 KCaNi/α-Al_2O_3 催化剂展示了高活性、稳定性和极好的抗结焦能力。根据这些学者的研究，由 K 和 Ca 共同改性的催化剂加强了 Ni 和 α-Al_2O_3 载体之间的相互作用，促进了独特的 $NiAl_2O_4$ 相的生成；增加了 Ni 的分散性；在 DRM 中延缓了它的烧结。根据 Chang 等[226]的研究，同时改变具有 Ce 修饰和 Ca 改性的 Ni/ZrO_2 催化剂的 Ni 表面和载体会制备出高性能催化剂。所观察到的高稳定性主要因为 Ca 改性剂和 Ce 修饰剂协同作用抗击焦炭生成和高温催化剂老化性能所致。

稀土通常展示出良好的活性相，但是载在它们氧化物上催化剂的催化性质和稳定性通常不令人满意。因此，人们已经做出很多努力，开发了在$\gamma\text{-}Al_2O_3$-负载催化剂上使用稀土氧化物作促进剂的稳定催化剂[189,230]。Wang 和 Lu[189]证明了CeO_2作为载体或促进剂具有不同的效应。他们比较了分别载于$\gamma\text{-}Al_2O_3$、CeO_2 和 $CeO_2\text{-}Al_2O_3$ 上 Ni 催化剂的催化性质。Ni/CeO_2具有最低的比表面积和最低的活性，所以具有所研究的催化剂中最低的炭沉积速率。SMSI 可引起活性位的覆盖，与热烧结一起被认为是催化剂性能不好的原因。然而，当使用 CeO_2 作为 $Ni/\gamma\text{-}Al_2O_3$ 催化剂的促进剂时，即使在 CeO_2 低负载量 1%~5%下，CeO_2 在催化活性、稳定性和抑制炭生成上具有正效应。二氧化铈在 $Ni/CeO_2\text{-}Al_2O_3$ 中抑制 $NiAl_2O_4$ 的生成，增加 NiO 的分散和防止大金属体相的生成，因此，可减少炭的沉积。CeO_2 的氧化性质也有利于较高炭积累的抗击能力[189]。

Nandini 等[230]研究了 K，CeO_2 和 Mn 添加到 Ni/Al_2O_3 催化剂中的作用。$Ni\text{-}K/CeO_2\text{-}Al_2O_3$ 和 $Ni\text{-}K/MnO\text{-}Al_2O_3$ 催化剂上的少量焦炭和它的稳定性是由于 CeO_2 或 MnO 的存在改善了 Ni 的分散，和促进剂的斑块部分覆盖镍表面的缘故，它增加了 CO_2 吸附和表面反应性碳酸盐物种的生成[230]。遗憾的是，没有支持这些假设的表征数据。

如早期讨论的那样，碳生成机理意味着配位不饱和位，像阶梯边缘位对于 DRM 反应是较活泼的，但对碳扩散到镍晶体中达到碳生长中心也是比较活泼的[71,72,103,119]。此外，碳在台阶处的稳定性比在平台处高很多。因此，另一种抑制碳酸盐物种沉积的方法是选择性堵塞这些活性中心[见图 3.8(h)]。虽然这在一定程度上影响催化剂活性，但它可以有效地延缓炭的沉积。在工业 SPARG 过程中，用硫部分钝化镍催化剂的目的是从动力学角度阻止碳的生成[45,46,63]。金也被认为是可以堵塞高活性 Ni 边缘和扭转位以形成表面合金(Au 在体相 Ni 中不互相融合)的元素，它对蒸汽重整是活泼的但比纯镍催化剂较难生成碳[231,232]。用 0.5% Au 修饰 8% $NiMgAl_2O_4$上 DRM 的最近研究显示金的加入改善了催化活性而在未改性的催化剂上观察到的碳纳米管在双金属催化剂上没有检测到[233]。然而，XRD 结果揭示了 Au 同样可防止 Ni 粒子聚集；后者，在第一个反应-再生循环之后，在 Au-改性催化剂中惊奇地发现探测不出来 Ni 粒子，而在未改性的催化剂中平均 Ni^0 粒子大小大约 35nm。因此，碳抑制生产也可能是由于较小镍粒子的缘故。另一个结构促进剂是硼，目的是改善在各种反应中催化剂的性能。人们提出硼可以通过增加 Ni 相的分散和 Ni 和 B 之间电子相互作用来影响催化剂的活性[110]。Xu 和 Sayes[104,122]基于 DFT 从头计算法，提出硼原子优先吸附在镍晶格中第一亚表面层的八面体位上，可有效阻止碳扩散到体相。此外，硼也被看作可激发减少表面碳键合能[104]。Xu 和 Sayes[104]提出碳原子/原子组停留在表面上，随时参加反应。因此,石墨烯岛成核速率减小,硼-改性 Ni 催化剂的抗结焦能力需要改进。Fouskas 等[132]研究了硼添加对干重整活性和对 Ni/γ-Al_2O_3 催化剂碳生成阻力的影响,催化剂用共沉淀方法制备,目的是使两相发生最大相互作用。正如 Xu 和 Sayes[104]所预料的那样,催化活性有所降低,而生成的炭极大地受到抑制。如 Guczi 等[233]研究的金催化剂那样,XRD 和 TEM 结果显示在 B-改性催化剂中镍粒子比在未改性 Ni/γ-Al_2O_3 催化剂上或高含硼催化剂上小[132]。最好的结果是在 B/(B+Ni)比等于 0.5 时得到的。

3.5.3 双金属催化剂

加入第二金属的目的是通过影响催化剂的各种性质来改进其稳定性。Inui 等[234]是首先报告小量贵金属像 Ru、Pt、Pd、Ir 和 Rh 在 Ni 催化剂上具有有益效应的研究者之一。甲烷 CO_2 重整反应速率明显增加是通过在陶瓷纤维涂覆氧化铝上负载 Ni-Ce_2O_3-Pt 催化剂中加入少量 Ph 而观察到的。Inui 等[234]提出这些金属起到"氢溢流通道"作用,溢流至催化剂的主组成并且保持催化剂表面是还原状态。Chen 等[235]观察了 $Ni_{0.03}Mg_{0.97}O$ 固体溶液,其用共沉淀方法制备并在高温下还原,虽然在 1123K 具有较好的抗结焦性能,但在低反应温度下,比如 773K 时展现出很差的活性稳定性。这被认为是由于 Ni 物种被 CO_2 和/或 H_2O 氧化的缘故,这一步骤可以由氢溢流加以避免。加入小量贵金属[M/(Ni+Mg)原子比在 0.007%~0.032%之间,M=Pt、Pd 或 Rh],在 773K 下极大地改善了催化活性(两倍以上)和稳定性。Chen 等[235]得出结论,协同效应是由于形成了 Pt-Ni 合金粒子,它有利于催化剂的还原和加速 CH_4 的解离。结果,RDS 被变成从 CH_4 解离向 CO_2 解离或向表面烃物种被吸附氧氧化转移过程。

少量贵金属的存在被证明对 Rh 掺杂水滑石制备的 Ni 催化剂也是有益的[236]。在 773K 下 Ni/MgAl 的活性可逆损失归于金属 Ni 的氧化,而 NiRh/MgAl 稳定性的加强归于来自 NiRh 合金中 Rh 的 H_2 溢流,其阻止 Ni 的氧化。Nagaoka 等[236]也证明了 Rh 的添加导致相对小的 NiRh 粒子生成并且有较多部分的金属暴露在外,这一点与 Inui 等[234]和 Chen 等[235]的结果一致。镍和铑双金属系统也在像介孔材料 MCM-41 负载的催化剂上进行了研究[237]。观察到 Rh 的影响取决于催化剂制备方法:Rh 一步加入 Ni-MCM-41 中(与硝酸镍、硅酸钠和表面活性剂一起)改进了催化剂的活性稳定性,而 Rh 通过浸渍 Ni-MCM-41 加入,由于长反应时间引起焦炭生成导致其不稳定性。Arbag 等[237]的另一个有趣的发现是 Rh 加入引起 RWGS 反应在 CO_2 消耗中贡献的减少,从而导致较高的氢产率。

Pt 同样作为 Ni-基催化剂的第二金属组分进行过试验[238]。单金属(Ni 和 Pt)和双金属(PtNi)纳米结构催化剂用反相微乳法制备,并且用一步法或用湿浸载体法载在纳米纤维氧化铝上。Pt 的加入和 ME 法制备的催化剂促进了 NiO 的生成而不是 $NiAl_2O_4$ 的生成，并且在催化剂预处理过程中促进了它还原 Ni^0[238]。至于 Rh，引入少量的 Pt 会导致 Ni^0 粒子的减小，与对应的单金属催化剂相比。在 Pt 存在下 Ni 粒子的减小是由于引起 Ni 再分散和减小 Ni 金属粒子移动性的稀释作用的存在造成的。双金属催化剂增强了 H_2 和 CO 的稳定性和选择性是由于 Pt-Ni 两金属中心之间相互作用的结果[238]。

钴似乎也是一个好的促进剂[61,116,133]。Zhang 等[61]探索了其他双金属催化剂的有效性，用共沉淀制备 Ni-Me-Al-Mg-O(Me=Co、Fe、Cu、Mn)复合材料。初始活性遵循下列活性顺序：Ni-Co>Ni-Mn>Ni-Fe>Ni-Cu，而活性衰退顺序与炭生成速率顺序相同：Ni-Fe>Ni-Mn>Ni-Cu>Ni-Co。在 2000h 稳定试验中，发现 Ni-Co 催化剂是很稳定的，有很少的炭生成[61]。Ni 和 Co 含量分别从 6.1%（物质的量）和 9.3%（物质的量）减少到 3.6%（物质的量）和 4.9%（物质的量）（以金属为基础）会得出令人深刻的结果：活性上观察不到有减少，而 TG 和 DTG 曲线显示了积炭几乎全部清除。Zhang 等[61,133]进行了 Ni 和 Co 单金属催化剂和 Ni-Co 双金属催化剂的对比研究，得出结论 Ni-Co 催化剂极好的性能来自协同效应，高金属分散，SMSI 和不同类型稳定的固体溶液的形成。San-Jose-Alonso 等[116]尝试定义在氧化铝负载的单金属催化剂和双金属 Ni-Co 催化剂中 Ni 和 Co 的协同作用。他们观察到单金属 Co 和富含 Co 催化剂是最活泼的，活性随钴含量减少和镍含量增加而减少。生成炭的量遵循几乎相同的顺序，但失活遵循相反的顺序，例如，积累大量炭的催化剂是最稳定的（单金属 Co 和富含 Co 催化剂），而单金属 Ni 是所有催化剂中最不稳定的，虽然在它表面上生成的炭量很少。很明显炭积累不是 Ni 失活的主要原因。与其他双金属催化剂研究相比，San-Jose-Alonso 等[116]没有观察到第二金属对 Ni 相分散具有有益的效应，也没观察到在催化活性或抑制炭生成方面的协同作用。

Chen 等[239]研究了 $Cu/Ni/SiO_2$ 催化剂中 Cu 在其稳定性中的效应。虽然铜的效应不能完全用 Cu 对 Ni 金属整体效应来解释，但结论是铜可以稳定活性位结构适合 Ni 表面上甲烷解离，预防 Ni 催化剂由于烧结或镍微晶的损失而失活。此外，催化剂活性可以"精调"以至 CH_4 解离和焦炭被 CO_2 移出达到平衡并且炭生成得到抑制。Cu/Ni 催化剂稳定性取决于反应温度和 Cu/Ni 比。像 Sn、Ca 和 Ge 添加剂可能有不同的效应[240]。Sn 与过渡金属的合金减少活性但很有效抑制了甲烷分解产生的炭沉积。Ge 虽然不影响活性，但能剧烈地促进炭生成。添加 Ca 能轻微增加催化活性，而对炭沉积的影响发现与 Ca 的负载量有关[240]。

3.5.4 钙钛矿

由于甲烷解离和炭生成步骤是结构敏感反应，因此源自水滑石、萤石、橄榄石、白云石或钙钛矿前驱体材料，它们通过"固相晶化"具有的结构完整性，能为DRM催化剂提供许多有利条件[56,80,241-255]。钙钛矿具有基本分子式ABO_3和钙钛矿-型结构分子式A_2BO_4，其中，A（较大尺寸，稀土和/或碱土金属）提供热稳定性，B（较小尺寸，过渡金属）与材料的催化氧化还原性相关。不管A和/或B阳离子被其他阳离子部分取代都会制备出一大家族具有各种性质的材料（基本分子式$A_{1-x}A'_xB_{1-x}B'_xO_3$）。在A位含有镧系元素的几个钙钛矿氧化物展现高的氧化流动性，而在B位的过渡金属显示混合的电子/离子传导性[244,247,256]。值得注意的是钙钛矿结构能使过渡金属在氧化状态稳定，它们通常是很活泼和不稳定的[244]。这些性质与在选择及A^-和B^-位阳离子的化学计量中的灵活性可获得对催化性质和结构稳定性来说具有定制特性的材料。然而，存在的严重缺点是，那样制备的催化剂获得很低的比表面积。

La在A位和Ni在B位在这些类型的材料中是主要和最常见的[251,252,256]。人们进行了各种处理方法的试验以及为了确保小的金属晶体具有窄分布，在金属氧化物中具有较高氧化移动性和强路易斯碱而进行了La（被Ce、Ca、Sr、Sm、Nd）和/或Ni（被Ru、Co、Mg）的部分或全部取代[56,241,244,247,248,250-255]。还原预处理对催化剂的活化，小镍粒子和La_2O_3的形成是重要步骤[243,251,252]。后者的存在对最终催化剂的活性和抗结焦性是关键的，因为提出的反应机理假设的是二氧化碳吸附在La_2O_3上以生成$La_2O_2CO_3$，这与Verykios及其合作研究者的研究结果相一致[49,65,79,243,251,257,258]。

A位金属离子（La）用较大镧系阳离子（Ce、Pr）替换，即使替换程度很小，由于抑制了炭的生成会导致催化活性和稳定性增加，它强化了RWGS反应，并且该反应在富含Ce催化剂表面上易于发生[248,253]。La用Sr部分取代，增加催化活性，使炭生成[243,255,259,260]。少量的Sr增加使催化剂表面上以碳丝形式存在的炭沉积，但较高量Sr会抑制炭生成且增加CO_2转化和CO的生成[255]。锶的有利影响归于催化剂表面碱性增加。Pichas等[255]，从事了动力学研究，他们假设在固体明显活性位上反应物的吸附属于Langmuir-Hinshelwood反应机理，并且得出结论CO_2活化能与CH_4相比低很多。镧被钙取代增加催化剂碱性，进而抑制焦炭生成[259]。

Ni被Co部分取代似乎不是有利的，很可能因为Co^-取代的钙钛矿较难还原，而Co-Ni合金如技术模拟研究预测的那样可减少C—H键开裂能力[252,254,257]。在另一个由La-Sr-Ni-Co-O钙钛矿型固体溶液制备的催化剂研究中，发现Ni被Co取代程度影响炭的生成，对$La_{0.8}Sr_{0.2}Ni_{0.7}Co_{0.3}O_3$展现最小积炭，而$CO/H_2$比随着钴含量增加而减少，这是由于炭生成二次反应和水-汽转换的缘故[260]。在$LaNi_xFe_{(1-x)}O_3$钙钛矿中（$0 \leq x \leq 1$）镍被铁部分取代得出有趣结果[261]。对于DRM催化剂是活泼的，但是开始的混合结构在反应条件下遭到破坏。然而，当 $x \leqslant 0.5$ 时，催化剂可以通过再焙烧得到再生，展现与最初相接近的结构。对于富含镍混合型催化剂，经再焙烧后不可能回到混合型钙钛矿结构。相反，观察到两个钙钛矿相 $LaNiO_3$ 和 $LaFeO_3$ 生成[261,262]。对于 $0.3 \leqslant x \leqslant 0.8$，Ni-Fe 合金生成，其 Ni/Fe 比取决于 x。Provendier 等[261]建议向钙钛矿结构中加铁和生成的合金限制活性镍的流动性并且通过 Ni 粒子上的稀释效应避免由炭引起的表面中毒。少量的 Mg 可改善活性和减少反应过程中的焦炭生成量[254]。$LaNi_{1-x}Ru_xO_3$ 钙钛矿制备的催化剂最初有很低的活性，但在反应条件下 2h 后它们的活性就可以与 $LaNiO_3$ 制备的催化剂活性相比，显示了活性位在反应过程中得到了提高而不是还原处理过程中[244]。在钙钛矿结构中似乎 Ni 被 Ru 部分取代表示金属还原较困难，原因在于 Ru-O-La 键能比 Ni-O-La 键能高。镍被钌取代抑制炭生成[244]。Goldwasser 等[258]在 Ru 取代 Ni 催化剂中也观察到少量炭生成，但 Ru 对 DRM 活性作用是十分重要的。

Ni-基钙钛矿型氧化物 $LaNiO_3$、$La_{0.8}Ca_{0.2}NiO_3$ 和 $La_{0.8}Ca_{0.2}Ni_{0.6}Co_{0.4}O_3$ 在 SBA-15 介孔高硅分子筛中结合，通过分解和进一步还原内在钙钛矿提高纳米金属（Ni-Co）粒子在 SBA-15 介孔高硅分子筛中的分散性[263]。与非负载钙钛矿对比，产生的催化材料展现了增加 CH_4 和 CO_2 转化率和 H_2/CO 比，但是存在由介孔材料引起的稀释效应，它能使与高吸热反应相关的热扩散问题最小化。不幸的是，研究没有提供任何关于炭生成量的数据[263]。

3.6 反应条件

在各种温度下比较催化性能的研究已经显示反应温度增加可减缓炭的生成/积累。这一现象归于在催化剂表面上存在较多的水而加强了碳气化反应。一方面，在较高温度下水或羟基量增加是由于高温促进的 RWGS[见式(3.5)]存在的缘故(见图 3.7)。另一方面，高温抑制 Boudouard 反应，因为它是放热反应并且在温度高于 974K 时该反应不再进行[63]。

因为 DRM 反应在低压下是热力学友好反应，几乎上面提到的研究都是在 1atm 下进行的。没有许多高压下反应或研究压力效应的反应研究[240]。Tomishige 等[240]研究了 $Ni_xMg_{1-x}O$ 催化剂在 1.0MPa 和 2.0MPa 下的活性和炭沉积行为。在总压 1.0MPa(10atm)和反应温度 1123K 下，甲烷转化和获得的 H_2/CO 比接近于热力学预测值。在 2.0MPa 时，像预料的那样，甲烷转化较低。很有趣的是 Tomishige 等[240]的观察结果，Ni 金属粒子在反应过程中进行团聚不是由于热处理和氢还原引起的，而是由于甲烷和二氧化碳的加压重整的气氛而引起的。由于炭生成与镍粒子有关,那么抑制 Ni 团聚对于催化剂稳定性是最重要的。低表面积 $Ni_xMg_{1-x}O$ 催化剂展现出比其他 NiO-MgO 固体溶液和 MgO 载 Pt 催化剂较低的炭生成速率[240]。Nagaoka 等[264]在 2.0MPa 和 1.0MPa 及 1023K 条件下研究了负载在各种载体(SiO_2、Al_2O_3、MgO 和 TiO_2)上的 Ru 催化剂。如热力学预测的那样,高压下结焦高。反应的关键步骤随反应压力变化,常压下催化活性不总能预测高压下的催化行为[264]。Shamsi 和 Johnson[265]得出类似结论,在 Ni-负载、Pt-负载和 Rh-负载型催化剂上于 1073K 和 0.1MPa、1.4MPa 研究 $^{13}CH_4$ 的 CO_2 重整。炭生成反应路径在贵金属催化剂上低压下进行的反应与较高压下相比是不同的。在低压下,在这些催化剂上生成的炭量不明显,主要来自 $^{12}CO_2$。在高压下,甲烷和二氧化碳同时对炭沉积有贡献,总的量是较高的,而不管催化剂类型和组成如何。然而,在 1.4MPa 和在 Ni-负载催化剂上,积炭来自甲烷和 CO_2,它取决于反应物分压。Corthals 等[266]进行了在 1023K 和 0.7MPa 下各种催化系统高通量筛选,证明常压下报告的促进剂效应,在提高的温度下不总成立。Ni 和 $MgAl_2O_4$ 似乎分别是活性元素和载体,在较高压力下对干重整具有最高的潜能,而 La_2O_3、Y_2O_3、ZrO_2、MnO 和 BaO 是有前途的促进剂。

关于甲烷/二氧化碳比,DRM 需要其比值接近。一般而言,生物气体中甲烷浓度比二氧化碳的浓度高(见表 3.1)。如果用作产品,不会有足够的氧去产生合成气。在那种情况下,或者甲烷转化率会很低需要循环和/或甲烷将在金属表面上分解,形成许多炭。然而,有许多研究集中在开发能在富含甲烷原料下表现良好的催化剂[233,267]。Guczi 等[233]研究了在 773~1073K 温度范围内,用 29.6%(体)CO_2 和 70.4%(体)CH_4 作为反应混合物,氢气预处理的 8.8% $Ni/MgAlO_4$ 在催化剂上的反应。773K 下 CO_2 转化率不到 20%,在 1073K 下可以完全转化。TPO 达到 823K 后并且在 10%(体)的 O_2/He 中焙烧到 973K,初始活性可在 1073K 获得,显示炭完全脱除。在 CO_2/CH_4 原料比等于 1 时,通常产生几乎等物质的量的 H_2 和 CO。一方面,随着 CO_2 含量增加,H_2 的产率减少,因为 RWGS 反应的存在[63]。另一方面,过量使用 CO_2 对抑制催化剂上炭的积累具有有利效应,因为,产生较多的氧/羟基表面物种,CH_x 物种较容易被氧化并且减缓炭生成速率。考虑到以上因素,在大部分研究中使用化学计量比的 CO_2/CH_4 是合理的。

从实际观点出发,低温,压力高于 1atm 和 CO_2/CH_4 原料比接近是所需要的[22,47]。由于这些条件也适合炭积累,解决方法可能在开发先进的催化材料中寻找。

3.7 结论

生物气体,主要来自由甲烷、二氧化碳组成的生物质,是一个很有潜质的以气制液为目标的替代化石燃料的碳资源。可从任何生物降解原料的厌氧消化产生而来，生物气体是可再生的、易于获得的、碳平衡和负耗费的资源。转化成运输能源载体的最合适过程包括两个步骤：生物气体转化成合成气进而用作乙醇和烃的生产。

DRM 对于第一步明显是最适合的过程，因为它具备几个优点：不需要 CO_2 分离过程，相反，CO_2 并入最终产品中，增加产率，减少浪费；不需要蒸汽，因此，DRM 可以应用在没有水的区域范围，以减少设备和操作费用；CH_4 在使用合适催化剂中可获得高热力学转化；由于是高吸热和可逆反应，DRM 可以应用在 CETS 中；对于 POM 它是可选择的和较安全的；产生合成气的 H_2/CO 比较适合费-托合成。然而，过程是耗能的，在高温下有利（>973K），而催化剂可能遭受烧结和碳酸盐沉积物的形成。后者构成此过程的最重要的挑战。

在 DRM 反应序列中，甲烷在金属表面上的解离吸附，形成氢和甲基类吸附物种（S_1-CH_x），是 RDSs 过程中的一个（如果不是唯一）。包含的电子转移，它优先在小晶体晶粒上和台阶位上发生。虽然 CO_2 能在金属上发生吸附，但金属氧化物上 CO_2 键能较大，在氧空位上进一步增加。最有利的 CO_2 吸附位似乎在金属和载体之间的相界面上。是否发生了双功能机理，例如，甲烷吸附在金属上和二氧化碳吸附在载体上，这取决于金属-金属氧化物催化系统。反应机理包括由甲烷分解产生的 CH_x 与氧气氧化和/或与二氧化碳解离产生的羟基基团氧化反应。对于炭形成似乎关键的是 S_1-CH_x（取决于表面氧/羟基可接近性）表面物种的氧化与这些物种完全解离生成表面炭相比的相对速率。如果 S_1-CH_x 表面物种氧化不足够快，表面炭会形成。由于碳在金属晶格中有高溶解性，特别是在镍中，并且碳原子能够扩散进入亚表面到达可生成石墨烯层的碳生长中心。取决于碳生长机理和催化系统，石墨层可能封装金属粒子或将它们从载体上分离并且长出镍粒子在它们顶部边缘上的丝状碳。镍阶梯边缘位优先扮演碳生成中心角色。然而，丝状碳的生成限制在小金属颗粒上，虽然它们包含较多步骤和缺陷。这归于在石墨烯团簇达到一定尺寸稳定之前小的镍粒子与碳的饱和情况。其他可能的解释是小镍粒子的台阶边缘对于碳核的生成尺寸太小不能成核或金属-载体相界面大而且载体表面获得的氧化剂很容易接触到 S_1-CH_x 而发生反应。

因为甲烷和二氧化碳解离吸附以及碳生成步骤已被证明是结构敏感性的，因此催化材料的几何和电子特性对它们的活性和稳定性施加着决定性的影响。载体的组成、形貌和结构，负载金属的性质、分布和载量，SMSI，第二金属和添加剂（修饰剂和促进剂）的存在，制备方法，热处理过程以及反应条件是重要因素，它影响着物理化学性质和催化性质。

贵金属催化剂较抗结焦，由于甲烷分解平衡常数小和碳溶入金属晶格中溶解度低。活性和反应机理取决于金属但也取决于载体性质,而有关金属烧结和炭生成的催化稳定性由 SMSI 测定。

Ni-基催化剂,虽然较倾向于生炭,但较适合于划算的 DRM 工业过程。因此,它们已是广泛研究的课题。载体的性质,它的酸-碱性和 SMSI 在镍催化剂情况下的催化活性是关键参数,最大化金属分布,在反应条件下确保稳定性和避免烧结,以及在金属-载体相界面中为 CO_2 解离吸附提供活性位。此外,SMSI 也能在金属晶体中增加电子密度,并且因此增加活化 C—H 键断裂的能力。Ni/Al_2O_3 被认为是目前进步水平。除 Al_2O_3 外,作为 Ni-基催化剂的一些其他载体在抑制碳酸盐沉积和催化稳定性方面给出最有希望的结果。在这些载体中,研究最广泛和最有前途的包括 MgO、$Ce_{1-x}Zr_xO_2$ 固体溶液、La_2O_3 以及相关的结构材料像水滑石、萤石和钙钛矿。结晶形态,制备和活化过程和载镍在催化性能上有一个明显的影响效应。试图用引入一种或多种结构的或化学促进剂对 Ni-基催化剂进行改进,目的是增加 Ni 的分散性;促进表面反应以消耗表面碳族;和堵塞碳生长中心。促进剂例子包括 CaO 或 MgO(增加碱性或 Ni 分散)和 CeO_2(增加活性,Ni 分散和稳定性和抑制炭生成)。第二金属(Ru、Pt、Pd、Rh、Co)加入可改进 Ni 催化剂的稳定性,增加氢溢流和催化剂的可再生性,抑制 Ni^0 氧化和烧结,并且最重要的是,形成较小的金属例子。其他元素(S、Sn、Au 或 B)已被用作选择性堵塞碳生长中心。

在过去的 15 年中,许多系统化研究试图阐明一些控制 DRM 反应和炭生成机理的参数,而这些研究基于彻底的催化试验和物理化学表征,使用传统和较复杂的在线试验技术,通常与 DFT 计算技术或动力学研究相结合。然而,对于彻底阐述基础催化现象和开发可行的工业过程仍存在许多挑战。

参 考 文 献

[1] Capros P, Mantzos L, Papandreou V, Tasios N (2008) European energy and transport trends to 2030—update 2007. European Commission, Directorate-General for Energy and Transport. http://ec.europa.eu/dgs/energy-transport/figures/trends-2030-update-2007/energy-tran sport-trends-2030-update-2007-en.pdf. Accessed 9 Sept 2010.

[2] European Commission, Eurostat(2010)Energy, yearly statistics 2008. http://epp.eurostat.ec.europa.eu/cache/ITY-OFFPUB/KS-PC-10-001/EN/KS-PC-10-001-EN.PDF. Accessed 9 Sept 2010.

[3] European Parliament and Council(2009)Directive 2009/28/EC of the European Parliament and of the Council of 23 April 2009 on the promotion of the use of energy from renewable sources and amending and subsequently repealing Directives 2001/77/EC and 2003/30/EC. Official Journal of the European Union L 140/16. http://eur-lex.europa.eu/LexUriServ/LexUriServ.do? uri =OJ:L:2009:140:0016:0062:en:PDF. Accessed 9 Sept 2010.

[4] European Commission, Eurostat(2010)Energy, energy statistics and quantities, primary production of renewable energy. http://epp.eurostat.ec.europa.eu/tgm/table.do? tab=table&plugin=1&language=en&pcode=ten00081. Accessed 9 Jan 2011.

[5] Faaij A(2006)Modern biomass energy conversion technologies. Mitig Adapt Strateg Glob Change 11:343-375. doi:10.1007/s11027-005-9004-7.

[6] McKendry P(2002)Energy production from biomass(part 2):conversion technologies. Bioresour Technol 83:47-54. doi:10.1016/S0960-8524(01)00119-5.

[7] Yoshida Y, Dowaki K, Matsumura Y, Matsuhashid R, Li D, Ishitani H, Komiyama H(2003)Comprehensive comparison of efficiency and CO_2 emissions between biomass energy conversion technologies—position of supercritical water gasification in biomass technologies. Biomass Bioenergy 25:257-272. doi:10.1016/S0961-9534(03)00016-3.

[8] Anex RP, Aden A, Kazi FK, Fortman J, Swanson RM, Wright MM, Satrio JA, Brown RC, Daugaard DE, Platon A, Kothandaraman G, Hsu DD, Dutta A(2010)Techno-economic comparison of biomass-to-transportation fuels via pyrolysis, gasification, and biochemical pathways. Fuel 89:S29-S35. doi:doi/10.1016/j.fuel.2010.07.015.

[9] Converti A, Oliveira RPS, Torres BR, Lodi A, Zilli M (2009) Biogas production and valorization by means of a two-step biological process. Bioresour Technol 100: 5771–5776. doi: 10.1016/j.biortech.2009.05.072.

[10] Seppala M, Paavola T, Lehtomaki A, Rintala J (2009) Biogas production from boreal herbaceous grasses—specific methane yield and methane yield per hectare. Bioresour Technol 100: 2952–2958. doi: 10.1016/j.biortech.2009.01.044.

[11] Ferreira-Aparicio P, Benito MJ, Sanz JL (2005) New trends in reforming technologies: from hydrogen industrial plants to multifuel microreformers. Catal Rev 47: 491–588. doi: 10.1080/01614940500364958.

[12] Martins das Neves LC, Converti A, Penna TCV (2009) Biogas production: new trends for alternative energy sources in rural and urban zones. Chem Eng Technol 32: 1147–1153. doi: 10.1002/ceat.200900051.

[13] Holm-Nielsen JB, Al Seadi D, Oleskowicz-Popiel P (2009) The future of anaerobic digestion and biogas utilization. Bioresour Technol 100: 5478–5484. doi: 10.1016/j.biortech.2008.12.046.

[14] Rasi S, Veijanen A, Rintala J (2007) Trace compounds of biogas from different biogas production plants. Energy 32: 1375–1380. doi: 10.1016/j.energy.2006.10.018.

[15] Rasi S, Lehtinen J, Rintala J (2010) Determination of organic silicon compounds in biogas from wastewater treatments plants, landfills, and co-digestion plants. Renew Energy 35: 2666–2673. doi: 10.1016/j.renene.2010.04.012.

[16] Biogas Renewable Energy (2009) www.biogas-renewable-energy.info. Accessed 3 Aug 2010.

[17] Johnson E (2009) Goodbye to carbon neutral: getting biomass footprints right. Environ Impact Assess Rev 29: 165–168. doi: 10.1016/j.eiar.2008.11.002.

[18] Poschl M, Ward S, Owende P (2010) Evaluation of energy efficiency of various biogas production and utilization pathways. Appl Energy 87: 3305–3321. doi: 10.1016/j.apenergy.2010.05.011.

[19] Prassl H (2008) Biogas purification and assessment of the natural gas grid in Southern and Eastern Europe. Ing. Gerhard Agrinz GmbH, Leibnitz. http://www.big-east.eu/bigeast-reports/WP%202-Task%202.5-Report.pdf. Accessed 12 Sept 2010.

[20] Li ZL, Devianto H, Kwon HH, Yoon SP, Lim TH, Lee HI (2010) The catalytic performance of Ni/MgSiO$_3$ catalyst for methane steam reforming in operation of direct internal reforming MCFC. J Ind Eng Chem 16: 485–489. doi: 10.1016/j.jiec.2010.01.058.

[21] Shiratori Y, Sasakia K (2008) NiO–ScSZ and Ni$_{0.9}$Mg$_{0.1}$O–ScSZ-based anodes under internal dry reforming of simulated biogas mixtures. J Power Sources 180: 738–741. doi: 10.1016/j.jpowsour.2008.03.001.

[22] Fan MS, Abdullah AZ, Bhatia S (2009) Catalytic technology for carbon dioxide reforming of methane to synthesis gas. ChemCatChem 1: 192–208. doi: 10.1002/cctc.200900025.

[23] Bell AT, Gates BC, Ray D (2007) Basic research needs: catalysis for energy. Report from the US Department of Energy, Office of Basic Energy Sciences Workshop August 6–8, 2007, Bethesda, MD. http://www.sc.doe.gov/bes/reports/files/CAT-rpt.pdf. Accessed 5 Aug 2010.

[24] Roloson BD, Scott NR, Bothi K, Saikkonen K, Zicari S (2006) Biogas processing—the New York State Energy Research and Development Authority, Agreement No: NYSERDA 7250, Albany, NY.

[25] Manna L, Zanetti MC, Genon G (1999) Modeling biogas production at landfill site. Resour Conserv Recycl 26: 1–14. doi: 10.1016/S0921-3449(98)00049-4.

[26] Bruijstens AJ, Beuman WPH, Molen Mvd, Rijke Jd, Cloudt RPM, Kadijk G, Camp Ood, Bleuanus S et al. (2008) Biogas composistion and engine performance, including database and biogas property model. Project supported by the European Commission under RTD contract: 019795. http://www.biogasmax.eu/media/r3-report-on-biogas-composition-and-engine-performance 092122100-1411-21072009.pdf. Accessed 6 Jan 2011.

[27] Petersson A, Wellinger A (2009) Biogas upgrading technologies–developments and innovations. Task 37 IEA Bioenergy. http://www.iea-biogas.net/Dokumente/upgrading-rz-low-final.pdf. Accessed 6 Sept 2010.

[28] Torres W, Pansare SS, Goodwin JG Jr (2007) Hot gas removal of tars, ammonia, and hydrogen sulfide from biomass gasification gas. Catal Rev 49: 407–456. doi: 10.1080/01614940701375134.

[29] Syed M, Soreanu G, Falletta P, Beland M (2006) Removal of hydrogen sulfide from gas streams using biological processes—a review. Can Biosyst Eng 48: 2. 1–2. 14.

[30] Wakker JP, Gerritsen AW, Moulijn JA (1993) High temperature hydrogen sulfide and carbonyl sulfide removal with manganese oxide (MnO) and iron oxide (FeO) on gamma-alumina acceptors. Ind Eng Chem Res 32(1): 139–149. doi: 10.1021/ie00013a019.

[31] Ramfrez-Saenz D, Zarate-Segura PB, Guerrero-Barajas C, García-Pena EI (2009) H$_2$S and volatile fatty acids elimination by biofiltration: clean-up process for biogas potential use. J Hazard Mater 163: 1272–1281. doi: 10.1016/j.jhazmat.2008.07.129.

[32] Sanchez JM, Ruiz E, Otero J (2005) Selective removal of hydrogen sulphide from gaseous streams using a zinc-based sorbent. Ind Eng Chem Res 44: 241–249. doi: 10.1021/ie0497902.

[33] Jung SY, Lee SJ, Lee TJ, Ryu CK, Kim JC (2006) H2S removal and regeneration properties of Zn–Al-based sorbents promoted with various promoters. Catal Today 111: 217–222. doi: 10.1016/j.cattod.2005.10.029.

[34] Park DW, Kim BG, Kim MI, Kim I, Woo HC (2004) Production of ammonium thiosulfate by the oxidation of hydrogen sulfide over Nb-Fe mixed oxide catalysts. Catal Today 93–95: 235–240. doi: 10.1016/j.cattod.2004.06.047.

[35] Shin MY, Park DW, Chung JS (2001) Development of vanadium-based mixed oxide catalysts for selective oxidation of H2S to sulphur. Appl Catal B Environ 30: 409–419. doi: 10.1016/S0926-3373(00)00262-9.

[36] Kim BG, Ju WD, Kim I, Woo HC, Park DW (2004) Performance of vanadium–molybdenum mixed oxide catalysts in selective oxidation of hydrogen sulfide containing excess water and ammonia. Solid State Ion 172: 135–138. doi: 10.1016/j.ssi.2004.02.043.

[37] Slimane RB, Abbasian J (2000) Copper-based sorbents for coal gas desulfurization at moderate temperatures. Ind Eng Chem Res 39: 1338–1344. doi: 10.1021/ie990877a.

[38] Chung JB, Chung JS (2005) Desulfurization of H$_2$S using cobalt-containing sorbents at low temperatures. Chem Eng Sci 60: 1515–1523. doi: 10.1016/j.ces.2004.11.002.

[39] Vamvuka D, Arvanitidis C, Zachariadis D (2004) Flue gas desulfurization at high temperatures. A review. Environ Eng Sci 21: 525–548. doi: 10.1089/1092875041358557.

[40] Bu X, Ying Y, Ji X, Zhang C, Peng W (2007) New development of zinc based sorbents for hot gas desulfurization. Fuel Process Technol 88: 143–147. doi: 10.1016/j.fuproc.2005.01.025.

[41] Truong LVA, Abatzoglou N (2005) A H2S reactive adsorption process for the purification of biogas prior to its use as a bioenergy vector. Biomass Bioenergy 29: 142–151. doi: 10.1016/j.biombioe.2005.03.001.

[42] Osorio F, Torres JC(2009)Biogas purification from anaerobic digestion in a wastewater treatment plant for biofuel production. Renew Energy 34: 2164-2171. doi: 10.1016/j.renene.2009.02.023.
[43] Pipatmanomai S, Kaewluan S, Vitidsant T(2009)Economic assessment of biogas-to-elec-tricity generation system with H2S removal by activated carbon in small pig farm. Appl Energy 86: 669-674. doi: 10.1016/j.apenergy.2008.07.007.
[44] Alonso-Vicario A, Ochoa-Gomez JR, Gil-Río S, Gomez-Jimenez-Aberasturi O, Ramirez-Lopez CA, Torrecilla-Soria J, Dominguez A(2010) Purification and upgrading of biogas by pressure swing adsorption on synthetic and natural zeolites. Microporous Mesoporous Mater 134: 100-107. doi: 10.1016/j.micromeso.2010.05.014.
[45] Rostrup-Nielsen JR(1984)Sulfur-passivated nickel catalysts for carbon-free steam reforming of methane. J Catal 85: 31-43. doi: 10.1016/0021-9517(84)90107-6.
[46] York APE, Xiao T, Creen MLH, Claridge JB(2007) Methane oxyforming for synthesis gas production. Catal Rev 49: 511-560. doi: 10.1080/0161494070158.
[47] Bradford MCJ, Vannice MA(1999)CO_2reforming of CH_4. Catal Rev Sci Eng 41: 1-42. doi: 10.1081/CR-100101948.
[48] McCrary JH, McCrary GE, Chubb TA, Nemecek JJ, Simmons DE(1982) An experimental study of the CO_2-CH_4reforming-methanation cycle as a mechanism for converting and transporting solar energy. Sol Energy 29: 141-151. doi: 10.1016/0038-092X(82)90176-1.
[49] Verykios XE(2003)Catalytic dry reforming of natural gas for the production of chemicals and hydrogen. Int J Hydrogen Energy 28: 1045-1063. doi: 10.1016/S0360-3199(02)00215-X.
[50] Bradford MCJ, Vannice MA(1996) Catalytic reforming of methane with carbon dioxide over nickel catalysts. I. Catalyst characterization and activity. Appl Catal A Gen 142: 73-96. doi: 10.1016/0926-860X(96)00065-8.
[51] Rostrup-Nielsen JR(2000) New aspects of syngas production and use. Catal Today 63: 159-164. doi: 10.1016/S0920-5861(00)00455-7.
[52] Dry ME(2004)Fischer-Tropsch technology. Stud Surf Sci Catal 152: 196-257. doi: 10.1016/S0167-2991(04)80460-9.
[53] Rostrup-Nielsen JR(1994)Catalysis and large-scale conversion of natural gas. Catal Today 21: 257-267. doi: 10.1016/0920-5861(94)80147-9.
[54] Rostrup-Nielsen JR(2002)Syngas in perspective. Catal Today 71: 243-247. doi: 10.1016/S0920-5861(01)00454-0.
[55] Hu YH, Ruckenstein E(2004)Catalytic conversion of methane to synthesis gas by partial oxidation and CO_2 reforming. Adv Catal 48: 297-345. doi: 10.1016/S0360-0564(04)48004-3.
[56] Pereniguez R, Gonzalez-DelaCruz VM, Holgado HP, Caballero A(2010) Synthesis and characterization of a $LaNiO_3$ perovskite as precursor for methane reforming reactions catalysts. Appl Catal B Environ 93: 346-353. doi: 10.1016/j.apcatb.2009.09.040.
[57] Song C(2001)Tri-reforming: a new process for reducing CO_2 emissions. Chem Innovat 31: 21-26.
[58] Song C, Pan W(2004)Tri-reforming of methane: a novel concept for catalytic production of industrially useful synthesis gas with desired H_2/CO ratios. Catal Today 98: 463-484. doi: 10.1016/j.cattod.2004.09.054.
[59] Halmann M, Steinfeld A(2009)Hydrogen production and CO_2 fixation by flue-gas treatment using methane tri-reforming or coke/coal gasification combined with lime carbonation. Int J Hydrogen Energy 34: 8061-8066. doi: 10.1016/j.ijhydene.2009.08.031.
[60] Hu YH, Ruckenstein E(2002)Binary MgO based solid solution catalysts for methane conversion to syngas. Catal Rev Sci Eng 44: 423-453. doi: 10.1081/CR-120005742.
[61] Zhang J, Wang H, Dalai AK(2007)Development of stable bimetallic catalysts for carbon dioxide reforming of methane. J Catal 249: 300-310. doi: 10.1016/j.jcat.2007.05.004.
[62] Gadalla AM, Bower B(1988)The role of catalyst support on the activity of nickel reforming methane with CO_2. Chem Eng Sci 43: 3049-3062. doi: 10.1016/0009-2509(88)80058-7.
[63] Wang S, Lu G, Millar GJ(1996)Carbon dioxide reforming of methane to produce synthesis gas over metal-supported catalysts: state of the art. Energy Fuel 10: 896-904. doi: 10.1021/ef950227t.
[64] Li Y, Wang Y, Zhang X, Mi Z(2008)Thermodynamic analysis of autothermal steam and CO_2 reforming of methane. Int J Hydrogen Energy 33: 2507-2514. doi: 10.1016/j.ijhydene.2008.02.051.
[65] Tsipouriari VA, Verykios XE(1999) Carbon and oxygen reaction pathways of CO_2 reforming of methane over Ni/La_2O_3 and Ni/Al_2O_3 catalysts studied by isotopic tracing techniques. J Catal 187: 85-94. doi: 10.1006/jcat.1999.2565.
[66] Yamaguchi A, Iglesia E(2010)Catalytic activation and reforming of methane on supported palladium clusters. J Catal 274: 52-63. doi: 10.1016/j.jcat.2010.06.001.
[67] Nandini A, Pant KK, Dhingra SC(2006) Kinetic study of the catalytic carbon dioxide reforming of methane to synthesis gas over Ni-K/CeO_2-Al_2O_3 catalyst. Appl Catal A Gen 308: 119-127. doi: 10.1016/j.apcata.2006.04.014.
[68] Enger BC, Lodeng R, Holmen A(2008)A review of catalytic partial oxidation of methane to synthesis gas with emphasis on reaction mechanisms over transition metal catalysts. Appl Catal A Gen 346: 1-27. doi: 10.1016/j.apcata.2008.05.018.
[69] Trevor DJ, Cox DM, Kaldor A(1990) Methane activation on unsupported platinum clusters. J Am Chem Soc 112: 3742-3749. doi: 10.1021/ja00166a005.
[70] Kuijpers EDM, Breedijk AK, Van der Wal WJJ, Geus JW(1983) Chemisorption of methane on Ni/SiO_2. Catalysts and reactivity of the chemisorption products toward hydrogen. J Catal 81: 429-439. doi: 10.1016/0021-9517(83)90181-1.
[71] Bengaard HS, N0rskov JK, Sehested J, Clausen BS, Nielsen LP, Molenbroek AM, Rostrup-Nielsen JR(2002)Steam reforming and graphite formation on Ni catalysts. J Catal 209: 365-384. doi: 10.1006/jcat.2002.3579.
[72] Abild-Pedersen F, Lytken O, Engbaek J, Nielsen G, Chorkendorff I, Norskov JK(2005)Methane activation on Ni(111): effects of poisons and step defects. Surf Sci 590: 127-137. doi: 10.1016/j.susc.2005.05.057.
[73] Haroun MF, Moussound PS, Legare P(2008)Theoretical study of methane adsorption on perfect and defective Ni(111)surfaces. Catal Today 138: 77-83. doi: 10.1016/j.cattod.2008.04.040.
[74] Ferreira-Aparicio P, Rodriguez-Ramos I, Anderson JA, Guerrero-Ruiz A(2000) Mechanistic aspects of the dry reforming of methane over ruthenium catalysts. Appl Catal A Gen 202: 183-196. doi: 10.1016/S0926-860X(00)00525-1.
[75] Osaki T, Masuda H, Mori T(1994) Intermediate hydrocarbon species for the CO_2-CH_4 reaction on supported Ni catalysts. Catal Lett 29: 33-37. doi: 10.1007/BF00814249.
[76] Osaki T, Masuda H, Horiuchi T, Mori T(1995) Highly hydrogen-deficient hydrocarbon species for the CO_2-reforming of CH_4 on Co/Al_2O_3 catalyst. Catal Lett 34: 59-63. doi: 10.1007/BF00808322.
[77] Pinna F(1998)Supported metal catalysts preparation. Catal Today 41: 129-137. doi: 10.1016/S0920-5861(98)00043-1.
[78] Imelik B, Vedrine JC(eds)(1994)Catalyst characterization, physical techniques for solid materials. Springer, New York.

[79] Tsipouriari VA, Verykios XE(2001)Kinetic study of the catalytic reforming of methane with carbon dioxide to synthesis gas over Ni/La$_2$O$_3$ catalyst. Catal Today 64: 83–90. doi: 10.1016/S0920-5861(00)00511-3.
[80] Topalidis A, Petrakis DE, Ladavos A, Loukatzikou L, Pomonis PJ(2007) A kinetic study of methane and carbon dioxide interconversion over 0.5%Pt/SrTiO$_3$ catalysts. Catal Today 127: 238–245. doi: 10.1016/j.cattod.2007.04.01.
[81] Freund HJ, Messmer RP(1986)On the bonding and reactivity of CO$_2$ on metal surfaces. Surf Sci 172: 1–30. doi: 10.1016/0039-6028(86)90580-7.
[82] Solymosi F(1991)The bonding, structure and reactions of CO$_2$ adsorbed on clean and promoted metal surfaces. J Mol Catal 65: 337–358. doi: 10.1016/0304-5102(91)85070-I.
[83] Freund HJ, Roberts MW(1996)Surface chemistry of carbon dioxide. Surf Sci Rep 25: 225–273. doi: 10.1016/S0167-5729(96)00007-6.
[84] Erdohelyi A, Cserenyi J, Papp E, Solymosi F(1994)Catalytic reaction of methane with carbon dioxide over supported palladium. Appl Catal A Gen 108: 205–219. doi: 10.1016/0926-860X(94)85071-2.
[85] Cimino A, Stone FS(2002)Oxide solid solutions as catalysts. Adv Catal 47: 141–306. doi: 10.1016/S0360-0564(02)47007-1.
[86] Burghaus U(2009)Surface science perspective of carbon dioxide chemistry—adsorption kinetics and dynamics of CO$_2$ on selected model surfaces. Catal Today 148: 212–220. doi: 10.1016/j.cattod.2009.07.082.
[87] Pan YX, Liu CJ, Wiltowski TS, Ge Q(2009)CO$_2$ adsorption and activation over γ-Al$_2$O$_3$-supported transition metal dimers: a density functional study. Catal Today 147: 68–76. doi: 10.1016/j.cattod.2009.05.005.
[88] Cheng ZX, Zhao XG, Li JL, Zhu QM(2001)Role of support in CO$_2$ reforming of CH$_4$ over a Ni/γ-Al$_2$O$_3$ catalyst. Appl Catal A Gen 205: 31–36. doi: 10.1016/S0926-860X(00)00560-3.
[89] De Leitenburg C, Trovarelli A, Kaspar J(1997) A temperature-programmed and transient kinetic study of CO$_2$ activation and methanation over CeO$_2$supported noble metals. J Catal 166: 98–107. doi: 10.1006/jcat.1997.1498.
[90] Stagg-Williams SM, Noronha FB, Fendley G, Resasco DE(2000)CO$_2$ reforming of CH$_4$ over Pt/ZrO$_2$catalysts promoted with La and Ce oxides. J Catal 194: 240–249. doi: 10.1006/jcat.2000.2939.
[91] Ozkara-Aydinoglu S, Ozensoy E, Aksoylu AE(2009)The effect of impregnation strategy on methane dry reforming activity of Ce promoted Pt/ZrO$_2$. Int J Hydrogen Energy 34: 9711–9722. doi: 10.1016/j.ijhydene.2009.09.005.
[92] Akpan E, Yanping Suna Y, Kumar P, Ibrahim H, Aboudheir A, Idem R(2007)Kinetics, experimental and reactor modelling studies of the carbon dioxide reforming of methane(CDRM)over a new Ni/CeO$_2$-ZrO$_2$ catalyst in a packed bed tubular reactor. Chem Eng Sci 62: 4012–4024. doi: 10.1016/j.ces.2007.04.044.
[93] Wei J, Iglesia E(2004)Structural requirements and reaction pathways in methane activation and chemical conversion catalyzed by rhodium. J Catal 225: 116–127. doi: 10.1016/j.jcat.2003.09.030.
[94] Bradford MCJ, Vannice MA(1999)The role of metal-support interactions in CO$_2$ reforming of CH$_4$. Catal Today 50: 87–96. doi: 10.1016/S0920-5861(98)00465-9.
[95] Bradford MCJ, Vannice MA(1999)CO$_2$ reforming of CH$_4$ over supported Ru catalysts. J Catal 183: 69–75. doi: 10.1006/jcat.1999.2385.
[96] Osaki T, Mori T(2001)Role of potassium in carbon-free CO$_2$ reforming of methane on K-promoted Ni/Al$_2$O$_3$ catalysts. J Catal 204: 89–97. doi: 10.1006/jcat.2001.3382.
[97] Portugal UL, Santos ACSF, Damyanova S, Marques CMP, Bueno JMC(2002)CO$_2$ reforming of CH$_4$ over Rh-containing catalysts. J Mol Catal A Chem 184: 311–322. doi: 10.1016/S1381-1169(02)00018-3.
[98] Gheno SM, Damyanova S, Riguetto BA, Marques CMP, Leite CAP, Bueno JMC(2003)CO$_2$ reforming of CH$_4$ over Ru/zeolite catalysts modified with Ti. J Mol Catal A Chem 198: 263–275. doi: 10.1016/S1381-1169(02)00695-7.
[99] Bitter JH, Seshan K, Lercher JA(1998)Mono and bifunctional pathways of CO$_2$/CH$_4$ reforming over Pt and Rh based catalysts. J Catal 176: 93–101. doi: 10.1006/jcat.1998.2022.
[100] Maestri M, Vlachos DG, Beretta A, Groppi G, Tronconi E(2008) Steam and dry reforming of methane on Rh: microkinetic analysis and hierarchy of kinetic models. J Catal 259: 211–222. doi: 10.1016/j.jcat.2008.08.008.
[101] Donazzi A, Beretta A, Groppi G, Forzatti P(2008)Catalytic partial oxidation of methane over a 4% Rh/α-Al$_2$O$_3$ catalyst part II: role of CO$_2$ reforming. J Catal 255: 259–268. doi: 10.1016/j.jcat.2008.02.010.
[102] Wei J, Iglesia E(2004)Isotopic and kinetic assessment of the mechanism of reactions of CH$_4$ with CO$_2$ or H$_2$O to form synthesis gas and carbon on nickel catalysts. J Catal 224: 370–383. doi: 10.1016/j.jcat.2004.02.032.
[103] Abild-Pedersen F, Norskov JK, RostrupNielsen JR, Sehested J, Helveg S(2006)Mechanisms for catalytic carbon nanofiber growth studied by ab initio density functional theory calculations. Phys Rev B 73: 115419-1–115419-13. doi: 10.1103/PhysRevB.73.115419.
[104] Xu J, Saeys M(2006)Improving the coking resistance of Ni-based catalysts by promotion with subsurface boron. J Catal 242: 217–226. doi: 10.1016/j.jcat.2006.05.029.
[105] Wolf EE, Alfani F(1982)Catalysts deactivation by coking. Catal Rev Sci Eng 24: 329–371. doi: 10.1080/03602458208079657.
[106] Trimm DL(1977)The formation and removal of coke from nickel catalyst. Catal Rev Sci Eng 16: 155–189. doi: 10.1080/03602457708079636.
[107] Armor JN, Martenak DJ(2001)Studying carbon formation at elevated pressure. Appl Catal A Gen 206: 231–236. doi: 10.1016/S0926-860X(00)00608-6.
[108] Coad JP, Riviere JC(1971)Auger spectroscopy of carbon on nickel. Surf Sci 25: 609–624. doi: 10.1016/0039-6028(71)90148-8.
[109] Koerts T, Van Santen RA(1991) A low temperature reaction sequence for methane conversion. J Chem Soc Chem Commun 1281–1283. doi: 10.1039/C39910001281.
[110] Chen L, Lu Y, Hong Q, Lin J, Dautzenberg FM(2005)Catalytic partial oxidation of methane to syngas over Ca-decorated-Al$_2$O$_3$-supported Ni and NiB catalysts. Appl Catal A Gen 292: 295–304. doi: 10.1016/j.apcata.2005.06.010.
[111] Claridge JB, Green MLH, Tsang SC, York APE, Ashcroft AT, Battle PD(1993) A study of carbon deposition on catalysts during the partial oxidation of methane to synthesis gas. Catal Lett 22: 299–305. doi: 10.1007/BF00807237.
[112] Shamsi A(2004)Carbon formation on Ni-MgO catalyst during reaction of methane in the presence of CO$_2$ and CO. Appl Catal A Gen 277: 23–30. doi: 10.1016/j.apcata.2004.08.015.
[113] Figueiredo JL, Trimm DL(1975)Gasification of carbon deposits on nickel catalysts. J Catal 40: 154–159. doi: 10.1016/0021-9517(75)90241-9.
[114] Hao Z, Zhu Q, Lei Z, Li H(2008)CH$_4$-CO$_2$ reforming over Ni/Al$_2$O$_3$ aerogel catalysts in a fluidized bed reactor. Powder Technol 182: 474–479. doi: 10.1016/j.powtec.2007.05.024.

[115] Corthals S, Van Nederkassel J, Geboers J, De Winne H, Van Noyen J, Moens B, Sels B, Jacobs P(2008)Influence of composition of MgAl$_2$O$_4$ supported NiCeO$_2$ZrO$_2$ catalysts on coke formation and catalyst stability for dry reforming of methane. Catal Today 138: 28–32. doi: 10.1016/j.cattod.2008.04.038.

[116] San-Jose-Alonso D, Juan-Juan J, Illan-Gomez MJ, Roman-Martrez MC(2009)Ni, Co and bimetallic Ni-Co catalysts for the dry reforming of methane. Appl Catal A Gen 371: 54–59. doi: 10.1016/j.apcata.2009.09.026.

[117] Rivas ME, Fierro JLG, Goldwasser MR, Pietri E, Perez–Zurita MJ, Griboval–Constant A, Leclercq G (2008) Structural features and performance of LaNi$_{1-x}$Rh$_x$O$_3$ system for the dry reforming of methane. Appl Catal A Gen 344: 10–19. doi: 10.1016/j.apcata.2008.03.023.

[118] Al-Fatish ASA, Ibrahim AA, Fakeeha AH, Soliman MA, Siddiqui MRH, Abasaeed AE(2009) Coke formation during CO$_2$ reforming of CH$_4$ over alumina-supported nickel catalysts. Appl Catal A Gen 364: 150–155. doi: 10.1016/j.apcata.2009.05.043.

[119] Helveg S, Lopez-Cartes C, Sehested J, Hansen PL, Clausen BS, Rostrup-Nielsen JR, Abild-Pedersen F, N0rskov JK(2004) Atomic-scale imaging of carbon nanofibre growth. Nature 427: 426–429. doi: 10.1038/nature02278.

[120] Baker RTK, Harris PS, Feates FS, Waite RJ (1972) Nucleation and growth of carbon deposits from the nickel catalyzed decomposition of acetylene. J Catal 26: 51–62. doi: 10.1016/0021-9517(72)90032-2.

[121] Baker RTK, Harris PS, Thomas RB, Waite RJ(1973) Formation of filamentous carbon from iron, cobalt and chromium catalyzed decomposition of acetylene. J Catal 30: 86–95. doi: 10.1016/0021-9517(73)90055-9.

[122] Xu J, Saeys M(2007)First principles study of the coking resistance and the activity of a boron promoted Ni catalyst. Chem Eng Sci 62: 5039–5041. doi: 10.1016/j.ces.2006.11.050.

[123] Rostrup-Nielsen JR, Trimm DL(1977) Mechanisms of carbon formation on nickel-containing catalysts. J Catal 48: 155–165. doi: 10.1016/0021-9517(77)90087-2.

[124] Bartholomew CH (1982) Carbon deposition in steam reforming and methanation. Catal Rev Sci Eng 24: 67–112. doi: 10.1080/03602458208079650.

[125] Rostrup-Nielsen JR(1993) Production of synthesis gas. Catal Today 18: 305–324. doi: 10.1016/0920-5861(93)80059-A.

[126] Lercher JA, Bitter JH, Hally W, Niessen W, Seshan K(1996) Design of stable catalysts for methane-carbon dioxide reforming. Stud Surf Sci Catal 101: 463–472. doi: 10.1016/S0167-2991(96)80257-6.

[127] Tang S, Ji L, Lin J, Zeng HC, Tan KL, Li K(2000) CO$_2$ reforming of methane to synthesis gas over sol-gel-made Ni/γ-Al$_2$O$_3$ catalysts from organometallic precursors. J Catal 194: 424–430. doi: 10.1006/jcat.2000.2957.

[128] Kim JH, Suh DJ, Park TJ, Kim KL(2000) Effect of metal particle size on coking during CO$_2$ reforming of CH$_4$ over Ni-alumina aerogel catalysts. Appl Catal A Gen 197: 191–200. doi: 10.1016/S0926-860X(99)00487-1.

[129] Frusteri F, Spadaro L, Arena F, Chuvilin A(2002) TEM evidence for factors affecting the genesis of carbon species on bare and K-promoted Ni/MgO catalysts during the dry reforming of methane. Carbon 40: 1063–1070. doi: 10.1016/S0008-6223(01)00243-3.

[130] Liu H, Li S, Zhang Z, Chen L, Zhou G, Wang J, Wang X(2008) Catalytic performance of monolithic foam Ni/SiC catalyst in carbon dioxide reforming of methane to synthesis gas. Catal Lett 120: 111–115. doi: 10.1007/s10562-007-9260-0.

[131] Juan-Juan J, Roman-Martinez MC, Illan-Gomez MJ(2009) Nickel catalyst activation in the carbon dioxide reforming of methane. Effect of pretreatments. Appl Catal A Gen 355: 27–32. doi: 10.1016/j.apcata.2008.10.058.

[132] Fouskas A, Kollia M, Kambolis A, Papadopoulou C, Matralis H(2010) Effect of Boron on the coking resistance of Ni/Al$_2$O$_3$ catalysts for the dry reforming of methane. 9th Novel gas conversion symposium: C$_1$–C$_4$ chemistry: from fossil to bio resources, Lyon, France 30th May–3rd June.

[133] Zhang J, Wang H, Dalai AK(2008) Effects of metal content on activity and stability of Ni-Co bimetallic catalysts for CO$_2$ reforming of CH$_4$. Appl Catal A Gen 339: 121–129. doi: 10.1016/j.apcata.2008.01.027.

[134] Liu S, Guan L, Li J, Zhao N, Wei W, Sun Y(2008) CO$_2$ reforming of CH$_4$ over stabilized mesoporous Ni-CaO–ZrO$_2$ composites. Fuel 87: 2477–2481. doi: 10.1016/j.fuel.2008.02.009.

[135] Rostrup-Nielsen JR, Hansen JHB(1993) CO$_2$ reforming of CH$_4$ over transition metals. J Catal 144: 38–49. doi: 10.1006/jcat.1993.1312.

[136] Ferreira-Aparicio P, Guerrero–Ruiz A, Rodriguez–Ramos I (1998) Comparative study at low and medium reaction temperatures of syngas production by methane reforming with carbon dioxide over silica and alumina supported catalysts. Appl Catal A Gen 170: 177–187. doi: 10.1016/S0926-860X(98)00048-9.

[137] Pena MA, Gomez JP, Fierro JLG(1996) New catalytic routes for syngas and hydrogen production. Appl Catal A Gen 144: 7–57. doi: 10.1016/0926-860X(96)00108-1.

[138] Wang HY, Ruckenstein E(2000) Carbon dioxide reforming of methane to synthesis gas over supported rhodium catalysts: the effect of support. Appl Catal A Gen 204: 143–152. doi: 10.1016/S0926-860X(00)00547-0.

[139] Tsipouriari VA, Efstathiou AM, Zhang ZL, Verykios XE(1994) Reforming of methane with carbon dioxide to synthesis gas over supported Rh catalysts. Catal Today 21: 579–587. doi: 10.1016/0920-5861(94)80182-7.

[140] Zhang ZL, Tsipouriari VA, Efstathiou AM, Verykios XE (1996) Reforming of methane with carbon dioxide to synthesis gas over supported rhodium catalysts. I. Effects of support and metal crystallite size on reaction activity and deactivation characteristics. J Catal 158: 51–63. doi: 10.1006/jcat.1996.0005.

[141] Efstathiou AM, Kladi A, Tsipouriari VA, Verykios XE(1996) Reforming of methane with carbon dioxide to synthesis gas over supported rhodium catalysts: II. A steady-state tracing analysis: mechanistic aspects of the carbon and oxygen reaction pathways to form CO. J Catal 158: 64–75. doi: 10.1006/jcat.1996.0006.

[142] Verykios XE(2003) Mechanistic aspects of the reaction of CO$_2$ reforming of methane over Rh/Al$_2$O$_3$ catalyst. Appl Catal A Gen 255: 101–111. doi: 10.1016/S0926-860X(03)00648-3.

[143] Wang HY, Au CT(1997) Carbon dioxide reforming of methane to syngas over SiO$_2$-supported rhodium catalysts. Appl Catal A Gen 155: 239–252. doi: 10.1016/S0926-860X(96)00398-5.

[144] Munera JF, Irusta S, Cornaglia LM, Lombardo EA, Cesar DC, Schmal M(2007) Kinetics and reaction pathway of the CO$_2$ reforming of methane on Rh supported on lanthanum-based solid. J Catal 245: 25–34. doi: 10.1016/j.jcat.2006.09.008.

[145] Kohn MP, Castaldi MJ, Farrauto RJ(2010) Auto-thermal and dry reforming of landfill gas over a Rh/γ-Al$_2$O$_3$ monolith catalyst. Appl Catal B Environ 94: 125–133. doi: 10.1016/j.apcatb.2009.10.029.

[146] Souza MMVM, Aranda DAG, Schmal M(2001) Reforming of methane with carbon dioxide over Pt/ZrO$_2$/Al$_2$O$_3$ catalysts. J Catal 204: 498–511. doi: 10.1006/jcat.2001.3398.

[147] Damyanova S, Bueno JMC(2003) Effect of CeO$_2$ loading on the surface and catalytic behaviors of CeO2–Al$_2$O$_3$-supported Pt catalysts. Appl Catal

A Gen 253: 135-150. doi: 10.1016/S0926-860X(03)00500-3.
[148] Souza MMVM, Schmal M(2003) Combination of carbon dioxide reforming and partial oxidation of methane over supported platinum catalysts. Appl Catal A Gen 255: 83-92. doi: 10.1016/S0926-860X(03)00646-X.
[149] O'Connor AM, Schuurman Y, Ross JRH, Mirodatos C(2006) Transient studies of carbon dioxide reforming of methane over Pt/ZrO_2 and Pt/Al_2O_3. Catal Today 115: 191-198. doi: 10.1016/j.cattod.2006.02.051.
[150] Gigola CE, Moreno MS, Costilla I, Sanchez MD(2007) Characterization of Pd-CeO_x interaction on α-Al_2O_3 support. Appl Surf Sci 254: 325-329. doi: 10.1016/j.apsusc.2007.07.062.
[151] Zhao Y, Pan Y, Xie Y, Liu C(2008) Carbon dioxide reforming of methane over glow discharge plasma-reduced Ir/Al_2O_3 catalyst. Catal Commun 9: 1558-1562. doi: 10.1016/j.catcom.2007.12.024.
[152] Bitter JH, Hally W, Sechan K, van Ommen JG, Lercher JA(1996) The role of the oxidic support on the deactivation of Pt catalysts during the CO_2 reforming of methane. Catal Today 29: 349-353. doi: 10.1016/0920-5861(95)00303-7.
[153] Tsyganok AI, Inaba M, Tsunoda T, Uchida K, Suzuki K, Takehira K, Hayakawa T(2005) Rational design of Mg-Al mixed oxide-supported bimetallic catalysts for dry reformingof methane. Appl Catal A Gen 292: 328-343. doi: 10.1016/j.apcata.2005.06.007.
[154] Erdohelyi A, Cserenyi J, Solymosi F(1993) Activation of CH_4 and its reaction with CO_2 over supported Rh catalysts. J Catal 141: 287-299. doi: 10.1006/jcat.1993.1136.
[155] Sahli N, Petit C, Roger CA, Kiennemann A, Libs S, Bettahar MM(2006) Ni catalysts from $NiAl_2O_4$ spinel for CO_2 reforming of methane. Catal Today 113: 187-193. doi: 10.1016/j.cattod.2005.11.065.
[156] Cheng D, Zhu X, Ben Y, He F, Cui L, Liu C(2006) Carbon dioxide reforming of methane overNi/Al_2O_3 treated with glow discharge plasma. Catal Today 115: 205-210. doi: 10.1016/j.cattod.2006.02.063.
[157] Zhu X, Huo P, Zhang Y, Cheng D, Liu C(2008) Structure and reactivity of plasma treated Ni/Al_2O_3 catalyst for CO_2 reforming of methane. Appl Catal B Environ 81: 132-140. doi: 10.1016/j.apcatb.2007.11.042.
[158] Pan YX, Liu CJ, Shi P(2008) Preparation and characterization of coke resistant Ni/SiO_2 catalyst for carbon dioxide reforming of methane. J Power Sources 176: 46-53. doi: 10.1016/j.jpowsour.2007.10.039.
[159] Guo J, Hou Z, Gao J, Zheng X(2008) Syngas production via combined oxy-CO_2 reforming of methane over Gd_2O_3-modified Ni/SiO_2 catalysts in a fluidized-bed reactor. Fuel 87: 1348-1354. doi: 10.1016/j.fuel.2007.06.018.
[160] Tomishige K, Yamazaki O, Chen Y, Yokoyama K, Li X, Fujimoto K(1998) Development of ultra-stable Ni catalysts for CO_2 reforming of methane. Catal Today 45: 35-39. doi: 10.1016/S0920-5861(98)00238-7.
[161] Rostrup-Nielsen JR, Sehested J, Norskov JK(2002) Hydrogen and synthesis gas by steam-and CO_2 reforming. Adv Catal 47: 65-139. doi: 10.1016/S0360-0564(02)47006-X.
[162] Ruckenstein E, Hu YH(1995) Carbon dioxide reforming of methane over nickel/alkaline earth metal oxide catalysts. Appl Catal A Gen 133: 149-161. doi: 10.1016/0926-860X(95)00201-4.
[163] Wang S, Lu GQM(1998) CO_2 reforming of methane on Ni catalysts: effects of the support phase and preparation technique. Appl Catal B Environ 16: 269-277. doi: 10.1016/S0926-3373(97)00083-0.
[164] Chen YG, Tomishige K, Yokohama K, Fujimoto K(1999) Catalytic performance and catalyst structure of nickel-magnesia catalysts for CO_2 reforming of methane. J Catal 184: 479-490. doi: 10.1006/jcat.1999.2469.
[165] Xu BQ, Wei JM, Wang HY, Sun KQ, Zhu QM(2001) Nano-MgO: novel preparation and application as support of Ni catalyst for CO_2 reforming of methane. Catal Today 68: 217-225. doi: 10.1016/S0920-5861(01)00303-0.
[166] Djaidja A, Libs S, Kiennemann A, Barama A(2006) Characterization and activity in dry reforming of methane on NiMg/Al and Ni/MgO catalysts. Catal Today 113: 194-200. doi: 10.1016/j.cattod.2005.11.066.
[167] Ruckenstein E, Hu YH(1997) The effect of precursor and preparation conditions of MgO on the CO_2 reforming of CH_4 over NiO/MgO catalysts. Appl Catal A Gen 154: 185-205. doi: 10.1016/S0926-860X(96)00372-9.
[168] Hu YH, Ruckenstein E(1996) An optimum NiO content in the CO_2 reforming of CH_4 with NiO/MgO solid solution catalysts. Catal Lett 36: 145-149. doi: 10.1007/BF00807611.
[169] Cavani F, Trifiro F, Vaccari A(1991) Hydrotalcite-type anionic clays: preparation, properties and applications. Catal Today 11: 173-301. doi: 10.1016/0920-5861(91)80068-K.
[170] Bhattacharyya A, Chang VW, Schumacher DJ(1998) CO_2 reforming of methane to syngas I: evaluation of hydrotalcite clay-derived catalysts. Appl Clay Sci 13: 317-328. doi: 10.1016/S0169-1317(98)00030-1.
[171] Basile F, Benito P, Fornasari G, Vaccari A(2010) Hydrotalcite-type precursors of active catalysts for hydrogen production. Appl Clay Sci 48: 250-259. doi: 10.1016/j.clay.2009.11.027.
[172] Basile F, Fornasari G, Poluzzi E, Vaccari A(1998) Catalytic partial oxidation and CO_2-reforming on Rh-and Ni-based catalysts obtained from hydrotalcite-type precursors. Appl Clay Sci 13: 329-345. doi: 10.1016/S0169-1317(98)00031-3.
[173] Tsyganok AI, Tsunoda T, Hamakawa S, Suzuki K, Takehira K, Hayakawa T(2003) Dry reforming of methane over catalysts derived from nickel-containing Mg-Al layered double hydroxides. J Catal 213: 191-203. doi: 10.1016/S0021-9517(02)00047-7.
[174] Tsyganok AI, Inaba M, Tsunoda T, Suzuki K, Takehira K, Hayakawa T(2004) Combined partial oxidation and dry reforming of methane to synthesis gas over noble metals supported on Mg-Al mixed oxide. Appl Catal A Gen 275: 149-155. doi: 10.1016/j.apcata.2004.07.030.
[175] Takehira K, Kawabata T, Shishido T, Murakami K, Ohi T, Shoro D, Honda M, Takaki K(2005) Mechanism of reconstitution of hydrotalcite leading to eggshelltype Ni loading on Mg-Al mixed oxide. J Catal 231: 92-104. doi: 10.1016/j.jcat.2005.01.025.
[176] Olafsen A, Daniel C, SchuurmanY RLB, Olsbye U, Mirodatos C(2006) Light alkanes CO_2 reforming to synthesis gas over Ni based catalysts. Catal Today 115: 179-185. doi: 10.1016/j.cattod.2006.02.053.
[177] Ohi T, Miyata T, Li D, Shishido T, Kawabata T, Sano T, Takehira K(2006) Sustainability of Ni loaded Mg-Al mixed oxide catalyst in daily startup and shutdown operations of CH_4 steam reforming. Appl Catal A Gen 308: 194-203. doi: 10.1016/j.apcata.2006.04.025.
[178] Lucredio AF, Assaf EM(2006) Cobalt catalysts prepared from hydrotalcite precursors and tested in methane steam reforming. J Power Sources 159: 667-672. doi: 10.1016/j.jpowsour.2005.10.108.
[179] Lucredio AF, Jerkiewicz G, Assaf EM(2008) Cobalt catalysts promoted with cerium and lanthanum applied to partial oxidation of methane reactions. Appl Catal B Environ 84: 106-111. doi: 10.1016/j.apcatb.2008.03.008.
[180] Vaccari A(1998) Preparation and catalytic properties of cationic and anionic clays. Catal Today 41: 53-71. doi: 10.1016/S0920-5861(98)00038-8.

[181] Aneggi E, De Leitenburg C, Dolcetti G, Trovarelli A(2006)Promotional effect of rare earths and transition metals in the combustion of diesel soot over CeO_2 and CeO_2-ZrO_2. Catal Today 114: 40-47. doi: 10.1016/j.cattod.2006.02.008.

[182] Kambolis A, Matralis H, Trovarelli A, Papadopoulou C(2010) Ni/CeO_2-ZrO_2 catalysts for the dry reforming of methane. Appl Catal A Gen 377: 16-26. doi: 10.1016/j.apcata.2010.01.013.

[183] Trovarelli A (1996) Catalytic properties of ceria and CeO_2 - containing materials. Catal Rev 38 (4): 439 - 520. doi: 10. 1080/01614949608006464.

[184] Fierro JLG, Soria J, Sanz J, Rojo JM(1987)Induced changes in ceria by thermal treatments under vacuum or hydrogen. J Solid State Chem 66: 154-162. doi: 10.1016/0022-4596(87)90230-1.

[185] Gonzalez-DelaCruz VM, Holgado JP, Pereniguez R, Caballero A(2008)Morphology changes induced by strong metal–support interaction on a Ni–ceria catalytic system. J Catal 257: 307-314. doi: 10.1016/j.jcat.2008.05.009.

[186] Bernal S, Calvino JJ, Cauqui MA, Gatica JM, Lopez Cartes C, Perez Omil JA, Pintado JM(2003)Some contributions of electron microscopy to the characterisation of the strong metal–support interaction effect. Catal Today 77: 385-406. doi: 10.1016/S0920-5861(02)00382-6.

[187] Valentini A, Carreno NLV, Probst LFD, Barison A, Ferreira AG, Leite ER, Longo E(2006) $Ni: CeO_2$ nanocomposite catalysts prepared by polymeric precursor method. Appl Catal A Gen 310: 174-182. doi: 10.1016/j.apcata.2006.05.037.

[188] Terribile D, Trovarelli A, De Leitenburg C, Primavera A, Dolcetti G(1999) Catalytic combustion of hydrocarbons with Mn and Cu-doped ceria-zirconia solid solutions. Catal Today 47: 133-140. doi: 10.1016/S0920-5861(98)00292-2.

[189] Wang S, (Max)Lu GQ(1998)Role of CeO_2 in $Ni/CeO_2-Al_2O_3$ catalysts for carbon dioxide reforming of methane. Appl Catal B Environ 19: 267-277. doi: 10.1016/S0926-3373(98)00081-2.

[190] Kaspar J, Di Monte R, Fornasiero P, Graziani M, Bradshaw H, Norman C(2001)Dependency of the oxygen storage capacity in zirconia–ceria solid solutions upon textural properties. Top Catal 16-17: 83-87. doi: 10.1023/A:1016682831177.

[191] Damyanova S, Pawelec B, Arishtirova K, Martinez Huerta MV, Fierro JLG(2009)The effect of CeO_2 on the surface and catalytic properties of Pt/CeO_2-ZrO_2 catalysts for methane dry reforming. Appl Catal B Environ 89: 149-159. doi: 10.1016/j.apcatb.2008.11.035.

[192] Montoya JA, Romero-Pascual E, Gimon C, Del Angel P, Monzon A(2000)Methane reforming with CO_2 over Ni/ZrO_2-CeO_2 catalysts prepared by sol-gel. Catal Today 63: 71-85. doi: 10.1016/S0920-5861(00)00447-8.

[193] Roh HS, Potdar HS, Jun KW, Kim JW, Oh YS(2004)Carbon dioxide reforming of methane over Ni incorporated into $Ce-ZrO_2$ catalysts. Appl Catal A Gen 276: 231-239. doi: 10.1016/j.apcata.2004.08.009.

[194] Kumar P, Sun Y, Idem RO(2007) Nickel–based ceria, zirconia, and ceria–zirconia catalytic systems for low–temperature carbon dioxide reforming of methane. Energy Fuel 21: 3113-3123. doi: 10.1021/ef7002409.

[195] Chen J, Wu Q, Zhang J, Zhang J(2008)Effect of preparation methods on structure and performance of $Ni/Ce_{0.75}Zr_{0.25}O_2$ catalysts for CH_4-CO_2 reforming. Fuel 87: 2901-2907. doi: 10.1016/j.fuel.2008.04.015.

[196] YangZ, Wei Y, Fu Z, Lu Z, Hermansson K(2008)Facilitated vacancy formation at Zr-doped ceria(111)surfaces. Surf Sci 602: 1199-1206. doi: 10.1016/j.susc.2008.01.013.

[197] Kuznetsova TG, Sadykov VA(2008)Specific features of the defect structure of metastable nanodisperse ceria, zirconia, and related materials. Kinet Catal 49: 840-858. doi: 10.1134/S0023158408060098.

[198] Koubaissy B, Pietraszek A, Roger AC, Kiennemann A(2010) CO_2 reforming of methane over Ce-Zr-Ni-Me mixed catalysts. Catal Today 157: 436-439. doi: 10.1016/j.cattod.2010.01.050.

[199] Otsuka K, Wang Y, Nakamura M(1999)Direct conversion of methane to synthesis gas through gas-solid reaction using CeO_2-ZrO_2 solid solution at moderate temperature. Appl Catal A Gen 183: 317-324. doi: 10.1016/S0926-860X(99)00070-8.

[200] Wang JB, Tai YL, Dow WP, Huang TJ(2001)Study of ceria-supported nickel catalyst and effect of yttria doping on carbon dioxide reforming of methane. Appl Catal A Gen 218: 69-79. doi: 10.1016/S0926-860X(01)00620-2.

[201] Putna ES, Shereck B, Gorte RJ(1998)Adsorption and reactivity of lanthana with CO. Appl Catal B Environ 17: 101-106. doi: 10.1016/S0926-3373(98)00006-X.

[202] Gronchi P, Centola E, Del Rosso R(1997)Dry reforming of CH_4 with Ni and Rh metal catalysts supported on SiO_2 and La_2O_3. Appl Catal A Gen 152: 83-92. doi: 10.1016/S0926-860X(96)00358-4.

[203] Zhang WD, Liu BS, Zhu C, Tian YL(2005)Preparation of La_2NiO_4/ZSM-5 catalyst and catalytic performance in CO_2/CH_4 reforming to syngas. Appl Catal A Gen 292: 138-143. doi: 10.1016/j.apcata.2005.05.018.

[204] Jeong H, Kim KL, Kim D, Song IK(2006) Effect of promoters in the methane reforming with carbon dioxide to synthesis gas over Ni/HY catalysts. J Mol Catal A Chem 246: 43-48. doi: 10.1016/j.molcata.2005.10.013.

[205] Luengnaruemitchai A, Kaengsilalai A(2008)Activity of different zeolite-supported Ni catalysts for methane reforming with carbon dioxide. Chem Eng J 144: 96-102. doi: 10.1016/j.cej.2008.05.023.

[206] Liu H, Li S, Zhang S, Wang J, Zhou G, Chen L, Wang X(2008)Catalytic performance of novel Ni catalysts supported on SiC monolithic foam in carbon dioxide reforming of methane to synthesis gas. Catal Commun 9: 51-54. doi: 10.1016/j.catcom.2007.05.002.

[207] Boukha Z, Kacimi M, Pereira MFR, Faria JL, Figueiredo JL, Ziyad M(2007) Methane dry reforming on Ni loaded hydroxyapatite and fluoroapatite. Appl Catal A Gen 317: 299-309. doi: 10.1016/j.apcata.2006.10.029.

[208] Kaengsilalai A, Luengnaruemitchai A, Jitkarnka S, Wongkasemjit S(2007)Potential of Ni supported on KH zeolite catalysts for carbon dioxide reforming of methane. J Power Sources 165: 347-352. doi: 10.1016/j.jpowsour.2006.12.005.

[209] Yamazaki O, Nozaki T, Omata K, Fujimoto K(1992)Reduction of carbon dioxide by methane with Ni-on-MgO-CaO containing catalysts. Chem Lett 1953-1954. doi: 10.1246/cl.1992.1953.

[210] Zhang ZL, Verykios XE(1994)Carbon dioxide reforming of methane to synthesis gas over supported Ni catalysts. Catal Today 21: 589-595. doi: 10.1016/0920-5861(94)80183-5.

[211] Choudhary VR, Rajput AM, Prabhakar B(1994) NiO/CaO - catalyzed formation of syngas by coupled exothermic oxidative conversion and endothermic CO_2 and steam reforming of methane. Angew Chem Int Ed Engl 33: 2104-2106. doi: 10.1002/anie.199421041.

[212] Tang SB, Qiu FL, Lu SJ(1995)Effect of supports on the carbon deposition of nickel catalysts for methane reforming with CO_2. Catal Today 24: 253-255. doi: 10.1016/0920-5861(95)00036-F.

[213] Goula MA, Lemonidou AA, Efstathiou AM(1996) Characterization of carbonaceous species formed during reforming of CH_4 with CO_2 over $Ni/CaO-Al_2O_3$ catalysts studied by various transient techniques. J Catal 161: 626-640. doi: 10.1006/jcat.1996.0225.

[214] Chang JS, Park SE, Chon H(1996)Catalytic activity and coke resistance in the carbon dioxide reforming of methane to synthesis gas over zeolite-

supported Ni catalysts. Appl Catal A Gen 145: 111-124. doi: 10.1016/0926-860X(96)00150-0.

[215] Cheng Z, Wu Q, Li J, Zhu Q(1996)Effects of promoters and preparation procedures on reforming of methane with carbon dioxide over Ni/Al_2O_3 catalyst. Catal Today 30: 147-155. doi: 10.1016/0920-5861(95)00005-4.

[216] Horiuchi T, Sakuma K, Fukui T, Kubo Y, Osaki T, Mori T(1996)Suppression of carbon deposition in the CO_2-reforming of CH_4 by adding basic metal oxides to a Ni/Al_2O_3 catalyst. Appl Catal A Gen 144: 111-120. doi: 10.1016/0926-860X(96)00100-7.

[217] Zhang Z, Verykios XE, MacDonald SM, Affrossman S(1996)Comparative study of carbon dioxide reforming of methane to synthesis gas over Ni/La_2O_3 and conventional nickel-based catalysts. J Phys Chem 100: 744-754. doi: 10.1021/jp951809e.

[218] Quincoces CE, Perez de Vargas S, Diaz A, Montes M, Gonzalez MG(1998)Morphological changes of Ca promoted Ni/SiO_2 catalysts and carbon deposition during CO2 reforming of methane. Stud Surf Sci Catal 119: 837-842. doi: 10.1016/S0167-2991(98)80536-3.

[219] Wang S, Lu GQ(2000)Effects of promoters on catalytic activity and carbon deposition of Ni/γ-Al_2O_3 catalysts in CO_2 reforming of CH_4. J Chem Technol Biotechnol 75: 589-595. doi: 10.1002/1097-4660(200007).

[220] Quincoces CE, Dicundo S, Alvarez AM, Gonzalez MG(2001)Effect of addition of CaO on Ni/Al_2O_3 catalysts over CO_2 reforming of methane. Mater Lett 50: 21-27. doi: 10.1016/S0167-577X(00)00406-7.

[221] Hou Z, Yokota O, Tanaka T, Yashima T(2003)Characterization of Ca-promoted Ni/α-Al_2O_3 catalyst for CH_4 reforming with CO_2. Appl Catal A Gen 253: 381-387. doi: 10.1016/S0926-860X(03)00543-X.

[222] Dias JAC, Assaf JM(2003)Influence of calcium content in Ni/CaO/γ-Al_2O_3 catalysts for CO_2-reforming of methane. Catal Today 85: 59-68. doi: 10.1016/S0920-5861(03)00194-9.

[223] Hou Z, Yokota O, Tanaka T, Yashima T(2003)A novel KCaNi/α-Al_2O_3 catalyst for CH_4 reforming with CO_2. Catal Lett 87: 37-42. doi: 10.1023/A:1022849009431.

[224] Yashima T(2005)High coke-resistance of K-Ca-promoted Ni/α-Al_2O_3catalyst for CH_4 reforming with CO_2. React Kinet Catal Lett 84: 229-235. doi: 10.1007/s11144-005-0214-5.

[225] Ping C, Yin HZ, Ming ZX(2005)Production of synthesis gas via methane reforming with CO_2 on Ni/SiO_2 catalysts promoted by alkali and alkaline earth metals. Chin J Chem 23: 847-851. doi: 10.1002/cjoc.200590847.

[226] Chang JS, Hong DY, Li X, Park SE(2006)Thermogravimetric analyses and catalytic behaviors of zirconia-supported nickel catalysts for carbon dioxide reforming of methane. Catal Today 115: 186-190. doi: 10.1016/j.cattod.2006.02.052.

[227] Zhang WD, Liu BS, Tian YL(2007)CO_2 reforming of methane over Ni/Sm2O3-CaO catalyst prepared by a sol-gel technique. Catal Commun 8: 661-667. doi: 10.1016/j.catcom.2006.08.020.

[228] Roh H, Jun K(2008)Carbon dioxide reforming of methane over Ni catalysts supported on Al_2O_3 modified with La_2O_3, MgO, and CaO. Catal Surv Asia 12: 239-252. doi: 10.1007/s10563-008-9058-0.

[229] Bellido JDA, De Souza JE, M'Peko J, Assaf EM(2009)Effect of adding CaO to ZrO_2 support on nickel catalyst activity in dry reforming of methane. Appl Catal A Gen 358: 215-223. doi: 10.1016/j.apcata.2009.02.014.

[230] Nandini A, Pant KK, Dhingra SC(2005)K⁻, CeO_2^-, and Mn-promoted Ni/Al_2O_3 catalysts for stable CO_2 reforming of methane. Appl Catal A Gen 290: 166-174. doi: 10.1016/j.apcata.2005.05.016.

[231] Molenbroek AM, N0rskov JK, Clausen BS(2001)Structure and reactivity of Ni-Au nanoparticle catalysts. J Phys Chem B 105: 5450-5458. doi: 10.1021/jp0043975.

[232] Besenbacher F, Chorkendorff I, Clausen BS, Hammer B, Molenbroek AM, N0rskov JK, Stensgaard I(1998)Design of a surface alloy catalyst for steam reforming. Science 279: 1913-1915. doi: 10.1126/science.279.5358.1913.

[233] Guczi L, Stefler G, Geszti O, Sajo I, Paszti Z, Tompos A, Schay Z(2010)Methane dry reforming with CO_2: a study on surface carbon species. Appl Catal A Gen 375: 236-246. doi: 10.1016/j.apcata.2009.12.040.

[234] Inui T, Saigo K, Fujii Y, Fujioka K(1995)Catalytic combustion of natural gas as the role of on-site heat supply in rapid catalytic CO_2-H_2O reforming of methane. Catal Today 26: 295-302. doi: 10.1016/0920-5861(95)00151-9.

[235] Chen Y, Tomishige K, Yokohama K, Fujimoto K(1997)Promoting effect of Pt, Pd and Rh noble metals to the $Ni_{0.03}Mg_{0.97}O$ solid solution catalysts for the reforming of CH_4 with CO_2. Appl Catal A Gen 165: 335-347. doi: 10.1016/S0926-860X(97)00216-0.

[236] Nagaoka K, Jentys A, Lercher A(2005)Methane autothermal reforming with and without ethane over mono-and bimetal catalysts prepared from hydrotalcite precursors. J Catal 229: 185-196. doi: 10.1016/j.jcat.2004.10.006.

[237] Arbag H, Yasyerli S, Yasyerli N, Dogu G(2010)Activity and stability enhancement of Ni-MCM-41 catalysts by Rh incorporation for hydrogen from dry reforming of methane. Int J Hydrogen Energy 35: 2296-2304. doi: 10.1016/j.ijhydene.2009.12.109.

[238] Garcia-Dieguez M, Pieta IS, Herrera MC, Larrubia MA, Alemany LJ(2010)Improved Pt-Ni nanocatalysts for dry reforming of methane. Appl Catal A Gen 377: 191-199. doi: 10.1016/j.apcata.2010.01.038.

[239] Chen HW, Wang CY, Yu CH, Tseng LT, Liao PH(2004)Carbon dioxide reforming of methane reaction catalyzed by stable nickel copper catalysts. Catal Today 97: 173-180. doi: 10.1016/j.cattod.2004.03.067.

[240] Tomishige K, Himeno Y, Matsuo Y, Yoshinaga Y, Fujimoto K(2000)Catalytic performance and carbon deposition behavior of a NiO-MgO solid solution in methane reforming with carbon dioxide under pressurized conditions. IndEng Chem Res 39: 1891-1897. doi: 10.1021/ie990884z.

[241] Goldwasser MR, Rivas ME, Pietri E, Perez-Zurita MJ, Cubeiro ML, Gingembre L, Leclercq L, Leclercq G(2003)Perovskites as catalysts precursors: CO_2 reforming of CH_4on $Ln_{1-x}Ca_xRu_{0.8}Ni_{0.2}O_3$(Ln=La, Sm, Nd). Appl Catal A Gen 255: 45-57. doi: 10.1016/S0926-860X(03)00643-4.

[242] Goldwasser MR, Rivas ME, Lugo ML, Pietri E, Perez-Zurita MJ, Cubeiro ML, Griboval-ConstantA LG(2005)Combined methane reforming in presence of CO_2 and O_2 over $LaFe_{1-x}Co_xO_3$ mixed-oxide perovskites as catalysts precursors. Catal Today 107-108: 106-113. doi: 10.1016/j.cattod.2005.07.073.

[243] Valderrama G, Goldwasser MR, de Navarro CU, Tatiboet JM, Barrault J, Batiot-Dupeyrat C, Martinez F(2005)Dry reforming of methane over Ni perovskite type oxides. Catal Today 107-108: 785-791. doi: 10.1016/j.cattod.2005.07.010.

[244] De Araujo GC, De Lima SM, Assaf JM, Pena MA, Fierro JLG, Rangel MC(2008)Catalytic evaluation of perovskite-type oxide $LaNi_{1-x}Ru_xO_3$ in methane dry reforming. Catal Today 133-135: 129-135. doi: 10.1016/j.cattod.2007.12.049.

[245] Gallego GS, Mondragon F, Tatibouet JM, Barrault J, Batiot-Dupeyrat C(2008)Carbon dioxide reforming of methane over La_2NiO_4 as catalyst precursor—characterization of carbon deposition. Catal Today 133-135: 200-209. doi: 10.1016/j.cattod.2007.12.075.

[246] Kharton VV, Viskup AP, Naumovich EN, Tikhonovich VN(1999)Oxygen permeability of $LaFe_{1-x}Ni_xO_{3-y}$ solid solutions. Mater Res Bull 34: 1311-1317. doi: 10.1016/S0025-5408(99)00117-8.

[247] Mawdsley JR, Krause TR (2008) Rare earth-first-row transition metal perovskites as catalysts for the autothermal reforming of hydrocarbon fuels to generate hydrogen. Appl Catal A Gen 334: 311-320. doi: 10.1016/j.apcata.2007.10.018.

[248] Gallego GS, Marrn JG, Batiot-Dupeyrat C, Barrault J, Mondragon F (2008) Influence of Pr and Ce in dry methane reforming catalysts produced from $La_{1-x}A_xNiO_3$-g perovskites. Appl Catal A Gen 369: 97-103. doi: 10.1016/j.apcata.2009.09.004.

[249] Choudhary VR, Mondal KC (2006) CO_2 reforming of methane combined with steam reforming or partial oxidation of methane to syngas over $NdCoO_3$ perovskite-type mixed metal-oxide catalyst. Appl Energy 83: 1024-1032. doi: 10.1016/j.apenergy.2005.09.008.

[250] Rivas ME, Fierro JLG, Guil-Lopez R, Pena MA, La Parola V, Goldwasser MR (2008) Preparation and characterization of nickel-based mixed-oxides and their performance for catalytic methane decomposition. Catal Today 133-135: 367-373. doi: 10.1016/j.cattod.2007.12.045.

[251] Gallego GS, Mondragon F, Barrault J, Tatibouet JM, Batiot-Dupeyrat C (2006) CO_2 reforming of CH_4 over La-Ni based perovskite precursors. Appl Catal A Gen 311: 164-171. doi: 10.1016/j.apcata.2006.06.024.

[252] Guo J, Lou H, Zhu Y, Zheng X (2003) La-based perovskite precursors preparation and its catalytic activity for CO_2 reforming of CH_4. Mater Lett 57: 4450-4455. doi: 10.1016/S0167-577X(03)00341-0.

[253] Lima SM, Assaf JM, Pena MA, Fierro JLG (2006) Structural features of $La_{1-x}Ce_xNiO_3$ mixed oxides and performance for the dry reforming of methane. Appl Catal A Gen 311: 94-104. doi: 10.1016/j.apcata.2006.06.010.

[254] Gallego GS, Batiot-Dupeyrat C, Barrault J, Florez E, Mondragon F (2008) Dry reforming of methane over $LaNi_{1-y}B_yO_{3-d}$ (B = Mg, Co) perovskites used as catalyst precursor. Appl Catal A Gen 334: 251-258. doi: 10.1016/j.apcata.2007.10.010.

[255] Pichas C, Pomonis P, Petrakis D, Ladavos A (2010) Kinetic study of the catalytic dry reforming of CH_4 with CO_2 over $La_{2-x}Sr_xNiO_4$ perovskite-type oxides. Appl Catal A Gen 386: 116-123. doi: 10.1016/j.apcata.2010.07.043.

[256] Balachandran U, Dusek JT, Mieville RL, Poeppel RB, Kleefisch MS, Pei S, Kobylinski TP, Udovich CA, Bose AC (1995) Dense ceramic membranes for partial oxidation of methane to syngas. Appl Catal A Gen 133: 19-29. doi: 10.1016/0926-860X(95)00159-X.

[257] Valderrama G, Kiennemann A, Goldwasser MR (2008) Dry reforming of CH_4 over solid solutions of $LaNi_{1-x}Co_xO_3$. Catal Today 133-135: 142-148. doi: 10.1016/j.cattod.2007.12.069.

[258] Goldwasser MR, Rivas ME, Pietri E, Perez-Zurita MJ, Cubeiro ML, Griboval-Constant A, Leclercq G (2005) Perovskites as catalysts precursors: synthesis and characterization. J Mol Catal A Gen 228: 325-331. doi: 10.1016/j.molcata.2004.09.030.

[259] Khalesi A, Arandiyan HR, Parvari M (2008) Effects of lanthanum substitution by strontium and calcium in La-Ni-Al perovskite oxides in dry reforming of methane. Chin J Catal 29: 960-968. doi: 10.1016/S1872-2067(08)60079-0.

[260] Valderrama G, Kiennemann A, Goldwasser MR (2010) La-Sr-Ni-Co-O based perovskite-type solid solutions as catalyst precursors in the CO_2 reforming of methane. J Power Sources 195: 1765-1771. doi: 10.1016/j.jpowsour.2009.10.004.

[261] Provendier H, Petit C, Estournes C, Kiennemann A (1998) Dry reforming of methane. Interest of La-Ni-Fe solid solutions compared to $LaNiO_3$ and $LaFeO_3$. Stud Surf Sci Catal 119: 741-746. doi: 10.1016/S0167-2991(98)80520-X.

[262] Provendier H, Petit C, Estournes C, Libs S, Kiennemann A (1999) Stabilisation of active nickel catalysts in partial oxidation of methane to synthesis gas by iron addition. Appl Catal A Gen 180: 163-173. doi: 10.1016/S0926-860X(98)00343-3.

[263] Rivas I, Alvarez J, Pietri E, Perez-Zurita MJ, Goldwasser MR (2010) Perovskite-type oxides in methane dry reforming: effect of their incorporation into a mesoporous SBA-15 silica-host. Catal Today 149: 388-393. doi: 10.1016/j.cattod.2009.05.028.

[264] Nagaoka K, Okumura M, Aika K (2001) Titania supported ruthenium as coking-resistant catalyst for high pressure dry reforming of methane. Catal Commun 2: 255-260. doi: 10.1016/S1566-7367(01)00043-7.

[265] Shamsi A, Johnson CD (2003) Effect of pressure on the carbon deposition route in CO_2 reforming of $^{13}CH_4$. Catal Today 84: 17-25. doi: 10.1016/S0920-5861(03)00296-7.

[266] Corthals S, Witvrouwen T, Jacobs P, Sels B (2011) Development of dry reforming catalysts at elevated pressure: D-optimal vs. full factorial design. Catal Today 159: 12-24. doi: 10.1016/j.cattod.2010.06.021.

[267] Horvath A, Stefler G, Geszti O, Kienneman A, Pietraszek A, Guczi L (2010) Methane dry reforming with CO_2 on CeZr-oxide supported Ni, NiRh and NiCo catalysts prepared by sol-gel technique: relationship between activity and coke formation. Catal Today 169(1): 102-111. doi: 10.1016/j.cattod.2010.08.004.

第4章 乙醇重整

András Erdőhelyi

4.1 引言

把氢用作燃料电池是在不久的将来为汽车生产电能的最环境友好工艺之一。目前，甲烷水蒸气重整是应用最广的并且也是当今最经济的制氢手段。不过，利用化石燃料作为主要的氢来源会加重二氧化碳排放。天然气日益增加的成本、其对环境的压力、温室气体效应以及确保能源供应需求都在加速传统能源向生物能源的转变。但是，由可再生资源有效地且经济地生产氢对于学术研究和产业发展都还仍然是一个挑战。寻找天然气或其他化石燃料的替代品一直是许多研究项目的主题。

有人对将七种普通燃料用作氢原料的情况进行了对比[1]。该研究的结果表明，就能量输入与可能的副产品而言，将甲醇的水蒸气重整与部分氧化工艺结合起来在理论上可以得到最佳结果。但是，甲醇生产过程的毒性以及目前的基础设施使其不可能进入商业应用阶段，因为当今甲醇合成原料主要还是化石燃料。

乙醇则是不太危险的并能由生物质可再生地制备，因而其成为制氢的引人注目的来源。乙醇生产可以看作是环境适宜的，因为乙醇重整过程中产生的二氧化碳与工厂耗尽的和通过光合作用从环境获取二氧化碳的量是相同的。反对生物乙醇的第一个观点是其应用会影响能量平衡。近期，已经有研究显示[2]由传统大规模植物玉米获取一升的生物乙醇需要消耗能源 19.16MJ/L。乙醇的内能是 21.2MJ/L，再考虑到可以用作动物营养的蒸馏残渣(4.16MJ/L)，则整个过程的能量净剩余是 6.2MJ/L。

尽管使用生物质衍生品特别是乙醇作为燃料现在有争议，因为其主要是从那些还作为食品的甘蔗或不同的含淀粉植物如土豆、玉米、谷物等制得的。在公众意识中，这会导致对于生物燃料推广的巨大阻力。

人们都很理解乙醇也可以由纤维素材料如木材、草和垃圾[3]等制取。由纤维素材料制取乙醇的技术与由食品谷物制取乙醇的技术是不同的。近年来，人们对于使用木质纤维素生物质为原料的技术进行了深入研究。由于原料有限，任何乙醇生产的增加都需要采用非谷物颗粒的原料。这类原料一般都归属在"生物质"

里面，包括农业废弃物、木材、城市固体废弃物以及专门能源用谷物[4,5]。生物质之所以能引起广泛的关注是有多种原因的。其中最主要的原因是生物能源对于可持续发展所作出的贡献[6]。其来源通常都是就地可取的，而不需要高额投资就能将其转化为二次能源载体[7]。

由乙醇水蒸气重整制氢不仅是环境友好的工艺而且也开辟了可再生资源利用的新途径。现在我们已将乙醇作为燃料添加剂，但是用氢驱动的燃料电池效率会大大高于热机。所以，如果我们能够用 H_2/O_2 燃料电池产生能量并且氢是由可再生资源如乙醇制得则这会是相当令人鼓舞的。在过去10年中，人们对于乙醇水蒸气重整进行了深入研究，相关结果总结在不同综述中[8-11]。由于涉及这一领域的文献篇幅过多，我们无法对获取的全部结果进行总结。此处仅对最重要的结果进行叙述。

4.2 乙醇重整的热力学

氢气可以通过三种主要途径由乙醇制取。水蒸气重整是强吸热反应并且理论上只产生氢气和二氧化碳。

$$C_2H_5OH + 3H_2O \longrightarrow 2CO_2 + 6H_2 \quad \Delta H^0_{298} = 174 kJ/mol \quad (4.1)$$

部分氧化反应：

$$C_2H_5OH + 1.5O_2 \longrightarrow 2CO_2 + 3H_2 \quad \Delta H^0_{298} = 510 kJ/mol \quad (4.2)$$

氧化水蒸气重整：

$$C_2H_5OH + 2H_2O + 0.5O_2 \longrightarrow 2CO_2 + 5H_2 \quad \Delta H^0_{298} = 61.6 kJ/mol \quad (4.3)$$

在乙醇氧化水蒸气重整过程中，当氧与乙醇的比值为0.61时吸热反应和放热反应可以达到能量中性系统。在乙醇重整过程中，其他不希望产生的反应也会发生。为此，人们需要在热力学上或是动力学上对其予以考虑。

乙醇脱氢会产生乙醛[见式(4.4)]、乙醇脱水会产生乙烯[见式(4.5)]或乙醚[见式(4.6)]，乙醇也有可能分解。

$$C_2H_5OH \longrightarrow CH_3CHO + H_2 \quad \Delta H^0_{298} = 68 kJ/mol \quad (4.4)$$

$$C_2H_5OH \longrightarrow C_2H_4 + H_2O \quad \Delta H^0_{298} = 45 kJ/mol \quad (4.5)$$

$$2C_2H_5OH \longrightarrow C_2H_5-O-C_2H_5 + H_2O \quad (4.6)$$

$$2C_2H_5OH \longrightarrow CO_2 + 3CH_4 \quad \Delta H^0_{298} = -74 kJ/mol \quad (4.7)$$

$$C_2H_5OH \longrightarrow CO + CH_4 + H_2 \quad \Delta H^0_{298} = 49 kJ/mol \quad (4.8)$$

在乙醇+水反应中，不仅会产生二氧化碳，还会产生一氧化碳[12]。

$$C_2H_5OH + H_2O \longrightarrow 2CO + 4H_2 \quad \Delta H^0_{298} = 256 kJ/mol \quad (4.9)$$

这些产物会与乙醇继续反应或是彼此反应。

$$C_2H_5OH+H_2 \longrightarrow 2CH_4+H_2O \quad \Delta H^0_{298}=157kJ/mol \quad (4.10)$$

$$2CO \rightleftharpoons CO_2+C \quad \Delta H^0_{298}=-171kJ/mol \quad (4.11)$$

$$CO_2+4H_2 \rightleftharpoons H_4+2H_2O \quad \Delta H^0_{298}=-165kJ/mol \quad (4.12)$$

$$CO+3H_2 \rightleftharpoons CH_4+H_2O \quad \Delta H^0_{298}=206kJ/mol \quad (4.13)$$

$$CO_2+CH_4 \rightleftharpoons 2CO+2H_2 \quad \Delta H^0_{298}=247kJ/mol \quad (4.14)$$

$$CO+H_2O \rightleftharpoons CO_2+H_2 \quad \Delta H^0_{298}=41kJ/mol \quad (4.15)$$

乙醇重整[见式(4.1)]是吸热的,并会导致物质的量的增加。增加温度(见图4.1)[13]和降低压力(见图4.2)[14]都有利于该反应进行。

热力学预测的乙醇在水蒸气重整反应中的平衡转化率总是100%。图4.1显示了平衡产品分布随水蒸气重整温度的变化而发生变化。在低温下主要产生的是甲烷和二氧化碳,此外还有少量氢气但几乎没有一氧化碳。当水蒸气重整温度提高,则甲烷含量降低而氢气含量同时增加。当水蒸气重整温度为823K时,可以得到适当的氢气浓度。在 $T>773K$ 的较高温度下,一氧化碳含量大幅增加。这可以归因于反向水煤气转变反应的热力学[见式(4.15)]。提高水蒸气对乙醇的比例,会使上述温度指向较适中的温度值[13]。

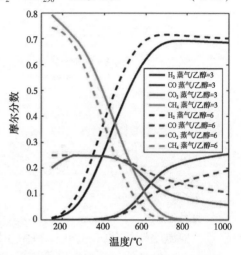

图4.1 在1atm压力下,蒸气/乙醇比为3和6时,乙醇水蒸气重整的重整产物构成(干基、以mol计)[13]

Fishtik等[15]、Vasudeva等[16]以及Rossi等[17]在热力学上分析了乙醇水蒸气重整反应并主要考虑了以下几种产品:二氧化碳、氢气、一氧化碳、甲烷和乙醛。所使用的方法是吉布斯(Gibbs)最小自由能法。平衡产品分布表明,作为温度变化的函数,氢气产量会增加而二氧化碳和甲烷产量则会减少。不幸的是,在较高温度下,一氧化碳的产量也会增加。

人们还研究了总压对于热力学平衡的影响[14]。如图4.2所示,看起来总压增加会导致氢气和一氧化碳产量减少而在甲烷中的平衡组成则有很大程度的增加。一方面,在500K之下,因为 $\Delta G^0>0$[18],所以乙醇的水蒸气重整不能发生。另一方面,在同一温度下,乙醇的分解极易发生,因为 ΔG^0 值是足够的负。

Vasudeva等计算了不同温度下水含量对于乙醇重整产物平衡组成的影响[16]。他们发现,在温度为800~1200K、水/乙醇比为0:1~20:1条件下,乙醇基本上完全转化了，主要产品是氢气、一氧化碳和二氧化碳，平衡混合物中只有微量的乙醛和乙烯。

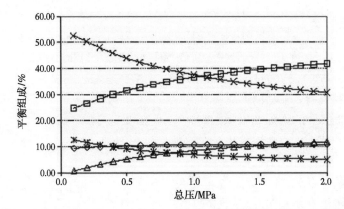

图 4.2　水/乙醇比为 4、温度为 973K 时，在乙醇水蒸气重整反应的平衡组成中氢气(×)、二氧化碳(◇)、一氧化碳(※)、甲烷(△)和水(□)作为反应总压的函数所发生的演变[14]

Garcia 和 Laborde 发现[19]，相对于甲醇-水反应过程，在乙醇重整反应中需要有更高的温度和水/乙醇比以得到最佳制氢效果。根据热力学平衡计算，他们建议反应温度高于 650K 并在原料中使用较高的水/乙醇比(10)以使制氢收率最大化，使一氧化碳和甲烷的形成最小化并避免积炭。

据 Ioannides 报道[20]，影响制氢中效率的最重要因素是原料中的水/醇比。如果使用高于化学计量比的数值，则会因为增加了水蒸发所需焓而导致制氢效率降低。不过，他发现，在水/乙醇比为 5 时，可以在 1000K 得到几乎 100% 的氢气收率。Freni 等[21]通过其理论计算得到了相同结果，他们还建议采用较高的水/乙醇比以降低一氧化碳和甲烷的收率。

Mas 等[22]的结论是乙醇完全转化为了乙烯和/或乙醛。考虑到乙烯和乙醛的生成反应与变换反应的平衡常数数值，这两个化合物都是此系统内的中间产物。他们的结论是，尽管高温和高水/乙醇比有利于制氢，而低温和高水/乙醇比则适宜使一氧化碳产率最小化。

在不同载体金属催化剂上累积的炭通常会导致催化剂活性衰减。例如，在乙醇水蒸气重整反应中，在 Ni/Al_2O_3 催化剂上的积炭是催化剂失活的主要原因。积炭的形成路径包括布杜阿尔(Boudouard)反应[见式(4.11)]、甲烷分解[见式(4.16)]以及可以在载体的酸性中心上进行的乙烯聚合反应[23,24]。通过在不同的水/乙醇比下使吉布斯(Gibbs)自由能最小化作为温度的函数，人们对其进行了热力学分析[25]。结果表明，较高水/乙醇比不利于游离碳的生成而 773~873K 左右会使其生成最大化。这一现象表明甲烷分解的吸热反应在该温度下处于优势：

$$CH_4 \rightleftharpoons C+2H_2 \quad \Delta H_{298}^0 = 74 kJ/mol \qquad (4.16)$$

根据所使用的条件，炭的气化和布杜阿尔 Boudouard 反应(4.11)可能也是炭沉积或消除的重要路径：

$$C+H_2O \rightleftharpoons CO+H_2 \quad \Delta H_{298}^0 = 131 kJ/mol \qquad (4.17)$$

可以观察到在水/乙醇比高于 3 时，游离碳的沉积现象在 600K 以上基本为零。

在最近的一篇文献中[26]，人们不仅考虑了石墨碳而且还考虑了非晶碳和多壁碳纳米管的形成。在该平衡反应中，当水蒸气/乙醇比低于 4 时则会形成碳沉积。在该区域内，温度将确定何种碳会形成；在 673K 以下，主要生成石墨碳；在 673K 以上则主要形成多壁碳纳米管。在该平衡中不会形成非晶碳。

4.3 乙醇水蒸气重整反应中不同催化剂活性的对比

上面总结了乙醇水蒸气重整反应的最重要的反应路径，但产品的副反应却只简要提及。可以看出，产品和氢气的形成会随着不同路径而有重大变化。不过，每一催化剂都会引发不同反应。因而适宜催化剂的选择就在乙醇水蒸气重整以制氢的过程中起了关键作用。具有适宜活性与选择性的催化剂应该使氢气或其他产品的形成最大化而阻止碳的生成并抑制其他不良化合物如一氧化碳的生成。

众所周知，载体金属具有较高的催化活性并且在乙醇水蒸气重整反应方面得到了深入研究。

氧化铝负载的催化剂在低温下乙醇脱氢制乙烯方面具有很高活性，但是随着温度升高乙烯生成量将减少。例如，对于氧化铝负载铑的催化剂，乙烯的生成在 923K 以上完全消失。在此温度之上，乙醇被转化成了氢气、一氧化碳、二氧化碳和甲烷。在制氢方面各种金属的活性顺序如下：Rh>Pd>Ni=Pt[27]。当二氧化铈/氧化锆为载体时，没有发现乙烯生成，而在高温下的活性顺序为：Pt≥Rh>Pd。无论是在氧化铝负载的样品中还是在二氧化铈/氧化锆负载的样品中都没有检测到乙醛生成。

Auprêtre 等[28]研究了金属与载体各自在生物乙醇水蒸气重整反应中的效果。他们发现在 973K 温度下氧化铝负载金属催化剂在制氢量方面按下面顺序减少：9.7%Ni>1%Rh>0.5%Pd>1%Pt>9.1%Cu=9.8%Zn>0.67%Ru=8.7%Fe。他们得出的结论是，这些金属在乙醇水蒸气重整反应中的高活性以及在水煤气变换反应中的极低效率使其成为有活性和选择性的乙醇重整催化剂。在这些研究中只对比了转化率或氢产量，但这两者都依赖于催化剂的表面金属原子数。

Liguras 等[29]也发现在那些低负载的催化剂中，Rh 在制氢方面的活性与选择性都要大大高于 Ru、Pt 和 Pd，后几种显示了相似的性能。Rh 和 Ru 特别是后者的催化性能会通过提高金属负载量而得到大幅增加。人们发现高负载 Ru 催化剂的活性与选择性可以与 Rh 的相媲美。在一定的反应条件下，用 5%Ru/Al_2O_3 催化剂能够将乙醇转为氢气且选择性高达 95%，唯一的副产物就是甲烷[29]。就活性与稳定性来讲，在 923K 下的乙醇重整反应中，Rh/MgO 在所有 MgO 负载的 Pd、Rh、Ni 和 Co 催化剂里面拥有最佳的性能。但在制氢选择性方面则不是最佳[30]。Ni、Co 和 Pd 催化剂主要受金属烧结引起的失活影响。Ni/MgO 催化剂在制氢选择性方面展示了最佳性能。动力学测量展示了各金属比活性的较大差异：Rh 中心分别比 Pd、Co 和 Ni 中心的活性高出 2.3 倍、3.7 倍和 5.8 倍[30]。

在稳定状态下，氧化铝负载贵金属催化剂上主要生成了乙烯，而在 723K 时的 CeO_2 负载样品上则可以检测到大量的乙醛。人们发现，在氧化铝负载贵金属催化剂上的转化率保持稳定，而生成氢气的选择性会随时间降低，生成乙烯的选择性则随时间增加。在 Ru/Al_2O_3 上的制氢选择性最高，约为 70%。各金属的递减顺序为 Rh>Ir>Pd>Pt，而乙醇的转化率在所有情况下都高于 90%。

在 573~723K 温度范围内，氧化铝负载贵金属催化剂的活性顺序与上面提到的不同[32]。已经发现催化性能的递减顺序是 Pt>Pd>Rh>Ru，并且 Pt 展示了制氢的高活性与高选择性以及长期稳定性。该反应的发生显示了双功能方式，即分散的金属相与载体都参与其中。催化性能强烈依赖于分散金属相的本质。

对于 CeO_2 负载的贵金属，转化率会在 723K 下随时间大幅减少。Rh/CeO_2 展示了最高的制氢选择性，但却并不稳定，随着时间也会减少，而乙烯和乙醛的量则会随时间增加[31]。

在 573~973K 范围内，人们还研究了氧化铈负载 Co、Ir 和 Ni 的乙醇蒸气重整效率。在低温下，乙醇脱氢制乙醛和乙醇分解为甲烷与一氧化碳是主要反应[33]。在高温下，所有的乙醇和中间产物如乙醛等都转化为氢气、碳氧化物和甲烷，这些成为了主要产物。氢气选择性在高于 713K 的所有情况下都高于 65%。可以发现在 723K 以上乙醇完全转化了。这似乎与上面提到的结果有冲突[31]，但在这些情况下的空速[6000mL/(g·h)]比先前情况要低。长期稳定性测试表明 Ir/CeO_2 展示了 300h 期间的稳定催化性能而没有任何失活现象[33]。

Benito 等研究了氧化锆负载 Ni、Co 和 Cu 催化剂上进行的乙醇重整反应[34]。结果表明，氧化锆负载 Ni、Co 催化剂显示了较高的催化活性和稳定性。一方面，在 973K 下，在这些样品上得到了 100% 的乙醇转化率，而制氢选择性接近 70%。另一方面，在氧化锆负载 Cu 催化剂上发生了乙醇脱氢即生成乙醛的反应[34]。

在氧化锌负载镍与铜的催化剂上也观察到了同样现象，但按作者的解释这些样品在乙醇水蒸气重整制氢方面并未显示出良好的催化性能[35]。在 Ni/ZnO 样品上，623K下可以完全转化，也可能发生了乙醇分解。而723K下，Cu/ZnO上的转化率只有约82%。与钴催化剂相比，因为催化活性的增加，钠促进的氧化锌负载镍-钴样品低温下的制氢产率得以改善。而对于类似的钴-铜样品则未发现相同改善现象[35]。

在适宜工业化制氢的条件下，人们对比了铑基与钴基催化剂的乙醇水蒸气重整性能[36]。可以看出，在15bar压力下Co/ZnO与Rh基相比有更高的制氢与产生二氧化碳的选择性。在Rh基催化剂上，甲烷选择性接近了热力学平衡值。这类观察可以由钴基与铑基催化剂上不同反应路径予以解释。在前一示例中，甲烷是CO与CO_2甲烷化反应的次生产品。与此相对，在铑上甲烷则是由直接分解产生的[36]。

近期，出现了一些文献描述了由组合方法制备乙醇水蒸气重整催化剂[37]。许多基于氧化铝负载锶锆混合氧化物掺杂镧、镨、钐和不同金属组分如铜、铜-镍、铜-镍-铬、钌、铂的催化剂被用于此反应。筛选测试结果显示这些催化剂按合成气收率的催化活性以下面顺序递减：$RuCVS_{0.2}$>$Cu-NiCZS_{0.2}$>Cu-NiCZ>$Cu-Ni-CrCZP_{0.1}$（C代表二氧化铈、Z代表二氧化锆、S代表钐、P代表镨）。此外还观察到了催化性能与表层/晶格氧移动性和反应性因掺杂剂本性和含量所引起变化间的某些关系[37]。

4.4 在贵金属载体催化剂上进行的乙醇重整反应

4.4.1 负载型铑催化剂

众所周知，Ru、Rh、Pd、Pt和Ir等贵金属具有很高的催化活性，人们对其在乙醇水蒸气重整反应中的应用进行了深入研究。早前，人们已经发现钌和铑载体催化剂在该反应中展示了极佳性能[27-31]。

在Rh/Al_2O_3上进行的乙醇水蒸气重整反应是在323~923K间程序升温条件下进行的[38]。该反应由乙醇的初始脱氢和/或脱水开始，继之以所得产品快速地转化为甲烷、一氧化碳和二氧化碳。酸性载体协助了乙醇的脱水反应而其他反应则由负载金属予以催化，不过二者对反应的影响程度不同。鉴于此，随着铑含量的增加C_1产品（甲烷、一氧化碳、二氧化碳）的数量会逐渐增加而C_2产品（乙烯、乙醛）则会逐渐在出口气体流中消失。乙醛是在中间阶段形成的，但是会在较高温度下快速分解为甲烷和一氧化碳[38]。Cavallaro等发现[39]，在5%的Rh/Al_2O_3上进行生物乙醇水蒸气重整以制氢时（水/乙醇比为8.4）需要较高的温度和较低的空速对其进行优化。不过，该催化剂可能由于金属的烧结和积炭而失活。已经发现，在原料气中加入少量氧[0.4%(体)]能大幅降低催化剂失活，但是会促进金属烧结[39]。

Diagne 等观察到[40]，在 673~773K 间，氧化锆、氧化铈和氧化锆-氧化铈复合氧化物负载铑催化剂对于制氢展示了较高的活性和选择性(每摩尔入口乙醇可得 5~5.7mol 氢气)。最优的催化剂不必是最基本的样品，但是一定要能适度束缚二氧化碳。结果表明，在这些催化剂上进行的乙醇重整反应对于铑的分散效果并不敏感。

在 Rh/ZrO_2 上，乙醇重整反应的产品分布依赖于载体的酸性[41]。当乙醇吸附较强时，催化剂表面形成了相对较强的路易斯酸性中心，C_2 含氧化合物会在催化剂表面累积。当乙醇吸附较弱而 C—C 键断裂为主导反应时，可以观察到一氧化碳、碳酸盐和 CH_x 物种的累积。因而可以相信，为促进乙醇分子的吸附并减少反应中 C_2 含氧化合物的数量，应该在路易斯酸性和 C—C 键断裂功能方面对催化剂进行增强。在这些示例中还可以发现，铑颗粒尺寸和分布以及催化剂的表面积都不是决定催化剂性能的重要参数[41]。这一发现与先前的结果相吻合[40]。

人们发现，723K 下在 $1\%Rh/Al_2O_3$ 上发生的制氢量会随时间减少而乙烯量则会随时间增加[31]。在反应起始阶段，氢气选择性为 75%，可是 2h 后就只有 58% 了。在 $1\%Rh/Al_2O_3$ 上，氢气选择性会随温度升高而升高但乙烯选择性会随温度升高而降低[27]。在 923K 时，氢气选择性会高于 70%[27,29]。

人们发现[42]，低温下载体在乙醇水蒸气重整反应中起了重要作用。乙醇脱水生成乙烯的反应无论在酸性还是碱性氧化物如 $\gamma-Al_2O_3$ 和 $MgAl_2O_4$ 负载的铑上都是有利的，而乙醇脱氢反应则主要在中性载体上发生。在氧化锆改进的氧化铈载体上，反应路径比较有利于乙醛中间产物的生成。在 $2\%Rh/Ce_{0.8}Zr_{0.2}O_2$ 催化剂上，可以得到超出热力学平衡计算所得的氢产量。研究没有排除铑与载体间的强相互作用，而获得增强的氧转移率在乙醇水蒸气重整反应中起了重要作用。当一系列负载于不同载体(Al_2O_3、$MgAl_2O_4$、ZrO_2、ZrO_2-CeO_2)上的铑催化剂用于由乙醇水蒸气重整制氢反应时，得到了同样的结果[43]。用负载 1%铑的催化剂在低温下进行乙醇转化时，活性递减的顺序是：$Rh/ZrO_2-CeO_2 > Rh/Al_2O_3 > Rh/MgAl_2O_4 > Rh/ZrO_2$。直到 823K，$Rh/ZrO_2-CeO_2$ 催化剂一直展示了最高的二氧化碳选择性，原因是其在低温下最高的水煤气变换反应活性。在此项研究中的催化剂里面，负载量为 2% 的 Rh/ZrO_2-CeO_2 催化剂在 723K 显示了最高的氢产量，这可能是因为 ZrO_2-CeO_2 高氧存储容量使得游离氧物种能够从水分子有效转移到反应中间体。

Aupretre 等[12]研究了 973K 时在 $Mg_xNi_{1-x}Al_2O_4$ 负载铑上发生的反应(水/乙醇比=4)。据了解，催化剂的酸碱特性是非常关键的参数，因为其控制着生成乙烯或乙醛的首要选择性。为避免会导致严重积炭的乙烯的生成，所有的酸性中心都应予以中和。

在乙醇水蒸气重整反应中，氧化铈以及含有混合氧化物的氧化铈都被广泛用于铑的载体。在723K，1%Rh/CeO_2上检测到了较大活性损失，制氢量会随时间减少，而乙醛量的变化则正好相反[31]。氧化铈的形态对于乙醇水蒸气重整制氢选择性的影响也得到研究[44]。人们分别使用氧化铈纳米棒、纳米立方体和不规则颗粒负载在氧化铝表面制备了三种催化剂。结果指出，所有催化剂在1073K气氛中历经24h后都有少量失活。当载体是纳米棒时，氢选择性变化不大，但在使用纳米立方体时则催化剂效率变化很大。这些结果清楚指明，具有特殊暴露面的氧化铈纳米颗粒会影响工况下的整体催化活性。使用立方体氧化铈的催化剂在反应24h后显示了最低催化活性，其原因还不清楚。

为改进乙醇水蒸气重整反应中催化剂的性能，人们使用了具有增强的OH表面迁移率的含氧化铈载体作为催化剂载体[28]。尽管在873K下，1%Rh/Al_2O_3显示了最高的氢气选择性而1%Rh/CeO_2-ZrO_2则展示了最高的氢气产出。下面按递减顺序展示了各催化剂的氢气产出量：1%Rh/$Ce_{0.63}Zr_{0.37}O_2$>1%Rh/12%CeO_2-Al_2O_3>1%Rh/CeO_2。这些结果可以用双功能机理予以解释：催化剂在乙醇水蒸气重整反应中的活性随着催化剂表面OH基团移动性的增加而增加。

人们对于CeO_2-ZrO_2比值变化进行了系统评估来研究其对于乙醇水蒸气重整反应的影响[45]。从所得结果中可以清楚看出，Rh/$Ce_{0.8}Zr_{0.2}O_2$在723K展示了最高的氢气产出量。氢气量与乙醇转化量之比为4.3，空速是133000cm^3/($g_{催化剂}$·h)。在较低的623K温度下，该催化剂失去了其活性，在其表面会形成积炭。为了抑制乙烯生成，人们在Rh/$Ce_{0.8}Zr_{0.2}O_2$催化剂中加入了0.5%的钾，这对催化剂稳定性有利，但是加入5%的钾会降低活性。

Diagne等[46]也研究了在一系列Rh/CeO_2-ZrO_2催化剂上发生的乙醇重整反应。他的X射线光电子能谱分析(XPS)结果指出，铑的出现不仅引起了CeO_2的部分还原而且也引起了ZrO_2的部分还原。可以发现，在673~773K温度范围内所有催化剂都展示了乙醇的完全转化(水/乙醇=8)，而制氢选择性极高，接近了理论值(每摩尔入口乙醇产出6mol氢气)。载体的影响主要体现在CO_2/CO比值上。

Idriss等[47~49]研究了用于制氢的氧化铈双金属(铑和钯或铂)催化剂作用下发生的反应。他们的结论认为反应是在铈与金属离子间的界面上发生。铑原子的存在对于乙醇重整是至关重要的，因为其能引发末端碳-氢键的解离，因而有利于与表面进一步反应和碳-碳键进一步解离所需的可能存在的金属氧环中间体的生成。双金属催化剂的高活性与拥有两种不同属性的金属的出现相关联。铑的作用是断裂碳-碳键而钯的作用是水煤气变换反应和氢的再化合反应。

4.4.2 负载型铂催化剂

根据不同的对比研究,人们发现负载型铂催化剂属于乙醇水蒸气重整反应中活性最高、选择性最好的催化剂。所以人们对于其效率和载体对于铂的影响进行了深入研究。人们对于1%Pt/Al_2O_3在723K下的反应进行了研究(水/乙醇比为3)。结果发现,氢气的选择性会随时间降低而乙烯的生成则会与之平行增长,但乙醇的转化率高于95%[50]。而这一趋势会由于水含量增加、金属负载量增多以及反应温度提高等而衰减。在923K,氢气选择性约为80%。有人假设Pt/Al_2O_3在乙醇+水反应中的这种现象可以归因于表层醋酸酯基团的生成,在用漫反射傅立叶变换红外光谱(DRIFTS)法对反应进行的检测中发现了该基团[51]。而这些物种会妨碍金属上的反应,尽管它们是处在载体之上的。当催化剂掺杂有钾时,氢气选择性的减少会降低,乙烯的生成会大幅减弱,但在这些情况下会有大量甲烷生成。可以证明钾对于表层醋酸酯基团有失稳效应,因而改进了1%Pt/Al_2O_3的水蒸气重整活性[51]。Sanchez-Sanchez等也发现了Pt/Al_2O_3上面发生的氢气与乙烯选择性的剧烈变化[52]。当使用双金属$PtNi/Al_2O_3$时,可以得到比单金属同类物更高的制氢和生成C_1产品的活性。催化性能的改善与醋酸酯物质分解中形成的甲基基团在其汽化反应中的高活性相关联[52]。

使用Al_2O_3-ZrO_2混合氧化物作载体,由Pt/Al_2O_3上表层醋酸酯物质引发的氢气与二氧化碳选择性的衰减会降低,而氧化锆则会使表层醋酸酯基团失稳。在Pt/Al_2O_3-ZrO_2(1:3)上发现了最高的转换率和收率[53]。Breen等发现,Pt/Al_2O_3显示了极差的制氢活性,在这些情况下主要生成了乙烯[27]。当使用CeO_2-ZrO_2作载体时,在823K以上只检测到了少量甲烷而乙烯则未发现。这些结果还表明,即使是在低温下氧化铝载体也会在乙醇脱水制乙烯中起到重要作用。与之相反,700K以上在Pt/Al_2O_3上发现了很高的制氢选择性而乙烯选择性低于5%。不得不注意到,在这些试验中用作载体的γ-Al_2O_3在相同的实验条件下仅有微不足道的催化效果[29]。

Navarro等[54]研究了在由铈和镧改进的Pt/Al_2O_3上面发生的乙醇氧化水蒸气重整反应,铈的出现有利于制氢,而镧的出现则没有促进转化反应。

4.4.3 负载型钯、钌和铱催化剂

Goula等[55]研究了在商用Pd/Al_2O_3上进行的乙醇水蒸气重整反应,并报道了氢气选择性在923K下为95%。乙醇转化率甚至在较低温度(573~623K)下也为100%,氢气/一氧化碳物质的量比在723K达到最大值。即使是在水与乙醇的理论配比下,形成的积炭也可忽略不计[56]。不过,Frusteri等[30]观察到在923K下

反应时 Pd/MgO 催化剂会因金属烧结急剧失活。在 Pd/MgO 催化剂上的积炭速率高于在 MgO 上负载 Rh、Ni 或 Co 的催化剂。

Liguras 等[29]研究了在 873~1123K 温度范围内进行的钌催化乙醇水蒸气重整反应。催化性能随着金属负载量的增加而得到大幅改善；负载量为 5% 的 Ru/Al_2O_3 样品在约 1070K 下的氢气选择性几乎是 100%。Vaidya 和 Rodrigues[57]在 873~973K（见下文）温度范围内对于 Ru/Al_2O_3 催化剂上的乙醇水蒸气重整反应进行了详细的动力学研究。他们发现，乙醇转化程度越高，氢气的相对产率越高。在 973K 所进行的时空速率对于氢气产率影响的研究表明，当时空速率由 0.68g/(h·mol)增至 2.04g/(h·mol)时，氢气产率会从 0.27 增至 0.41mol/mol。

人们发现由不同有机金属簇前体（如 $[HRu_3(CO)_{11}]^-$、$Ru_3(CO)_{12}$ 和 $[Ru_5PtC(CO)_{15}]^{2-}$）得到的单金属钌和双金属钌-铂纳米颗粒负载于氧化铝上制得的催化剂是高效的乙醇水蒸气重整催化剂[58,59]。由金属簇衍生的催化剂的较高催化活性要归因于金属纳米颗粒的极小尺寸。尽管这三种催化剂都展示了相似的活性和选择性，但铂的出现会促进低温下的水煤气变换反应，而乙醇碳-碳键的断裂看起来也是在双金属簇衍生的催化剂上获得了帮助。

在贵金属里面，铱负载于氧化铝或氧化铈都不是最佳催化剂[31]，但 Ir/CeO_2 表现了极稳定的催化活性，在 300h 期间内无任何活性衰减[33]。在铱与氧化铈间的强相互作用有效避免了高度分散的铱金属颗粒的烧结，并通过氧化铈的高度储氧能力促进了焦炭气化[33]。Cai 等也发现了类似结果[60]：Ir/CeO_2 在 823~923K 间具有稳定活性而无明显失活现象。对用后催化剂的结构分析表明，2~6nm 的铱金属颗粒在扩大的氧化铈颗粒上保持高度分散。

4.5 乙醇在负载型过渡金属催化剂上的重整反应

除了以贵金属为基的系统外，乙醇重整反应还在负载型镍、钴催化剂上发生并得到较高氢气选择性，在这些样品上进行的反应也得到了深入研究。

4.5.1 负载型镍催化剂

人们对于 La_2O_3、Al_2O_3、氧化钇稳定的氧化锆（YSZ）和 MgO 上负载镍的催化剂上进行的乙醇水蒸气重整反应进行了研究[61]。在所有情况下，1023K 下的氢气选择性都高于 80%。Ni/La_2O_3 对氢的选择性最高，并且在物流中可以非常稳定达到约 100h。该催化剂获得改善的稳定性应该来自碳酸氧镧物质对于镍表面积炭的清理，该物质在反应条件下存在于镍金属颗粒之上[61]。

当温度和接触时间增加时，由镍（Ⅱ）-铝（Ⅲ）层状双氢氧化物前体（LDH）制

得的 Ni/Al_2O_3 催化剂上发生的转化率和氢产率都会增加[62,63]。当乙醇转化率接近 100% 时，氢产率是接近的。这意味着产物只是氢气、一氧化碳、二氧化碳和微量甲烷。已经发现，无论是在 989K 或是 923K 下，乙醇转化率都会作为水含量函数达到最大值。这表明水与乙醇都会竞争吸附在同种类型的活性中心上。

与此相反，因为 1173K 下发现了大量的积炭，所以在 $Ni/\alpha-Al_2O_3$ 上观察到了显著的失活现象[64]。在 $Ni/\gamma-Al_2O_3$ 上也发现了类似结果[65]，这个催化剂在高温下显示了较高的制氢活性与选择性，但在温度降低时，会有大量乙烯出现在气相中。这就导致了催化剂上的快速积炭以及重整活性的损失。用 La_2O_3 浸渍 Al_2O_3 可以大大降低积炭速率[65]。

用 Ce、Mg、Zr 和 La 对氧化铝负载镍催化剂进行改性会影响催化剂酸性、结构以及镍金属颗粒的形态，并影响其重整活性[66]。一方面，镁改性催化剂的高效率可以用较低酸性和较好分散性予以解释，而对于铈锆改性的催化剂，其内在活性的提高可以归因于 Ni-Ce 界面与 Ni-Zr 界面上水的吸附/解离过程的强化。另一方面，加入镧的催化剂的较低活性可以归因于镍表面上镧引起的稀释作用[66]。已经发现镧和铈的添加避免了镍表面上碳纤维的形成，这可以解释在其他情况下产品选择性的变化。

尽管有这类观察，但是对比 La_2O_3、Al_2O_3、氧化钇稳定的氧化锆(YSZ)和 MgO 负载镍催化剂的效率，人们会发现负载在 La_2O_3 上的镍展示了最高的制氢活性和选择性，而且更重要的是对于乙醇水蒸气重整反应的长期稳定性[61,65,67]。上述提到的这些催化剂获得改善的稳定性应该来自碳酸氧镧物质对于镍表面积炭的清理，该物质在反应条件下存在于镍金属颗粒之上。

对比 Ni/La_2O_3、Ni/Y_2O_3 和 Ni/Al_2O_3 的活性[68]可以发现，其催化活性和制氢选择性正是按上面顺序递减排列的，这与这些催化剂的活化能和晶粒尺寸顺序是一致的。对于 Ni/La_2O_3 催化剂，在 523K 下，乙醇转化率是 80.7%，制氢选择性是 49.5%，但在 593K 下，这些数值分别为 99.5% 和 48.5%。其他作者发现，对于由 $LaNiO_3$ 钙钛矿型氧化物制得的 Ni/La_2O_3 催化剂，在 700K 下且水/乙醇比为 2 时的乙醇起始转化率约为 100%，但在 6h 后会大幅降低。当提高水/乙醇比时，乙醇转化率保持稳定，但失活现象推迟出现。催化剂失活是因表面积炭而发生的。较低的反应温度和较低的水/乙醇比有利于纤维碳的沉积。在物流中加入氧气可以大大改善催化剂的稳定性，生成的积炭会减少。对于 $Ni-Cu/SiO_2$ 催化剂，人们发现了同样的现象。在乙醇氧化水蒸气重整反应中加入较大量的氧气可以提高催化剂的稳定性[69]。

人们利用组合法与高通量法研究了在 $MgAl_2O_4$-负载催化剂上乙醇水蒸气重整反应的制氢能力[70]。可以发现，实际上并不需要贵金属来得到较高的制氢产率。在773K下，含有Ni、Co、Ce和Mo的四组分催化剂可以由每摩尔乙醇得到4.4mol的氢气。其优点就是对于积炭的极强抑制力。在这一系统中，镍被看作活性金属，而钴、铈和钼则为促进剂。

4.5.2 负载型钴催化剂

钴基催化剂是另一种非贵金属催化剂，可以在乙醇水蒸气重整反应中提供制氢活性和选择性，而钴可以断裂C—C键[71]。早前，钴基催化剂被视为乙醇水蒸气重整反应的适宜系统。该反应在很大程度上可以在ZnO-负载、La_2O_3-负载、Sm_2O_3-负载和CeO_2-负载的钴催化剂上发生；人们可以得到不含一氧化碳的氢气[72]。根据载体类别，可以区分出不同的钴基相别：金属钴颗粒、Co_2C、CoO以及La_2O_3作为载体时的La_2CoO_4。积炭的程度与特性依赖于催化剂和反应温度。ZnO负载的样品显示了最佳催化性能。在723K下，乙醇转化率接近100%，氢气选择性高达73.8%，二氧化碳选择性为24.2%[72]。Llorca等[73]提出用ZnO负载钴催化剂进行乙醇水蒸气重整反应。以$Co(CO)_8$为前体可以制备高度稳定的催化剂，由此可以在较低温度(623K)下制得不含一氧化碳的氢气。他们的结论是催化剂制备方法影响了其性能与结构特征。据说乙醛是反应的初始产物，钴则通过使双配位基醋酸物质的碳-碳键断裂而催化乙醛的重整。在Co/ZnO上还产出了丙酮，很有可能是在载体上面[71]。在Co-ZnO基催化剂中加入钠会对乙醇水蒸气重整反应产生积极效应[74]。在623~723K温度范围内的总转化率下，制氢率提高了5%~8%。

Haga等发现载体会极大地影响钴基催化剂的性能[18]。氢气产率按下面顺序递减：Co/Al_2O_3>Co/ZrO_2>Co/MgO>Co/SiO_2>Co/C。Co/Al_2O_3催化剂通过抑制一氧化碳的甲烷化作用与乙醇的分解反应而展示了最高的氢气选择性(673K下为67%)。Cavallaro等[75]发现，923K下Co/MgO比Co/Al_2O_3更能抵抗积炭的生成。Batista等[76]研究了在相同催化剂上的反应，他们发现在673K对样品还原后，CoO_x物质保持在表面上。在673K下的平均转化率高于70%。金属负载量会影响乙醇转化率和产品分布。乙醇重整反应中生成的一氧化碳可以在钴活性中心上与水或氢气反应。这两种反应在Co/Al_2O_3上和Co/SiO_2上都显示了较高转化率，但Co/Al_2O_3在除去一氧化碳方面效率较高[76]。

人们研究了在铁金属促进的Co/Al_2O_3上乙醇自热重整反应[77]。在此过程中还将氧气引入了物流中，所以这个吸热水蒸气重整反应与放热氧化反应是由物流中氧比控制的自持热过程。铁促进的钴基催化剂要比未经铁促进的有更好的活性和更高的稳定性[77]。这种改进的性能归因于铁使得更多钴金属分布在表面上并且之后能在自热重整反应的氧化气氛中保持稳定。作者还假定铁促进了乙醇脱氢反应。氢产率在 873K 下维持在 3.13mol 氢气/1mol 乙醇左右,并在 30h 期间内的测试中保持稳定。

人们利用乙醇水蒸气重整反应条件下的原位磁测量方法对各种负载型钴催化剂进行表征[78]。在反应中表现良好的催化剂一般都展示了金属钴颗粒和被氧化的钴物质。在反应中存在有小的金属钴颗粒与被氧化的钴物质间自由交换。相比之下,Batista 等[76]提出,只有 CoO 才是乙醇水蒸气重整反应的活性中心。另外也发现金属钴中心会与催化活性发生关联。该反应以及氢气化学吸附作用都表明由氧化锆负载的催化剂显示了最佳分散性和最好催化活性。在 10%Co/ZrO_2 催化剂上,利用水:乙醇:惰性气体的物质的量比=10:1:75 以及空速为 5000h^{-1} 的条件,在 823K 和大气压力下可以得到 100% 的乙醇转化率以及每摩尔乙醇 5.5mol 的氢气收率[79]。

有人发现[80]氢气收率和产品分布依赖于催化剂制备方法与所用载体性质。对于由溶胶-凝胶法制备的 Co/SiO_2 催化剂与浸渍法制备的 Co/Al_2O_3,二者在 753K 下的氢气选择性最高值分别为 62% 和 67%。使用溶胶-凝胶法制备的氧化硅载体催化剂,甲烷产量大幅降低而乙醛产量则有所增加。

Sahoo 等[81]发现,由湿法浸渍工艺制备的 15%Co/Al_2O_3 对于乙醇水蒸气重整反应具有最佳效率,而 10% 与 20% 的 Co/Al_2O_3 样品则失活很快。当水/乙醇比为 3 而接触时间是 17kg 催化剂/(mol·s)时,氢气浓度在 773K 下达到最大值。在 773K 以上,有利于乙醇分解反应,这会降低氢气选择性并增加一氧化碳和甲烷的演变。

Profeti 等[82]在贵金属促进的 Co/Al_2O_3 上研究了乙醇重整反应。结果显示,由于氢溢流效应,贵金属的促进作用包括大幅降低了 Co_3O_4 以及与载体相互作用的钴表面物质的还原温度。在 673K 下使用 CoRu/Al_2O_3 催化剂得到了最佳的催化性能,其证据就是最高的氢气选择性(是 69% 而非 56%)和相当低的一氧化碳收率(是 5% 而非 8%)[82]。

人们[73,83,84]还研究了催化剂合成中所用钴前体性能的影响。结论是任何能够提高钴金属分散性的参数都有助于改善催化性能[74,84]。尽管据说产品组成依赖于钴的起始原料,但结果差异不会高于 10%,而对晶粒尺寸而言差异可以达到 3 倍。当催化剂是由乙酰丙酮钴制备时,在 723K 下可以用 Co/CeO_2 得到最高的二氧化碳选择性(94.6%)[83]。作者提出,键合在钴物质上的有机配体促进了其在 CeO_2 表面的分散性,因而改进了活性。

最近有人报道了制备方法对于 CeO_2 负载钴催化剂催化效果的影响[85,86]。与水介质相比,在乙醇介质中制备的 Co/CeO_2 催化剂显示了催化性能的大幅改善(较高的氢气产率、较好的稳定性以及较少的副反应)。表征结果显示,在表面上出现了有可能是金属配位醋酸盐的含氧碳物质。这些物质似乎在改进性能方面起了作用。尽管这种作用的本质还不清楚,但各种可能性包括避免烧结的分层效应、抑制副反应的活性中心屏蔽效应或者是使乙酸酯易于在表面形成的"印迹效应"。

对于 Co/ZrO_2-CeO_2 的物理性能,不论该样品是由浸渍法还是由共沉淀法制备的,都没有很大差异。浸渍样品会对制氢显示最高的催化活性[86]。作者提出,不同的制备条件会对金属与载体间的相互作用产生不同影响,进而影响到 Co/ZrO_2-CeO_2 催化剂的还原性能;较强的相互作用会抑制钴物质的还原反应。他们提出,在 723K 的乙醇水蒸气重整反应条件下,浸渍样品上面部分还原的钴金属与 ZrO_2-CeO_2 物质间的相互作用会导致未经确认的活性中心的生成[86]。

在 ZrO_2 和 CeO_2 负载的钴催化剂上载体中氧的迁移性对于乙醇水蒸气重整反应的影响也得到研究[87]。在 723K 下使用 $10\%Co/ZrO_2$ 样品,可以观察到因积炭而引起的显著失活现象,大部分积炭是以碳纤维形式出现。加入氧化铈似乎可以改进催化剂稳定性,因为其较高的储氧能力与较高的氧迁移性使得积炭一经形成就会参与气化和/或氧化反应[87]。已经发现将 ZrO_2 插入到 CeO_2 结构中可以增强 CeO_2 的氧化还原性和热稳定性。

Vargas 等[88]研究了作为乙醇水蒸气重整反应催化剂的萤石型 Ce-Zr-Co。他们发现,在 713K 对该类催化剂进行原位受控还原后,一部分钴金属会被还原为 CoO 纳米颗粒,他们对于 713K 下的反应具有活性和选择性,而进一步提高反应温度(813K),催化剂会经历深度还原反应,引起失活。

将少量贵金属铑加入此氧化铈-氧化锆萤石结构中去掺杂钴,并不会改进制氢量但是会使催化剂寿命提高 30 倍[89]。人们发现催化剂的失活过程不仅与积炭有关而且还与乙醛反应序列中生成的碳酸盐物质有关。铑的积极作用在于其能够防止混合氧化物载体中活性氧空位的阻塞而避免碳酸盐形成,由此提供了稳定性。

4.6 在负载型含铜催化剂上进行的乙醇重整反应

第一篇报道了在不同负载型铜催化剂上进行乙醇分解和重整反应的论文发表在 20 多年前。在 493K 进行乙醇分解反应,当转化率为 50% 时主要发生了乙醇脱水反应,得到的产物是乙醛。其选择性在 Cu/SiO_2 上为 77.9% 而在 Cu/Al_2O_3 上为 54.1%。除此之外,Cu/ZrO_2 与 Cu/ZnO 对于生成乙酸乙酯具有较高选择性,C_4 物质和乙醚则主要由 Cu/Al_2O_3 制得[90]。

在 523K 下及转化率为 80% 时,用铜基催化剂进行的乙醇水蒸气重整反应中,会生成乙酸（Cu/ZnO 上乙酸的硫含量为 38%）以及乙醇脱氢产品和乙酸乙酯[90]。

Cavallaro 和 Freni[91]研究了在 CuO/ZnO/Al_2O_3 混合氧化物催化剂上进行的乙醇重整反应，结果显示温度在 623K 以上形成的主要产品是一氧化碳、二氧化碳和氢气。而且，即使是在水/乙醇比低于 3 时，CuO/ZnO/Al_2O_3 和 NiO/CuO/SiO_2 催化剂都不会产生数量可观的炭和/或其他意料之外的含氧副产品[91]。

对于乙醇水蒸气重整反应来讲，Cu/Nb_2O_5 催化剂显示了与 Ni/Al_2O_3 同样高的转化率[92]；不过，要生成同样数量的氢气则要在低许多的温度下才可以（473K）。很重要的一点是，与 Ni/Al_2O_3 相比，在 Cu/Nb_2O_5 上很少有一氧化碳生成，这要归功于金属与载体间的强相互作用。Alonso 等[93]在该催化剂上发现了类似现象。用钯或钌予以促进，可以提高制氢和抗失活等催化性能。

Cu/ZnO 在乙醇重整反应中是一个相对较差的催化剂[39]。低于 723K 时，乙醇转化率不足 20%，主要发生的是乙醇脱氢反应，形成的产品是乙醛。在双金属 Cu-Co 或 Cu-Ni 催化剂上也未发现显著改善迹象。

在不同的负载型铜催化剂上可以观察到乙酸乙酯和乙酸的生成。生成乙酸乙酯和乙酸的选择性显著依赖于使用的载体[90]。在 493K 下，使用 Cu/SiO_2 可以得到生成乙醛的最高选择性（77.9%）而使用 Cu/ZnO 可以得到生成乙酸乙酯的最高选择性（28.1%）。乙醛是由乙醇脱氢反应生成的，之后通过乙醇（或乙氧基物质）或水（羟基）对于乙醛的亲核加成反应步骤生成乙酸乙酯或是醋酸。

在 533K 下使用 Cu/CeO_2 进行乙醇水蒸气重整反应得到的主要产物是乙醛和氢气，但在较高的 653K 下则丙酮是主要产品。伴随着丙酮生产的制氢过程可以认为是按下面连锁反应进行的：乙醇脱氢生成乙醛，乙醛的醇醛缩合反应和醇醛与载体晶格氧生成表面中间体的反应，之后是该中间体的脱氢反应和脱羧反应。氧化铈作为氧的提供者在其中起了重要作用。因为醇醛缩合反应是由碱促进的，所以把 MgO 作为 Cu/CeO_2 催化剂的促进剂。与未经促进的样品相比，这样就在较低温度下生成了大量丙酮和氢气[94]。

在乙醇水蒸气重整反应中，铜常在双金属系统中被用作催化剂，而该金属在甲烷和一氧化碳的重整反应中具有活性。这两种物质可以在乙醇转化的第一步骤中生成。

人们对此反应中的镍-铜系统进行了深入研究。未经负载的镍-铜[95]可以在乙醇水蒸气重整反应中用作催化剂，而载体的酸性和/或碱性则可能对反应造成影响。有人发现此样品甚至可以在化学计量的物料组成条件下也可以在乙醇水蒸气重整反应中拥有活性和稳定性。在 673K 下，乙醇和反应中间体都完全被重整为氢气和 C_1 产品；在较高温度下，甲烷水蒸气重整和逆向的水煤气成为了主要反应。镍-铜催化剂在 923K 下显示了稳定的催化性能而没有明显失活现象。在镍-铜表面沉淀的碳聚集体可能是由乙醇水蒸气重整反应中生成的甲烷的分解反应造成的。

制备镍-铜催化剂的方法还包括将其负载在单一氧化物上[35,96]、负载在混合氧化物上[97,98]或是负载在用其他材料加以促进的样品上[99,100]。

在大家期望的较低温度下(低于723K),无论是铜还是镍单独负载在氧化锌上都无法成为乙醇水蒸气重整反应的适宜催化剂。在铜样品上,乙醇可以脱氢生成乙醛,但是该重整反应不会进一步发生生成氢气和一氧化碳。另一方面,在镍样品上更有利于乙醇分解为甲烷和CO_x的反应[35]。相对于钴催化剂而言,在ZnO负载并由钠促进的Co-Ni样品上可以在较低温度下得到较高的制氢产率,因为催化活性有所增加。而在类似的Co-Cu样品上则未发现明显改进[35]。人们研究了在硅胶负载Ni-Cu催化剂上发生的乙醇重整和氧化重整反应[69,96,101]。与Ni/SiO_2催化剂会由于积炭而快速失活的情况相反,该样品对于氢气生产有较高的活性和选择性[69]。据说,氢气选择性会大致随着反应温度升高而增加,并随着物料中水/乙醇比的降低而减少。引入氧气有利于氢气生产并会限制甲烷和积炭的产生[96]。

人们还研究了在CuNi/SBA-15中引入镁和钙对于乙醇水蒸气重整反应制氢的影响[102]。钙或镁添加剂会强化载体与Cu-Ni金属相的相互作用,降低金属颗粒尺寸。镁和钙的这两种促进作用改进了CuNi/SBA-15催化剂的催化性能。在873K下进行乙醇水蒸气重整反应时,所有催化剂都能达到乙醇的完全转化,但在得到促进的样品上则可得到较高的氢气选择性约80%以及较低的甲烷和乙醛选择性,还能观察到较低的积炭情形[102]。

人们还研究了添加剂对于$Cu-Ni/Al_2O_3$催化剂的作用[99,100,103,104]。由钾促进的$Cu-Ni/Al_2O_3$催化剂上发生的乙醇气化得到了研究。该样品的催化性能强烈依赖于热处理的条件。因此,提高前体的煅烧温度会在镍与氧化铝之间形成极强的相互作用,降低镍的还原能力和形成C_1化合物的选择性[104]。$Cu-Ni-K/\gamma-Al_2O_3$催化剂适宜用于乙醇重整反应,因为这些样品可以在大气压力以及573K温度下产出合理数量的氢气[103]。增加镍含量可以增强乙醇气化反应提高气体产率,降低乙醛和醋酸产量[103]。

人们制备了负载在$Al_2O_3-M_yO_z$上的Ni-Cu基双金属催化剂(M=Si、La、Mg或Zn)以研究复合载体对于乙醇水蒸气重整反应中催化性能的影响[100]。负载于Al_2O_3-MgO和Al_2O_3-ZnO上的催化剂要比负载在$Al_2O_3-SiO_2$上的有更高的制氢选择性。对于30%Ni-5%Cu/Al_2O_3-MgO的催化剂,在723K的氢气选择性为73.3%而在973K则增加到94%。在30%Ni-5%Cu/Al_2O_3-ZnO催化剂上,723K温度下的氢气选择性为63.6%而在873K温度下的则增加到95.2%[100]。

人们在乙醇氧化水蒸气重整反应中使用了一系列拥有不同 Cu/Ni 比的 CuNiZnAl 多组分混合氧化物催化剂[98]。富铜催化剂更有利于乙醇脱氢生成乙醛的反应。引入镍后则会导致 C—C 键的断裂以及一氧化碳、二氧化碳和甲烷的生成。在 573K 温度下，氢气产率对于所有催化剂都在 2.6~3mol/mol 转化的乙醇（约为 50%~55%）范围内变化。

也有人研究了拥有钾添加剂的混合氧化物 CuCoZnAl 上进行的乙醇水蒸气重整反应[105]。制备方法导致了带有高度分散的铜与钴氧化物质以及主要为 $ZnAl_2O_4$ 的尖晶石基质的形成。在 873K 温度下，氢气产率是每摩尔原料乙醇 5.2 摩尔氢气，且活性保持稳定。尽管在此温度下铜与钴金属颗粒烧结程度较高，这种烧结并未对失活现象作出重要贡献。

4.7　氧化物和碳化物对于乙醇转化的影响

载体性能强烈影响着催化剂在乙醇重整反应中的活性、产品分布以及稳定性。尽管与负载型催化剂相比，金属氧化物的活性较低，但是它们也可以根据所用反应条件催化乙醇的分解和乙醇的重整。单独研究载体的作用非常重要，因为处于负载金属催化剂的情况下，很难将载体的作用与金属的作用区分开。

长久以来，大家都知道乙醇可以在氧化铝表面脱氢生产乙烯和乙醚[23]。Llorca 等报道了带有宽广范围的氧化还原与酸-碱特性的几个氧化物在 573~723K 的温度范围内以及 5000h^{-1} 空速下进行的乙醇水蒸气重整反应中的表现。对于 V_2O_5 和 Al_2O_3 来讲，其总转化率所需温度（623K）要低于其他氧化物；即使是在 723K 下，MgO 和 SiO_2 上的转化率也小于 10%，La_2O_3 和 CeO_2 上的转化率则大约为 20%。在 TiO_2 和 Sm_2O_3 情况下则发现了严重的失活现象。在 MgO 和 Al_2O_3 上发生的乙醇水蒸气重整反应几乎可以忽略不计。在前者主要发生的是乙醇脱氢生成了乙醛，而在后者则主要发生了脱水反应生成了乙烯。而其他氧化物的产品分布则表明乙醇水蒸气重整反应发生了，但在某些情况下脱氢反应与脱水反应也发生了。在用 ZnO[106] 与 CeO_2[94] 进行的乙醇分解反应中，经历了不同的系列反应如脱氢反应、醇醛缩合、脱羧反应后生成了大量丙酮。与此相反，1173K 下在 CeO_2 上进行的乙醇水蒸气重整反应中的主要产物是氢气（选择性为 67.5%）、甲烷、一氧化碳和二氧化碳[64]。在 573K 温度下，与用 CeO_2、Al_2O_3、La_2O_3 或 Li_2O 改性的 ZrO_2 相比，纯 ZrO_2 可以给出较高的产氢率，而在 723K 以上，所有的样品都展示了类似的活性。

在 573K 下，Nb_2O_5 显示了很好的制氢初始活性，但其却会快速失活，主要发生了乙醇的脱氢反应[93]。

负载在氧化铝上的钨氧化物-碳化物在乙醇水蒸气重整反应中的情况也得到了研究。该项工作的目的是要找到新型廉价负载型催化剂[91]，但不幸的是，在903～973K下其反应速率要比 CuO/ZnO/Al_2O_3 上的低一个数量级。

尽管如此，Mo_2C[107]和负载型 Mo_2C[108,109]都是乙醇分解制氢反应的有效催化剂。沉积在硅胶上的 Mo_2C 甚至在 623～673K 温度下能使反应程度接近 100%。除氢之外，还产出了几种含碳化合物，这导致了产氢率的降低。不过，在碳纳米管或碳(活性炭)上制备的 Mo_2C 显著改变了产品分布。氢气产率处在了主导地位，在 523～723K 下，乙醇分解产物中的约 40%氢气被转换成了气相氢气。在乙醇中添加水，会进一步增加氢气收率[108,109]。

4.8 乙醇重整反应的动力学研究

对乙醇重整反应所作动力学研究表明，无论是朗缪尔-欣谢尔伍德(Langmuir-Hinshelwood)模型还是埃里-里迪尔类似模型(Eley-Rideal-like model)，在应用于该反应速率时都依赖于催化剂、温度和乙醇/水比。

涉及乙醇水蒸气重整反应动力学的研究工作比较稀缺。已经发表了一些动力学研究文章，其中提供了幂次定律(power law)、埃里-里迪尔类似模型(Eley-Rideal-like model)以及朗缪尔-欣谢尔伍德(Langmuir-Hinshelwood)模型的动力学表述[57,68,81,110]。Vaidya 和 Rodrigues[57]在 873～973K 的温度范围内研究了使用 Ru/γ-Al_2O_3催化剂所进行的乙醇水蒸气重整反应。他们的研究结果显示，关于乙醇的反应级数是 1。该速率方程是基于下面的假设：反应中形成的活化络合物分解为中间体产品的过程是速率控制步骤。

Morgenstern 和 Fornango[111]在低温(523～573K)下使用具有雷尼镍结构的铜-镍催化剂研究了该反应。他们认为该动力学可以拟合为两步法模型，乙醇在一级反应中脱氢生成乙醛，之后乙醛发生了脱羰反应，这也是个一级反应。

Sun 等[68]在 523～623K 温度范围内使用三种纳米镍催化剂对乙醇水蒸气重整反应进行了研究：Ni/Y_2O_3、Ni/La_2O_3 和 Ni/Al_2O_3。他们发现 Ni/La_2O_3 表现了相对较高的活性。他们提出，就乙醇而言，该反应是一级动力学反应，他们还对所用三种催化剂估算了活化能数值。

Akande 等在 569～793K 温度范围内用 15%Ni/Al_2O_3催化剂研究了粗乙醇的重整反应[110,112]。按照乙醇在活性中心上的解离吸附为速率控制步骤的假设，该反应符合埃里-里迪尔型速率模型。

模型形式如下：

$$r_A = (2.08 \times 10^3 e^{4430/RT} N_A)/(1+3.83 \times 10^7 N_A)^2$$

式中，r_A 为乙醇转化速率，N_A 为乙醇的摩尔流动速率。该动力学模型与幂次定律低速模型吻合很好[110]。

Mas 等[62]采用朗缪尔-欣谢尔伍德(Langmuir-Hinshelwood)法对于镍基催化剂上进行的乙醇重整反应提出了两种动力学模型。第一个是通用模型，包括有四个反应，其中两个对应着乙醇水蒸气重整反应，另外两个对应着甲烷水蒸气重整反应。当使用了高温和/或高水乙醇比时，则该系统可以简化为两个甲醇水蒸气重整反应。

在 Ni-Al 层状双氢氧化物(LDH)催化剂上，可以发现乙醇的反应级数低于 1(0.75~0.8)。其结果表明，乙醇、水和甲烷间存在着在同型活性中心上进行吸附的竞争关系[63]。

Ciambelli 等研究了在 Pt/CeO_2 催化剂上进行的反应[113]。他们发现，在粒径尺寸由 $50\mu m$ 变化到 $400\mu m$ 的范围内，乙醇转化率基本保持恒定，这表明该反应速率在此范围内不受内扩散阻力的限制。由此提出了一个经验幂函数速率方程，对乙醇水蒸气重整反应计算所得的表观反应级数是 0.5 和 0。

Sahoo 等[81]使用 Co/Al_2O_3 催化剂进行了乙醇水蒸气重整反应的动力学研究。考虑了乙醇水蒸气重整反应、水煤气变换反应与乙醇分解反应等的表面反应机理，他们用朗缪尔-欣谢尔伍德(Langmuir-Hinshelwood)法开发了一个机械动力学模型。他们声称，由乙氧基生成乙醛的步骤是重整反应中的速率控制步骤。他们提出的动力学模型足以对广泛的试验数据进行乙醇水蒸气重整反应描述。Akpan 等[114]使用镍基商用催化剂并根据朗缪尔-欣谢尔伍德(Langmuir-Hinshelwood)与埃里-里迪尔(Eley-Rideal)方法，提出了机械动力学模型。在 673~863K 之间并采用粗乙醇，他们利用了式(4.1)中的全部反应以开发动力学模型。必须注意到，这些利用了镍基催化剂以及高达 863K 温度的研究者并未提及流出气体中甲烷与一氧化碳的存在。

Ciambelli 等[113]提出了一个经验幂函数速率方程，对乙醇和水计算所得的表观反应级数分别是 0.5 和 0。对于 RhPt 冲洗涂覆的整体催化剂，水的反应级数为 0，而乙醇的反应级数为 1.2[115]。

在 Görke 等为 Rh/CeO_2 上进行的乙醇水蒸气重整反应建立的数学模型中[116]，速率控制步骤是二氧化碳解吸、游离乙醇的吸附作用以及吸附的甲烷与气相中水蒸气的反应。Benito 等[117]为如上所述的乙醇水蒸气重整反应提出了类似的重要反应步骤——乙醇脱氢作用、乙醛分解反应、甲烷重整以及水煤气变换反应，但未确定速率控制步骤。

使用不同的催化剂，乙醇水蒸气重整反应活化能会在较大范围内变化。有些数据收集在表 4.1 中。活化能的较大差异以及某些时候较低的数值可以用反应物质和/或产品的表面扩散予以解释。Mariňo 等[99]使用粒径范围为 125～177μm 的催化剂在甚至低到 573K 的反应温度下观察到了扩散阻力的存在。

表 4.1 在不同催化剂上乙醇重整反应活化能

催化剂	温度范围	Ea/(kJ/mol)	参考文献
$Ru/\gamma-Al_2O_3$	873～973	96	[57]
Cu-Ni Raney 催化剂	523～573	149	[111]
Ni 基商业催化剂	673～863	59.7	[114]
Ni-Al LDH	823～923	144	[63]
Ni/Al_2O_3	823～923	112.9	[62]
陶瓷上的 Rh/Pt		85	[115]
Co/Al_2O_3	673～973	82.7	[81]
Pt/CeO_2	573～723	18	[113]
Ni/Al_2O_3		16.88	[68]
Ni/Y_2O_3		7.04	[68]
Ni/La_2O_3		1.87	[68]

4.9 乙醇与催化剂和载体的相互作用

4.9.1 吸附乙醇的红外光谱

大家普遍认可乙醇分子会在 100K 温度下吸附在铂金表面；但是，在涉及乙醇分解程度的公开文献中存在着很大的差异。Panja 等[118]发现，整个乙醇单分子层能可逆解吸。与此观察相反，Sexton 等估计约 10%的单分子层分解为氢气和一氧化碳[119]，Rajumon 等[120]提到乙醇于室温下吸附在铂金(111)面上后可以检测到大量的表面积炭。Lee 等[121]报道说，乙醇多分子层在 150K 以上解吸，而在 200K 以上约 60%单分子层会与分解反应竞争进行完整解析。反应最初通过持续脱氢生成亚稳态的乙酰基中间体展开，此中间体再在 250K 之上经历脱羰反应得到化学吸附的一氧化碳和甲基。后者的很大一部分会在 270K 以上氢化、解吸为甲烷，剩余部分会进一步分解释放出氢气和表面 CH_x 基团。

乙醇在钯(111)[122]和镍(111)[123]上活化的初始步骤是通过 O—H 键分裂形成醇盐。在化学吸附的乙氧基物质亚甲基(CH_2)中发生了 C—H 键断裂，作为乙醇分解反应的第二步。之后发生了 C—C 键的断裂和一氧化碳的生成。室温下，乙醇在铑(111)[124]表面上吸附时主要发生了碳-碳键的断裂,而碳-氧键则维持不变,导致一氧化碳的吸附但没有原子氧的吸附。除了一氧化碳,在铑(111)上还形成了大量的次甲基和次乙基物质。后者大概是通过重整反应形成的。在铑(111)上没有形成大量的原子积炭,这表明脱氢作用并不完全。在铜(100)面上形成的乙氧基物质直至370K还保持稳定,但是温度进一步提高则会分解产生气相物质得到清洁表面[125]。

人们已经发现通过OH键的解离、质子走向表面晶格氧、乙氧基物质与表面阳离子键合,乙醇可以吸附在不同的金属氧化物表面。Greenler[126]首次报道了吸附的表面乙氧基物质的形成,他在308K温度下用氧化铝吸附了乙醇。例如,在不同氧化物表面包括$MgO^{[127]}$、$TiO_2^{[128]}$、$CeO_2^{[129,130]}$、$Al_2O_3^{[131]}$、$ZnO^{[71]}$、$ZrO_2^{[53,87]}$、$Nb_2O_5^{[92]}$和$La_2O_3^{[65,132]}$上的乙醇吸附中已经检测到了吸附的乙氧基物质。在Mo_2C表面上,也发现乙醇活化的主要步骤是乙氧基的形成[133]。

在室温下吸附乙醇之后,可以在氧化铝与氧化铝负载贵金属上[31,50]检测到分子吸附的乙醇和乙氧基频带。在乙醇吸附于不同载体与不同催化剂上所观察到的频带及其可能的分配都收集整理在表4.2中。其他没有包括在表4.2中的频带起源于表面反应的产物,将在稍后对其进行讨论。在$3718cm^{-1}$和$3677cm^{-1}$处的负光谱特征以及集中于$3405cm^{-1}$的宽吸收(未予显示)是由键合载体上OH基的氢桥键的形成而引发的乙醇吸附造成的。在2200~$1800cm^{-1}$频谱范围内,甚至在300K温度下也能在氧化铝负载贵金属上检测到吸附的一氧化碳频带(见图4.3)[31]。

表4.2 所观察到的乙醇在不同催化剂上吸附所产生的表面物质的吸收频谱波值 cm^{-1}

项目	$MgO^{[127]}$	$TiO_2^{[136]}$	$TiO_2^{[128]}$	$CeO_2^{[129]}$	$Al_2O_3^{[12]}$	$Al_2O_3^{[50]}$	$1\%Pt/Al_2O_3^{[50]}$	$Cu/Nb_2O_5^{[92]}$	$Co/ZrO_2^{[87]}$	$Co/ZnO^{[71]}$
$\nu_a(CH_3)$	2967	2975	2969	2960	2970	2969	2974	2969	2970	2973
$\nu_s(CH_3)$或$\nu_a(CH_2)$		2930	2921~2925		2930	2925	2930	2914	2928	2928
$\nu_s(CH_2)$			2898	2866	2900		2902	2901	2867	2900
$\nu_s(CH_3)$	2834	2875	2873		2870	2874	2877	2867	2710	2874
$\delta_a(CH_3)$或$\gamma(CH_2)$		1470~1450		1473						
$\delta_a(CH_3)$	1437	1440	1446		1450	1446	1450	1400	1443	
$\delta_s(CH_3)$	1383	1380	1398	1383	1390	1387	1392	1313	1381	1381

续表

项目	MgO[127]	TiO$_2$[136]	TiO$_2$[128]	CeO$_2$[129]	Al$_2$O$_3$[12]	Al$_2$O$_3$[50]	1%Pt/Al$_2$O$_3$[50]	Cu/Nb$_2$O$_5$[92]	Co/ZrO$_2$[87]	Co/ZnO[71]
乙醇中的 Δ(OH)		1270	1263			1272	1276		1280	
ρ(CH$_3$)		1160			1170	1164	1161			
ν_a(CCO) (单配位基)	1115	1105	1113	1107	1115	1111	1106		1110	1100
ν_a(CCO) (双配位基) 或 ν(C—C)	1063	1070	1065		1070	1071	1073	1080	1066	
ν_a(CCO) (双配位基)				1057		1052	1052	1047		1057

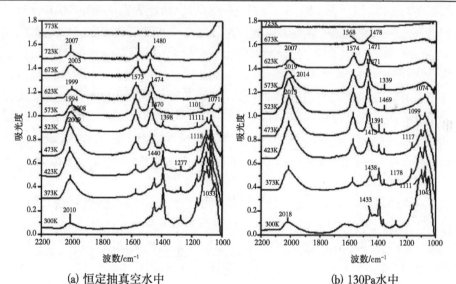

(a) 恒定抽真空水中　　(b) 130Pa水中

图 4.3　恒定抽真空(a)与 130Pa 水中(b)两种情况下分别于不同温度
加热处理吸附的乙醇层后,在 1%Ir/Al$_2$O$_3$ 上 300K 下记录的红外光谱[31]

于 300K 下在 C—H 基峰(3100~2600cm^{-1})观察到的频带会随着温度升高而增加,到 573K 单调地失去其强度。在此温度之上,这些频带的强度会显著减弱。在氧化铝和其他氧化铝负载贵金属样品的光谱上可以在 1800~900cm^{-1} 范围内发现类似现象。不过,在负载金属上,如温度高于 373K,则会在 157cm^{-1} 和 1474~1468cm^{-1} 范围内出现新频谱,原因是表面的醋酸物质[134],这也是在 673K 下唯一稳定的频谱(见图 4.3)。归因于吸附乙醇分子中的 $\delta(OH)$ 频谱($1277cm^{-1}$)直至 473K 都可以在表面观察到。因氢桥键合乙醇分子(未予显示)而出现的光谱特征可以在 Al_2O_3[135] 上直至 573K 温度以及在 $1\%Ir/Al_2O_3$ 上直至 623K 温度均可检测出来。

一方面,通过对比图 4.3(a)、(b)中的对应光谱,可以看出因为水的出现导致了 $1574cm^{-1}$ 和 $1458cm^{-1}$ 频谱甚至在 300K 温度下的显现。另一方面,因为有水存在,在 $1074cm^{-1}$ 处的频谱甚至在 673K 温度下处理后还能观察到。

为了区分吸附乙醇分子和乙醇解离过程中形成的乙氧基的频谱,Hussein 等[136]提出的方法是:他们将在 $1380cm^{-1}$(乙醇中的 $\delta[CH_3]$)处的频谱和在 $1270cm^{-1}$(乙醇中的 $\delta[OH]$)处的频谱归结为 TiO_2 表面吸附的乙醇分子。他们建议,在 $1270cm^{-1}$ 处的频谱可能来自因配位吸附在路易斯酸活性中心而被强制保留的乙醇分子[128,135]。

在氧化铝负载贵金属催化剂频谱的 $3400cm^{-1}$ 之上的负光谱和宽吸收光谱特征表明,乙醇分子的一部分因氢桥键联在催化剂表面 OH 基团而吸附。

也有人提出[135],在 $1200cm^{-1}$ 之下的频谱可以指定为乙氧基 $[C_2H_5O(a)—]$。在 $1120cm^{-1}$ 附近的频谱可以归因于配位在载体单一表面阳离子的乙氧基(单配位乙氧基)而在 $1070cm^{-1}$ 附近的频谱则归因于键合在载体氧化物的阳离子的乙氧基桥[35,135,137]。

在 373K(乙醇分解反应中)以及已在 300K 并有水存在下会有其他表面反应发生,其结果就是在 $1575cm^{-1}$ 和 $1474\sim1458cm^{-1}$ 处出现了稳定的频谱。这些频谱可以暂且指定给表面醋酸物质。当乙醇在 Pt/TiO_2 上吸附之后,Rachmadi 和 Vannice[134] 发现,在 $1550cm^{-1}$ 和 $1442cm^{-1}$ 的频谱可以指定给表面醋酸分子中的 $\nu_a(COO)$ 和 $\nu_s(COO)$ 振动。

在不同的负载金属上得到了类似结果。主要差别是醋酸物质出现的温度及其结构。在 CeO_2 上和 Pd/CeO_2 上[129],可以检测到醋酸盐的 $\nu_a(COO)$ 和 $\nu_s(COO)$ 振动在 $1572cm^{-1}$ 和 $1424cm^{-1}$ 的特征频谱。在 Co/ZrO_2 上吸附的乙氧基物质会随温度升高而消失[87],原因在于与载体上晶格氧发生的氧化反应。作为中间产物相继在 $1552cm^{-1}(\nu_{as}[OCO])$、$1441cm^{-1}(\nu_s[OCO])$ 和 $1346cm^{-1}$ 处出现的表面醋酸盐会解离为二氧化碳,但这些波峰甚至在 773K 下也可观察到。应该注意的是,在 Co/ZrO_2 整个运行过程中 CO 区域没有出现波峰。

在 Cu/Nb_2O_5 上得到的漫反射傅立叶变换红外光谱(DRIFTS)结果与程序升温脱附(TPD)分析结果相一致,而室温下醋酸盐的生成则表明了该表面的反应性及其氧化脱氢能力[92]。在 $1080cm^{-1}$ 和 $1047cm^{-1}$ 处检测到的波峰来自以双配位基形式吸附在表面的乙氧基物质[138]。在 $1140cm^{-1}$、$1378cm^{-1}$ 和 $1260cm^{-1}$ 处出现的频谱指出了吸附在铌晶格氧上的醋酸物质(COC)的存在,该物质对温度变化显示了较高的稳定性。在1762cm^{-1}处的小频谱显示出了气相中的乙醛($\Delta C = O$)，但用氦冲洗后该物质会消失。这些结果表明，乙醇以乙氧基形式吸附并会在室温下被氧化为醋酸盐物质，原因可能是铌的氧化还原作用。该频谱的强度会随着温度升高而减弱。乙氧基物质会在约473K时分解。这与乙醇程序升温脱附(TPD)时一氧化碳、二氧化碳和氢气的生成相一致，也可归因于这些乙氧基物质。TPD结果确认了乙醇在443K和高于618K时的分解反应，这可以归因于被吸附乙醇的氧化脱氢反应，并且与DRIFTS结果相一致，显示了1700cm^{-1}处的乙醛的生成。Yee等[130]建议，这些乙醛物质会分解为甲烷和一氧化碳或是分解为碳酸盐，然后再氧化生成二氧化碳。

人们研究了在TiO_2和Rh/TiO_2上乙醇吸附时水对于表面物质的形成与稳定性的影响。可以发现，水增强了吸附乙醇分子的稳定性，但配位基乙氧基的稳定性则受水影响较弱。在表面以及在气相中形成的乙醛可以在Rh/TiO_2(有水与无水都可)上与有水时的TiO_2上遇到[128]。

对于CeO_2负载催化剂来说，在室温下吸附乙醇之后[31,129,135,139,140]，可以发现归属于乙氧基物质和分子吸附乙醇的吸收谱带。不过，在不同温度下都发现了醋酸物质的特征频谱。Silva等报道说[139]，在373K时已经可以检测到醋酸盐频谱，而Yee等[129]只在较高温度(523K)下观察到这些物质。Song等[83]发现，Co/CeO_2催化剂甚至在室温下也可以将表面乙氧基氧化为醋酸盐，而剩余的η^2型吸附乙醛物质会显现(1713cm^{-1}、1261cm^{-1}和1024cm^{-1})[71]。碳酸盐的出现可以归因于醋酸盐的进一步氧化而作为醋酸盐分解产物的二氧化碳的生成则在升高温度时可以观察到[83]。在$CeZrO_2$混合氧化物上，乙氧基与醋酸盐物质可以在室温下生成。乙氧基会以双配位基和单配位基模式吸附在铈阳离子上。有人认为[141]，这些物质并非如先前[142]提出的那样仅只联系到Ce^{3+}上，因为氧化铈在低于700K条件下的还原程度很低。随着温度增加，乙氧基基团的强度会减少而醋酸盐的强度会增加。在高于573K的温度下，醋酸盐的频谱强度显著降低而碳酸盐的频谱形成。如先前所述，在室温下，在$Pt/CeZrO_2$催化剂上可以观察到同样红外波段。在此情况下，醋酸盐的形成不仅可以被描述为乙酰基物质的氧化反应，还可以在洁净氧化物条件下由表面氧促成。建议的另一条由乙氧基到醋酸盐的路径包括有OH基团，而在$Pt/CeZrO_2$中，催化剂表面的氧化铈被还原为Ce^{3+}[141]。

对于氧化铝负载贵金属催化剂来说，醋酸盐物质的频谱强度作为温度的函数会在573K附近显示一个最大值。有证明显示该数值独立于金属类型[31]，但是其频谱直至700~800K都可以检测到。表面醋酸盐频谱的消失温度依赖于金属类型；在Ru/Al_2O_3上面消失的温度要比在Pt/Al_2O_3上面低50K[31]。表面醋酸盐的稳定性也受到载体添加剂的影响。在钾掺杂的Pt/Al_2O_3上，可以发现醋酸盐物质在高于673K温度下从表面消失,而在无钾掺杂的 Pt/Al_2O_3 上该现象只在更高的温度下出现(高于723K)[51]。

室温下在 $LaNiO_3$ 催化剂上吸附的乙醇会产生分子键合乙醇($1245cm^{-1}$)和乙酰基物质($1636cm^{-1}$)的特征吸附频谱[132]。尽管样品的 BET 比表面积仅有 $3.8m^2/g$,但却未检测到乙氧基和醋酸盐物质。随着温度升高,醋酸盐波段会在温度高于373K时出现在频谱中。

除了归属于乙醇、乙氧基和醋酸盐物质的波段外,负载型金属催化剂的频谱也会显示归因于以不同形式吸附的一氧化碳的波段。该物质的形成可以用乙醇、乙醛或乙氧基物质的分解反应予以解释。一氧化碳依然吸附在金属上,而在气相中可以检测到氢气和甲烷[50]。

4.9.2 乙醇的程序升温脱附

人们通常用程序升温脱附来研究乙醇或乙醇+水的表面相互作用。乙醇程序升温脱附(TPD)是在不完全与重整反应接近的条件下进行的,但却带来了乙醇反应研究所需的基本信息。当乙醇在 Al_2O_3 上吸附后,在程序升温脱附(TPD)试验中解析的主要是乙烯,但也检测到了少量的乙醛、二氧化碳和甲烷。乙烯是在一个窄峰上出现的($T_{max}=565K$)。二氧化碳和乙醛会在一个较低与较宽的温度范围(420~570K)内解吸,此时也检测到了乙醇的解吸[135]。

在氧化铝负载贵金属情况下,观察到了两个解析步骤。在第一阶段(350~550K),发现了二氧化碳、氢气和微量的乙烯、乙醛、甲烷和乙醇。在 Ru/Al_2O_3 和 Ir/Al_2O_3 样品上还检测到了少量的乙醚、苯、丁烯醛和乙酸乙酯。在高于650K的较高温度下,只发现了甲烷和二氧化碳($T_{max}=750K$)。这些结果都要归因于表面醋酸盐物质的形成和分解[135],这一点已经由红外光谱分析明确表明。在无水与有水两种情况下,在所有催化剂上的二氧化碳与甲烷生成的高温脱附峰顶点都会按下面顺序转向较高温度:$Rh/Al_2O_3<Pd/Al_2O_3<Ru/Al_2O_3<Ir/Al_2O_3<Pt/Al_2O_3$[26]。有趣的是,在载气中加入水并不会影响氧化铝负载贵金属催化剂在程序升温脱附(TPD)试验中的特点。Basagiannis 等[32]在 Al_2O_3 和 Pt/Al_2O_3 上得到了类似结果,但在后者情况下的程序升温脱附(TPD)曲线更为复杂。他们提出,在470~570K温度范围内有三个过程在相互竞争,即吸附的乙醇分解为一氧化碳、氢气和甲烷的过程,以及乙醇脱氢、乙醇脱水生成乙烯和乙醛的过程。高温下出现的二氧化碳、一氧化碳和氢气的解吸要归因于水煤气变换反应和甲烷干重整反应。

吸附在 Co/Al_2O_3 催化剂上的乙醇程序升温脱附(TPD)光谱也显示了二次解吸步骤,高温峰会随着晶粒尺寸的减少[84]而向更高温度迁移。

对于在 La_2O_3 上吸附乙醇后得到的程序升温脱附(TPD)光谱,观察到的信号非常微弱。乙醇、乙醛、乙烯、一氧化碳和氢气在低温范围内会逐渐演变。在770K以上，二氧化碳似乎是主要解吸物质。二氧化碳好像是源自乙醇吸附、分解过程中形成的碳酸盐的分解或是源自键合在表面的其他产物。在La_2O_3中加入镍会导致一个完全不同的程序升温脱附(TPD)谱图[65]。镍会引发吸附乙醇的快速分解，在373K下出现的氢气、甲烷和一氧化碳波峰表明了这一点。在较高温度下直至573K，主要生成了氢气，原因可能是吸附乙醇的脱氢反应。高于该温度，就可以检测到分解产品乙醛物质。与此相反，对于$NiLaO_3$上吸附乙醇的程序升温脱附(TPD)谱图，高温解吸过程可以归因于表面醋酸盐与碳酸盐物质的分解[132]。

在低温下由1%Pt/ZrO_2表面只能解吸微量分子乙醇，之后在600K以上可以检测到二氧化碳和甲烷。二氧化碳和甲烷二者解吸峰的最高温度是一致的，都在675K。de Lima等发现[143]，二氧化碳和甲烷在乙醇吸附后的解吸都发生在同样的温度范围内，但在高温下他们也观察到了一氧化碳和氢气的演变。

在Co/ZnO和ZnO上得到的程序升温脱附(TPD)曲线间的显著差异在较高温度下得到证实[71]。Co/ZnO在约563K对于二氧化碳、甲烷、乙醛和二甲基酮的演变显示出第二最大值。对此催化剂进行TPD试验后在473K和673K的红外光谱对比表明，因为有醋酸盐物质导致了几乎所有的波段都消失了。因此可以提出假设，演变的产品来自表面双配位醋酸盐物质，它们通过C—C断裂易于在Co/ZnO上分解。表面—OH的出现可能有利于此路径，得到最终产品二氧化碳、甲烷和氢气。一方面，氢气在此温度下并未显示最大值，可能是因为其在程序升温脱附(TPD)试验条件下消耗在醋酸盐物质加氢生成乙醛过程中。另一方面，由于两个醋酸盐物质的耦合作用，可能会有二甲基酮与二氧化碳生成。

与Co/ZnO行为相反，对应于ZnO的程序升温脱附(TPD)试验并未对于不同产物在约573K下的演变显示出第二最大值。当样品从473K加热到673K时，红外光谱分析表明各波段强度未因ZnO上表面醋酸盐物质而降低很多。在ZnO上不太有利于表面醋酸盐物质因C—C键断裂而分解，可能这些物质中仅有一部分会通过醇醛缩合反应演变成二甲基酮和二氧化碳。

de Lima等[140]发现，Co/CeO_2上吸附乙醇的程序升温脱附(TPD)曲线显示在低温(392K)下会生成氢气和甲烷，但未检测到一氧化碳和乙醇的生成。与此相反，Song等[83]在温度直至400K时只检测到了乙醇和水。在较高的约560~580K温度下，de Lima等[140]发现了大量的氢气、乙烯和乙醛的生成。而Song等[83]则在几乎同样温度区间内只检测到了甲烷、一氧化碳和二氧化碳。这些结果清楚地表明，表面特征基本上影响着解吸产品的分布。两篇论文中都用乙醇吸附中形成的表面物质的分解来解释高温峰值。

人们详细研究了氧化铈负载不同贵金属上吸附乙醇的程序升温脱附(TPD)行为(Pt/CeO$_2$[113,130,143-145]、Ir/CeO$_2$[60]、Pd/CeO$_2$[129]、Rh/CeO$_2$[146]、Rh-Pt/CeO$_2$[48,49]、Rh-Pd/CeO$_2$[47])。

de Lima等[143-145]在低温下Pt/CeO$_2$的程序升温脱附(TPD)试验中主要检测到氢气、甲烷和乙醇解吸,这可归结为乙氧基基团的分解。在高于550K的较高温度下产生了一氧化碳和甲烷,显示有乙醛和/或醋酸盐的分解。

Yee等[130]首次检测到了乙醇和乙醛解吸,但在600K以上还观察到了二氧化碳、甲烷、一氧化碳、乙醛和苯的生成。有人假设苯的生成过程是:丁烯醛和乙醛反应生成了2,4-己二烯醇,在甲基基团C—H键断开之后,并且在分子内环化作用之后,再加上氢气脱除反应就形成了苯。丁烯醛可以通过CeO$_2$表面乙醛的β-醇醛缩合反应生成[95]。

在Rh/CeO$_2$上发现了两个不同的解吸温度区域[146]。未反应的乙醇和乙醛会在约460K的峰值温度下解吸。与Pd/CeO$_2$[129]和Pt/CeO$_2$[130]上乙醇的程序升温脱附(TPD)试验相似,较高的温度区域受控于二氧化碳、一氧化碳和甲烷的解吸。不过在Rh/CeO$_2$上发现了两个主要不同点:没有观察到苯生成的迹象和在450K可以清楚看到有大量甲烷解吸。后一点指出了Rh/CeO$_2$在C—C键解离方面比Pd/CeO$_2$或Pt/CeO$_2$的有更高活性。

利用双金属催化剂进行乙醇吸附[47-49]时,程序升温脱附(TPD)产品分布要比使用单金属催化剂[129,130,146]时所观察到的简单许多。这意味着双金属催化剂对于乙醇分解具有较高活性。这种高活性源自铑金属与钯或铂的组合(协同)效应。主要观测结果是:当催化剂含有铑金属时,主要会有甲烷、二氧化碳、一氧化碳和少量乙醛生成;但在Pt-Pd/CeO$_2$上乙醛是主要产品。这种差异可以用下面假设予以解释:铂与钯催化了乙醇或乙氧基的氧化脱氢反应;铑则有利于乙氧基的甲基基团的端基氢脱除,这就导致了金属氧环中间体的生成[49]。这个假设得到了离散傅里叶变换(DFT)计算的支持,该计算指出乙醇分解反应通过在铑和铈离子界面上金属氧环中间体Rh-CH$_2$-CH$_2$-O-Ce而具有一个较低的能量路径[147]。

在CeO$_2$和CeO$_2$负载金属催化剂上,没有检测到乙烯的生成[129]。而在氧化铈中加入氧化锆会增加乙烯的生成。氧化铈有利于乙醇脱氢反应生成乙醛而不是走脱水路线生成乙烯[44,141,148]。

4.10 乙醇重整反应机理

4.10.1 乙醇重整反应过程

在乙醇水蒸气重整反应中可能发生的反应都总结在本书第二章中。那里不仅提到了乙醇的反应,而且还列举了大部分的副反应。反应机理意味着比可能的反应过程完整性更多的东西,例如,它可以帮助理解在不同催化剂上产品分布的差异、活性与选择性变化的原因。根据反应机理,人们可以改变催化剂组成以得到更好的催化性能。

人们已经利用能量及算法以检验乙醇分解反应,利用电子结构分析法以探讨具有相同晶体结构和表面取向的 Co、Ni、Cu、Rh、Pd、Ag、Ir、Pt 和 Au 的氧化还原能力,从而对于乙醇重整反应机理进行了系统性的研究[149]。计算结果显示,Co、Ni、Rh 和 Ir 的(111)表面的解离壁垒要比 Cu、Ag 和 Au 相同表面的壁垒值低。比在初始 C—C 键和 C—C 键解离中所需解离壁垒值更低的、用以形成双重吸附的 $^*C(H_2)C(H_2)O(H)^*$ 和 $^*C(H_2)C(H_2)O^*$ 的初始 C—H 键解离被认为是最有可能的分解路径。电子结构分析表明,在费米能级(Fermi level)上具有较高能态密度(DOS)分布的铑(111)和铱(111)表面可以有效地给予反应乙醇和其片段吸附供给电子,展示更好的氧化还原能力。因此,在重整实验中观察到的铑基与铱基催化剂的高超效率就可以归因于基于第一原理(first-principles)计算所得的较低的解离壁垒值与较高的费米能级上的能态密度分布[149]。

在负载型金属催化剂上,一般都认可乙醇转换反应的第一步是乙氧基的形成以及这些物质的脱氢反应:

$$CH_3CH_2OH \longrightarrow CH_3CH_2O_{(a)} + H_{(a)} \tag{4.18}$$

$$CH_3CH_2O_{(a)} \longrightarrow CH_3CHO_{(a)} + H_{(a)} \tag{4.19}$$

铑对于乙氧基物质的分解路径有着独特作用。它能从甲基基团上抽取氢以制备稳定的金属氧环中间体[40,138,147]:

$$CH_3CH_2O_{(a)} \longrightarrow CH_2CH_2O_{(a)} + H_{(a)} \tag{4.20}$$

下面步骤可能就是这些物质的分解反应:

$$_{(a)}CH_3CH_2O_{(a)} \longrightarrow CH_{4(g)} + CO_{(g)} \tag{4.21}$$

甲烷和一氧化碳可以进一步与水反应[69]。

与认为反应第一步是乙氧基形成的通常假设相反,Zhong 等[41]提出,尽管乙醇会分子吸附在路易斯酸活性中心上[127,135],其进一步反应要依赖于酸性中心的类型和强度:

$$CH_3CH_2OH \longrightarrow CH_3CH_2OH_{(a)} \longrightarrow C_2H_4 \tag{4.22}$$

$$CH_3CH_2OH \longrightarrow CH_3CH_2OH_{(a)} \longrightarrow C_2H_4O, \ CH_3CO, \ CH_3COO^- \tag{4.23}$$

这些过程会在适宜的路易斯酸活性中心上发生,式(4.22)中的乙烯只会在布伦斯特酸性中心上形成。吸附在非常弱的路易斯酸活性中心上的乙醇会分解为一氧化碳、二氧化碳以及碳酸盐[41]。

关于 $CH_3CHO_{(a)}$ 物质的进一步反应,还有不同的建议。多个研究小组认为,这个表面化合物会分解为甲烷和一氧化碳，其他人则认为此物质会进一步氧化为表面醋酸盐。而这两种反应都会在表面发生。

例如，Guarido 等[92]对于 Cu/Nb_2O_5 上进行的乙醇重整反应提出了下面的反应模式，其中的两个反应路径假定为如图 4.4 所示的示意图。

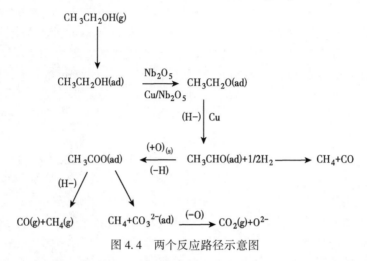

图 4.4　两个反应路径示意图

在 Frusteri 等[30]研究 MgO 负载金属催化剂性能时提出的反应机理中，乙醛分解是反应的关键步骤(图 4.5)。他们认为乙醇首先脱水生成乙烯或是脱氢生成乙醛，之后再分解为甲烷和一氧化碳。这些物质可以与水反应生成一氧化碳、二氧化碳和氢气。

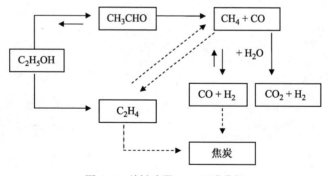

图 4.5　关键步骤——乙醛分解

动力学评价和程序升温脱附试验结果提出了一个包括了下面步骤的类似的表面反应机理[113]：乙醇在催化剂表面解离吸附形成乙醛中间体；其脱羰基反应主要生成氢气、甲烷和二氧化碳；吸附在金属活性中心上的一氧化碳会进行水煤气变换反应，产生氢气和二氧化碳。

与这些理论相反，高温下吸附乙醇的红外光谱清楚表明催化剂表面上主要是表面醋酸盐、碳酸盐和吸附的一氧化碳。漫反射傅立叶变换红外光谱（DRIFTS）显示，使用不同的负载型铂催化剂在723K进行的催化反应中可以检测到表面醋酸盐和吸附的一氧化碳[31,52,135]。醋酸盐波段的强度在反应的第一个小时内会线性增加，然后会达到一个几乎稳定的数值，但一氧化碳的波段强度会持续减弱（见图4.6）。乙氧基物质在723K下的乙醇重整反应中的特征吸附可以与噪声是相当的。在C—H峰中，也可以检测到CH_x基团与气相甲烷的特征波段。这些结果都表明，醋酸盐物质的生成速率高于其分解或进一步反应的速率。

Resini等[150]提出，如上所述在Ni-Zn-Al催化剂表面形成的乙醛会进一步由表面氧氧化生成醋酸盐：

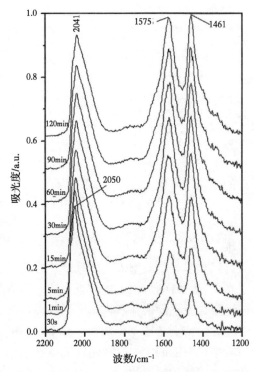

图4.6 使用Pt/Al_2O_3催化剂在723K下进行乙醇重整反应时，于反应进行的各时间点记录的红外光谱[51]

$$CH_3CHO_{(a)} + 2O^{2-} \longrightarrow CH_3COO^-_{(a)} + {}^-OH_{(a)} + 2e^- \qquad (4.24)$$

而最后醋酸盐物质会引起醋酸解吸或是引起分解反应：

$$CH_3COO^-_{(a)} + {}^-OH_{(a)} \longrightarrow CH_4 + CO_2 + O_2^- \qquad (4.25)$$

$$CH_3COO^-_{(a)} + {}^-OH_{(a)} + 2e^- \longrightarrow CH_4 + CO + 2O_2^- \qquad (4.26)$$

甲烷和一氧化碳可以与水进一步反应生成二氧化碳和氢气。

上面描述的乙醇水蒸气重整反应机理中的大部分都假定金属与载体二者均在催化剂性能中起到了必不可少的作用。

在Pt/ZrO_2上进行的醋酸盐水蒸气重整反应中，建立了一个双功能机理（bifunctional mechanism），铂金与氧化锆二者都参与了反应。在铂金上，醋酸盐物质发生断键过程，生成了氢气、一氧化碳、甲烷和二氧化碳。原位红外数据显示，水可以在ZrO_2上被激活产生附属的表面羟基基团，它们的反应会气化铂金属上吸附的物质或是次级反应中的甲烷[151]。

为了解释Pt/ZrO_2在水煤气变换反应中的效率，人们提出了相似的概念[152]。

他们建议该反应中包括了氧化还原机理。这意味着水是在临近铂金颗粒的氧化锆表面氧空位被激活的,之后 $O_{(ads)}$ 转移到铂金属上,在那里就可以与一氧化碳反应了。

人们发现 $Pt/Al_2O_3-ZrO_2$[153] 是一个有效的甲烷水蒸气重整反应催化剂,这与其抗积炭性能有关,该性能可以归因于在金属-载体界面上的 $Pt-Zr^{n+}$ 相互作用。在 $Pt-ZrO_y$ 的界面中心对于一氧化碳和二氧化碳吸附具有活性,在降低 Pt-CO 键强度时会引发 C—C 键断裂,由此在催化剂表面产生极少量积炭。而且,氧化锆供氧能力较强,它的氧迁移性很快,这也有助于金属表面摆脱积炭[151]。

考虑到在甲烷和醋酸重整反应中得到的结果[153],我们可以假定用 Pt/ZrO_2 进行的水煤气变换反应中[152],在乙醇重整反应中生成的醋酸盐基团会在金属-载体界面分解,得到的产物会与部分还原的氧化锆基团上被激活的 OH 基团反应。

4.10.2 催化剂的失活

因为多个负载型催化体系都具有乙醇转换高活性和生成氢气的高选择性,所以在研究领域的一个有趣而重要的题目就是催化剂的稳定性以及对于催化剂活性与稳定性变化的认知。许多文章都报道了在乙醇水蒸气重整反应中选择性与活性的变化,特别是在低于 750K 低温条件下。

催化失活的主要过程是在催化剂表面形成炭或碳酸盐的沉积和/或金属或载体氧化物氧化状态的变化。

有一些研究工作展示了催化剂在催化反应前后的 X 射线光电子能谱分析(XPS)结果,但却未发现催化剂各组分的氧化态发生任何显著变化。这就意味着活性与选择性的变化是由各种炭或碳酸盐物质的沉积造成的。

在利用负载铂金催化剂进行乙醇水蒸气重整反应中,制氢失活现象的原因在于载体上醋酸盐类物质的累积[31,135]。由于它们在 723K 温度下的相对较高的稳定性,这些醋酸盐物质可能会阻碍乙氧基中间体由载体向在其上进行分解并与表面 OH 基团反应的金属中心迁移。这一理论得到了实验结果的支持:即当表面醋酸盐的稳定性较低时[53]或其稳定性因添加剂[51]加入而降低时,反应中的氢气选择性会增加。Platon 等[154]提出,中间体类的乙烯、丙酮要对低重整温度下(523K)观察到的催化剂较强的失活现象负责。

人们发现,钾添加剂可以稳定 Ni/MgO 催化剂活性,但是其机理却是用其他方式解释的。Frusteri 等提出,钾会抑制金属烧结但不会影响积炭[155]。当使用镧或银对 Ni/Al_2O_3 进行促进时,镧显示了积极作用而银则对积炭没有影响[156]。Fatsikostas 等对镧的作用进行了解释[61],他们认为在反应条件下生成了 La_2O_3 物质,修饰与二氧化碳反应的 Ni 颗粒生成 $La_2O_3CO_3$。这个碳酸氧镧物质会与表面炭反应,生成一氧化碳并再生为 La_2O_3。

在 Pt/Al_2O_3[52]催化反应过程中,也发现了较强的选择性衰减现象,而且还在表面检测到了稳定的醋酸物质的形成。尽管有此种种观察,人们还是假定对乙醛分解负责的活性中心是在乙醇重整反应的第 1min 内因积炭而失活的。第二个反应路径也是假定包含有在氧化铝表面生成的醋酸盐中间物质的分解,这已经成为乙醇水蒸气重整反应进行的主要路径。与催化剂上积炭形成有关的物质可能是 C—C 断裂反应产生的甲基基团以及乙醇在氧化铝上脱水生成的乙烯[52]。

在反应中形成的积炭物质的形态不仅依赖于反应条件而且还依赖于载体与活性金属二者的性质以及这二者的化学-物理相互作用。

Cavallaro 等[39]将积炭的形成归因于反应中形成的 CH_x 物质的聚合反应。在物料中加入少量氧气可以大幅降低催化剂失活现象,但是会促进金属烧结。

积炭现象被认为是铑基与钴基催化剂失活的主要原因。具有较高氧迁移能力与氧储存能力的载体可以使积炭现象降至最低程度[45,87,154]。

积炭会破坏催化剂结构、占据催化剂表面,进而使催化剂活性衰竭。积炭在酸性载体上形成更快一些;在此表面上乙醇会脱水,即生成乙烯,而乙烯又会聚合或分解。通过使用碱性氧化物作为载体或是在酸性载体中加入碱金属添加剂可以降低这种影响。

为了避免积炭并提高催化剂稳定性,人们最近提出了双反应器概念。在这种系统中,乙醇在 573~673K 下通过第一层(铜催化剂)完成生成乙醛和氢气的脱氢反应,之后乙醛蒸气再在镍样品上进行蒸气重整或分解反应[11]。乙醇于低温下在第一层上进行的转化避免了乙烯的生成,进而避免了积炭形成。

4.11 结论

本章讨论了乙醇水蒸气催化重整制氢反应。讨论重点不仅放在催化剂开发上而且也放在了界面相互作用上以及反应机理上。从这些全方位的文献调研中可以发现,负载型金属特别是铑、镍、钴在乙醇重整反应与制氢选择性方面展示了最佳性能。反应路径是复杂的,几个不需要的副反应也会发生,所以会影响氢气选择性。结果清楚显示载体在制氢过程中具有至关重要的作用;有一些解释提出了双官能团机理——为最大化氢气产量需要有适宜的载体。稳定的催化剂对于工业用途是必要的,但是乙醇水蒸气重整反应面临的重大挑战之一是要降低在催化剂上形成的积炭和碳酸盐沉积,这两者会引起催化剂失活。使用适宜的载体如 MgO、ZnO、CeO_2、ZrO_2 或混合载体不仅能影响金属的催化效果而且还能在一定程度上抑制积炭。人们在文献中发现的结果和结论并不总是清楚明晰的,这表明反应机理是非常复杂的,正如同其在第 1min 内所假设的那样。

参 考 文 献

[1] Brown LF(2001) A comparative study of fuels for on-board hydrogen production for fuelcell-powered automobiles. Int J Hydrogen Energy 26: 381-397.
[2] Manzolini G, Tosti S(2008) Hydrogen production from ethanol steam reforming: energy efficiencies analysis of traditional and membrane processes. Int J Hydrogen Energy 33: 5571-5582.
[3] Lynd LR, Cushman JH, Nichols RJ, Wyman CE(1991) Fuel ethanol from cellulosic biomass. Science 251: 1318-1323.
[4] Kim S, Dale BE(2004) Global potential bioethanol production from wasted crops and crop residues. Biomass Bioenergy 26: 361-375.
[5] Stichnothe H, Azapagic A(2009) Bioethanol from waste: life cycle estimation of the greenhouse gas saving potential. Resour Conservat Recycl 53: 624-630.
[6] Sanchez O, Cardona C(2008) Trends in biotechnological production of fuel ethanol from different feedstocks. Bioresour Technol 99: 5270-5295.
[7] Lin Y, Tanaka S(2006) Ethanol fermentation from biomass resources: current state and prospects. Appl Microbiol Biotechnol 69: 627-642.
[8] Navarro RM, Peiia MA, Fierro JLG(2007) Hydrogen production reactions from carbon feedstocks: fossil fuels and biomass. Chem Rev 107: 3952-3991.
[9] Haryanto A, Fernando S, Murali N, Adhikari S(2005) Current status of hydrogen production techniques by steam reforming of ethanol: a review. Energy Fuel 19: 2098-2106.
[10] Ni M, Leung DYC, Leung MKH(2007) A review on reforming bio-ethanol for hydrogen production. Int J Hydrogen Energy 32: 3238-3247.
[11] Vaidya PD, Rodrigues AE(2006) Insight into steam reforming of ethanol to produce hydrogen for fuel cells. Chem Eng J 117: 39-49.
[12] Aupretre F, Descorme C, Duprez D, Casanave D, Uzio D(2005) Ethanol steam reforming over $MgxNi_{1-x}Al_2O_3$ spinel oxide-supported Rh catalysts. J Catal 233: 464-477.
[13] Rabenstein G, Hacker V(2008) Hydrogen for fuel cells from ethanol by steam-reforming, partial-oxidation and combined auto-thermal reforming: a thermodynamic analysis. J Power Sources 185: 1293-1304.
[14] Aupretre F, Descorme C, Duprez D(2004) Hydrogen production for fuel cells from the catalytic ethanol steam reforming. Top Catal 30(31): 487-492.
[15] Fishtik I, Alexander A, Datta R, Geana D(2000) A thermodynamic analysis of hydrogen production by steam reforming of ethanol via response reactions. Int J Hydrogen Energy 25: 31-45.
[16] Rossi CCRS, Alonso CG, Antunes OAC, Guirardello R, Cardozo-Filho L(2009) Thermodynamic analysis of steam reforming of ethanol and glycerine for hydrogen production. Int J Hydrogen Energy 34: 323-332.
[17] Haga F, Nakajima T, Miya H, Mishima S(1997) Catalytic properties of supported cobalt catalysts for steam reforming of ethanol. Catal Lett 48: 223-227.
[18] García EY, Laborde MA(1991) Hydrogen production by the steam reforming of ethanol: thermodynamic analysis. Int J Hydrogen Energy 16: 307-312.
[19] Ioannides T(2001) Thermodynamic analysis of ethanol processors for fuel cell applications. J Power Sources 92: 17-25.
[20] Freni S, Maggio G, Cavallaro S(1996) Ethanol steam reforming in molten carbonate fuel cell: a thermodynamic approach. J Power Sources 62: 67-73.
[21] Mas V, Kipreos R, Amadeo N, Laborde M(2006) Thermodynamic analysis of ethanol/water system with the stoichiometric method. Int J Hydrogen Energy 31: 21-28.
[22] Arai H, Take JI, Saito Y, Yoneda Y(1967) Ethanol dehydration on alumina catalysts. J Catal 9: 146-153.
[23] Freni S, Cavallaro S, Mondello N, Spadaro L, Frusteri F(2003) Production of hydrogen for MC fuel cell by steam reforming of ethanol over MgO supported Ni and Co catalysts. Catal Commun 4: 259-268.
[24] Alberton AL, Souza MVM, Schmal M(2007) Carbon formation and its influence on the ethanol steam reforming over Ni/Al_2O_3 catalysts. Catal Today 123: 257-264.
[25] Alvarado FD, Gracia F(2010) Steam reforming of ethanol for hydrogen production: thermodynamic analysis including different carbon deposits representation. Chem Eng J 165: 649-657.
[26] Breen JP, Burch R, Coleman HM(2002) Metal-catalyzed steam reforming of ethanol in the production of hydrogen for fuel cell applications. Appl Catal B: Environ 39: 65-74.
[27] Aupretre F, Descorme C, Duprez D(2002) Bio-ethanol catalytic steam reforming over supported metal catalysts. Catal Commun 3: 263-267.
[28] Liguras DK, Kondarides DI, Verykios XE(2003) Production of hydrogen for fuel cells by steam reforming of ethanol over supported noble metal catalysts. Appl Catal B: Environ 43: 345-354.
[29] Frusteri F, Freni S, Spadaro L, Chiodo V, Bonura G, Donato S, Cavallaro S(2004) H_2 production for MC fuel cell by steam reforming of ethanol over MgO supported Pd, Rh, Ni and Co catalysts. Catal Commun 5: 611-615.
[30] Erdohelyi A, Rasko J, Kecskes T, Toth M, Domok M, Baan K(2006) Hydrogen formation in ethanol reforming on supported noble metal catalysts. Catal Today 116: 367-376.
[31] Basagiannis AC, Panagiotopoulou P, Verykios XE(2008) Low temperature steam reforming of ethanol over supported noble metal catalysts. Top Catal 51: 2-12.
[32] Zhang BC, Tang X, Li Y, Cai W, Xu Y, Shen W(2006) Steam reforming of bio-ethanol for the production of hydrogen over ceria-supported Co, Ir and Ni catalysts. Catal Commun 7: 367-372.
[33] Benito M, Padilla R, Rodriguez L, Sanz JL, Daza L(2007) Zirconia supported catalysts for bioethanol steam reforming: effect of active phase and zirconia structure. J Power Sources 169: 167-176.
[34] Homs N, Llorca J, de la Piscina PR(2006) Low-temperature steam-reforming of ethanol over ZnO-supported Ni and Cu catalysts. The effect of nickel and copper addition to ZnO-supported cobalt-based catalysts. Catal Today 116: 361-366.
[35] Karim AM, Su Y, Sun J, Yang C, Strohm JJ, King DL, Wang Y(2010) A comparative study between Co and Rh for steam reforming of ethanol. Appl Catal B: Environ 96: 441-448.
[36] Yaseneva P, Pavlova S, Sadykov V, Alikina G, Lykashevich A, Rogov V, Belochapkine S, Ross J(2008) Combinatorial approach to the preparation and characterization of catalysts for biomass steam reforming into syngas. Catal Today 137: 23-28.

[37] Cavallaro S(2000) Ethanol steam reforming on Rh/Al$_2$O$_3$ catalysts. Energy Fuel 14: 1195-1199.
[38] Cavallaro S, Chiodo V, Freni S, Mondello N, Frusteri F(2003) Performance of Rh/Al$_2$O$_3$ catalyst in the steam reforming of ethanol: H2 production for MCFC. Appl Catal A: Gen 249: 119-128.
[39] Diagne C, Idriss H, Kiennemann A(2002) Hydrogen production by ethanol reforming over Rh/CeO$_2$-ZrO$_2$ catalysts. Catal Commun 3: 565-571.
[40] Zhong Z, Ang H, Choong C, Chen L, Huang L, Lin J(2009) The role of acidic sites and catalytic reaction pathways on the Rh/ZrO$_2$ catalysts for ethanol steam reforming. Phys Chem Chem Phys 11: 872-880.
[41] Roh H-S, Wang Y, King DL, Platon A, Chin Y-H(2006) Low temperature and H2 selective catalysts for ethanol steam reforming. Catal Lett 108: 15-19.
[42] Roh H-S, Wang Y, King DL(2008) Selective production of H2 from ethanol at low temperatures over Rh/ZrO$_2$-CeO$_2$ catalysts. Top Catal 49: 32-37.
[43] Hsiao W-I, Lin Y-S, Chen Y-C, Lee C-S(2007) The effect of the morphology of nanocrystalline CeO$_2$ on ethanol steam reforming. Chem Phys Lett 441: 294-299.
[44] Roh H-S, Platon A, Wang Y, King DL(2006) Catalyst deactivation and regeneration in low temperature ethanol steam reforming with Rh/CeO$_2$-ZrO$_2$ catalysts. Catal Lett 110: 1-6.
[45] Diagne C, Idriss H, Pearson K, Gomez-García MA, Kiennemann A(2004) Efficient hydrogen production by ethanol reforming over Rh catalysts. Effect of addition of Zr on CeO2 for the oxidation of CO to CO$_2$. C R Chimie 7: 617-622.
[46] Scott M, Goeffroy M, Chiu W, Blackford MA, Idriss H(2008) Hydrogen production from ethanol over Rh-Pd/CeO$_2$ catalysts. Top Catal 51: 13-21.
[47] Sheng PY, Yee A, Bowmaker GA, Idriss H(2002) H$_2$ Production from ethanol over Rh-Pt/CeO$_2$ catalysts: the role of Rh for the efficient dissociation of the carbon-carbon bond. J Catal 208: 393-403.
[48] Sheng PY, Chiu WW, Yee A, Morrison SJ, Idriss H(2007) Hydrogen production from ethanol over bimetallic Rh-M/CeO$_2$(M=Pd or Pt). Catal Today 129: 313-321.
[49] Domok M, Toth M, Rasko J, Erdohelyi A(2007) Adsorption and reactions of ethanol and ethanol-water mixture on alumina-supported Pt catalysts. Appl Catal B: Environ 69: 262-272.
[50] Domok M, Baan K, Kecskes T, Erdohelyi A(2008) Promoting mechanism of potassium in the reforming of ethanol on Pt/Al$_2$O$_3$ catalyst. Catal Lett 126: 49-57.
[51] Sanchez-Sanchez MC, Navarro Yerga RM, Kondarides DI, Verykios XE, Fierro JLG(2010) Mechanistic aspects of the ethanol steam reforming reaction for hydrogen production on Pt, Ni, and PtNi catalysts supported on γ-Al$_2$O$_3$. J Phys Chem A 114: 3873-3882.
[52] Domok M, Oszko A, Baan K, Sarusi I, Erdohelyi A(2010) Reforming of ethanol on Pt/Al$_2$O$_3$-ZrO$_2$ catalyst. Appl Catal A: Gen 383: 33-42.
[53] Navarro RM, Alvarez-Galvan MC, Sanchez-Sanchez MC, Rosa F, Fierro JLG(2005) Production of hydrogen by oxidative reforming of ethanol over Pt catalysts supported on Al$_2$O$_3$modofied with Ce and La. Appl Catal B: Environ 55: 229-241.
[54] Goula MA, Kontou SK, Tsiakaras PE(2004) Hydrogen production by ethanol steam reforming over commercial Pd/γ-Al$_2$O$_3$ catalyst. Appl Catal B: Environ 49: 135-144.
[55] Goula MA, Kontou SK, Zhou W, Qin X, Tsiakaras PE(2003) Hydrogen production over commercial Pd/Al$_2$O$_3$ catalyst for fuel cell utilization. Ionics 9: 248-252.
[56] Vaidya PD, Rodrigues AE(2006) Kinetics of steam reforming of ethanol over Ru/Al$_2$O$_3$ catalyst. Ind Eng Chem Res 45: 6614-6618.
[57] Koh ACW, Chen L, Leong WK, Ang TP, Johnson BFG, Khimyak T, Lin J(2009) Ethanol steam reforming over supported ruthenium and ruthenium-platinum catalysts: comparison of organometallic clusters and inorganic salts as catalyst precursors. Int J Hydrogen Energy 34: 5691-5703.
[58] Koh ACW, Leong WK, Chen L, Ang TP, Lin J, Johnson BFG, Khimyak T(2008) Highly efficient ruthenium and ruthenium-platinum cluster-derived nanocatalysts for hydrogen production via ethanol steam reforming. Catal Commun 9: 170-175.
[59] Cai W, Wang F, Zhan E, Van Veen AC, Mirodatos C, Shen W(2008) Hydrogen production from ethanol over Ir/CeO$_2$ catalysts: a comparative study of steam reforming, partial oxidation and oxidative steam reforming. J Catal 257: 96-107.
[60] Fatsikostas AN, Kondarides DI, Verykios XE(2002) Production of hydrogen for fuel cells by reformation of biomass-derived ethanol. Catal Today 75: 145-155.
[61] Mas V, Bergamini ML, Baronetti G, Amadeo N, Laborde M(2008) A kinetic study of ethanol steam reforming using a nickel based catalyst. Top Catal 51: 39-48.
[62] Mas V, Dienzeide ML, Jobbagy M, Baronetti G, Amadeo N, Laborde M(2008) Ethanol steam reforming using Ni(Ⅱ)-Al(Ⅲ) layered double hydroxide as catalyst precursor: kinetic study. Chem Eng J 138: 602-607.
[63] Laosiripojana N, Assabumrungrat S(2006) Catalytic steam reforming of ethanol over high surface area CeO$_2$: the role of CeO$_2$ as an internal pre-reforming catalyst. Appl Catal B: Environ 66: 29-39.
[64] Fatsikostas AN, Verykios XE(2004) Reaction network of steam reforming of ethanol over Ni-based catalysts. J Catal 225: 439-452.
[65] Sanchez-Sanchez MC, Navarro RM, Fierro JLG(2007) Ethanol steam reforming over Ni/M$_x$O$_y$-Al$_2$O$_3$(M=Ce, La, Zr and Mg) catalysts: influence of support on the hydrogen production. Int J Hydrogen Energy 32: 1462-1471.
[66] Fatsikostas AN, Kondarides DI, Verykios XE(2001) Steam reforming of biomass-derived ethanol for the production of hydrogen for fuel cell applications. Chem Commun: 851-852.
[67] Sun J, Qiu X-P, Wu F, Zhu W-T(2005) H$_2$ from steam reforming of ethanol at low temperature over Ni/Y$_2$O$_3$, Ni/La$_2$O$_3$ and Ni/Al$_2$O$_3$ catalysts for fuel-cell application. Int J Hydrogen Energy 30: 437-445.
[68] Fierro V, Akalim MC(2003) On-board hydrogen production in hybrid electric vehicle by bioethanol oxidative steam reforming over Ni and noble metal based catalyst. Green Chem 5: 20-24.
[69] Szijjarto GP, Tompos A, Margitfalvi JL(2011) High-throughput and combinatorial development of multicomponent catalysts for ethanol steam reforming. Appl Catal A: Gen 391: 417-426.
[70] Llorca J, Homs N, de la Piscina PR(2004) In situ DRIFT-mass spectrometry study of ethanol steam-reforming reaction over carbonyl-derived Co/ZnO catalysts. J Catal 227: 556-560.
[71] Llorca J, Homs N, Sales J, de la Pscina PR(2002) Efficient production of hydrogen over supported cobalt catalysts from ethanol steam reforming. J Catal 209: 306-317.
[72] Llorca J, de la Piscina PR, Dalmon J-A, Sales J, Homs N(2003) CO-free hydrogen from steam-reforming of bioethanol over ZnO-supported

cobalt catalysts. Effect of the metallic precursor. Appl Catal B: Environ 43: 355-369.

[73] Llorca J, Homs N, Sales J, Fierro J-LG, de la Piscina PR(2004)Effect of sodium addition on the performance of Co-ZnO-based catalysts for hydrogen production from bioethanol. J Catal 222: 470-480.

[74] Cavallaro S, Mondello N, Freni S(2001)Hydrogen produced from ethanol for internal reforming molten carbonate fuel cell. J Power Sources 102: 198-204.

[75] Batista MS, Santos RKS, Assaf EM, Assaf JM, Ticianelli EA(2004) High efficiency steam reforming of ethanol by cobalt-based catalysts. J Power Sources 134: 27-32.

[76] Huang L, Rongrong C, Chu D, Hsu AT(2010)Hydrogen production through auto-thermal reforming of bio-ethanol over Co-based catalysts: effect of iron in Co/Al_2O_3 catalysts. Int J Hydrogen Energy 35: 1138-1146.

[77] Llorca J, Dalmon JA, de la Piscina PR, Homs N(2003) In situ magnetic characterisation of supported cobalt catalysts under steam-reforming of ethanol. Appl Catal A: Gen 243: 261-269.

[78] Song H, Zhang L, Watson RB, Braden D, Ozkan US(2007) Investigation of bio-ethanol steam reforming over cobalt-based catalysts. Catal Today 129: 346-354.

[79] Kaddouri A, Mazzocchia C(2004) A study of the influence of the synthesis conditions upon the catalytic properties of Co/SiO_2 or Co/Al_2O_3 catalyst used for ethanol steam reforming. Catal Commun 5: 339-345.

[80] Sahoo DR, Vajpai S, Patel S, Pant KK(2007)Kinetic modelling of the steam reforming of ethanol for the production of hydrogen over Co/Al_2O_3 catalyst. Chem Eng J 125: 139-147.

[81] Profeti LPR, Ticianelli EA, Assaf EM(2008)Production of hydrogen by ethanol steam reforming on Co/Al_2O_3 catalysts: effect of addition of small quantities of noble metals. J Power Sources 175: 482-489.

[82] Song H, Mirkelamoglu B, Ozkan US(2010)Effect of cobalt precursor on the performance of ceria-supported cobalt catalysts for ethanol steam reforming. Appl Catal A: Gen 382: 58-64.

[83] Haga F, Nakajima T, Yamashita K, Mishima S(1998)Effect of crystallite size on the catalysis of alumina-supported cobalt catalyst for steam reforming of ethanol. React Kinet Catal Lett 63: 253-259.

[84] Song H, Ozkan US(2010) The role of impregnation medium on the activity of ceria-supported cobalt catalysts for ethanol steam reforming. J Mol Catal A: Chem 318: 21-29.

[85] Lin SS-Y, Daimon H, Ha SY(2009) Co/CeO_2-ZrO_2 catalysts prepared by impregnation and coprecipitation for ethanol steam reforming. Appl Catal A: Gen 366: 252-261.

[86] Song H, Ozkan US(2009)Ethanol steam reforming over Co-based catalysts: role of oxygen mobility. J Catal 261: 66-74.

[87] Vargas JC, Libs S, Roger A-C, Kiennemann A(2005)Study of Ce-Zr-Co fluorite-type oxide as catalysts for hydrogen production by steam reforming of bioethanol. Catal Today 107-108: 417-425.

[88] Virginie M, Araque M, Roger A-C, Vargas JC, Kiennemann A(2008)Comparative study of H_2 production by ethanol steam reforming on Ce2Zr1.5Co0.508-5: evidence of the Rh role on the deactivation process. Catal Today 138: 21-27.

[89] Iwasa N, Takezawa N(1991)Reforming of ethanol: dehydrogenation to ethyl acetate and steam reforming to acetic acid over copper-based catalysts. J Chem Soc Japan 64: 2619-2623.

[90] Cavallaro S, Freni S(1996)Ethanol steam reforming in a molten carbonate fuel cell a preliminary kinetic investigation. Int J Hydrogen Energy 21: 465-469.

[91] Guarido CEM, Cesar DV, Souza MMVM, Schmal M(2009)Ethanol reforming and partial oxidation with Cu/Nb_2O_5 catalyst. Catal Today 142: 252-257.

[92] Alonso CG, Furtado AC, Cantao MP, dos Santos OAA, Fernandes-Machado NRC(2009)Reactions over Cu/Nb_2O_5 catalysts promoted with Pd and Ru during hydrogen production from ethanol. Int J Hydrogen Energy 34: 3333-3341.

[93] Nishiguchi T, Matsumoto T, Kanai H, Utani K, Matsumura Y, Shen W-J, Imamura S(2005)Catalytic steam reforming of ethanol to produce hydrogen and acetone. Appl Catal A: Gen 279: 273-277.

[94] Wang F, Li Y, Cai W, Zhan E, Mu X, Shen W(2009)Ethanol steam reforming over Ni and Ni-Cu catalysts. Catal Today 146: 31-36.

[95] Fierro V, Klouz V, Akdim O, Mirodatos C(2002)Oxidative reforming of biomass derived ethanol for hydrogen production in fuel cell applications. Catal Today 75: 141-144.

[96] Furtado AC, Alonso CG, Cantao MP, Fernandes-Machado NRC(2009)Bimetallic catalysts performance during ethanol steam reforming: influence of support materials. Int J Hydrogen Energy 34: 7189-7196.

[97] Velu S, Suzuki K, Vijayaraj M, Barman S, Gopinath CS(2005) In situ XPS investigations of $Cu_{1-x}NixZnAl$-mixed metal oxide catalysts used in the oxidative steam reforming of bioethanol. Appl Catal B: Environ 55: 287-299.

[98] Marino F, Boveri M, Baronetti G, Laborde M(2004) Hydrogen production via catalytic gasification of ethanol. A mechanism proposal over copper-nickel catalysts. Int J Hydrogen Energy 29: 67-71.

[99] Zhang L, Liu J, Li W, Guo C, Zhang J(2009)Ethanol steam reforming over $Ni-Cu/Al_2O_3-M_yO_z$(M=Si, La, Mg, and Zn)catalysts. J Nat Gas Chem 18: 55-65.

[100] Klouz V, Fierro V, Denton P, Katz H, Lisse JP, Bouvot-Mauduit S, Mirodatos C(2002)Ethanol reforming for hydrogen production in a hybrid electric vehicle: process optimisation. J Power Sources 105: 26-34.

[101] Vizcaino AJ, Carrero A, Calles JA(2009)Ethanol steam reforming on Mg and Ca-modified Cu-Ni/SBA-15 catalysts. Catal Today 146: 63-70.

[102] Marino F, Boveri M, Baronetti G, Laborde M(2001)Hydrogen production from steam reforming of bioethanol using $Cu/Ni/K/\gamma-Al_2O_3$ catalysts. Effect of Ni. Int J Hydrogen Energy 26: 665-668.

[103] Marino F, Baronetti G, Jobbagy M, Laborde M(2003) $Cu-Ni-K/\gamma-Al_2O_3$ supported catalysts for ethanol steam reforming. Formation of hydrotalcite-type compounds as a result of metal-support interaction. Appl Catal A: Gen 238: 41-54.

[104] Galetti AE, Gomez MF, Arrua LA, Marchi AJ, Abello MC(2008)Study of CuCoZnAl oxide as catalyst for the hydrogen production from ethanol reforming. Catal Commun 9: 1201-1208.

[105] Llorca J, de la Piscina PR, Sales J, Homs N(2001)Direct production of hydrogen from ethanolic aqueous solutions over oxide catalysts. Chem Commun: 641-642.

[106] Szechenyi A, Solymosi F(2007)Production of hydrogen in the decomposition of ethanol and methanol over unsupported Mo2C catalysts. J Phys Chem 111: 9509-9515.

[107] Barthos R, Szechenyi A, Solymosi F(2008)Efficient H2 production from ethanol over Mo2C/C nanotube catalyst. Catal Lett 120: 161-165.

[108] Barthos R, Szechenyi A, Koos A, Solymosi F(2007)The decomposition of ethanol over Mo2C/carbon catalysts. Appl Catal A: Gen 327: 95–105.
[109] Akande A, Aboundheir A, Idem R, Dalai A(2006)Kinetic modelling of hydrogen production by the catalytic reforming of crude ethanol over a co-precipitated Ni-Al$_2$O$_3$ catalyst in a packed bed tubular reactor. Int J Hydrogen Energy 31: 1707–1715.
[110] Morgenstern DA, Fornango JP(2005)Low-temperature reforming of ethanol over cupper plated Raney nickel: new rout to sustainable hydrogen for transportation. Energy Fuel 19: 1708–1716.
[111] Akande AJ, Idem RO, Dalai AK(2005)Synthesis, characterization and performance evaluation of Ni/Al$_2$O$_3$ catalysts for reforming of crude ethanol for hydrogen production. Appl Catal A: Gen 287: 159–175.
[112] Ciambelli P, Palma V, Ruggiero A(2010)Low temperature catalytic steam reforming of ethanol. 2. Preliminary kinetic investigation of Pt/CeO$_2$ catalysts. Appl Catal B: Environ 96: 190–197.
[113] Akpan E, Akande A, Aboudheir A, Ibrahim H, Idem R(2007)Experimental, kinetic and 2-D reactor modelling for simulation of the production of hydrogen by the catalytic reforming of concentrated crude ethanol(CRCCE)over a Ni-based commercial catalyst in a packed-bed tubular reactor. Chem Eng Sci 62: 3112–3126.
[114] Simson A, Waterman E, Farrauto R, Castaldi M(2009)Kinetic and process study for ethanol reforming using a Rh/Pt washcoated monolith catalyst. Appl Catal B: Environ 89: 58–64.
[115] Gorke O, Pfeifer P, Schubert K(2009)Kinetic study of ethanol reforming in a microreactor. Appl Catal A: Gen 360: 232–241.
[116] Benito M, Sanz JL, Isabel R, Padilla R, Arjona R, Daza L(2005)Bio-ethanol steam reforming: insights on the mechanism for hydrogen production. J Power Sources 151: 11–17.
[117] Panja C, Saliba N, Koel BE(1998)Adsorption of methanol, ethanol and water on well-characterized Pt-Sn surface alloys. Surf Sci 395: 248–259.
[118] Sexton BA, Rendulic KD, Hughes AE(1982)Decomposition pathways of C_1-C_4 alcohols adsorbed on platinum(111). Surf Sci 121: 181–198.
[119] Rajumon MK, Roberts MW, Wang F, Wells PB(1998)Chemisorption of ethanol at Pt(111)and Pt(111)-O surfaces. J Chem Soc Faraday Trans 94: 3699–3703.
[120] Lee AF, Gawthrope DE, Hart NJ, Wilson K(2004)A fast XPS study of the surface chemistry of ethanol over Pt{111}. Surf Sci 548: 200–208.
[121] Davis JL, Barteau MA(1990)Spectroscopic identification of alkoxide, aldehyde, and acyl intermediates in alcohol decomposition on Pd(111). Surf Sci 235: 235–248.
[122] Gates SM, Russel JN, Yates JT Jr(1986)Bond activation sequence observed in the chemi-sorption and surface reaction of ethanol on Ni(111). Surf Sci 171: 111–134.
[123] Resta A, Gustafson J, Westerstrom R, Mikkelsen A, Lundgren E, Andersen JN, Yang MM, Mab XF, Bao XH, Li WX(2008)Step enhanced dehydrogenation of ethanol on Rh. Surf Sci 602: 3057–3063.
[124] Sexton BA(1979)Surface vibrations of adsorbed intermediates in the reaction of alcohols with Cu(100). Surf Sci 88: 299–318.
[125] Greenler RG(1962)Infrared study of the adsorption of methanol and ethanol on aluminum oxide. J Chem Phys 37: 2094–2099.
[126] Spitz RN, Barton JE, Barteau MA, Staley RH, Sleight AW(1968)Characterization of the surface acid-base properties of metal oxides by titration displacement reactions. J Phys Chem 90: 4067–4075.
[127] Rasko J, Hancz A, Erdohelyi A(2004)Surface species and gas phase products in steam reforming of ethanol on TiO$_2$ and Rh/TiO$_2$. Appl Catal A: Gen 269: 13–25.
[128] Yee A, Morrison SJ, Idriss H(1999)A study of the reactions of ethanol on CeO$_2$ and Pd/CeO$_2$ by steady state reactions, temperature programmed desorption and in situ FT-IR. J Catal 186: 279–295.
[129] Yee A, Morrison SJ, Idriss H(2000)A study of ethanol reaction over Pt/CeO$_2$ by temperature-programmed desorption and in situ FT-IR spectroscopy: evidence of benzene formation. J Catal 191: 30–45.
[130] Golay S, Doepper R, Renken A(1998)In-situ characterization of the surface intermediates for the ethanol dehydration reaction over g-alumina under dynamic conditions. Appl Catal Gen 172: 97–106.
[131] de Lima SM, da Silva AM, da Costa LOO, Assaf JM, Jacobs G, Davis BH, Mattos LV, Noronha FB(2010)Evaluation of the performance of Ni/La$_2$O$_2$ catalyst prepared from LaNiO$_3$ perovskite-type oxides for the production of hydrogen through steam reforming and oxidative steam reforming of ethanol. Appl Catal A: Gen 377: 181–190.
[132] Farkas AP, Solymosi F(2007)Adsorption and reaction of ethanol on Mo$_2$C/Mo(100). Surf Sci 601: 193–200.
[133] Rachmadi W, Vannice MA(2002)Acetic acid reduction by H2 over supported Pt catalysts: DRIFTS and TPD/TPR study. J Catal 207: 317–330.
[134] Rasko J, Domok M, Baan K, Erdohelyi A(2006)FTIR and mass spectrometric study of the interaction of ethanol and ethanol-water with oxide-supported platinum catalysts. Appl Catal A: Gen 299: 202–211.
[135] Hussein GAM, Sheppard N, Zaki MI, Fahim RB(1991)Infrared spectroscopic studies of the reactions of alcohols over group IVB metal oxide catalysts 3. Ethanol over TiO$_2$ ZrO$_2$ and H$_2$O$_2$ and general conclusion from part 1 to part 3. J Chem Soc Faraday Trans 87: 2661–2668.
[136] Cordi EM, Falconer JL(1996)Oxidation of volatile compounds on Al$_2$O$_3$, Pd/Al$_2$O$_3$ and PdO/Al$_2$O$_3$ catalysts. J Catal 162: 104–117.
[137] Mavrikakis M, Barteau MA(1998)Oxygenate reaction pathways on transition metal surfaces. J Mol Catal A: Chem 131: 135–147.
[138] Silva AM, Costa LOO, Barandas APMG, Borges LEP, Mattos LV, Noronha FB(2008)Effect of metal nature on the reaction mechanism of partial oxidation of ethanol over CeO$_2$-supported Pt and Rh catalysts. Catal Today 133-135: 755–761.
[139] de Lima SM, da Silva AM, da Costa LOO, Graham UM, Jacobs G, Davis BH, Mattos LV, Noronha FB(2009)Study of catalyst deactivation and reaction mechanism of steam reforming, partial oxidation, and oxidative steam reforming of ethanol over Co/CeO$_2$ catalyst. J Catal 268: 268–281.
[140] de Lima SM, Silva AM, Graham UM, Jacobs G, Davis BH, Mattos LV, Noronha FB(2009)Ethanol decomposition and steam reforming of ethanol over CeZrO$_2$ and Pt/CeZrO$_2$ catalysts: reaction mechanism and deactivation. Appl Catal A: Gen 352: 95–113.
[141] Jacobs G, Keogh RA, Davis BH(2007)Steam reforming of ethanol over Pt/ceria with co-fed hydrogen. J Catal 245: 326–337.
[142] de Lima SM, Silva AM, da Cruz IO, Jacobs G, Davis BH, Mattos LV, Noronha FB(2008)H$_2$ production through steam reforming of ethanol over Pt/ZrO$_2$, Pt/CeO$_2$ and Pt/CeZrO$_2$ catalysts. Catal Today 138: 162–168.
[143] de Lima SM, Colman RC, Jacobs G, Davis BH, Souza KR, de Lima AFF, Appel LG, Mattos LV, Noronha FB(2009)Hydrogen production from ethanol for PEM fuel cells. An integrated fuel processor comprising ethanol steam reforming and preferential oxidation of CO. Catal Today 146: 110–123.

[144] de Lima SM, da Silva AM, Jacobs G, Davis BH, Mattos LV, Noronha FB(2010) New approaches to improving catalyst stability over Pt/ceria during ethanol steam reforming: Sn addition and CO_2 co-feeding. Appl Catal B: Environ 96: 387-398.
[145] Yee A, Morrison SJ, Idriss H(2000) The reactions of ethanol over M/CeO_2 catalysts. Evidence of carbon-carbon bond dissociation at low temperatures over Rh/CeO_2. Catal Today 63: 327-335.
[146] Chen H-L, Liu S-H, Ho J-J(2006) Theoretical calculation of the dehydrogenation of ethanol on a $Rh/CeO_2(111)$ surface. J Phys Chem B 110: 14816-14823.
[147] de Lima SM, da Cruz IO, Jacobs G, Davis BH, Mattos LV, Noronha FB(2008) Steam reforming, partial oxidation, and oxidative steam reforming of ethanol over $Pt/CeZrO_2$ catalyst. J Catal 257: 356-368.
[148] Wang J-H, Lee CS, Lin MC(2009) Mechanism of ethanol reforming: theoretical foundations. J Phys Chem 113: 6681-6688.
[149] Resini C, Montanari T, Barattini L, Ramis G, Busca G, Presto S, Riani P, Marazza R, Sisani M, Marmottini F, Costantino U(2009) Hydrogen production by ethanol steam reforming over Ni catalysts derived from hydrotalcite-like precursors: catalyst characterization, catalytic activity and reaction path. Appl Catal A: Gen 355: 83-93.
[150] Takanabe K, Aika K-I, Inazu K, Baba T, Seshan K, Lefferts L(2006) Steam reforming of acetic acid as a biomass derived oxygenate: bifunctional pathway for hydrogen formation over Pt/ZrO_2 catalysts. J Catal 243: 263-269.
[151] Tibiletti D, Meunier FC, Goguet A, Reid D, Burch R, Bosaro M, Vicario M, Trovarelli A(2006) An investigation of possible mechanisms for water-gas shift reaction over a ZrO_2 supported Pt catalyst. J Catal 244: 183-191.
[152] Souza MVM, Schmal M(2005) Autothermal reforming of methane over $Pt/ZrO_2/Al_2O_3$ catalysts. Appl Catal A: Gen 281: 19-24.
[153] Platon A, Roh HS, King DL, Wang Y(2007) Deactivation study of $Rh/Ce_{0.8}Zr_{0.2}O_2$ catalysts in low temperature ethanol steam reforming. Top Catal 46: 374-379.
[154] Frusteri F, Freni S, Chiodo V, Spadaro L, Bonura G, Cavallaro S(2004) Potassium improved stability of Ni/MgO in the steam reforming of ethanol for the production of hydrogen for MCFC. J Power Sources 132: 139-144.
[155] Liberatori JWC, Ribeiro RU, Zanchet D, Noronha FB, Bueno JMC(2007) Steam reforming of ethanol on supported nickel catalysts. Appl Catal A: Gen 327: 197-204.

第5章 甲醇水蒸气重整

Malte Behrens，*Marc Armbrüster*

5.1 引言

除了其作为获取增值分子的重要基本化学品和原材料的习惯用途以外，当前对于甲醇 CH_3OH 催化反应日益增长的兴趣还源自其作为氢的化学储存分子的潜能。甲醇在工业上产自于天然气或煤制合成气，但在原理上也可以通过氢化作用由二氧化碳制得[1]。Olah 等[2]建议，可以将其作为所谓甲醇经济中的"二氧化碳-中合"燃料或者用作发电中的直接甲醇燃料电池(DMFC)。由此，甲醇应该在面向越来越独立于化石能源的未来能量模型的转型期起到重要作用[3]。

使用甲醇以化学方式替代氢的物理储存的主要优势，是与氢的分散化使用如与运输行业中相关联的。对于像在汽车那样的移动应用中，甲醇是一个极具吸引力的高分子电解质膜燃料电池(PEMFC)的移动氢源。因为它绕过了物理储存以及氢气分配的难题，比如必要的加压或冷冻容器。甲醇在室温下是液体，可以用管线和传统的充装站设施安全分配。它具有 4:1 的较高 H:C 比，并且没有需要断裂的 C—C 键。

有多个催化反应可以将氢从甲醇中释放出来：
甲醇分解(MD)：
$$CH_3OH \longrightarrow CO+2H_2 \quad \Delta H^0 = 90 kJ/mol \tag{5.1}$$
甲醇水蒸气重整(MSR)：
$$CH_3OH+H_2O \longrightarrow CO_2+3H_2 \quad \Delta H^0 = 49 kJ/mol \tag{5.2}$$
甲醇部分氧化(POM)：
$$CH_3OH+0.5O_2 \longrightarrow CO_2+2H_2 \quad \Delta H^0 = -155 kJ/mol \tag{5.3}$$
此外，还要考虑水煤气变换反应(WGS)和水煤气变换逆反应(RWGS)：
$$CO+H_2O \Longleftrightarrow CO_2+H_2 \quad \Delta H^0 = -41 kJ/mol \tag{5.4}$$

在这些反应中，甲醇水蒸气重整(MSR)似乎是最具吸引力的，因为它能在产品流中产生最大的氢气浓度，在相对较低的 500~600K 温度下运行并且不会直接产生作为下游高分子电解质膜燃料电池 PEMFC 阳极催化剂毒物的一氧化碳。

MSR 是在 1921 年首先由 J. A. Christiansen[4]予以描述的，而对其制氢方面的应用研究也有很长历史[5]。最近再次引起人们兴趣的是由要求清洁且可再生氢的燃料电池发展引发的。许多一般性概览文章和综述都描述了 MSR 在此领域的作用[5-11]。MSR 是一个吸热反应，需要外部加热。有时将其与放热反应自热式重整或氧化水蒸气重整(POM)[12,13]或是甲醇燃烧[8]结合使用，以便产生所需热量。不过，MSR 的吸热性相比于其他烃类或高碳醇的水蒸气重整反应要微弱许多[8]，重整单元可以相对较小使其能与移动高分子电解质膜燃料电池 PEMFC 相结合。已经有不同公司开发了多个依靠氢燃料电池技术的原型车。甲醇与其他分子在作为移动制氢反应物方面的对比可以在 Palo 等的全面综述以及这里的参考文献[11]中找到。

本章主要聚焦于 MSR 催化剂开发的挑战。对于与高分子电解质膜燃料电池 PEMFC 组合用于移动制氢的良好 MSR 催化剂有如下需求：

（1）催化剂应该对于二氧化碳有较高选择性并使富氢产品气流中一氧化碳含量最低，因一氧化碳会使高分子电解质膜燃料电池 PEMFC 阳极中毒。

（2）它应该在低温下有活性以提高效率并且要不利于会产生一氧化碳的 RWGS 反应。

（3）其组分应该是丰富且成本低廉的，其制备应该是易行且可放大的。

（4）它应在持续的使用时间内稳定，即能抵抗积炭、抗拒烧结，并能忍受催化剂毒物。

（5）特别是，它应该对于重整条件的巨变保持稳定，即在开-停操作这样的过渡情况下也能像稳态下那样产生所需的足量氢气。

对于一氧化碳在下游高分子电解质膜燃料电池 PEMFC 料流中的有害影响，应该加以重视。一氧化碳会不可逆地化学吸附在典型的铂基燃料电池催化剂上并造成不可逆的活性中心屏蔽。其浓度应该小于 $20\mu L/L$ 左右以避免催化剂中毒，这通常在重整器出口气体中难以做到。在工艺应用上，一般要在重整器和燃料电池间设置气体净化步骤。气体流中的一氧化碳浓度可以通过选择性氧化（PRFO）或是钯金过滤膜等手段予以降低，这会引起工艺过程复杂并增加成本[14]。通常，除了高活性和高稳定性之外，对一氧化碳的低选择性则由此变为成功的 MSR 催化剂主要的和特殊的要求。

本章将分为两个部分，处理活跃于 MSR 催化剂中的不同催化材料家族。第一部分涉及广泛应用的铜基催化剂，第二部分的重点将放在 MSR 中金属间化合物的作用。对于文献中有关本章所涉及各种催化剂上 MSR 反应的催化数据都整理在表 5.1 中。

表 5.1 所选催化剂体系的(氧化)MSR 催化性能的比较[①]

催化剂	预处理[②]	转化率,%	CO_x生成率,%	H生成率/[L/(g·h)]	T/K	备注	参考文献
43.8%Cu/ZnO	C623、R523	90	0.14[③]		582	(共沉淀)	[15]
39.4%Cu/ZnO/Al_2O_3	C623、R573	90	0.11[③]		579	(共沉淀)	[15]
32.3%Cu/ZnO/ZrO_2	C623、R573	90	0.05[③]		567	(共沉淀)	[15]
30.9%Cu/ZnO/Al_2O_3/ZrO_2	C623、R573	90	0.05[③]		551	(共沉淀)	[15]
Cu/ZnO/Al_2O_3	C723、R723	90	<0.05[③]	38.4	673	18%(摩)Cu[在层状双氢氧化物(共沉淀)中],氧化的 MSR	[16]
61.7%Cu/ZnO/Al_2O_3	R523	84.4	0.11[③]	1.4	523	(商业)	[17]
32.3%Cu/ZnO/ZrO_2	C723、R573	71.7	0.22[③]	8.7	503	(共沉淀),氧化的 MSR	[18]
35.5%Cu/ZnO/CeO_2	C723、R523	66.8	0.23[③]	8.2	503	(共沉淀),氧化的 MSR	[18]
8.5%Cu/ZrO_2	C773、R523	92	0.2[③]		523	(模板法)	[19]
16%Cu/ZrO_2	C673、R523	57	0.02[③]		523	(微乳液法)	[20]
3.9%Cu/CeO_2	C723、R673	90.7	2.3[④]	10.9	533	(共沉淀)	[21]
3.9%Cu/ZnO	C723、R673	66.8	0.9[④]	8.0	533	(共沉淀)	[21]
3.9%Cu/Al_2O_3	C723、R673	21.5	0.4[④]	2.6	533	(共沉淀)	[21]
QC-$Al_{63}Cu_{25}Fe_{12}$[⑤]	R523			14.1	573	浸出剂：NaOH	[22]
$CuAl_2$				3.81	513	浸出剂：NaOH/Na_2CrO_4	[23]
Ni_3Al	R523	10	6[⑥]	56[⑦]	793		[24]
A-$(Cu_{50}Zr_{50})_{90}Au_{10}$[⑤]	C550、R573	80	100[⑥]	14.0	523		[25]
10%Pd/SiO_2	C773、R773	15.7	0[⑥]	2.82	493		[26]
10%Pd/Al_2O_3	C773、R773	67.4	0[⑥]	12.14	493		[26]
10%Pd/ZnO	C773、R773	55	99.8[⑥]	9.80	493		[26]
10%Pt/SiO_2	C773、R773	25.6	0.3[⑥]	4.61[⑧]	493[⑧]		[27]
10%Pt/ZnO	C773、R773	27.6	95.4[⑥]	4.96	493		[26]
2%Pt-Zn/C	R873	100	83[⑥]	1.12	553	Zn/Pt=5.0	[27]
2%Pt/C	R873	76	48[⑥]	0.84	553		[27]
10%Pt/In_2O_3	C773、R773	30.6	98.3[⑥]	5.51	493		[28]
10%Pt/Ga_2O_3	C773、R773	5.4	75.5[⑥]	0.97	493		[28]
10%Pd/Ga_2O_3	C773、R773	21.2	94.6[⑥]	3.82	493		[26]
10%Pd/In_2O_3	C773、R773	28.3	95.5[⑥]	5.10	493		[26]

续表

催化剂	预处理[2]	转化率,%	CO_x生成率,%	H生成率/[L/(g·h)]	T/K	备注	参考文献
15%Pd-In/Al_2O_3	C673	91	98.7[6]	68.25	698	In/Pd=2	[26]
8.9%Pd-Zn/Al_2O_3	C623、R673	46.5	99.4[6]	4.1	493	Zn/Pd=2.6	[29]
8.6%Pd/ZnO	C623、R673	14.3	99.2[6]	1.6	493		[29]
10%Ni/ZnO	C773、R773	15.7	4.7[6]	2.83[8]	493[8]		[27]
10%Ni/SiO_2	C773、R773	7.3	1.1[6]	1.31[3]	493[3]		[27]
10%Co/ZnO	C773、R773	20.3		3.65[8]	493[8]		[27]
铅黑	R513	7[9]	2[6]	13.3	533		[30]
ZnPd	R513	7[9]		2.6	533		[30]
PtZn	R513	7[9]	50[6]	2.6	533		[30]
PdCd	R513	7[9]		2.6	533		[30]
NiZn	R513	7[9]	15[6]	2.6	533		[30]

[1] 实验中原料气体组成和接触时间的可能差异,有些数据根据原文献中数据重新计算了。
[2] 煅烧(C)与还原(R)温度均以 K 计。
[3] 一氧化碳在产品气体中的浓度。
[4] 生成一氧化碳的选择性。
[5] QC 准晶体,A 无定形的。
[6] 生成二氧化碳的选择性。
[7] 以 L/(h·m)计。
[8] 根据与文献[26]数据对比衍生而来。
[9] 给出 7%~10%。

5.2 用于甲醇水蒸气重整反应的铜基催化剂

铜基催化剂在 C_1 化学中得到广泛应用。这主要是因为人们对于广泛应用的工业甲醇合成体相催化剂 Cu/ZnO/Al_2O_3 的商业兴趣。该催化剂在 MSR 中也很活跃,并且满足上面提到的许多要求:例如低温下的高活性、相对较低的一氧化碳水平,以及在适当成本下尽管复杂但却可行与可放大的制备手段。因此,商用三元 Cu/ZnO/Al_2O_3 催化剂或是未经促进的二元 Cu/ZnO 模式系统在 MSR 的许多研究中得到应用,该材料在下面将详尽讨论。尽管我们可以认为工业催化剂 Cu/ZnO/Al_2O_3 的组成对于甲醇合成条件下的应用来讲已经得到高度优化,对于 Cu/ZnO/X 系统的改进确实可以提高铜基催化剂在 MSR 应用中的性能。特别是选择其他种第二氧化物相 X,使用像层状双氢氧化物(LDHs)这样的催化剂前体,或者甚至是改为使用无 ZnO 的样品和使用氧化锆或氧化铈等制备铜基催化剂都有报道，会得到令人感兴趣的 MSR 性能。活性铜表面在反应条件下的状态以及活性中心的本质在文献中都还备受争议，这些将在下面讨论。

文献中可以见到涉及 MSR 反应在铜基催化剂上进行时的机理与动力学的多项研究[31-37]。似乎现在大家已经达成一致，认可二氧化碳是 MSR 反应的直接产品，而不是来自 MD 和 WGS 反应。一氧化碳的主要来源是作为次级反应在 MSR 之后发生的 rWGS 反应。Frank 等[37]根据 Peppley 等[33]的工作提出了 MSR 反应的综合微动力学分析。他们研究了具有不同氧化物成分、显示极大活性差异的几种铜基催化剂。相似的激活能数据支持下面的观点，即表面化学不依赖于氧化物材料（$Cu/Cr_2O_3/Fe_2O_3$ 是个例外，其表现有所不同）。甲氧基脱氢反应是该反应的决定步骤，借助于漫反射傅立叶变换红外光谱（DRIFTS）可知甲氧基和甲酸盐物质是表面上的主要物质。考虑两个不同活性中心，即负责含氧化合物吸附与解析的 S_A 和负责氢气吸附与解析的 S_B（见图 5.1），通过甲醇合成逆反应的中间产物二氧亚甲基或甲酸甲酯讨论了甲氧基中间体的两种反应路径。根据动力学数据，无法判定哪种路径处于主导地位。

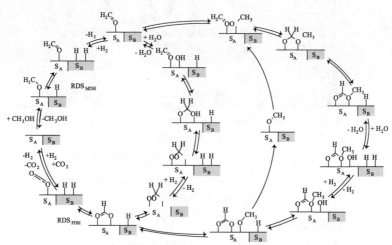

图 5.1　根据文献[31-33]确定的铜基催化剂上
MSR 反应的催化周期，其中包括有两个不同的反应中心 S_A 和 S_B[37]

5.2.1　Cu/ZnO 基催化剂的通用特性

人们一般误以为商用 $Cu/ZnO/Al_2O_3$ 甲醇合成催化剂是载体系统，但无论氧化锌还是氧化铝都不是传统拓展型氧化载体。考虑到当代典型 $Cu/ZnO/(Al_2O_3)$ 催化剂组成时，这一点是显而易见的。该催化剂的特征是其中 Cu∶Zn 物质的量接近70∶30，而氧化铝的量一般要显著低于氧化锌的。这种富铜组成展示了工业 Cu/ZnO/Al$_2$O$_3$ 催化剂的独特微观结构（见图5.2）[38]。该结构是由尺寸小于10nm 的球型铜纳米颗粒与通常更小的氧化锌纳米颗粒按交互方式排列组成的。这样就形成了多孔骨料[见图5.2(d)]，氧化物颗粒在其中作为铜颗粒间的垫片[见图5.2(e)]。在高分辨率透射电子显微镜（HRTEM）影像中可见的颗粒间孔洞使得较大 Cu/ZnO 聚集体的"内表面"可以被接触到。这种展示在图5.2(b)中的独特微观结构可以被描述为处于图5.2(a)示意的负载型催化剂与图5.2(c)中所代表的整体金属海绵或骨骼雷尼型（Raney-type）催化剂间的中间态。

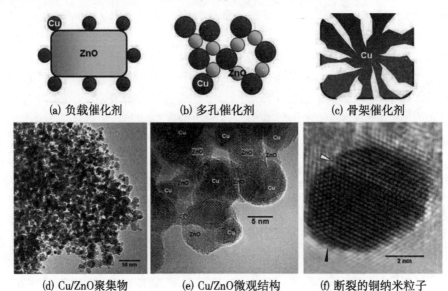

图 5.2 不同催化剂微观结构(a)～(c)示意图和 Cu/ZnO/Al$_2$O$_3$
催化剂的透射电子显微镜(d)和(e)。在高分辨图像(f)中可以见到
像孪晶边界(黑色箭头)和堆叠层错(白色箭头)那样的铜纳米颗粒平面缺陷

正是这种独特微观结构使得铜具有合理的高分散度并在铜总含量较高情况下暴露了许多 Cu-ZnO 界面。甲醇催化剂的铜比表面积（SA$_{Cu}$）可以由 N$_2$O 反应滴定测出[39]，它会引起铜金属表面氧化，因而当 N$_2$O 在金属铜表面分解时则由释放的 N$_2$ 量或是当再还原时由 H$_2$ 消耗量都可以估算 SA$_{Cu}$ 值。假定一个氧单层、对应于 Cu$_2$O 表面化学计量以及 1.47×10^{19} 铜原子/m^2 的大量铜所形成的构造，SA$_{Cu}$ 可以 m^2/g 为单位计算出来。此法必须要小心使用，因为如有极高温度就会引起很大程度的本体氧化，由此引起 SA$_{Cu}$ 值被高估[40,41]。另外，氧化物组分的氧空位与 N$_2$O 的反应或是缺陷金属铜表面对于 N$_2$O 的改进反应性可能是误差来源。用此法测试的最新水平甲醇合成催化剂的 SA$_{Cu}$ 值为 25～35m^2/g。假如通过足够的

TEM 观察等手段[38]能够得到铜粒度平均值的可靠数据,则氧化物对于铜颗粒的覆盖程度,也即界面与表面积的平均比值就可计算出来。对于商用 $Cu/ZnO/Al_2O_3$ 催化剂,该数值约为 35%[42]。此类 $Cu/ZnO/(Al_2O_3)$ 催化剂在相对较低温度下的高 MSR 活性最有可能用此有利的微观结构与恰当的金属铜分散与负载平衡所引发的高 SA_{Cu} 值予以解释。

很显然,ZnO 的一个作用就是作为避免铜颗粒直接接触和防止其烧结的垫片和稳定剂[43]。人们对于这种协同作用的本质进行了辩论并提出了多种模型。在高度还原条件下,人们在铜与氧化锌之间观察到了牢固的金属-载体相互作用(SMSI)[45]。有人认为,在甲醇合成条件下部分还原的 ZnO_x 会迁移到铜颗粒表面[46]。在负载型 Cu/ZnO 催化剂上,随着气相还原电位的变化可以观察到可逆的浸润/失润现象。而在 Cu/SiO_2 中观察不到此现象。尽管表面优化或形态改变对于工业甲醇合成条件下的高性能催化剂的作用还不明显,Kasatkin 等[38]已经在一系列商用 $Cu/ZnO/Al_2O_3$ 催化剂中观察到了铜颗粒中平面缺陷与甲醇合成中催化活性的相互关系。像堆叠层错和孪晶界这样的平面缺陷还可以由高分辨率透射电子显微镜(HRTEM)观察到,并在图 5.2(f)中用箭头标出。应变与缺陷的起源被认为来自铜颗粒与氧化锌相的界面。

一方面,一般大家都认可氧化锌在铜基甲醇合成催化剂中的作用超出了仅仅作为物理稳定剂的功能,氧化锌是高性能甲醇合成催化剂的重要组分。根据高活性铜基 MSR 催化剂可以不用氧化锌(比如在 Cu/ZrO_2 中,参见下文)予以制备这一事实,与甲醇合成相比,此类 Cu-ZnO 协同效应似乎并非 MSR 反应的关键因素,或是其并非严格限定于氧化锌一物上。

另一方面,在甲醇合成与 MSR 之间有许多相似之处[34]。这一点通常由微观可逆性概念予以解释,因为 MSR 在形式上是甲醇合成的逆反应。不过,也应该考虑到在 MSR 和甲醇合成中使用的不同反应气体混合物也会影响催化剂的表面状态。相应地,相对于还原度不太高的 MSR 原料,它们在高度还原甲醇合成条件下也是不同的。所以,与平衡两端的前反应和后反应不同,甲醇合成与 MSR 反应很可能是在实际上不同的催化表面发生的。这个对于微观可逆性概念的总体限制是由 Spencer 为 WGS 和 rWGS[48]指出的,相应的对于甲醇合成与 MSR 反应也是有效的[49]。人们可以得出结论,对于其制备与操作条件都细心调整至极先进程度的最优化甲醇合成催化剂来讲,它们会因其通常较大的 SA_{Cu} 值而对 MSR 反应具有活性并会展现为强有力的参考系统,但它未必对于此反应也是一个最优化催化剂[49]。因此,找到一个对于 MSR 反应来讲在组成与微观结构上都得到优化的 Cu/ZnO/X 系统,是当前能源应用中 MSR 催化剂发展所面临的主要挑战。

5.2.2 Cu/ZnO 基催化剂的缺点

上面描述的当代 Cu/ZnO/(Al$_2$O$_3$) 甲醇合成催化剂的独特微观结构是铜基催化剂许多优点和其在 MSR 上应用的原因,例如较高的 SA$_{Cu}$ 值。不过,铜基催化剂的主要缺点是其缺乏长期稳定性。

Frank 等[37]在选择铜基催化剂与不同氧化物组分结合时,发现 MSR 初始活性会损失 30%~40%[见图 5.3(d)]。失活现象在最初的 100h 期间内发展较快,之后会倾向于平稳。Twigg 和 Spencer[49]对于 Cu/ZnO/Al$_2$O$_3$ 催化剂在 MSR 反应中的失活现象进行了综述。一个主要方面是因铜颗粒烧结而引起的 SA$_{Cu}$ 值降低。元素铜的熔点相对较低为 T_M = 1336K,这就导致了较低的 Tamann 和 Hüttig 温度,分别为 $0.5T_M$ 和 $0.3T_M$。前者指的是导致热烧结的原子迁移大致起始温度,后者指的是缺陷退火起始温度。与其他金属相比,铜一般对于烧结特别敏感[60],而且根据经验,铜基催化剂在活化后温度不能在约 600K 以上操作。出于同样原因,该类催化剂的预处理条件必须要谨慎选择。特别是催化剂活化中的放热还原步骤至关重要,因为还原热会引起局部高温、热烧结以及 $S_{A_{Cu}}$ 值的损失。在废的富铜商用甲醇合成催化剂中,通过高分辨率透射电子显微镜 HRTEM[见图 5.3(a)、(b)][51]可以认定凝聚引发的烧结过渡段。有趣的是,在这些影像中发现了起源于两个铜颗粒接触区域的五倍循环孪晶。对数千个铜颗粒进行的透射电子显微镜(TEM)显微照片分析表明,铜金属粒度分布的演变[见图 5.3(c)]显示了清晰的变宽倾向,粒度分布向大粒径方向转移。

快速失活现象可能不仅仅是由于反应过程中外界热量输入引起的,人们还需要考虑催化剂的操作气氛。在与 MSR 类似的温度下进行的甲醇合成操作中,当代的 Cu/ZnO/Al$_2$O$_3$ 催化剂可以在数年的生产中提供稳定的性能。同一催化剂可能在 MSR 条件下较快失活,表明气相组成,特别是物料中的水,会对烧结行为产生重要影响。Löffler 等[52]研究了多个用于 MSR 反应的商业 WGS 催化剂的稳定性,并用一个烧结模型对这些数据进行处理。结果发现,Cu/ZnO/Al$_2$O$_3$ 配方相比于其他催化剂组成是活性最高的,但同时也是最容易因烧结而失活的。Thurgood 等[53]对 MSR 中商业 Cu/ZnO/Al$_2$O$_3$ 催化剂所进行的催化剂失活分析中发现,除了表面积损耗之外,催化剂表面活性中心浓度也会随着时间推移而衰减。

某个给定 Cu/ZnO/X 催化剂在 MSR 条件下对于烧结的敏感性是由三个方面进行测定的:组成(Cu:Zn)、氧化物 X 促进剂的本性以及催化剂的微观结构。显然,较高的 Cu:Zn 比会降低临近铜颗粒间的距离,有利于直接接触的形成,这样会导致因颗粒凝聚引起的烧结。降低金属铜的负载量,会提高稳定剂相对于金属的比值,因而有望提高铜颗粒的稳定性。然而,一般不希望显著降低

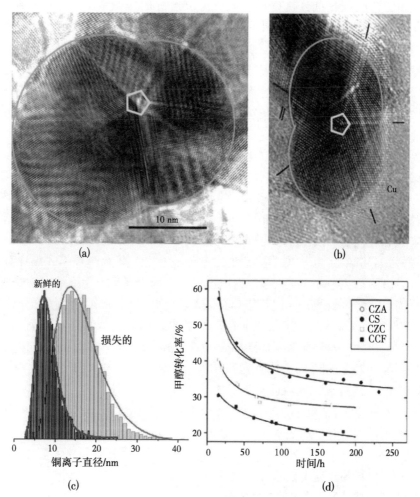

图5.3 用在甲醇合成反应中的 $Cu/ZnO/Al_2O_3$ 催化剂的高分辨率透射电子显微镜 HRTEM 图像(a)和(b);反应中粒度分布的演变(c);不同铜基催化剂在493K、0.1MPa、MeOH:H_2O = 1:1条件下进行 MSR 反应中随时间发生的甲醇转化率损失[37](d) CZA: $0.5gCu/ZnO/Al_2O_3$, CS: $2.0gCu/SiO_2$, CZC: $1.0gCu/ZrO_2/CeO_2$, CCF: $2.5gCu/Cr_2O_3/Fe_2O_3$

Cu/ZnO 催化剂中的活性金属数量。特别是人们已经注意到,要制备多孔 Cu-ZnO 排列(见图5.2),Cu:Zn 是一个关键参数。根据碱式碳酸盐前体相的固态化学,该参数会有一个清晰的最佳值,而不能随意变化,否则会牺牲 SA_{Cu} 值也即活性(参见下文)。

在给定的(最优化的) Cu:Zn 比之下通过加入第二种氧化物质 X 来稳定 Cu/ZnO/X 催化剂似乎是很有希望的做法,并且这样可以改进 Cu-ZnO 界面。如果是用甲醇合成催化剂，这些界面似乎可以通过加入少量 Al_2O_3 而得到显著强化[49]。与二元 Cu/ZnO 催化剂相比，三元 $Cu/ZnO/Al_2O_3$ 催化剂对于热烧结有更高的稳定性，而相应地在甲醇反应中活性寿命也更长。在 MSR 中也要考虑氧化物的湿热稳定性，氧化物相与铜颗粒的接触也需加以考虑。从图 5.2(e)中可以清楚看出，不仅是由于铜颗粒迁移引起的热烧结，而且氧化锌组分的离析与重结晶(例如，由蒸汽引发)都会对多孔 Cu/ZnO 排列造成同样的有害效应，并引起 SA_{Cu} 值的损失。除去 ZnO/Al_2O_3 之外的其他 ZnO/X 组合特别是 ZnO/ZrO_2(参见下文)都是制备改进型铜基 MSR 催化剂的有希望的备选。

第三个重要考量涉及催化剂的微观结构，这与 Cu：Zn 比密切相关并与铜金属和氧化物间稳定化界面密切相关。当代 $Cu/ZnO/Al_2O_3$ 催化剂展示了独特的并且显然也是脆弱的微观结构。在图 5.2 中所见金属铜和氧化垫片颗粒的纳米级排列是亚稳态的，如果该样品承受到了热应力，则有可能出现多孔聚集体的不可逆转的渐进式分解，因为该系统要降低其表面自由能。高活性 $Cu/ZnO/Al_2O_3$ 催化剂是会自燃的，甚至在与空气接触时就能失活，因为高反应性铜纳米颗粒的氧化热足以引起烧结。因此，人们期待具有更大、更稳定 Cu-ZnO 界面的微观结构以便稳定铜颗粒。已经有人注意到催化剂的微观结构严重依赖于其制备历程[17]。例如，在给定的工业化相关组成下(Cu：Zn：Al=60：25：15)，如果前体制备过程由包括沉淀老化的间歇工艺改进到抑制了老化周期的连续工艺，则对于某个 $Cu/ZnO/Al_2O_3$ 催化剂，其界面与表面之比可以大幅提高 50%。在此例中，铜颗粒具有像其在传统 $Cu/ZnO/Al_2O_3$ 催化剂中的类似粒度，但是埋在无定形氧化物基质中更深，因而有望改进铜-氧化物间相互作用(见图 5.4)。通常，铜颗粒的界面与表面比值低会得到高 SA_{Cu} 值，而界面与表面比值高则会导致牢固埋入和有所不同的湿润行为，这可能增加催化剂应对热烧结的稳定性。如果界面与表面比取值中间，则意味着在活性与稳定性间的某种妥协。

催化剂失活的其他根源是像硫或氯这样的催化剂毒物[49]。这些污染物一般都不是来自甲醇原料，但是会出现在用于 MSR 或氧化 MSR 的蒸汽或空气中。硫会作为铜活性中心的阻碍毒物，氯会通过低熔点且可迁移的铜、锌氯化物的形成而推动烧结过程。据 Agarwal 等[54]的报道，积炭是 MSR 中 $Cu/ZnO/Al_2O_3$ 催化剂失活的另一原因。

铜基 MSR 催化剂的其他主要问题是在 MSR 中仍会形成较多一氧化碳，典型值在较低的百分位上。Agrell 等[55]报道说，在 $Cu/ZnO/Al_2O_3$ 催化剂上形成一氧化碳的问题可以通过增加蒸汽/甲醇比或是加入氧气或空气(氧化 MSR 中)予以消减。一氧化碳是在高甲醇转化率下生成的，极有可能是 MSR 反应之后相继发生的 rWGS 反应的副产物。减少接触时间会降低一氧化碳选择性。降低反应温度也有帮助，因为其不利于rWGS反应平衡。因此，消减铜基MSR催化剂一氧化碳选择性的最佳可能方式是使其在低温下有较高活性。

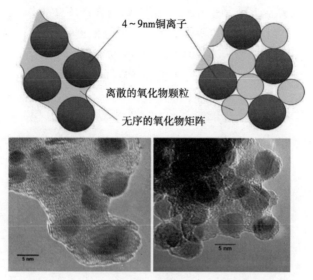

图5.4 拥有同样组成和类似铜颗粒粒度但制备方法不同的
Cu/ZnO/Al_2O_3催化剂的微观结构示意图和透射电子显微镜(TEM)照[42]

5.2.3 Cu/ZnO基催化剂的制备

对于用在C_1化学上的Cu/ZnO催化剂家族来说，研究的最深入的成员就是商用甲醇合成催化剂。这可以被看作是铜基MSR催化剂的参考系统(参见上文)。该催化剂是由共沉淀法制备的，这是迄今为止合成Cu/ZnO基催化剂的最重要的方法。

低温甲醇合成催化剂的工业应用制备方法是由ICI公司在1996年发明的，该法包括碱式碳酸Cu、Zn、(Al)混合物前体材料的共沉淀和老化过程、产生氧化物密切混合体的热分解过程以及最后对于铜组分进行还原的催化剂活化过程[56]。许多学术团体和工业团体都对合成参数进行了研究，在过去的十几年里已经可以主要通过对条件的经验性微调达到较高优化程度。商用甲醇合成催化剂的精致纳米粒子和多孔微观结构(见上文)只能在合成时严格遵循优化参数情况下得到。特别是在早期共沉淀和老化阶段的合成条件被证明是最终甲醇合成催化剂催化性能的关键所在。这个有时被称作Cu/ZnO系统的"化学记忆"[57]的现象显示了该催化剂系统制备历程的关键作用[17,58,59]。正如上面已经提及并且如图5.2明确显示，铜和氧化锌在最终催化剂中的微观结构排列是亚稳态的，它们倾向于通过烧结和偏析进入宏观微晶中以降低其自由能。考虑到预期的复合产品仅只是动力学上稳定的而不代表自由能全景深层最小值，前体也即制备中通过能量图景的路径起点对于我们终点准确位置来说具有至关重要的意义就毫不令人奇怪了。在此，我们希望能够在动力学上限制该系统以获取我们在图 5.2 中所见的排列。Baltes 等[58]在其系统研究中详细说明了化学记忆的量化依据，报道了具有相同组成的 Cu/ZnO/Al$_2$O$_3$ 催化剂因共沉淀时 pH 值或温度的变化所导致的 SA$_{Cu}$ 值的显著差异。如果把自制的 Cu/ZnO 催化剂用于 MSR 研究的参考系统，精细制备该催化剂就极为重要。因为合成一个差的催化剂要比合成一个好的容易得多。而该催化剂是要与经典材料进行对比的决定性参考系统。

三元 Cu、Zn、Al 和二元 Cu、Zn 催化剂中的优选 Cu：Zn 比都接近于 70：30[60]或 2：1[61]。有报道说，最好的催化剂可以在较高温度约 333~343K、恒定 pH 值 6 或 7 下用 Na$_2$CO$_3$ 溶液共沉淀制得[58,62]。初始沉淀物的老化是至关重要的[61,63,64]，所用时间从 30min 到数小时。煅烧一般是在相对温和的约 600~700K 下进行的。毫无疑问，这个 Cu/ZnO 催化剂多级制备法是复杂的。但是，最近在理解化学记忆方面取得了一些进展，有助于恰恰是此参数设定的优点得以实现。

很明显，图 5.2 所示的目标微观结构需要铜和锌物质均匀和最大化的界面混合，以便能够稳定少量铜和氧化锌纳米颗粒的交互排列。因此，制备的主要目的就是要携带并保持在混合溶液中完全均匀的阳离子分配，再经沉淀至最终催化剂以使其达到最大值。此过程的第一步是提高 pH 值进行沉淀使溶解的铜和锌阳离子固化。沉淀滴定是研究催化剂制备相关条件下[65]Cu^{2+} 和 Zn^{2+} 阳离子水解作用的简洁方式。此实验结果示于图 5.5(a)~(c)中。

从图 5.5(a)中可以看出，纯 Cu^{2+} 溶液水解作用的特征是用碱性沉淀剂对酸性起始溶液的优先中和。S-型中和曲线在 pH 值为 3 附近被沉淀高台打断，Cu^{2+} 在该处形成沉淀物。如果我们现在看看 Zn^{2+} 溶液[见图 5.5(b)]，定性上相似的图画就出现了。但重要的差异是 Zn-沉淀物出现在 pH 值为 5 而不是 pH 值为 3 处。这种水解行为差异当然不是罕见的，而是用于阳离子定性分析的传统湿法化学离子分离技术的基础。不过，重要的是二元系统的沉淀滴定曲线[见图 5.5(c)]是直接由那些单一系统的曲线构成的。这一事实表明，在这些条件下并未形成混合的二元沉淀物，而是 Cu^{2+} 在 pH 值为 3 处首先完全沉淀析出，这也可从 pH 值为 4 处蓝色在母液中消失看出，而 Zn^{2+} 是之后于 pH 值为 5 处"在上面"沉淀析出。显然，这样的增加 pH 值过程无法产生很好混合的沉淀物。解决此问题的方法是使用恒定 pH 共沉淀技术[67,68]，意味着酸性金属溶液和沉淀剂按一定方式同时滴定以使反应器中的 pH 值平均值差不多保持恒定。利用这种沉淀模式，就可以使铜与锌的沉淀在空间与时间上均非常接近。正如图 5.5 中所示，曲线不再是一次通过整个批次，而是通过了触及反应器中溶液的每一滴定。因此，由恒定 pH 共沉淀所得沉淀物中的阳离子分布就会非常均匀[65]。

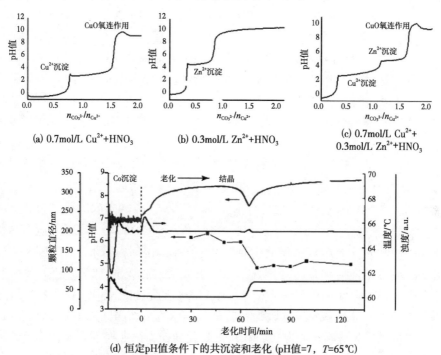

图 5.5 在 338K 下使用 Na_2CO_3 水溶液为沉淀试剂所进行的与 $Cu/ZnO/Al_2O_3$ 催化剂前体共沉淀相关的沉淀滴定(a)~(c)[65]；对应恒定 pH 值共沉淀的制备记录(d)[66]

另外，前体制备所需的适宜 pH 值也可以从图 5.5 中所示滴定曲线中推断出来。该值应该不低于 5 以保证 Zn^{2+}（和 Al^{3+}）的完全沉淀，否则它们至少将有一部分会留在溶液中。pH 值应该保持在 9 以下，因为 Cu、Zn 沉淀物在非碱性的溶液中会由于碱性铜沉淀物的氧化作用而分层进入稳定的黑铜矿 CuO 中[65]。滴定曲线在较高 pH 值时的下沉中可以看到这种氧化作用。实际上，CuZn(Al)前体一般是在中性或甚至微酸性的 pH 值下共沉淀的[58,61,62]。可以看到，沉淀高台的位置也是温度的函数[65]。共沉淀温度的增加会使滴定曲线向较低的 pH 值转移，证实选择适宜的 pH 值和温度是保证所有组分快速、完全凝固的关键所在。因此，pH 值 6~7 只能被看作是在 333~343K 这一确定温度窗口期内的最佳值[58,65]。

通过恒定 pH 值之下共沉淀得到的初始 Cu、Zn 沉淀物会在搅拌母液过程中经历重要变化。这一老化过程是与结晶、颜色由蓝变蓝绿以及粒度和形态的变化相关联的[见图 5.6(d)][66]。老化过程严重影响了所得 Cu/ZnO 催化剂的微观结构以及催化性能。这些变化是阶梯状而非渐变式的，并且伴随着瞬变最小 pH

值。老化产品的相组成主要由 Cu∶Zn 比决定[59,71]，但也受到沉淀模式[72]、沉淀剂加入速度的影响[73]。当组成由富铜向富锌转变时，得到的典型相是孔雀石 $Cu_2(OH)_2CO_3$、锌合孔雀石$(Cu，Zn)_2(OH)_2CO_3$(有时也被称作锌孔雀石[73])、绿铜锌矿$(Cu，Zn)_5(OH)_6(CO_3)_2$、水锌矿 $Zn_5(OH)_6(CO_3)_2$ 和这些相的混合物。在三元 Cu、Zn、Al 系统中还可以观察到少量的双氢氧化物(LDHs)。这一前体相将在下节详细描述。鉴于这些混合相的同质性范围，对前体进行综合表征是很困难的。有人认为锌合孔雀石是商用催化剂的相关前体相[61]。工业应用的富铜组成接近于 Cu∶Zn = 70∶30，落入锌合孔雀石为主要产品的区域范围的事实也证实了这一点。

本综述还可由近期锌合孔雀石中锌含量与所得催化剂 SA_{Cu} 值的正相关得到证实[66]。利用铜靶 $K_α$ 辐射，通过锌合孔雀石相在 $2θ$ 中靠近 32°的特征 X 射线衍射(XRD)峰的$(20\bar{1})$角位置，可以估算出锌分数[71]。这一特别的晶格面距离会随着 Zn^{2+} 包容进入锌合孔雀石而缩小，相应的峰会转向更高角度。其原因在于锌合孔雀石中 MO_6 建筑单元姜泰勒扭曲(Jahn-Teller distortions)值的平均降低，其延长轴几乎会垂直于此方向取齐。因此，尽管有铜和锌的类似离子半径以及散射因子，我们还是可以使用传统 X 射线衍射(XRD)法测量此相中的锌含量。可以注意到，因为单斜晶胞各向异性收缩，其他较强 X 射线衍射(XRD)峰均在较低角度上，可以被用来进行晶相鉴定，只是很难受到铜、锌置换的影响，不会给出更多诊断观察[73]。对于具有不同标称 Cu∶Zn 比的沉淀物在老化后得到的催化剂前体相，我们可以测量锌被包容于锌合孔雀石中时所发生的$(20\bar{1})$晶格面距离收缩值(见图 5.6)[66]。可以看到，在本研究所用条件下，锌包容量的限值接近 28%，

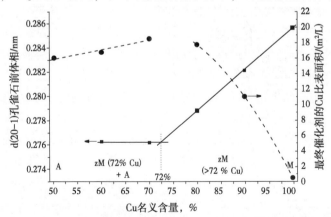

图 5.6　在垂直于锌合孔雀石$(20\bar{1})$平面方向上的点阵收缩以测量前体相中作为铜含量函数的锌掺入量，以及作为铜含量函数的最终 Cu/ZnO 催化剂 SA_{Cu} 值(相组成：M 为孔雀石，zM 为锌合孔雀石，A 为绿铜锌矿)[66]

也即其组成近似于$(Cu_{0.72}Zn_{0.28})_2(OH)_2CO_3$。对于更高的锌含量,没有观察到作为副产物的富锌绿铜锌矿相($20\bar{1}$)的反射。对于由靠近此临界组成的前体制备的催化剂,人们观察到了最大的SA_{Cu}值(见图5.6)。这一结果强烈表明预期的Cu/ZnO催化剂多孔微观结构(见图5.2)是由高度取代的锌合孔雀石前体得到的,所用的接近70∶30的Cu∶Zn比是有利的,因为该值接近了锌在孔雀石相中包容的极限值。

这种见解就推演出了包含有材料的介颗粒构建与纳米颗粒构建的商用Cu/ZnO催化剂制备的简单几何模型(见图5.7)[66]。在第一个微观结构-引导阶段(介颗粒构建)中,由恒定pH共沉淀所得的均匀铜、锌沉淀物将以锌合孔雀石的细针形式结晶存在。预期得到的是细且交织的针形,因为最终催化剂的孔隙率在此步骤业已决定。在第二步中,单独的针形晶体被分解为CuO和ZnO,前体针形假晶在轻度煅烧之后还仍可以观察到[58]。因为这两相都是混合不佳的,所以在此阶段就无法避免分层现象,因而形成了纳米颗粒氧化物CuO和ZnO。这个纳米构建步骤的效果严重依赖于前体的锌含量。在锌合孔雀石中Cu^{2+}和Zn^{2+}比值越接近1∶1,新形成的氧化物颗粒就越小,铜相的分散度就越高[66]。但是,在合成锌合孔雀石中要铜∶锌之比达到1∶1似乎不会被传统共沉淀和老化工艺所接受。因而,由于固态化学限制,该比值的极限是70∶30[73]。如果此时不考虑铜与氧化锌的协同效应,则使用Zn^{2+}制备高分散铜基催化剂的综合效益就是几何效应,因为Cu^{2+}和Zn^{2+}在水溶液和前体形态中的阳离子电荷和尺寸具有化学相似性。这种相似性使得铜和锌的常见固态化学过程可以处在一个混合前体相中,而不管其是由共沉淀法还是由浸渍法产生的。因而,人们在铜-锌系统中可以很容易制备出高度交互混合的前体,并在分解时得到高度分散的铜和氧化锌颗粒。

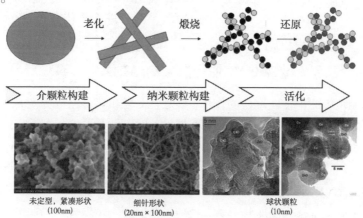

图5.7 含有两个微观结构引导步骤的Cu/ZnO/(Al_2O_3)催化剂制备的化学记忆模型

这个 Cu/ZnO 制备模型可以解释商用系统的"化学记忆",因为最终催化剂的重要材料特性如孔隙度和分散度已经由前体相特性如针形厚度和锌合程度先行确定。由此模型还可看清另一点,即商用甲醇合成催化剂的合成条件是以无意识的方式加以优化的,原意是要改善锌在锌合孔雀石相中的渗入状况。这当然表明,由其他前体制备 Cu/ZnO 催化剂需要有一套新型改进制备条件。这个 70∶30 比值是铜的负载量与分散度间最优折中,只针对由锌合孔雀石前体制备的催化剂。每一个前体和制备方法都需要有其独自的最佳 Cu∶Zn 比值(和所有其他合成参数)。Cu∶Zn 比值低于 70∶30 的催化剂一般用在 MSR 反应中。这通常在前体共沉淀过程中会导致绿铜锌矿前体相的生成而非生成锌合孔雀石相[57,70,74]。绿铜锌矿会以片晶方式而非针形方式结晶[63],并产生不同微观结构的 Cu/ZnO 催化剂。SA_{Cu} 值通常较低[60,66],但其埋置情况以及 Cu-ZnO 的相互作用可能更有利于 MSR 反应。与锌合孔雀石不同,对于绿铜锌矿来说,并不需要有延伸老化过程进行结晶。有报道说,使用尿素分解的均匀共沉淀法就可得到高活性的 MSR 催化剂[75,76]。促进性氧化物-商用催化剂中一般为氧化铝——通常都拥有比 Cu^{2+} 和 Zn^{2+} 高的电荷,如果是 M^{3+} 离子,则层状双氢氧化物(LDHs)在由单前体相形成 $Cu/ZnO/Al_2O_3$ 中是非常有趣的。另外,从学术角度考虑,一般希望由单相碱式碳酸盐前体制备 Cu/ZnO 基催化剂以得到均匀微观结构,这样就可以得到制备方法迥异的 Cu/ZnO 材料有关固有活性的可靠结论。

已经有人注意到,在 MSR 反应中具有活性的 $Cu/ZnO/(Al_2O_3)$ 催化剂也可以用碱式碳酸盐前体以外的其他前体制备,例如混合草酸盐[77],或是根据共沉淀法以外的其他方法比如反应研磨法[78]或是化学气相沉积(CVD)法[79]制备。所有这些方式都会生成不同的 $Cu/ZnO/(Al_2O_3)$ 催化材料,需要将其与 SA_{Cu} 值的商用参考催化剂对比以论证其性能。将这类对比催化研究与综合材料表征结合起来是至关重要的,因为这样可以建立结构-性能关系,进一步优化 $Cu/ZnO/(Al_2O_3)$ 系统在 MSR 中应用的可能路径。

5.2.4 三元 Cu/ZnO/X 催化剂（X=Al_2O_3、ZrO_2）

与广泛研究和争论的 ZnO 的作用(参见上文可知其可以分为垫片功能的几何贡献、协同 Cu-ZnO 相互作用的电子贡献)形成鲜明对照的是人们对于 Al_2O_3 有益作用的起源知之甚少,它的出现引起了甲醇合成反应中改进的热稳定性和较高的固有活性[49,80],Al_2O_3 可以被看作是构造促进剂。作为多孔氧化物,氧化铝也提供了较高的表面积,但是如前所示,它还不能被视为商用 $Cu/ZnO/Al_2O_3$ 催化剂中的经典载体。许多其他氧化物也已经得到测试以便发现催化性能有所提高的 Cu/ZnO/X 系统,即通过组合方法[81]。在 MSR 催化剂领域,Breen 和 Ross[82] 比较了一系列具有不同组成、采用不同沉淀顺序制备的 Cu/ZnO/X 材料（X = Al_2O_3、ZrO_2、La_2O_3、Y_2O_3）。他们的结论是，作为 Cu/ZnO-基 MSR 催化剂中的氧化物组分，ZrO_2 要优于 Al_2O_3。除了这些 Cu/ZnO/ZrO_2 催化剂外，本节还要讨论由层状双氢氧化物（LDH）前体制备的 Cu/ZnO/Al_2O_3 复合材料，因为其微观结构和组成与上面描述的商用低含量 Al_2O_3 促进的 Cu/ZnO 系统显著不同。有人指出，除 Al_2O_3 或 ZrO_2 外的其他氧化物，例如 SiO_2[83]，还有炭[84,85] 也可以用于制备活性的 Cu/ZnO 基 MSR 催化剂。

层状双氢氧化物（LDHs）或类水滑石化合物是碱式碳酸盐前体，它们源自天然生成的 Mg-Al 盐水滑石，$Mg_{1-x}Al_x(OH)_2(CO_3)_{2/x} \cdot mH_2O$（$0.25 < x < 0.40$）。镁和铝形成共享边缘的 $(Mg, Al)(OH)_6$ 八面体层。氢原子指向夹层空间，碳酸盐阴离子也位于该处。结构中需要有碳酸根（或其他阴离子）以补偿由三价 Al^{3+} 离子带来的额外正电荷。众所周知，层状双氢氧化物（LDHs）是合成各类催化剂的前体化合物[86,87]。其特别有趣的地方在于可用其他二价或三价阳离子同形替代 Mg^{2+} 与 Al^{3+} 的能力，特别是那些来自过渡金属第一排的二价或三价阳离子。因此，对于 Cu/ZnO/Al_2O_3 催化剂来讲，它们是极具吸引力的前体，因为它们可以在一个单相前体化合物中提供所有金属物质的完美原子分布，应该能生成铜分散度较高的结构均匀的催化剂，增强铜金属与锌、铝氧化物相间的相互作用。

多个研究已经表明，层状双氢氧（LDH）Cu、Zn、Al 前体或含有层状双氢氧化物（LDH）相的前体混合物确实可以分解为高活性的 MSR 催化剂[18,88,89]。与甲醇合成催化剂的锌合孔雀石前体类似（见前文），层状双氢氧化物（LDH）是最典型、最容易用共沉淀法制备的。要制备纯洁相的层状双氢氧化物（LDH）Cu、Zn、Al 前体需要有铝含量升高而铜含量减少的改进型金属组成。前者是为提供充足三价氧离子所必需的，其数值应该高于金属离子总量的四分之一。因此，铝就不能再被看作是构造促进剂相，而是最终催化剂中氧化物相的整体组件。后者则是为了抑制富铜类孔雀石相的生成（在商用甲醇合成催化剂中有需求），这是 Cu^{2+} 所喜好的，因为 d^9 系统具有在姜泰勒扭曲（Jahn-Teller distorted）的 4+2 配位而非更规则的层状双氢氧化物（LDH）中结晶的倾向。通常，由沉淀物结晶析出层状双氢氧化物（LDH）相并不需要延长老化时间。

富铜纯相层状双氢氧化物（LDH）前体（铜含量高达约 49%）可以通过改进的直接共沉淀法制备，并生成 Cu/$ZnAl_2O_4$ 型催化剂[90]。这些催化剂显示了与图 5.2 所示商用 Cu/ZnO/Al_2O_3 催化剂不同的微观结构。尽管由于前体中的铜含量较低、阳离子分散完美使得前-层状双氢氧化物（LDH）材料中观察到的铜金属平均粒径较小，但可接触的 SA_{Cu} 值相当低，只有约 $5 m^2/g$。这是较小金属颗粒在

$ZnAl_2O_4$ 基质中埋置极为牢固的结果。在 603K 煅烧和还原之后,其界面与表面的比值为 89%,与商用系统的约 35% 形成鲜明对照。制备这样的超-层状双氢氧化物 $Cu/ZnAl_2O_4$ 催化剂的主要挑战就是通过调整铜粒度、埋置程度以及前体薄片厚度来优化"巧克力中的坚果"类形态以便找到在铜金属-氧化物相互作用与铜分散度之间的恰当平衡。Tang 等[88]报道说,在与尖晶石型氧化物结晶以及样品上所有碳酸盐全部分解相关联的 873K 高温下对于前体进行煅烧后,由层状双氢氧化物派生的 $Cu/ZnO/Al_2O_3$ 催化剂(Cu:Zn:Al=37:15:48)可以达到令人意外的 $39m^2/g$ 超高 SA_{Cu} 值。前体沉淀进行"纳米浇注"层状双氢氧化物相薄片形态的微乳液方法在此方向上也显示了希望,因为与传统的共沉淀型超-层状双氢氧化物 $Cu/ZnAl_2O_4$ 催化剂(Cu:Zn:Al=50:17:33)相比,它能将 SA_{Cu} 值从 8 提高到 $14m^2/g$[91]。MSR 活性得到提高,但并非与 SA_{Cu} 值呈线性比例,而且与上面描述的 $Cu/ZnO/Al_2O_3$ 催化剂相比还比较低。

Turco 等[16,92,93]报道了高活性的超-层状双氢氧化物 $Cu/ZnO/Al_2O_3$ 催化剂。这些研究者使用了含氯层状双氢氧化物均匀沉淀法,之后与碳酸盐进行离子交换,并研究了所得催化剂的结构与催化性能。在 723K 进行的煅烧导致了 CuO、ZnO、无定形 Al_2O_3,可能还有铜和铝酸锌的生成。铜含量大约占所有金属离子的 5%~45%,并还可成功得到高达 $17.5m^2/g$ 的 SA_{Cu} 值。对于 Cu:Zn:Al=18:33:49 的组成,得到了最高活性。该样品显示了接近 0.01% 检测极限的一氧化碳转化率,该转化率在 473~673K 间不会随温度升高而显著升高。

Velu 等[18,94]利用共沉淀法制备了 Cu、Zn、Al-层状双氢氧化物的前体,并在 723K 煅烧得到了 $Cu/ZnO/Al_2O_3$ 催化剂。在这些催化剂中,具有 Cu:Zn:Al=33:43:24 摩尔组成的样品显示了最高的铜分散度。在氧化 MSR 中的高活性可以在 25h 运行中保持稳定。作者还用 ZrO_2 替代了 Al_2O_3,将其用作了 $Cu/ZnO/Al_2O_3$ 系统的添加剂。这些 $Cu/ZnO/ZrO_2$ 和 $Cu/ZnO/Al_2O_3/ZrO_2$ 催化剂是分别由绿铜锌矿和混合绿铜锌矿/层状双氢氧化物前体制备的。在氧化 MSR 中,含有 ZrO_2 的催化剂比不含 ZrO_2 的样品更有效。在这些材料中发现了铜-氧化锆的相互作用,特别是 Cu-O-Zr 的键合作用[95,96]。在氧化锆存在下,铜更易于被还原,表明促进剂氧化物对于铜的氧化还原化学过程的效果。可以认为铜-氧化锆的协同效应对于含氧化锆样品的催化性能改善负责,原因可能是调整了工作条件下 Cu^0/Cu^+ 比(见下文)。先前,Breen 和 Ross 曾经根据程序升温还原(TPR)[82]检测到的铜的氧化还原化学的改进,提出过催化剂表面出现的这种由于氧化锆的存在而对于 Cu^0/Cu^+ 比的影响。有趣的是,在他们的含氧化锆催化剂中发现了铜还原能力的降低,而这被归因于促进剂的存在。这些研究者在他们的研究中发现,$Cu/ZnO/ZrO_2$ 催化剂比 $Cu/ZnO/Al_2O_3$ 活性更高,而加入氧化铝或氧化钇可以进一步对此材料进行改进。下面深入研究了不含氧化锌的 Cu/ZrO_2 催化剂中铜金属与氧化锆的相互作用。

Agrell 等[15]通过共沉淀法制备催化剂，并考察其在 MSR 中的应用情况，制备并表征了多个不加或加有 Al_2O_3 和/或 ZrO_2 的 Cu/ZnO 催化剂。在这些样品中，含有氧化锆的系统显示了最高的铜分散度和最佳的 MSR 性能。与二元 Cu/ZnO 样品相比，$Cu/ZnO/ZrO_2/Al_2O_3$ 催化剂也在氧化还原循环中展示了较高 POM 活性稳定性，再次表明氧化锆对于铜的氧化还原性质的影响。

Matsumura 和 Ishibe[97]在 673K 将 $Cu/ZnO/ZrO_2$ 用于高温 MSR，并将其与二元 Cu/ZnO 和 Cu/ZrO_2（煅烧后的 CuO 含量均为 30%）进行对比。他们发现，其 $Cu/ZnO/ZrO_2$ 样品与二元 Cu/ZnO 相比，具有增加的 BET 表面积以及更小的铜颗粒。催化活性比商用 $Cu/ZnO/Al_2O_3$ 催化剂的更稳定。有趣的是，他们发现失活现象是伴随着氧化物颗粒的增长而不是铜金属的烧结。

Jones 和 Hagelin-Weaver 在由浸渍法制备的一系列 Cu/ZnO/X（X = ZrO_2、CeO_2、Al_2O_3）催化剂中[98]也发现了氧化锆对于活性的促进作用。最好的样品是 $Cu/ZnO/ZrO_2/Al_2O_3$ 催化剂，该样品活性最高而一氧化碳选择性最弱。该催化剂是通过把铜和锌共浸渍在氧化锆与氧化铝纳米混合物上制备的，良好的催化性能与氧化锆单斜晶同质异形体的存在有关。

5.2.5 不含氧化锌的铜基催化剂

在不含氧化锌的铜基催化剂中，研究最多的是含有 ZrO_2 和 CeO_2 的系统，本节重点将放在这两类催化剂上。铜与氧化铬[99-101]或氧化锰[99]促进剂的组合或是负载于氧化硅载体的铜[102]也被用于 MSR 中。根据铜的含量与制备方法——共沉淀法、溶胶凝胶化学法，或是浸渍法——这些催化剂可以或者是真正的负载型或者是类似于商用 $Cu/ZnO/Al_2O_3$ 系统的体相催化剂。另外，骨架铜催化剂在 MSR 反应中也是有活性的，该催化剂可以通过含铜合金的选择性浸出法予以制备。这些材料都是通过将金属间化合物作为前体相进行制备的，并将在本章的第二部分详细讨论。

在过去数年间，人们对于不含氧化锌的 Cu/ZrO_2 催化剂在 MSR 反应中的兴趣日益高涨。早在 20 世纪 80 年代，有人就报道了与由浸渍法制备的 Cu/SiO_2 相比，Cu/ZrO_2 可以提供更高的甲醇转化率[103,104]。由沉淀法制备的 Cu/ZrO_2 催化剂显示了可以媲美 Cu/ZnO 催化剂的反应效率[82]。Cu/ZrO_2 催化剂较低的总活性被归因于这些催化剂中较低的 SA_{Cu} 值。Ritzkopf 等[20]成功地将利用了油包水系统中水滴的微乳技术用于限制共沉淀法的反应空间。他们得到了铜含量为 4%~16%、粒度小于 10nm 的密切混合的 CuO/ZrO_2 颗粒。在高温下，该催化剂显示了与商用催化剂相同的活性水平,但所产一氧化碳的量则显著降低。在573K及约90%的转化率下,物料流中的一氧化碳含量与Cu/ZnO参考系统相比只有其大约五分之一。与商用催化剂不同,Cu/ZrO$_2$使用后可在其表面X-射线光电子能谱(XPS)检测中发现被氧化的铜物质,支持了ZrO$_2$对于被氧化铜物质具有稳定作用的观点。对于氧化锆促进的Cu/ZnO/(Al$_2$O$_3$)催化剂(见上文)也观察到了这一点。这种被氧化的Cu$^+$物质在MSR反应中所起的重要作用将会予以讨论(见下文)。

Purnama等[19]报道了用模板工艺制备的Cu/ZrO$_2$催化剂(铜含量为8.5%),与商用Cu/ZnO/Al$_2$O$_3$催化剂相比,该催化剂显示了作为W_{Cu}/F函数的较高活性、MSR中的更高稳定性以及较低的一氧化碳产率。如果在一段生产时间之后向原料加入氧气脉冲,则此样品会显示出复杂的活化行为。Sziyybalski等[105]采用沉淀法制备了Cu/ZrO$_2$催化剂,煅烧后的铜含量为8.9%(摩),他们更透彻地研究了这种现象。煅烧后的催化剂含有小的、无序的CuO粒子而不是嵌入在氧化锆晶格中的Cu^{2+}。另外还观察到了还原能力的减弱。借助于原位铜靶K边(K-edge)X射线吸收光谱,在523K还原后可以在铜相中检测到大量的剩余氧,只有在673K用氢处理此催化剂才能将其除去。如果在MSR反应时将氧加到原料中,则在再还原后会发现物料中剩余氧浓度会增加,伴之以MSR活性的增加。因此,人们提出了铜颗粒中剩余氧的量与催化剂活性的关联性。由此得出的结论是,相比于不存在金属-载体相互作用的Cu/ZnO催化剂,Cu/ZrO$_2$中的金属-载体相互作用必定是不同的。

与Cu/ZnO系统类似,如果共沉淀法与硝酸盐溶液被用于制备Cu/ZrO$_2$催化剂,则有报道说可获得80%高铜负载率,产生最活泼的材料[106]。Yao等[107]用四种不同方法制备了这一组成的Cu/ZrO$_2$催化剂。结果表明,采用共沉淀法制备的催化剂与用浸渍法制备的相比,显示了更高的转化率。最佳结果是通过采用草酸盐凝胶共沉淀法并在823K下煅烧得到的[108]。在此催化剂中,可以由整块正方晶系ZrO$_2$上检测到一层单斜晶系ZrO$_2$。提高煅烧温度会增加单斜晶系ZrO$_2$数量,并伴随着转化率的降低。

Wu等[109]通过对比纯铜与ZnO/Cu和ZrO$_2$/Cu系统,研究了ZnO和ZrO$_2$对于铜在MSR反应中催化性能的影响。他们发现,这两种氧化物都能提高铜的活性并稳定铜颗粒去预防集聚与烧结。而且,氧化物的出现还能引起催化剂表面Cu$^+$物质的稳定化。研究者们的结论是,ZrO$_2$是铜基MSR催化剂的超级氧化物促进剂。

另外,CeO$_2$也被证明是铜基MSR催化剂的大有前途的氧化物组分。Liu等[21,110,111]采用共沉淀法并在723K下煅烧制备了Cu/CeO$_2$催化剂。通过这种处理方式,高达20%的Cu^{2+}可以进入氧化铈晶格。还原之后,就可以得到Cu/CeO$_2$催化剂(3.9%Cu)。该催化剂比同样低铜负载率的 Cu/ZnO 和 Cu/Zn/Al_2O_3 催化剂活性高。失活后，初活性可以通过再煅烧与还原过程得到再生。其高活性归因于牢固的铜-氧化物相互作用并与氧化铈载体高的氧迁移率有关。此外，混合的 CeO_2/ZrO_2[112] 或 Zr[113] 或 Gd 掺杂的[114]氧化铈也被用作铜基 MSR 催化剂的载体。

从 Cu/ZnO 到 Cu/ZrO_2 再到 Cu/CeO_2，铜-氧化物间相互作用的增加也反映了在较高温度下氧化物相中越来越强的取代化学中，虽然 Zn^{2+} 和 Cu^{2+} 只在沉淀的催化剂前体阶段显示了共同的固体化学，也即是以碱式碳酸联合阳离子晶格相的形式(见前文)，但尽管有阳离子电荷与类似的离子半径的匹配，Cu^{2+} 在 ZnO 中的显著同晶置换反应却难得一见。固态溶解性如此之低的原因可能是在 ZnO 中 Zn^{2+} 基团的四面体配位环境所致，该环境对于偏好姜-泰勒(Jahn-Teller)畸变八面体 4+2 配位的 Cu^{2+} 不利。在氧化锆晶格中包容如 Ca^{2+} 这样的 M^{2+} 阳离子则是众多周知的，并且可以使氧化锆较高的对称同质多形体得到稳定。也有报道说 Cu^{2+} 可以取代 Zr^{4+} 并对氧化锆相组成有影响[115]，但其影响在铜基 MSR 催化剂制备中不起作用，因为煅烧温度通常较低，可以观察到铜的存在但却看不到高度分散的 CuO[105]。不过，对于 CeO_2 来说，Liu 等[21,110,111]展示了利用 723K 煅烧温度制备催化剂期间 $Ce_{1-x}Cu_xO_2$ 固体溶液形成的证据。大家知道，ZrO_2 和 CeO_2 都易于形成亚化学计量的金属/氧比，在包容 Cu^{2+} 时未匹配的电荷可以由氧空穴的形成予以补偿。尽管在 MSR 反应条件下或甚至在氧化 MSR 气氛下不太会形成高度取代的本体相，因而它们本身可能与催化反应无关，这些考量仍然显示了带有不同氧化物的铜的固态反应性的不同。在氧化条件下，系统倾向于由铜金属的氧化反应为起点以形成混合氧化物，而在还原条件下，系统倾向于由氧化物的还原反应为起点以形成合金。许多研究人员发现了铜金属相的氧化还原化学及其与氧化物组分相互作用间的联结。从本体氧化物相取代化学角度来看，完全可以理解 ZrO_2 和 CeO_2 对于被氧化的铜具有稳定作用，因而导致了较高的还原温度，而对于 ZnO 来说，则未发现这种效果[116]。

增强铜金属与氧化物间的相互作用可能对于催化剂的稳定性是重要的，因为它们会阻碍铜颗粒的流动性，因而降低了热烧结的倾向。而且，这些相互作用可能对于在给定条件下较高铜氧化态的可接近性，或者更广泛地讲是对于氧包容进入铜晶格的容易程度可能是很重要的(见下文)。另一个实际问题就是，由氧化再生引起的铜相再分散对于能够像 Cu/CeO_2 那样形成混合氧化物(较牢固的相互作用)的系统要比对于那些如 Cu/ZnO 类不易形成混合相的系统更有效。

在优化的铜基 MSR 催化剂中，促进氧化还原效果的氧化物对于铜相的有利影响应该与已被证明氧化还原活性较小的 ZnO/Al_2O_3 组分的结构促进效果相结合。

5.2.6　MSR条件下铜的活性形式

有关MSR中铜基催化剂的活性基团是何物的问题仍然未解并在文献中进行讨论。与甲基合成反应类似，无论是分散在氧化物组分上或是处于金属-氧化物界面上的金属Cu^0中心、被氧化的Cu^+中心，还是这两种中心的组合都被论及其对于铜表面上活性总效果的贡献。而且，难熔组分的氧化表面可能会参与催化反应以及为含氧键合物质提供吸附中心[117]，而氢则可能在金属铜表面吸附。

很清楚，SA_{Cu}值是确定MSR中铜基催化剂活性的最重要参数之一，指明了铜分散率与铜负载率间适当平衡的重要性，也即催化剂制备的重要性。足够的SA_{Cu}值是高性能铜基MSR催化剂的先决条件，但由N_2O分解法测得的SA_{Cu}值并非在任何情况下都与活性呈线性比例关系，而利用SA_{Cu}值作为活性中心数进行计量的生产率却对于同一样品在不同预处理之后都会发生变化[118]。因此，其他铜相固有而N_2O滴定无法检测到的参数一定也对MSR活性作出了贡献。文献中有关这些固有参数的两种主要观点分别或者是涉及铜的可变氧化态，特别是Cu^0/Cu^+在催化剂表面的原位调整，或者是涉及缺陷结构和根据催化剂微观结构与制备历程而存在于金属铜中的不同数量的形态。我们会看到，这些观点也不一定彼此矛盾。

在氧化MSR反应中要特别考虑铜的氧化态变化，因为这里存在着气态氧。已经有人尝试使用后反应表征以及原位研究来回答有关（氧化）MSR条件下铜的氧化态问题，根据原料气体组成、使用的催化剂、使用的表征方法，得到的结果有时会有差异。虽然Cu^+和Cu^0的辨别对于芯能级谱基线的确立是一个挑战，近表面敏感技术如X射线光电子能谱（XPS）还是非常适合研究铜基MSR催化剂近表面氧化态。有人注意到，要得到可靠结果就要严格避免与空气的接触，因为高度分散的铜颗粒易于在空气中氧化。另一个缺点就是实验室的XPS只能进行非现场研究，催化剂在冷却和卸载时可能发生的变化必须予以考虑。X射线衍射与X射线吸收光谱也被广泛用于表征MSR催化剂中的铜金属相。利用这些方法可以进行现场研究，但是它们又缺乏表面敏感性。在报告$Cu^0/Cu_{被氧化的}$比值时应该加以考虑的另一常规方面是所研究催化剂的均匀性。如果催化剂中含有不同的铜物质，例如较大的铜颗粒以及高度分散的铜集群，则还需要有额外的表征信息以便辨认个别铜物质对结果的影响。

Agrell等[15]在预处理柜内模拟了氧化MSR反应条件后，用X射线光电子能谱（XPS）研究了$Cu/ZnO/ZrO_2/Al_2O_3$催化剂的近表面区域。他们报道了还原后金属Cu^0的存在以及暴露于$O_2/MeOH$（1∶2）气氛后氧化的Cu^+物质的形成。与此相反，Goodby 和 Pemberton[119]利用无氧纯 MSR 气氛与商用 Cu/ZnO/Al$_2$O$_3$ 催化剂，却发现在氢气中还原后表面仍有大约 7%Cu$^+$，但催化剂在 MSR 中使用后则其会被完全还原。Raimondi 等[120]使用了相似方法，他们发现商用 Cu/ZnO/Al$_2$O$_3$ 催化剂中铜的氧化态是原料气组成的函数。在略低于化学计量值的 O$_2$：MeOH 比值下，Cu$^+$ 只在温度低于 510K 时处于主导地位。在较高温度下，铜被 MeOH 还原至其金属态。只有在 Cu$^+$ 或 Cu^0 能被检测到时，才会产生氢气。而在较高氧气分压下生成的 Cu^{2+} 是没有活性的并会引起甲醇燃烧。利用稀薄取向 ZnO 膜上的亚单层铜作为模型催化剂，同一课题组表示，如果在 550K 下，铜在 O$_2$：MeOH 值低于 0.25 时处于金属态，则铜金属岛相的聚集就是由氧气的存在加以促进的。在较高的氧气浓度下，铜被氧化、聚集也没有那么明显，显示了铜的氧化态对于 Cu-ZnO 相互作用的影响[121]。Reitz 等[122]采用本体敏感的原位 X 射线吸收光谱，研究了存在有甲醇、蒸汽和氧气等不同条件下铜的氧化态。他们观察到了低氧气转换时对 MSR 无活性的 Cu^{2+}，发现了只在金属铜被检测到的情况下氢气的生成。而检测到的 Cu$^+$ 是 Cu^{2+} 还原为 Cu^0 的中间产物。

毫不奇怪，铜的氧化状态与气体原料的氧化能力有关，特别是氧气浓度（若使用氧化 MSR）。Knop-Gericke 等[123]已经通过对在铜箔上进行的甲醇氧化反应进行高压原位 X 射线光电子能谱（XPS）分析，显示了动态近表面 Cu-O 化学的重要性与复杂性。随着 O$_2$：MeOH 比值的增加，原位形成的铜表面会经历从金属经低价铜的氧化物再到类似一价铜氧化物物质的变化。在此研究中观察到的（对于甲醛）最具活性和选择性的形态是由组成接近 Cu$_{\sim 10}$O 的亚表面氧原位加以改进的无序 Cu^0 表面，强调了纯 Cu^0 金属与本体 Cu$_2$O 相都不足以描述 Cu-O 系统的表面化学。人们注意到，活性表面相只是原位观察到的，但却不会在超高真空（UHV）条件下形成。

不仅是气相组成会决定 MSR 条件下铜的氧化态，催化剂配方也在其中起了重要作用。上面已经提到，与不含 ZrO$_2$ 的系统相比，在给定 MSR 条件下，ZrO$_2$ 的存在一般会减少 CuO 的还原能力，并能稳定 Cu$^+$。这样的 Cu$^+$ 常在对应于由 Klier[124]为甲醇合成提出的相反的氧化还原机理情况下被认为是（氧化）MSR 的活性中心，包容在 ZnO 基体中的 Cu$^+$ 在那里被看作是活性中心。Busca 课题组使用红外光谱方法确定了在由层状双氢氧化物衍生的 Cu/ZnO/Al$_2$O$_3$ 催化剂表面上的 Cu$^+$ 中心，讨论了它们在氧化 MSR 中的作用[89,125-127]。

对于变动固有活性的第二个解释是金属铜相中无序相的数量。这个无序相会以可被检测的晶格畸变形式显露自己，即通过对 X 射线衍射峰（XRD）[17]、^{63}Cu-核磁共振（NMR）谱线进行谱线轮廓分析[64]；或是作为由扩展 X 射线吸收精细结构（EXAFS）光谱衍生的无序度[德拜-瓦勒因子（Debye-Waller factor）]的增加而得[118]。与未形变的表面相比,形变的铜在理论上[128]和实验上[129]都显示了不同的吸附性能。众所周知,应变即晶格参数的局部变化,会转变 d 波段的中心,改变金属表面与吸附质间的相互作用[130]。另外,人们也讨论了在铜金属与半导体氧化物界面上发生形成了肖特基结的铜电子结构改进现象[131]。

  Günter 等[118]采用了原位 X 射线衍射 XRD 与延伸 X 光吸收细微结构 EXAFS 分析法。他们发现了铜相的无序形态与一系列不同制备方法所得 Cu/ZnO 在 MSR 中活性间的关系。此外,生成二氧化碳的选择性受到了影响。Kniep 等[64]可以证明,其他条件都相同而沉淀物得到老化所制备的 Cu/ZnO 中的铜会在 MSR 反应中显示更多的形变和更高的活性。此外,微波加热步骤的引入[132]以及对于煅烧后 CuO/ZnO 材料的反应研磨[78]都被用于制备形变的和无序的因而在最终 MSR 催化剂中活性更高的铜金属颗粒。如原位研究所示(见图 5.8)[118],后制备处理法似乎也能达到一定量的无序增长。向 MSR 原料中加氧而引起的 MSR 活性的瞬态故障可以归因于 CuO 的形成。在切断氧气后,催化剂会被 MSR 原料再还原为 Cu^0,并展示较高的甲醇转化率与较低的一氧化碳选择性,这可以被归因于结构无序形态的增加。在反应中,Cu_2O 只是作为中间产物被观察到。高活性 Cu/ZnO 催化剂中结构无序形态的起源被认为是 Cu^0 集群与 ZnO 颗粒的界面。因此,如果 SA_{Cu} 值损失不太大,则强化界面接触会有利于催化剂活性。

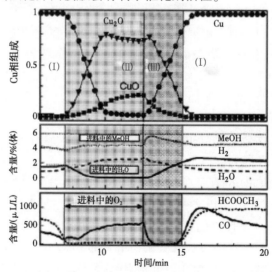

图 5.8 在 523K 向蒸气重整原料加氧的周期中,Cu/ZnO 里铜相成分的演变。相分析是基于相应的 X 射线吸收近边结构(XANES)光谱。该图的两个下部区域分别描述了以百分比和百万分之一计的气相演变。对于本体与气相组成的三个转变标注如下:(Ⅰ)蒸气重整中的铜金属;(Ⅱ)铜的氧化;(Ⅲ)铜氧化物的再还原[118]

相应地，在反应工况下向 Cu/ZrO_2 型 MSR 催化剂中短暂加入氧气也展示了对于铜相的活化作用，并且与 Cu/ZnO 相比，其作用更显著、更稳定[19,105]。在此情况下，未能检测到显著的铜晶格畸变，但却观察到了氧在金属铜中的包容（见上文）。考虑到在这些特殊试验中对于铜的催化性能的相似影响以及在 Cu/ZnO 和 Cu/ZrO_2 中的结构起源又显然不同的情况，再加上涉及铜的氧化态的工作，人们得出了铜在 MSR 反应中的总图概貌。铜在 MSR 中的催化活性似乎与金属铜的非平衡态形式有关。催化活性表面与其有序平衡形式的偏差可以由复合催化剂的氧化还原化学及其有利的微观结构排列触发。前者与氧溶引起的铜晶格变形有关，属于动力学效应，会原位调整自己。这一效应可以由 Cu^0 相中残余氧含量这样的本体法进行测量，并且很可能会影响由非原位表面敏感技术测得的 Cu^0/Cu^+ 比值。这种形变程度是气相组成与金属-氧化物相互作用的函数。通过加氧等方式增加原料的氧化能力有利于氧的包容，像在 Cu/ZrO_2 中那样铜与氧化物组分间的牢固（或协同）相互作用会促进氧的包容。但是，由过强的氧化气氛引起的铜被氧化为本体氧化物形式（Cu_2O）以及由过强的铜与氧化物的相互作用引起的混合氧化物（例如，无活性的 $CuAl_2O_4$）的形成都应该避免。

由于静电缺陷和晶格应变引起的与平衡态铜的偏离可以由致力于在动力学上封隔扭曲与富含缺陷态铜的适宜催化剂制备方法而引入铜颗粒中。在小颗粒的微观结构中，许多像在商用 $Cu/ZnO/(Al_2O_3)$ 催化剂中那样的 Cu^0-氧化物界面都对铜相有正面影响。除了 Zn^{2+} 对于铜分散的有益作用外（见上文），铜金属与 ZnO 的界面似乎也很好适应了 Cu^0 的有益缺陷结构。

5.3 甲醇水蒸气重整反应中的金属间化合物

除了铜基系统以外，主要是基于钯和铂的各种其他系统已被探索用于甲醇水蒸气重整反应。其推动力就是要发现具有耐烧结的较高稳定性和使产品中一氧化碳分压较低的高选择性材料[133]。

有趣的是，在这些氧化物负载金属系统中常常能够发现金属间化合物的形成，并且很多时候与二氧化碳选择性的显著提高有关联[27]。"金属间化合物"是由两个或更多金属元素组成的，拥有与其构成元素不同的结晶结构并且至少是部分有序的[134,135]。"化合物"意味着它是单一相，这与金属间化合物的常常较宽的同质范围并不矛盾。与此相反，大家更常见到的"合金"一词对应着金属、金属间化合物和/或非金属的混合物，组成包括一相以上。

图 5.9 展示了有序金属间化合物对于催化活性物质电子结构的巨大的影响。相反的是钯金属、银金属和锌钯金属间化合物（通常称作钯锌，见文献[136]）的

电子密度态(DOS)。通过形成合金,例如银-钯合金,则每个原子的总电子浓度会随银含量增加而增加,但晶体结构却不会改变(铜型晶体结构、空间群 Fm$\bar{3}$m)。因此,DOS 维持与元素钯极为相似的情形(所谓刚性能带路径),但 d-峰会逐渐稠密,直至其达到纯银的总数目[见图 5.9(b)]。金属间化合物 ZnPd 会以有序 CuAu 型晶体结构(空间群 P4/mmm)形式结晶。晶体结构是金属间化合物形成时其内部共价化学键合的直接结果[136]。有趣的是,共价相互作用在金属间化合物中极为普遍,由此引发了可在图 5.9(c)中见到的电子结构的强烈变化。这些也由化合物的物理性能加以展示[137-139]。因为大量的价电子处于共价键中,导电性在化合物形成时大为降低。一个示例就是得到充分研究的 θ 相,如图 5.10 所示 Al-Cu 系统中的金属间化合物 $CuAl_2$[139]。

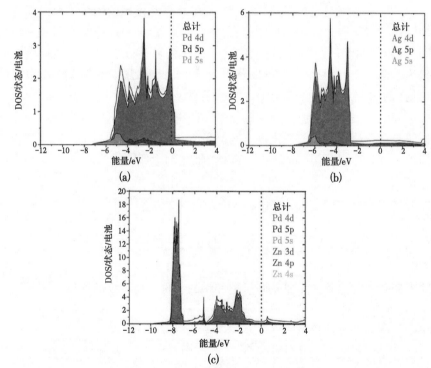

图 5.9 元素钯(a)、银(b)和锌钯金属间化合物(c)的能态密度。银-钯合金的生成导致了元素钯和银间的填充中间体 d-峰。与此相反,当锌钯金属间化合物(c)形成时,在费米能级以及钯 d-峰的宽度内展示了巨大的差异

这两种元素都是铜型结构结晶(等轴晶系)。合金会在富铝以及富铜侧生成。高达约 20% 的铝可以溶在铜中而不会引起结晶结构变化。在这两种合金中,形成了许多具有不同结构的金属间化合物。在 $CuAl_2$ 中,三键合的铝原子会建立共价的、互相贯穿的 6^3 网络。铜原子位于四方反棱柱腔体中并通过三中心键使 6^3 网络

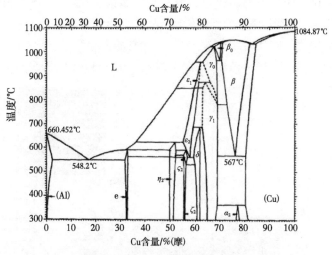

图 5.10 Al-Cu 系统的相图[215]

互相连接。该键合情况显著影响着物理性能。与铜和铝形成鲜明对照的是，$CuAl_2$ 不再具有韧性而是像玻璃样易碎——这是共价键和金属间化合物中的常见性能。电子在共价键中的集聚降低了载荷子的数目，因而与 $\rho_{295K,Cu} = 1.55\mu\Omega \cdot cm$ 和 $\rho_{295K,Al} = 2.73\mu\Omega \cdot cm$ 形成对照的是，在 295K 时 $CuAl_2$ 的电阻率显著增加到了 $7.6\mu\Omega \cdot cm$[140]。强烈变化的电子结构与晶体结构决定着吸附与催化性能。因而，在着眼于双金属催化剂时，有必要牢记上述金属间化合物与合金之间的差异。

至于钯金属，化合物形成时对催化性能的直接后果是可以显示的。虽然钯金属在 MSR 中的二氧化碳选择性仅有 0.9%，金属间化合物 ZnPd 的形成会得到 98% 的二氧化碳选择性[141]。在下面章节，将对金属间化合物在甲醇水蒸气重整反应中所起的不同作用进行讨论。由金属间化合物的刻意分解以合成高活性催化剂开始，经过对运行时间内形成的金属间化合物的观察，本节将以定义明确的金属间系统在系统开发甲醇水蒸气催化剂的应用而结束。下面章节的目的不在于对已有文献的全面回顾，而是在于揭示文献中出现的涉及金属间化合物和甲醇水蒸气重整反应的催化剂不同观点。

5.3.1 由金属间化合物分解而衍生出来的催化剂

将金属间化合物应用于 MSR 中还仍然是一门年轻的科学。其第一次现身是在 1994 年，当时 Miyao 等[142]利用含有诸如 $CuAl_2$、CuZn 和 Cu_5Zn_8 等金属间化合物的 Al-Cu、Cu-Zn 和 Al-Cu-Zn 合金作为前体，合成了高活性的铜基雷尼型（Raney-type）催化剂。在用氢氧化钠水溶液浸取过程中，金属间化合物会分解，而观察到的催化性能也不会与起始材料的晶体结构和/或电子结构相关联。通常,浸取过程会产生具有高比表面积比传统铜基系统活性更高的负载型铜颗粒。

另外,单相金属间化合物如得到深入研究的 $CuAl_2$[139]乃至准晶相即有序而非周期性的金属间化合物都被用于雷尼型催化剂的前体(见图 5.11)。

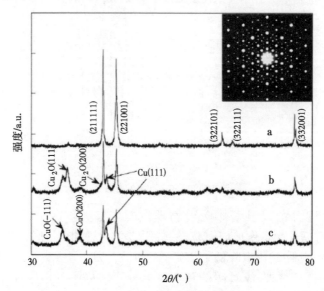

图 5.11 准晶体 $Al_{63}Cu_{25}Fe_{12}$ 的 X 射线衍射(XRD)图(a);室温下用 20%氢氧化钠浸取后(b);用作 MSR 催化剂之后(c)。里面的插图展示了(a)的电子衍射图像,证明了二十面体准晶相的存在[22]

Tsai 的课题组用氢氧化钠或碳酸钠浸取了二十面体准晶 i-Al-Cu-Fe 相、结晶 Al-Cu-Fe 金属间化合物以及 $CuAl_2$ 颗粒[22,143-145]。这会引起铝从颗粒表面的优先溶解,而不会触动金属间核心。淋溶之后的表面含有分布在氢氧化铝层上的过渡金属颗粒。至于上面所提材料示例中,产氢速率提高到了 235L/kg,但铁的存在也提高了铜颗粒抗烧结的稳定性。有趣的是,相对于结晶金属间前体,对于准晶相进行淋溶可以提高活性和稳定性,目前对此现象还欠缺理解。Ma 等用 Na_2CrO_4 对 $CuAl_2$ 的浸取液进行了改进,结果发现活性增加了两倍[23]。利用 X 射线光电子能谱(XPS)分析,他们展示了该改进方式引起了 Cr_2O_3 促进作用,该促进作用对于结构和催化性能都有利。Cr_2O_3 的出现会由于更高的孔隙率和较小的铜颗粒而导致较高的 BET 比表面积。有人观察到 Cr_2O_3 本身也可以增加活性,产生高于商用亚铬酸铜催化剂的活性。

产生高比表面 SA_{Cu} 值的另一研究方向是在金属间化合物或合金用作催化剂之前对其进行氧化。这一方法与 20 世纪 70 年代由 Wallace 和 Lambert[146,147]开发的甲醇合成催化剂制备法相似。此处，对于 CO/H_2 物料中 Cu-RE(RE 为稀土元素)金属间化合物如 $CeCu_2$ 或 $NdCu_5$ 进行氧化，会生成负载在稀土氧化物上的均匀分布的铜颗粒(见图 5.12)。

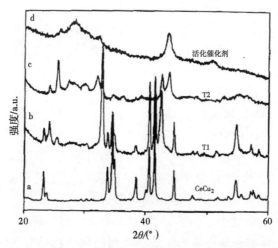

图 5.12 $CeCu_2$ 在氦中(a)353K 下 15bar(1bar=10^5Pa，下同)CO/H_2 中处理时；(b)373K 下 15bar CO/H_2 中处理时(c)与(d)的 X 射线衍射图。催化剂的活化状态由铜颗粒负载在 $CeCu_2$，而 T1 和 T2 显示了金属间化合物在处理过程中的分解[147]

对于 MSR 物料中的 Ni_3Al 进行活化，会引起金属间化合物分解为负载在氧化/水解铝上的细小镍颗粒[24]。在蒸汽∶碳为 1 时，两个元素都受到氧化；而在蒸汽∶碳为 0.1 时，则元素镍得到了保留。所观察到的 Ni_3Al 衍生催化剂的催化性能相当于镍基催化剂的，显示的二氧化碳选择性只有 10%，因为主反应——即使是在水蒸气重整反应条件下——是甲醇分解反应。

为得到高比表面积过渡金属，Takahashi 等在 570~587K 下空气中用少量 Au、Pd、Pt 或 Rh 改性的无定形 Cu-Zr 合金进行了 17h 的氧化[25,148]。通过随后在 573K 下氢气中的还原，得到了预期的负载型过渡金属催化剂。由 Pt 和 Rh 含量约 1%的合金得到了活性最高的催化剂，而对于含 Au 合金来说，活性随 Au 含量增加而增加。这些催化剂对于二氧化碳的选择性约为 100%，可以得出的结论是 Pt、Rh 和 Au 的主要作用是提高了铜的分散性。由 Pd 改性的 Cu-Zr 合金的性能显著区别于其他合金。尽管活性得到提高，但是二氧化碳选择性只有约 60%。其原因可能在于 Pd 的存在，它是甲醇分解为一氧化碳的活性催化剂。

除被分解之外，金属间化合物在甲醇水蒸气重整反应中其他方面也很重要：一方面，人们经常在它们用作氧化物载体催化剂之后观察到它们，这激发了对其构造的研究。另一方面，未负载的金属间化合物也受到研究，以发现其在甲醇水蒸气重整反应中的作用。对这两个课题的研究编录在下文。

5.3.2 负载型金属间化合物

从上文可以看出，金属间化合物可以通过施加的反应气氛予以改变，而常规型负载(单金属型)催化剂则可以是非常动态的系统。例如，这可以由负载金属的烧结或碳物质沉积所引起的失活予以表示。

特别是在还原条件下(即在制备工艺的最后一步)，可以出现两个其他效果。一个是所谓的强金属–载体间相互作用(SMSI)，这可以由三个特性予以确定[149]：①当在低温下还原时，催化剂显示了常规化学行为；②高温还原强烈改变化学吸附性能(SMSI态)；③该现象经氧化过程能成为可逆的，而温和还原过程能将催化剂带入状态①。尽管在Tauster的第一份出版物上提到了金属间化合物的介入[150]，现在SMSI则被分配给了由移动与部分还原的载体对金属颗粒的覆盖，Tauster在其后期的出版物中[154]也采用了这一观点。另一现象是(氧化)载体的部分还原及其后续与负载金属反应所生成的金属间化合物。对此，提出了"还原金属载体相互作用"(RMSI)的术语。金属间化合物的形成必须要与强金属–载体间相互作用(SMSI)区别开来，因为其通常是不可逆的，除非将催化剂在特别强的氧化条件下进行处理。

除了在反应前生成之外，金属间化合物还可以在反应条件下由还原金属载体相互作用(RMSI)生成。通常，除非使用了极高的还原温度，否则该过程是不完全的。所需的温度取决于金属与载体的组合。图5.13展示了这个问题。仅仅使用X射线衍射(XRD)，还很难确定低温下还原后出现的物种。所观察到的衍射图形可能起因于部分还原的PdO、氧或氢在Pd中的固体溶液，或是金属间化合物。如果该过程是不完全的，则会出现不同潜在催化活性物种，而生成的复合系统(不同金属物种、载体、无数的界面)会妨碍各个组分催化性能的确定。尽管通常只在包含有易于还原的载体(例如ZnO、Ge_2O_3、In_2O_3)的催化系统中可以观察到还原金属载体相互作用(RMSI)——除非使用了极高的温度——而强金属——载体间相互作用(SMSI)则不仅限于这些系统，它还可以在ZrO_2和Al_2O_3中观察到[154]。

对于可提供高于铜基系统稳定性的替代MSR催化剂的研究，导致了人们对于钯基与铂基催化剂的调研。在Iwasa等发表的文章中，评估了负载在不同载体上的钯与铂[157]。通常，元素钯会有选择地催化甲醇分解为一氧化碳(甚至在有水存在情况下)，使得产物中一氧化碳含量很高[32]。出人意料的是，Iwasa等观察到，在Pd负载于ZnO情况下，二氧化碳选择性由0~97%大幅提高，伴随着催化剂的优先还原。

一方面，通过对比 Pd/ZnO 与 Pd/SiO$_2$ 和 Pd/ZrO$_2$，它们可以显示金属间化合物 ZnPd 会通过还原金属载体相互作用（RMSI）在 Pd/ZnO 上形成（见图 5.13），强烈改进了 Pd/ZnO 催化剂的催化选择性[141]。另一方面，在类似的温度下，在 Pd/SiO$_2$ 或 Pd/ZrO$_2$ 上不会生成金属间化合物，由此导致生成二氧化碳的选择性分别为 0.9% 和 35% 的较低值。

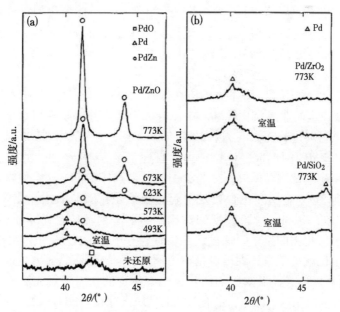

图 5.13　10%Pd 分别负载在 ZnO 上（a）以及 ZrO$_2$ 和 SiO$_2$ 上（b）的粉末 X 射线衍射图。催化剂进行还原的温度示于图中[141]

除了 X 射线衍射（XRD）法外，X 射线光电子能谱（XPS）法也能检测到化合物生成。在 335.1eV 处可以观察到元素钯的 Pd3d$_{5/2}$ 信号。在 673K 下用氢对 Pd/ZnO 进行还原处理，会导致 Pd3d$_{5/2}$ 信号向较高的结合能偏移 0.6eV。

有益的 ZnPd 物质的生成，会导致在 493K 还原的 Pd/ZnO 催化剂的转化率与选择性分别从 33% 与 62% 提高到 673K 还原处理后的 58% 和 98%。作为比较，Pd/SiO$_2$ 的转化率为 10%，选择性为 0.9%，而 Pd/ZrO$_2$ 的转化率为 87%，选择性为 20%。有人认为选择性增加的原因是甲醛物种在 Pd 与 ZnPd 之上分解时的不同反应路径。当其在元素 Pd 上选择性地分解为一氧化碳与氢气时，金属间化合物 ZnPd 会引发水的有效攻击，随后与在铜基催化剂上所提的相似反应路径分解为二氧化碳和氢气（见图 5.1）。

这些初始研究得到了许多人的跟随，使得 ZnPd/ZnO 成为甲醇水蒸气重整反应中极大关注的系统。引起人们的特殊兴趣在于金属间颗粒是如何形成的以及催化性能是如何依赖于颗粒粒度和颗粒形态的。截至目前，有两种方法在研究金属间化合物的形成。Wang 等利用温度廓线记录仪（TPR）、解吸、电导率和 X 射线衍射（XRD）[158,159]研究了由共沉淀法制备的 15.9% 的 Pd/ZnO。金属钯与载体间的强相互作用导致了还原过程中氢表面溢流效应。这就使得 ZnO 可以在钯颗粒附近还原并在高于 523K 的温度下生成金属间化合物 ZnPd。所提出的还原过程按下面顺序进行：Pd/ZnO→ZnPdO$_{1-x}$/ZnO→ZnPd/ZnO。对此催化剂，最佳催化性能[在 523K、WHSV 为 17.2h^{-1}时，转化率为 41%、选择性为 94%、氢气产率为 0.65mol/（g·h）]可以在 573K 下纯氢中还原 1h 后得到，该还原过程可产生 5～14nm 的晶粒粒度。

Penner 等[160]采用了一种不同的方法。他们通过将外延生长钯颗粒包埋在由 SiO_2 加以机械稳定的非晶氧化锌基质中，合成了明确的薄膜模型系统。此法的优点是能对此类材料进行深入的透射电镜（TEM）表征。在低至 473K 温度下观察到了秩序井然的 ZnPd 的形成，该物种可一直稳定至 873K 高温，此时它会部分分解为富钯硅化物。钯颗粒的外延生长会引起其类晶体定位。这就使得我们得到了下面观察：即 ZnPd 金属间化合物是由起始于钯颗粒表面的拓扑化学反应[161]生成的。与类似的 Pd/SiO_2 薄膜模型的对比，揭示了钯颗粒经还原而被无定形化，极可能归因于氢化物的生成。这显然在 ZnO 存在下不会发生，因为不然的话，颗粒间的晶体定位就会消失。大概氢是在钯颗粒表面被激活的或者是低氢含量的结晶 α-氢化钯得以形成。低浓度的活化氢是有道理的，因为氢在 ZnO 于钯颗粒附近还原时会被迅速耗尽。因而，最有可能的反应次序是：Pd/ZnO→"PdH$_x$"/ZnO→ZnPd/ZnO，其中"PdH$_x$"代表结晶氢化钯或是钯表面的活化氢。澄清此反应中的过渡产物需要进一步的研发工作。

Dagle 等和 Karim 等[162,163]研究了 ZnPd 粒度（平均粒径为 2～34nm）对于催化性能的影响。他们发现，金属间化合物 ZnPd 在相对温和的 523K 还原温度下就已经生成。在此低温下，ZnPd 会与 Pd 共存于载体上。通过变换还原温度，Pd/ZnPd 比值会发生变化。但是，人们没有观察到 ZnPd 含量与二氧化碳选择性间的单调相关性。相反，相比于大颗粒的 99% 的二氧化碳选择性，小颗粒仅有 62% 的选择性。而通过消除小的与非选择性金属间化合物颗粒，可以得到高选择性催化剂。选择性的减少可以由小的 ZnPd 颗粒在 rWGS 反应中的强烈的活性增加予以解释，即将二氧化碳与氢气转化为了一氧化碳[164,165]。有趣的是，大的 ZnPd 颗粒（34nm 的粒径）显示了与粒径为 9nm 的小颗粒相类似的催化活性。这就可能表明不仅是金属间化合物 ZnPd 而且是 ZnO 也在催化过程中起了重要作用，例如，通过共同形成催化活性界面的方式。

通过使用由钯和锌负载在炭或氧化铝等惰性载体上而组成的催化系统，人们对 ZnO 对于催化性能的影响进行了更为深入的研究。Suwa 等对比了 ZnPd-ZnO/C

和 ZnPd/ZnO 催化剂[166]的失活行为。在运行 50h 之后，两种催化剂分别显示了由 70%至 60%和 70%至 40%的失活行为。X 射线衍射（XRD）分析展示了 ZnPd/ZnO 催化剂上 $Zn_4CO_3(OH)_6H_2O$ 的存在。研究结论是，失活行为归因于 $Zn_4CO_3(OH)_6 \cdot H_2O$ 对金属间表面的覆盖。ZnPd/ZnO 相较于 ZnPd-ZnO/C 的更强失活行为，可以用前者拥有较多 ZnO 予以解释。

人们研究的另一个 ZnO 对其施加影响的系统是 $Pd-ZnO/Al_2O_3$[29]。人们合成、表征、测试了一系列具有不同载钯量和 Pd∶Zn 物质的量比的催化剂。在载钯量为 8.9%、Pd∶Zn 物质的量比为 0.38 时，可以得到最高选择性（98.6%）和最高活性（在 523K 时的转化率为 80%）。将 Pd∶Zn 物质的量比值翻倍，则一氧化碳含量会增加六倍；而如果 Pd∶Zn 物质的量比值减半，则一氧化碳含量会是 1.7%。使用 X 射线衍射（XRD），则在较低的 Pd∶Zn 物质的量比时可以发现 ZnO，而在较高的 Pd∶Zn 物质的量比时可以观察到元素钯。这清楚地显示存在着一个理想的 Pd∶Zn 物质的量比。一方面，如果锌含量不足，则并非所有的钯都可转化为 ZnPd，相应地会将甲醇催化分解为一氧化碳和氢气。另一方面，过高的锌含量会引起过高 ZnO 的生成，导致较低的选择性和失活行为。

Pd/ZnO 还被用于甲醇的氧化水蒸气重整反应。作为研究此反应/催化剂组合的第一人[167,168]，Liu 等在其一系列的发表作品中研究了载钯量的效果[169]、失活行为[170]以及第三金属存在时的影响[171]。与甲醇水蒸气重整反应形成对照的是，活性与选择性会随着钯含量增加而增加，很可能归因于使用 ZnO 为载体，因此不会限制 Pd∶Zn 物质的量比。该催化剂测试 25h 后会发生强于铜基催化剂的失活现象，但随着时间的增加一氧化碳产量会增加（高达 18%）（见图 5.14）。

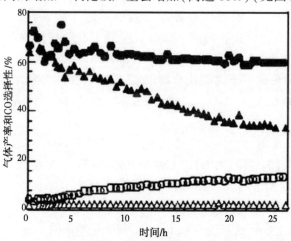

图 5.14 Pd/ZnO（○）和商用 Cu/ZnO 催化剂（△）的活性（●）与一氧化碳选择性（▲）[170]

利用 X 射线光电子能谱 XPS 研究,揭示了一氧化碳含量增加的原因在于金属间化合物 ZnPd 的表面氧化,使得元素钯出现在载体上,进而引起了甲醇的分解。用过渡金属改进 Pd/ZnO 共沉淀催化剂,会增加一氧化碳含量,但加入少量 Cr、Fe 或 Cu 的情况例外,它们只会稍稍增加选择性。这种增进效果可以归因于这些过渡金属的 WGS 活性。对于铝碳酸镁衍生的催化剂也观察到了未经改进的 Pd/ZnO/Al_2O_3 本质上较低的选择性,其展示的二氧化碳选择性为 74%~89%[172]。因而,由于选择性金属间化合物的分解,将 ZnPd 用于氧化水蒸气重整反应中似乎不是一个得到高选择性催化剂的有前景的路径。除了甲醇(氧化)水蒸气重整反应外,ZnPd 还被用作 POM 的催化剂[173-175],这一用途不是本章重点。

总之,Pd/ZnO 催化系统是相当复杂的。氧化锌、元素钯、ZnPd 以及彼此所形成界面的不同催化活性对以知识为基础的开发利用构成了障碍,而经验数据库还不足以为持续进行的过程以及所包容的物种做出最终结论。不同 ZnPd/ZnO 催化剂在甲醇水蒸气重整反应中(见表 5.1)存在着巨大差异。这可能归因于不同的 Pd:Zn 比、变化的氧化锌含量以及在两个阶段上的粒度效应。首先,如上所述,催化性能会随着粒度变化而发生变化。其次,氢化钯的生成依赖于颗粒尺寸[176-178],而如果 ZnPd 的生成是经过氢化钯进行的,则可预期其生成中的粒度依赖性。因此,每一个包含有 ZnPd 的系统和制备路径都有其独自理想的锌含量与还原条件,这是需要予以探索和确定的。

放下 Pd/ZnO 系统及与其相关的金属间化合物 ZnPd,许多其他含有金属间化合物的系统也被研究用于甲醇水蒸气重整反应,尽管还没有达到前述 Pd/ZnO 系统那样的研究深度。Iwasa 等最先研究了其他过渡金属负载氧化锌上的系统[27]。在 Ni、Co 和 Pt 中,只有后者在还原过程中形成了金属间化合物(PtZn)。与 Pt/SiO_2 相比,二氧化碳选择性从 25.6% 提高到了 95.6%。镍基和钴基系统分别显示了 4.7% 和 8.9% 的选择性。在测试 Pt-Zn/C 系统时,Ito 等也观察到了在 873K 氢气中还原形成了金属间化合物 PtZn 后,选择性有所增加[179]。选择性由 Pt/C 的 48% 到 PtZn/C 的 83%,并没有 PtZn/ZnO 增加的高,原因可能是 Pt 未完全转化。

接下来,Iwasa 等[26,28,180]将钯基与铂基系统的载体改变成了 Ga_2O_3 和 In_2O_3。还原后,由程序升温脱附(TPD)、X 射线衍射(XRD)、X 射线光电子能谱(XPS)和原子发射光谱(AES)分析观察到了金属间化合物 Pd_5Ga_2、$PdGa_5$、$Pd_{0.52}In_{0.48}$(或 PdIn)、Pt_5Ga_3、$Pt_{10.6}Ga_{5.4}$(或 Pt_5Ga_3)。使用 Ga_2O_3 作为载体,会导致金属间化合物混合体的生成,这与 ZnO 或 In_2O_3 负载催化剂不同。至于 Pd/ZnO,金属间化合物的形成会导致所观察到的二氧化碳选择性大幅增加。尽管未有化合物形成的 Pd/SiO_2 与 Pt/SiO_2 系统显示的选择性分别为 0 和 18.8%,金属间化合物 Ga-Pd

与 Ga-Pt 可以将此选择性分别提高到 94.6% 和 75.5%。对于 In_2O_3 负载催化剂，金属间化合物 In-Pd 可以将选择性提高到 95.5%，而金属间化合物 In-Pt 甚至能提高到 98.3%。特别是后者，几乎已经达到了 ZnPd/ZnO 催化剂量值，即同样条件下具有 99.2% 的选择性。有人把 $PdIn/Al_2O_3$ 用在了一个微反装置里[26]。根据该项研究，$PdIn/Al_2O_3$ 似乎是比 ZnPd/ZnO 更具活力的系统。通过在原料中的还原而进行的自优化过程以及达到较高的选择性稳定态，预还原成为多余的步骤。要解决为何这些金属间化合物表现如此不同的问题，人们对于通常作为甲醇水蒸气重整反应中间产物的甲醛在元素钯和铂催化剂上以及金属间化合物催化剂上的分解反应进行了研究。在此，人们发现了显著差异：尽管金属元素会将甲醛分解为一氧化碳，金属间化合物则会选择性地产出二氧化碳[141,180]。这种差异连同在甲醇水蒸气重整反应中的不同选择性都可归因于醛类在铜上 $\eta^1(O)$ 结构里和 Pd、Pt 与 Ni 上 $\eta^2(C、O)$ 里的特征吸附。有人提出，ZnPd 与金属 Pd 催化特性的根本差异在于甲醛中间体在金属上的不同结构。不过，这一观点并未得到理论计算的证实。计算表明，甲醛中间体在 Cu 和 $Pd(\eta^1)$ 上显示了非常类似的吸附图形，而在 ZnPd 上则是 (η^2)[181]。载体组合效应被 GeO_2（包括正方晶系与六方晶系改进型）和 SnO_2 给放大了[182]。钯负载于这些载体上的系统分别会在 473~673K 还原条件下形成 Pd_2Ge，在 573K 条件下形成 Pd_2Sn 与 Pd_2Sn_3 的混合物。在此两种情况下，甲醇分解都是主反应，导致了甲醇水蒸气重整反应中极低的二氧化碳选择性。

Klötzer 课题组近期利用薄膜模型深入研究了由贵金属与载体间的反应而生成的钯基金属间化合物，比如在 ZnPd 情况下。对于这些 X 射线衍射（XRD）、透射电子显微镜（TEM）和选择区域电子衍射（SEAD）研究，少量钯颗粒会在氯化钠上外延生长，而此时会覆盖有非晶的 Ga_2O_3、In_2O_3、GeO_2 或 SnO_2[182,183]。为模仿上述催化剂合成条件，Pd/Ga_2O_3 颗粒在不同温度下用氢气进行还原前先被氧化为 PdO。在 523K 下还原这些颗粒，先是得到钯颗粒，继而这些钯颗粒又被转化为金属间化合物 Pd_5Ga_2（见图 5.15）。

即使在还原温度提升到 773K 时，向金属间化合物的转化也是不完全的。剩余的钯最有可能居于颗粒的中心，因而不会直接参与催化过程。与 ZnPd/ZnO 不同，在 673K 以上，可以观察到颗粒的明显烧结。对浸渍的 $Pd/\beta-Ga_2O_3$ 颗粒催化剂的调研是对此研究的补充。与薄膜型研究形成对比的是，此处金属间化合物 Pd_2Ga 的生成是在 573K 以上温度下进行还原，并由 X 射线衍射法观察到的[184]。与薄膜型研究相同，即使在 773K 下进行还原处理，元素钯也依然存在。在 923K 以上，Pd_2Ga 会由于载体的进一步还原而转化为金属间化合物 PdGa。与 Iwasa 工作的不同之处是，还原之后，无论在薄膜上还是在颗粒上都未发现金属间化合物 $PdGa_5$。

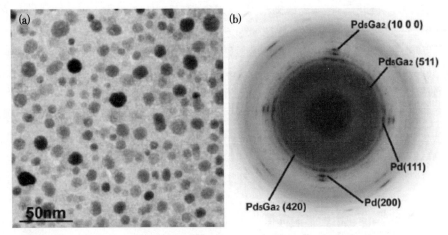

图 5.15 在 1bar 氢气中还原后的 Pd/Ga$_2$O$_3$ 薄膜催化剂的透射电镜(TEM)图像(a); 对应的选择区域电子衍射(SAED)图像示于(b)[183]

至于 In$_2$O$_3$ 负载的催化剂,薄膜样品与 Pd/In$_2$O$_3$ 颗粒催化剂也都被用于研究化合物形成[185]。在 Pd/In$_2$O$_3$ 薄膜样品中出现了两个与先前研发系统的主要不同点:沉积的 In$_2$O$_3$ 是部分结晶的而非完全无定形的;观察到了沉积过程中已经形成的金属间化合物 PdIn。在 373K 下氢气中对薄膜样品进行还原会得到较高的 PdIn 含量,而在 573K 下则 In$_2$O$_3$ 会完全结晶。根据对 PdIn 颗粒进行的透射电子显微镜(TEM)分析,人们可以得出结论:拓扑化学反应会按 PdIn[001]Pd[001] 与 PdIn[011]Pd[011]组合发展。在 573K 下,所有 Pd 都会转化为 PdIn,而由于 In$_2$O$_3$ 在氢气气氛中的稳定极限,颗粒的取向会消失。颗粒催化剂的还原反应会使 Pd 在 573K 下完全转化为 PdIn。而对于 Ga$_2$O$_3$ 来讲,较高的温度会形成主族金属更丰富的金属间化合物 Pd$_2$In$_3$(673K)和 PdIn$_3$(773K)。

在 GeO$_2$ 基质中的 Pd 颗粒在 473~573K[182]会转变为 Pd$_2$Ge。如果这些颗粒是常规负载的,则此类转化并不依赖于 GeO$_2$ 改质的应用,而且在无定形薄膜上发现的唯一金属间化合物就是 Pd$_2$Ge。与此相反,Pd 在 SnO$_2$ 上形成的金属间化合物取决于在 573K 下还原的薄膜是无定形 SnO$_2$ 还是常规负载的系统。在第一种情况下,可以观察到 Pd$_2$Sn 和 Pd$_3$Sn$_2$。而在薄膜中则可由还原反应产生 Pd$_2$Sn 和 PdSn。Kamiuchi 等研究了 Pd 颗粒与 SnO$_2$ 载体间的相互作用[186]。在 673K 进行还原后,只形成了金属间化合物 Pd$_3$Sn$_2$,而颗粒则侵入载体中,如同后续透射电子显微镜(TEM)分析所揭示的那样。在短暂的空气暴露时间内,由于金属间锡在表面的氧化作用会形成芯-壳结构。芯层由金属间化合物 Pd$_3$Sn$_2$ 构成,而壳层则是对应于 SMSI 态(见上文)的无定形氧化锡。与 Klötzer 课题组报告形成对照的是,只有在非 SMSI 态 673K 下空气中使样品再次氧化后才能观察到 Pd$_2$Sn。

尽管人们已经对于金属间化合物的形成过程进行了深入调研，上面提及的所有系统都有一个缺陷，即金属间化合物至少是与载体混在一起的，而且大部分情况下还会与处于元素态的贵金属混在一起。有时，会有不止一个金属间化合物存在，使情况变得更为复杂。在这类系统中，潜在催化活性物种的数目会妨碍人们将观察到的催化特性指定给某个特定物种，因而妨碍了知识型催化进展。根本的催化过程一定是非常复杂的，很有可能包括了载体或是金属/载体界面（至少在ZnPd/ZnO情况下，人们有数据支持此观点），但是简化这些复杂性，可以使我们了解金属间化合物的作用。此类方法还可以继之以理论计算或是具体实验，而迄今为止所取得的成就将在下面章节进行总结。

5.3.3 未负载的金属间化合物

根据上述大量观察，显而易见，金属间化合物作为甲醇水蒸气重整反应催化剂起了关键作用。不过，迄今为止所研究的系统还不足以在金属间化合物的结晶和电子结构与所观测到的催化特性间形成明确的相关性。原因有二：金属间化合物并非唯一出现的物种，载体例如氧化锌也会影响催化特性；化合物的稳定性需要在反应条件下得到证实。尽管第一点的影响很是明显，第二点则可以由炔烃气相加氢反应中钯的次表面碳相的生成予以示例说明[187-189]。此处，炔烃在表面分解，部分碳生成了亚稳态的次表面 Pd-C 相。材料的电子结构发生了巨大变化，这一点是可以检测到的。例如，使用 X 射线光电子能谱（XPS）可以发现 $Pd3d_{5/2}$ 结合能信号有 0.6eV 的位移。碳氢化合物的供应一停止，次表面 Pd-C 相就会由于碳向表面的分离而分解。在该反应之前与之后，只观察到了元素钯（反应后有积炭），而催化活性相实际上是由次表面碳改进的钯。如此发生的变化需要得到检测与研究以便得到有效的相关性。由碳氢化合物进行的改进可能在甲醇水蒸气重整反应中并不起主要作用。但是已知有些金属间化合物在含氢气氛下很容易形成氢化物。至于碳改进的钯，这会导致电子结构有时还有结晶结构的强烈变化，正如同对于 $LaNi_5$[190] 所做的研究那样。除了氢化物的形成，如在第一节中所见，金属间化合物的分解也会发生。这就显示了在将电子结构和结晶结构与所观察到的催化特性进行关联之前，有必要先确认所遇到金属间化合物在反应条件下的稳定性。

这些需求，即简化系统和确认稳定性，可以通过例如在非负载的单相金属间化合物上进行试验和量子理论计算得到满足。在试验上，这就使我们更容易检测到材料发生的变化，而通过确定本体与表面的稳定性，所得催化特性就可以直接指定给金属间化合物，因此也就指定给了其结晶结构与电子结构。量子化学计算可以提供有关表面的信息，如吸附特性和潜在反应路径等。此外，对电子定位能力功能的本体量子化学计算使我们可以研究真实空间的化学键合[191-193]。这些计算提供了有价值的见解，帮助我们了解在反应条件下的稳定性。

要在实验上研究内在催化特性和稳定性，人们可以利用三种材料。第一种是未负载的金属间化合物，通常由冶金合成法制备或是以纳米颗粒物形式出现。大型单晶代表了第二类材料，而所谓的表面合金是第三类。尽管第一个是最适合反应研究的粉体形式，另两类则代表了表面科学研究的材料。把未负载的金属间化合物作为反应器中的颗粒，并在 UHV 研究中作为单晶，使我们可以架起实验中"材料鸿沟"的桥梁。理想情况下，通常脆弱的单晶在进行了 UHV 研究之后会被粉碎，然后再被用于反应器研究。此外，未负载的金属间化合物也使得人们可以缩小量子化学计算与实验研究之间的差距。

不过，人们一定要记住材料限制的存在。在 UHV 条件下，表面合金可以通过例如将锌沉淀在钯单晶上并使锌与最初几层钯反应而合成出来。情况变得复杂了，因为基质和表面合金通常都是导电材料，而电子结构会相互影响。因此，表面合金——即使其与对应的本体相具有相同的结晶结构——就具有了改性电子结构，这就会引起改变了的吸附与催化特性。类似考虑对于纳米颗粒形式的金属间化合物也是正确的。此处，与本体相相比，有限尺寸效应会改变其电子结构。由于只有对比了本体相与纳米颗粒样品才能了解这类影响，所以纳米颗粒型金属间化合物不适于确定内在催化特性。

如同大家可以使用 Ga-Pd 金属间化合物在乙炔半加氢反应实例中所见[134,194-196]，在性质完好与单相材料上进行试验是非常重要的，此种材料最好由冶金合成路径得到。与合金不同，金属间化合物通常是脆弱的并在合成后易于粉碎，即通过研磨或碾磨。人们需要研究由这些处理方法给材料所带来的变化，以便发现产生较高活性表面最适宜的路径，同时保持着内在结构。

涉及 MSR 而获得最多研究的金属间化合物是 ZnPd。这些研究包括了未负载化合物的同质性范围、化学键合和催化测试以及广泛的表面量子化学计算。正方晶金属间化合物 ZnPd（CuAu 型结构、空间群 P4/mmm、$a = 0.28931nm$、$c = 0.33426nm$、$c/a = 1.16$）的存在范围从 $Zn_{37.1(4)}Pd_{62.9(4)}$ 至 1173K 下的 $Zn_{50.9(1)}Pd_{49.1(1)}$[136]。与已经发表的二元相图不同，在此复查研究中无法从实验上确认立方高温结构的存在。量子化学紧束缚线性丸盒轨道方法（TB-LMTO）和完全潜势局域轨道（FPLO）的计算确认了实验结果，并且揭示了由锌向钯有 $0.4e^-$ 的电荷转移。由电子定位指示（ELI）进行的化学键合分析显示了处于（001）平面内的 Pd-Pd 相互作用是 ZnPd 四方畸变的驱动力。在 ZnPd 费米能级附近的电子态密度（DOS）与元素铜的电子态密度极为相似，由此引出二者应该具有类似催化性能的说法（见图 5.16）[30,197,198]。

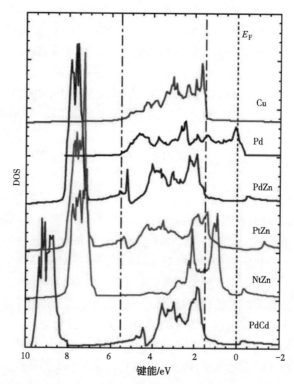

图5.16 元素铜和钯以及金属间化合物ZnPd、PtZn、NiZn和PdCd的电子能态密度。点划线代表了费米能级,而两条虚线段指明了铜d态的宽度[30]

进一步的量子化学计算显示[199],分离现象并非如上所述是与化学键合状况相一致的。在低指数表面中,(111)和(100)表面是被计算为最具稳定性的[197]。为阐明其反应机理,Rösch课题组在ZnPd(111)、(100)表面和用Pd(221)^{Pd}与Zn(221)^{Zn}踏踩的(221)级形面上进行了表面量子化学计算。假定在Pd/ZnO上进行的甲醇水蒸气重整反应的速率控制步骤是甲氧化物(CH_3O)的分解,人们对于C—C键和C—H键断裂进行了密度泛函计算。在所有表面上,C—H断裂的活化能垒大大低于C—C断裂的活化能垒,表明分解时的第一步是氢的提取。不过,对于无缺陷ZnPd(111)和(100)表面的计算表明,氢提取的活化能垒分别高达93kJ/mol和90kJ/mol[200,201]。与此相反,对于ZnPd(221)^{Pd}表面来讲,活化能降到了约50kJ/mol。低活化能的原因是双重的:反应物CH_3O与台阶上两个钯的结合是弱的;产物CH_2O的键合是强的。对于氢原子的提取,已经确认有两个潜在机理。第一个通过将氧键合的CH_3O向平台倾斜再继之以氢提取而进行,拥有的活化能大约为49kJ/mol。在第二种情况下,分子的C—C键向着过渡态中钯终止的台阶倾斜,氢原子被放置在一个边桥点位上,得到的活化能垒约为53kJ/mol。

由于平整表面与台阶表面的活化能有巨大差异,所以人们认为此反应是由台阶或是表面上的其他缺陷催化的。至今为止,未在计算中予以考虑的因素是 ZnO 的存在,其会构成非常复杂的系统。将 ZnO 考虑进来会是非常有趣的事情,因为根据对负载系统所做的研究,ZnO 的存在会对催化性能产生影响。

对于 UHV 中 Pd-Zn 表面合金所做的最早研究是在 Pd-Zn/Ru(001) 和 Pd/Zn(0001) 上进行的[203,204]。在 Pd-Zn/Ru(001) 上进行的一氧化碳总溶解浓度(CO TDS)研究表明,已经是非常小量的锌会大幅降低 CO 解吸能。Pd-Zn 表面合金的全面复杂性已经得到研究,而且还在被不同课题组用广泛的方法将 Zn/Pd(111) 作为普通模型系统予以研究。

在低于 300K 温度下将锌沉积到 Pd(111) 面上会生成元素锌多层结构,在温度高于 300K 时则会开始扩散进入 Pd(111) 的次表层。而 400~500K 的温度则会产生具有 p(2×1) 低能电子衍射图案型多层结构(见表面合金 1-SA1)的亚稳弯曲表面合金[198,205,206]。冲击碰撞离子散射光谱(ICISS)表明,锌原子会按 1∶1 的组成从表面突出出来[198,205,207]。在 550K 温度之上,亚表层的锌开始扩散到基体钯。但是此损耗只是稍稍影响了最顶一层[207]。在 623K,亚表层中锌的扩散会进一步发展,由此得到了亚表层由锌稀释"单层"Pd-Zn 表面合金,该合金基本上不表现出任何皱状(SA2)[206-208]。由 SA1 走向 SA2 时,电子结构的变化是非常显著的,并且会导致 $Pd3d_{5/2}$ 结合能的转移,分别为 1mL SA2 的 335.3~335.6eV 的 X 射线光电子能谱信号和 3mL SA1 的 335.9eV 的 X 射线光电子能谱信号(见图 5.17)。

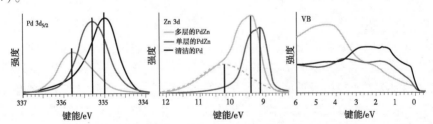

图 5.17 显示了元素钯(非原位)、单层表面合金 SA2 与多层表面合金 SA1 之间巨大电子差异的原位 X-射线光电子能谱[Pd3d、Zn3d 以及共价带(VB)区域]。在中间图面中的虚线对应着被氧化的 ZnO(H) 组分,这是在原位光谱采集中形成的[206]

如果沉积过程是在 300K 下进行的,则会形成 Pd∶Zn 比为 1∶1 的 ZnPd 双层岛相,DFT 计算表明该岛相要比单层岛相更稳定[208,209]。与 SA1 和 SA2 形成对照的是,如果将该层在 520K 下退火则会记录到 p(2×2) 低能电子衍射(LEED)图案[210]。STM 研究显示,在 300K 下沉积后,形成了三个能量上相同的 p(2×1) 域(SA3),解释了 p(2×2) 低能电子衍射(LEED)图案[208,211]。在多层合金 SA1 情况下,双层 SA3 岛相的不是平的而是锌原子向外突出的弯曲形[205,208]。如果整个表面都被覆盖,额外沉积的锌就会在 SA3 上形成多分子层,在室温下构成扩散势垒区[208]。与 SA1 不同,将锌覆盖的样品加热到 600K 以上会导致部分锌解吸以及额外锌向本体的部分扩散。在到达 750K 之前,SA3 的锌开始解吸[208]。而对于 SA2 情况,一旦岛相在厚度上被减为单层皱状表面就变为钯原子突出出来[208]。如果锌沉积是在 550K 下进行,直接就可观察到 SA1 与 SA2 的 p(2×1) 低能电子衍射(LEED)图形特征[198,212]。这表明在此温度下,有序域大大高于 300K 下沉积后得到的[212]。在 750K 下将>3mL Zn 沉积后会观察到更复杂的表面结构。与基体结构相比,这一步骤导致了对应于八倍上部构造的 $(6×4\sqrt{3/3})$ 带有矩形低能电子衍射(LEED)图案(SA4)的有序 ZnPd 表面合金的生成[210]。

元素钯的面心立方结构(fcc structure)与 ZnPd 的 CuAu 型结构是密切相关的。采用有序方式用锌取代钯,将会导致 ZnPd 本体的 c/a 比达到 1.41。试验所测 1.16 比值是大幅减少的,原因在于共价结合[134]。由本体终结的 ZnPd(101)表面-对应于钯的(111)表面-将会导致 $a' = 0.52833\text{nm}$ 和 $b' = 0.26416\text{nm}$ 的伪 p(2×1) 低能电子衍射(LEED)图案,而不是 $a = 0.54872\text{nm}$ 和 $b = 0.27436\text{nm}$ 的理想值。此外,γ' 将是 66.4°而不是理想值 60.0°,而该表面变为平的。不过,截至目前还未有关于 SA1 至 SA4 的类似偏差报道。由于来自此晶体增长(>1673K 是必需的,这使锌极具腐蚀性)的挑战,目前还不能与本体 ZnPd 表面进行对比,对于 Pd(111)底层结构是否通过改进电子结构而导致了规则排列或是褶皱这一问题还不能解答。如果得到了大型 ZnPd 单晶,则还能解决由 Zn/Pd(111) 得到的结果对于其他金属间化合物的表面有多大的代表性这一问题。这种金属间化合物表面肯定存在于负载型 ZnPd/ZnO 催化剂与多晶非负载材料中。

由一氧化碳解吸测试予以澄清的是锌沉积与表面合金生成所带来的表面化学特性的强烈改变。与清洁的 Pd(111)表面相比,SA1 与 SA4 的最高解吸温度降低了 220K[212,213]。高分辨电子能量损失谱(HREELS)显示,解吸中的减少是与被吸附到 3 倍空心和桥接位置的一氧化碳转变到表面合金之上吸附的过程携手并进的[212]。这对于甲醇水蒸气重整反应具有直接影响,因为不仅一氧化碳的吸附改变了,而且甲醇脱氢的活性也被大大降低了[211]。脱氢活性在锌含量低至 0.03mL 时开始降低并在覆盖范围达到 0.5mL 接近消失[211]。这一现象已经被归结为中间产品 CH_3O 与 CH_2O 优先吸附位置的变化[211]。前者在包含有一或两个锌原子的 3 倍空心位置吸附,而后者则是以 C 原子键合在钯上、O 键合在锌原子上的桥接模式吸附在 Pd-Zn 二聚物上。

更引人注目的是 SA1 与 SA2 在甲醇水蒸气重整反应中的不同催化性能,这一点最近获得了研究[206]。伴随着电子结构的变化,它们在甲醇水蒸气重整反应中的催化性能也发生了剧烈变化(见图 5.17)。薄表面合金 SA2 只在甲醇水蒸气重整反应中显示了非常低的二氧化碳选择性,而多层表面合金 SA1 则显示了预期的较高二氧化碳选择性。拥有低至五层厚度的 SA1 就可以带来这些催化性能的强烈变化。不过,直至使用中的负载或本体金属间化合物真实结构被揭示之前,对于洁净表面-合金材料的所做 UHV 研究对于其与例如钯的对比是很有帮助的,但其与催化活性负载或本体材料的对比则会比较复杂。

对于本体金属间化合物 ZnPd 所进行的试验性催化研究是极为有限的。Iwasa 等[214]通过在 220~673K 对于 Pd 与 Zn 的物理混合物进行热处理而合成了 Pd-Zn 样品。他们用 X 射线衍射(XRD)对得到的材料进行了研究,结果表明样品中有 Pd、Zn、ZnPd 和/或 $Zn_{6.1}Pd_{3.9}$。相应地,所观察到的催化特性,例如只有 87.5% 的二氧化碳选择性,不能归因于金属间化合物 ZnPd。Tsai 等研究了 ZnPd、PtZn、PdCd 和 NiZn 的冶金单相样品[30]。化合物的选择基于两个考虑:它们都是同构化合物;具有与 ZnPd 不同的电子结构,其顺序是:PdCd<PtZn<NiZn。满足了这些条件,这些化合物使我们可以研究电子结构对于催化性能的影响,因为各个化合物的几何参数是彼此间非常类似的。所观察到的选择性是与由电子结构的相似性所得预期相对应的。在 553K,ZnPd 和 PdCd 显示了接近 100% 的选择性,PtZn 的二氧化碳选择性为 45%,NiZn 仅为 10%。根据这些结果,只要化合物是原位稳定的,就可以推导出电子结构的强烈影响。

近期,课题组在反应气氛下采用高压 X 射线光电子谱对未负载金属间化合物 NiZn、PtZn 和 ZnPd 原位稳定性进行了研究。当金属间化合物 ZnPd 在真空下加热到 573K,随后又引入了物质的量比为 1:1 的 $MeOH:H_2O$ 混合物时,Zn3d 信号没有发生任何变化。这可以由图 5.18 的价带谱中看出。

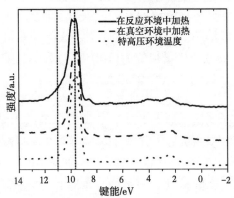

图 5.18 ZnPd 的 X 射线光电子谱(XPS)价带谱:在室温下的 UHV 条件(虚线)、在 UHV 下加热到 573K 后的原位并切换到反应气氛下(0.2mbar 的 1:1 的甲醇/水,短划线)、在反应气氛下加热到 573K 后的原位(实线)。对于所有谱带所用光子能级都是 237eV

在甲醇/水气氛中将 ZnPd 由室温升至 573K 会导致 Zn3d 信号中的 11eV 处出现一个肩部,由此证明了氧化的锌物种在表面的生成(见图 5.18)。对于 PtZn,人们得到了一个非常近似的结果。有趣的是,对于金属间化合物 ZnPd 来讲,表面上没有氧化的锌物种的与反应气氛下加热的之间相比,其在反应器测试中催化活性减少的系数会高达 35 以上。这些结果首次毫无疑义地表明,ZnPd 不是仅有的活性基团组分,氧化的锌物种起到了关键作用。过多的 ZnO 对于催化性能是有害的,对负载催化剂的研究已经证明了这一点。

金属间化合物 NiZn 在反应条件下经历了剧烈的表面变化。在 UHV 中未经处理的表面包含有金属间 Ni 和 Zn 以及氧化的锌物种(在 Zn3d 区域检测到的)。反应气体一被引入到 X 射线光电子谱(XPS)室(0.02kPa 的甲醇/水,物质的量比为 1∶1,温度为 573K),化合物表面就会发生巨大变化(见图 5.19)。

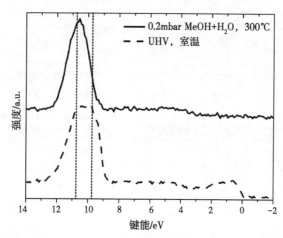

图 5.19 金属间化合物 NiZn 的 UHV(短划线)与原位(实线)X 射线光电子谱(XPS)价带谱。在 UHV 条件下,金属特性可以在费米能级上清晰看出。在反应气氛下,Zn 被完全氧化而费米能级处的能态密度不足,指明了氧化物覆盖层的存在。在两者谱带中,入射光子能量都是 301eV

在表面的金属间 Zn 都完全被氧化了,伴随着在最具表面敏感性测量中的 Ni 芯能级信号的完全损失。因而,甲醇/水混合物导致了金属间 Zn 离析到表面并在表面上完全氧化,在化合物表面形成了非金属的、无镍的表层。而对于金属间化合物 NiZn,观察到的催化性能不能归因于化合物本身,而要归因于产生的分解产物。

这些研究结果显示,这三种化合物的金属间表面在反应条件下被改变了。要检测在负载催化剂上发生的还非常困难,因为有大量 ZnO 的存在,它们会伪装成新形成的氧化的锌物种。研究证明了使用非负载金属间化合物以研究其(或其分解产物)在MSR反应中所起作用的优势。这些结果还表明,当研究金属间化合物作为催化剂时,以下两点应该注意:在单相样品上进行分析比较简单;原位稳定性应该加以确认。否则对于本征催化性能的识别就会受到阻碍。

致谢

衷心感谢Robert Schlögl的富有成效的讨论与支持。MB感谢Fritz-Haber学院无机化学系所提供的帮助、支持与讨论。MA感谢M. Friedrich进行的量子化学计算以及亥姆霍兹柏林中心(Helmholtz Zentrum Berlin)提供的BESSY电子束回扫时间2009_1_80693和XPS测量中予以的持续支持。在COST Action CM0904中进行的交流"甲醇水蒸气重整反应中金属间化合物作为催化剂的交流"对本文有很大帮助。

参 考 文 献

[1] Sato M(1998)R&D activities in Japan on methanol synthesis from CO_2 and H_2. Catal Surv Jpn 2: 175–184.
[2] Olah GA, Goeppert A, Surya Prakash GK(2006)Beyond oil and gas: the methanol economy. Wiley-VCH, Weinheim.
[3] Schlogl R(2010)The role of chemistry in the energy challenge. ChemSusChem 3: 209–222.
[4] Christiansen JA(1921)A reaction between methyl alcohol and water and some related reactions. J Am Chem Soc 43: 1670–1672.
[5] Prigent M(1997)On board hydrogen generation for fuel cell powered electric cars—a review of various available techniques. Rev Inst Fr Pet 52: 349–359.
[6] Navarro RM, Pena MA, Fierro JLG(2007)Hydrogen production reactions from carbon feedstocks: fossils fuels and biomass. Chem Rev 107: 3952–3991.
[7] Sa S, Silva H, Brandao L, Sousa JM, Mendes A(2010)Catalysts for methanol steam reforming—a review. Appl Catal B 99: 43–57.
[8] De Wild PJ, Verhaak MJFM(2000)Catalytic production of hydrogen from methanol. Catal Today 60: 3–10.
[9] Joensen F, Rostrup-Nielsen JR(2002)Conversion of hydrocarbons and alcohols for fuel cells. J Power Sources 105: 195–201.
[10] Cheekatamarla PK, Finnerty CM(2006)Reforming catalysts for hydrogen generation in fuel cell applications. J Power Sources 160: 490–499.
[11] Palo DR, Dagle RA, Holladay JD(2007)Methanol steam reforming for hydrogen production. Chem Rev 107: 3992–4021.
[12] Velu S, Suzuki K, Osaki T(1999)Oxidative steam reforming of methanol over CuZnAl(Zr)-oxide catalysts: a new and efficient method for the production of CO-free hydrogen for fuel cells. Chem Commun 2341–2342.
[13] Lattner JR, Harold MP(2007)Autothermal reforming of methanol: experiments and modeling. Catal Today 130: 78–89.
[14] Park ED, Lee D, Lee HC(2009)Recent progress in selective CO removal in a H_2-rich stream. Catal Today 139: 280–290.
[15] Agrell J, Birgersson H, Boutonnet M, Melian-Cabrera I, Navarro RM, Fierro JLG(2003)Production of hydrogen from methanol over Cu/ZnO catalysts promoted by ZrO_2 and Al_2O_3. J Catal 219: 389–403.
[16] Turco M, Bagnasco G, Costantino U, Marmottini F, Montanari T, Ramis G, Busca G(2004)Production of hydrogen from oxidative steam reforming of methanol—II. catalytic activity and reaction mechanism on Cu/ZnO/Al_2O_3 hydrotalcite-derived catalysts. J Catal 228: 56–65.
[17] Kurr P, Kasatkin I, Girgsdies F, Trunschke A, Schlogl R, Ressler T(2008)Microstructural characterization of Cu/ZnO/Al_2O_3 catalysts for methanol steam reforming—a comparative study. Appl Catal A 348: 153–164.
[18] Velu S, Suzuki K(2003)Selective production of hydrogen for fuel cells via oxidative steam reforming of methanol over CuZnAl oxide catalysts: effect of substitution of zirconium and cerium on the catalytic performance. Top Catal 22: 235–244.
[19] Purnama H, Girgsdies F, Ressler T, Schattka JH, Caruso RA, Schomacker R, Schlogl R(2004)Activity and selectivity of a nanostructured CuO/ZrO_2 catalyst in the steam reforming of methanol. Catal Lett 94: 61–68.
[20] Ritzkopf I, Vukojevic S, Weidenthaler C, Grunwaldt JD, Schuth F(2006)Decreased CO production in methanol steam reforming over Cu/ZrO_2 catalysts prepared by the microemulsion technique. Appl Catal A 302: 215–223.
[21] Liu Y, Hayakawa T, Suzuki K, Hamakawa S, Tsunoda T, Ishii T, Kumagai M(2002)Highly active copper/ceria catalysts for steam reforming of methanol. Appl Catal A 223: 137–145.
[22] Tsai AP, Yoshimura M(2001)Highly active quasicrystalline Al-Cu-Fe catalyst for steam reforming of methanol. Appl Catal A 214: 237–241.
[23] Ma L, Gong B, Tran T, Wainwright MS(2000)Cr_2O_3 promoted skeletal Cu catalysts for the reactions of methanol steam reforming and water gas shift. Catal Today 63: 499–505.
[24] Jang JH, Xu Y, Chun DH, Demura M, Wee DM, Hirano T(2009)Effects of steam addition on the spontaneous activation in Ni_3Al Foil catalysts during methanol decomposition. J Mol Catal A 307: 21–28.
[25] Takahashi T, Inoue M, Kai T(2001)Effect of metal composition on hydrogen selectivity in steam reforming of methanol over catalysts prepared from amorphous alloys. Appl Catal A 218: 189–195.
[26] Iwasa N, Nomura W, Mayanagi T, Fujita SI, Arai M, Takezawa N(2004)Hydrogen production by steam reforming of methanol. J Chem Eng Jpn 37: 286–293.
[27] Iwasa N, Masuda S, Takezawa N(1995)Steam reforming of methanol over Ni, Co, Pd and Pt supported on ZnO. React Kinet Catal Lett 55: 349–353.
[28] Iwasa N, Mayanagi T, Ogawa N, Sakata K, Takezawa N(1998)New catalytic functions of Pd-Zn, Pd-Ga, Pd-In, Pt-Zn, Pt-Ga and Pt-In

alloys in the conversion of methanol. Catal Lett 54: 119-123.

[29] Xia G, Holladay JD, Dagle RA, Jones EO, Wang Y(2005)Development of highly active Pd-ZnO/Al$_2$O$_3$ catalysts for microscale fuel processor applications. Chem Eng Technol 28: 515-519.

[30] Tsai AP, Kameoka S, Ishii Y(2004)PdZn=Cu: can an intermetallic compound replace an element? J Phys Soc Jpn 73: 3270-3273.

[31] Jiang CJ, Trimm DL, Wainwright MS, Cant NW(1993)Kinetic mechanism for the reaction between methanol and water over A Cu-ZnO-Al$_2$O$_3$ catalyst. Appl Catal A 97: 145-158.

[32] Takezawa N, Iwasa N(1997)Steam reforming and dehydrogenation of methanol: difference in the catalytic functions of copper and group VIII metals. Catal Today 36: 45-56.

[33] Peppley BA, Amphlett JC, Kearns LM, Mann RF(1999) Methanol – steam reforming on Cu/ZnO/Al$_2$O$_3$ catalysts. Part 2. A comprehensive kinetic model. Appl Catal A 179: 31-49.

[34] Rozovskii AY, Lin GI(2003)Fundamentals of methanol synthesis and decomposition. Top Catal 22: 137-150.

[35] Lee JK, Ko JB, Kim DH(2004)Methanol steam reforming over Cu/ZnO/Al$_2$O$_3$ catalyst: kinetics and effectiveness factor. Appl Catal A 278: 25 -35.

[36] Peppley BA, Amphlett JC, Kearns LM, Mann RF(2005)Methanol steam reforming on Cu/ZnO/Al$_2$O$_3$. Part 1: the reaction network. Appl Catal A 179: 21-29.

[37] Frank B, Jentoft FC, Soerijanto H, Krohnert J, Schlogl R, Schomacker R(2007)Steam reforming of methanol over copper-containing catalysts: influence of support material on microkinetics. J Catal 246: 177-192.

[38] Kasatkin I, Kurr P, Kniep B, Trunschke A, Schlogl R(2007)Role of lattice strain and defects in copper particles on the activity of Cu/ZnO/Al$_2$O$_3$ catalysts for methanol synthesis. Angew Chem 119: 7465-7468.

[39] Chinchen GC, Hay CM, Vanderwell HD, Waugh KC(1987)The measurement of copper surface areas by reactive frontal chromatography. J Catal 103: 79-86.

[40] Hinrichsen O, Genger T, Muhler M(2000)Chemisorption of N$_2$O and H$_2$ for the surface determination of copper catalysts. Chem Eng Technol 11: 956-959.

[41] Naumann d'Alnoncourt R, Graf B, Xia X, Muhler M(2008)The back-titration of chemisorbed atomic oxygen on copper by carbon monoxide investigated by microcalorimetry and transient kinetics. J Therm Anal Calor 91: 173-179.

[42] Behrens M, Furche A, Kasatkin I, Trunschke A, Busser W, Muhler M, Kniep B, Fischer R, Schlogl R(2010)The potential of microstructural optimization in metal/oxide catalysts: higher intrinsic activity of copper by partial embedding of copper nanoparticles. ChemCatChem 2: 816-818.

[43] Spencer MS(1999)The role of zinc oxide in Cu ZnO catalysts for methanol synthesis and the water-gas shift reaction. Top Catal 8: 259-266.

[44] Hansen JB, HOjlund Nielsen PE(2008) Methanol synthesis. In: Ertl G, Knozinger H, Schuth F, Weitkamp J(eds) Handbook of heterogenous catalysis, 2nd edn. Wiley-VCH, Weinheim, pp 2920-2949.

[45] Naumann d'Alnoncourt R, Xia X, Strunk J, Loffler E, Hinrichsen O, Muhler M(2006)The influence of strongly reducing conditions on strong metal-support interactions in Cu/ZnO catalysts used for methanol synthesis. Phys Chem Chem Phys 13: 1525-1538.

[46] Grunwaldt JD, Molenbroek AM, Topsoe NY, Topsoe H, Clausen BS(2000)In situ investigations of structural changes in Cu/ZnO catalysts. J Catal 194: 452-460.

[47] Hansen PL, Wagner JB, Helveg S, Rostrup-Nielsen JR, Clausen BS, Topsoe H(2002)Atom-resolved imaging of dynamic shape changes in supported copper nanocrystals. Science 295: 2053-2055.

[48] Spencer MS(1995)On the activation energies of the forward and reverse water-gas shift reaction. Catal Lett 32: 9-13.

[49] Twigg MV, Spencer MS(2003) Deactivation of copper metal catalysts for methanol decomposition, methanol steam reforming and methanol synthesis. Top Catal 22: 191-203.

[50] Hughes R(1994)Deactivation of catalysts. Academic, New York.

[51] Kasatkin I et al., unpublished.

[52] Loffler DG, McDermott SD, Renn CN(2003)Activity and durability of water-gas shift catalysts used for the steam reforming of methanol. J Power Sources 114: 15-20.

[53] Thurgood CP, Amphlett JC, Mann RF, Peppley BA(2003) Deactivation of Cu/ZnO/Al$_2$O$_3$ catalyst: evolution of site concentrations with time. Top Catal 22: 253-259.

[54] Agarwal V, Patel S, Pant KK(2005)H$_2$ production by steam reforming of methanol over Cu/ZnO/Al$_2$O$_3$ catalysts: transient deactivation kinetics modeling. Appl Catal A 279: 155-164.

[55] Agrell J, Birgersson H, Boutonnet M(2002)Steam reforming of methanol over a Cu/ZnO/Al$_2$O$_3$ catalyst: a kinetic analysis and strategies for suppression of CO formation. J Power Sources 106: 249-257.

[56] Schimpf S, Muhler M(2009)Methanol catalysts. In: de Jong K(ed)Synthesis of solid catalysts. Wiley-VCH, Weinheim, pp 329-351.

[57] Bems B, Schur M, Dassenoy A, Junkes H, Herein D, Schlogl R(2003)Relations between synthesis and microstructural properties of copper/zinc hydroxycarbonates. Chemistry 9: 2039-2052.

[58] Baltes C, Vukojevic S, Schuth F(2008)Correlations between synthesis, precursor, and catalyst structure and activity of a large set of CuO/ZnO/Al$_2$O$_3$ catalysts for methanol synthesis. J Catal 258: 334-344.

[59] Shen GC, Fujita SI, Takezawa N(1992)Preparation of precursors for the Cu/ZnO methanol synthesis catalysis by coprecipitation methods—effects of The preparation conditions upon the structures of the precursors. J Catal 138: 754-758.

[60] Günter MM, Ressler T, Bems B, Buscher C, Genger T, Hinrichsen O, Muhler M, Schlogl R(2001)Implication of the microstructure of binary Cu/ZnO catalysts for their catalytic activity in methanol synthesis. Catal Lett 71: 37-44.

[61] Waller D, Stirling D, Stone FS, Spencer MS(1989) Copper-Zinc oxide catalysts. Activity in relation to precursor structure and morphology. Faraday Dissuss Chem Soc 87: 107-120.

[62] Li JL, Inui T(1996)Characterization of precursors of methanol synthesis catalysts, copper/zinc/aluminum oxides, precipitated at different pHs and temperatures. Appl Catal A Gen 137: 105-117.

[63] Whittle DM, Mirzaei AA, Hargreaves JSJ, Joyner RW, Kiely CJ, Taylor SH, Hutchings GJ(2002) Co-precipitated copper zinc oxide catalysts for ambient temperature carbon monoxide oxidation: effect of precipitate ageing on catalyst activity. Phys Chem Chem Phys 4: 5915-5920.

[64] Kniep BL, Ressler T, Rabis A, Girgsdies F, Baenitz M, Steglich F, Schlogl R(2003) Ratioal design of nanostructured copper-zinc oxide catalysts for the steam reforming of methanol. Angew Chem Int Ed Engl 43: 112-115.

[65] Behrens M, Brennecke D, Girgsdies F, KiBner S, Trunschke A, Nasrudin N, Zakaria S, Fadilah Idris N, Bee Abd Hamid S, Kniep B,

Fischer R, Busser W, Muhler M, Schlogl R(2011) Understanding the complexity of a catalyst synthesis: co-precipitation of mixed Cu, Zn, Al hydroxycarbonate precursors for Cu/ZnO/Al$_2$O$_3$ catalysts investigated by titration experiments. Appl Catal A 392: 93-102.

[66] Behrens M(2009) Meso-and nano-structuring of industrial Cu/ZnO/(Al$_2$O$_3$) catalysts. J Catal 267: 24-29.

[67] Schüth F, Hesse M, Unger KK(2008) Precipitation and coprecipitation. In: Ertl G, Knozinger H, Schuth F, Weitkamp J(eds) Handbook of heterogeneous catalysis, 2nd edn. Wiley-VCH, Weinheim, pp 100-119.

[68] Lok M(2009) Coprecipitation. In: de Jong K(ed) Synthesis of solid catalysts. Wiley-VCH, Weinheim, pp 135-151.

[69] Kniep BL, Girgsdies F, Ressler T(2005) Effect of precipitate aging on the microstructural characteristics of Cu/ZnO catalysts for methanol steam reforming. J Catal 236: 34-44.

[70] Millar GJ, Holm IH, Uwins PJR, Drennan J(1998) Characterization of precursors to methanol synthesis catalysts Cu/ZnO system. J Chem Soc Faraday Trans 94: 593-600.

[71] Behrens M, Girgsdies F, Trunschke A, Schlogl R(2009) Minerals as model compounds for Cu/ZnO catalyst precursors: structural and thermal properties and IR spectra of mineraland synthetic(Zincian) malachite, rosasite and aurichalcite and a catalyst precursor mixture. Eur J Inorg Chem 10: 1347-1357.

[72] Fujita S, Satriyo AM, Shen GC, Takezawa N(1995) Mechanism of the formation of precursors for the Cu/ZnO methanol synthesis catalysts by a coprecipitation method. Catal Lett 34: 85-92.

[73] Behrens M, Girgsdies F(2010) Structural effects of Cu/Zn substitution in the malachite-rosasite system. Z Anorg Allg Chem 636: 919-927.

[74] Shen GC, Fujita S, Matsumoto S, Takezawa N(1997) Steam reforming of methanol on binary Cu/ZnO catalysts: effects of preparation condition upon precursors, surface structure and catalytic activity. J Mol Catal A 124: 123-136.

[75] Shishido T, Yamamoto Y, Morioka H, Takaki K, Takehira K(2004) Active Cu/ZnO and Cu/ZnO/Al$_2$O$_3$ catalysts prepared by homogeneous precipitation method in steam reforming of methanol. Appl Catal A 263: 249-253.

[76] Shishido T, Yamamoto Y, Morioka H, Takehira K(2007) Production of hydrogen from methanol over Cu/ZnO and Cu/ZnO/Al$_2$O$_3$ catalysts prepared by homogeneous precipitation: steam reforming and oxidative steam reforming. J Mol Catal A 268: 185-194.

[77] Zhang XR, Wang LC, Yao CZ, Cao Y, Dai WL, He HY, Fan KN(2005) A highly efficient Cu/ZnO/Al$_2$O$_3$ catalyst via gel-coprecipitation of oxalate precursors for low-temperature steam reforming of methanol. Catal Lett 102: 183-190.

[78] Wang LC, Liu YM, Chen M, Cao Y, He HY, Wu GS, Dai WL, Fan KN(2007) Production of hydrogen by steam reforming of methanol over Cu/ZnO catalysts prepared via a practical soft reactive grinding route based on dry oxalate-precursor synthesis. J Catal 246: 193-204.

[79] Becker M, Naumann d'Alnoncourt R, Kahler K, Sekulic J, Fischer RA, Muhler M(2010) The synthesis of highly loaded Cu/Al$_2$O$_3$ and Cu/ZnO/Al$_2$O$_3$ catalysts by the two-step CVD of Cu. (II) diethylamino-2-propoxide in a fluidized-bed reactor. Chem Vap Deposition 16: 85.

[80] Kurtz M, Bauer N, Buscher C, Wilmer H, Hinrichsen O, Becker R, Rabe S, Merz K, Driess M, Fischer RA, Muhler M(2004) New synthetic routes to more active Cu/ZnO catalysts used for methanol synthesis. Catal Lett 92: 49-52.

[81] Omata K, Hashimoto M, Wanatabe Y, Umegaki T, Wagatsuma S, Ishiguro G, Yamada M(2004) Optimization of Cu oxide catalyst for methanol synthesis under high CO2 partial pressure using combinatorial tools. Appl Catal A 262: 207-214.

[82] Breen JP, Ross JRH(1999) Methanol reforming for fuel-cell applications: development of zirconia-containing Cu-Zn-Al catalysts. Catal Today 51: 521-533.

[83] Matsumura Y, Ishibe H(2009) Suppression of CO by-production in steam reforming of methanol by addition of zinc oxide to silica-supported copper catalyst. J Catal 268: 282-289.

[84] Yang HM, Liao PH(2007) Preparation and activity of Cu/ZnO-CNTs nano-catalyst on steam reforming of methanol. Appl Catal A 317: 226-233.

[85] Kudo S, Maki T, Miura K, Mae K(2010) High porous carbon with Cu/ZnO nanoparticles made by the pyrolysis of carbon material as a catalyst for steam reforming of methanol and dimethyl ether. Carbon 48: 1186-1195.

[86] Cavani F, Trifiro F, Vaccari A(1991) Hydrotalcite-type anionic clays: preparation, properties and applications. Catal Today 11: 173-301.

[87] Takehira K, Shishido T(2007) Preparation of supported metal catalysts starting from hydrotalcites as the precursors and their improvements by adopting "memory effect". Catal Surv Asia 11: 1-30.

[88] Tang Y, Liu Y, Zhu P, Xue Q, Chen L, Lu Y(2009) High-performance HTLcs-derived CuZnAl catalysts for hydrogen production via methanol steam reforming. Am Inst Chem Eng J55: 1217-1228.

[89] Busca G, Constatino U, Marmottini F, Montanari T, Patrono P, Pinari F, Ramis G(2006) Methanol steam reforming over ex-hydrotalcite Cu-Zn-Al catalysts. Appl Catal A 310: 70-78.

[90] Behrens M, Kasatkin I, Kühl S, Weinberg G(2010) Phase-pure Cu, Zn, Al hydrotalcite-like materials as precursors for copper rich Cu/ZnO/Al2O3 catalysts. Chem Mater 22: 386-397.

[91] Kühl M, Friedrich M, Armbrüster M, Behrens M, unpublished.

[92] Turco M, Bagnasco G, Costantino U, Marmottini F, Montanari T, Ramis G, Busca G(2004) Production of hydrogen from oxidative steam reforming of methanol-I. preparation and characterization of Cu/ZnO/Al$_2$O$_3$ catalysts from a hydrotalcite-like LDH precursor. J Catal 228: 43-55.

[93] Turco M, Bagnasco G, Cammarano C, Senese P, Costantino U, Sisani M(2007) Cu/ZnO/Al$_2$O$_3$ catalysts for oxidative steam reforming of methanol: the role of Cu and the dispersing oxide matrix. Appl Catal B 77: 46-57.

[94] Velu S, Suzuki K, Okazaki M, Kapoor MP, Osaki T, Ohashi F(2000) Oxidative steam reforming of methanol over CuZnAl(Zr)-oxide catalysts for the selective production of hydrogen for fuel cells: catalyst characterization and performance evaluation. J Catal 194: 373-384.

[95] Velu S, Suzuki K, Kapoor MP, Ohashi F, Osaki T(2001) Selective production of hydrogen for fuel cells via oxidative steam reforming of methanol over CuZnAl(Zr)-oxide catalysts. Appl Catal A 213: 47-63.

[96] Velu S, Suzuki K, Gopinath CS, Yoshida H, Hattori T(2002) XPS, XANES and EXAFS investigations of CuO/ZnO/Al$_2$O$_3$/ZrO$_2$ mixed oxide catalysts. Phys Chem Chem Phys 4: 1990-1999.

[97] Matsumura Y, Ishibe H(2009) High temperature steam reforming of methanol over Cu/ZnO/ZrO$_2$catalysts. Appl Catal B 91: 524-532.

[98] Jones SD, Hagelin-Weaver HE(2009) Steam reforming of methanol over CeO$_2$-and ZrO$_2$-promoted Cu-ZnO catalysts supported on nanoparticle Al$_2$O$_3$. Appl Catal B 90: 195-204.

[99] Idem RO, Bakhshi NN(1996) Characterization studies of calcined, promoted and nonpromoted methanol-steam reforming catalysts. Can J Chem Eng 74: 288-300.

[100] Lindstrom B, Pettersson IJ(2001) Hydrogen generation by steam reforming of methanol over copper-based catalysts for fuel cell applications. Int J Hydrogen Energy 26: 923-933.

[101] Lindstrom B, Pettersson LJ, Menon PG(2002) Activity and characterization of Cu/Zn, Cu/Cr and Cu/Zr on gamma-alumina for methanol reforming for fuel cell vehicles. Appl Catal 234: 111–125.

[102] Matsumura Y, Ishibe H(2009) Selective steam reforming of methanol over silica-supported copper catalyst prepared by sol-gel method. Appl Catal B 86: 114–120.

[103] Kobayashi H, Takezawa N, Shimokawabe M, Takahashi K(1983) Preparation Of copper supported on metal oxides and methanol steam reforming reaction. Stud Surf Sci Catal 16: 697–707.

[104] Takezawa N, Shimokawabe M, Hiramatsu H, Sugiura H, Asakawa T, Kobayashi H(1987) Steam reforming of methanol over Cu/ZrO_2—role of ZrO_2 support. React Kinet Catal Lett 33: 191–196.

[105] Szizybalski A, Girgsdies F, Rabis A, Wang Y, Niederberger M, Ressler T(2005) In situ investigations of structure-activity relationships of a Cu/ZrO_2 catalyst for the steam reforming of methanol. J Catal 233: 297–307.

[106] Oguchi H, Kanai H, Utani K, Matsumura Y, Imamura S(2005) Cu_2O as active species in the steam reforming of methanol by CuO/ZrO_2 catalysts. Appl Catal A 293: 64–70.

[107] Yao C, Wang L, Liu Y, Wu G, Cao Y, Dai W, He H, Fan K(2006) Effect of preparation method on the hydrogen production from methanol steam reforming over binary Cu/ZrO_2 catalysts. Appl Catal A 297: 151–158.

[108] Wang LC, Liu Q, Chen M, Liu YM, Cao Y, He HY, Fan KN(2007) Structural evolution and catalytic properties of nanostructured Cu/ZrO_2 catalysts prepared by oxalate gel-coprecipitation technique. J Phys Chem C 111: 16549–16557.

[109] Wu GS, Mao DS, Lu GZ, Cao Y, Fan KN(2009) The role of the promoters in Cu based catalysts for methanol steam reforming. Catal Lett 130: 177–184.

[110] Liu Y, Hayakawa T, Suzuki K, Hamakawa S(2001) Production of hydrogen by steam reforming of methanol over Cu/CeO_2 catalysts derived from $Ce_{1-x}Cu_xO_{2-x}$ precursors. Catal Comm 2: 195–200.

[111] Liu Y, Hayakawa T, Tsunoda T, Suzuki K, Hamakawa S, Murato K, Shiozaki R, Ishii T, Kumagai M(2003) Steam reforming of methanol over Cu/CeO_2 catalysts studied in comparison with Cu/ZnO and Cu/Zn(Al)O catalysts. Top Catal 22: 205–213.

[112] Mastalir A, Frank B, Szizybalski A, Soerijanto H, Deshpande A, Niederberger M, Schomaker R, Schlogl R, Ressler T(2005) Steam reforming of methanol over Cu/ZrO_2/CeO_2 catalysts: a kinetic study. J Catal 230: 464–475.

[113] Oguchi H, Nishiguchi T, Matsumoto T, Kanai H, Utani K, Matsumura Y, Imamura S(2005) Steam reforming of methanol over Cu/CeO_2/ZrO_2 catalysts. Appl Catal A 281: 69–73.

[114] Huang TJ, Chen HM(2010) Hydrogen production via steam reforming of methanol over Cu/(Ce, Gd)O_{2-x} catalysts. Int J Hydrogen Energy 35: 6218–6226.

[115] Bhagwat M, Ramaswamy AV, Tyagi AK, Ramaswamy V(2003) Rietveld refinement study of nanocrystalline copper doped zirconia. Mater Res Bull 38: 1713–1724.

[116] Fierro G, Lo Jacono M, Inversi M, Porta P, Cioci F, Lavecchia R(1996) Study of the reducibility of copper in CuO—ZnO catalysts by temperature-programmed reduction. Appl Catal A 137: 327–348.

[117] Noei H, Qiu H, Wang Y, Loffler E, Woll C, Muhler M(2008) The identification of hydroxyl groups on ZnO nanoparticles by infrared spectroscopy. Phys Chem Chem Phys 10: 7092–7097.

[118] Gunther MM, Ressler T, Jentoft RE, Bems B(2001) Redox behavior of copper oxide/zinc oxide catalysts in the steam reforming of methanol studied by in situ X-Ray diffraction and absorption spectroscopy. J Catal 203: 133–149.

[119] Goddby BE, Pemberton JE(1988) XPS characterization of a commercial Cu/ZnO/Al_2O_3 catalyst: effects of oxidation, reduction, and the steam reformation of methanol. Appl Spectrosc 42: 754–760.

[120] Raimondi F, Geissler K, Wambach J, Wokaun A(2002) Hydrogen production by methanol reforming: post-reaction characterisation of a Cu/ZnO/Al_2O_3 catalyst by XPS and TPD. Appl Surf Sci 189: 59–71.

[121] Raimondi F, Schnyder B, Kotz R, Schelldorfer R, Jung T, Wambach J, Wokaun A(2003) Structural changes of model Cu/ZnO catalysts during exposure to methanol reforming conditions. Surf Sci 532–535: 383–389.

[122] Reitz TL, Lee PL, Czaplewski KF, Lang JC, Popp KE, Kung HH(2001) Time-resolved XANES investigation of CuO/ZnO in the oxidative methanol reforming reaction. J Catal 199: 193–201.

[123] Knop-Gericke A, Havecker M, Schedel-Niedrig T, Schlogl R(2001) Characterisation of active phases of a copper catalyst for methanol oxidation under reaction conditions: an in situ X-ray absorption spectroscopy study in the soft energy range. Top Catal 15: 27–34.

[124] Klier K(1982) Methanol synthesis. Adv Catal 31: 243–313.

[125] Costantino U, Marmottini F, Sisani M, Montanari T, Ramis G, Busca G, Turco M, Bagnsco G(2005) Cu-Zn-Al hydrotalcites as precursors of catalysts for the production of hydrogen from methanol. Solid State Ionics 176: 2917–2922.

[126] Larrubia Vargas MA, Busca G, Costantino U, Marmottini F, Montatnari T, Patrono P, Pinzari F, Ramis G(2007) An IR study of methanol steam reforming over ex-hydrotalcite Cu-Zn-Al catalysts. J Mol Catal A 266: 188–197.

[127] Busca G, Montanari T, Resini C, Ramis G, Costantino U(2009) Hydrogen from alcohols: IR and flow reactor studies. Catal Today 143: 2–8.

[128] Sakong S, GroB A(2003) Dissociative adsorption of hydrogen on strained Cu surfaces. Surf Sci 525: 107–118.

[129] Girgsdies F, Ressler T, Wild U, Wfibben T, Balk TJ, Dehm G, Zhou L, Gfinther S, Arzt E, Imbihl R, Schlogl R(2005) Strained thin copper films as model catalysts in the materials gap. Catal Lett 102: 91–97.

[130] Hammer B, NOrskov JK(1995) Electronic factors determining the reactivity of metal surfaces. Surf Sci 343: 211–220.

[131] Frost JC(1988) Junction effect interactions in methanol synthesis catalysts. Nature 334: 577–580.

[132] Zhang XR, Wang LC, Cao Y, Dai WL, He HY, Fan KN(2005) A unique microwave effect on the microstructural modification of Cu/ZnO/Al_2O_3 catalysts for steam reforming of methanol. Chem Commun 4104–4106.

[133] Holladay JD, Wang Y, Jones E(2004) Review of developments in portable hydrogen production using microreactor technology. Chem Rev 104: 4767–4790.

[134] Kovnir K, Armbruster M, Teschner D, Venkov TV, Jentoft FC, Knop-Gericke A, Grin Yu, Schloagl R(2007) A new approach to well-defined, stable and site-isolated catalysts. Sci Tech Adv Mater 8: 420–427.

[135] Kohlmann H(2002) Metal hydrides. In: Meyers RA(ed) Encyclopedia of physical science and technology, vol 9, 3rd edn. Academic, New York, pp 441–458.

[136] Friedrich M, Ormeci A, Grin Yu, Armbruster M(2010) PdZn or ZnPd: charge transfer and Pd-Pd bonding as the driving force for the tetragonal distortion of the cubic crystal structure. Z Anorg Allg Chem 636: 1735–1739.

[137] Armbruster M, Schnelle W, Schwarz U, Grin Yu(2007) Chemical bonding in TiSb$_2$ and VSb$_2$: a quantum chemical and experimental study. Inorg Chem 46: 6319-6328.
[138] Armbruster M, Schnelle W, Cardoso-Gil R, Grin Yu(2010) Chemical bonding in the isostructural compounds MnSn$_2$, FeSn$_2$ and CoSn$_2$. Chem Eur J 16: 10357-10365.
[139] Grin Yu, Wagner FR, Armbrauster M, Kohout M, Leithe-Jasper A, Schwarz U, Wedig U, von Schnering HG(2006) CuAl$_2$ revisited: composition, crystal structure, chemical bonding compressibility and Raman spectroscopy. J Solid State Chem 179: 1707-1719.
[140] Macchioni C, Rayne JA, Sen S, Bauer CL(1981) Low temperature resistivity of thin film and bulk samples of CuAl$_2$ and Cu$_9$Al$_4$. Thin Solid Films 81: 71-78.
[141] Iwasa N, Masuda S, Ogawa N, Takezawa N(1995) Steam reforming of methanol over Pd/ZnO: effects of the formation of PdZn alloys upon the reaction. Appl Catal A 125: 145-157.
[142] Miyao K, Onodera H, Takezawa N(1994) Highly active copper catalysts for steam reforming of methanol Catalysts Derived from Cu/Zn/Al Alloys. React Kinet Catal Lett 53: 379-383.
[143] Kameoka S, Tanabe T, Tsai AP(2004) Al-Cu-Fe quasicrystals for steam reforming of methanol: a new form of copper catalyst. Catal Today 93-95: 23-26.
[144] Tanabe T, Kameoka S, Tsai AP(2006) A novel catalyst fabricated from Al-Cu-Fe quasicrystal for steam reforming of methanol. Catal Today 111: 153-157.
[145] Yoshimura M, Tsai AP(2002) Quasicrystal application on catalyst. J Alloy Comp 342: 451-454.
[146] Wallace WE, Elattar A, Imamura H, Craig RS, Moldovan AG(1980) Intermetallic compounds: surface chemistry, hydrogen absorption and heterogeneous catalysis. In: Wallace WE, Rao ECS(eds) Science and technology of rare earth materials. Academic, New York, pp 329-351.
[147] Nix RM, Rayment T, Lambert RM, Jennings JR, Owen G(1987) An in situ X-Ray diffraction study of the activation and performance of methanol synthesis catalysts derived from rare-earth-copper alloys. J Catal 106: 216-234.
[148] Takahashi T, Kawabata M, Kai T, Kimura H, Inoue A(2006) Preparation of highly active methanol steam reforming catalysts from glassy Cu-Zr Alloys with small amount of noble metals. Mater Trans 47: 2081-2085.
[149] Bernal S, Calvino JJ, Cauqui MA, Gatica JM, Cartes CL, Omil JAP, Pintado JM(2003) Some contributions of electron microscopy to the characterisation of the strong metal-support interaction effect. Catal Today 77: 385-406.
[150] Tauster SJ, Fung SC, Garten RL(1978) Strong metal-support interactions. Group 8 noble metals supported on TiO$_2$. J Am Chem Soc 100: 170-175.
[151] Knozlauer H, Taglauer E(2008) Spreading and wetting. In: Ertl G, Knozinger H, Schuth F, Weitkamp J(eds) Handbook of heterogeneous catalysis, 2nd edn. Wiley-VCH, Weinheim, pp 555-571.
[152] Simoens AJ, Baker RTK, Dwyer DJ, Lund CRF, Madon RJ(1984) A study of the nickel-titanium oxide interaction. J Catal 86: 359-372.
[153] Centi G(2003) Metal-support interactions. In: Cornils B, Herrmann WA, Schlogl R, Wong CH(eds) Catalysis from A to Z, 2nd edn. Wiley-VCH, Weinheim, pp 490-491.
[154] Tauster SJ(1987) Strong metal-support interactions. Acc Chem Res 20: 389-394.
[155] Penner S, Wang D, Su DS, Rupprechter G, Podloucky R, Schlogl R, Hayek K(2003) Platinum nanocrystals supported by silica, ceria and alumina: metal-support interactions due to high-temperature reduction in hydrogen. Surf Sci 532-535: 276.
[156] Penner S, Wang D, Podloucky R, Schlogl R, Hayek K(2004) Rh and Pt nanoparticles supported by CeO$_2$: metal-support interaction upon high-temperature reduction observed by electron microscopy. Phys Chem Chem Phys 6: 5244.
[157] Iwasa N, Kudo S, Takahashi H, Masuda S, Takezawa N(1993) Highly selective supported Pd catalysts for steam reforming of methanol. Catal Lett 19: 211-216.
[158] Wang Y, Zhang J, Xu H(2006) Interaction between Pd and ZnO during reduction of Pd/ZnO catalyst for steam reforming of methanol to hydrogen. Chin J Catal 27: 217-222.
[159] Wang Y, Zhang J, Xu H, Bai X(2007) Reduction of Pd/ZnO catalyst and its catalytic activity for steam reforming of methanol. Chin J Catal 28: 234-238.
[160] Penner S, Jenewein B, Gabasch H, Klotzer B, Wang D, Knop-Gericke A, Schlogl R, Hayek K(2006) Growth and structural stability of well-ordered PdZn alloy nanoparticles. J Catal 241: 14-19.
[161] Clark JB, Hastie JW, Kihlborg LHE, Metselaar R, Thackeray MM(1994) Definitions of terms relating to phase transitions of the solid state. Pure Appl Chem 66: 577-594.
[162] Dagle RA, Chin YH, Wang Y(2007) The effects of PdZn crystallite size on methanol steam reforming. Top Catal 46: 358-362.
[163] Karim A, Conant T, Datye A(2006) The Role of PdZn alloy formation and particle size on the selectivity for steam reforming of methanol. J Catal 243: 420-427.
[164] Lebarbier V, Dagle R, Datye A, Wang Y(2010) The effect of PdZn particle size on reverse-water-gas-shift reaction. Appl Catal A 379: 3-6.
[165] Bollmann L, Ratts JL, Joshi AM, Williams WD, Pazmino J, Joshi YV, Miller JT, Kropf AJ, Delgass WN, Ribeiro FH(2008) Effect of Zn addition on the water-gas shift reaction over supported palladium catalysts. J Catal 257: 43-54.
[166] Suwa Y, Ito SI, Kameoka S, Tomishige K, Kunimori K(2004) Comparative study between Zn-Pd/C and Pd/ZnO Catalysts for steam reforming of methanol. Appl Catal A 267: 9-16.
[167] Liu S, Takahashi K, Eguchi H, Uematsu K(2007) Hydrogen production by oxidative methanol reforming on Pd/ZnO: catalyst preparation and supporting materials. Catal Today 129: 287-292.
[168] Liu S, Takahashi K, Uematsu K, Ayabe M(2005) Hydrogen production by oxidative methanol reforming on Pd/ZnO. Appl Catal A 283: 125-135.
[169] Liu S, Takahashi K, Ayabe M(2003) Hydrogen production by oxidative methanol reforming on Pd/ZnO catalyst: effect of Pd loading. Catal Today 87: 247-253.
[170] Liu S, Takajashi K, Fuchigami K, Uematsu K(2006) Hydrogen production by oxidative methanol reforming on Pd/ZnO: catalyst deactivation. Appl Catal A 299: 58-65.
[171] Liu S, Takahashi K, Uematsu K, Ayabe M(2004) Hydrogen production by oxidative methanol reforming on Pd/ZnO catalyst: effects of the addition of a third metal component. Appl Catal A 277: 265-270.
[172] Lenarda M, Storaro L, Frattini R, Casagrande M, Marchiori M, Capannelli G, Uliana C, Ferrari F, Ganzerla R(2007) Oxidative methanol steam reforming(OSRM) on a PdZnAl hydrotalcite derived catalyst. Catal Comm 8: 467-470.

[173] Cubeiro ML, Fierro JLG(1998) Partial oxidation of methanol over supported palladium catalysts. Appl Catal A 168: 307-322.
[174] Cubeiro ML, Fierro JLG(1998) Selective production of hydrogen by partial oxidation of methanol over ZnO-Supported palladium catalysts. J Catal 179: 150-162.
[175] Agrell J, Germani G, Jaras SG, Boutonnet M(2003) Production of hydrogen by partial oxidation of methanol over ZnO-supported palladium catalysts prepared by microemulsion technique. Appl Catal A 242: 233-245.
[176] Eastman JA, Thompson LJ, Kestel BJ(1993) Narrowing the palladium-hydrogen miscibility gap in nanocrystalline palladium. Phys Rev B 48: 84-92.
[177] Yamauchi M, Ikeda R, Kitagawa H, Takata M(2008) Nanosize effects on hydrogen storage in palladium. J Phys Chem C 112: 3294-3299.
[178] Tew MW, Miller JT, van Bokhoven JA(2009) Particle size effect of hydride formation and surface hydrogen adsorption of nanosized palladium catalysts: L3 Edge vs K Edge X-Ray absorption spectroscopy. J Phys Chem C 113: 15140-15147.
[179] Ito SI, Suwa Y, Kondo S, Kamoeka S, Timishige T, Kunimori K(2003) Steam reforming of methanol over Pt-Zn alloy catalyst supported on carbon black. Catal Comm 4: 499-503.
[180] Iwasa N, Takezawa N(2003) New Supported Pd and Pt Alloy catalysts for steam reforming and dehydrogenation of methanol. Top Catal 22: 215-224.
[181] Lim KH, Chen ZX, Neyman KM, Rosch N(2006) Comparative theoretical study of formaldehyde decomposition on PdZn, Cu, and Pd surfaces. J Phys Chem B 110: 14890-14897.
[182] Lorenz H, Zhao Q, Turner S, Lebedev BL, Van Tendeloo G, KlotzerB, RameshanC, Pfaller K, Konzett J, Penner S(2010) Origin of different deactivation of Pd/SnO$_2$ and Pd/GeO$_2$ catalysts in methanol dehydrogenation and reforming: a comparative study. Appl Catal A 381: 242-252.
[183] Penner S, Lorenz H, Jochum W, Stoger-Pollach M, Wang D, Rameshan C, Klotzer B(2009) Pd/Ga$_2$O$_3$ methanol steam reforming catalysts: part I. Morphology, composition and structural aspects. Appl Catal A 358: 193-202.
[184] Kovnir K, Schmidt M, Waurisch C, Armbrister M, Prots Yu, Grin Yu(2008) Refinement of the crystal structure of dipalladium gallide, Pd2Ga. Z Kristallogr New Cryst Struct 223: 7-8.
[185] Lorenz H, Turner S, Lebedev OI, Van Tendeloo G, Klotzer B, Rameshan C, Pfaller K, Penner S(2010) Pd-In$_2$O$_3$ interaction due to reduction in hydrogen: consequences for methanol steam reforming. Appl Catal A 374: 180-188.
[186] Kamiuchi N, Muroyama H, Matsui T, Kikuchi R, Eguchi K(2010) Nano-structural changes of SnO$_2$-supported palladium catalysts by redox treatments. Appl Catal A 379: 148-154.
[187] Teschner D, Borsodi J, Wootsch A, Revay Z, Havecker M, Knop-Gericke A, Jackson SD, Schlogl R(2008) The roles of subsurface carbon and hydrogen in palladium-catalyzed alkyne hydrogenation. Science 320: 86-89.
[188] Teschner D, Revay Z, Borsodi J, Havecker M, Knop-Gericke A, Schlogl R, Milroy D, Jackson SD, Torres D, Sautet P(2008) Understanding palladium hydrogenation catalysts: when the nature of the reactive molecule conrols the nature of the catalyst active phase. Angew Chem Int Ed 47: 9274-9278.
[189] Seriani N, Mittendorfer F, Kresse G(2010) Carbon in palladium catalysts: a metastable carbide. J Chem Phys 132: 024711.
[190] Al Alam AF, Matar SF, Nakhl M, Quaini N(2009) Investigations of changes in crystal and electronic structures by hydrogen within LaNi5 from first-principles. Solid State Sci 11: 1098-1106.
[191] Kohout M(2004) A measure of electron localizability. Int J Quant Chem 97: 651-658.
[192] Kohout M, Wagner FR, Grin Yu(2006) Atomic shells from the electron localizability in momentum space. Int J Quant Chem 106: 1499-1507.
[193] Kohout M(2007) Bonding indicators from electron pair density functionals. Faraday Discuss 135: 43-54.
[194] Kovnir K, Armbriister M, Teschner D, Venkov TV, Szentmiklosi L, Jentoft FC, Knop-Gericke A, Grin Yu, Schloigl R(2009) In situ surface characterization of the intermetallic compound pdga—a highly selective hydrogenation catalyst. Surf Sci 603: 1784-1792.
[195] Osswald J, Giedigkeit R, Jentoft RE, Armbruster M, Girgsdies F, Kovnir K, Grin Yu, Ressler T, Schloogl R(2008) Palladium gallium intermetallic compounds for the selectivehydrogenation of acetylene. Part I: preparation and structural investigation under reaction conditions. J Catal 258: 210-218.
[196] Osswald J, Kovnir K, Armbrouster M, Giedigkeit R, Jentoft RE, Wild U, Grin Yu, Schloogl R(2008) Palladium gallium intermetallic compounds for the selective hydrogenation of acetylene. Part II: surface characterization and catalytic performance. J Catal 258: 219-227.
[197] Chen ZX, Neyman KM, Gordienko AB, Rosch N(2003) Surface structure and stability of PdZn and PtZn alloys: density functional slab model studies. Phys Rev B 68: 075417.
[198] Bayer A, Flechtner K, Denecke R, Steinriick HP, Neyman KM, Rosch N(2006) Electronic properties of thin Zn layers on Pd(111) during growth and alloying. Surf Sci 600: 78-94.
[199] Chen ZX, Neyman KM, Roisch N(2004) Theoretical study of segregation of Zn and Pd in Pd-Zn alloys. Surf Sci 548: 291-300.
[200] Chen ZX, Neyman KM, Lim KH, Rosch N(2004) CH$_3$O Decomposition on PdZn(111), Pd(111), and Cu(111). A theoretical study. Langmuir 20: 8068-8077.
[201] Chen ZX, Lim KH, Neyman KM, Rosch N(2004) Density functional study of methoxide decomposition on PdZn(100). Phys Chem Chem Phys 6: 4499-4504.
[202] Chen ZX, Lim KH, Neyman KM, Rosch N(2005) Effect of steps on the decomposition of CH$_3$O at PdZn alloy surfaces. J Phys Chem B 109: 4568-4574.
[203] Fasana A, Abbati I, Braicovich L(1982) Photoemission evidence of surface segregation at liquid-nitrogen temperature in Zn-Pd system. Phys Rev B 26: 4749-4751.
[204] Rodriguez JA(1994) Interactions in bimetallic bonding: electronic and chemical properties of PdZn surfaces. J Phys Chem 98: 5758-5764.
[205] Stadlmayr W, Penner S, Klotzer B, Memmel N(2009) Growth, thermal stability and structure of ultrathin Zn-layers on Pd(111). Surf Sci 603: 251-255.
[206] Rameshan C, Stadlmayr W, Weilach C, Penner S, Lorenz H, Havecker M, Blume R, Rocha T, Teschner D, Knop-Gericke A, Schloigl R, Memmel N, Zemlyanov D, Rupprechter G, Kloitzer B(2010) Subsurface-controlled CO$_2$ selectivity of PdZn near-surface alloys in H$_2$ generation by methanol steam reforming. Angew Chem Int Ed 49: 3224-3227.
[207] Stadlmayr W, Rameshan C, Weilach C, Lorenz H, Havecker M, Blume R, Rocha T, Teschner D, Knop-Gericke A, Zemlyanov D, Penner S, Schlogl R, Rupprechter G, Klotzer B, Memmel N(2010) Temperature-induced modifications of PdZn layers on Pd(111). J Phys Chem C 114: 10850-10856.

[208] Weirum G, Kratzer M, Koch HP, Tamtogl A, Killmann J, Bako I, Winkler A, Surnev S, Netzer FP, Schennach R (2009) Growth and desorption kinetics of ultrathin Zn layers on Pd(111). J Phys Chem C 113: 9788–9796.
[209] Koch HP, Bako I, Weirum G, Kratzer M, Schennach R(2010) A Theoretical study of Zn adsorption and desorption on aPd(111)substrate. Surf Sci 604: 926–931.
[210] Gabasch H, Knop-Gericke A, Schlogl R, Penner S, Jenewein B, Hayek K, Klotzer B(2006)Zn adsorption onPd(111): ZnO and PdZn alloy formation. J Phys Chem B 110: 11391–11398.
[211] Jeroro E, Vohs JM(2008)Zn Modification of the reactivity of Pd(111)toward methanol and formaldehyde. J Am Chem Soc 130: 10199–10207.
[212] Jeroro E, Lebarbier V, Datye A, Wang Y, Vohs JM(2007)Interaction of CO with surface PdZn alloys. Surf Sci 601: 5546–5554.
[213] Massalski TB(1990)Pd–Zn(palladium–zinc). In: Masaalski TB(ed)Binary alloy phase diagrams, 2nd edn. ASM International, Materials Park, pp 3068–3070.
[214] Iwasa N, Mayanagi T, Masuda S, Takezawa N(2000)Steam reforming of methanol over PdZn catalysts. React Kinet Catal Lett 69: 355–360.
[215] Murray JL(1985)The aluminium–copper system. Int Met Rev 30: 211–233.

第6章 综述：生产生物柴油的均相和多相催化剂

Ajay K. Dalai, Titipong Issariyakul, Chinmoy Baroi

6.1 介绍

人们对传统化石燃料的枯竭而日益增长的担忧带来了对可替代的可再生燃料的探索。最初，具有和化石燃料相当热值的植物油，被用作柴油发动机燃料[1]。然而，早期的研究人员对使用纯植物油给柴油发动机加燃料提出了质疑。作为植物油主要成分的三酸甘油酯，由甘油主链和脂肪酸链组成。有人指出，该甘油主链没有热值，并有可能导致形成额外的焦炭，所以在用于柴油发动机前应该被消除[2]。在随后几年中，据报道，柴油机使用植物油作燃料出现的问题是寒冷天气的运转问题、堵塞、结胶、积炭，原因是其较高的黏度[3]。降低其黏度的最常见的方法是被称为酯交换的化学反应，其中甘油三酯分子中的甘油主链部分被去除。该产品燃料如今被称为"生物柴油"。

生物柴油是长链脂肪酸的单烷基酯。生物柴油具有和化石基柴油相当的性能，并且可以从植物油或动物脂肪制备，因此是可再生的。它可以任何比例在柴油发动机中使用(它可以与化石柴油混合或用作纯生物柴油)，而且不要求对发动机进行改装。使用生物柴油也有助于减少废气排放，如颗粒物、总碳氢化合物(THC)、CO以及芳族和聚芳族化合物[4]。

6.2 可用于生产生物柴油的各种油

在生物柴油生产中，用作脂质原料的植物油高度依赖于区域气候，即欧洲和加拿大的菜籽油、美国的大豆油和热带国家的棕榈油。热带国家沿海地区的椰子油是用于合成生物柴油的另一种脂类原料。在印度作为脂质原料潜在的非食用油包括麻风树(麻疯树)油和卡兰贾油(水黄皮)[5]。表6.1总结了油料价格和可用性。豆油在世界油料生产中占主导地位，而油菜油产量仅次于大豆油。大豆和油菜籽的含油量分别为21%和35%。尽管具有较小的可用性，棕榈油由于其较低的价格和相对高的油含量(40%)，是生物柴油原料的一个令人关注的来源。相比其他油，这种油还具有每年每公顷最高的油产量(见表6.1)。

表 6.1 世界油籽产量、平均油价和各种油菜籽的含油量

植物	含油量,%	油籽产量[①]/Mt	平均油价[①]/(美元/t)	产量/[kg/(hm²·a)]
油菜籽	35	46.72	852[②]	600~1000[6-8]
大豆	21	235.77	684	300~450[6,7,9]
向日葵种子	44~51	30.15	无数据	280~700[6,7,10]
棕榈树	40	10.27	655	2500~4000[6-8]
干椰子肉	65~68	5.28	无数据	无数据[7-11]
椰子肉	63	无数据	812	600~1500[6-8]

① 2006年/2007年数据；
② 菜籽油。

各种植物油的主要区别是附着在甘油三酯分子上脂肪酸的类型。各种植物油的脂肪酸组成见表6.2。脂肪酸成分是非常重要的，因为它决定了来自相应的植物油的生物柴油的燃料性质。脂肪酸成分还决定了植物油的饱和/不饱和度以及相对分子质量。植物油的饱和/不饱和度和相对分子质量可以通过碘值和皂化值来分别计算。较高的碘和皂化值表明相应植物油具有较高不饱和度和较低相对分子质量。

表 6.2 植物油的脂肪酸组成

| 植物油 | | 脂肪酸组成,% | | | | | | | | | | 参考文献 |
俗称	种类	12:0	14:0	16:0	16:1	18:0	18:1	18:2	18:3	20:0	22:0	22:1	
油菜籽	欧洲油菜			4.3	0.3	1.7	61	20.8	9.3	0.6	0.3		[12]
黑芥	黑芥		1.5	5.3	0.2	1.3	11.7	16.9	2.5	9.2	0.4	41	[13]
东方芥末	印度芥菜			2.3	0.2	1	8.9	16	11.8	0.8	5.7	43.3	[14]
大豆	橹豆			10.1		4.3	22.3	53.7	8.1				[15]
大豆	转基因大豆			3.5	0.1	2.8	22.7	60.3	9.3	0.2	0.2		[16]
棕榈树	美洲油棕		0.2	18.7	1.6	0.9	56.1	21.1					[17]
棕榈仁	非洲油棕	50.1	15.4	7.3		1.8	14.5	2.4					[17]
棕榈油精		0.3	1.2	40.6	0.2	4.3	41.9	11.9	0.4	0.4			[18]
向日葵	太阳花			5.2	0.1	3.7	33.3	56.5					[15]
玉米	玉蜀黍			11.6		2.5	38.7	44.7	1.4				[15]
橄榄	油橄榄			13.8	1.4	2.8	71.6	9	1				[15]
亚麻籽	亚麻			5.6		3.2	17.7	15.7	57.8				[15]
椰子	可可椰子	50.9	21.1	9.5		4.9	8.4	0.6					[19]
米糠	亚洲栽培稻			22.1		2	38.9	29.4	0.9				[20]
麻疯树	麻风树			18.5		2.3	49	29.7					[21]
卡兰贾	无毛水黄皮			5.8		5.7	57.9	10.1		3.5			[22]

6.3 生物柴油的质量

脂肪酸甲酯或脂肪酸的其他酯可以用作柴油或柴油燃料添加剂。生物柴油比例较低时，柴油燃料混合物的性质没有发生显著改变。然而，当生物柴油的添加量超过30%时，可能影响混合物的燃料特性[24]。因此，生物柴油生产后的性质是非常重要的，需要加以控制。所需要的特性列于表6.3。生物柴油的热值比化石基的柴油燃料少约10%[25]。酯交换后的燃料的黏度应当降低到6cSt（1cSt = 1mm^2/s，下同）以下。水和沉淀物可导致燃料恶化，不应该超过500mg/L。酸值反映了在燃料中存在的游离脂肪酸（FFA）的百分比。生物柴油的酸值应小于0.5mg KOH/g样品。酯交换不完全导致高含量的甘油三酯、甘油二酯和甘油一酸酯，从而导致高的总甘油值和沸点分布，因为和酯相比，酰基甘油在更高的温度沸腾。据报道，生物柴油的低温性能和氧化稳定性不如化石柴油燃料，为改进这些特性，需要对其进行改性[26,27]。可以用各种类型的抗氧化剂来增加生物柴油稳定性[28-31]。相比于化石柴油燃料，生物柴油混合物具有改进的润滑性能。据报道，添加1%生物柴油，燃料的润滑性可提高20%[32]。一般来说，最终的生物柴油产品应保持满足表6.3中燃料性质的要求。

表6.3 化石柴油和生物柴油的规格

燃料特性	化石柴油	生物柴油
规格	ASTM D975	ASTM D6751
组成	$C_{10} \sim C_{21}$ HC	$C_{12} \sim C_{22}$ FAME
钙和镁/（mg/L）		5（最大）
钠和钾/（mg/L）		5（最大）
硫酸盐灰分/%		0.02（最大）
硫/（mg/L）	500（最大）	15/500（最大）
磷/%		0.001（最大）
水和沉积物/（μL/L）	500（最大）	500（最大）
甲醇/%		0.02（最大）
燃点/℃	52（最小）	130（最小）
辛烷值/℃	40（最小）	
辛烷指数	40（最小）	
动力黏度（40℃）/cSt	1.9~4.1	1.9~6.0
酸值/%		0.5（最大）
游离甘油/%		0.02（最大）
总甘油/%		0.24（最大）
蒸馏 T_{90}/℃	282~338	360（最大）
氧化稳定性/h		30（最小）
高频往复仪（60℃）/μm	520（最大）	

6.4 酯交换和酯化的生物柴油生产

酯交换反应中，甘油三酯(TG)与醇(通常是甲醇)反应形成相应的在甘油三酯原料发现的 FA 混合物的烷基酯(生物柴油)。该反应通常用来降低甘油三酯的黏度。酯交换是一系列的连续可逆反应，其中甘油三酯与醇反应分别形成甘油二酯和甘油一酸酯和甘油，如图6.1所示。按照化学计量比，每摩尔甘油三酯需要3摩尔醇，得到3摩尔烷基酯，如图6.2所示。由于反应是可逆的，通常需要过量的醇使得反应平衡向产物方向转移。在该反应中使用的催化剂应具备酸性或碱性。在6.4.1节、6.4.2节中分别讨论了碱性和酸性催化反应的机理。

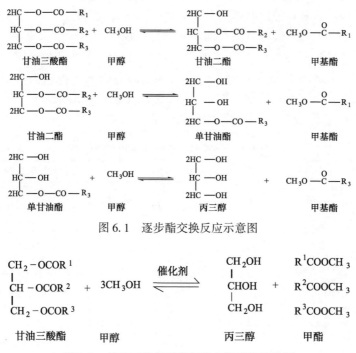

图6.1 逐步酯交换反应示意图

图6.2 甘油三酯与甲醇的酯交换反应示意图

6.4.1 均相碱催化

在酯交换反应中，用碱性催化剂催化反应明显快于酸性催化剂[33,34]。然而，碱催化酯交换至关重要的是所有反应的脂质和醇以及催化剂必须是基本无水的[3]。如果水存在的话，将促进皂化形成皂。此外，它可以水解酯，形成游离脂肪酸。随后，游离脂肪酸将不可逆转地中和碱性催化剂，并最终形成碱性盐。碱催化酯交换反应的机理如图 6.3 所示。第一步是烷氧离子(在甲醇作为反应醇时为甲氧基离子)攻击甘油三酯分子的羰基碳，形成一个四面体中间。在第二步中，四面体中间体与醇反应重新生成烷氧离子。最后，四面体中间体发生重排形成烷基酯和甘油二酯。酯交换过程中产生的少量的水可能会引起皂的形成，随后降低酯的收率。使用各种均相催化剂的各种原料的酯化和酯交换的实例见表 6.4。

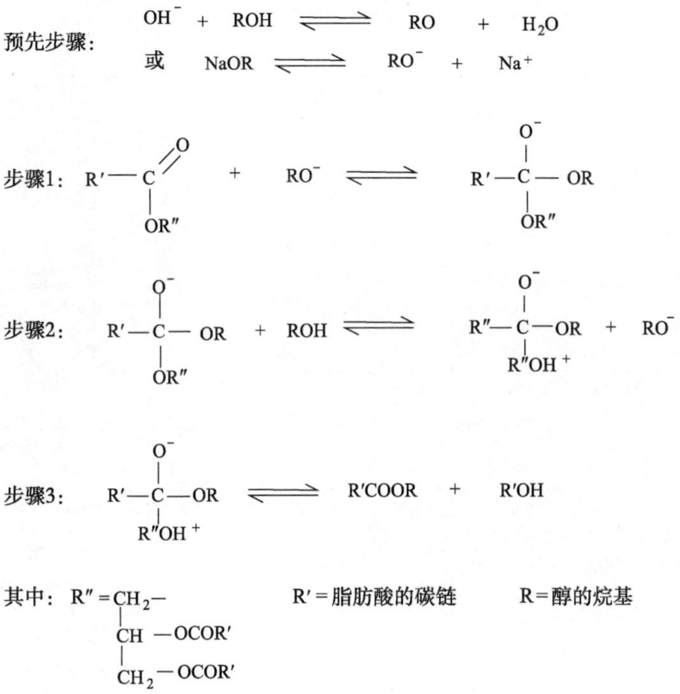

预先步骤：
$$OH^- + ROH \rightleftharpoons RO^- + H_2O$$
$$或 \quad NaOR \rightleftharpoons RO^- + Na^+$$

步骤1：
$$R'-\underset{OR''}{\overset{O}{C}} + RO^- \rightleftharpoons R'-\underset{OR''}{\overset{O^-}{\underset{|}{C}}}-OR$$

步骤2：
$$R'-\underset{OR''}{\overset{O^-}{\underset{|}{C}}}-OR + ROH \rightleftharpoons R'-\underset{R''OH^+}{\overset{O^-}{\underset{|}{C}}}-OR + RO^-$$

步骤3：
$$R'-\underset{R''OH^+}{\overset{O^-}{\underset{|}{C}}}-OR \rightleftharpoons R'COOR + R'OH$$

其中：$R''=CH_2-$
      $\quad\quad\;\; |$
      $\quad\quad CH-OCOR'$
      $\quad\quad\;\; |$
      $\quad\quad CH_2-OCOR'$

R' = 脂肪酸的碳链 R = 醇的烷基

图 6.3 碱催化的酯交换反应机理

表 6.4 酯化和酯交换反应的实例

	原料	酒精	醇油比	催化剂	温度/℃	持续时间	转换率/收率
碱催化	植物油	$C_1 \sim C_4$ 乙醇	6:1	0.5%的 KOH, 0.25%的醋酸钠	25	40min	87%~96%的收率
	植物油	甲醇	6:1	1%的 KOH	25	40min	51%~87%的收率
	水黄皮	甲醇	10:1	1%的 KOH	105	1.5h	92%的转换率
	菜籽油	甲醇	6:1	1%的 NaOH	45	15min	98%的酯含量
	废煎炸油	甲醇	7:1	1.1%的 NaOH	60	20min	94.6%的酯含量
	红豆	甲醇	6:1	1%的 KOH	65	2h	97%~98%的收率
	大豆油	甲醇	6:1	NaOH	45	10~20min	100%收率
	菜籽油	乙醇	6:1	1%的 KOH	25~70	2h	收率大于90%

续表

	原料	酒精	醇油比	催化剂	温度/℃	持续时间	转换率/收率
碱催化	废炸油脂	甲醇	6∶1	2%的硫酸,1%的KOH	50~60	5~6h	97%的酯含量
	麻疯树	乙醇	3∶1	1%的NaOH/KOH		2~4h	
	地沟油和油菜混合物	甲醇,乙醇	6∶1	1%的KOH	50	2h	98%的酯含量
	油菜籽	甲醇	6∶1	1%的KOH	65	2h	95%~96%的收率
	向日葵	甲醇	6∶1	1%的NaOH	60	2h	97.1%的收率
	三油酸甘油酯	$C_1 \sim C_{10}$乙醇	6∶1	1%的KOH/NaOH	室温	1h	99%的转化率
	绿色种子菜籽油	甲醇,乙醇	6∶1	1%的KOH	60	90min	97%的酯含量
	椰子油	乙醇	6∶1	0.75%的KOH		7min	98%的收率
	芫荽籽油	甲醇	6∶1	0.5%的甲醇钠	60	90min	94%的收率
酸催化	紫荆籼稻	甲醇	0.3%~0.35%(体)	1%(体)的硫酸	60	1h	98%的收率
	橡胶籽油	甲醇	6∶1	0.5%(体)的硫酸	45	20~30min	
	烟草种子油	甲醇	18∶1	1%~2%(体)的硫酸	60	25min	91%的收率
	废弃油脂	甲醇	24.5∶1	3.8∶1(物质的量比)的硫酸	70	4h	99%的收率
	琼崖海棠	甲醇	6∶1	0.65%(体)的硫酸	65	90min	85%的收率
	花椒	甲醇	24∶1	2%(体)的硫酸	60	80min	98%的收率
	动物脂肪	甲醇	30∶1	2.5%的硫酸	60	24h	98.28%的收率
	菜籽油	甲醇	24∶1	氯化铝	110	18h	98%的转化率
	大豆油	甲醇	20∶1	2.0mol/L 的 CF_3CO_2H	120	5h	98.4%的酯含量
	高AV油	甲醇	21∶1	4%的硫酸	120	5min 停留时间	99.5%的收率

在酯交换反应中使用的醇是那些具有 1~8 个碳原子的伯和仲的一元脂族醇[3]。醇的反应活性在很大程度上取决于醇的种类,见表 6.5。因为甲醇是醇的最经济的来源,并具有最高的相对活性,它通常用作酯交换的反应醇。然而,人们发现,甘油三酯在甲醇中的溶解度低。因此,传质可能对甲醇分解的整体速率产生不利影响。油在甲醇中的溶解度可以通过加入醚例如四氢呋喃(THF)或甲基叔丁基醚(MTBE)作为共溶剂来改善[60-62]。此外,由于油在乙醇中有更高的溶解度,可以使用甲醇和乙醇的混合物增加油在醇中的溶解度。在这种情况下,形成

了甲酯和乙酯[25,40]。在酯交换中，最佳的醇油物质的量比依赖于脂质、醇和催化剂的类型。在一般情况下，为了使反应向产物方向转移，至少使用100%过量的醇(6∶1醇油物质的量比)。但是，如果过多加入甲醇，油的浓度将太低，对反应速率会产生不利影响。此外，甘油既不分离也不转移到甲醇富集的上层相[60]。

表6.5 烷基在乙酸盐的醇溶液中的活性

烷基	相对活性	烷基	相对活性
甲基	1	正丁基	0.8
乙基	0.81	正庚基	0.9
正丙基	0.79		

温度是酯交换反应的另一个重要参数。酯交换包含初始传质控制区和动力学控制区[63,64]。在第一区域中，三酸甘油酯分子移动到醇相和甲醇离子碰撞，以使反应发生。当温度较高时，甘油三酯分子和甲醇离子的动能更高，甘油三酯分子和甲氧基离子更快地移动，使碰撞的速率增加。在动力学控制区域内，由于酯交换的吸热性，较高的温度会有利于反应[65]。然而，当在大气压下操作时，反应温度应不超过该醇的沸点，例如，甲醇是64.74℃，乙醇是78.44℃。

许多研究已经表明，较长的反应时间导致更高的酯产率[32,33,63,64,66,67]。然而，碱催化的酯交换反应非常迅速，并且反应完成通常需要不到1h。在某些情况下，只要游离和结合的甘油酯满足生物柴油规格(见表6.3)，有必要终止反应。如果反应时间延长，在反应过程中产生的水会将酯水解为游离脂肪酸。研究显示，当NaOH作为大豆油的甲醇分解的催化剂时，酸值随反应时间增加而增加[68]。

最常见的均相催化剂包括KOH、NaOH、KOCH$_3$和NaOCH$_3$。与那些氢氧化物相比，碱金属烷氧化物在反应过程中不产生水，被认为是一个更好的催化剂[33]。当水产生时，它可以促进水解形成游离脂肪酸，从而增加了酸值。Mahajan等[68]表明，当使用NaOCH$_3$时，反应产物的酸值较使用NaOH时显著降低。然而，由于其毒性高的价格和处理等问题，碱金属烷氧化物在大规模生产中不常用。当碱金属烷氧化物和氢氧化物用作催化剂时，活性催化物种是相同的，即甲氧基离子(CH$_3$O$^-$)；因此，可以得出结论，这些催化剂进行酯交换起到的效果是相同的[26]。

6.4.2 均相酸催化

当处理具有相对较高的游离脂肪酸含量的甘油三酯时，碱催化剂因为与这些酸形成皂而变得不适合。因此，酸催化剂更合适[3]。该反应中使用的酸可以是硫酸、磷酸、盐酸或有机磺酸[69]。除了酯交换反应之外，还会发生酯化反应，其中游离脂肪酸与甲醇反应形成甲酯(见图6.4)。与酯交换反应不同的是,形成1mol酯,1mol游离脂肪酸需要1mol醇。值得注意的是,逆反应是水解反应,其中水与酯反应形成游离脂肪酸。在含有水的系统中合成生物柴油人们必须注意这个反应。酸催化酯交换的机理如图6.5所示。第一步是在甘油酯分子中的羰基的质子化生成碳正离子。接着醇的攻击产生四面体中间体。甘油主链从该中间产物脱除使得催化剂再生并形成酯。相比碱催化,酸催化的反应需要更高的醇与油的物质的量比、反应温度和反应时间。如果反应在高于反应醇的沸点的温度下操作,为保持醇为液相,升高压力是必需的。

$$RCOOH + CH_3OH \underset{}{\overset{催化剂}{\rightleftharpoons}} RCOOCH_3 + H_2O$$
游离脂肪酸　甲醇　　　　　甲酯　　水

图6.4　游离脂肪酸与甲醇的酯交换反应示意图

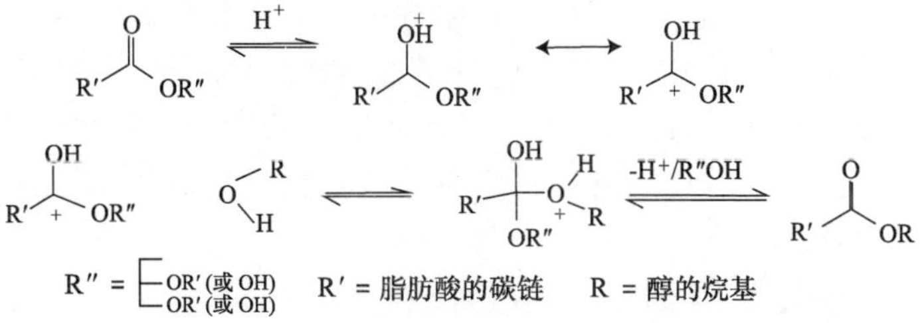

图6.5　酸催化酯交换反应的机理

虽然酸催化剂可以处理脂肪含量较高的原料,但保持低于0.5%的水含量是很关键的[70]。在这项研究中,添加5%的水使酯收率从95%(无水)减少至5.6%。如果水存在的话,可以包围质子(H^+)形成富含水的甲醇质子络合物。这些富水甲醇质子络合物比单纯的甲醇质子络合物疏水性低,使得催化物质(H^+)更难以接近疏水性的甘油三酯分子。因此,当原料中存在大量的水时,催化剂失活[71]。此外,人们发现,水的影响对酸催化的酯交换比对碱催化的酯交换更为显著[72],对酯交换比酯化的影响更大[71]。由于游离脂肪酸中羧基官能团的存在,游离脂肪酸比甘油三酯分子的疏水性差,使该极性富含水的甲醇质子络合物接近游离脂肪酸比接近甘油三酯更容易。

6.4.3　非均相碱催化

6.4.3.1　碱土金属氧化物催化剂

因为相对于其他的碱催化剂有较低的溶解度和较低的腐蚀性,碱土金属氧化物已经获得许多研究人员注意,并用于酯交换生产生物柴油。这些催化剂既可以合成为单一的金属氧化物又可以是混合的金属氧化物。

一般相信,碱性位点是由不同的配位环境下 $M^{2+}-O^{2-}$ 离子对的存在产生的。

第二组金属氧化物的碱强度的顺序：MgO<CaO<SrO<BaO。在酯交换反应生产生物柴油中这些氧化物的催化活性也符合相同的顺序，但相比那些均相碱催化剂，它们的催化活性较弱[73,74]。BaO 不适合酯交换反应生产生物柴油，因为它溶解于甲醇，而且生成一些有害物质。SrO 有较高的催化活性且不溶于水，但它与空气中的 CO_2 和水分强烈反应，形成非反应性的 $SrCO_3$ 和 $Sr(OH)_2$，SrO 的再生需要高温[73]。钙基碱是有吸引力的，因为它们是廉价的且毒性最小，并且它们显示出低的甲醇溶解度倾向[75]。CaO 的问题是低于甲醇的超临界状态的温度(240℃)和醇油物质的量比为 40∶1 时其催化活性低，在这些条件下可获得 97%~99% 的酯收率[76]。然而，在水的存在下 CaO 催化的速率可以被加速，因为作为酯交换反应催化剂的甲氧基离子增加了，但在反应介质中太多的水(超过 2.8% 的油)引起钙皂的形成[77]。CaO 的缺点是与甘油三酯反应在 CaO 的表面形成不希望的 $Ca(OCH_3)_2$。另一个缺点是在活性表面对水和二氧化碳有化学吸附倾向，因为是化学吸附，需要很高的温度(700℃)除去有毒物质[76]。

合成混合金属氧化物的目的是克服单一金属氧化物催化剂的局限性。据报道，相比单个金属氧化物(即钙、钡、镁的氧化物)，由于具有超强碱性，混合金属氧化物(即 Mg-La 氧化物)在酯交换生产生物柴油中有较高的催化活性。在水和游离脂肪酸的存在下，复合金属氧化物显示了可接受的活性，在室温、20∶1 的醇油物质的量比和 5% 的催化剂负载的条件下反应 2.2h 能获得 100% 的酯收率[78]。在不同的金属氧化物(A-B-O)研究中，其中 A 为碱土金属(钙、钡、镁)、碱金属或稀土金属(LA)，B 为过渡金属(钛、锰、铁、锆、铈)，人们发现，钙基催化剂，例如 $CaMnO_3$、$Ca_2Fe_2O_3$、$BaZrO_3$ 和 $CaCO_3$，具有最高的碱强度和酯交换反应催化活性，特别是使用 $CaZrO_3$ 和 $CaCeO_3$ 以 6∶1 的醇油物质的量比在 60℃ 反应 10h 可以得到 80% 以上的酯收率，同时催化剂可重复使用高达 5~7 次[79]。在另一项研究中，当 CaO 负载在不同的氧化物载体上(例如 MgO、SiO_2、Al_2O_3)，由于碱度增加，CaO/MgO 显示出最高的催化活性。在 64.5℃、6∶1 醇油物质的量比下反应 3h 可得到最高 92% 的油转化率[80]。

6.4.3.2 负载碱金属/金属盐催化剂

碱(碱土)金属是超强碱的最常见的来源。钠、钾、锂、钡、镁经常以金属形式或各种盐的形式例如卤化物、碳酸盐、氢氧化物和硝酸盐的形式被使用。催化剂的催化活性取决于表面碱性，而不是其他性质，例如表面积和孔体积。相对于其他负载的盐(例如 K_2CO_3/Al_2O_3、KNO_3/Al_2O_3)，负载的卤化物(例如 KF/Al_2O_3、KI/Al_2O_3)在酯交换反应中具有更高的催化活性。硝酸盐、氢氧化物和碳酸盐的催化活性取决于通过浸渍负载在载体(例如 Al_2O_3)上的金属(例如 K^+)。碱金属或碱土金属物质的载体可以是 CaO、BaO、MgO 和 ZnO。人们发现，在任何情况下，负载在碱土金属氧化物上的碱金属都可以部分地溶解在液相中，催化剂变成均相的。人们还发现，在极少的情况下，碱土金属氧化物载体（例如 BaO）的流失进入酯相比浸渍的金属物种更多[76]。当 Li、Na 和 K 的金属被负载到氧化钙、氧化镁、氧化钡，以及碳酸钾负载在氧化铝上时，D′Cruz 等也发现了类似的结果。在他们的研究中，和其他碱土金属氧化物负载金属相比，BaO 负载的金属在酯交换反应中表现出较高的催化活性，但在反应混合物中发现钡严重流失，同时发现 K_2CO_3/Al_2O_3 是一种很有前景的多相碱性催化剂[74]。

6.4.3.3 水滑石

水滑石或层状双氢氧化物是一种天然存在的阴离子黏土材料，其结构通式为 $[M_x^{z+}M_y'^{3+}(OH)_{2(x+y)}]^{b+}[(A^{n-})_{b/n}]\cdot nH_2O$。M 是一价（碱金属）或二价（碱土金属）离子，M′为三价金属离子（通常是 Al^{3+}），A^{n-} 是一个中和化合物电性的阴离子（通常为 CO_3^{2-}）。由于其较高的催化活性，Mg-Al 水滑石是用于酯交换反应被充分研究的催化剂。与 Mg-Al 水滑石相比，Li-Al 水滑石具有较强的 Brönsted 碱性，但 Li-Al 水滑石在酯交换反应中的催化活性还尚未得到广泛研究[76]。Mg-Al 水滑石的基本成分是 $[Mg_{(1-x)}Al_x(OH)_2]^{x+}[(CO_3)_{x/n}^{2-}]$，$x$ 在 0.25~0.55 之间。通过改变 x 含量可以改变碱性[81]。对于生物柴油的合成，水滑石中的 Mg/Al 物质的量比通常设定为 2~4。镁铝水滑石很有吸引力，是因为其在水和游离脂肪酸存在的条件下微不足道的流失倾向，高催化活性，并且保持活性一直到210℃。在一个研究中，在200℃、醇油物质的量比为 6∶1、1%催化剂负载量、45%的水和 9.5%的游离脂肪酸存在的条件下反应 3h，能获得 99%的甘油三酯转化率[82]。

6.4.3.4 沸石

沸石的酸碱性由离子交换的阳离子的种类和数量和在主沸石骨架的 Si/Al 比控制。控制碱度采取的两种常用的方法是用碱金属离子进行离子交换和在沸石孔的内表面上浸渍碱性组分。在这两种方法中，发现后一种创建强碱性位[76]。对于碱离子交换的沸石，碱度随着所交换的阳离子正电性的增加而增加。沸石家族中，八面沸石 NaX 和钛硅酸盐结构-10（SETS-10）已经被用于酯交换生产生物柴油的研究。这些沸石的碱度通过与较高的正电性的金属如 K 和 Cs 的离子交换增加[81]。据观察，在碱度和酯交换活性方面，用 K 离子交换比 Cs 更有效[76]。在部分 Cs 交换的 NaX 分子筛（34%Cs 取代的）的研究中，在甲醇和油物质的量比为 275∶1 和 10%催化剂负载量的条件下反应 22h 获得 70%的转化率[83]。在另一项研究中，在 65℃、甲醇和油物质的量比为 8∶1、KOH/NaX 沸石条件下获得的 85%的酯收率，但发现 KOH 严重流失[84]。

6.4.3.5 有机碱催化剂

胍 $[C(NH)(NH_2)_2]$ 是具有强碱性的有机化合物。烷基胍的碱性与氢氧化钠相当，而且它作为进行酯交换生产生物柴油的有效的碱催化剂而被广泛研究[76]。在一项研究中，人们发现，一种商业烷基胍(1,5,7-三氮杂二环[4.4.0]癸-5-烯或TBD)在酯交换反应中是一种非常有效的催化剂，在70℃、甲醇和油的物质的量比为23∶1的条件下反应1h，能达到90%的酯收率[85]。这种有机碱的优点是，与FFA形成可溶性络合物并且不形成肥皂或乳剂。采取不同载体的烷基胍多相化已经有很多尝试，但在所有的情况下都发现有严重的流失现象[76]；因此，有必要对此进一步研究。由于其碱性、孔隙率、便宜的价格和可用性，阴离子交换树脂的聚合物用于酯交换反应引起了许多研究者的兴趣。在一项研究中发现，Diaion® PA306s是一种酯交换生产生物柴油的有效催化剂。在研究中，在50℃、乙醇和油的物质的量比为20∶1、40%的催化剂装载的条件下反应1h可得到80%的酯收率，该催化剂被认为不会发生皂化[86]。在另一项研究中，对有机季氨官能基$(QN^+OH)^-$的阴离子树脂A26(来自Rohm和Haas)与QN^+OH/SiO_2的酯交换反应的催化活性进行了对比。在这个研究中，两个催化剂显示出相同的活性(在60℃、甲醇和油的物质的量比为6∶1、1.6%催化剂装载条件下反应4h，获得60%油转化率)，但相比于QN^+OH/SiO_2，阴离子树脂A26的流失倾向可忽略不计[87]。

6.4.4 多相酸催化

6.4.4.1 硫酸金属氧化物

硫酸化的金属氧化物同时具有Brönsted和Lewis酸位点，并且它们的酸度被认为是超强酸。在不同的硫酸化的金属氧化物中，由于其高的酸强度，硫酸化氧化锆(SZ)显示出优良的催化活性。Schucharardt等[85]提出了一种新的具有改进的催化活性的SZ制备方法，而传统的硫酸化氧化锆(SZ)表现出更低的酯交换反应活性，在第一次运行后会失活。在他们的研究中，在120℃、甲醇和油的物质的量比为20∶1、5%催化剂装载条件下反应1h，获得98.6%的酯化率，而传统的SZ没有活性，但该催化剂的重复使用性较差。较差的重复使用性是因为硫以H_2SO_4和HSO_4^-的形式流失[81]。对于这一点，Yadav和Murkute提出了一种制备SZ的新颖方法[88]，改进了硫酸盐的负载量和抗流失性。相比于硫酸氧化锆(SZ)，硫酸氧化锡(SO_4^{2-}/SnO_2)由于其较高的酸度表现出较好的酯化反应催化活性，但这种催化剂因为在制备方法上有着不足之处，一直没有用于酯交换反应[81]。在酯交换反应中使用的另一种具有超酸性的硫酸化金属氧化物是硫酸化二氧化钛。发现它比硫酸氧化锆活性低，但和传统的硫酸化氧化锆相比，二氧化硅负载硫酸化二氧化钛显示出更好的催化活性和稳定性。在研究中，在200℃、甲醇与油的物质的量比为9∶1、3%催化剂负载量、50%的FFA存在的条件下反应6h，可得到90%的酯化率[89]。

6.4.4.2 混合金属氧化物

由于硫酸氧化锆的流失稳定性,非硫酸超强酸物质(例如钨酸化氧化锆)备受瞩目。在一项研究中,人们发现,在酯交换反应中钨酸化氧化锆比硫酸化的氧化锆的催化活性低,但它具有容易再生的优点,这表明钨酸化氧化锆催化剂失活是由于酸性点的覆盖,而不是催化物种的流失[90]。Furuta 等[91]发现把铝掺杂到钨酸化氧化锆中对于酯交换和酯化反应生产生物柴油的活性比钨酸化氧化锆要高得多。由于可以调节酸碱性,两性金属氧化物引起了研究人员的兴趣。在一项研究中,人们发现,在酯交换反应 PbO 和 PbO_2 显示出高的催化活性(在150℃、甲醇和油的物质的量比为2∶1、2%的催化剂装载的情况下反应2h可得到89%的酯化率),但存在着很大的流失倾向[92]。在这方面,ZnO 系催化剂是一个关注点。Zn-Al 氧化物是由法国石油研究所(IFP)开发的,表现出更高的酯基转移反应催化活性(在250℃、5MPa的压力下反应160min,获得91%的生物柴油产率),但催化剂需要无水的原料。此混合氧化物的组成是 $ZnAl_2O_4 \cdot xZnO \cdot yAl_2O_3$($x$ 和 y 的范围在0~2之间)[73]。锌镧混合氧化物是另一个有吸引力的催化剂,它是由 ZnO、La_2CO_3 和 LaOOH 组成的。在一系列的研究中发现,Zn3La1(锌镧物质的量比为3∶1)具有较长的催化寿命(17次)和更高的 FFA(可达到30.5%)和水(可达到5%)耐受性。这种催化剂在200℃、30.5%的 FFA 和5%的水、甲醇和油的物质的量比为36∶1 及 2.3%的基于油的质量的催化剂装载量条件下反应150min,能够达到96%以上的酯化率[93]。

6.4.4.3 杂多酸

用于甘油三酸酯的酯交换反应和酯化反应生产生物柴油的强酸性的多相催化剂的另一个重要组成是负载杂多酸和负载或非负载杂多酸金属盐。虽然硫酸的金属氧化物酸性比杂多酸更多,但通过硫酸化的金属氧化物的硫发生流失,吸引许多研究者利用杂多酸为基础的固体催化剂。使用负载/非负载的 HPA 特别是它们的盐作为酯交换反应生产生物柴油催化剂的研究以表格形式在表6.6进行了总结,此表显示不同 HPA 和它们的盐的催化活性的对比。

表6.6 使用 HPA 或负载的 HPA 进行生产生物柴油的综述

原料	催化剂	反应器	结果和评论	参考文献
含有高达20%的 FFA 低芥酸菜籽油	以水合氧化锆(HZ)、二氧化硅、氧化铝和活性炭为载体的 $H_3PW_{12}O_{40}$(TPA)	500mL 的帕尔反应器	在反应允许下,10%的 TPA/HZ,在200℃、9∶1 醇油物质的量比、600r/min、3%催化剂负载运行10h得到90%的最大酯产率。回收的催化剂活性的损失可以忽略不计;10%的 TPA/HZ,表面积(S.A)146m^2/g,孔直径(P.D.):2.18nm	[94]

续表

原料	催化剂	反应器	结果和评论	参考文献
芸芥、加尔斯油（ESG油）、65%的游离脂肪酸	$Cs_{2.5}H_{.5}PW_{12}O_{40}$	250mL 反应器	THF存在作为共溶剂，每克油使用$1.85×10-3g$催化剂、5.3∶1醇油物质的量比、55℃的反应温度时，运行45min，得到99%的酯交换。催化剂结构性质没有分析	[95]
菜籽油	$H_3PW_{12}O_{40}$、$Cs_2HPW_{12}O_{40}$、$H_3PW_{12}O_{40}/SiO_2$	$50cm^3$耐热玻璃反应器	当在80反应温度下，6∶1乙醇油的物质的量比，使用0.6g未负载的$H_3PW_{12}O_{40}$，以500r/min 转速搅拌3h，得到最大转化率为27%。从$H_3PW_{12}O_{40}$/二氧化硅中观察到严重浸出	[96]
棕榈精	$H_3PW_{12}O_{40}/Ta_2O_5$	25mL圆底玻璃烧瓶	将质量分数2%的$H_3PW_{12}O_{40}/Ta_2O_5$－10.8, 90∶1的甲醇加入软脂酸甘油酯，达到最高产率，同时酯化和酯交换反应在65℃反应6h	[97]
卡兰贾、麻疯、大豆、向日葵和棕榈油	$H_3PW_{12}O_{40}/K10$、磷钼酸/K10、钨酸钠二水合物/K-10	100mL 帕尔反应器	170℃下，当5%的$H_3PW_{12}O_{40}/K-10$加入葵花籽油时，使用15∶1甲醇向日葵油比率，170r/min转速下搅拌6h达到20%的最高转化率	[98]
三油酸甘油酯	$H_4PNbW_{11}O_{40}/WO_3-Nb_2O_5$、钨硅酸、钨硅酸、磷钨酸、$Cs_{2.5}H_{.5}PW_{12}O_{40}$、$H_4PNbW_{11}O_{40}$	间歇式反应器——高压釜和连续流动固定床反应器	在100℃下，$0.2gH_3PW_{12}O_{40}$，50∶1甲醇三油精的物质的量比，8h，得到87%的最高酯产率	[99]
E. 水稻加尔斯油（ESG油）与3.65%的游离脂肪酸	$Cs_{2.5}H_{0.5}PW_{12}O_{40}$	500mL 反应器	在65℃下，6∶1醇油的物质的量比和0.4mmol的催化剂用量下，12h内得到最大98.1%的转化率	[100]
包含20%十四酸的豆油	$Ta_2O_5/SiO_2-[H_3PW_{12}O_{40}/R](R=Me$或$Ph)$、$H_3PW_{12}O_{40}/Ta_2O_5-10.8$、$SiO_2-[H_3PW_{12}O_{40}(9.6)/Me(3)]$	25mL的圆底玻璃烧瓶	催化剂中的R（甲基或苯基）基团造成催化剂表面的疏水性。$Ta_2O_5/SiO_2-[H_3PW_{12}O_{40}(10.0)/Me(3)]$（10表示负载的质量百分数，3为Ta/Ph的物质的量比）获得是用于同时酯化和酯交换反应的最有效的催化剂。2%的催化剂，65℃反应温度，90∶1醇油的物质的量比，使用24h	[101]
二手食用油加8%游离脂肪酸	$TPA(H_3PW_{12}O_{40})/Nb_2O_5$，用5%～30%的$Nb_2O_5$加载TPA		25%的TPA/Nb_2O_5是最有前途的。在200℃、18∶1醇/油物质的量比和3%的催化剂负载，获得最高92%的酯收率。催化剂被回收重用活性损失可忽略不计	[102]

6.4.4.4 有机官能团酸催化剂

对于生产生物柴油，合成和使用有机官能酸催化剂的目的是克服其他酸催化剂的缺点，例如活性物种的流失、热稳定性和低表面面积。此类催化剂的活性是由于磺酸位点的存在，它可以被视为硫酸的多相对应物。硫酸在酸催化的酯交换反应中具有优异的催化活性，在其多相化方面的尝试是为了克服传统均相催化系统的缺点，例如设备腐蚀和产品难以分离。磺酸的载体可以是无机金属氧化物，例如氧化锆、氧化锡、介孔二氧化硅和碳材料如多壁碳纳米管和沥青。在这些载体中，沥青负载的磺酸表现出有前景的催化活性和可重用性（260℃、甲醇制汽油物质的量比为 18.2 和催化剂载量为 0.2%反应 3h，转换率达到 89.9%）[103,104]。在磺酸离子交换树脂方面也采取了很多尝试，如用 H_2SO_4、Amberlyst-35（Rohm 和 Haas）、Amberlyst-15（Rohm and Haas）和 Nafion SAC-13 对聚（DVB）树脂进行磺化以便进行酯交换反应生产生物柴油[73]。这些离子交换树脂热稳定性低。因此，基于油品的要求为了达到较高的甘油三酯转化率，需要高甲醇物质的量比（50∶1~300∶1）和高的催化剂负载量 25%~50%[73,105]。

最近，Hara 等已经开发出一种新的方法[106]，硫化未完全碳化的碳水化合物，如淀粉、纤维素磺化、D-葡萄糖和蔗糖。碳水化合物的不完全炭化导致三维的 sp3 键合结构的小的多环芳烃碳片形成坚硬的碳材料。这种碳材料的磺化被证实是具有高度稳定性和物理坚固的具有高密度活性磺酸位点的固体。在其他用途中，这种碳水化合物衍生的酸催化剂已成功地应用于生产生物柴油。运用这种类型的催化剂，当反应温度为 80℃、20∶1 醇油的物质的量比、10%负载的催化剂，并且原料含有 28%的 FFA 的条件下反应 8h 得到 92%的最高酯收率。另一种合成磺酸类多相催化剂的方法是在介孔二氧化硅如 SBA-15 中掺入有机酸组。由于其二氧化硅载体，这些材料有大量的规整孔道、高热稳定性以及通过有机官能团控制其疏水性和酸性位点浓度的可能性。在研究中，在 5.6%游离脂肪酸存在下，在 180℃、甲醇油物质的量比为 10∶1 和 6%的催化剂装载量条件下反应 2h 内，得到的酯产率为 98.4%[105]。负载的有机金属盐也有多相酸催化剂性质。在一项研究中，Jacobson 等[107]合成了二氧化硅负载的硬脂酸锌和乙酸锌。这些催化剂中，使用反应温度为 200℃、18∶1 的甲醇油物质的量比和 3%的催化剂负载量，二氧化硅负载的硬脂酸锌能产生 98%的酯收率。这些催化剂是可重复使用的，没有流失的倾向。

6.5 反应动力学

Dossin 等[108]提出了一种关于多相碱催化酯交换反应类型的"Langmuir-

Hinshelwood"动力学模型，这是基于一种三步"Eley-Rideal"机理的模型。根据他们提出的模型，反应速率控制步骤是醇在无碱性位点催化剂上的吸附。如果控制步骤是吸附或解吸，在非理想系统的速率表达式中使用活性代替浓度是合适的。但按照 Dossin 等[108]所观察的，在所有的条件下，速率表达式中若使用浓度而不是活性，则影响较小，因此可以忽略不计，并且通过使用较小的催化剂颗粒尺寸可以达到较高的初始反应速率，而温度只有轻微的影响。在 Veljkovic 等[109]的另一项研究中，据观察，初始的甘油三酯的质量传递限制是由于甲醇吸附导致碱催化剂的活性表面积较低。根据他们的研究，随着反应的进行并使用较高浓度的催化剂这种限制会消失，整体酯交换反应是拟一级反应[109]。Li 等[110]获得了相似的结果，基于整体酯交换反应提出了一个模型。在他们的研究中，通过使用不同粒径获得了类似的结果从而消除了内扩散的影响。根据他们的研究，整体反应是不可逆的一级反应，并且该模型仅适用于该反应的初始阶段[110]。Singh 和 Fernando[92]研究了不同多相碱催化酯交换反应，他们只考虑总酯交换反应。在他们的研究中，他们认为消除了外部和内部的扩散，但原因没有讨论。总反应级数根据所用催化剂[92]从 1 变化到 3。

    Kulkarni 等已经解释酯交换和酯化反应同时存在的机理[40]。Srilatha 等使用用过的烹饪油混合 8%FFA，在 200℃、25%的 TPA/Nb_2O_5、酒精和油的物质的量比为 18∶1、质量比为 3%的催化剂负载量的条件下分析了反应动力学。总体反应是活化能为 34.4kJ/mol 的拟一级反应，这与报道的值一致[102]。Lopez 等[111]分析了酸性 Nafion©SAC-13 树脂催化酯交换生产生物柴油的反应动力学。在他们的研究中，通过调整搅拌速度和催化剂颗粒大小，避免了外部和内部扩散的影响。他们考虑该酯交换反应的第一步骤(甘油三酯到甘油二酯)，而不是总体反应来进行动力学研究。根据他们的发现，固体酸催化剂和均相酸催化剂遵循相似的机理路径。该机理包括甘油三酯的质子化(通过吸附在催化剂表面，它充当一个单独的反应位)，接着进行甘油三酯和体相液体醇(它是限速步骤)之间的表面反应和之后的产物脱附步骤。由于醇在树脂酸位点上的竞争吸附，在他们提出的机理中观察到与经典的 Eley-Rideal 双分子机理表达式存在不同之处[111]。在这项研究中，其他生产生物柴油可能的反应途径(即水解随后酯化)被忽略，并且总反应相对于该反应物浓度为二级。在另一项研究中，Lopez 等发现[112]，该甘油三酯可以通过两条路线反应：在固体酸催化剂存在下水解后的酯化和酯交换反应。根据他们的研究，甘油三酯中存在游离脂肪酸增加了酯交换的反应速率，因为平行水解反应更快，之后是酯化反应速率。然而，相比纯的游离脂肪酸，在甘油三酯混合物中游离脂肪酸酯化反应速率是缓慢的。他们发现，酯化反应速率比酯交换反应的速度快大约 20 倍[111]。

6.6 结论

当包含特别低含量 FFA 和水的高品质油被用于生产生物柴油时,均相碱催化剂由于其较高的酯交换活性是最佳选择。然而,大多数的低品质油,例如使用过的食用油,含有大量的游离脂肪酸,这可能导致皂化反应,并导致在碱催化的酯交换反应中形成皂。在这些游离脂肪酸百分比较高的低品质的油中,均相酸催化剂是最佳选择。当使用酸催化剂时,能够避免皂化。近年来,多相催化剂由于简单的净化过程引起了广泛的关注。不同于均相催化,从生物柴油中除去多相催化剂是简单的而且不产生废水。然而,很明显,如果有任何游离脂肪酸存在于原料中,几乎所有的多相碱催化剂的活性物种都浸出到反应介质中,降低了酯交换反应的选择性,并产生皂。固体碱催化剂也失去了它的可重复利用性。相比之下,伴随酯交换反应生产生物柴油,固体酸催化剂可以催化酯化反应,使用醇从游离脂肪酸产生相似类型酯。许多固体酸催化剂的活性物质还进入到反应介质中,从而只影响催化剂的重复使用性,但不影响选择性。多相碱基和酸催化反应的反应动力学和反应的机理揭示,在碱催化的反应中的第一步是醇(甲醇)吸附在催化剂的活性位点,然而在酸催化反应的情况下,第一步是油或甘油三酯吸附在催化剂上的活性位点上。在酸催化反应中,就很难使反应开始,因为大部分的载体和活性位点是亲水性的。因此,建议对固体酸催化同时进行的酯化和酯交换反应生产生物柴油展开进一步研究,以及建立催化剂类型和用于生物柴油合成的植物油之间的关系。

致谢

作者感谢这项研究由自然科学和加拿大工程研究理事会(NSERC)、农业和生物制品创新项目(AIP)和加拿大研究主席(CRC)计划所提供的资金。

参 考 文 献

[1] Knothe G, Gerpen JV, Krahl J(2005)The biodiesel handbook. AOCS Press, Champaign.
[2] Walton J(1938)The fuel possibilities of vegetable oils. Gas Oil Power 33: 167-168.
[3] Ma F, Hanna MA(1999)Biodiesel production: a review. Bioresour Technol 70: 1-15.
[4] Lapuerta M, Armas O, Rodriguez-Fernandez J(2008)Effect of biodiesel fuels on diesel engine emissions. Prog Energy Combust Sci 34: 198-223.
[5] Sharma YC, Singh B(2009)Development of biodiesel: current scenario. Renew Sustain Energy Rev 13: 1646-1651.
[6] Robbelen G(1990)Mutation breeding for quality improvement: a case study for oilseed crops. Mutat Breed Rev 6: 1-44.
[7] USDA-FAS(United States Department of Agriculture—Foreign Agricultural Service). Oilseeds: world markets and trade. http://www.fas.usda.gov/.Accessed 16 Nov 2009.
[8] Williams MA(2005)Recovery of oils and fats from oilseeds and fatty materials. In: Shahidi F(ed)Bailey's industrial oil and fat products, vol 5, 6th edn. Wiley, Hoboken, NJ.
[9] Wang T(2002)Soybean oil. In: Gunstone FD(ed)Vegetable oils in food technology composition, properties and uses. CRC Press LLC, Boca Raton, FL.
[10] Gupta MK(2002)Sunflower oil. In: Gunstone FD(ed)Vegetable oils in food technology composition, properties and uses. CRC Press LLC, Boca Raton, FL.
[11] Pantzaris TP, Basiron Y(2002)The lauric(coconut and palmkernel)oils. In: Gunstone FD(ed)Vegetable oils in food technology composition, properties and uses. CRC Press LLC, Boca Raton, FL.

[12] Ackman RG(1983) Chemical composition of rapeseed oil. In: Kramer JKG, Sauer FD, Pigden WJ(eds) High and low erucic acid rapeseed oils production, usage, chemistry, and toxicological evaluation. Academic, Toronto, ON.
[13] Basu AK, Ghosh A, Dutta S(1973) Fatty acid composition of mustard(Brassica nigra) seed oil by gas-liquid chromatography. J Chromatogr 86: 232-233.
[14] Matthaus B, Vosmann K, Pham LQ, Aitzetmuller K(2003) FA and tocopherol composition of Vietnamese oilseeds. J Am Oil Chem Soc 80: 1013-1020.
[15] Kamal-Eldin A, Andersson R(1997) A multivariate study of the correlation between tocoph¬ erol content and fatty acid composition in vegetable oils. J Am Oil Chem Soc 74: 375-380.
[16] Reske J, Siebrecht J, Hazebroek J(1997) Triacylglycerol composition and structure in genetically modified sunflower and soybean oils. J Am Oil Chem Soc 74: 989-998.
[17] Jalani BS, Cheah SC, Rajanaidu N, Darus A(1997) Improvement of palm oil through breeding and biotechnology. J Am Oil Chem Soc 74: 1451-1455.
[18] Firestone D(2006) Physical and chemical characteristics of oils, fats, and waxes, 2nd edn. AOCS Press, Washington, DC.
[19] Pham LJ, Casa EP, Gregorio MA, Kwon DY(1998) Triacylglycerols and regiospecific fatty acid analyses of Philippine seed oils. J Am Oil Chem Soc 75: 807-811.
[20] Bravi E, Perretti G, Montanari L(2006) Fatty acids by high-performance liquid chromatog¬ raphy and evaporative light-scattering detector. J Chromatogr A 1134: 210-214.
[21] Banerji R, Chowdhury AR, Misra G, Sudarsanam G, Verma SC, Srivastava GS(1985) Jatropha seed oils for energy. Biomass 8: 277-282.
[22] Bhattacharyya DK(2002) Lesser-known Indian plant sources for fats and oils. Inform 13: 151-157.
[23] Ramos MJ, Fernandez CM, Casas A, Rodriguez L, Perez A(2009) Influence of fatty acid composition of raw materials on biodiesel properties. Bioresour Technol 100: 261-268.
[24] Reaney MJT, Hertz PB, McCalley WW(2005) Vegetable oils as biodiesel. In: Shahidi F(ed) Bailey's industrial oil and fat products, vol 6, 6th edn. Wiley, Hoboken, NJ.
[25] Issariyakul T, Kulkarni MG, Dalai AK, Bakhshi NN(2006) Production of biodiesel from waste fryer grease using mixed methanol/ethanol system. Fuel Process Technol 88: 429-436.
[26] Lang X, Dalai AK, Bakhshi NN, Reaney MJT, Hertz PB(2001) Preparation and characteri¬ zation of bio-diesels from various bio-oils. Bioresour Technol 80: 53-62.
[27] Dinkov R, Hristov G, Stratiev D, Aldayri VB(2009) Effect of commercially available antioxidants over biodiesel/diesel blends stability. Fuel 88: 732-737.
[28] Mittelbach M, Schober S(2003) The influence of antioxidants on the oxidation stability of biodiesel. J Am Oil Chem Soc 80(8): 817-823.
[29] Knothe G, Dunn RO(2003) Dependence of oil stability index of fatty compounds on their structure and concentration and presence of metals. J Am Oil Chem Soc 80(10): 1021-1026.
[30] Schober S, Mittelbach M(2004) The impact of antioxidants on biodiesel oxidation stability. Eur J Lipid Sci Technol 106: 382-389.
[31] Dunn RO(2005) Oxidative stability of soybean oil fatty acid methyl esters by oil stability index(OSI). J Am Oil Chem Soc 82(5): 381-387.
[32] Kulkarni MG, Dalai AK, Bakhshi NN(2006) Utilization of green seed canola oil for biodiesel production. J Chem Technol Biotechnol 81: 1886-1893.
[33] Freedman B, Pryde EH, Mounts TL(1984) Variables affecting the yields of fatty esters from transesterified vegetable oils. J Am Oil Chem Soc 61(10): 1638-1642.
[34] Freedman B, Butterfield RO, Pryde EH(1986) Transesterification kinetics of soybean oil. J Am Oil Chem Soc 63(10): 1375-1380.
[35] Dmytryshyn SL, Dalai AK, Chaudhari ST, Mishra HK, Reaney MJ(2004) Synthesis and characterization of vegetable oil derived esters: evaluation for their diesel additive properties. Bioresour Technol 92: 55-64.
[36] Karmee SK, Chadha A(2005) Preparation of biodiesel from crude oil of Pongamia pinnata. Bioresour Technol 96: 1425-1429.
[37] Leung DYC, Guo Y(2006) Transesterification of neat and used frying oil: optimization for biodiesel production. Fuel Process Technol 87: 883-890.
[38] Meher LC, Dharmagadda VSS, Naik SN(2006) Optimization of alkali-catalyzed transester¬ ification of Pongamia pinnata oil for production of biodiesel. Bioresour Technol 97: 1392-1397.
[39] Ji J, Wang J, Li Y, Yu Y, Xu Z(2006) Preparation of biodiesel with the help of ultrasonic and hydrodynamic cavitation. Ultrasonics 44: e411-e414.
[40] Kulkarni MG, Dalai AK, Bakhshi NN(2007) Transesterification of canola oil in mixed methanol/ethanol system and use of esters as lubricity additive. Bioresour Technol 98: 2027-2033.
[41] Sarin R, Sharma M, Sinharay S, Malhotra RK(2007) Jatropha-Palm biodiesel blends: an optimum mix for Asia. Fuel 86: 1365-1371.
[42] Issariyakul T, Kulkarni MG, Meher LC, Dalai AK, Bakhshi NN(2008) Biodiesel production from mixtures of canola oil and used cooking oil. Chem Eng J 140: 77-85.
[43] Rashid U, Anwar F(2008) Production of biodiesel through optimized alkaline-catalyzed transesterification of rapeseed oil. Fuel 87: 265-273.
[44] Rashid U, Anwar F, Moser BR, Ashraf S(2008) Production of sunflower oil methyl esters by optimized alkali-catalyzed methanolysis. Biomass Bioenergy 32: 1202-1205.
[45] Hanh HD, Dong NT, Okitsu K, Nishimura R, Maeda Y(2009) Biodiesel production through transesterification of triolein with various alcohols in an ultrasonic field. Renew Energy 34: 766-768.
[46] Issariyakul T, Dalai AK(2010) Biodiesel production from greenseed canola oil. Energy Fuel 24: 4652-4658. doi: 10. 1021/ef901202b.
[47] Kumar D, Kumar G, Singh PCP(2010) Fast, easy ethanolysis of coconut oil for biodiesel production assisted by ultrasonication. Ultrason Sonochem 17: 555-559.
[48] Moser BR, Vaughn SF(2010) Coriander seed oil methyl esters as biodiesel fuel: unique fatty acid composition and excellent oxidative stability. Biomass Bioenergy 34: 550-558.
[49] Ghadge SV, Raheman H(2005) Biodiesel production from mahua(Madhuca indica) oil having high free fatty acids. Biomass Bioenergy 28: 601-605.
[50] Ramadhas AS, Jayaraj S, Muraleedharan C(2005) Biodiesel production from high FFA rubber seed oil. Fuel 84: 335-340.
[51] Veljkovic VB, Lakicevic SH, Stamenkovic OS, Todorovic ZB, Lazic ML(2006) Biodiesel production from tobacco(Nicotiana tabacum L.) seed oil

with a high content of free fatty acids. Fuel 85: 2671-2675.
[52] Zheng S, Kates M, Dube, MA, McLean DD(2006) Acid-catalyzed production of biodiesel from waste frying oil. Biomass Bioenergy 30: 267-272.
[53] Sahoo PK, Das LM, Babu MKG, Naik SN(2007) Biodiesel development from high acid value polanga seed oil and performance evaluation in a CI engine. Fuel 86: 448-454.
[54] Zhang J, Jiang L(2008) Acid-catalyzed esterification of Zanthoxylum bungeanum seed oil with high free fatty acids for biodiesel production. Bioresour Technol 99: 8995-8998.
[55] Bhatti HN, Hanif MA, Qasim M, Rehman A-U(2008) Biodiesel production from waste tallow. Fuel 87: 2961-2966.
[56] Soriano NU Jr, Venditti R, Argyropoulos DS(2009) Biodiesel synthesis via homogeneous Lewis acid-catalyzed transesterification. Fuel 88: 560-565.
[57] Miao X, Li R, Yao H(2009) Effective acid-catalyzed transesterification for biodiesel production. Energy Convers Manage 50: 2680-2684.
[58] SunP, Sun J, Yao J, Zhang L, XuN(2010) Continuous production of biodiesel from high acid value oils in microstructured reactor by acid-catalyzed reactions. Chem Eng J 162: 364-370.
[59] Sridharan R, Mathai IM(1974) Transesterification reactions. J Sci Ind Res 33: 178-186.
[60] Boocock DGB, Konar SK, Mao V, Lee C, Buligan S(1998) Fast formation of high-purity methyl esters from vegetable oils. J Am Oil Chem Soc 75(9): 1167-1172.
[61] Boocock DGB, Konar SK, Mao V, Sidi H(1996) Fast one-phase oil-rich processes for the preparation of vegetable oil methyl esters. Biomass Bioenergy 11(1): 43-50.
[62] Zhou W, Konar SK, Boocock DGB(2003) Ethyl esters from the single-phase base-catalyzed ethanolysis of vegetable oils. J Am Oil Chem Soc 80 (4): 367-371.
[63] Noureddini H, Zhu D(1997) Kinetics of transesterification of soybean oil. J Am Oil Chem Soc 74(11): 1457-1462.
[64] Vicente G, Martinez M, Aracil J, Esteban A(2005) Kinetics of sunflower oil methanolysis. Ind Eng Chem Res 44: 5447-5454.
[65] Ellis N, Guan F, Chen T, Poon C(2008) Monitoring biodiesel production(transesterification) using in situ viscometer. Chem Eng J 138(1-3): 200-206.
[66] Mittelbach M, Trathninggg B(1990) Kinetics of alkaline catalyzed methanolysis of sunflower.
[oil] Fat Sci Technol 92(4): 145-148.
[67] Komers K, Stloukal R, Machek J, Skopal F(2001) Biodiesel from rapeseed oil, methanol and KOH. 3. Analysis of composition of actual reaction mixture. Eur J Lipid Sci Technol 103(6): 363-371.
[68] Mahajan S, Konar SK, Boocock DGB(2007) Variables affecting the production of standard biodiesel. J Am Oil Chem Soc 84: 189-195.
[69] Fukuda H, Kondo A, Noda H(2001) Review: biodiesel fuel production by transesterification of oils. J Biosci Bioeng 92(5): 405-416.
[70] Canakci M, Van Gerpen J(1999) Biodiesel production via acid catalysis. Trans ASAE 42(5): 1203-1210.
[71] Helwani Z, Othman MR, Aziz N, Fernando WJN, Kim J(2009) Technologies for production of biodiesel focusing on green catalytic techniques: a review. Fuel Process Technol 90(12): 1502-1514.
[72] Kusdiana D, Saka S(2004) Effects of water on biodiesel fuel production by supercritical methanol treatment. Bioresour Technol 91(3): 289-295.
[73] Yan S, DiMaggio C, Mohan S, Kim M, Salley SO, Ng KYS(2010) Advancements in heterogeneous catalysis for biodiesel synthesis. Top Catal 53: 721-736.
[74] D'Cruz A, Kulkarni MG, Meher LC, Dalai AK(2007) Synthesis of biodiesel from canola oil using heterogeneous base catalyst. J Am Oil Chem Soc 84: 937-943.
[75] Helwani Z, Othman MR, Aziz N, Kim J, Fernando WJN(2009) Solid heterogeneous catalysts for transesterification of triglycerides with methanol: a review. Appl Catal A Gen 363: 1-10.
[76] Lee DW, Park YM, Lee KY(2009) Heterogeneous base catalysts for transesterification in biodiesel synthesis. Catal Surv Asia 13: 63-77.
[77] Liu X, He H, Wang Y, Zhu S, Piao X(2008) Transesterification of soybean oil to biodiesel using CaO as a solid base catalyst. Fuel 87: 216-221.
[78] Babu NS, Sree R, Prasad PSS, Lingaiah N(2008) Room-temperature transesterification of edible and non-edible oils using a heterogeneous strong basic Mg/La catalyst. Energy Fuel 22: 1965.
[79] Kawashima A, Matsubara K, Honda K(2008) Development of heterogeneous base catalysts for biodiesel production. Bioresour Technol 99: 3439-3443.
[80] Yan S, Lu H, Liang B(2008) Supported CaO catalysts used in the transesterification of rapeseed oil for the purpose of biodiesel production. Energy Fuel 22: 646-651.
[81] Jothiramalingam R, Wang MK(2009) Review of recent developments in solid acid, base, and enzyme catalysts(heterogeneous) for biodiesel production via transesterification. Ind Eng Chem Res 48: 6162-6172.
[82] Barakos N, Pasias S, Papayannakos N(2008) Transesterification of triglycerides in high and low quality oil feeds over an HT2 hydrotalcite catalyst. Bioresour Technol 99: 5037-5042.
[83] Leclercq E, Finiels A, Moreau A(2001) Transesterification of rapeseed oil in the presence of basic zeolites and related solid acids. J Am Oil Chem Soc 78: 1161-1165.
[84] Xie W, Huang X, Li H(2007) Soybean oil methyl esters preparation using NaX zeolites loaded with KOH as a heterogeneous catalyst. Bioresour Technol 98: 936-939.
[85] Schuchardt U, Vargas RM, Gelbard G(1995) Alkylguanidines as catalysts for the transester¬ification of rapeseed oil. J Mol Catal A Chem 99: 65-70.
[86] Shibasaki-Kitakawa N, Honda H, Kuribayashi H, Toda T, Fukumura T, Yonemoto T(2007) Biodiesel production using anionic ion-exchange resin as heterogeneous catalyst. Bioresour Technol 98: 416-421.
[87] Liu Y, Loreto E, Gordon JG Jr, Lu C(2007) Transesterification of triacetin using solid bronsted bases. J Catal 246: 428-433.
[88] Yadav GD, Murkute AD(2004) Preparation of a novel catalyst UDCaT-5: enhancement in activity of acid-treated zirconia-effect of treatment with chlorosulfonic acid vis-a-vis sulphuric acid. J Catal 224: 218-223.
[89] Peng BX, Shu JFQ, Wang GR, Wang DZ, Haan MH(2008) Biodiesel production from waste oil feedstocks by solid acid catalysis. Process Saf Environ Protect 86: 441-447.
[90] Suwannakarn K, Loreto E, Ngaosuwan K, Goodwin JG Jr(2009) Simultaneous free fatty acid esterification and triglyceride transesterification using

a solid acid catalyst with in situ removal of water and unreacted methanol. Ind Eng Chem Res 48: 2810-2818.
[91] Furuta S, Matsuhashi H, Arata K(2004) Biodiesel fuel production with solid superacid catalysis in fixed bed reactor under atmospheric pressure. Catal Commun 5: 721-723.
[92] Singh AK, Fernando SD(2007) Reaction kinetics of soybean oil transesterification using heterogeneous metal oxide catalysts. Chem Eng Technol 30 (12): 1716-1720.
[93] Yan S, Salley SO, Ng KYS(2009) Simultaneous transesterification and esterification of unrefined or waste oils over $ZnO-La_2O_3$ catalysts. Appl Catal A Gen 353: 203-212.
[94] Kulkarni MG, Gopinath R, Meher LC, Dalai AK (2006) Solid acid catalyzed biodiesel production by simultaneous esterification and transesterification. Green Chem 8: 1056-1062.
[95] Chai F, Cao F, Zhai F, Chen Y, Wang X(2007) Transesterification of vegetable oil to biodiesel using a heteropolyacid solid catalyst. Adv Synth Catal 349: 1057-1065.
[96] Hamad B, Lopez de Souza RO, Sapaly G, Carneiro Rocha MG, Pries de Oliveira RG, Gonzalez WA, Andrade Sales E, Essayem N(2008) Transesterification of rapeseed oil with ethanol over heterogeneous heteropolyacids. Catal Commun 10: 92-97.
[97] Xu L, Wang Y, Yang X, Yu X, Guo Y, Clark JH(2008) Preparation of mesoporous polyoxometalate-tantalum pentoxide composite catalyst and its application for biodiesel production. Green Chem 10: 746-755.
[98] Bokade VV, Yadav GD(2009) Transesterification of edible and nonedible vegetable oils with alcohols over heteropolyacids supported on acid-treated clay. Ind Eng Chem Res 48(21): 9408-9415.
[99] Katada N, Hatanaka T, Ota M, Yamada K, Okumura K, Niwa M(2009) Biodiesel production using heteropoly acid-derived solid acid catalyst $H_4PNbW_{11}O_{40}/WO_3-Nb_2O_5$. Appl Catal A Gen 363: 164-168.
[100] Li S, Wang Y, Dong S, Chen Y, Cao F, Chai F, Wang X(2009) Biodiesel production from Eruca sativa Gars vegetable oil and motor, emissions properties. Renew Energy 34: 1871-1876.
[101] Xu L, Li W, Hu J, Yang X, Guo Y(2009) Biodiesel production from soybean oil catalyzed by multifunctionalized $Ta_2O_5/SiO_2-[H_3PW_{12}O_{40}/R]$ (R=Me orPh) hybrid catalyst. Appl Catal B Environ 90: 587-594.
[102] Srilatha K, Issariyakul T, Lingaiah N, Sai Prasad PS, Kozinski J, Dalai AK (2010) Efficient esterification and transesterification of used cooking oil using 12-tungstophosphoric acid(TPA)/Nb_2O_5 catalyst. Energy Fuel 24: 4748-4755. doi: 10.1021/ef901307w.
[103] Melero JA, Bautista LF, Morales G, Iglesias J, Briones D (2009) Biodiesel production with heterogeneous sulfonic acid-functionalized mesostructured catalysts. Energy Fuel 23: 539-547.
[104] Shu Q, Zhang Q, Xu G, Nawaz Z, Wang D, Wang J(2009) Synthesis of biodiesel from cottonseed oil and methanol using a carbon-based solid acid catalyst. Fuel Process Technol 90: 1002-1008.
[105] Melero JA, Iglesias J, Morales G(2009) Heterogeneous acid catalysts for biodiesel produc¬ tion: current status and future challenges. Green Chem 11: 1285-1308.
[106] Hara M, Yoshida T, Takagaki A, Takata T, Kondo JN, Hayashi S, Domen K(2004) A carbon material as a strong protonic acid. Angew Chem Int Ed 43: 2955-2958.
[107] Jacobson K, Gopinath R, Meher LC, Dalai AK(2008) Solid acid catalyzed biodiesel production from waste cooking oil. Appl Catal B Environ 85: 86-91.
[108] Dossin TF, Reyniers M, Berger RJ, Marin GB(2006) Simulation of heterogeneously MgO-catalyzed transesterification for fine-chemical and biodiesel industrial production. Appl Catal B Environ 67: 136-148.
[109] Veljovic VB, Stamenkovic OS, Todorovic ZB, Lazic ML, Skala DU(2009) Kinetics of sunflower oil methanolysis catalyzed by calcium oxide. Fuel 88: 1554-1562.
[110] Li E, Xu PZ, Rudolph V(2009) MgCoAl-LDH derived heterogeneous catalysts for the transesterification of canola oil to biodiesel. Appl Catal B Environ 88: 42-49.
[111] Lopez DE, Goodwin JG Jr, Bruce DA(2007) Transesterification of triacetin with methanol on Nafion® acid resins. J Catal 245: 381-391.
[112] Lopez DE, Goodwin JG Jr, Bruce DA, Furuta S(2008) Esterification and transesterification using modified-zirconia catalysts. Appl Catal A Gen 339: 76-83.

第7章 用于可再生原料转化制备燃料和化学品的多相催化剂

Karen Wilson, *Adam F. Lee*, *Jean-Philippe Dacquin*

7.1 引言

在化学合成中应用多相催化和使用可再生原料是绿色化学原理背后的核心主题[1]。全球对日益减少的化石燃料储量和二氧化碳排放量对气候变化影响的关注意味着我们迫切需要减少对于石油基资源的燃料和化学品的依赖。石油是全世界能源的最重要的来源，它约占35%的主要的能源消耗和大部分的化学原料。寻求可持续的资源以满足不断上升的全球人口的需求是21世纪人类的主要挑战之一[2]。要真正可行，这样的替代原料必须是可持续的，那就是"能够满足21世纪的能源需求，又不损害后代人的需求"。虽然若干可持续的科技(例如风能、太阳能、水电和核电)作为固定能量来源目前受到大量投资[3]，运输需求最容易实施以及低成本解决方案的是那些生物质衍生的燃料[4]。生物质还为有机分子提供了唯一的非石油基路径，这些有机分子可用于大宗的、精细的以及特殊的化学品的生产，以确保社会未来的需求。

生物质的选择对可再生资源经济的可持续性是很重要的。尽管最初，来源于可食用的植物材料的生物质基燃料和化学品引起了人们在用于燃料作物的土地使用和传统的农业种植之间的竞争上产生很大的痛苦。同样值得关注的是正在进行的森林砍伐，特别是在印度尼西亚，其中热带雨林和泥炭地的大片土地被清除来建设棕榈油种植园[5]。为了可持续发展，所谓的第二代生物基燃料和化学制品应使用来源于作物的非食用组分的生物质，例如植物的茎、叶、壳，来源于农业或林业废物的纤维素。可替代的非食用作物，例如柳枝稷或麻疯树，需要最少的培养也可使用。此外，使用来源于水生生物质的油引起人们越来越多的兴趣，其每公顷每年产生的油的体积是植物中获得的80~180倍[6]。第二代生物燃料，目前在一个预商用阶段，如果它们要在2015~2020年满足实施的目标，需要克服生物质的化学转化的重要技术障碍。催化具有促进高能效选择性分子转化的丰富历史，并对90%的化学制造工艺和超过20%的工业产品有贡献。在后石油时代，催化将以克服生物燃料和化学品的经济可行的路线中的工程和科学上的障碍为中心。

7.2 生物质资源

来源于废弃农业或林业材料的木质纤维素生物质是通过生化发酵路线生产燃料和化学品的一个可行的选择。木质纤维素是由多糖、纤维素和半纤维素组成的生物聚合物，这些是由 C_6 和 C_5 糖、葡萄糖、木糖、直链淀粉组成的，木质素是一个多酚化合物(见图 7.1)。然而，纤维素和半纤维素通过酯键和醚键和木质素的交联，使得木质纤维素难以水解，因此，它的简单的化学转化是具有挑战性的。处理木质纤维素生物质首先需要酸水解从木质素中分离出多糖，随后多糖可以转化成用于发酵的单糖。因此，尽管葡萄糖等糖类通过发酵路线转化为化学原料是非常有前景的，仍然需要对原料进行大量的预处理[7]。

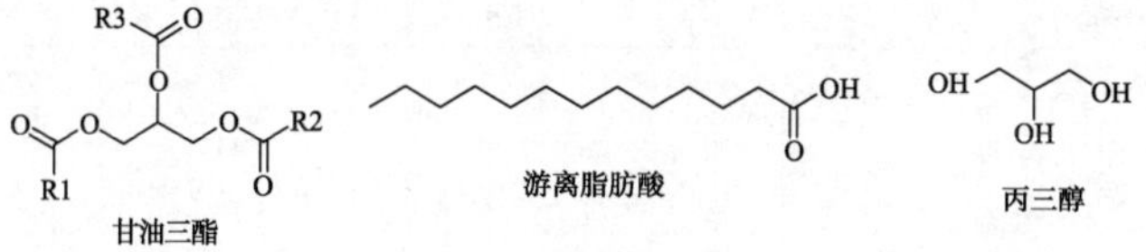

(a) 油脂化学

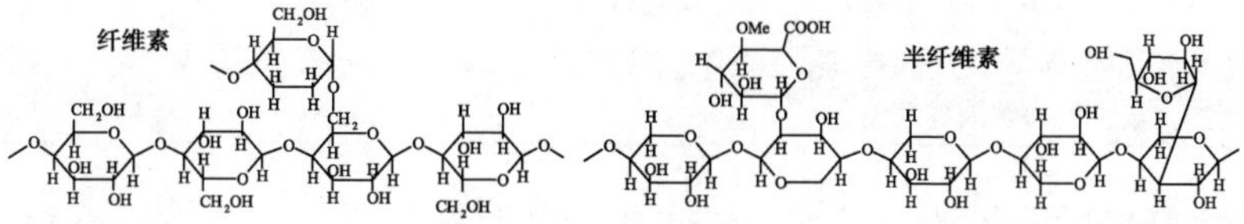

(b) 碳水化合物

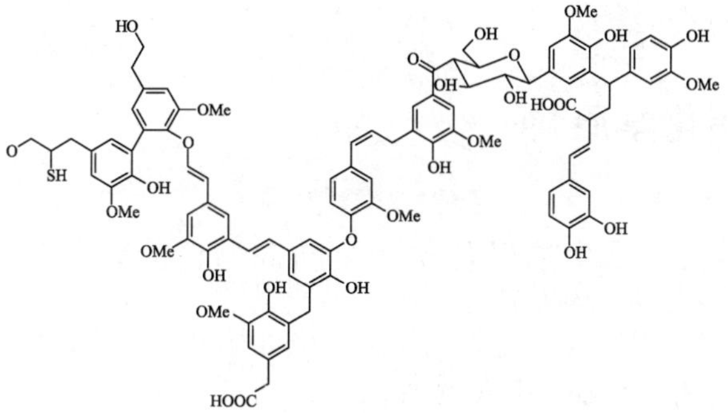

(c) 木质素

图 7.1 生物质的来源

油脂化学原料是从在植物种子油、动物脂肪、藻类中发现的甘油三酯(TAGs)和游离脂肪酸(FFAs)中获得的。植物油是从种子中通过压榨或溶剂萃取获得的。藻油的收集和提取时需要沉降、离心、过滤、超滤的结合，有时需要额外的絮凝步骤来从水中分离藻类，然后进行干燥和溶剂提取步骤以除去油[6]。利用燃料气云中的废水和二氧化碳培养藻源被提出作为改善藻油生产[8]能量效率的一种方法。

表 7.1 所示为各种植物和海藻油的油含量的总结，可以看出藻类提供了显著增加的油产量。但是，这里有广泛的藻源，最佳的生产率取决于含油量和生长速度。虽然葡萄藻株的藻类有最高的油含量之一，但它的生长速度相当慢，而且人们认为小球藻系是生物柴油应用更好的来源[6]。TAG 或游离脂肪酸的比例，烷基链长度和不饱程度的变化都取决于油源[16]。选择适当的油用于燃料是非常重要的，因为烷基链长度和不饱和度影响流点和浊点以及最终燃料的稳定性[17]。

表 7.1 各种植物和海藻油的油含量[6]

油源	种子含油量, %（在干燥生物质）[6]	出油率/ [L/(hm²·a)][6]	自由脂肪酸/%
大豆	18	636	2[9]
桐子	28	741	14~14.9[10,11]
油菜籽	41	974	2[12]
向日葵	40	1070	0.3[13]
棕榈树	36	5366	2.3~6.6[11,14]
微藻类(低油含量，例如盐生巴夫藻)	30	58700	2[15]
微藻类(中油含量，例如小球藻)	50	97800	2
微藻类(高油含量，例如布朗葡萄藻)	70	136900	2

有许多详细的综述涉及了生物质转化制备化学品[18,19]。本章将介绍用于合成燃料和化学品的多相催化技术一些进展，这些燃料和化学品来源于油和木质纤维素原料衍生的可再生资源。

7.3 油脂化学原料

7.3.1 植物、水生油以及动物脂肪向燃料的转化

7.3.1.1 概述

生物柴油是可再生运输燃料的选择之一，它是一种生物可降解的无毒燃料，这种燃料是从动物脂肪、谷物、非粮食作物或水生生物中提取的植物油合成而来的。从应用的角度来看，当选择一宗生物资源用于生产燃料时，考虑油的组分是非常重要的。脂肪酸的性质如链长和不饱和程度可影响浊点、石油柴油的混合性[20]以及储存过程中整体燃料的氧化稳定性。此外，长链脂肪酸甲酯的不完全燃烧在引擎内部会导致长期的残留物堆积。非粮食油籽作物和非均相催化连续酯

化/酯交换工艺的结合可以显著改善生物柴油生产对环境的影响和能量效率,并且能显著提高公众认知和生物柴油的未来发展[21]。本节将给出无机固体酸和碱催化生物柴油合成的最新发展概况。

TAG 和 FFA 可以通过一步酸催化过程或两步过程转化为生物柴油,一步法中,TAG 和 FFA 分别与甲醇酯交换或酯化生成 FAME,两步法包括 FFA 酯化的酸催化预处理过程,然后是 TAG 纯化生成生物柴油的碱处理酯交换过程[22]。在传统的生物柴油生产路线中,植物油和动物油脂中的游离脂肪酸存在很大问题[23,24]。碱催化 TAG 酯交换中高 FFA 原料的负面影响是众所周知的[16,25,26],皂化会产生黏性凝胶,它阻碍了酯化,增加了产品的分离费用。因此,对于进行酯交换的原料组分有严格的规定,FFA 含量需要小于 0.5%[17]。此外,为了避免所要得到的烷基酯水解成游离脂肪酸或者生成相应的肥皂,无水醇(和催化剂)是必需的。这种传统的生物柴油合成方法涉及用于酯交换步骤的可溶性碱例如 KOMe、NaOMe,可能也会在油和可溶性碱催化剂接触之前采用酸催化的预酯化步骤来除去任何形式的 FFA(见图 7.2)。

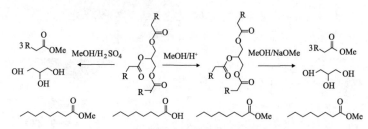

图 7.2 通过酸或碱催化合成生物柴油

酸催化的酯交换反应是较慢的,但与那些典型碱催化的温度相比,它需要更高的反应温度,单步酸催化途径对于从动物脂肪油或废油中获得的那些游离脂肪酸含量较高的油可能是更经济的。遗憾的是,这些均相酸和碱催化剂会腐蚀反应器(运输燃料的发动机管路),从生物燃料中除去它们是很困难的而且是耗能的,这需要水淬和中和,这本身会形成稳定的乳液和皂化[27-30]。另外,在制药和化妆品工业中存在明显潜在价值的甘油副产物被稀水溶液中的无机盐严重污染。这种甘油具有实际的价值,因为应用于精细化工行业的甘油的衍生物具有甘油的骨架,而且甘油选择性转化为单或双甘油酯并应用于化妆品行业是很有价值的。然而,目前生物柴油过程的纯化在经济上是不可行的,发展多相生物柴油工艺将会通过消除需要的淬火步骤以及允许连续操作极大地改善燃料生产的效率,同时能够提高甘油副产物的品质,因此增加了整个工艺的价值。

7.3.1.2 生物柴油合成中的固体碱催化剂

使用固体碱催化剂的生物柴油合成将会促进最终反应混合物中催化剂(通过连

续流动，填充床排列)和甘油副产物的分离，从而降低生产成本，催化剂可以重复使用。已知的固体碱催化剂包括碱金属或碱土金属氧化物、碱金属载体、碱性沸石和黏土矿物(如水滑石)和有机碱载体[31]。以前，碱土金属氧化物的碱性的来源已经被总结，一般认为是在不同的配位环境存在的 $M^{2+}O^{2-}$ 离子产生的[32]，第二族的氧化物和氢氧化物的碱性按下面的顺序增加：$Mg<Ca<Sr<Ba$[33]。最强的基点出现在低配位点，即存在于缺陷、角、边或高密勒指数表面的位点，如图7.3所示。

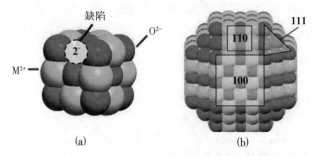

图7.3 碱土金属氧化物的碱位点的来源：(a)阳离子缺陷部位的生成；(b)表面 $Mg^{2+}-O^{2-}$ 比随着结晶终止导致的按照顺序增加的碱强度(100)<(110)<(111)变化[34]

这些经典的非均相碱催化剂在 TAG 酯交换反应中已经被广泛地进行了测试[35]，并有许多有关 CaO 在油菜籽或向日葵油和甲醇的酯交换反应中应用的报道[36-38]。这种碱土金属氧化物催化剂的形貌和它们相应的碱度对制备过程非常敏感[32]。由于新鲜的氧化钙催化剂的活性表面部位不可避免地会被暴露在大气中的水分子和二氧化碳毒化，因此，往往需要热活化处理以除去表面的 $Ca(OH)_2$ 和 $CaCO_3$，报道中指出 CaO 催化酯交换的活性变化很大，向日葵油酯交换的转化频率(TOFs)范围为 $2.5\sim45g$ 油/(h·g 催化剂)，这取决于样品的预处理和微晶性[38]。对于菜籽油酯交换反应，一般认为 CaO 比 MgO 更具有活性。在65℃观察到它们各自的 TOF 为 $1.66g$ 油/(h·g 催化剂)和 $0.14g$ 油/(h·g 催化剂)[39]。然而，这样的比较必须谨慎，因为有关文献[40,41]表明在反应条件下 CaO 中的钙离子发生部分流失，而且涉及均相催化，这可能会限制其在生物柴油生产中的应用。掺杂 CaO 和 MgO 的碱也已被用于酯交换反应的研究[42,43]。当 M^{2+} 被替换为 M^+ 的，导致电荷不平衡和相关的缺陷产生，从而形成 O^- 中心，这些显示出的增强的碱度通常是与 O^- 中心的形成相关的。在锂掺杂了 CaO 的情况下，掺杂的量充足到可以产生一个饱和的 Li^+ 单层时，活性最佳，但催化剂合成中必须加以注意，确保助剂不会发生流失[44]。

通过自然白云石的热分解制得 CaO：MgO 氧化物混合物在温和条件下对于 $C_4\sim C_{18}$ 的 TAG 酯交换表现出很好的活性和稳定性[45]。白云石岩石包含 $Mg(CO_3)$-

Ca(CO_3)的交替层,与方解石(碳酸钙)在结构上非常相似。在900℃下煅烧可将矿物质变成一种分散在较大(>60nm)氧化钙颗粒上的氧化镁纳米晶体材料,如图7.4所示。此煅烧材料表现出非常高的活性,在60℃条件下橄榄油的酯交换反应的TOF为2.9g油/(h·g催化剂)。

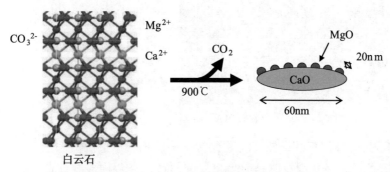

图7.4 白云石热分解产生氧化钙氧化镁[34]

文献表明,和单纯的CaO相比,这种混合的MgO和CaO系统的抗CO_2失活能力提高[46]。虽然这种协同效应的来源需要进一步研究,但它在一定程度上解释了为什么煅烧白云石的植物油酯交换反应活性比单独的CaO和MgO的活性高。氧化钙的表面上高度分散的MgO纳米晶体也可能有助于提高煅烧白云石的性能,因为最近的报告显示,氧化镁的TAG酯交换活性也显示出很强的尺寸依赖性;纳米氧化镁明显优于商业微晶的形式[47,48]。这种依赖很可能反映出粒径和有限暴露的表面之间的对应关系。作为制备的纳米微晶,氧化镁是由3nm的(100)晶粒组成的,煅烧形成更大的微晶(7nm),有利于形成(111)和(110)面[48]。这样的重组暴露出了极化的、供电子性的O^{2-}中心更高的表面密度和创建了在固体碱催化剂中充当超碱性位点的大量的表面缺陷。与此相反,常规市面出售的样品是由较大的50nm左右的粒子组成的,它们以碱性较弱的(100)面为主。这项研究强调固体碱材料的表面结构和碱度与催化活性之间关联性的重要性;目前缺乏系统的材料表征阻碍了催化剂的优化和新的多相工艺的实施。

在固体碱催化剂中,水滑石近年来得到相当多的重视,因为它在水和FFA中具有高活性和耐用性[49,50]。水滑石的通式为$[M^{2+}_{(1-x)}M^{3+}_x(OH)_2]^{x+}(A_{x/n})^{n-}\cdot yH_2O$,是另一类有趣的类固体碱,其酸/碱性质可以通过改变它们的组分很容易被控制。水滑石的结构是基于含有八面体配位M^{2+}和M^{3+}的阳离子的有类水镁石[Mg(OH)$_2$]氢氧化物层的层状双氢氧化物;A^{n-}是存在层间用来平衡剩余氢氧化层正电荷相应的阴离子,这导致同形的M^{2+}由M^{3+}替换(图7.5)。TAG在水滑石上同时使用低和高品质的油料的酯交换反应已在文献中报道过[51];特别是,Mg-Al-CO_3对酸性的棉籽油和高水分含量的动物脂肪具有较高的酯交换速率。对于酸化棉籽油(9.5%的 FFA)和动物脂肪油(45%的水)，200℃，在甲醇的存在条件下 3h 内转化率可达 99%(醇/TAG 物质的量比为 6∶1)。

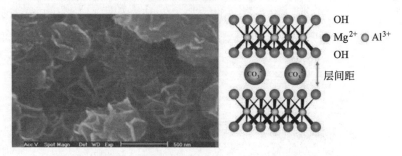

图 7.5　扫描电镜观察得水滑石分层结构中的"沙玫瑰"结构

关于 Mg∶Al 比率的最佳值问题存在一些争论，通过沉淀法从 Na 或 K 的氢氧化盐/碳酸盐制备水滑石时是一个重要的因素。完全从水滑石表面除去残余的碱是非常困难的，这会导致其不受控制的和不可量化的来自浸出 Na 或 K 的均相活性。最近报告了关于经由无碱沉淀路线合成的热活化镁铝中水滑石的结构-反应性的关联[52]，制备了 $[Mg_{(1-x)}Al^{x+}(OH)_2]^{x+}(CO_3)^{2-}_{x/n}$ 材料，$x = 0.25 \sim 0.55$。在这些镁铝水滑石中酯交换活性随着 Mg 的含量增加，这反过来又跟层内的电子密度和关联的表面碱度 Mg 含量有关。Davis 等[53]调查了水对镁/铝水滑石(Mg/Al 物质的量比为 4)活性和稳定性在同一化学反应中的影响。Brönsted 碱位点在水存在时是有活性的，但发现出现严重的水合导致了快速的催化剂失活，可能是通过酯水解形成的丁酸不可逆地中和表面碱位。

虽然固体碱催化剂对酯交换反应非常有效。不幸的是，它们不能酯化油中所有 FFA 制备的 FAME，需要通过固体酸进行预处理，以确保燃料组分符合法定标准。

7.3.1.3　用于生物柴油合成的固体酸催化剂

酯交换和酯化反应都可以被酸催化；然而，尽管有广泛的商用的固体酸，但相应的用固体酸催化剂直接将油酯交换转化为生物柴油一直没有得到广泛开发。这部分反映了酸催化比碱催化酯交换反应路线活性低[54]，而碱催化路径相应地需要高的反应温度以获得合适的反应速率。虽然活性通常很低，但固体酸的优点是它们对污染物相比于其碱性类似物不敏感，并能够在含有 3%~6% 游离脂肪酸的未精化的原料中起到很好的作用[30]。相反，固体碱需要预先处理除去 FFA，固体酸能够通过 FAME 酯化游离脂肪酸杂质(见图 7.2)，同时酯交换大部分的 TAG 油成分，都没有皂化风险。

维森特等[55]比较了不同类型的酸、碱催化剂[均相氢氧化钠(NaOH)和非均相(大孔树脂 A26，A27)]，用于在 60℃下葵花籽油中的 AME 合成。不幸的是，在这些条件下，与 NaOH 相比，非均相酸催化剂是几乎无活性的。然而，洛佩兹等[56]表明,相对于H_2SO_4,各种固体酸催化剂对C_2TAG模型、甘油三乙酸酯表现得更好。在后面的情况下,在60℃情况下,固体酸(增量的Amberlyst-15、硫酸化氧化锆、Nafion膜NR50和钨酸化氧化锆)显示出合理的活性,这表明它们可以作为均相酸催化剂的替代物而不会产生腐蚀或皂化的问题。研究者还强调了内部传质限制的重要性,这会影响微孔多相催化剂如ETS-10(H)和沸石的H-β的性能。

由于具有强(超强)酸性和再生能力,在生物柴油合成中一些研究集中在硫酸化氧化锆上[57-59]。Suwannakarn等在高温和高压下研究了市售硫酸化氧化锆催化剂酯交换甘油三辛酸酯(120℃,6.8atm)的活性和稳定性。虽然SO_4/ZrO_2对三辛酸甘油酯活性很高,在仅2h的时间内获得了84%的转化率,随后重新循环测试表明由于硫酸盐损失到溶液中,催化剂发生失活。广泛地使用商用的SO_4/ZrO_2催化剂或许会受到酯交换反应和催化剂再活化时需要大能量输入(高温度和压力)的限制。

低温酯交换需要坚固的强酸性固体酸催化剂,杂多酸是一类值得关注的明确的超强酸(材料的pK_{H^+}值>12)[60],拥有灵活的结构和可调的酸性。但是,由于在极性介质中具有较高的溶解性,它们的天然形式不适合于应用于生物柴油[61],尽管杂多酸分散到高比表面的载体上可以增加可用酸位点[62-64],但这无法克服溶解度问题。但是,离子交换的Keggin结构型磷钨和硅钨酸[65]可以解决这个问题,铯和NH_4^+掺杂的变体是不溶于水的[66]。铯盐的通式为$Cs_xH_{(3-x)}PW_{12}O_{40}$和$Cs_yH_{(4-y)}SiW_{12}O_{40}$,铯盐还可大幅提高质子化表面积(见图7.6),使酯交换反应在60℃左右进行[67,68]。

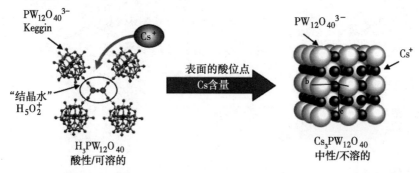

图7.6 铯交换$H_3PW_{12}O_{40}$生成不溶于极性溶剂的$Cs_xH_{(3-x)}PW_{12}O_{40}$,完全交换生成中性的$Cs_3PW_{12}O_{40}$[34]

铯含量x=2.1~2.4或者y=2.8~3.4的材料对酯化和酯交换反应是有效的。这个最佳组分在相应的可及表面的酸位点密度最大值时是合理的。在$Cs_yH_{(4-y)}SiW_{12}O_{40}$的情况下,比较其中$C_4$和$C_8$的TAG酯交换反应[68],较短链的TAG的绝对反应率更快,这证明长链的TAG在甲醇中的混溶性非常不好,或孔内扩散较慢,和以前观察到的固体碱催化剂催化C_8酯交换一致[45]。此外,最佳铯掺杂催化剂的 TOF 比均相操作的可溶硅钨酸高。后一种观察可能反映出 $Cs_xSiW_{12}O_{40}$ 比本体硅钨酸更疏水。亲脂的 C_8TAG（酸催化酯交换的第一步骤）酯活化在更加疏水的 $Cs_xSiW_{12}O_{40}$ 催化剂上更加有利。反应物/产物的极性和相关的与活性酸中心的质量传递在控制反应中起到了重要的作用，即使在均质条件下，分子模拟可以更好地解释这样的现象。

使用的固体酸催化剂通过 FFA 酯化对油进行预处理是可取的，避免了在生物柴油中高成本的中和/分离步骤，并减少了整体的工艺步骤[69]。铯掺杂[68]杂多酸催化剂对棕榈酸与甲醇的酯化也是非常有效的。在棕榈酸酯化时，铯掺杂硅钨酸催化的构效关系[68]显示了对棕榈生产的高活性与稳定的介孔内 H^+ 活性位点有关。尽管固载的杂多酸用于酯化已被报道[70]，但处理也必须注意避免易溶于极性介质的 $H_3PW_{12}O_{40}$ 的浸出。

开发一种固体酸用于酯化时需要考虑很多因素，包括耐水性[21]、孔尺寸和孔道体系的维数[30]。MCM 和 SBA 家族的介孔二氧化硅也被用于考察 FFA 酯化。这些材料的固有弱酸性已经通过接枝磺酸基团或 SO_4/ZrO_2 为表面涂层得到增强，从而创建出稳定和更活泼的催化剂[71-74]。苯基和丙基磺酸 SBA-15 的催化剂[72]的合成如图 7.7 所示，发现它们在棕榈酸与甲醇酯化中表现出与 Nafion 和 Amberlyst 酸性树脂相当的活性。苯基磺酸官能化催化剂比相应丙基系统更加活泼，这与它们各自的酸强度相关。

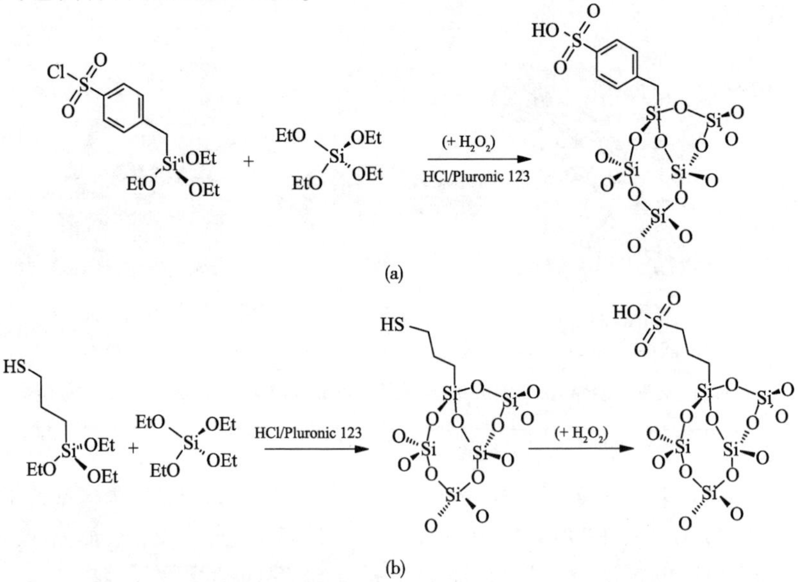

图 7.7 从(a)苯基或(b)丙基硫醇的前体合成磺酸 SBA-15 固体酸，芳香族磺酸中心提供更强的酸位

通过使用特定多孔固体作为载体，加强 TAG 和 FFA 到活性酸/碱性基团的扩散，催化剂的进一步发展和活性增强应该是可能的[75,76]。由于美孚公司开发了 M41S 类介孔材料，这种模板的多孔固体的制备引起了人们广泛的兴趣，其合成已经被广泛地总结[77-80]。在硅酸盐中，研究最广泛的是中孔无机载体，网状形态和稳定性反映模板的情况(离子或中性表面活性剂)，二氧化硅前体[例如煅制二氧化硅、原硅酸四乙酯(TEOS)或硅酸钠]和是否水热合成或使用共溶剂。一般制备路线如图 7.8(a)所示，其中用表面活性剂胶束阵列对 SiO_2 框架的结晶有导向作用。随后煅烧，烧去有机模板，产生具有 2~10nm 完整介孔结构，高达 $1000m^2/g$ 比表面的材料。如果在中孔网络的模板间添加物理模板，如聚苯乙烯微球[81]，也可以引入大孔隙。

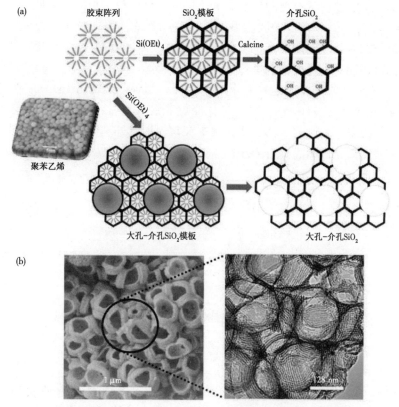

图 7.8 (a)液晶模板途径以形成中孔二氧化硅以及结合使用聚苯乙烯微球的物理模板法引入大孔网络；(b)显示的大孔-介孔 SBA-15DE 的大孔网络的 SEM 和显示交联介孔的 TEM

分层大孔-介孔磺酸 SBA-15 二氧化硅已经通过采用液晶表面活性剂和聚苯乙烯珠[82]这样的双模板路线被合成出。这些材料提供了较大的表面积、规整的互连的大孔和介孔网络状,具有在 300nm 和 3~5nm 附近较窄的分布。相比于纯介孔类似物,这些新的双峰固体酸构造的传质的增强,增强了酯交换和酯化反应。

7.3.1.4 植物油加氢制燃料

虽然通过酯交换路径生成生物柴油是十分有效的,但最终燃料保留了 TAG 烃链的一般结构。燃油质量高度依赖于油源,具有较高的链长(C>18)的分子有损发动机的性能。可再生油通过加氢处理精化直接转化为运输燃料精细化是产生高级燃料理想的替代方案,精化工艺可以利用现有的石油炼制工艺的基础设施,从而降低资本成本[83]。虽然石油企业对原油炼油非常了解,再生油的不同物理性质对催化剂设计提出了新挑战,迫切需要与这些黏稠的、庞大的物质兼容的新的催化剂。生物油内含有低的硫含量和不同的杂质,包括甾醇、磷脂和一系列无机物(如钙,铁)[84],需要发展能够容忍这些元素或从原料中选择性地除去它们的催化剂。加氢处理利用所有的 TAG,为烃链长度和燃料质量[85]提供更大的灵活性,同时还能够利用石油精炼厂现有的基础设施[86]。

TAG 加氢有两个反应途径(见图 7.9)[87]:加氢脱氧(HDO)得到正烷烃、H_2O 和丙烷;或脱羧(HDC),它产生比原始脂肪酸少一个碳原子的烃类,形成 CO、CO_2 和丙烷等副产物。初始研究集中在常规加氢处理催化剂的使用中,例如用于加氢脱硫硫化的 $NiMo/Al_2O_3$ 催化剂[83,88,89]。

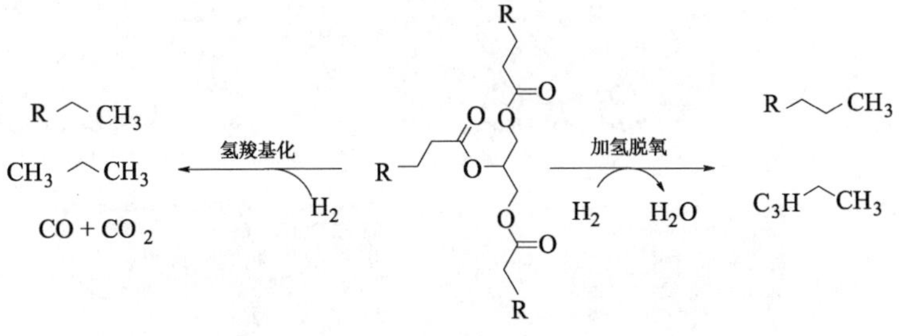

图 7.9 甘油三酯转化为烷烃加氢路线

但是,催化剂中 S 的损失是个问题,通常这样的催化剂对于脱氧工艺不是最合适的。许多研究的新催化剂都基于钯、铂和钌的系统,和在 7.3.3 节用木质纤维素加氢处理制生物油部分的讨论类似。例如,以沸石为载体包括 USY 和 ZSM-5[90]的铂铼已被用于加氢处理蔬菜和麻风树油形成 C_{15}~C_{18} 烷烃,Pt/USY 具有最高蔬菜油的转化率。麻风树油处理只在 ZSM-5 载体上的催化剂进行了研究,Re 促进了 Pt 和 Pd/ZSM-5 系统的加氢处理。对于 C_{18} 和 C_{17} 的烃,PdRe/H-ZSM-5 显示出比 Pt/ZSM-5 高的选择性,这表明 C—C 键裂解在 Pd 基催化剂不容易发生,因此对羧基的 HDO 是有利的。与此相反,Ru 基催化剂表现出较高的 C—C 键断键活性，导致对甲烷和短链 C_{15} 和 C_{16} 碳氢化合物更高的选择性。在硬脂酸甘油酯，甘油酯和豆油的脱氧中对比了 20% 的 Ni/C、5% 的 Pd/C 和 1% 的 Pt/C 催化剂[91]。发现使用 Ni 催化剂显示 TAG 几乎完全转化，以及较高产率的 $C_5 \sim C_{17}$ 烷烃和烯烃。发现不饱和脂肪酸链对裂化更敏感，产生较轻的烃。与此相反，碳负载 Pd 或 Pt 的催化剂对 TAG 脱氧和脂肪酸链的裂化都显示出较低活性。

7.3.2 非燃料油脂化学品应用

7.3.2.1 概述

植物油和动物脂肪的 TAG 和 FFA 具有丰富的官能团，使得它们成为合成广泛化学品的理想的备选物。这些化学品可用于生产表面活性剂、润滑剂和个人护理品。饱和的和多元不饱和的脂肪酸的低毒性和高的生物降解性，使得它们成为矿物油润滑油的理想替代物。作为生物柴油，在 TAG 反应中使用水溶性酸或碱催化剂是有问题的，因为它导致低纯度的产品。

医药级产品往往在没有催化剂，温度大于 210℃ 的情况下通过热解制备；因此，植物油和动物脂肪的非燃料应用的非均相催化剂也很值得关注。本节将讨论在 TAG、FFA 和甘油转化成精细中间体和专用化学品中非均相催化剂的应用。

7.3.2.2 甘油三酯和脂肪酸的转化

当前获得用于这些应用的脂肪酸的路线包括使用过热蒸汽水解 TAG 的酯骨架，TAG 是从植物油或动物脂肪中获得的（见图 7.10）。这些需要产生和处理超临界和亚临界水的技术不仅涉及高的投资和操作成本，而且还导致多元不饱和脂肪的降解，需要通过蒸馏进一步纯化[92]。

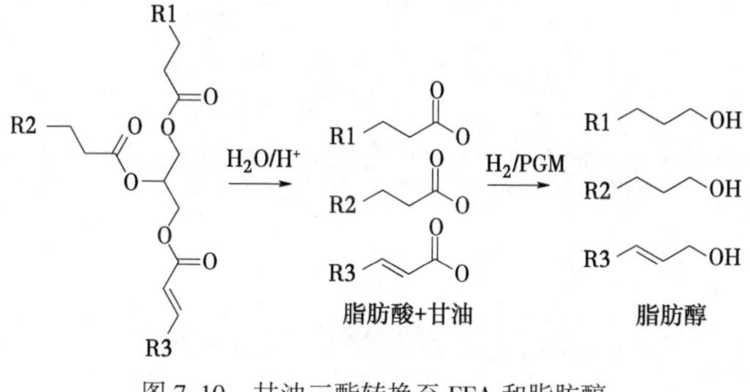

图 7.10 甘油三酯转换至 FFA 和脂肪醇

因此，一个连续的、非均相催化的生成游离脂肪酸工艺将是非常需要的。脂肪酸在碱性或酸性催化剂（包括氧化锌、氧化钙、氧化镁、磺化树脂和杂多酸[93]）的作用下通过 TAG 的氢解很容易得到。与酸性树脂、$Cs_{2.5}H_{0.5}PW_{12}O_{40}$ 和硅铝酸盐相比，$H_3PW_{12}O_{40}$ 浸渍的离子交换树脂被认为是最有活性的[94]。但是，当考虑到这些催化剂在极性介质中表现出较高的杂多酸溶解性时应多加注意，事实上，并没有关于流失研究的报道。钨酸化氧化锆（WZ）和 Nafion/二氧化硅复合物（SAC-13）[95]也已经用于甘油三辛酸酯的水解，在 110～150℃下进行操作。最初发现 WZ 比 SAC-13 更活泼；然而，这两种催化剂在 2h 的反应后，都达到了相同的有限的约 16%～20%的 TAG 转换率。催化剂失活主要归因于有机物在催化剂表面的吸附和积累，从而导致催化部位堵塞。失活的 WZ 可以通过煅烧被重新激活，然而，由于聚合物组分的热稳定性差，这不适合 SAC-13。WZ 上的水解反应的动力学模型揭示它是经由 Eley-Rideal 单点机理进行的，吸附的 TAG 和体相水进行反应[96]。

不饱和脂肪酸和酯加氢制备相应的醇也可应用于表面活性剂和增塑剂的合成，需要 COOH 的选择性加氢，同时保留 C═C 官能团（见图 7.10）。一系列负载钌、钯和铑的催化剂已被用于不饱和脂肪酸的加氢。添加 Sn 可提高 Ru/Al$_2$O$_3$[97]和 Rh/Al$_2$O$_3$[98]催化剂对脂肪酯、油酸甲酯、月桂酸甲酯和棕榈酸甲酯生成相应的不饱和醇的加氢选择性。在这两种情况下，主要的副反应包括经由与原酯和醇的酯交换反应形成的重酯副产品，在没有催化剂且在高温（>200℃）的条件下发生。制备在低比表面积载体（例如 γ-Al$_2$O$_3$）上的催化剂对醇表现出更高的选择性[98]，这反映了较差的孔内扩散，增加了在多微孔载体如 γ-Al$_2$O$_3$ 内的副反应。在 Ru-Sn-B/Al$_2$O$_3$[99]催化剂上完成了油酸甲酯选择性加氢制备相应的不饱和醇。其中在 Sn/Ru 比为 4∶1 时得到最佳产率。反应途径很复杂，涉及了许多副反应，包括油酸甲酯加氢制备油醇，油酸甲酯和油醇之间的酯交换，重酯加氢回到油醇。在低锡含量时，由 C═C 键非选择性还原形成饱和酯（硬脂酸甲酯）。作者提出 SnO$_x$ 的掺入通过促进酯上 C═O 键在 Sn 位点上的吸附抑制了 C═C 加氢，从而限定分子选择性加氢制备醇。

葡萄糖与脂肪醇的缩醛反应是含油原料的另一个重要用途，是一种制备可用于可生物降解的非离子表面活性剂的烷基糖苷原料的理想方法，其具有低程度的皮肤和口腔毒性。典型的反应获得的产物比较复杂，包括 D-吡喃葡萄糖苷或葡萄糖苷环和各种低聚物（见图 7.11）。

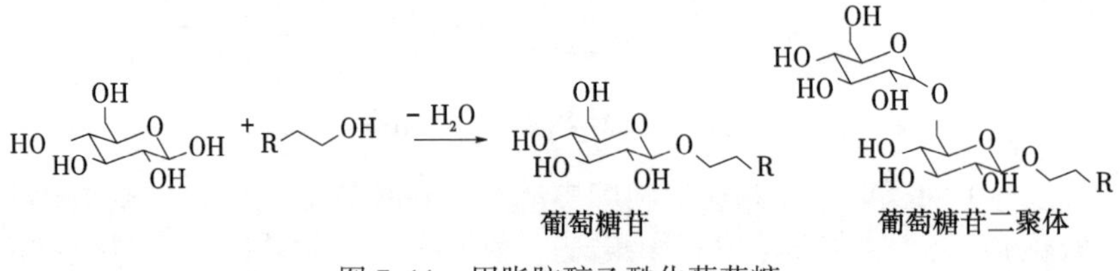

图 7.11　用脂肪醇乙酰化葡萄糖

葡萄糖和丁醇的缩醛反应作为一个模型反应在沸石[100]和 MCM-41[101]上被

研究。沸石晶体尺寸对活性有很大影响,微晶尺寸大于 0.35mm 时,扩散效果限制了反应率。然而,活性、选择性和失活趋势可以通过 Si/Al 比和表面疏水性控制。使用介孔 MCM-41 的固体酸可以增加催化剂的活性;然而,开发大孔酸催化剂可以通过增加孔扩散减少副反应带来显著的额外好处。

脂肪酸含有不同的不饱和度,用于转化额外的功能,例如环氧化物或二醇。使用叔丁基过氧化氢(TBHP),来自向日葵油的 FAME 的环氧化反应可以被 Ti-MCM-41 和钛硅酸盐[102,103]有效催化。介孔铌有机硅也可以有效地使油酸甲酯和 H_2O_2 进行环氧化反应[104](见图 7.12)。存在于大豆油 TAG 的脂肪酸链的 C=C 键环氧化也被报道,使用了过氧化氢、乙酸和酸交换树脂[105]。

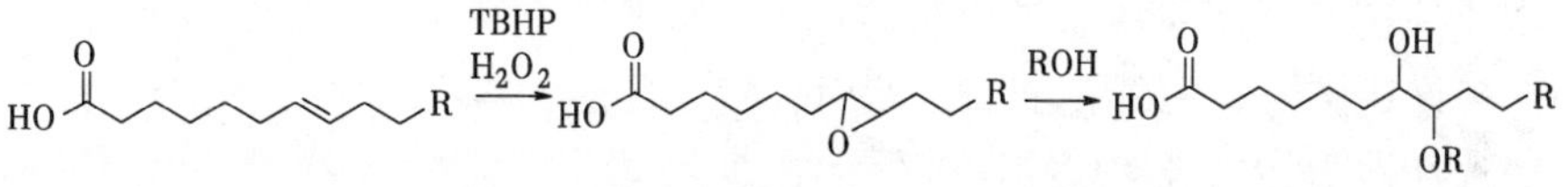

图 7.12 不饱和脂肪酸的环氧化

7.3.2.3 甘油的应用

甘油作为生物柴油工艺的副产物大量生成。目前,生物柴油在生产过程中产生甘油稀水溶液,被无机盐严重污染,因此,为了它在食物、药物或化妆品中使用而进行纯化是很不划算的。然而,在一个非均相催化的生物柴油的生产过程中,所得到的甘油将有很高纯度[16],可以被认为是丰富的化学原料。甘油可以经过一系列的反应,包括氧化、酯化、醚化、低聚和氢解,得到一系列的有价值的化学品[106-110],如图 7.13 所示。然而甘油的转化有挑战性,因为它是高黏性的和亲水性的,从而导致扩散和混溶性问题。此外,三个羟基也有类似的酸度系数(约 13.5),因此特别需要选择性催化转化。

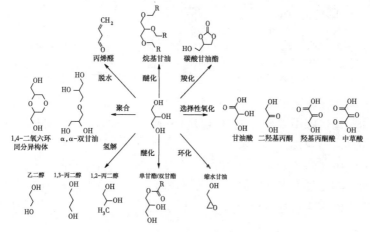

图 7.13 甘油催化转化反应产物

单独氧化可产生广泛的产品，包括二羟基丙酮、羟丙酮酸、甘油酸和酒石酸（2-羟基酸）。亦可形成 C_2 羧酸、乙醇酸和草酸；因此，甘油选择性氧化的催化剂受到高度追捧[111]。负载 Pd、Pt 和 Au 和对应的双金属变体，因其能够使用氧分子，而得到了很多关注。该反应的 pH 值对于控制在初级或二级-OH 位置的反应选择性是很重要的。在使用 Pt 和 Pd 的催化剂时，在酸性条件下形成二羟基丙酮[112]和羟丙酮甲酸[113]，而在碱性的条件下更有利于形成甘油酸[114]。Pd/C 催化剂也可以被 Bi 促进，和单独的 Pd/C 氧化相比，葡萄糖氧化的反应速率增加20%[115,116]。

通过对比 Au-2.5%的 Pd/TiO_2 和 Au-2.5%的 Pd/C 催化剂发现，二氧化钛负载的催化剂具有更高的甘油氧化活性[109]。在低转化率下，二氧化钛载体对甘油酸的选择性比碳负载的催化剂高。然而，随着反应的进行，在甘油酸存在下，酒石酸的选择性增加，说明发生了连续的过氧化反应。与此相反，炭载催化剂似乎对甘油酸保持了稳定的选择性，这表明它不易进行后续的氧化。

在碱金属氧化物固体碱催化剂上甘油二聚化已经被研究[117]，甘油转化与增加的催化剂碱度有关，顺序为氧化镁<氧化钙<氧化铯<氧化钡。氧化钙(>90%)、氧化铯和氧化钡对三聚体有较高的选择，没有观察到大量的丙烯醛形成。路易斯酸度也影响催化活性，表明在 M^{n+} 中心的路易斯酸位点在催化循环中起到重要作用，如图 7.14 所示。在反应中形成了约 50~100nm 的胶体氧化钙颗粒，这对醚化有较高的活性。

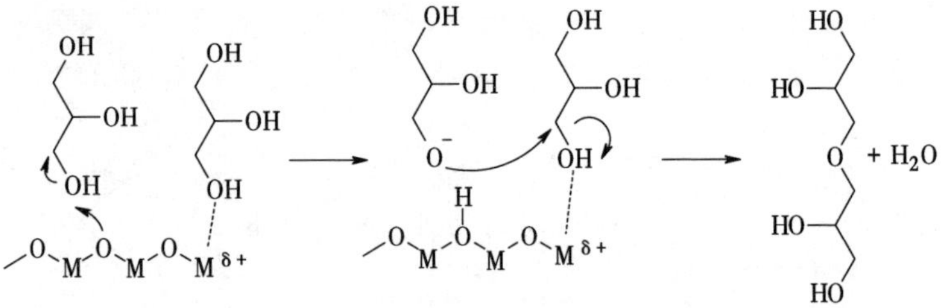

图 7.14 固体碱催化剂上的路易斯碱和酸位点在二维甘油上的作用

甘油的酸催化转化也可以用于脱水制备丙烯醛，以及用于短链醇、烯烃或羧酸的醚化和酯化生成用于燃料添加剂的酯和醚[118]。二氧化硅负载的磺酸催化剂对于乙酸和甘油的酯化[119]来说是很有前景的催化剂。和 H_2SO_4、Amberlyst 15 和 Nafion-silica 复合的 SAC-13 的固体酸具有相当的二酰甘油和三酰甘油的生成活性，在甘油的酯化过程中与脂肪酸形成的甘油二酯也可以应用于化妆品。合成中使用了各种固体酸催化剂包括 H-β、H-USY、磺酸二氧化硅[71,120,121]和离子交换树脂[122]。

通过脂肪酸甲酯和甘油的碱催化酯交换反应可以实现单甘油酯的合成。在

MgO、CeO_2、La_2O_3和ZnO上研究了甘油和硬脂酸甲酯的酯交换反应[123]。发现活性的顺序遵循La_2O_3>MgO>>ZnO>CeO_2，它和碱度趋势一致，单甘油酯的选择性独立于催化剂且仅依赖于转化率。与在80%转化率的典型选择性和均相碱性催化剂中获得的相似，40%的单酯，50%的二酯和10%的三酯。这些发现归因于催化剂基本上是无孔的，因此不能够影响反应途径的任何"择形"。然而使用多孔催化剂，例如，掺杂Mg的MCM，可以获得增加的单甘油酯选择性，甘油与甲基十二烷进行酯交换产生月桂酸单甘油酯，选择性和产率都为80%左右[124]。单甘油酯选择性取决于催化剂的孔径和甲基酯的烃链长度。水滑石同样可以被用于油酸甲酯与甘油反应生成单甘油酯[125]。在这种情况下，与相应的煅烧的路易斯活性位变体相比，含Brönsted碱位的再水化水滑石对单甘油酯的形成具有更高的活性和选择性。

在磺酸树脂和沸石上异丁烯和异丁醇与甘油的反应可用于制备甘油醚[126-128]。然而异丁醇是一个有问题的溶剂，在反应中生成了水，导致了固体酸催化剂的失活。虽然早期的研究在H-β沸石上报道了甘油较高的转化率，孔径的约束限制了三叔丁基甘油(TTBG)的形成。大孔树脂如Amberlyst 35被发现是对异丁烯酯化非常有效的催化剂。这些树脂的大孔有利于甘油100%转化，对二醚和三醚的选择性为92%。反应选择性对反应温度高度敏感，形成不需要的异丁烯二聚体(这将需要从燃料添加剂中分离)，而且随温度升高而增加[129]。介孔磺酸二氧化硅对异丁烯和甘油的醚化反应要优于磺酸树脂[130]。芳烃磺酸改性的SBA-15二氧化硅(Ar-SO_3H-SBA-15)能够产生最高的二叔丁基甘油和三叔丁基甘油，对这两种产物的选择性为92%，没有检测到不想要的齐聚产物。

甘油和长链烯烃的醚化可以用于制药工业、农业化学品或合成表面活性剂的中间体[106,131]。在具有Amberlyst树脂和包括H-Y，H-β和ZSM-5的各种沸石上研究了甘油与1-辛烯、1-十二碳烯和1-十六碳烯的醚化[132]。亲水性和孔结构分别为控制催化剂性能的关键参数，观察到H-β是选择性最高的沸石，它也可以成功地被回收。甘油与烷基醇、烯烃和二苄醚的醚化也已经在各种磺化碳、树脂和磺酸二氧化硅上有相关报道[133]。单烷基甘油基醚的传统合成需使用有毒试剂，如环氧氯丙烷、3-氯-1,2-丙二醇或缩水甘油；因此，该固体酸的使用提供了一个理想的更加良性的合成路线。

在金属催化剂和氢气存在下，甘油选择性氢解可以用来合成1,2-丙二醇(1,2-PDO)，1,3-丙二醇(1,3-PDO)或乙二醇(EG)(见图7.15)。典型的反应已经采用了一系列的金属催化剂，包括雷尼镍、钯、钌、铑、铬、金、铱[107]，在453~513K约6~10MPa氢气压力下进行。镍、铂、铜和Cu-Cr催化剂对甘油转化成丙二醇都具有选择性。相比之下，Ru和Pd表现出相当的C—C和C—C

键氢解活性，导致形成短链醇与气体。Ru/C 催化剂对甘油氢反应解结构敏感，活性随着钌微晶尺寸而增加[134]，这归因于小颗粒严重氧化。对 C—C 或 C—C 键断裂选择性独立于粒径。铜基催化剂的 C—C 断键活性较差，而对 C—C 键的加氢和脱氢效率较高，所以一般对丙二醇表现出较高的选择性。发现雷尼铜和 Cu/C 催化剂[135]都由于烧结、氧化和 Cu(Ⅰ)OH 流失而失活。详细的研究发现 Cu/MgO 催化剂对甘油氢解制备 1,2-PDO 是有效的[136]，催化剂的活性随着 Cu 颗粒尺寸的减小而增加。15%的 Cu，颗粒大小为 4nm 左右的共沉淀的样品中显示出最高的活性和选择性。添加铬可促进铜氢解，在低 H_2 压力下观察到丙二醇的产率增加(>73%)[137]。该促进机理包含形成了具有四面体 Cu^{2+} 的 $CuCr_2O_4$ 尖晶石，稳定了高度分散的 Cu 簇[138]。

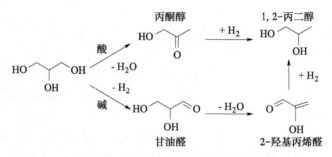

图 7.15 酸性或碱性条件对氢解途径的影响

甘油的氢解反应途径具有 pH 依赖性，酸或碱条件分别引导羟基的脱水或还原(见图 7.15)。这是通过研究载体(γ-Al_2O_3、SiO_2、ZrO_2)和用于合成 Ru 基催化剂 Ru 前体的研究得到的。这些研究表明氢解活性和载体酸强度有关，按照下面的顺序降低：Ru(Cl_3)/γ-Al_2O_3>Ru(NO_3)/ZrO_2>Ru(NO_3)/γ-Al_2O_3>Ru(Cl_3)/SiO_2>Ru(NO_3)/SiO_2。虽然 Ru(Cl_3)/γ-Al_2O_3 对甘油的转化率最高，由于连续氢解成-1-丙醇[139]，对 1,2-PDO 选择性较差。1,2-PDO 选择性遵循如下顺序，Ru(NO_3)/SiO_2(65%) > Ru(NO_3)/ZrO_2(62.4%) > Ru(Cl_3)/SiO_2(54.6%) > Ru(NO_3)/γ-Al_2O_3(52%)>Ru(Cl_3)/γ-Al_2O_3(39.4%)。由于载体对 Cl^- 的保留，氯化物前体的使用对最终的 Ru 催化剂的选择性产生不利影响。

通过使用 Ru/C 与酸性 Amberlyst 树脂[140]的结合研究了酸度对氢解反应的影响，使得甘油在温和的反应条件(393K，8.0MPa)下发生脱水+加氢(例如氢解)的串联反应。尽管获得了理想的结果，在 Ru/C 上不希望的裂化产物相当高，甘油脱水形成 1-羟基正丙酮被酸催化剂催化。使用这种方法时必须注意，因为在水解反应条件下树脂发生分解。当 Ru/C 和无机固体酸相匹配时，氢解反应的速率顺序为 Nb_2O_5>$H_3PW_{12}O_{40}$/ZrO_2>$Cs_2HPW_{12}O_{40}$>$Cs_2HPW_{12}O_{40}$/ZrO_2[141]。Ru 掺杂(5%)的 $Cs_{2.5}H_{0.5}[PW_{12}O_{40}]$ 作为双功能催化剂对甘油氢解制备 1,2-PDO 起作用，获得96%的1,2-PDO选择性,21%的甘油转化率[142]。

在中性条件下对比了Ru/C、Pt/C、Au/C和双金属PtRu/C和AuRu/C的甘油氢解活性[143]。Ru/C比Pt/C和Au/C两者的活性更高,后者对甘油的氢解完全没有活性。金属催化的C—C分裂在Ru上更有利,导致乙二醇的形成,而在Pt表面[144]主要是丙二醇产物。虽然单金属Pt和Ru在氢解中表现出不同的活性和选择性,双金属催化剂PtRu显示了和Ru/C类似的活性。因此,有人提出,Pt的存在为H_2的解离吸附提供了位点,而C—C断裂发生在Ru位点。在碱的存在下,乳酸盐和丙二醇形成更有利,然而,双金属催化剂的总产物的选择性和单独的Ru/C类似,这表明在此情况下使用双金属系统没有明显的好处。然而,随后的研究表明,用于制备双金属催化剂的方法是至关重要的,以确保相分离不会发生。和传统的制备材料[145]相比,通过离子液体辅助路线制备的Ru-Cu双金属催化剂显示出优异的性能,3∶1的Ru∶Cu催化剂显示出100%的甘油转化率和85%的1,2-PDO产率。离子液体的存在抑制了反应中纳米粒子的烧结,而传统的Ru-Cu粒子簇反应后的尺寸增加至50nm,而离子液体稳定的粒子仍然稳定在5~8nm不变。

磺酸二氧化硅已经被用于甘油和丙酮的缩醛反应生成2,2-二甲基-1,3-二氧戊环-4-甲醇,其可被用作燃油添加剂。芳烃磺酸二氧化硅表现出同AMBERLYST-15相当的活性,使用工艺的(91.6%)和粗的(85.8%)甘油,发现转化率分别为84%和81%。对于精炼的和工艺的甘油,催化剂可以重复使用,不需要任何再生处理,可最多三次保持最初的高活性。甘油的高钠含量使磺酸位点通过离子交换失活,这很容易通过催化剂的简单酸化反应[146]逆转。

甘油碳酸酯有潜力作为新的前体掺入到聚合物材料中,例如聚碳酸酯和聚氨酯[147]。尽管直接加入CO_2将是最理想的,但大多数方法都使用试剂,如脲或有机碳酸酯作为碳酸化试剂(见图7.16)。在超临界二氧化碳中加上树脂催化剂以及在沸石上的碳酸乙烯酯和甘油的[148]反应中发现,碱性树脂表现出最好的甘油转化率。通过一系列的固体碱[149](氧化钙、氧化镁、氧化钙/氧化铝、铝/镁、铝/锂水滑石)的详细研究表明,使用乙二醇酯作为碳酸化试剂时,为了达到甘油碳酸酯最高的选择性,需要强碱和低温。而在较低(0.5%)催化剂负载量操作时,CaO/Al_2O_3提供较高的甘油转化率以及98%的甘油碳酸酯选择性。最近,未煅烧Mg-Al水滑石催化剂[150]的应用表明,甘油碳酸酯可以在无溶剂条件下由甘油和二甲基碳酸酯合成,可得到98%的甘油碳酸酯产率。

碱性的ZnO和MgO催化剂也被用于尿素作CO_2源的甘油碳酸酯的合成[151]。然而,此系统存在的一些问题需要说明,比如NH_3的回收和催化剂的稳定性,常用的单组分碱通常会发生溶解。也有报道使用γ-磷酸锆作为有效的多相催化剂

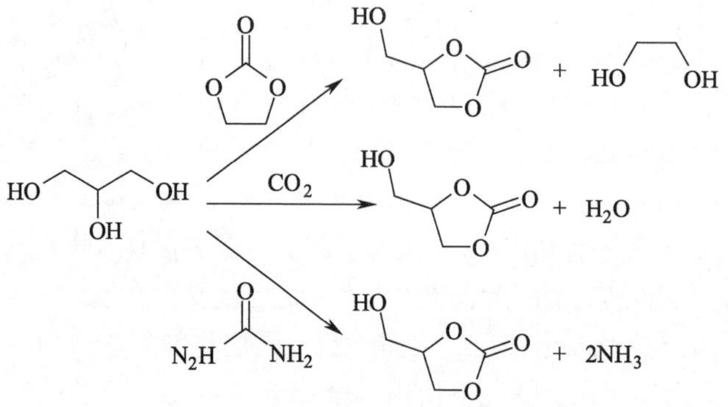

图 7.16　用乙二醇碳酸酯、CO_2 或尿素合成甘油碳酸酯的路线

用于尿素制备甘油碳酸酯,在温和反应条件、0.6%~1.5%低催化剂负载量下,获得 80%的甘油转化率[152]。类似地,最近发现,双官能团酸碱催化剂,如 Zn-Al 的混合氧化物,也是可用于甘油碳酸盐制备的稳定的催化剂。提出了一个机理,路易斯酸活性位活化尿素的羰基,而共轭碱基位点[149]活化甘油的羟基。

甘油和二氧化碳直接转化制备碳酸甘油酯目前只在均相锡催化剂上有报道[153,154],例如 $n\text{-}Bu_2Sn(OMe)_2$、$n\text{-}Bu_2SnO$ 或 $Sn(OME)_2$,在甘油转化过程中 $n\text{-}Bu_2Sn(OMe)_2$ 是最活跃的催化剂。使用 Sn 交换介孔无机材料[155,156]或聚合材料[157,158]似乎是改善该系统中产物分离的一个合理的进展。

7.4　纤维素和木质纤维素原料

7.4.1　木质纤维素的热转化和生化转化

利用木质纤维素生物质制备燃料和合成化学品有许多的方法,如糖发酵制乙醇,气化制合成气(CO/H_2)和液化或热解制生物油(见图 7.17)。

在生化途径中,通过酸水解从原料木质纤维素材料提取的糖通过发酵生成平台化学品和乙醇。在热化学路线中,原料通过热解或气化制备生物油[159]或合成气,可进一步转化成燃料。热解包括在无空气条件下生物质原料的加热,将约 50%~90%的生物质能转化为液体形式。快速热解有利于液化,而缓慢热解更倾向产生可以用作固体燃料[160]的固体材料。从气化形成的合成气可用于完善的催化过程,例如将 CO/H_2 混合物转换成燃料和甲醇的费-托合成和甲醇合成路线。虽然这最初的气化/热解步骤是耗能的,但需要的初始生物质处理过程较少,具有高效热回收模块,这些路径由于它们和现有工业过程的兼容性而具有吸引力。

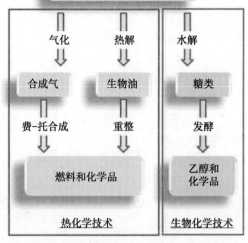

图7.17 木质纤维素生物质转化制化学品和
燃料的生物化学和热化学转化路线

生物油是一种有前景的可再生能源,由于其高的氧含量、酸度和稳定性[161],它不能直接用作燃料。生物油是由水溶液,酸性的(含15%~30%H_2O、pH值为2.5),高含氧量的醛类、醇类、芳烃、酯、糖酚类化合物组成的复杂混合物[162-164](见图7.18),在用作燃料之前需要转换为烷烃。

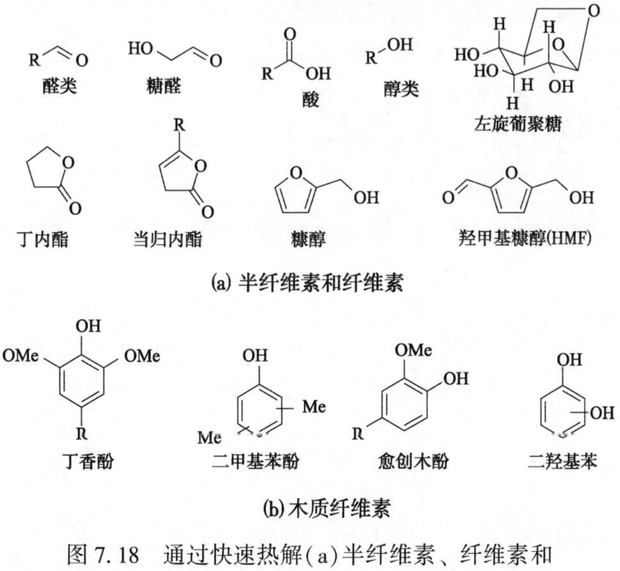

(a) 半纤维素和纤维素

(b) 木质纤维素

图7.18 通过快速热解(a)半纤维素、纤维素和
(b)木质纤维素生物质的木质素组分所得的生物油主要成分

生物油的组成取决于其生物质来源,无机杂质的存在影响了热解产物分布。纯纤维素的热解倾向于产生高收率(约60%)左旋葡聚糖,经由两个相邻的葡萄糖单元的分子间缩合;然而,如果在热解步骤中加入 K、Li 或 Na,乙醇醛是主要产物[165]。通过加氢处理直接精制生物油制备运输燃料是一个特别可取的办法,可以产生类似于那些在当前石油炼制中使用的工艺产生的高品位的燃料。这些油的高能量密度和液体性质使它们成为在现有的基础设施上使用的理想原料,因此降低了资本成本[83,85]。和传统的石油原料相比,生物油具有较低的硫含量以及较高的氧含量;因此,目前用于化石燃料精炼的硫化的加氢催化剂可能是不合适的,对于生物油的精炼需要新的催化工艺。

在生化途径中酶的使用使得通过发酵的生物质转化更具选择性。最近的报告已经指明了可以通过生物质的生物或化学转化制备的几个基本化工原料。这些例子包括乙醇(C_2)、甘油(C_3)、富马酸(C_4)、木糖醇(C_5)和山梨糖醇(C_6),它们全都是高含氧的[通式为$C_x(H_2O)_y$],因此和来源于石化资源的传统的烃类原料不同。生物质衍生的化学品的应用代表了开发一个可再生原料基的技术平台的广泛的研发前景。但是,来自生物质原料中提取的半纤维素的高比例戊糖的存在对于生化路径是存在问题的,因为和己糖不同,如葡萄糖、戊糖难以发酵。使用通过发酵获得的化学品的另一个困难/挑战是,它们还生成了稀水溶液的混合物。提取这些原料是低能效的,所以这些不纯原料的后续转化需要和水介质相容的催化剂。处理生物质衍生的化工基础原料所需的技术将是非常不同的,需要逆向的化学转化,这些高功能分子是通过"脱氧"转化成目标分子的,而不是像原油资源那样通过"氧化"。图 7.19 显示了己二酸合成的一个可能的方案,其中当前石化路线遵循环己烷的选择性氧化,而从葡萄糖起始的生物质路线需要选择性还原。为了促进从依赖石化衍生产品的社会转型,迫切需要与这些亲水性的、庞大的物质相溶的新的催化剂。从这些生物质衍生的基础原料制备高附加值化学品需要催化剂和工艺设计的改进和创新。

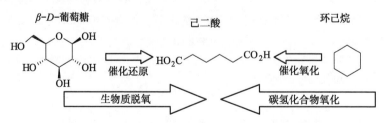

图 7.19 从生物质或石油原料中获得己二酸的途径

7.4.2 平台化学品

美国能源部(DOE)指定了 12 个平台化学品,可通过木质纤维素生物质的化学或生化转化由糖来制备(见图7.20)[166]。在生产发酵过程中,由于在其他极性分子存在的水溶液中,这些分子通常是低浓度的(一般<10%)。纯化这种发酵液特别困难,而且在能量上不可行;因此,需要一种能够直接转化水溶液的方法[167]。正如上面提到的,有必要发展此种催化剂,能在水中进行有机化学反应[168],能抵抗发酵液中的杂质,选择性地将这些平台分子转换成广泛的有用的化工原料[169]。

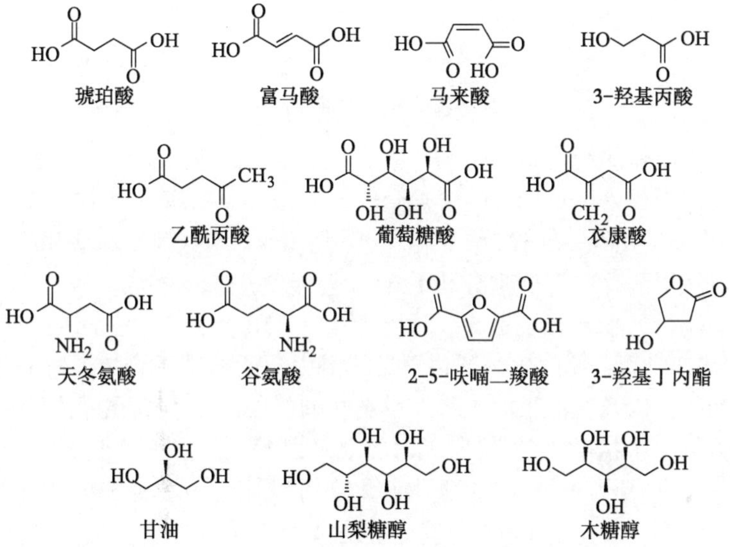

图7.20 生物质生产的可能的平台化学品

这种催化剂需要亲水性,在较宽的pH值范围内稳定,并能在反应条件下抗浸出[170]。催化剂的多孔性也很重要,可使庞大的有黏性的反应物扩散至活性位点;载体材料,如前面在图7.8所描述的那些,可能是制备用于转换平台化学品的催化剂的有前景的材料。有机/无机杂化催化剂的使用也是引人注意的,因为催化剂的疏水性能够被调整——通过改变疏水性,可以调整极性分子的吸附性能[171]。介孔碳[172]用于生物质转化也证明是合适的,作为碳载体往往具有高抗酸性和螯合介质。为了转化平台化学品的官能团,需要催化剂具备脱水、氢解和加氢的能力。因此合适的催化剂应该包括酸位点甚至是有用于脱水的酸位点和用于初始加氢催化的金属位点的双功能催化剂。Corma等[18]对目前提出的平台分子转化制备化学品的方法进行了广泛的研究,发现许多方法采用了传统的均相试剂或商业催化剂。因此,设计改进适合生物质衍生原料的多相催化工艺的研发还有很大空间。

一些报告描述了从平台分子获得重要的化学中间体的途径[169]。琥珀酸被认为是一个有价值的平台化合物,从琥珀酸可以衍生出一系列的化学中间体,例如

图 7.21 所示的酸催化的酯化反应，金属催化的还原反应。碳基固体酸催化剂已被证明可作为丁二酸和乙醇的酯化反应的有效材料[173,174]。来源于聚酯纤维、聚酰胺和聚酯酰胺的生物聚合物是很有前途的新材料，这些都可以来自琥珀酸[175]。

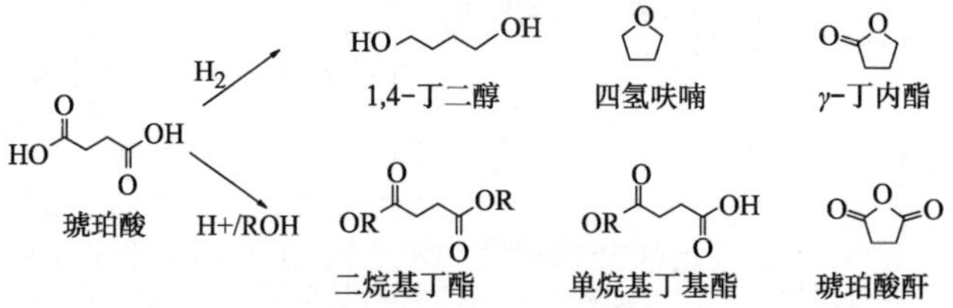

图 7.21 琥珀酸的酸催化或加氢产物

生物精炼原料的纯度是催化剂发展的一个重大的挑战，其发酵液通常生成含有琥珀酸二铵而不是纯琥珀酸的含盐介质。但是这可以用于琥珀酸二铵加氢制备 2-吡咯烷酮或 N-甲基吡咯烷酮[175,176]，采用 Pd/ZrO_2/C 和 2.5%Rh-2.5%Re/C 催化剂，而在甲醇存在下反应有利于 N-甲基吡咯烷酮的形成。

另一个流行的平台分子是 5-羟甲基糠醛(HMF)分子，它是由己糖脱水产生的。HMF 具有成为重要的生物基化学品的潜力，能够用于合成各种有用的酸类、醛类、醇和胺，以及有前景的燃料二甲基呋喃(DMF)。蔗糖在固体酸上的脱水只有很少的报道，包括酸性树脂[177]和 HY 沸石[178]、铝柱撑蒙脱石、MCM-20 和 MCM-41[179]。孔径为 1~3nm 的介孔催化剂可以使羟甲基糠醛的总体产量提高。相反，分子筛产生较低的 DMF 产量，这是由于反应过程中发生严重的积炭和失活。观察到孔隙度对 HMF 和乙酰丙酸的产率有重大影响[177]，HMF 和乙酰丙酸在酸交换树脂上通过蔗糖脱水得到。大孔材料有利于 HMF，HMF 从较小孔隙扩散出来较慢，有利于后续反应和对乙酰丙酸较高的选择性。HMF 的酸催化脱水生成乙酰丙酸和甲酸的动力学已经有人使用矿物质酸进行了研究；但是，只有很少报道考察了固体催化剂的使用，例如聚合物树脂和沸石催化剂[180]。在木糖脱水制类似的环状化合物糠醛中使用固体酸催化剂也仅限少数的例子，其中杂多酸[181]和 MCM 磺酸[182]已经被应用。

乙酰丙酸对于一系列化学中间体来说是另一个有价值的前体(见图 7.22)，可通过酸催化脱水、酯化或金属催化还原过程的结合来制备[183]。

虽然有一些研究在研究还原，但令人惊讶的是，关于使用固体酸催化的平台分子的酯化的工作几乎没有。到目前为止，乙酰丙酸酯化大多在 H_2SO_4 中进行[184]，只有少数的研究使用的是固体酸，例如 SO_4/TiO_2 和酸树脂[18]。显然，开发用于生物精炼原料转化制备化学品的新的催化系统有很大的空间。然而，必须集中开发用于水性原料直接反应的耐水性催化剂，重点发展能够在连续流动的条件使用的合适的多孔材料。

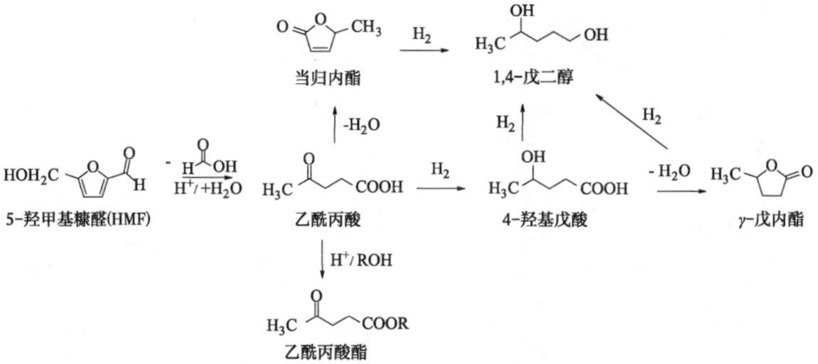

图 7.22 来自乙酰丙酸的选择性的酸催化或氢化产物

7.4.3 木质素的化学物质

木质素是生物质工艺的另一个产物，它也包含了大量有用的官能团。不幸的是，木质素比纤维素更难转化，目前主要用于燃烧产生过程热。木质素的主要结构单元是香豆醇、松柏醇和芥子醇，这些单元通过聚合形成了复杂的结构，如图 7.1 中所示。

然而，通过气化制备合成(CO/H_2)，木质素气具有成为化学原料的潜力，可以转化为甲醇、二甲醚、烯烃和混合醇(乙醇和高级醇化学品)。另外，还有一系列的加氢裂化[185]、加氢[186,187]、氧化[188]的方法用来将木质素转化成芳香烃种类，如苯酚愈创木酚、二甲氧基苯酚、香草醛。在热解过程中，通过消除木质素的侧链烷基连接的羰基，可以形成苯酚衍生物。通过添加一系列无机催化剂，包括 $NaOH$、K_2CO_3、Na_2CO_3 或者 $Zn(II)$、$Cu(II)$ $Mn(III)$、$Co(III)$ 和 $Fe(III)$ 盐以及 Rh 配合物，可以改变所得的产物分布[189]。图 7.23 显示了一个可将木质素转化为化学前体的路线的概述。因为从木质素加工得到的原料比较复杂，大多数催化剂的开发和优化的重点放在模型化合物，其中的细节最近已被详细的总结[190]。

在木质素利用中多相催化剂的使用一般集中在裂化、氢解和氧化路径。木质素可以进行直接氧化分解成醛，虽然大多数研究集中在均相催化剂，也有一些多相的例子使用了 Pd/Al_2O_3[188] 或钙钛矿氧化物催化剂 $LaFe_{1-x}Cu_xO_3$($x=0$, 0.1, 0.2)[191]，在 2~20bar 的氧气压力下操作，产生的主要产物为香兰素、丁香醛和对羟基苯甲醛。

氢解反应一般通过苯酚、邻甲酚、苯甲醚和愈创木酚模型化合物的同时加氢脱氧和环加氢反应转化为芳烃或烷烃进行研究。取代基在环上的位置是至关重要的，邻取代的分子的活性是最弱的，这是由空间位阻导致的[192]。HDO 催化剂却经常集中在加氢脱硫的材料，如 CoMo 和 NiMo 硫化催化剂[193]。正如前文

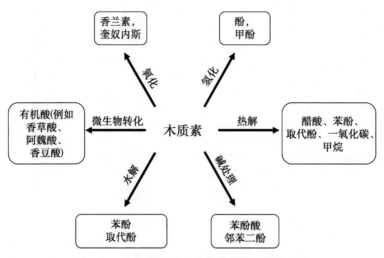

图 7.23 木质素转化成化学前驱体的路线总结

7.3.1.4 所讲的，由于化石燃料和生物质原料的组成不同，这些可能不是最合适的催化剂；因此，非硫化的催化剂将是可取的[194]。可替代的催化体系也正在被研究，包括 Ni-W/SiO_2-Al_2O_3[185]、Ni-Cu-CeO_2 和 ZrO_2[195]、Ru/C[196] 和 Pd/C/C[197]。加氢裂化催化剂通常是包含有固体酸成分和用于加氢反应的金属的双功能材料[184]；典型材料包括 HZSM-5[198-200] 和 Pt/Al_2O_3/SiO_2[201]。在生物油精炼制燃料的背景下，这些双功能催化剂的操作机理被广泛研究[87]，将在下一节中更详细地讨论。

7.4.4 生物油的利用

生物质含氧化合物转化成 H_2 和烷烃涉及由加氢、水解、脱水组成的多步反应。用于一步水相催化重整工艺的理想的非均相催化剂应该采用基于铂金属的纳米粒子双功能催化剂，纳米粒子固定在酸性载体上，分别促进含氧化合物的氢解和脱水[202]。生物油转化为烷烃也有报道[203]，使用 5%Pd/C 催化剂与矿物酸 H_3PO_4 结合促进"一锅法"HDO。在 SiO_2-Al_2O_3 负载 Pt 或 Pd[204] 催化剂上，通过山梨醇的水相重整生产烷烃已经有报道。山梨醇首先被酸性硅酸铝载体脱水，然后在负载 Pt 微晶上被加氢。H_2 既可以和山梨醇共进料，也可通过在 Sn 促进雷尼镍或 Pt/Al_2O_3 催化剂上进行山梨醇、乙二醇原位水相重整制备 CO_2 和 H_2 制得[205,206]，在反应条件下，锡促助 Raney Ni 通过抑制 CH_4 的生成有着较高的 H_2 选择性。为了促进生物油重整工艺的进一步改进，未来在开发新型的固体酸和金属合金催化剂上需要提高。在 Pt 负载催化剂上，模型生物油(含 5%甲醇、12%乙醛、14%乙酸、4%乙二醛、8%羟基丙酮、8%葡萄糖、17%愈创木酚、4%糠醛、

8%香草醛和20%的去离子水)重整的研究发现载体的选择是很重要的，发现脱氧程度的有效性如下 $Al_2O_3>SiO_2-Al_2O_3>TiO_2>CeZrO_2>ZrO_2>CeO_2$[207]。同样，模型化合物[161]经常被用于获得催化剂操作和失活机理的研究，如图7.24所示。

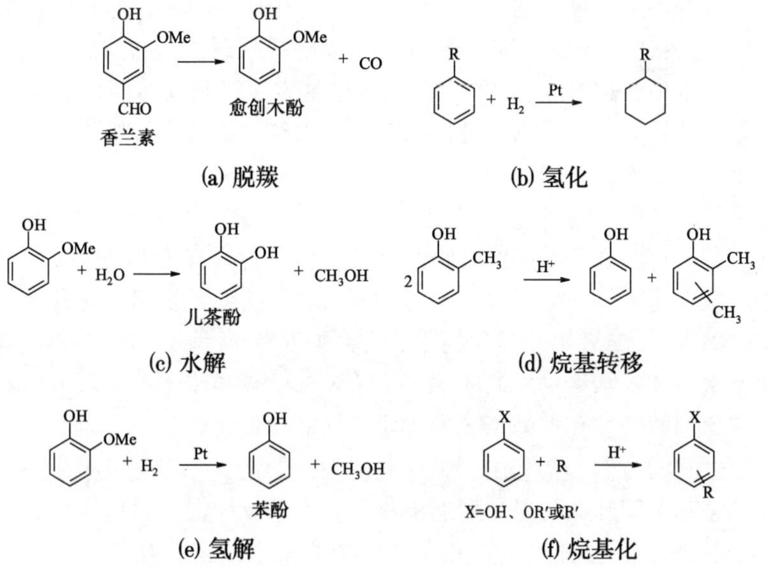

图7.24 研究生物油的改性的模型反应[207]

7.5 未来的挑战

本综述总结了近年来用于可再生原料转化制备化学品和燃料的多相催化剂发展的重要进程。商业非匀相催化过程的发展需要更好地理解每个反应如何与催化剂活性相作用，特别是庞大的极性分子，例如那些在生物炼制原料中发现的。

尽管通过酯交换的传统的生物柴油合成是一种廉价、有效的合成途径，仍然存在对长期生物柴油的使用时在高性能柴油车辆中不易挥发的组分的积聚导致的相关的发动机磨损的担忧[17]。然而，较长的链(约为C_{18})脂肪酸应该更容易在重型柴油发动机来实现。基因工程，虽然有争议，但也可以帮助植物生物学家培养出高产量作物种子[208]，其含有丰富的优化的TAG链长度和饱和度，满足催化剂的选择和所需的燃料性能。重要的是下一代生物燃料的普及和发展，需要政府的政策和激励机制，将生物柴油放置在和化石燃料相当的地位[209]。从材料和工程的角度来看，植物油的黏度和差的低级醇混溶性将阻碍在连续柴油生产生物中新的非均相催化剂的使用。

在木质纤维素制备糖时，初始的酸水解/提取步骤是该工艺中最无必要的步骤之一。纤维素的稳定性是主要的问题，并找到一个既环保又高能效的手段打破生物聚合物是目前面临的挑战。和石油相比，不能单独使用常规的非均相催化剂，这包括固固混合的作用。然而最近已有报道，使用球磨可作为诱导纤维素和具有分层结构的黏土基催化剂之间"机械性催化"的有效手段[210]。替代方法也建立在一个令人兴奋的发现上，离子液体可以溶解纤维素，当与酸性试剂结合时也会选择性地产生平台化学品[211,212]。最近，这种方法已和固体催化剂结合[213,214]。将固体催化剂的易分离性和离子液体的溶解能力结合能够为纤维素向化学品的氢解转化提供一个令人兴奋的前景。

从生物质的热解获得的生物油是一种复杂的液体，在水或烃溶剂[85]中只有部分可溶。为了克服处理此类混合物的问题，可考虑具有可调节的疏水性材料或应该考虑胶束催化剂体系的材料。最近 Resasco 课题组开发出相转移系统，采用了固定在碳纳米管/二氧化硅复合载体上的钯纳米粒子[215]。这些材料能够在油水界面催化亲水性和疏水性物质的转化，不需要多个分离步骤或加入表面活性剂。

新型催化剂的开发和整体工艺的优化发展需要催化化学家、化学工程师和分子模拟专家之间的合作，并利用创新反应器设计的优势；未来可再生原料的利用需要由化学家和工程师共同努力发展催化剂和串联反应器。目前政治领域关注的"食物与燃料"的争论也迫切需要开发非食用原料以及需要技术的进步，来确保生物燃料仍然是 21 世纪可再生能源领域的关键角色。

致谢

物理科学研究委员会 EPSRC 在 EP/F063423/1 与 EP/G007594/1 项目的资助，以及皇家学会向 KW 提供的工业奖学金。

参 考 文 献

[1] Anastas PT, Warner JC(1998)Green chemistry: theory and practice. Oxford University Press, New York.
[2] Walter B, Gruson JF, Monnier G(2008)Diesel engines and fuels: a wide range of evolutions to come. Oil Gas Sci Technol 63: 387-393.
[3] Armaroli N, Balzani V(2007)The future of energy supply: challenges and opportunities. Angew Chem Int Ed 46: 1-2.
[4] http://www.hm-treasury.gov.uk/independent_reviews/stern_review_economicsclimate_change/stern_review_report.cfm. Accessed Jul 2010.
[5] Danielsen F, Beukema H, Burgess ND, Parish F, Brühl CA, Donald PF, Murdiyarso D, Phalan B, Reijnders L, Struebig M, Fitzherbert EB (2009)Biofuel plantations on forested lands: double jeopardy for biodiversity and climate. Conserv Biol 23: 348-358.
[6] Mata TM, Martins AA, Caetano NS(2010)Microalgae for biodiesel production and other applications: a review. Renew Sustain Energy Rev 14: 217-232.
[7] Mosier N, Wyman C, Dale B, Elander R, Lee YY, Holtzapple M, Ladisch M(2005)Features of promising technologies for pretreatment of lignocellulosic biomass. Bioresour Technol 96: 673-686.
[8] Clarens AF, Resurreccion EP, White MA, Colosi LM(2010)Environmental life cycle comparison of algae to other bioenergy feedstocks. Environ Sci Technol 44: 1813-1819.
[9] Lanser AC, List GR, Holloway RK, Mounts YL(1991)FTIR estimation of free fatty acid content in crude oils extracted from damaged soybeans. J Am Oil Chem Soc 68: 448-449.
[10] Sharma YC, Singh B, Upadhyay SN(2008)Advancements in development and characterization of biodiesel: a review. Fuel 87: 2355-2373.
[11] Berchmans HJ, Hirata S(2008)Biodiesel production from crude Jatropha curcas seed oil with a high content of free fatty acids. Bioresour Technol 99: 1716-1721.
[12] Kulkarni MG, Dalai AK(2006)Waste cooking oil—an economical source of biodiesel: a review. Ind Eng Chem Res 45: 2901-2913.
[13] Bensmira M, Jiang B, Nsabimana C, Jian T(2007)Effect of lavender and thyme incorporation in sunflower seed oil on its resistance to frying temperatures. Food Res Int 40: 341-346.
[14] Saad B, Ling CW, Jab MS, Lim BP, Ali ASM, Wai WT, Saleh MI(2007)Determination of free fatty acids in palm oil samples using non-aqueous flow injection titrimetric method. Food Chem 102: 1407-1414.

[15] Paik M-J, Kim H, Lee J, Brand J, Kim K-R(2009)Separation of triacylglycerols and free fatty acids in microalgal lipids by solid-phase extraction for separate fatty acid profiling analysis by gas chromatography. J Chromatogr A 1216: 5917-5923.
[16] Narasimharao K, Lee AF, Wilson K(2007)Catalysts in production of biodiesel: a review. J Biobased Mater Bioenergy 1: 19-30.
[17] Knothe G(2009)Improving biodiesel fuel properties by modifying fatty ester composition. Energy Environ Sci 2: 759-766.
[18] Corma A, Iborra S, Velty A(2007)Chemical routes for the transformation of biomass into chemicals. Chem Rev 107: 2411-2502.
[19] Gallezot P(2007)Catalytic routes from renewables to fine chemicals. Catal Today 121: 76-91.
[20] Imahara H, Minami E, Saka S(2006)Thermodynamic study on cloud point of biodiesel with its fatty acid composition. Fuel 85: 1666-1670.
[21] Hoydonckx HE, De Vos DE, Chavan SA, Jacobs PA(2004)Esterification and transester-ification of renewable chemicals. Top Catal 27: 83-96.
[22] Freedman B, Pryde EH, Mounts TL(1984)Variables affecting the yields of fatty esters from transesterified vegetable oils. J Am Oil Chem Soc 61: 1638-1643.
[23] Canakci M, Gerpen JV(1999)Biodiesel production via acid catalysis. Trans ASAE 42: 1203-1210.
[24] Ma F, Hanna MA(1999)Biodiesel production: a review. Bioresour Technol 70: 1-15.
[25] Dorado MP, Ballesteros E, Almeida JA, Shellet C, Lohrlein HP, Krause R(2002)An alkali-catalysed transesterification process for high free fatty acid waste oils. Trans ASAE 45: 525-529.
[26] Turck R(2002)US patent, 0156305B.
[27] Ma FR, Clements LD, Hanna MA(1999)The effect of mixing on transesterification of beef tallow. Bioresour Technol 69: 289-293.
[28] Demirbas A(2003)Biodiesel fuels from vegetable oils via catalytic and non catalytic supercritical alcohol transesterifications and other methods: a survey. Energy Convers Manage 44: 2093-2109.
[29] Demirbas A(2007)Importance of biodiesel as transportation fuel. Energy Policy 35: 4661-4670.
[30] Lotero E, Liu Y, Lopez DE, Suwannakarn K, Bruce DA, Goodwin JG Jr(2005)Synthesis of biodiesel via acid catalysis. Ind Eng Chem Res 44: 5353-5363.
[31] Tanabe K, Misono M, Ono Y, Hattori H(1989)Preface. Stud Surf Sci Catal 51: 1.
[32] Hattori H(1995)Heterogeneous basic catalysts. Chem Rev 95: 537-558.
[33] Greenwood NN, Earnshaw A(1989)Chemistry of the elements. Pergamon Press, Oxford.
[34] Dacquin JP, Lee AF, Wilson K(2010)Heterogeneous catalysts for biodiesel production. In: Crocker M(ed)Thermochemical conversion of biomass to liquid fuels and chemicals. RSC Publishing, Cambridge.
[35] Albuquerque MCG, Azevedo DCS, Cavalcante CL Jr, Gonsalez JS, Robles JMM, Tost RM, Castellon ER, Lopez AJ, Torres PM(2009)Transesterification of ethyl butyrate with methanol using MgO/CaO catalysts. J Mol Catal A Chem 300: 19-24.
[36] Paterson GR, Scarrah WP(1984)Rapeseed oil transesterification by heterogeneous catalysis. J Am Oil Chem Soc 61: 1593-1597.
[37] Gryglewicz S(1999)Rapeseed oil methyl esters preparation using heterogeneous catalysts. Bioresour Technol 79: 249-253.
[38] Granados ML, Poves MDZ, Alonso DM, Mariscal R, Galisteo FC, Tost RM, Santamaria J, Fierro JLG(2007)Biodiesel from sunflower oil by using activated calcium oxide. Appl Catal B Environ 73: 317-326.
[39] Yan S, Lu H, Liang B(2008)Supported CaO catalysts used in the transesterification of rapeseed oil for the purpose of biodiesel production. Energy Fuel 22: 646-651.
[40] Granados ML, Alonso DM, Sadaba I, Mariscal R, Ocon P(2009)Leaching and homogeneous contribution in liquid phase reaction catalysed by solids: the case of triglycerides methanolysis using CaO. Appl Catal B Environ 89: 265-272.
[41] Demirbas A(2007)Biodiesel from sunflower oil in supercritical methanol with calcium oxide. Energy Convers Manag 48: 937-941.
[42] Watkins RS, Lee AF, Wilson K(2004)Li-CaO catalysed tri-glycerides transesterification for biodiesel applications. Green Chem 6: 335-340.
[43] MacLeod CS, Harvey AP, Lee AF, Wilson K(2008)Evaluation of the activity and stability of alkali-doped metal oxide catalysts for application to an intensified method of biodiesel production. Chem Eng J 135: 63-70.
[44] Alonso DM, Mariscal R, Granados ML, Torres PM(2009)Biodiesel preparation using Li/CaO catalysts: activation process and homogeneous contribution. Catal Today 143: 167.
[45] Wilson K, Hardacre C, Lee AF, Montero JM, Shellard L(2008)The application of calcined natural dolomitic rock as a solid base catalyst in triglyceride transesterification for biodiesel synthesis. Green Chem 10: 654-659.
[46] Philipp R, Fujimoto K(1992)FTIR spectroscopic study of CO_2 adsorption/desorption on MgO/CaO catalysts. J Phys Chem 96: 9035-9038.
[47] Verziu M, Cojocaru B, Hu J, Richards R, Ciuculescu C, Filip P, Parvulescu VI(2008)Sunflower and rapeseed oil transesterification to biodiesel over different nanocrystalline MgO catalysts. Green Chem 10: 373-381.
[48] Montero JM, Gai P, Wilson K, Lee AF(2009)Structure-sensitive biodiesel synthesis over MgO nanocrystals. Green Chem 11: 265-268.
[49] Di Serio M, Ledda M, Cozzolino M, Minutillo G, Tesser R, Santacesaria E(2006)Transesterification of soybean oil to biodiesel by using heterogeneous basic catalysts. Ind Eng Chem Res 45: 3009-3014.
[50] Siano D, Nastasi M, Santacesaria E, Di Serio M, Tesser R, Minutillo G, Ledda M, Tenore T(2006)PCT application no. W02006/050925.
[51] Barakos N, Pasias S, Papayannakos N(2008)Transesterification of triglycerides in high and low quality oil feeds over an HT2 hydrotalcite catalyst. Bioresour Technol 99: 5037-5042.
[52] Cantrell DG, Gillie LJ, Lee AF, Wilson K(2005)Structure-reactivity correlations in MgAl hydrotalcite catalysts for biodiesel synthesis. Appl Catal A Gen 287: 183-190.
[53] Xi X, Davis RJ(2008)Influence of water on the activity and stability of activated Mg-Al hydrotalcites for the transesterification of tributyrin with methanol. J Catal 254: 190-197.
[54] Fukuda H, Kondo A, Noda H(2001)Effect of methanol and water contents on production of biodiesel fuel from plant oil catalysed by various lipases in a solvent-free system. J Biosci Bioeng 91: 12-15.
[55] Vicente G, Coteron A, Martinez M, Aracil J(1998)Application of the factorial design of experiments and response surface methodology to optimize biodiesel production. Ind Crops Prod 8: 29-35.
[56] Lopez DE, Goodwin JG, Bruce DA, Lotero E(2005)Transesterification of triacetin with methanol on solid acid and base catalysts. Appl Catal A Gen 295: 97-105.
[57] Peters TA, Benes NE, Holmen A, Keurentjes JTF(2006)Comparison of commercial solid acid catalysts for the esterification of acetic acid with butanol. Appl Catal A Gen 297: 182.
[58] Suwannakarn K, Lotero E, Goodwin JG Jr, Lu C(2008)Stability of sulfated zirconia and the nature of the catalytically active species in the transesterification of triglycerides. J Catal 255: 279-286.

[59] Kiss AA, Dimian AC, Rothenberg G(2006)Solid acid catalysts for biodiesel production— towards sustainable energy. Adv Synth Catal 348: 75–81.
[60] Mizuno N, Misono M(1998)Heterogeneous catalysis. Chem Rev 98: 199–217.
[61] Okuhara T, Mizuno N, Misono M(1996)Catalytic chemistry of heteropoly compounds. Adv Catal 41: 113–252.
[62] Misono M(1987)Heterogeneous catalysis by heteropoly compounds of molybdenum and tungsten. Catal Rev 29: 269–321.
[63] Newman AD, Brown DR, Siril P, Lee AF, Wilson K(2006)Structural studies of high dispersion $H_3PW_{12}O_{40}/SiO_2$ solid acid catalysts. Phys Chem Chem Phys 8: 2893–2902.
[64] Newman AD, Lee AF, Wilson K, Young NA(2005)On the active site in $H_3PW_{12}O_{40}/SiO_2$ catalysts for fine chemical synthesis. Catal Lett 102: 45–50.
[65] Okuhara T, Nishimura T, Watanabe H, Misono M(1992)Insoluble heteropoly compounds as highly active catalysts for liquid–phase reactions. J Mol Catal 74: 247–256.
[66] Okuhara T, Arai T, Ichiki T, Lee KY, Misono M(1989)Dehydration mechanism of ethanol in the pseudoliquid phase of $H_{3-x}Cs_xPW_{12}O_{40}$. J Mol Catal 55: 293–301.
[67] Narasimharao K, Brown DR, Lee AF, Siril PF, Wilson K(2007)Structure–activity relations in Cs–doped heteropolyacid catalysts for biodiesel production. J Catal 248: 226–234.
[68] Pesaresi L, Brown DR, Lee AF, Montero JM, Williams H, Wilson K(2009)Cs–doped $H_4SiW_{12}O_{40}$ catalysts for biodiesel applications. Appl Catal A Gen 360: 50–58.
[69] Peterson GR, Sacarrah WP(1984)Rapeseed oil transesterification by heterogeneous catalysis. J Am Oil Chem Soc 61: 1593–1597.
[70] Pizzio LR, Vazquez PG, Caceres CV, Blanco MN, Alesso EN, Erlich MI, Torviso R, Finkielsztein L, Lantano B, Moltrasio GY, Aguirre JM (2004)Influence of the alcohol molecular size in the dehydration reaction catalyzed by carbon–supported heteropolyacids. Catal Lett 93: 67–73.
[71] Bossaert WD, De Vos DE, Van Rhijn W, Bullen J, Grobet PJ, Jacobs PA(1999)Mesoporous sulfonic acids as selective heterogeneous catalysts for the synthesis of monoglycerides. J Catal 182: 156–164.
[72] Wilson K, Lee AF, Macquarrie DJ, Clark JH(2002)Structure and reactivity of sol–gel sulphonic acid silicas. Appl Catal A Gen 228: 127–133.
[73] Chen XR, Ju YH, Mou CY(2007)Direct synthesis of mesoporous sulfated silica–zirconia catalysts with high catalytic activity for biodiesel via esterification. J Phys Chem C 111: 18731–18737.
[74] Mbaraka IK, Radu DR, Lin VS–Y, Shanks BH(2003)Organosulfonic acid–functionalized mesoporous silicas for the esterification of fatty acid. J Catal 219: 329–336.
[75] Shah P, Ramaswamy AV, Lazar K, Ramaswamy V(2004)Synthesis and characterization of tin oxide–modified mesoporous SBA–15 molecular sieves and catalytic activity in trans–esterification reaction. Appl Catal A Gen 1–2: 239–248.
[76] Gaudino MC, Valentin R, Brunel D, Fajula F, Quignard F, Riondel A(2005)Titanium–based solid catalysts for transesterification of methyl–methacrylate by 1–butanol: the homogeneous catalysis contribution. Appl Catal A Gen 2: 157–164.
[77] Ying JY, Mehnert CP, Wong MS(1999)Synthesis and applications of supramolecular–templated mesoporous materials. Angew Chem Int Ed 38: 56–77.
[78] Linssen T, Cassiers K, Cool P, Vansant EF(2003)Mesoporous template silicates: an overview of their synthesis, catalytic activation and evaluation of the stability. Adv Colloid Interface Sci 103: 121–147.
[79] Davidson A(2002)Modifying the walls of mesoporous silicas prepared by supramolecular–templating. Curr Opin Colloid Interface Sci 7: 92–106.
[80] Galarneau A, Iapichella J, Bonhomme K, Di Renzo F, Kooyman P, Terasaki O, Fajula F(2006)Controlling the morphology of mesostructured silicas by pseudomorphic transformation: a route towards applications. Adv Funct Mater 16: 1657–1667.
[81] Dacquin JP, Dhainaut J, Duprez D, Royer S, Lee AF, Wilson K(2009)An efficient route to highly organized, tunable macroporous–mesoporous alumina. J Am Chem Soc 131: 12896–12897.
[82] Dhainaut J, Dacquin JP, Lee AF, Wilson K(2010)Hierarchical macroporous–mesoporous SBA–15 sulfonic acid catalysts for biodiesel synthesis. Green Chem 12: 296–303.
[83] Donnis B, Egeberg RG, Blom P, Knudsen KG(2009)Hydroprocessing of bio–oils and oxygenates to hydrocarbons: understanding the reaction routes. Top Catal 52: 229–240.
[84] Czernik S, French RJ, Magrini–Bair KA, Chornet E(2004)The production of hydrogen by steam reforming of trap grease–progress in catalyst performance. Energy Fuel 18: 1738–1743.
[85] Huber GW, Iborra S, Corma A(2006)Synthesis of transportation fuels from biomass: chemistry, catalysts, and engineering. Chem Rev 106: 4044–4098.
[86] Huber GW, O'Connor P, Corma A(2007)Processing biomass in conventional oil refineries: production of high quality diesel by hydrotreating vegetable oils in heavy vacuum oil mixtures. Appl Catal A Gen 329: 120–129.
[87] Huber GW, Corma A(2007)Synergies between bio–and oil refineries for the production of fuels from biomass. Angew Chem Int Ed 46: 7184–7201.
[88] Stumborg M, Wong A, Hogan E(1996)Hydroprocessed vegetable oils for diesel fuel improvement. Bioresour Technol 56: 13–18.
[89] Kubicka D, Kaluza L(2010)Deoxygenation of vegetable oils over sulfided Ni, Mo and NiMo catalysts. Appl Catal A Gen 372: 199–208.
[90] Murata K, Liu YY, Inaba M, Takahara I(2010)Production of synthetic diesel by hydrotreatment of Jatropha oils using Pt–Re/H–ZSM–5 catalyst. Energy Fuel 24: 2404–2409.
[91] Morgan T, Grubb D, Santillan–Jimenez E, Crocker M(2010)Conversion of triglycerides to hydrocarbons over supported metal catalysts. Top Catal 53: 820–829.
[92] Patil TA, Raghunathan TS, Shankar HS(1988)Thermal hydrolysis of vegetable oils and fats. Hydrolysis in continuous stirred tank reactor. Ind Eng Chem Res 27: 735–739.
[93] Yow CJ, Liew KY(1999)Hydrolysis of palm oil catalyzed by macroporous cation–exchanged resin. J Am Oil Chem Soc 76: 529–533.
[94] Yow CJ, Liew KY(2002)Hydrolysis of palm olein catalyzed by solid heteropolyacids. J Am Oil Chem Soc 79: 357–361.
[95] Ngaosuwan K, Lotero E, Suwannakarn K, Goodwin JG Jr, Praserthdam P(2009)Hydrolysis of triglycerides using solid acid catalysts. Ind Eng Chem Res 48: 4757–4767.
[96] Ngaosuwan K, Mo XH, Goodwin JG Jr, Praserthdam P(2010)Reaction kinetics and mechanisms for hydrolysis and transesterification of triglycerides on tungstated zirconia. Top Catal 53: 783–794.
[97] Pouilloux Y, Piccirilli A, Barrault J(1996)Selective hydrogenation into oleyl alcohol of methyl oleate in the presence of Ru–Sn/Al2O3 catalysts. J

Mol Catal A 108: 161-166.
[98] Miyake T, Makino T, Taniguchi S, Watanuki H, Niki T, Shimizu S, Kojima Y, Sano M(2009)Alcohol synthesis by hydrogenation of fatty acid methyl esters on supported Ru-Sn and Rh-Sn catalysts. Appl Catal A Gen 364: 108-112.
[99] Pouilloux Y, Auin F, Guimon C, Barrault J(1998)Hydrogenation of fatty esters over ruthenium-tin catalysts: characterization and identification of active centers. J Catal 176: 215-224.
[100] Camblor MA, Corma A, Iborra A, Miquel A, Primo J, Valencia S(1997)Beta zeolite as a catalyst for the preparation of alkyl glucoside surfactants: the role of crystal size and hydrophobicity. J Catal 172: 76-84.
[101] Climent MJ, Corma A, Iborra A, Miquel S, Primo J, Rey F(1999)Mesoporous materials as catalysts for the production of chemicals: synthesis of alkyl glucosides on MCM-41. J Catal 183: 76-82.
[102] Guidotti M, Ravasio N, Psaro R, Gianotti E, Marchese L, Coluccia S(2003)Heterogeneous catalytic epoxidation of fatty acid methyl esters on titanium-grafted silicas. Green Chem 5: 421-424.
[103] Rios LA, Weckes P, Schuster H, Hoelderich WF(2005)Mesoporous and amorphous Ti-silicas on the epoxidation of vegetable oils. J Catal 232: 19-26.
[104] Feliczak A, Walczak K, Wawrzyńczak A, Nowak I(2009)The use of mesoporous molecular sieves containing niobium for the synthesis of vegetable oil-based products. Catal Today 140: 23-29.
[105] Sinadinovic-Fiser S, Jankovic M, Petrovic ZS(2001)Kinetics of in situ epoxidation of soybean oil in bulk catalyzed by ion exchange resin. J Am Oil Chem Soc 78: 725-731.
[106] Barrault J, Jerome F(2008)Design of new solid catalysts for the selective conversion of glycerol. Eur J Lipid Sci Technol 110: 825-830.
[107] Zhou C-H, Beltramini JN, Fan Y-X, Lu GQ(2008)Chemoselective catalytic conversion of glycerol as a biorenewable source to valuable commodity chemicals. Chem Soc Rev 37: 527-549.
[108] Barrault J, Pouilloux Y, Clacens JM, Vanhove C, Bancquart S(2002)Catalysis and fine chemistry. Catal Today 75: 177-181.
[109] Pagliaro M, Ciriminna R, Kimura H, Rossi M, Della Pina C(2007)From glycerol to value-added products. Angew Chem Int Ed 46: 4434-4440.
[110] Behr A, Eilting J, Irawadi K, Leschinski J, Lindner F(2008)Improved utilisation of renewable resources: new important derivatives of glycerol. Green Chem 10: 13-30.
[111] Dimitratos N, Lopez-Sanchez JA, Hutchings GJ(2009)Green catalysis with alternative feedstocks. Top Catal 52: 258-268.
[112] Kimura H, Tsuto K, Wakisaka T, Kazumi Y, Inaya Y(1993)Selective oxidation of glycerol on a platinum-bismuth catalyst. Appl Catal A Gen 96: 217-228.
[113] Abbadi A, Bekkum HV(1996)Selective chemo-catalytic routes for the preparation of b-hydroxypyruvic acid. Appl Catal A Gen 148: 113-122.
[114] Garcia R, Besson M, Gallezot P(1995)Chemoselective catalytic oxidation of glycerol with air on platinum metals. Appl Catal A Gen 127: 165.
[115] Fordham P, Garcia R, Besson M, Gallezot P(1995)Selective catalytic oxidation of glyceric acid to tartronic and hydroxypyruvic acids. Appl Catal A Gen 133: L179-L184.
[116] Besson M, Gallezot P(2000)Selective oxidation of alcohols and aldehydes on metal catalysts. Catal Today 57: 127-141.
[117] Ruppert AM, Meeldijk JD, Kuipers BWM, Ern BH, Weckhuysen BM(2008)Glycerol etherification over highly active CaO-based materials: new mechanistic aspects and related colloidal particle formation. Chem Eur J 14: 2016-2024.
[118] Melero JA, Iglesias J, Morales G(2009)Heterogeneous acid catalysts for biodiesel production: current status and future challenges. Green Chem 11: 1285-1308.
[119] Melero JA, van Grieken R, Morales G, Paniagua M(2007)Acidic mesoporous silica for the acetylation of glycerol: synthesis of bioadditives to petrol fuel. Energy Fuel 21: 1782-1791.
[120] Diaz I, Marquez-Alvarez C, Mohino F, Perez-Pariente J, Sastre E(2000)Combined alkyl and sulfonic acid functionalization of MCM-41-type silica: part 2. Esterification of glycerol with fatty acids. J Catal 193: 295-302.
[121] Diaz I, Mohino F, Perez-Pariente J, Sastre E(2003)Synthesis of MCM-41 materials functionalised with dialkylsilane groups and their catalytic activity in the esterification of glycerol with fatty acids. Appl Catal A Gen 242: 161-169.
[122] Pouilloux Y, Abro S, Vanhove C, Barrault J(1999)Reaction of glycerol with fatty acids in the presence of ion-exchange resins: preparation of monoglycerides. J Mol Catal A 149: 243-254.
[123] Bancquart S, Vanhove C, Pouilloux Y, Barrault J(2001)Glycerol transesterification with methyl stearate over solid basic catalysts: I. Relationship between activity and basicity. Appl Catal A Gen 218: 1-11.
[124] Barrault J, Bancquart S, Pouilloux Y(2004)Selective glycerol transesterification over mesoporous basic catalysts. Comptes Rendus Chimie 7: 593-599.
[125] Corma A, Abd Hamid SB, Iborra S, Velty A(2005)Lewis and Bronsted basic active sites on solid catalysts and their role in the synthesis of monoglycerides. J Catal 234: 340-347.
[126] Kiatkittipong W, Suwanmanee S, Laosiripojana N, Praserthdam P, Assabumrungrat S(2010)Cleaner gasoline production by using glycerol as fuel extender. Fuel Proc Technol 91: 456-460.
[127] Klepacova K, Mravec D, Bajus M(2005)Tert-butylation of glycerol catalysed by ion-exchange resins. Appl Catal A Gen 294: 141-147.
[128] Frusteri F, Arena F, Bonura G, Cannilla C, Spadaro L, Di Blasi O(2009)Catalytic etherification of glycerol by tert-butyl alcohol to produce oxygenated additives for diesel fuel. Appl Catal A Gen 367: 77-83.
[129] Klepacova K, Mravec D, Kaszonyi A, Bajus M(2007)Etherification of glycerol and ethylene glycol by isobutylene. Appl Catal A Gen 328: 1-13.
[130] Melero JA, Vicente G, Morales G, Paniagua M, Moreno JM, Roldan R, Ezquerro A, Perez C(2008)Acid-catalyzed etherification of bio-glycerol and isobutylene over sulfonic mesostructured silicas. Appl Catal A Gen 346: 44-51.
[131] Clacens JM, Pouilloux Y, Barrault J(2002)Selective etherification of glycerol to polyglycerols over impregnated basic MCM-41 type mesoporous catalysts. Appl Catal A Gen 227: 181-190.
[132] Ruppert AM, Parvulescu AN, Arias M, Hausoul PJC, Bruijnincx PCX, Gebbink RJMK, Weckhuysen BM(2009)Synthesis of long alkyl chain ethers through direct etherification of biomass-based alcohols with 1-octene over heterogeneous acid catalysts. J Catal 268: 251-259.
[133] Gu Y, Azzouzi A, Pouilloux Y, Jerome F, Barrault J(2008)Heterogeneously catalyzed etherification of glycerol: new pathways for transformation of glycerol to more valuable chemicals. Green Chem 10: 164-167.
[134] Montassier C, Merózo JC, Hoang LC, Renaud C, Barbier J(1991)Aqueous polyol conversions on ruthenium and on sulfur-modified ruthenium. J Mol Catal 70: 99-110.

[135] Montassier C, Dumas JM, Granger P, Barbier J(1995) Deactivation of supported copper based catalysts during polyol conversion in aqueous phase. Appl Catal A Gen 121: 231–244.
[136] Yuan Z, Wang J, Wang L, Xie W, Chen P, Hou Z, Zheng X(2010) Biodiesel derived glycerol hydrogenolysis to 1,2-propanediol on Cu/MgO catalysts. Bioresour Technol 101: 7088–7092.
[137] Dasari MA, Kiatsimkul PP, Sutterlin WR, Suppes GJ(2005) Low-pressure hydrogenolysis of glycerol to propylene glycol. Appl Catal A Gen 281: 225–231.
[138] Ma Z, Xiao Z, Van Bokhoven JA, Liang C(2010) A non-alkoxide sol-gel route to highly active and selective Cu-Cr catalysts for glycerol conversion. J Mater Chem 20: 755–760.
[139] Vasiliadou ES, Heracleous E, Vasalos IA, Lemonidou AA(2009) Ru-based catalysts for glycerol hydrogenolysis—effect of support and metal precursor. Appl Catal B Environ 92: 90–99.
[140] Miyazawa T, Kusunoki Y, Kunimori K, Tomishige K(2006) Glycerol conversion in the aqueous solution under hydrogen over Ru/C+an ion-exchange resin and its reaction mechanism. J Catal 240: 213–221.
[141] Balaraju M, Rekha V, Sai Prasad PS, Prabhavathi Devi BLA, Prasad RBN, Lingaiah N(2009) Influence of solid acids as co-catalysts on glycerol hydrogenolysis to propylene glycol over Ru/C catalysts. Appl Catal A Gen 354: 82–87.
[142] Alhanash A, Kozhevnikova EF, Kozhevnikov IV(2008) Hydrogenolysis of glycerol to propanediol over Ru: polyoxometalate bifunctional catalyst. Catal Lett 120: 307–311.
[143] Maris EP, Ketchie WC, Murayama M, Davis RJ(2007) Glycerol hydrogenolysis on carbon-supported PtRu and AuRu bimetallic catalysts. J Catal 251: 281–294.
[144] Maris EP, Davis RJ(2007) Hydrogenolysis of glycerol over carbon-supported Ru and Pt. J Catal 249: 328–337.
[145] Jiang T, Zhou Y, Liang S, Liu H, Han B(2009) Hydrogenolysis of glycerol catalyzed by Ru-Cu bimetallic catalysts supported on clay with the aid of ionic liquids. Green Chem 11: 1000–1006.
[146] Vicente G, Melero JA, Morales G, Paniagua M, Martin E(2010) Acetalisation of bio-glycerol with acetone to produce solketal over sulfonic mesostructured silicas. Green Chem 12: 899–907.
[147] Plasman V, Caulier T, Boulos N(2005) Polyglycerol esters demonstrate superior antifogging properties for films. Plast Addit Compd 7: 30–33.
[148] Vieville C, Yoo JW, Pelet S, Mouloungui Z(1998) Synthesis of glycerol carbonate by direct carbonatation of glycerol in supercritical CO2 in the presence of zeolites and ion exchange resins. Catal Lett 56: 245–247.
[149] Climent MJ, Corma A, De Frutos P, Iborra S, Noy M, Velty A, Concepcion P(2010) Chemicals from biomass: synthesis of glycerol carbonate by transesterification and carbonylation with urea with hydrotalcite catalysts. The role of acid base pairs. J Catal 269: 140–149.
[150] Takagaki A, Iwatani K, Nishimura S, Ebitani K(2010) Synthesis of glycerol carbonate from glycerol and dialkyl carbonates using hydrotalcite as a reusable heterogeneous base catalyst. Green Chem 12: 578–581.
[151] Yoo JW, Mouloungui Z(2003) Catalytic carbonylation of glycerin by urea in the presence of zinc mesoporous system for the synthesis of glycerol carbonate. Stud Surf Sci Catal 146: 757–760.
[152] Aresta M, Dibenedetto A, Nocito F, Ferragina C(2009) Valorization of bio-glycerol: new catalytic materials for the synthesis of glycerol carbonate via glycerolysis of urea. J Catal 268: 106–114.
[153] Aresta M, Dibenedetto A, Nocito F, Pastore C(2006) A study on the carboxylation of glycerol to glycerol carbonate with carbon dioxide: the role of the catalyst, solvent and reaction conditions. J Mol Catal A 257: 149–153.
[154] Patel Y, George J, Pillai SM, Munshi P(2009) Effect of lipophilicity of catalyst in cyclic carbonate formation by transesterification of polyhydric alcohols. Green Chem 11: 1056–1060.
[155] Corma A, Navarro MT, Renz M(2003) Lewis acidic Sn(IV) centers—grafted onto MCM-41—as catalytic sites for the Baeyer-Villiger oxidation with hydrogen peroxide. J Catal 219: 242–246.
[156] Selvaraj M, Kawi S(2007) Effect of tin precursors and crystallization temperatures on the synthesis of SBA-15 with high levels of tetrahedral tin. J Mater Chem 17: 3610–3621.
[157] Deshayes G, Poelmans K, Verbruggen I, Camacho-Camacho C, Dege P, Pinoie V, Martins JC, Piotto M, Biesemans M, Willem R, Dubois P(2005) Polystyrene-supported organotin dichloride as a recyclable catalyst in lactone ring-opening polymerization: assessment and catalysis monitoring by high-resolution magic-angle-spinning NMR spectroscopy. Chemistry 11: 4552–4561.
[158] Kerric G, Le Grognec E, Fargeas V, Zammattio F, Quintard JP, Biesemans M, Willem R(2010) Synthesis, characterization and primary evaluation of the synthetic efficiency of supported vinyltins and allyltins. J Organomet Chem 695: 1414–1424.
[159] Mohan D, Pittman CU, Steele PH(2006) Pyrolysis of wood/biomass for bio-oil: a critical review. Energy Fuel 20: 848–889.
[160] Bridgwater AV, Peacocke GVC(2000) Fast pyrolysis processes for biomass. Renew Sustain Energy Rev 4: 1–73.
[161] Furimsky E(2000) Catalytic hydrodeoxygenation. Appl Catal A Gen 199: 147–190.
[162] Czernik S, Bridgwater AV(2004) Overview of applications of biomass fast pyrolysis oil. Energy Fuel 18: 590–598.
[163] Catoire L, Yahyaoui M, Osmont A, Gokalp I(2008) Thermochemistry of compounds formed during fast pyrolysis of lignocellulosic biomass. Energy Fuel 22: 4265–4273.
[164] Fernando S, Adhikari A, Chandrapaul C, Murali N(2006) Biorefineries: current status, challenges, and future direction. Energy Fuel 20: 1727–1737.
[165] Evans RJ, Milne TA(1987) Molecular characterization of the pyrolysis of biomass. 1. Fundamentals. Energy Fuel 1: 123–137.
[166] Bozell JJ, Petersen GR(2010) Technology development for the production of biobased products from biorefinery carbohydrates—the US department of energy's "top 10" revisited. Green Chem 12: 539–554.
[167] Huh YS, Jun YS, Hong YK, Song H, Lee SY, Hong WH(2006) Effective purification of succinic acid from fermentation broth produced by Mannheimia succiniciproducens. Process Biochem 41: 1461–1465.
[168] Clark JH(2007) Green chemistry for the second generation biorefinery—sustainable chemical manufacturing based on biomass. J Chem Technol Biotechnol 82: 603–609.
[169] Werpy T, Petersen G, Aden A, Bozell J, Holladay J, White J, Manheim A(2004) Top value added chemicals from biomass volume I: results of screening for potential candidates from sugars and synthesis gas. U. S. Department of Energy(DOE) report by the National Renewable Energy Laboratory. DOE/GO-102004-1992.
[170] Rinaldi R, Schuth F(2009) Design of solid catalysts for the conversion of biomass. Energy Environ Sci 2: 610–626.
[171] Dacquin JP, Cross HE, Brown DR, Diiren T, Williams J, Lee AF, Wilson K(2010) Interdependent lateral interactions, hydrophobicity and

acid strength and their influence on the catalytic activity of nanoporous sulfonic acid silicas. Green Chem 12: 1383-1391.
[172] Lin WC, Lu AH, Schuth F(2005) Preparation of monolithic carbon aerogels and investigation of their pore interconnectivity by a nanocasting pathway. Chem Mater 17: 3620-3626.
[173] Zhang B, Ren J, Liu X, Guo Y, Guo Y, Lu G, Wang Y(2010) Novel sulfonated carbonaceous materials from p-toluenesulfonic acid/glucose as a high-performance solid-acid catalyst. Catal Commun 11: 629-632.
[174] Clark JH, Budarin V, Dugmore T, Luque R, Macquarrie DJ, Strelko V (2008) Catalytic performance of carbonaceous materials in the esterification of succinic acid. Catal Commun 9: 1709-1714.
[175] Bechthold I, Bretz K, Kabasci S, Kopitzky R, Springer A(2008) Succinic acid: a new platform chemical for biobased polymers from renewable resources. Chem Eng Technol 31: 647-654.
[176] Delhomme C, Weuster-Botza D, Kuhn FE(2009) Succinic acid from renewable resources as a C_4 building-block chemical—a review of the catalytic possibilities in aqueous media. Green Chem 11: 13-26.
[177] Schraufnagel RA, Rase HF(1975) Levulinic acid from sucrose using acidic ion-exchange resins. Ind Eng Chem Prod Res Dev 14: 40-44.
[178] Lourvanij K, Rorrer GL(1993) Reactions of aqueous glucose solutions over solid-acid Y-zeolite catalyst at 110-160℃. Ind Eng Chem Res 32: 11-19.
[179] Lourvanij K, Rorrer GL(1997) Reaction rates for the partial dehydration of glucose to organic acids in solid-acid, molecular-sieving catalyst powders. J Chem Technol Biotechnol 69: 35-44.
[180] Moreau C, Durand R, Razigade S, Duhamet J, Rivalier P, Ros P, Avignon G(1996) Dehydration of fructose to 5-hydroxymethylfurfural over H-mordenites. Appl Catal A Gen 145: 211-224.
[181] Dias AS, Pillinger M, Valente AA(2005) Liquid phase dehydration of D-xylose in the presence of keggin-type heteropolyacids. Appl Catal A Gen 285: 126-131.
[182] Dias AS, Pillinger M, Valente AA (2005) Dehydration of xylose into furfural over micro-mesoporous sulfonic acid catalysts. J Catal 229: 414-423.
[183] Reid L(1956) Levulinic Acid as a Basic Chemical Raw Material. Ind Eng Chem 48: 1330-1341.
[184] Bart HJ, Reidetschlager J, Schatka K, Lehmann A(1994) Kinetics of esterification of levulinic acid with n-butanol by homogeneous catalysis. Ind Eng Chem Res 33: 21-25.
[185] Thring RW, Breau J(1996) Hydrocracking of solvolysis lignin in a batch reactor. Fuel 75: 795-800.
[186] Saeman JF, Harris DEE(1946) Hydrogenation of lignin over Raney nickel. J Am Chem Soc 68: 2507-2509.
[187] Harris EE, Saeman JF, Bergstrom CB(1949) Lignin hydrogenation products. Ind Eng Chem 41: 2063-2067.
[188] Sales FG, Maranhao LCA, Lima Filho NM, Abreu CAM (2007) Experimental evaluation and continuous catalytic process for fine aldehyde production from lignin. Chem Eng Sci 62: 5386-5391.
[189] Amen-Chen C, Pakdel H, Roy C (2001) Production of monomeric phenols by thermochemical conversion of biomass: a review. Bioresour Technol 79: 277-299.
[190] Zakzeski J, Bruijnincx PCA, Jongerius AL, Weckhuysen BM(2010) The catalytic valorization of lignin for the production of renewable chemicals. Chem Rev 110: 3552-3599.
[191] Zhang J, Deng H, Lin L(2009) Wet aerobic oxidation of lignin into aromatic aldehydes catalysed by a perovskite-type oxide: $LaFe_{1-x}Cu_xO_3$ (x = 0, 0.1, 0.2). Molecules 14: 2747-2757.
[192] Gevert BS, Otterstedt JE, Massoth FE(1987) Kinetics of the HDO of methyl-substituted phenols. Appl Catal 31: 119-131.
[193] Laurent E, Delmon B(1994) Study of the hydrodeoxygenation of carbonyl, carboxylic and guaiacyl groups over sulfided $CoMo/\gamma-Al_2O_3$ and $NiMo/\gamma-Al_2O_3$ catalysts. I. Catalytic reaction schemes. Appl Catal A Gen 109: 77-96.
[194] Ferrari M, Delmon B, Grange P (2002) Influence of the impregnation order of molybdenum and cobalt in carbon-supported catalysts for hydrodeoxygenation reactions. Carbon 40: 497-511.
[195] Yakovlev VA, Khromova SA, Sherstyuk OV, Dundich VO, Ermakov DY, Novopashina VM, Lebedev MY, Bulavchenko O, Parmon VN (2009) Development of new catalytic systems for upgraded bio-fuels production from bio-crude-oil and biodiesel. Catal Today 144: 362-366.
[196] De Wild P, Van der Laan R, Kloekhorst A, Heeres E(2009) Lignin valorisation for chemicals and(transportation) fuels via (catalytic) pyrolysis and hydrodeoxygenation. Environ Prog Sustain Energy 28: 461-469.
[197] Elliott DC, Hart TR(2009) Catalytic hydroprocessing of chemical models for bio-oil. Energy Fuel 23: 631-637.
[198] SharmaRK, Bakhshi NN(1993) Catalytic upgrading of pyrolysis oil. Energy Fuel 7: 306-314.
[199] Vitolo S, Bresci B, Seggiani M, Gallo MG(2001) Catalytic upgrading of pyrolytic oils over HZSM-5 zeolite: behaviour of the catalyst when used in repeated upgrading-regenerating cycles. Fuel 80: 17.
[200] Corma A, Huber GW, Sauvanaud L, O'Connor P (2007) Processing biomass-derived oxygenates in the oil refinery: catalytic cracking(FCC) reaction pathways and role of catalyst. J Catal 247: 307-327.
[201] Sheu YHE, Anthony RG, Soltes EJ(1988) Kinetic studies of upgrading pine pyrolytic oil by hydrotreatment. Fuel Proc Technol 19: 31-50.
[202] Cortright RD, Davda RR, Dumesic JA(2002) Hydrogen from catalytic reforming of biomass-derived hydrocarbons in liquid water. Nature 418: 964-967.
[203] Zhao C, Kou Y, Lemonidou AA, Li X, Lercher JA(2009) Highly selective catalytic conversion of phenolic bio-oil to alkanes. Angew Chem Int Ed 48: 3987-3990.
[204] Huber GW, Cortright RD, Dumesic JA(2004) Renewable alkanes by aqueous-phase reforming of biomass-derived oxygenates. Angew Chem Int Ed 43: 1549-1551.
[205] Huber GW, Shabaker JW, Dumesic JA (2003) Raney Ni-Sn catalyst for H_2 production from biomass-derived hydrocarbons. Science 300: 2075-2077.
[206] Shabaker JW, Dumesic JA(2004) Kinetics of aqueous-phase reforming of oxygenated hydrocarbons: Pt/Al_2O_3 and Sn-modified Ni catalysts. Ind Eng Chem Res 43: 3105-3112.
[207] Fisk CA, Morgan T, Ji Y, Crocker M, Crofcheck C, Lewis SA (2009) Bio-oil upgrading over platinum catalysts using in situ generated hydrogen. Appl Catal A Gen 358: 150-156.
[208] Knothe G(2005) Dependence of biodiesel fuel properties on the structure of fatty acid alkyl esters. Fuel Proc Technol 86: 1059-1070.
[209] Pinzi S, Garcia IL, Lopez-Gimenez FJ, Luque de Castro MD, Dorado G, Dorado MP (2009) The ideal vegetable oil-based biodiesel composition: a review of social, economical and technical implications. Energy Fuel 23: 2325-2341.

[210] Hick SM, Griebel C, Restrepo DT, Truitt JH, Buker EJ, Bylda C, Blair RG(2010)Mechanocatalysis for biomass-derived chemicals and fuels. Green Chem 12: 468-474.
[211] Binder JB, Raines RT(2009)Simple chemical transformation of lignocellulosic biomass into furans for fuels and chemicals. J Am Chem Soc 131: 1979.
[212] Zhao H, Holladay JE, Brown H, Zhang ZC(2007)Metal chlorides in ionic liquid solvents convert sugars to 5-hydroxymethylfurfural. Science 316: 1597-1600.
[213] Roberto Rinaldi R, Palkovits R, Schuth F(2008)Depolymerization of cellulose using solid catalysts in ionic liquids. Angew Chem Int Ed 47: 8047-8050.
[214] Villandier N, Corma A(2010)One pot catalytic conversion of cellulose into biodegradable surfactants. Chem Commun 46: 4408-4410.
[215] Crossley S, Faria J, Shen M, Resasco DE(2010)Solid nanoparticles that catalyze biofuel upgrade reactions at the water/oil interface. Science 327: 68-72.

第8章 甲烷的催化燃烧

Naoto Kamiuchi and Koichi Eguchi

8.1 引言

与传统的火焰燃烧系统相比,烃的催化燃烧由于具有清洁排放、低污染物排放以及高效率等特点,已被广泛地研究并用于环境保护和热能生产等各项中[1]。尽管燃烧器的操作条件在很大程度上依赖于催化剂的活性和空气/燃料比,稀薄燃料混合物仍然能够在很宽的温度范围内稳定地焚烧。对于低温燃烧的应用,例如,在食品和聚合物的直接干燥中,所需的热量可以通过稀薄混合物在高活性催化剂上的燃烧供给。低温催化燃烧也可应用于汽车尾气的净化、挥发性有机化合物(VOCs)的去除、无焰的加热器、家用电器以及其他在1000℃以下运行的利用热辐射应用的系统。

已知一些贵金属催化剂对于燃烧反应具有活性。众所周知,一方面,铂对于包括烃类和挥发性有机化合物在内的各种燃料是最活泼的催化剂成分[2,3]。另一方面,由于很难达到完全燃烧,甲烷时常存在于排放气中。对于甲烷燃烧,钯是最活泼的组分。不同于其他燃料,负载钯的催化剂的活性比铂基催化剂要高。基于形貌和化学影响讨论了氧化物载体对贵金属催化剂的催化活性的改进作用,比如金属粒子的分散和表面重构,以及活性位点上化学吸附的氧。氧化物和贵金属相互作用的本质以及产生的表面活化已经成为广泛的研究主题。

混合金属氧化物催化剂由于成本低以及资源丰富而具有吸引力。催化活性和燃烧特性取决于金属物种的组分、浓度以及晶体结构。一些具有特殊晶体结构的混合氧化物,如钙钛矿、尖晶石和六铝酸盐,对于烃的氧化是具有活性的。一系列的混合氧化物的优点之一是能够通过恰当选择成分和组分而不改变晶体结构来控制氧化活性。在实际应用中,其活性以及化学和形态的稳定性应当与贵金属催化剂相当。本章对甲烷燃烧的各种催化剂进行了研究。

8.2 催化燃烧

催化燃烧是有机化合物例如烃在固体催化剂上的氧化反应:

$$C_l H_m O_n + (l + 1/4m - 1/2n) O_2 \longrightarrow l CO_2 + 1/2 m H_2O \qquad (8.1)$$

虽然火焰点燃引发均匀燃烧，火焰和自由基的形成对于表面催化反应是不必要的。因此，由于比传统的火焰燃烧需要较小的活化能，燃烧能在较低的温度下进行。即使对于稀薄混合燃料气体，在催化剂表面上稳定的燃烧也可以有效地实现。因此，抑制了不完全燃烧引起的有毒物质的排放。由于这些优点，催化燃烧作为一种清洁和高效的方法在许多领域得到了广泛应用。虽然催化氧化经常用于生产有用的化学物质，但有机化合物的部分氧化在本章中未涉及。

根据燃烧系统的温区，催化燃烧一般分为三类。低温燃烧在300℃以下操作，中温燃烧是从300℃至800℃，高温燃烧在800℃以上。低温催化燃烧已被应用于油加热器、气体传感器、有害化合物如挥发性有机化合物的治理[4-11]，等等。中温催化燃烧已用于汽车尾气排放[12]、工厂的能量回收系统、催化加热器等的净化。同时，燃气轮机和锅炉是高温燃烧的实际应用的典型[13]。催化燃烧在其实际应用中具有两个吸引人的特点。它们是高燃烧效率和减少热力型NO_x排放。在传统的火焰燃烧中，通过自由基链式反应分别在中温和高温区和富燃料区产生热NO_x化合物和瞬发型NO_x。然而，由于其较低的操作温度和自由基物种的缺乏，催化燃烧的进行中没有形成NO_x。因此，与火焰燃烧相比，NO_x的排放极低。在催化燃烧的每一个应用中，催化剂的高效利用需要一个低的起燃温度。通过使用低起燃温度的活性催化剂减少了对催化剂的预热。因此，催化剂的设计在实际应用中具有重要意义。

甲烷在钯催化剂上的燃烧，反应机理如图8.1[14]所示。起初，化学吸附在催化剂表面上的甲烷分子通过除去氢原子离解成甲基或亚甲基的基团。在一个过程中，自由基和吸附氧反应，直接生成CO_2和H_2O。在另一个过程中，自由基和氧反应，产生化学吸附的甲醛。吸附的甲醛解离成吸附的CO和氢气，之后一氧化碳和氢与吸附的氧发生反应。因此，吸附的甲醛转变成CO_2和H_2O。

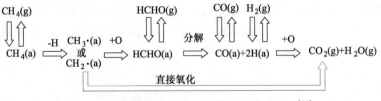

图8.1 甲烷氧化的机理。吸附(a)和气相(g)[14]

8.3 贵金属催化剂

8.3.1 钯催化剂

负载型贵金属催化剂通常对烃的氧化反应表现出高的催化活性。其中，众所周知，由铂和钯组成的具有高的 d 电子密度的催化剂是最活泼的种类。通常铂催化剂对各种燃料如饱和烃的氧化是最活泼的。然而，对于甲烷的完全氧化，钯催化剂的活性优于铂催化剂。因此，对于甲烷燃烧，钯催化剂至今已被许多研究人员研究过。由于高的表面积、相对高的热稳定性以及低成本，在许多报告中，氧化铝被选作载体材料。

Farrauto 等评价了 PdO/Al_2O_3 对于甲烷氧化的催化活性[15]。甲烷转化试验的典型结果如图 8.2 所示。在加热和冷却的过程中记录了转化率。在加热过程中，甲烷在 300℃ 左右开始氧化，在 700℃ 左右达到完全氧化。在加热炉的温度上升到 1000℃ 后，样品以 20℃/min 的速率冷却，如图中虚线表示。转化率的峰值出现在 600℃ 左右。这个显著的滞后表明根据温度范围至少有两个具有不同活性的物种在起作用。Groppi 等通过程序升温分解-程序升温氧化(TPD-TPO)的实验，研究了 PdO/La 掺杂的 Al_2O_3 的氧气浓度分布图，将所获得的信息与催化活性[16]相比较。从

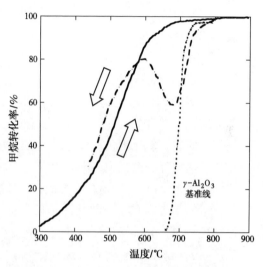

图 8.2 4% 的 PdO/Al_2O_3 上甲烷转化率随温度从 300 到 900℃ 的变化；(实线)加热、(虚线)冷却、(点线)基线[15]

这些实验中可以看出，$PdO \leftrightarrow Pd^0$ 的转变对催化活性起着决定性作用。换言之，该活动的滞后应与钯种类的性质有关，PdO 物种在 300~400℃ 的反应中更为活跃，并且起主导作用，而在 800℃ 以上分解的金属钯提供较低的表面活性。

甲烷燃烧的机理尚未完全被理解，而许多研究人员已经尝试揭示甲烷氧化的反应过程。一方面，在还原的 Pd/Al_2O_3 催化剂上，Firth 和 Holland 提出了在 310℃ 以下催化剂的顶面吸附氧和吸附甲烷之间的氧化机理[17]。另一方面，有人提出了在吸附的氧和氧层上的甲烷的反应，因为氧覆盖率在 310℃ 以上达到最大值。通过固体电解质电位(SEP)的实验支持，Seimanides 等认为甲烷氧化机理服从著名的 Eley-Rideal 模型[18]。该机理存在争议是由于处于研究中的钯的表面性质以及氧化态的差异。然而，Mars 和 vanKrevelen 机理(氧化还原机理)被广泛接受[19-21]。在这模型中，PdO 被吸附的甲烷还原，随后是还原的钯被气态的氧重新氧化。这个模型很好地解释了先前讨论的通过 ^{18}O 同位素标记得以证实的

PdO↔Pd^0的转变[22]。此外，Fujimoto等提出关于氧空位的重要贡献[23,24]。对于氧空位上的吸附氧和吸附甲烷来说，钯催化剂上甲烷的氧化在其共存位点上进行。然而，应该继续对反应过程进行研究，因为在大多数催化剂上的机理目前仍不清楚。

通过许多仪器检测证实了PdO↔Pd^0的转变。Datye等利用透射电子显微镜（TEM）、X射线衍射（XRD）和X射线光电子能谱（XPS）研究了5%Pd/θ-Al_2O_3催化剂在其氧化态的转变中的微观结构的变化[25]。在1133K甲烷氧化后催化剂的TEM图像中，可以观察到Pd金属和PdO的共存相。另外，对于在空气中进行热处理的样品，多晶颗粒的表面被粗糙化。在一系列实验后，他们提出了关于PdO↔Pd^0转变时的形貌变化的机理。其微观结构的变化最可能的机理是Pd粒子的部分氧化，而没有明显颗粒体积变化以及PdO颗粒的再分散。

如上所述，氧化铝负载的钯催化剂对甲烷燃烧通常具有较高的活性。然而，催化活性的下降是由于很多因素引起的，如烧结和中毒。在高温下贵金属和金属氧化物都发生烧结。这个过程通常是不可逆的，因为降低的表面能将无法恢复。因此，为了制备具有高分散性和热稳定性的催化剂，载体材料和制备方法[26]的选择与贵金属种类一样重要。从这个观点出发，由于具有较高的热稳定性和高催化活性，六铝酸盐的化合物被提出作为耐热载体。

由于表面电子状态和结构性质被吸附物种改动，硫、天然气或者反应产物（水、CO和CO_2）的杂质的吸附造成催化剂的失活。在反应气中供应与未供应H_2S的情况下研究了甲烷燃烧中Pd/Al_2O_3的毒化影响[27]。在H_2S存在的情况下甲烷起燃的温度从500℃上升到600℃，硫物质抑制了甲烷和氧的吸附和解离，同时限制了吸附物种之间的反应。Venezia等也研究了介孔二氧化硅（HMS）[28]负载的Pd以及PdAu催化剂以及Pd/TiO_2掺杂SiO_2催化剂的硫毒化影响[29]。Pd/HMS催化剂除了在甲烷燃烧过程中有很高的活性外，对二氧化硫也有较高的耐受性。更为重要的是，Pd/HMS在350℃二氧化硫的处理下降低的活性通过之后的甲烷氧化反应的循环得以恢复。由PdAu/HMS的XPS测试确认，在SO_2的存在下，甲烷氧化过程中钯的表面被还原。对于Pd/TiO_2掺杂SiO_2，在钯催化剂上通过用少量的二氧化钛（5%~10%）对SiO_2进行改进，达到了较高的SO_2耐受性。表明Si—O—Ti键与催化剂活性的提高之间有一定的关系。除此之外，对二氧化硫的超高的耐受性，是由于二氧化钛和硫分子之间的相互作用以及具有较高表面积的二氧化硅对于二氧化硫的易脱附性。如上所述，载体材料对催化活性以及硫耐受性有重要作用。

目前对于双金属系统催化的性质已有研究，Narui等报道，与Pd/α-Al_2O_3相比,在350℃下Pd-Pt/α-Al_2O_3具有显著的活性(见图8.3)[30]。通过金属铂的添加,催化活性由90%提高到98%,同时也伴随着Pd-Pt/α-Al_2O_3高的热稳定性。这一结果是由于Pd和Pt颗粒的高度分散以及在350℃时两种贵金属之间的相互作用对烧结的抑制。最近,Persson等也在Pd/γ-Al_2O_3和Pd-Pt/γ-Al_2O_3中研究了甲烷的催化氧化[31]。在实验中,Pd-Pt/γ-Al_2O_3的催化活性高于Pd/γ-Al_2O_3。从Pd/γ-Al_2O_3催化剂的TEM中可观察到,在氧化环境下,由较小的PdO和Pd组成的钯颗粒变得更具氧化性以及具有更大的尺寸。就Pd-Pt/γ-Al_2O_3而言,可以观察到PdO以及Pd/Pt的合金两种颗粒。在甲烷氧化过程中,合金中Pd/Pt的组成减少。除了合金,Pd颗粒被氧化并且变成了小的PdO颗粒。因此,Pd-Pt/γ-Al_2O_3催化剂表现出更高的活性和热稳定性。

载体的适当选择比如改性金属氧化物,有时可以使钯催化剂避免失活。在几种被研究的助剂中(ZrO_2、La_2O_3、CeO_2和SiO_2),Euzen等发现将二氧化铈和氧化镧添加到氧化铝中,可以在很大程度上提高它的催化活性和稳定性(见图8.4)[32]。这表明二氧化铈的作用是增加氧化钯的抗烧结性以及增强PdO的活性氧化状态的稳定性。

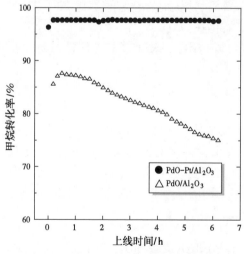 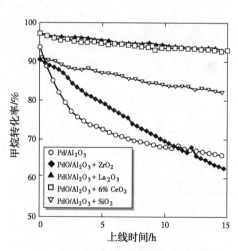

图8.3 在623K时甲烷燃烧中PdO/α-Al_2O_3和PdO-Pt/α-Al_2O_3催化剂活性随运行时间的变化(反应条件:空气中0.5%CH_4,空气流速为18000h^{-1})[30]

图8.4 活性因子对催化剂耐久性的影响——转化率随运行时间的变化[32]

为达到较高的活性和稳定性,载体材料的性质和钯颗粒的状态一样重要。因此,除了Al_2O_3之外的金属氧化物也已被用作载体。Widjaja等[33,34]评价了负载在

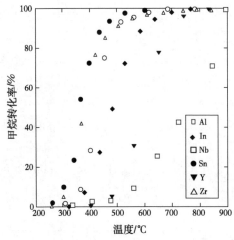

图 8.5 1%Pd/MO$_x$[M = Al、In、Nb、Sn、Y 和 Zr]上甲烷的催化燃烧(反应条件：CH$_4$，1%(体)；空气，99%(体)；空气流速：48000h^{-1})[33]

不同的金属氧化物上的钯催化剂对于甲烷氧化的催化活性。从图 8.5 中可以看出，Pd/SnO$_2$ 和 Pd/ZrO$_2$ 催化剂比 Pd/Al$_2$O$_3$ 具有更高的催化活性，即使它们的表面积比 Pd/Al$_2$O$_3$ 低很多。进一步讲，Pd/SnO$_2$ 在加热和降温过程中的活性彼此一致，然而如上所述，在 Pd/Al$_2$O$_3$ 中观察到显著的滞后效应。有人认为反应过程中的 H$_2$O 和 CO$_2$ 对 Pd/SnO$_2$ 的活性影响很小。另外，从 TEM 结果可以注意到钯颗粒作为一个表面层均匀地覆盖在 SnO$_2$ 颗粒上，并且这种蛋壳结构是由导致钯较大活性表面的强金属-载体相互作用引起的。

一些研究人员也研究了未负载钯催化剂的催化活性。例如，Li 等[35]研究了钯离子交换沸石(ZSM-5，发光沸石，镁碱沸石)。因此，钯分子筛比 PdO/Al$_2$O$_3$ 展现出更高的活性。Pd-ZSM-5 上的甲烷氧化在 200℃ 左右开始，传统的 PdO/Al$_2$O$_3$ 催化剂的起燃温度也在 250℃ 左右。可以得出钯-分子筛的高活性与钯的原子尺度的高分散和丰富的晶格氧有关。

8.3.2 负载型铂催化剂

和钯催化剂相似，铂催化剂也被用于甲烷燃烧的研究。铂催化剂对于氧化碳数是 3 或者更高的烷烃通常显示较高的催化活性，然而钯催化剂对甲烷、CO 和烯烃的氧化更活泼。此外，两种贵金属的氧化态也不同。一方面，对于甲烷完全氧化，铂的活性相是金属铂(0)。另一方面，钯的活性相是氧化态的 PdO。铂基催化剂对甲烷氧化的催化活性一般不如钯基催化剂。然而，一些在甲烷燃烧中铂催化剂比钯催化剂催化活性高的特殊例子已经有报道。在贫氧和富氧条件下，Burch 等在 Pt/Al$_2$O$_3$ 和 Pd/Al$_2$O$_3$ 上进行了甲烷燃烧实验[36]。在富氧条件下(O$_2$/CH$_4$ = 5∶1)，在 300℃、4%的 Pt/Al$_2$O$_3$ 催化剂上转化率只有 1.2%，相比之下，4%Pd/Al$_2$O$_3$ 上为 23%(见表 8.1)。在 450℃、Pt/Al$_2$O$_3$ 上转化率为 35%，然而在此温度下，在 Pd/Al$_2$O$_3$ 上甲烷完全氧化。与此同时，在富燃条件下(O$_2$/CH$_4$ = 1∶1)，Pt/Al$_2$O$_3$ 在 350℃ 以上显示更高的活性。一方面，他们假定富燃条件下 Pt/Al$_2$O$_3$ 的点燃是由于吸附在催化剂表面上的甲烷和氧气的局部加热或浓度的不平衡。另一方面，在富氧条件下，吸附氧抑制甲烷的吸附。

表 8.1 不同温度下 4%Pt/Al$_2$O$_3$ 和 4%Pd/Al$_2$O$_3$ 上甲烷转化率的比较[36]

温度/℃	O$_2$/CH$_4$ 比为 5:1		O$_2$/CH$_4$ 比为 1:1	
	Pt	Pd	Pt	Pd
300	1.2	23	0.6	9.1
325	2.2	40.6	1.2	18.2
350	4.2		4	33
375	6.6	82.5	59	50.7
400	14	94.5	67.9	59.2
425	22	98.5	78.8	68.1
450	35.3	100	88.1	77.6
475	49.2		94.6	86.2
500	65.8		97.9	91.1
525	81.6		99	93.1
550	93.8		99.4	94.5

Garetto 等研究了 Pt/Al$_2$O$_3$ 对于环戊烷和甲烷完全氧化催化活性的不同[37]。如图 8.6 所示，甲烷的起燃温度明显高于环戊烷。如前所述，铂催化剂对于更高级的烷烃和烯烃的氧化通常具有更高的活性。因此，为了制备具有更高甲烷氧化活性的铂催化剂，已经进行了许多实验。Cprro 等研究了 Pt/Al$_2$O$_3$ 中添加 Sn，硫化以及丙烷气体存在时产生的影响[38,39]。采用浸渍法制备了 1%Pt/γ-Al$_2$O$_3$ 和 1%Pt-2%Sn/γ-Al$_2$O$_3$ 催化剂。然后，在 500℃下在含 50μg/g SO$_2$ 和 5%O$_2$ 的气体混合物中对部分催化剂预硫化 10h。图 8.7 显示了在 1%Pt/γ-Al$_2$O$_3$ 和 1%Pt-2%Sn/γ-Al$_2$O$_3$ 催化剂上甲烷的转化率[39]。从燃烧试验可以看出，起燃温度可以通过添加锡或硫化作用来降低。锡的添加和硫化促进作用归因于对 Pt 粒子烧结的抑制。同样值得注意的是，C$_3$H$_8$ 的存在同样降低了甲烷氧化的起燃温度。在较低温度下的丙烷燃烧，提供局部热量来激活 Pt 位点供甲烷吸附。

据报道，一些载体材料如 SiO$_2$ 和 SnO$_2$ 也在提高催化性能方面发挥了重要作用[40-42]。Niwa 等则在 Pt/Al$_2$O$_3$、Pt/SiO$_2$-Al$_2$O$_3$ 和 Pt/SiO$_2$ 上研究了甲烷氧化的催化活性[40]。并揭示 Pt/SiO$_2$-Al$_2$O$_3$ 表现出最高的活性。他们证实了铂粒子在载体上的分散对其催化活性的强烈影响。Roth 等[42]报道 Pt/SnO$_2$ 催化剂具有比 Pt/Al$_2$O$_3$ 更高的活性，尽管表面积比其要低。

就钯催化剂而言，众所周知，氯化物或硫化物会使铂基催化剂的催化活性失活。例如，Marceau 等通过采用 H$_2$PtCl 和 Pt(NH$_3$)$_4$(OH)$_2$ 铂前躯体研究了 Pt/Al$_2$O$_3$ 催化剂中残余氯离子产生的影响[43]，发现氯离子会使 Pt/Al$_2$O$_3$ 上甲烷的整个氧化活性恶化。随着装置长时间运行，氯离子逐渐消除，其抑制作用逐渐减弱。

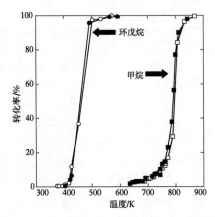

图 8.6 连续燃烧反应:(实心圆,实心方块)第一运行阶段;(空心圆,空心方块)第二运行阶段。环戊烷燃烧: W/F_{cp}^{0} = 54g 催化剂 h/mol 环戊烷, P = 1atm, CP : O_2 : N_2 = 0.65 : 10 : 90。甲烷燃烧: $W/F_{CH_4}^{0}$ = 20g 催化剂 h/mol 甲烷, P = 1atm, CH_4 : O_2 : N_2 = 2 : 9.8 : 88.2[37]

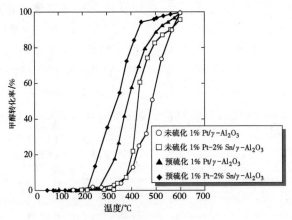

图 8.7 CH_4-O_2 反应中甲烷转化率随温度变化的关系。CH_4-O_2 反应原料中 1000μL/LVC_3H_8 的影响(空心圆):未硫化的 1%Pt/γ-Al_2O_3;(空心方块):未硫化的 1%Pt-2%Sn/γ-Al_2O_3;(实心三角):硫酸化的 1%Pt/γ-Al_2O_3;(实心菱形):硫化的 1%Pt-2%Sn/γ-Al_2O_3。反应原料:4%CH_4,20%O_2,1000μL/LVC_3H_8,平衡 He[39]

8.4 CeO_2-ZrO_2 基催化剂

负载型贵金属催化剂在甲烷燃烧中的高催化活性是众所周知的。如上所述,特别是钯和铂催化剂表现出较高的活性。然而,在苛刻的操作条件下,大多数贵金属都会失活。此外，贵金属也存在成本和资源问题。从这个角度来看，开发包含其他材料的催化剂也是必要的。一般而言，和贵金属相比过渡金属氧化物要便宜，并且过渡金属组合的数量对于设计活性催化剂来说是可能的。过渡金属氧化物的催化剂对烃类的氧化来说具有更高的活性，尽管活性一般都不如贵金属催化剂。因此，过渡金属氧化物催化剂迄今为止已被广泛研究。其中铈、锆、钴是燃烧催化剂中有前景的成分。Penganich研究了CeO_2-ZrO_2的混合氧化物催化剂的活性以及活性与Ce/Zr的比率的关系[44]。图8.8显示了在500℃焙烧的$Ce_{1-x}Zr_xO_2$上的甲烷转化率。值得关注的是，$Ce_{1-x}Zr_xO_2$混合氧化物催化剂的活性比纯的CeO_2或ZrO_2的活性高。在这些二元氧化物系统中，$Ce_{0.75}Zr_{0.25}O_2$的活性是最高的，尽管其表面积要低于$Ce_{0.5}Zr_{0.5}O_2$和$Ce_{0.25}Zr_{0.75}O_2$。从CO-TPR描述中发现在低温状态下$Ce_{0.75}Zr_{0.25}O_2$最容易还原，这与CeO_2-ZrO_2催化剂的较高的催化活性有关。

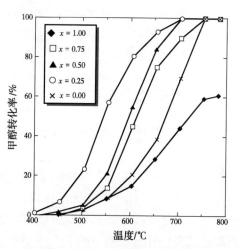

图8.8 通过溶胶-凝胶技术在500℃煅烧老化50h制备的氧化锆混合氧化物催化剂燃烧曲线。气体混合物包括2.0% CH_4，21.0%O_2和平衡He。总流量100mL/min[44]

Bozo等[45]研究了共沉淀方法制备的CeO_2-ZrO_2混合氧化物催化剂。他们通过比较在O_2+H_2O，1000℃的环境中老化前后一系列的$Ce_{1-x}Zr_xO_2$的TPR图谱得出$Ce_{0.67}Zr_{0.33}O_2$拥有超强的热稳定性的结论。此外含有少量锆元素的$Ce_{0.67}Zr_{0.33}O_2$表现出最高的活性[46]。

含有一定添加量活性组分如Pt[45,46]、Pd[46-48]、Mn[45,49]、Cu[49,50]和Co[51,52]的CeO_2-ZrO_2催化剂也被报道过。随后，Bozo等比较了负载在$Ce_{0.67}Zr_{0.33}O_2$上的Pt或者MnO_x与Pt/Al_2O_3或者MnO_x/Al_2O_3催化剂对于甲烷燃烧的催化活性。一方面，Pt/$Ce_{0.67}Zr_{0.33}O_2$上燃烧的初始温度大约为200℃，远远低于Pt/Al_2O_3催化剂的温度（约为450℃）。另一方面，MnO_x/$Ce_{0.67}Zr_{0.33}O_2$的活性略高于MnO_x/Al_2O_3。伴随着Pt/$Ce_{0.67}Zr_{0.33}O_2$和MnO_x/$Ce_{0.67}Zr_{0.33}O_2$的比表面积的逐渐减小，在1000℃的老化处理后$Ce_{0.67}Zr_{0.33}O_2$的促进影响消失。至于Pt/$Ce_{0.67}Zr_{0.33}O_2$和Pd/$Ce_{0.67}Zr_{0.33}O_2$[46]，在甲烷燃烧10h后降低的活性通过在H_2的条件下进行原位还原处理来恢复而不是通过原位氧化处理来恢复。

Terrible等分析了Mn或Cu掺杂的CeO_2-ZrO_2催化剂的催化活性及其影响[49]。发现少量的MnO_x和CuO溶入CeO_2-ZrO_2催化剂的晶格，然后催化剂的氧化还原行为受到强烈影响。所以，添加 MnO_x 和 CuO 促进了催化活性和稳定性。

含钴催化剂对于 CO 和甲烷氧化来说也是非常活泼的组分[53,54]。因此，Liotta 等通过共同沉淀制备了 Co_3O_4/CeO_2 和 Co_3O_4/CeO_2-ZrO_2 复合催化剂，并进行了甲烷燃烧试验[51,52]。30%Co_3O_4 的存在显著提高了 CeO_2 和 CeO_2-ZrO_2 的催化活性。此外，即使在 750℃下焙烧 7h，30%的 Co_3O_4/CeO_2 活性也不会衰退。这一系列的实验表明 Co_3O_4 在催化剂中的还原性或者其氧气的迁移能力强烈地影响了甲烷燃烧活性。此外，发现 CeO_2 和 CeO_2-ZrO_2 能够有效分散具有活性的 Co_3O_4 相和稳定其不被分解成活性较低的 CoO。

8.5 钙钛矿型催化剂

由于其具有的优点，钙钛矿型催化剂的甲烷催化燃烧已被许多研究者广泛研究。在多种具有 ABO_3 型钙钛矿结构的混合氧化物中，选择 A 和 B 位点适当的组分及组成，能够实现高的热稳定性和高活性。一些钙钛矿型氧化物的活性是可以与那些铂基催化剂相媲美的[55-58]。其中，基于 $LaCoO_3$、$LaFeO_3$ 和 $LaMnO_3$ 的氧化物系统是具有活性和热稳定性的，是高温燃烧催化剂的候选[59]。

Arai 等报道了在各种钙钛矿型氧化物（$LaMNO_3$，M=钴、锰、铁、铜、镍、铬）[60]中的甲烷的催化燃烧。表 8.2 总结了钙钛矿型氧化物和 1%的 Pt/Al_2O_3 催化剂的催化活性、表面积和表观活化能。与非催化热反应相比，金属和氧化物催化剂的存在促进了甲烷的燃烧及降低了表面活化能。$LaCoO_3$、$LaMnO_3$ 和 $LaFeO_3$ 催化剂的活性与 Pt/Al_2O_3 催化剂是相当接近的，然而由于具有较大的比表面积，Pt/Al_2O_3 催化剂表现出最高的活性。

表 8.2 钙钛矿型氧化物、ABO_3 和铂/氧化铝催化剂的甲烷氧化活性[60]

催化剂	比表面积/(m^2/g)	$T_{50\%}$/℃	E_a/(kcal/mol)
$LaCoO_3$	3.0	525	22.1
$LaMnO_3$	4.0	579	21.8
$LaFeO_3$	3.1	571	18.2
$LaCuO_3$	0.6	672	23.8
$LaNiO_3$	4.8	702	19.4
$LaCrO_3$	1.9	780	28.8
1%Pt/Al_2O_3	146.5	518	27.6
热数据		834	61.5

钙钛矿晶格(ABO_3)的 A 和/或 B 位点的阳离子位点很容易被外界阳离子所取代，并且取代有时会带来钙钛矿型氧化物催化活性的提高。A 和/或 B 位点的部分取代常常引起空穴的形成、晶格扭曲、价位改变等，从而会影响其催化活性。

迄今为止许多研究者报道了钙钛矿型氧化物中 A 位点的部分取代[60-66]。Marchetti 等研究了钙钛矿型氧化物的 $La_{1-x}A_xMnO_3$ (A=Sr、Eu 和 Ce)[62]。在所有催化剂中甲烷完全氧化温度大约为 500～600℃（见图 8.9），并且在 100h 的运行中高的催化活性并没有发生恶化。从 O_2 的 TPD 发现，在不同温区脱附的两种氧物种在催化剂中是具有活性的。它们是被吸附的氧和晶格氧。前者在较低温度下反应，而后者在较高温度下变得活泼。因此，$La_{0.6}Sr_{0.4}MnO_3$、$La_{0.9}Eu_{0.1}MnO_3$ 和 $La_{0.9}Ce_{0.1}MnO_3$ 在低温区域的活性顺序不同于高温区。

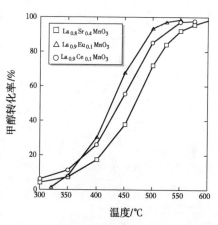

图 8.9 标准反应条件下活性数据的比较[62]

Voorhoeve 等提出钙钛矿型氧化物上的氧化分为晶面反应和晶内反应[67]。对于晶面反应，表面吸附物质间的反应在相对较低的温度下进行，然而晶内反应是一个高温的过程，其反应速率与和过渡金属离子成键的晶格氧的热力学稳定性相关。

B 位点的部分替代也会影响甲烷燃烧的活性[68-70]。例如，由柠檬酸盐法制备的 $LaCr_{1-x}Mg_xO_3$ ($x=0~0.5$)[69] 显示镁的掺杂能够促进其催化活性。Cr/Mg 取代的促进作用归因于钙钛矿和 MgO 晶体的共同形成。MgO 的出现可能会导致钙钛矿的高分散性。

虽然钙钛矿物相对于大部分系统是热力学稳定的，催化剂的热稳定性，特别是在高温时的抗烧结和对甲烷氧化的高活性一样对于实际应用是需要的。目前，为了抑制高温时的烧结，载体材料也被广泛研究[71,72]。Marti 等研究了尖晶石载体(MAl_2O_4，M=Mg、Ni 和 Co)对 $La_{0.8}Sr_{0.2}MnO_{3+x}$ (LSM) 的活性的影响[71]。对三种催化剂 ($LSM/MgAl_2O_4$、$LSM/NiAl_2O_4$ 和 $LSM/CoAl_2O_4$) 的总活性与无载体的 LSM 的活性进行比较，结果如图 8.10 所示。$LSM/MgAl_2O_4$ 的活性比无载体的 LSM 的活性高，而 $LSM/NiAl_2O_4$ 和 $LSM/CoAl_2O_4$ 并没有那么高的活性。据透露，三种催化剂中活性氧数量增加的顺序为 $LSM/CoAl_2O_4 < LSM/NiAl_2O_4 < LSM/MgAl_2O_4$。TPD（程序升温控制脱附法）测量结果表明由于具有大量可用于催化

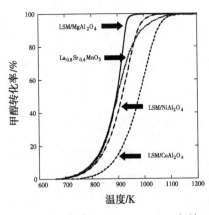

图 8.10 负载 $La_{0.8}Sr_{0.2}MnO_{3+x}$ 和纯 $La_{0.8}Sr_{0.2}MnO_{3+x}$ 的甲烷燃烧活性的比较。样品质量: 0.100g; 反应气组成: 1% CH_4, 4% O_2, He (平衡); GHSV: 135000h^{-1}[71]

氧化的氧物种, $LSM/MgAl_2O_4$ 催化剂具有最高的活性。

Cimino 等还研究了金属氧化物载体的影响。通过沉积沉淀(DP)方法将钙钛矿型的 $LaMnO_3$ 负载到 La-稳定的 γ-Al_2O_3 和 MgO 上。一方面,虽然在 800℃ 处理的这两种催化剂对于甲烷氧化表现出很高的催化活性,在 1100℃ 下处理的 $LaMnO_3/La/Al_2O_3$ 的催化活性明显下降。另一方面,考虑到 $LaMnO_3$ 的分散状态,$LaMnO_3/MgO$ 催化剂是热稳定的。

Alifanti 等[73]研究了钙钛矿型氧化物 ($La_{1-x}Ce_xMn_{1-y}Co_yO_3$)硫中毒的敏感性。虽然在 20$\mu g/g$ SO_2 存在的燃烧试验中所有的钙钛矿型催化剂都失活,但是,用少量的铈来替代的催化剂 ($La_{0.9}Ce_{0.1}CoO_3$、$La_{0.8}Ce_{0.2}CoO_3$、$La_{0.8}Ce_{0.2}MnO_3$) 对毒化过程敏感性降低。他们通过 XPS 检测得出催化剂表面的失活是由催化剂表面形成的硫酸盐[如 $La_2(SO_4)_3$]造成的。

近来,人们研究了钙钛矿催化剂的制备方法对甲烷燃烧的影响,例如,尿素分解法[74,75]、超声喷射燃烧法[76]、喷雾热分解[77]以及微波照射法[78]已经有了报道。Gao 等[74]对比了分别用尿素分解法、柠檬酸盐法、以氨水为沉淀剂的沉淀法和以碳酸铵溶液为沉淀剂的沉淀法制备出的 $La_{0.9}Sr_{0.1}CoO_{3-\alpha}$ 催化剂的催化活性。$La_{0.9}Sr_{0.1}CoO_{3-\alpha}$ 的甲烷燃烧活性按制备方法进行排序:尿素分解法>柠檬酸盐法>氨水沉淀法>碳酸盐沉淀法。用尿素分解法、柠檬酸盐法制备的催化剂中晶格氧/钴离子(3-Δ)的表面物质的量比分别为 3.4 和 4.0,而用氨水沉淀法和碳酸盐沉淀法制备的催化剂中表面物质的量比比理论值 3 还小。然而,尿素分解法制备的催化剂的 BET 表面积较柠檬酸盐法大。因此,尿素分解法制备的催化剂之所以具有高活性归因于能够释放和再生表面氧原子的恰当的表面结构。

8.6 六铝酸盐相关化合物

六铝酸盐相关化合物对于甲烷燃烧来说也是具有吸引力的催化剂,尤其是在 1000℃ 附近或之上的高温下,这是因为负载催化剂在大约 1000℃ 时会以 PdO 或 PtO_2 挥发。六铝酸盐化合物一般通式表示为 $MO_x \cdot 6Al_2O_3$,其中 M 的成分通常是具有大离子直径的金属如碱金属、碱土金属或稀土金属。六铝酸盐化合物的晶体

结构表示为 β-氧化铝或磁铁铅矿型结构(见图 8.11)[79],六铝酸盐化合物的两种结构理想化表示为 $MAl_{11}O_{17}$ 和 $MAl_{12}O_{19}$。然而,大多数六铝酸盐化合物被描述为 $MAl_{12}O_{19-x}$,因为它们有一些为满足电中性的缺陷。

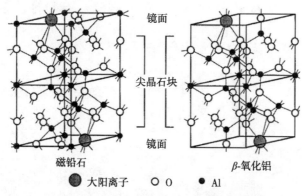

图 8.11 磁铁铅矿和 β-氧化铝的晶体结构[79]

未被取代的六铝酸盐化合物具有极强的热稳定性,但甲烷燃烧的催化活性不足以满足实际需要使用。因此,取代型六铝酸盐化合物,如 Ba-Mn-Al-O[80,81]、Ba-Fe-(Mn)-Al-O[81]、Sr-La-Mn-Al-O[82] 和 Sr-(Ce, Pr, Nd, Sm, Gd)-Mn-Al-O[79] 也被研究,其中的过渡金属物质作为活性成分。$Sr_{0.8}La_{0.2}MnAl_{11}O_{19}$(SLMA)、$BaMnAl_{11}O_{19}$(BMA)、$Sr_{0.8}La_{0.2}Al_{12}O_{19}$(SLA) 以及 $\alpha-Al_2O_3$[82] 中甲烷催化燃烧性能图如图 8.12 所示。并且可以清晰地观察到其被取代后催化活性的增强。SLMA、BMA、SLA 和 $\alpha-Al_2O_3$ 的表面积分别为 $17.5m^2/g$、$14.9m^2/g$、$25.8m^2/g$ 和 $3.1m^2/g$。经过 1200℃ 热处理后的相对较高的表面积应该与其催化活性密切相关。此外,由于在甲烷燃烧中锰是氧化还原-活性物种,使得与 SLMA 和 BMA 相比而言 SLA 和 α-氧化铝将是无活性的。

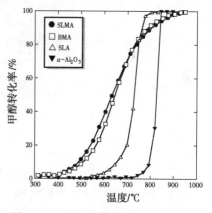

图 8.12 六铝酸盐材料和 $\alpha-Al_2O_3$ 中甲烷的催化燃烧[82] [反应条件:CH_4,1%(体);空气,99%(体);空气流速,$48000h^{-1}$]

六铝酸盐的相关化合物也被用作载体材料[83-85]。Jang 等对 2% 的 Pd/$LaMnAl_{11}O_{19-\alpha}$ 和 $LaMnAl_{11}O_{19-\alpha}$ 的活性进行了比较[83]。钯负载的 $LaMnAl_{11}O_{19-\alpha}$ 的起燃点在 360℃ 的极低温度,然而其热稳定性仍然不足以满足实际需要使用。

六铝酸盐化合物一般是通过金属醇盐的水解作用、溶胶-凝胶法、共沉淀法以及粉末的固相反应所合成的。Zarur 和 Ying 通过反相微乳液的合成[86,87]制备了

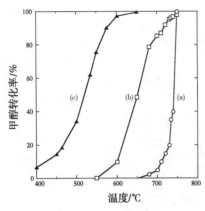

图 8.13 甲烷催化燃烧实验——甲烷催化氧化性能：（a）溶胶-凝胶法得到传统的六铝酸钡；（b）反相微乳得到的纳米六铝酸钡；（c）反相微乳得到的氧化铝-纳米六铝酸钡。反应物流组成：空气中含（体）1%甲烷。空速：60000h^{-1}

纳米六铝酸钡（BHA）。图 8.13 表示甲烷氧化由三类制备方法——传统的纳米六铝酸钡，通过反相微乳液合成的纳米六铝酸钡，以及由纳米六铝酸钡颗粒堆积的 25% 的氧化铈——所表现的催化剂的活性。由以上方法制得的纳米六铝酸钡所表现出的催化活性比溶胶-凝胶法制备的纳米六铝酸钡高很多。此外，可以确认的是加入氧化铈可以使得六铝酸钡进一步活化。如此高的活性应归因于即使经过 1300℃ 煅烧后仍表现出的较高的表面积（40~60m^2/g）。

Wang 等提出将超临界干燥（SCD）方法作为 LaMn$_x$Al$_{12-x}$O$_{19}$ 的制备方法[88]。NH$_4$OH 和金属硝酸盐溶液的混合物溶解后，用超临界干燥方法来提取水凝胶中的水。与常规烘箱干燥的方法有所不同，利用超临界干燥法所制备的均相 LaMn$_x$Al$_{12-x}$O$_{19}$ 气凝胶具有较高的孔体积和孔径。因此，所制备的 LaMn$_x$Al$_{12-x}$O$_{19}$ 催化剂具有小晶体尺寸和高表面积并且在甲烷燃烧中表现出高活性。各种制备方法的影响可能是由结构的改变和均相形成所造成的，对于六铝酸盐化合物产生特别强烈的影响。

8.7 结论

本章总结了在基于 Pd、Pt、CeO$_2$-ZrO$_2$，钙钛矿型金属氧化物和六铝酸盐化合物的各种催化剂上的甲烷燃烧。特别是钯通常被认为是甲烷氧化中最具活性的催化剂。然而，通过改变添加剂和其他因素的改进，其他催化体系在该反应中表现出独特的活性和特性。催化剂的催化活性和寿命的性质受多种因素的强烈影响，例如催化剂组分、载体材料、制备方法、反应温度以及气氛。因此，为了把催化剂投入实际应用，其条件的精细优化显得尤其重要。尽管对于再生以及具有较高耐久性催化剂的开发的研究越来越重要，燃烧催化剂的降解和再生还没有被完全理解。

参 考 文 献

[1] Forzatti P, Groppi G(1999)Catalytic combustion for the production of energy. Catal Today 54：165-180.
[2] Mitsui T, Tsutsui K, Matsui T, Kikuchi R, Eguchi K(2008)Catalytic abatement of acetalde-hyde over oxide-supported precious metal catalysts.

Appl Catal B Environ 78: 158-165.
[3] Mitsui T, Matsui T, Kikuchi R, Eguchi K(2009) Low-temperature complete oxidation of ethyl acetate over CeO_2-supported precious metal catalysts. Top Catal 52: 464-469.
[4] Papaefthimiou P, Ioannides T, Verykios XE(1997) Combustion of non-halogenated volatile organic compounds over group Ⅷ metal catalysts. Appl Catal B Environ 13: 175-184.
[5] Larsson P, Andersson A(1998) Complete oxidation of CO, ethanol, and ethyl acetate over copper oxide supported on titania and ceria modified titania. J Catal 179: 72-89.
[6] Larsson P, Andersson A(2000) Oxides of copper, ceria promoted copper, manganese and copper manganese on Al_2O_3 for the combustion of CO, ethyl acetate and ethanol. Appl Catal B Environ 24: 175-192.
[7] Kim SC(2002) Reverse microemulsion synthesis of nanostructured complex oxides for catalytic combustion. J Hazard Mater 91: 285-299.
[8] Takeguchi T, Aoyama S, Ueda J, Kikuchi R, Eguchi K(2003) Catalytic combustion of volatile organic compounds on supported precious metal catalysts. Top Catal 23: 159-162.
[9] Okumura K, Kobayashi T, Tanaka H, Niwa M(2003) Toluene combustion over palladium supported on various metal oxide supports. Appl Catal B Environ 44: 325-331.
[10] Perkas N, Rotter H, Vradman L, Landau MV, Gedanken A(2006) Sonochemically prepared Pt/CeO_2 and its application as a catalyst in ethyl acetate combustion. Langmuir 22: 7072-7077.
[11] Cellier C, Lambert S, Gaigneaux EM, Poleunis C, Ruaux V, Eloy P, Lahousse C, Bertrand P, Pirard J-P, Grange P(2007) Investigation of the preparation and activity of gold catalysts in the total oxidation of n-hexane. Appl Catal B Environ 70: 406-416.
[12] Heck RM, Farrauto RJ(2001) Automobile exhaust catalysts. Appl Catal A Gen 221: 443-457.
[13] Eguchi K, Arai H(1996) Recent advances in high temperature catalytic combustion. Catal Today 29: 379-386.
[14] Oh SH, Mitchell PJ, Siewert RM(1991) Methane oxidation over alumina-supported noble metal catalysts with and without cerium additives. J Catal 132: 287-301.
[15] Farrauto RJ, Hobson MC, Kennelly T, Waterman EM(1992) Catalytic chemistry of supported palladium for combustion of methane. Appl Catal A Gen 81: 227-237.
[16] Groppi G, Cristiani C, Lietti L, Forzatti P(2000) Study of PdO/Pd transformation over alumina supported catalysts for natural gas combustion. Stud Surf Sci Catal 130: 3801-3806.
[17] Firth JG, Holland HB(1969) Catalytic oxidation of methane over noble metals. Trans Faraday Soc 65: 1121-1127.
[18] Seimanides S, Stoukides M(1986) Catalytic oxidation of methane on polycrystalline palladium supported on stabilized zirconia. J Catal 98: 540-549.
[19] Muller CA, Maciejewski M, Koeppel RA, Baiker A(1997) Catalytic oxidation of methane on polycrystalline palladium supported on stabilized zirconia. J Catal 166: 36-43.
[20] Muller CA, Maciejewski M, Koeppel RA, Baiker A(1999) Oxidation of benzyl alcohol using supported gold-palladium nanoparticles. Catal Today 47: 245-252.
[21] Epling WS, Hoflund GB(1999) Catalytic oxidation of methane over ZrO_2-supported Pd catalysts. J Catal 182: 5-12.
[22] Mueller CA, Maciejewski M, Koeppel RA, Tschan R, Baiker A(1996) Role of lattice oxygen in the combustion of methane over PdO/ZrO_2: combined pulse TG/DTA and MS study with ^{18}O-labelled catalyst. J Phys Chem 100: 20006-20014.
[23] Fujimoto K, Ribeiro FH, Iglesia E, Avalos-Borja M(1997) Preprint Paper Am Chem Soc Div Petrol Chem 42: 190.
[24] Fujimoto K, Ribeiro FH, Avalos-Borja M, Iglesia E(1998) Structure and reactivity of PdO_x/ZrO_2 catalysts for methane oxidation at low temperatures. J Catal 179: 431-442.
[25] Datye AK, Bravo J, Nelson TR, Atanasova P, Lyubovsky M, Pfefferle L(2000) Catalyst microstructure and methane oxidation reactivity during the Pd↔PdO transformation on alumina supports. Appl Catal A Gen 198: 179-196.
[26] Kinnunen NM, Suvanto M, Moreno MA, Savimaki A, Kallinen K, Kinnunen T-JJ, Pakkanen TA(2009) Methane oxidation on alumina supported palladium catalysts: effect of Pd precursor and solvent. Appl Catal A Gen 370: 78-87.
[27] Hoyos LJ, Praliaud H, Primet M(1993) Catalytic combustion of methane over palladium supported on alumina and silica in presence of hydrogen sulfide. Appl Catal A Gen 98: 125-138.
[28] Venezia AM, Murania R, Pantaleo G, Deganello G(2007) Pd and PdAu on mesoporous silica for methane oxidation: effect of SO_2. J Catal 251: 94-102.
[29] Venezia AM, Di Carlo G, Pantaleo G, Liotta LF, Melaet G, Kruse N(2009) Oxidation of CH_4 over Pd supported on TiO_2-doped SiO_2: effect of Ti(Ⅳ) loading and influence of SO_2. Appl Catal B Environ 88: 430-437.
[30] Narui K, Yata H, Furuta K, Nishida A, Kohtoku Y, Matsuzaki T(1999) Effects of addition of Pt to PdO/Al_2O_3 catalyst on catalytic activity for methane combustion and TEM observations of supported particles. Appl Catal A Gen 179: 165-173.
[31] Persson K, Jansson K, Jaras SG(2007) Characterisation and microstructure of Pd and bimetallic Pd-Pt catalysts during methane oxidation. J Catal 245: 401-414.
[32] Euzen P, Le Gal J-H, Rebours B, Martin G(1999) Deactivation of palladium catalyst in catalytic combustion of methane. Catal Today 47: 19-27.
[33] Widjaja H, Sekizawa K, Eguchi K(1999) Low-temperature oxidation of methane over Pd supported on SnO_2-based oxides. Bull Chem Soc Jpn 72: 313-320.
[34] Widjaja H, Sekizawa K, Eguchi K(1998) Catalytic combustion of methane over Pd supported on metal oxides. Chem Lett 6: 481-482.
[35] Li Y, Armor JN(1994) Catalytic combustion of methane over palladium exchanged zeolites. Appl Catal B Environ 3: 275-282.
[36] Burch R, Loader PK(1994) Investigation of Pt/Al_2O_3 and Pd/Al_2O_3 catalysts for the combustion of methane at low concentrations. Appl Catal B Environ 5: 149-164.
[37] Garetto TF, Apesteguia CR(2000) Oxidative catalytic removal of hydrocarbons over Pt/Al_2O_3 catalysts. Catal Today 62: 189-199.
[38] Corro G, Fierro JLG, Odilon Vazquez C(2005) Strong improvement on CH_4 oxidation over $Pt/\gamma-Al_2O_3$ catalysts. Catal Comm 6: 287-292.
[39] Corro G, Fierro JLG, Odilon Vazquez C(2006) Promotional effect of Sn addition to sulfated $Pt/\gamma-Al_2O_3$ catalysts on CH_4 combustion. Effect of C_3H_8 addition. Catal Comm 7: 436-442.
[40] Niwa M, Awano K, Murakami Y(1983) Activity of supported platinum catalysts for methane oxidation. Appl Catal 7: 317-325.
[41] Cullis CF, Willatt BM(1983) Oxidation of methane over supported precious metal catalysts. J Catal 83: 267-285.
[42] Roth D, Gelin P, Tena E, Primet M(2001) Combustion of methane at low temperature over Pd and Pt catalysts supported on Al_2O_3, SnO_2 and

Al_2O_3-grafted SnO_2. Top Catal 16: 77-82.
[43] Marceau E, Che M, Saint-Just J, Tatibouet JM(1996) Influence of chloride ions in Pt/Al_2O_3 catalysts for methane total oxidation. Catal Today 29: 415-419.
[44] Pengpanich S, Meeyoo V, Rirksomboon T, Bunyakiat K(2002) Catalytic oxidation of methane over CeO_2-ZrO_2 mixed oxide solid solution catalysts prepared via urea hydrolysis. Appl Catal A Gen 234: 221-233.
[45] Bozo C, Guilhaume N, Garbowski E, Primet M(2000) Combustion of methane on CeO_2-ZrO_2 based catalysts. Catal Today 59: 33-45.
[46] Bozo C, Guilhaume N, Herrmann JM(2001) Role of the ceria-zirconia support in the reactivity of platinum and palladium catalysts for methane total oxidation under lean conditions. J Catal 203: 393-406.
[47] Zhou R, Zhao B, Yue B(2008) Effects of CeO_2-ZrO_2 present in Pd/Al_2O_3 catalysts on the redox behavior of PdO_x and their combustion activity. Appl Surf Sci 254: 4701-4707.
[48] Specchia S, Finocchio E, Busca G, Palmisano P, Specchia V(2009) Surface chemistry and reactivity of ceria-zirconia-supported palladium oxide catalysts for natural gas combustion. J Catal 263: 134-145.
[49] Terribile D, Trovarelli A, Leitenburg C, Primavera A, Dolcetti G(1999) Catalytic combustion of hydrocarbons with Mn and Cu-doped ceria-zirconia solid solutions. Catal Today 47: 133-140.
[50] Liu W, Flytzani-Stephanopoulos M(1995) Total oxidation of carbon monoxide and methane over transition metal fluorite oxide composite catalysts: I. Catalyst composition and activity. J Catal 153: 304-316.
[51] Liotta LF, Carlo GD, Pantaleo G, Deganello G(2005) Co_3O_4/CeO_2 and Co_3O_4/CeO_2-ZrO_2 composite catalysts for methane combustion: correlation between morphology reduction properties and catalytic activity. Catal Comm 6: 329-336.
[52] Liotta LF, Carlo GD, Pantaleo G, Deganello G(2007) Catalytic performance of Co_3O_4/CeO_2 and Co_3O_4/CeO_2-ZrO_2 composite oxides for methane combustion: influence of catalyst pretreatment temperature and oxygen concentration in the reaction mixture. Appl Catal B Environ 70: 314-322.
[53] Xiao T, Ji S, Wang H, Coleman KS, Green MLH(2001) Methane combustion over supported cobalt catalysts. J Mol Catal A Chem 175: 111-123.
[54] Kirchnerova J, Alifanti M, Delmon B(2002) Evidence of phase cooperation in the $LaCoO_3$-CeO_2-Co_3O_4 catalytic system in relation to activity in methane combustion. Appl Catal A Gen 231: 65-80.
[55] Libby WF(1971) Promising catalyst for auto exhaust. Science 171: 499-500.
[56] Voorhoeve RJH, Remeika JP, Trimble LE(1976) Ann N Y Acad Sci 272: 3-21.
[57] Yao HC, Shelef M(1973) The surface interaction of O_2 and NO with manganous oxide. J Catal 31: 377-383.
[58] Gallagher PK, Johnson DW, Schrey F(1974) Studies of some supported perovskite oxidation catalysts. Mater Res Bull 9: 1345-1352.
[59] Coutures JP, Badie JM, Berjoan R(1980) High Temp Sci 13: 331-336.
[60] Arai H, Yamada T, Eguchi K, Seiyama T(1986) Effect of substitution by cerium on the activity of $LaMnO_3$ perovskite in methane combustion. Appl Catal 26: 265-276.
[61] Voorhoeve RJH, Remeika JP, Johnson DW(1973) Rare-earth manganites: catalysts with low ammonia yield in the reduction of nitrogen oxides. Science 180: 62-64.
[62] Marchetti L, Forni L(1998) Catalytic combustion of methane over perovskites. Appl Catal B Environ 15: 179-187.
[63] Ferri D, Forni L(1998) Methane combustion on some perovskite-like mixed oxides. Appl Catal B Environ 16: 119-126.
[64] Ciambelli P, Cimino S, Rossi SD, Faticanti M, Lisi L, Minelli G, Pettiti I, Porta P, Russo G, Turco M(2000) $AMnO_3$(A=La, Nd, Sm) and $Sm_{1-x}Sr_xMnO_3$ perovskites as combustion catalysts: structural, redox and catalytic properties. Appl Catal B Environ 24: 243-253.
[65] Ciambelli P, Cimino S, Lisi L, Faticanti M, Minelli G, Pettiti I, Porta P (2001) La, Ca and Fe oxide perovskites: preparation, characterization and catalytic properties for methane combustion. Appl Catal B Environ 33: 193-203.
[66] Alifanti M, Kirchnerova J, Delmon B(2003) Effect of substitution by cerium on the activity of $LaMnO_3$ perovskite in methane combustion. Appl Catal A Gen 245: 231-243.
[67] Voorhoeve RJH(1977) Perovskite-related oxides as oxidation-reduction catalysts. In: Burton JJ, Garten RL(eds) Advanced materials in catalysis. Academic, New York.
[68] Saracco G, Geobaldo F, Baldi G(1999) Methane combustion on Mg-doped $LaMnO_3$ perov-skite catalysts. Appl Catal B Environ 20: 277-288.
[69] Saracco G, Scibilia G, Iannibello A, Baldi G(1996) Methane combustion on Mg-doped $LaCrO_3$ perovskite catalysts. Appl Catal B Environ 8: 229-244.
[70] Zhong Z, Chen K, Ji Y, Yan Q(1997) Methane combustion over B-site partially substituted perovskite-type $LaFeO_3$ prepared by sol-gel method. Appl Catal A Gen 156: 29-41.
[71] Marti PE, Maciejewski M, Baiker A(1994) Methane combustion on Mg-doped $LaCrO_3$ perovskite catalysts. Appl Catal B Environ 4: 225-235.
[72] Cimino S, Lisi L, Pirone R, Russo G, Turco M(2000) Methane combustion on perovskites-based structured catalysts. Catal Today 59: 19-31.
[73] Alifanti M, Auer R, Kirchnerova J, Thyrion F, Grange P, Delmon B(2003) Activity in methane combustion and sensitivity to sulfur poisoning of $La_{1-x}Ce_xMn_{1-y}Co_yO_3$ perovskite oxide. Appl Catal B Environ 41: 71-81.
[74] Gao Z, Wang R(2010) Catalytic activity for methane combustion of the perovskite-type $La_{1-x}Sr_xCoO_{3-d}$ oxide prepared by the urea decomposition method. Appl Catal B Environ 98: 147-153.
[75] Civera A, Pavese M, Saracco G, Specchia V(2003) Combustion synthesis of perovskite-type catalysts for natural gas combustion. Catal Today 83: 199-211.
[76] Wei X, Hug P, Figi R, Trottmann M, Weidenkaff A, Ferri D(2010) Catalytic combustion of methane on nano-structured perovskite-type oxides fabricated by ultrasonic spray combustion. Appl Catal B Environ 94: 27-37.
[77] Yanqing Z, Jieming X, Cuiqing L, Xin X, Guohua L(2010) Influence of preparation method on performance of a metal supported perovskite catalyst for combustion of methane. J Rare Earth 28: 54-58.
[78] Zhu Y, Sun Y, Niu X, Yuan F, Fu H(2010) Preparation of La-Mn-O perovskite catalyst by microwave irradiation method and its application to methane combustion. Catal Lett 135: 152-158.
[79] Inoue H, Sekizawa K, Eguchi K, Arai H(1996) Changes of crystalline phase and catalytic properties by cation substitution in mirror plane of hexaaluminate compounds. J Solid State Chem 121: 190-196.
[80] Groppi G, Bellotto M, Cristiani C, Forzatti P, Villa PL(1993) Preparation and characterization of hexaaluminate-based materials for catalytic combustion. Appl Catal A Gen 104: 101-108.

[81] Artizzu-Duart P, Millet JM, Guilhaume N, Garbowski E, Primet M(2000)Catalytic combustion of methane on substituted barium hexaaluminates. Catal Today 59: 163-177.
[82] Kikuchi R, Tanaka Y, Sasaki K, Eguchi K(2003)High temperature catalytic combustion of methane and propane over hexaaluminate catalysts: NO_x emission characteristics. Catal Today 83: 223-231.
[83] Jang BW-L, Nelson RM, Spivey JJ, Ocal M, Oukaci R, Marcelin G (1999) Catalytic oxidation of methane over hexaaluminates and hexaaluminate-supported Pd catalysts. Catal Today 47: 103-113.
[84] McCarty JG(1995)Kinetics of PdO combustion catalysis. Catal Today 26: 283-293.
[85] Sekizawa K, Machida M, Eguchi K, Arai H(1993)Catalytic properties of Pd-supported hexaaluminate catalysts for high-temperature catalytic combustion. J Catal 142: 655-663.
[86] Zarur AJ, Ying JY(2000)Reverse microemulsion synthesis of nanostructured complex oxides for catalytic combustion. Nature 403: 65-67.
[87] Zarur AJ, Hwu HH, Ying JY(2000)Reverse microemulsion-mediated synthesis and structural evolution of barium hexaaluminated nanopartices. Langmuir 16: 3042-3049.
[88] Wang J, Tian Z, Xu J, Xu Y, Xu Z, Lin L(2003)Preparation of Mn substituted La-hexaaluminate catalysts by using supercritical drying. Catal Today 83: 213-222.

第9章 应用于聚合物电解液膜燃料电池的催化剂现状

M. Aulice Scibioh,*B. Viswanathan*

9.1 引言

能源是经济增长和现代化、进步和繁荣的主要推进剂。因此，人们的生活质量依赖于低廉能源的充裕供给。为了可持续发展的未来，能源应该来源于非化石原料，这些理想的能源应该是可靠、安全、易于使用、能负担得起而且是无限供应的。氢作为理想燃料展现出罕见的潜能，氢与氧化合反应可在零排放的情况下生产电力和饮用水，而且氢也是宇宙中最轻的、最丰富的元素。由于作为能源的燃料电池取得了重大进步，人类对氢的兴趣正在提升。质子交换膜燃料电池，也被称作为聚合物电解液膜燃料电池(PEMFC)，其阳极采用氢作燃料。由于PEMFC的高能效、低温操作、快速启动以及环境友好等优点，它被认为是在固定源、运输工具以及便携式电子装备等领域最具吸引力的动力能源，避免了与发动机燃烧相关的卡诺极限。最初，在20世纪60年代的美国，聚合物电解液膜燃料电池(PEMFC)的开发应用在军事和航天器方面。然而，主要由于成本高，70年代放弃了聚合物电解液膜燃料电池(PEMFC)。在80年代、90年代期间，为了满足便携式电子设备、运输车辆的应用，又有几家公司重新对聚合物电解液膜燃料电池(PEMFC)产生了兴趣，尤其是加拿大的巴拉德动力系统(Ballard Power Systems)公司。当前，聚合物电解液膜燃料电池(PEMFC)已具备广泛应用的条件。尽管拥有多项引人注目的特点，由于过高的成本妨碍了聚合物电解液膜燃料电池(PEMFC)商业化推广。直到今天，仅有铂或铂基催化剂能用于驱动聚合物电解液膜燃料电池(PEMFC)内部的电化学反应。由于铂的价格高且在地球上储量有限，铂占据了聚合物电解液膜燃料电池(PEMFC)装置成本的较大比例。催化剂占总成本55%，膜占7%，双电极占10%，气体扩散层占10%。现在的质子交换膜燃料电池技术标准几乎是50年以前选用的催化剂，因此开发高性能、低成本、持久耐用的电化学催化剂是PEMFC研究开发的最优先的事情。本章将论述50年来催化剂研究对PEMFC发展的卓越贡献，以及在催化剂的开发和科学基础研究等方面的进展。系统地总结催化剂材料创新探索所取得的进步，分析存在的问题和取得的成就，给出就今后技术进一步提升的方向和途径建议。

9.2 PEMFC 工作原理

燃料电池是通过电化学反应将燃料的化学能转化为电能实现发电的，典型的 PEMFC 在阳极使用氢气作为燃料以及氧气作为氧化剂，氧气通常来自供给阴极的空气。当氢气注入系统内后，在膜的催化剂表面，氢气分离成质子和电子，质子通过膜与阴极的氧气(氧离子)发生化学反应产生水，不能穿过膜的电子流经外部的电路产生电。PEMFC 工作原理如图 9.1 所示[1]。单个燃料电子可联合形成一个燃料电池堆，因此燃料电池堆里的电池数量决定了它产生的总电压，每个电池的表面积决定总电流。

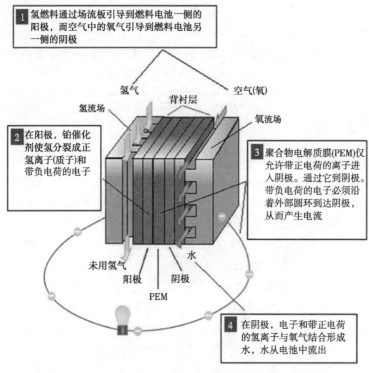

图 9.1 PEMFC 工作原理图

典型的燃料电池的化学反应如下：
在阳极：

$$H_2 \longrightarrow 2H^+ + 2e^- \quad E^o = 0.00V（相对于标准氢电极） \quad (9.1)$$

在阴极：

$$1/2O_2 + 2H^+ + 2e^- \longrightarrow H_2O \quad E^o = 1.23V(相对于标准氢电极) \quad (9.2)$$

总反应：

$$H_2 + 1/2O_2 \longrightarrow H_2O \quad E^o = 1.23V(相对于标准氢电极) \quad (9.3)$$

9.3 PEMFC 的操作事项

在可逆的条件下，电池的电动势（EMF，E^o_{cell}）定义为阳极与阴极的标准电势的差，氢气与氧气的聚合物燃料电池在标准状况下操作，可逆电池的 EMF 为 1.23V。燃料电池的总反应的标准自由能变化（ΔG^o）被给定为：

$$\Delta G^o = -nFE^o \quad (9.4)$$

其中，n 为传递的电子数量；F 为法拉第常数，96745C/当量。由于 n、F、E^o 都是正整数，所有反应所需的总自由能量是负数，标志着反应的自发性。这就是燃料电池运转的热力学基础。在理想情况下，可逆燃料电池，电池的电压与电流无关。但是，在实际过程中，当没有来自系统的电流时，甚至在开路的情况下，不认为可逆电池有电压，这是由于各种不可逆性引起的。在给定电流密度下，实际电池电压与反应的可逆电池电压的差定义为过电压（当指单个电极时，它定义为电极的超电势）。

PEMFC 操作过程中出现各种损失可以从极化曲线中清晰看出：即在一系列恒定操作条件下电池的电势与电流密度对应图，对于单个氢气/空气燃料电池，理想的极化曲线有三个主要区域，如图 9.2 所示[2,3]。在低电流密度下，认为活性极化区域，电池的电势急剧地下降，这些损失的大多数是由于氧还原反应（ORR）的动力学缓慢引起的。关于 PEMFC 中阳极上的化学反应，当将纯氢气用作燃料气体时，对于氢氧化反应（HOR）的超电位是微不足道的。当在中间的电流密度时，被认为在欧姆极化区域内，由欧姆电阻引起的电压损失变得显著，主要源自离子流经电解液的阻力和电子通过电极的阻力[4]。在这个区域内，电池的电位随着电流密度几乎直线式减少，而活性超电势达到相对的恒定值。在高电流密度，浓度极化的区域，由于反应气体通过气体扩散层和电催化剂层等多孔结构引起的传输局限性占主导的传输影响，电池的性能大幅度下降。一方面，可以从图 9.2 看出：电池的理论电势（1.23V）与常温电压（1.4V）在可逆条件下能量损失的差别[5]。电池的常温电压是指与周围环境没有发生热交换时的电压。在常温电池电压下，电池的操作仍保持在周围环境的温度，通过消耗或产生不用于电化学反应的（电）能量。另一方面，在文献中报道的在电极上由不可避免的寄生反应（倾向于降低平衡电极电势）引起的混合电势的明显损失不再讨论。混合电势损失的主要原因是由于燃料通过电解质从阳极到阴极隔离室的穿透造成的,反之亦然。这就是开放电路条件下的主要损失源。

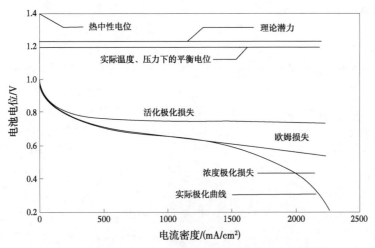

图 9.2 超电势与相应区域的理想极化曲线的原理图[2]

9.4 在 PEMFC 中装备电极膜的关键部件的挑战

膜电极组被认为是燃料电池的心脏,尽管在过去几十年中随技术发展取得显著的进步,PEMFC 的可靠性、耐用性和商业化仍面临膜电极组件及其关键部件等的挑战[6]。主要材料挑战如下:高成本的全氟磺酸膜和铂基催化剂;通过该膜的氢气和氧气的穿透导致的混合电势以及随之而来的性能衰退;在高温下操作引起的全氟磺酸物理不稳定性;在燃料电池反应过程中形成的过氧化物和超氧化物中间体引起的全氟磺酸膜化学不稳定性;在阴极的迟缓氧气还原反应;在延长操作期内电催化剂颗粒的分解和长大;由于存在于氢气中的杂质和部件中其他污染物导致的阳极铂催化剂中毒;由于反应产物沉积在碳载体的微孔内造成的催化活性中心难以接近,以及碳载体的腐蚀和不稳定性。

这些关键问题是 PEMFC 材料技术发展的主要关注点和目标。在各种挑战中,催化科学家们关于开发合适的载体材料和催化剂对质子交换膜燃料电池的技术进步所具有的重要性的观点讲述如下。

9.5 在 PEMFC 中电催化作用的挑战

在一个 PEMFC 中,迄今为止,不论对氢气氧化反应还是对氧气还原反应,铂和铂合金被认为是最好的电催化剂。在本节中，除了高成本与铂的稀缺之外，我们讨论在 PEMFC 电极上的电化学反应内在性质所带来的挑战。氢氧化(HOR)的超电势低于氧还原反应(ORR)的超电势。例如，在 $1A/cm^2$ 的电流密度下操作 PEMFC，氢电极的超电势大约为 200mV，而在氧气电极，其超电势大约是 400mV。主要地，在开放式电路中，氧气电极的超电势的一半是由于它的损失。PEMFC 的实际电池电势的偏差应该由于在光滑的铂电极上的氧还原极低的交换电流密度(i_o)(大约 $1×10^{-9} A/cm^2$，与氢气的电氧化电流密度 $10^{-3} A/cm^2$ 相比非常低)。由于如此低的交换电流密度(i_o)值，在开放式电路中，竞争的阳极反应(氧化物的形成，有机杂质的氧化)为氧电极建立大约 1.0V 混合电势。氧还原被认为比氢氧化更复杂，由于强的 O—O 键以及高稳定的 Pt-O 或 Pt-OH 产物，它是 4 电子转移反应，可能形成部分氧化物质(过氧化氢 H_2O_2)。作为一个 4 电子转移反应，至少有 4 个中间步骤：

$$O_2+H^++M+e^- \longrightarrow MHO_2 \tag{9.5}$$

$$MHO_2+e^- \longrightarrow MO+H_2O \tag{9.6}$$

$$MO+H^++e^- \longrightarrow MOH \tag{9.7}$$

$$MOH+H^++e^- \longrightarrow M+H_2O \tag{9.8}$$

即使在经过 50 多年的研究之后，在不同类型的电催化剂上，这个反应的中间产物和速率控制步骤仍然没有得出结论。这与双电子转移氢氧化(HOR)反应的情况不同，对于这个反应路径有明确的证据：

$$H_2+2M \longrightarrow 2MH \tag{9.9}$$

$$2MH \longrightarrow 2M+2H^++2e^- \tag{9.10}$$

在氢还原(HOR)反应中，第一步(9.9)反应速率决定于铂。

关于 PEMFC 中阳极上的反应，当纯氢气用作燃料时，铂阳极上氢还原(HOR)反应的电位是极小的。但是对于氢电极，铂电化学催化的主要问题是对来自重整燃料氢气(H_2)中的一氧化碳(CO)耐受性差。根据美国能源部(DOE)的说法，为了与压缩点火缸内直喷引擎(CIDI)发动机竞争，要求燃料消耗有效转化率目标为 45%，对于 PEMFC 来讲，电池电势增加到大约 0.75~0.8V 是必要的。通过改进减少 50~100mV 的氧气超电势才是可能的。调查研究证明：改为使用含铂及过渡金属的金属化合物电催化剂才是可能的。在酸性燃料电池研究中，挑战之一是发现非铂的电催化剂用于燃料电池的反应。铂和铂合金仍然是最好的电催化剂，并用于最先进的燃料电池中。

9.6 PEMFC 电极材料的选择：催化研究开发途径(方法)

这部分不仅仅是针对 PEMFC 电催化领域的总结工作，而且是批判性地评估

PEMFC开发过程中一些重要课题,包括阳极和阴极催化剂材料及载体系统的构想、设计和装配等。我们会强调的领域,即高度期望的改进领域:通过优选合适的催化剂,提高阳极和阴极的活性;为了减少贵金属的用量从而降低成本,从已给定量的催化剂中提取最佳性能来降低目前贵金属的负载量;为提高金属载体的相互作用需要选择合适的载体材料。

一般来讲,按照活性组分可以把PEMFC催化剂分为3类:铂基催化剂,纯铂或铂负载在活性炭、聚合物以及其他高表面积的载体上;铂与其他贵金属和非贵金属化合物复合改性;无铂的非贵金属催化剂和有机金属复合物。表9.1列出常用的催化剂以及它们的优点及局限。

表9.1 三类PEMFC催化剂的总分类

催化剂类型	优 点	局 限
铂基催化剂	对于燃料电池反应的高活性优良特性	高成本、相对低的稳定性
改性铂基催化剂	最佳操作条件下低成本和高耐用性	长周期应用的不确定性
无铂非贵金属催化剂	低成本和广泛的资源	相对的低活性

9.6.1 质子交换膜燃料电池的阳极

9.6.1.1 铂催化剂的一氧化碳中毒

为了实现在低温(70~80℃)条件下PEMFC的最佳性能,纯氢气是氢氧化反应(HOR)一种理想的燃料。然而,由蒸汽重整或部分氧化路线生产的氢气对于其在阳极氧化反应的动力学有不利影响,因为这些氢气中含有一氧化碳,即使在$10\mu L/L$含量条件下,一氧化碳也会使阳极铂催化剂中毒,从而降低燃料电池的性能。铂—一氧化碳中毒归咎于一氧化碳优先吸附于铂的活性位点上,由于Pt—CO键强度大于Pt—H键,导致一氧化碳抑制了氢气在铂上的解离吸附和随后的氧化反应。由于一氧化碳造成铂催化剂表面中毒的机理已经很好地建立起来。在下面给出的式(9.11)~式(9.13)中,在阳极正常操作电势条件下,一氧化碳与氢气在铂活性位上竞争吸附[7]。在2002年,Papageorgopoulos和de Bruijn[8]完成了一份有趣的报告。对于1%CO/H_2混合物,一氧化碳中毒的定量结果:在25℃时98%活性位被一氧化碳占据。

$$H_2 + Pt \longrightarrow 2(H/Pt) \quad (9.11)$$

$$2(H/Pt) \longrightarrow 2H^+ + 2e^- + 2Pt \quad (9.12)$$

$$CO + Pt \longrightarrow CO/Pt \quad (9.13)$$

把相对于可逆氢电极(RHE)的阳极电势增加大约0.7V,可以消除吸附在催化剂活性位上的一氧化碳。在这样的电势下,这些吸附在铂表面上的一氧化碳与羟基物质反应生成二氧化碳，其反应过程显示在式(9.14)、式(9.15)中。但是，这种方法导致效率的严重损失，因此不实用[7]。

$$H_2O+Pt \longrightarrow OH/Pt+H^++e^- \tag{9.14}$$

$$CO/Pt+OH/Pt \longrightarrow 2Pt+CO_2+H^++e^- \tag{9.15}$$

9.6.1.2 减少一氧化碳中毒的对策

总体来讲，目前有4种方法适应于减少铂阳极催化剂的一氧化碳中毒。这些方法包括让氧气或氧的化合物流入氢气燃料、在高温下操作电池、使用先进设计的改进装置、采用对氢气氧化反应具有一氧化碳受耐性的铂合金。第一种是早在90年代提出来的氧气流入法，包括将0.4%～2%氧气注入被一氧化碳污染的氢气中去氧化吸附在催化剂上的一氧化碳。然而，在这种方法中的燃料利用率肯定要降低，而且也必须考虑安全问题[9-12]。一个相关的技术是利用来自过氧化氢(H_2O_2)新生的氧气氧化除去一氧化碳，这些将在加湿系统介绍。

第二种方法包括在150℃以上温度下操作燃料电池，该温度将减少铂催化剂上的一氧化碳吸附量和氢气吸附，因此，对铂阳极将产生不利的影响，已在磷酸燃料电池中得到证明。然而，PEM燃料电池的实施开发，需要有在120～200℃温度范围内性能稳定的膜。第三种方法包括先进的重整器设计。大多数的重整器，包括当前使用的辅助处理器，在加热到2h能生产50μL/L或更低的一氧化碳组分。要通过改进重整器以实施氧化剂流入的影响，几个研究人员考虑了新设计重整器的可能性，在其中可以配备用于清除步骤的辅助处理器，如移动转化器和选择性氧化器[13-15]。这些方法将明显地增加整套系统的复杂性以及燃料电池系统的成本。尽管有这些附加的工段，在启动和瞬时工况下若没有在燃料系统中添加空气，则维持低一氧化碳水平仍然是困难的[16-19]。

就系统效率而言，利用抗一氧化碳中毒的电催化剂是一种有吸引力的方法。因为它在降低整套燃料电池系统的寄生功率损耗情况下引起的相关问题更少。大多数的努力用于开发抗一氧化碳中毒的铂合金或复合材料，这种材料是立足于双功能催化概念开发的。它提供了一些活性位，一氧化碳可以在其上氧化，而其他反应如氢气离解化学吸附也可以发生。有几份报告都使用了第二种元素如钌、锡、钴、铬、铁、镍、钯、锇、钼和锰等与铂形成一种合金、复合材料或共沉淀物，由此使其抗一氧化碳中毒性能比纯铂系统显著改善[20-26]。已经进行了几项三元催化系统研究工作，主要基于一种铂-钌合金，将它们的性能与铂/碳、铂钌/碳系统进行了对比。特别是，有些人研究了含有几种过渡金属如镍、钯、钴、铑、铱、锰、铬、钨、锆和铌的铂-钌合金系统[22-24,26,27]。然而，在制备方法以及电化学性能增强等方面仍有悬而未决的问题。这些研究的主要焦点是在一氧化碳存在情况下如何实现对氢氧化反应(HOR)的高活性。然而，对于这些铂合金催化剂与氢氧化反应(HOR)相关的机理和动力学研究却很少。

9.6.1.3 铂基抗一氧化碳中毒的阳极

在催化剂开发的最初阶段,纯铂被用作阳极燃料电池催化剂,尽管铂对氢氧化反应(HOR)拥有最好的活性,但铂却易于受到一氧化碳的影响。对于阳极理想催化剂应该拥有良好的抗一氧化碳中毒能力,从而保持其对氢氧化反应的活性。

在各种二元铂基催化剂系统中,最常用的催化剂是负载在活性炭上的铂钌催化剂。这种材料拥有为人熟知的增强的一氧化碳耐受性,这归结于铂在铂钌合金中的电子改性作用,它降低了在铂上的一氧化碳结合能[见式(9.13)],而且也将氢氧(OH)更紧地固定在铂钌合金中的钌活性位上[28]。在这个系统内,对于含一氧化碳的燃料蒸汽PEMFC的性能[29,30]已经得到改进。然而,根据埃克斯等[31]的研究:当采用纯氢作燃料时,铂-钌/碳催化剂的PEMFC的活性低于纯铂催化剂。约里奥等的研究结果揭示:从表9.2中的数据可以看出[31],铂-钌阳极催化剂引起电池电位的大幅损失。这个结果表明:当铂-钌用作阳极催化剂时,电池的电位比纯铂催化剂的电池低250mV。在一氧化碳含量为$100\mu L/L$的情况下,与使用纯氢燃料相比,在30%电压效率下有大约200mV的进一步损失。

表9.2 一氧化碳在铂、铂/钌表面上的氧化电位[32]

阳极催化剂	燃料	燃料电池电压/V	η_v,%	$\Delta\eta_v$,%
铂	H_2	0.682	55.4	
铂	$100\mu L/L$ CO	0.231	18.8	66.1
铂-钌	$100\mu L/L$ CO	0.482	39.2	29.2

虽然抑制CO表面结合的吸附的研究仍在进行中,但有方法可以通过将铂与钌的合金和像锡这样过渡金属进行结合来降低表面一氧化碳,这些过渡金属在酸性介质中是稳定的[33,34]。然而,直到今天,铂钌合金仍然是PEMFC中氢气/一氧化碳氧化通常使用的最好的和最稳定的阳极电催化剂。在铂钌催化剂中,增强耐受力可能归功于电子效应和水的活化作用,在低电势下电化学吸附一氧化碳被催化氧化从而降低了铂上的一氧化碳结合[28,35]。后者是由于有亲氧的钌表面,它极易形成吸附羟基的含氧物种(OH_{ads}),由于在早期研究中发现了过渡金属作用下,水能诱导氧化物的形成,并预测了这些金属拥有高的水离解能力[36]。10年前,Ticianelli等发现:采用碳载体合金纳米晶体铂-钼(4:1)/碳催化剂的PEM燃料电池,其抗一氧化碳中毒能力与铂-钌/碳阳极催化剂相比增强了2~3倍[37,38]。抗一氧化碳中毒能力的提高要归功于在低的电极电势下铂-钼促进一氧化碳氧化反应的能力,这种行为是基于羟基物种的钼羟基物种的转移,主要的碱

式氧化钼[MoO(OH)$_2$]与吸收的一氧化碳发生的化学反应[39,40]。故可认为，由于它的尺寸，有可能减少相邻铂位的可用性。原子比为4∶1的铂-钼催化剂显示出最好的性能。此外，从铂位到钼的氢"溢出"可能形成了氢钼青铜(H_yMoO_x)，有可能增强对CO的催化活性[41]。

9.6.1.4 非负载铂金属基的抗一氧化碳中毒系统

在一氧化碳含量为100μL/L的条件下，考察了含各种贵金属组分的二元铂合金电催化剂对于氢氧化反应电催化活性的影响。Igarashi等[42]检验了铂铁、铂镍、铂钴、铂钼、铂锰、铂锡、铂银、铂锌、铂铬、铂铜、铂锗(Ge)、铂铌(Nb)、铂钯、铂铟(In)、铂锑、铂钨、铂金、铂铅和铂铋等各种双组分合金，在高硼硅玻璃基质上的电催化活性。已经发现无关联的组分，铂铁、铂镍、铂钴和铂钼展示了与铂钌合金相似的抗一氧化碳污染能力。抗一氧化碳污染的机理解释为"解毒机理"，在合金的表面形成的薄的铂层的中子结构与纯铂的不同，标志抗一氧化碳中毒合金层增加了5d空位。主要覆盖多个键的CO覆盖率下降，由于从铂原子的5d轨道转移到CO 2π*轨道的电子数减少。由于这些一氧化碳污染铂合金，平衡的一氧化碳覆盖面被抑制到小于0.6的值。马尔科维奇和罗斯[43]比较了在铂和铱电极上含有0.1%一氧化碳的氢气氧化反应的极化曲线，在60℃、硫酸溶液中，观察到铱电极比铂电极更活泼。由于在铱上的OH_{ads}吸收热比铂上更高，甚至在非常低的电势下在铱表面上一些CO_{ads}被OH_{ads}替代似乎是合理的。依次，这将增加CO_{ads}氧化反应的速率，因此在低电势下，与铂电极相比，氢气与CO的混合物在铱电极上的电氧化反应中，观察到表面由非活性状态转化为活性状态。尽管在低电势在铱上的反应过程中，铱比铂有更好的氧化CO_{ads}能力，一氧化碳连续不断地供给，可是铱电极容易失活。通过与钌、锡、稀土或钼形成合金，铱和铂的催化活性显著提高，在低超电势下活性增加顺序依次为：铂-锡，铱-锡<铂-钌≤铂-钼[44]。这些合金的表面组分是不同于合金体的平均组分的，这些差异产生了体系的偏析现象。双金属体系的表面偏析是指在表面区域内某种组分的含量比体相中更加丰富。

显示采用铂基双金属系统的过程似乎是双功能的工作机理。与纯铂电极比，合金在低电势下吸附了原子级的OH_{ads}物种，导致了附近铂位上的CO_{ads}氧化脱除，自由铂位留给氢氧化反应(HOR)。基于这个反应机理，抗一氧化碳中毒催化剂的两级反应可区分为：第一级是假双功能作用机理，在铂-钌和铂-稀土的情况下，一氧化碳不仅吸附在铂位上而且吸附在钌(稀土)位上，第二金属并不吸附于原子级的OH_{ads}物种；第二级是纯双功能的作用机理，在低超电势的铂-锡和铂-钼体系情况下，一氧化碳独自地吸附在铂位上，而且含氧的物种附属在第二元素上。机理的详细讨论参照附录[39,45-47]。

9.6.1.5 抗一氧化碳中毒的铂基三元催化剂

我们一直努力通过引入第三金属以改进铂钌二元体系的催化性能，以提升其对氢气氧化反应的活性。包含有钨的催化剂被认为是有益的[48,49]，而在铂钌中用铬、锆，或铌部分取代钌导致对氢气氧化活性降低，在 $10\mu L/L$ 或 $100\mu L/L$ 的一氧化碳存在下[50]。在过去 20 年中，通过采用的各种三元催化剂进行了 CO 痕量存在情况下氢氧化(HOR)的电化学试验，各种研究结果总结于表 9.3 中。

表 9.3　关于氢气/一氧化碳氧化反应的抗一氧化碳中毒三元催化剂试验

三元催化剂	电化学试验条件	主要发现	参考文献
Pt-Ru-三氧化钨/碳	0.5mol/L 硫酸溶液；$H_2/(100\mu L/L\ CO)$；80℃	在 $220mA/cm^2$ 电位，试验时间超过 6h 时，三氧化钨添加到铂-钌中没有影响	[31]
Pt-Ru-M/C 为 1:1:1（M=锡，钼，钨）	PEM 燃料电池；$H_2/(150\mu L/L\ CO)$；75℃	在电流密度低于 $220mA/cm^2$ 时，铂-钌-钨显示最高的活性；在电流密度高于 $200\sim300mA/cm^2$ 时，铂-钌-锡显示最高的活性	[48]
Pt-Ru-M/C 为 9:9:2（M=Nb, 钼）	PEM 燃料电池；H_2/CO	添加钼改进燃料电池的性能；添加 Nb 促进一氧化碳中毒并降低燃料电池性能	[51]
Pt-Ru-Ag/C 为 1:1:1；Pt-Ru-Au/C 为 1:1:1；Pt-Ru-Rh/C 为 1:1:0.4；Pt-Ru-W_2C/C 为 1:1:0.4	PEM 燃料电池；$H_2/(104\mu L/L\ CO)$；80℃	铂-钌-碳化钨显示比铂-钌催化剂更好的抗一氧化碳性能；其他催化剂比铂-钌催化剂抗一氧化碳性能差	[52]
Pt-Ru-Au/C 为 1:1:1；Pt-Ru-Os/C 为 1:1:1；Pt-Ru-SnO_x/C 为 1:1:1；Pt-Ru-WO_x/C 为 1:1:1	PEM 燃料电池；$H_2/(1\%CO)$	铂-钌-Os 与铂-钌催化剂抗一氧化碳活性相似；铂-钌-二氧化钨催化剂比铂-钌更活泼；铂-钌-氧化锡对于一氧化碳氧化反应显示最低的电势	[53]
Pt-Ru-Ir/C；Pt-Ru-Ni/C	PEM 燃料电池	两种催化剂的抗一氧化碳性能好于铂-钌催化剂	[54, 55]

9.6.1.6 非铂的抗一氧化碳催化剂

对过去几十年的义献进行分析得出：在改进非铂阴极催化剂的活性和稳定性方面开展了广泛的研究工作。然而对 PEMFC 阳极端的替代铂或铂合金的研究是有限的。在 20 世纪 60 年代末，Bohm 和 Pohl[56]开展了对于氢氧化反应(HOR)使用过渡金属碳化物作为催化剂的可行性探索，显示碳化钨/碳可用于纯氢和含少量一氧化碳氢气的燃料电池。后来，几个研究小组试验了对于氢氧化反应

(HOR)的钨基材料,发现这些催化剂显示了有效的活性和较高的抗一氧化碳和硫化氢性能[57-61],因此制造出了比铂更合适的 PEMFC 阳极催化剂碳化钨体系,铂催化剂在微量一氧化碳和硫化物存在下,容易失活。

2002 年,McIntyre 等[62]通过各种化学方法制备了碳化钨和碳化钨 M(M=钴,镍),而且试验了这些催化剂在一氧化碳存在时对氢气氧化的反应效果。当添加 1%一氧化碳到氢燃料时,碳化钨显示了氢氧化电流的上升值,且速率与量级上小而且可逆。一氧化碳对碳化钨的影响归因于非常弱的表面吸附,暂时阻断了氢氧化最活跃的部位。

2008 年,Izhar 和 Nagai[63]制备并评价了使用钴钼碳化钨的单个燃料电池和三电极电池,发现在 873K 和 923K 下在钴钼催化剂上掺碳对于氢阳极的电氧化反应有高的活性。在 873K 时钴钼催化剂上掺碳有最高的活性,但只有燃料电池用商业铂/碳催化剂的 10.9% 的性能。碳化物催化剂的低性能归因于两个因素:其内在活性低和碳化物材料的低表面积。虽然这些材料展示的活性低于铂/碳催化剂,但这一结果为低成本无铂催化剂的开发迈出了积极的一步。后来,相同研究小组[64,65]试验了负载在高表面积炭上的钴钨碳和钼钨碳催化剂,而且得到与 20%铂/碳催化剂相比的 14% 和 11% 的活性。

Tasik 等[66]使用了钴电沉积在复写纸上作为 PEMFC 单个电池的阳极,尽管其活性低于纯铂阳极催化剂的活性,但发现了令人满意的电池性能水平。Li 等[67]最近用负载了 40%铱-10%钒/碳的催化剂,取得了激动人心高电池性能,显示在 0.6V 电压、70℃时,其功率密度为 $1008mW/cm^2$,比采用铂/碳阳极催化剂的电池性能高出 50%。

9.6.2 PEMFC 的阴极催化剂:材料与挑战

这部分的主要焦点是在酸性环境下氧的还原反应,是 PEMFC 系统的关键。现今的 PEMFC 之所以不能展示出其理论上的热力学效率是因为氧还原反应(ORR)的惰性。这可理解为以下方程式,它显示了电池的超电势与燃料电池的发电效率的直接关系(ζ):

$$\zeta = 1-(\eta_a、\eta_b)/\Delta E^\circ \quad (9.16)$$

式中,η_a、η_b 是阳极、阴极的超电势,相应地,ΔE° 是电池总电势(不包括氧气的质量转换)。早在 20 世纪 60 年代,科学家认识到:在酸性溶液中氧还原反应(ORR)的慢动力学是 PEMFC 开发存在的主要挑战。氧还原反应的困难源自强的 O=O 键(498kJ/mol),使得这个键的活化通常在动力学上较慢。与氧还原反应(ORR)相关联的机理阐明几十年来一直是试验和构件理论的主题,主要围绕铂中心。氧还原反应(ORR)过程包含几个个体反应,在图 9.3 中给出[68]。

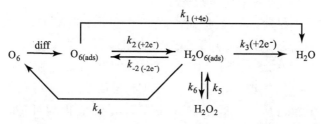

图 9.3 对于酸性介质中氧还原反应(ORR)典型机理显示的直接和间接反应路径

两个不同反应路径是同时进行的,每个路径都包含几个独立的步骤。首先,"直接"路径(k_1),4 个协同电子转移,将氧气还原为水。第二,"系列"机理显示一连串的一个或两个电子转移形成了过氧化物。氧的不完全还原反应生产过氧化氢,不仅导致低的能量转换效率,而且这些物种进一步生成有害的自由基物种,因此,氧还原反应(ORR)催化剂所需的特点是通过 4 个电子转移路线将氧还原为水。即使在当今,关于在铂或其他任何金属表面上的氧还原反应(ORR)最初步骤仍没有明确共识。由 Norskov 等[69]提出的"d-键模型"被认为是金属表面上氧还原反应(ORR)动力学阐述中的一个特别方法,而且后来被几个团队用作新型催化剂开发的理论基础。这个模型包含了电极上吸附物的状态与金属 d 态的耦合。通过检测金属上氧(O)、氧气(O_2)或羟基(OH)之间耦合的强度,开发了与这个强度相关联的著名"火山型曲线"[70]。这些曲线是非均相催化中著名的萨巴蒂尔(Sabatier)原理的证明[71]。图 9.4 显示:这些曲线之一显示所有纯金属中铂有最高的反应性。氧(O)或羟基(OH)与金属表面之间耦合的强度可以通过合金来改变。这个模型的扩展是由 Norskov 提出的多个参数相关联的,为燃料电池应用过程中选择合金系做催化剂提供了理论和设计基础。

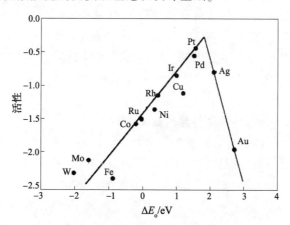

图 9.4 随氧结合能的函数变化的氧还原反应活性的趋势图[75]

9.6.2.1 由铂催化的氧还原反应(ORR)

在 1960 年代的早期,美国通用电气公司开始研发 PEMFC 时就已选择将金属铂作为氧还原反应催化剂,至今仍把它作为评价新开发的氧还原反应(ORR)催化剂的基准催化剂。当前最先进的 PEMFC 的阴极使用负载了 $0.4\text{mg Pt}/\text{cm}^2$ 的铂电极,而且在 $0.9V_{RHE}$ 时展现了 $0.16\text{A}/\text{mg Pt}$ 的质量活性。与 $0.9V_{RHE}$ 时目标质量活性 $0.45\text{A}/\text{mg Pt}$ 相对应,负载了 $0.16\text{mg Pt}/\text{cm}^2$ 铂催化剂可进行大规模的应用[72]。这些催化剂通常是40%的铂/碳含量、铂的直径3~4nm、铂活性表面积为 $90\text{m}^2/\text{g}$。采用小于 3nm 的铂颗粒且增加了活性表面积的催化剂,在已经商业化的最先进的铂/碳催化剂中,并没有展现出增加了其质量活性。这是由于氧还原反应(ORR)中铂粒子的尺寸大小的影响,显示在最佳铂粒子尺寸时具有最好的活性;原因是当铂粒子尺寸变得太小时,OH_{ads} 吸附强度增加,堵塞了活性位。一般地,碳载体的铂催化剂大部分采用浸渍工艺制备。这种典型催化剂在大小、形状等均匀性方面不如胶体合成的催化剂。控制好铂纳米粒子的结构参数是必要的,以便获得晶体表面选择性上的优异性能。因此,降低铂负载量另一路线是用形态学设计以及相关参考文献制备铂纳米粒子[73]。而一些结构(如多面体、纳米丝以及分枝式结构)展示出比40%的铂/碳催化剂高的活性。这些改进已多于通过降低这些材料的表面积来补偿,结果在质量活性上没有净收益[74]。鉴于这些理解,采用纯铂催化剂实现目标质量活性是不太可能的。

此外,除高成本主题外,对于氧还原反应(ORR)使用铂催化剂有几个限制。主要原因如下:首先,铂催化的氧还原反应(ORR)不是一个完全4电子反应。因此,为改进 PEMFC 的效率,找到一个能促进直接4电子氧还原反应变成水的有效催化剂是必须的。第二,铂催化剂对供料系统中的污染物是非常敏感的,这些污染物通过不纯供料蒸气将杂质如一氧化碳、硫化氢、氨气、有机硫化碳和氢气中的碳氢化合物以及气流中的氮氧化物(NO_x)、硫氧化物(SO_x)引入。这些杂质能容易使铂催化剂中毒,导致其性能降低。此外,铂催化剂逐渐地降低烧结、溶解循环电位,而且引起碳载体的腐蚀,对其可靠性和耐久性也带来不利影响。

9.6.2.2 铂合金催化的氧还原反应(ORR)

在 20 世纪 90 年代,开展磷酸燃料电池(PAFCs)研究工作的学者报道了比纯铂催化剂具有更高的氧还原反应(ORR)活性和稳定性的几种二元和三元铂合金催化剂。由此唤起了对这些合金催化剂增强的活性的不同解释包括结构的和电子因素(已记载)[72]。一些综述文章[73,75]提出了铂合金粒子的结构和生长机理。在磷酸燃料电池(PAFC)中,金属的逐步浸出不是值得关注的,但在质子膜燃料电池(PEMFC)中,浸出的阳离子会使聚合物薄膜中毒,取代质子位并催化膜的降解。

在质子膜燃料电池(PEMFC)中,至少有三种引起基础金属浸出的可能原因:第一,在催化剂制备过程中过量的基础金属沉积在碳载体上;第二,在形成合金的过程中采用低合金温度导致的基础金属与铂的不完全合金,即使是良好的合金,基础金属在 PEMFC 操作中也可能浸出,当 PEMFC 在酸性电解液中操作状况下,由于热力学上基础金属不稳定,导致离开富铂的表面或外皮;与酸一起的 $Pt_x Co_{1-x}$ 合金预浸出可以阻止进一步浸出和膜电极部件的随后污染,$0.9V_{RHE}$ 时活性 $0.28A/(mg\ Pt)$ 作为合金催化剂所用的商业原料基准。

在过去 20 多年中,使用各类二元和三元铂合金催化剂对氧还原反应(ORR)的电化学试验的各种研究结果列于表 9.4 中。在表 9.4 后半部分,重点放在最近的和最有前途的利用各种策略来控制纳米催化剂颗粒的形态和形成像铂外皮一样的多相结构,用更小粒子装饰纳米颗粒和树枝结构。这部分将给读者带来近年来催化剂开发和设计所作的贡献,对 PEMFC 性能的改进令人印象深刻,增强了常规的铂/碳催化剂和已普遍采用的铂合金催化剂的活性和稳定性。

表 9.4 在 PEMFC 中氧还原反应(ORR)所用的二元和三元铂催化剂

铂合金催化剂	电化学试验条件	主要发现	参考文献
碳载体 Pt_3Cr、Pt_3Co、Pt_3Ni	质子交换膜燃料电池的寿命试验	400~1200h 内性能损失忽略不计,铂和合金成分催化剂高稳定性	[76]
铂与镍、钴和铁	在稀酸溶液中 1.1V 阳极电位	从光电子能谱(XPS)看,通过溶解大多数镍、钴和 Fe 容易从铂合金表面层消失;X 射线衍射(XRD)显示试验前后没有差异。推断:基础金属的损失仅发生在极少数的合金表面单层。相对于块状合金,铂层的电子结构改性导致增强的氧还原反应(ORR)	[77]
铂/碳、Pt_3 镍/碳	加速耐久性试验	Pt_3Ni 合金比纯铂催化剂显示更好的抗烧结性能	[78]
铂铁合金在碳载体上	加速耐久性试验	铂的烧结效果被抑制	[79]
铂钴合金在碳载体上	加速耐久性试验	铂的烧结效果被抑制	[80]
Pt-M(M=铁、钴和镍)	加速耐久性试验	当铂与非贵金属 1∶1 时,观察到最高的金属损失;当铂与非贵金属 3∶1 时,观察到最低的金属损失;电子显微探针横截面分析:在膜上发现钴溶解	[81]

续表

铂合金催化剂	电化学试验条件	主要发现	参考文献
铂钴 2.5∶1 原子比在碳载体上	在阴极用连续水流稀释动态的燃料电池	在最初 400 循环内，13.9%(摩)钴溶解；在 800 循环后，6%(摩)钴溶解；在 2400 循环后，PtCo/C 总性能损失比 Pt/C 的低；在 1200 循环后，由于铂的活性表面积的损失，在 PtCo/C 情况下，钴溶解是原因	[82]
铂钴在碳载体上	PEMFC 耐久性试验 1000h	在 Pt/C 和 Pt-Co/C 之间性能偏差为 15~25mV，在 1000h 内保持不变。Pt 合金开始使用时尺寸更大，烧结速度不如 Pt/C 快	[72]
$Pt_{1-x}M_x/C$ (M=铁、镍)	模拟 PEMFC 操作条件	在酸处理过程中，过渡金属从所有成分中去除，去除的金属量随着 x、酸强度和温度的增加而增加	[83]
铂/碳、铂-钴/碳、铂铱钴/碳	PEMFC 燃料电池	合金比铂/碳现实好的活性和显著的稳定性。在 120℃、1800 循环后，实际的表面积损失：铂/碳为 45%，铂-钴/碳为 18%，铂铱钴/碳为 8%	[84]
Pt-M 为 1∶1(M=铁、锰、镍、铬、钛)	PEMFC 燃料电池	当铁、锰、镍显示了碱金属的浸出进入膜电极组件(MEA)时，铬、钛没有明显的浸出。但在 200 个循环中没有性能损	[85, 86]
Pt-M，M=铁、锰、镍、铜	PEMFC 燃料电池	连续操作 2 天，没有明显的损失	[87]
铂-镍/碳	在高氯酸中、0.8V、1h 极化	合金催化剂稳定性良好。没有铂表面富集	[88]
铂-镍、铂-钴在碳载体上	薄膜旋转环盘电极(RRDE)，0.1M 高氯酸溶液中，25~60℃	铂-钴为 3∶1 和 1∶1，铂-镍为 3∶1 是稳定的；而铂-镍为 1∶1 改变了可持续性	[89]
Pt_3Cr	氢气-空气 PEMFC	在高电流密度、高湿度条件下，铂比 Pt_3Cr 稳定性低	[90]

续表

铂合金催化剂		电化学试验条件	主要发现	参考文献
最新具有前途的控制纳米颗粒-铂表面形态的进展，用较小颗粒或枝晶组织对纳米颗粒进行改进	为了树枝状铂纳米颗粒的形成用9nm钯纳米晶体作为种子	氢气-空气PEMFC	铂的质量活性与0.43A/mg Pt、0.9V_{RHE}时一样高	[91]
	3nm铂粒子生长在5nm钯粒子上	氢气-空气PEMFC	在30000循环后，与铂/碳的39%衰退相比，仅12%衰退	[92]
	小的金簇沉积在铂/碳上	氢气-空气PEMFC	在初始活性没有明显降低情况下，耐久性显著改善	[93]
	Pt_3M，M-镍、钴、铁、钒、钛退火在合金表面形成铂外皮	氢气-空气PEMFC	$Pt_3Ni(111)$表面是$Pt(111)$的大约10倍，在基础质量活性上比铂纳米粒子高90倍，而且有自今以来报道任何合金中最高的氧还原反应活性(ORR)	[94,95]
	通过铜的电化学欠电位沉积在另一金属形成铂外皮，随后用铂取代铜	氢气-空气PEMFC	氧还原反应的质量活性(ORR)比铂粒子质量活性高20倍	[96-101]
	用非贵金属芯和贵金属壳活性炭负载纳米粒子	氢气-空气PEMFC	用3~4nm的钴-钯核壳纳米粒子负载活性炭的单层铂显示0.4A/mg Pt、0.9V_{RHE}时总贵金属质量活性非常接近应用的目标	[101]
	通过电化学脱合金$Pt_{20}Cu_{20}Co_{60}$用富铂表面层的铂合金纳米粒子	氢气-空气PEMFC	在0.5A/mgPt、0.9V_{RHE}时，超过实际应用的活性基准	[102]

研究者的各种观点列于表9.4中，人们可以从文献中发现：在酸性介质中既有高稳定性也有低稳定性的铂基合金。有几个研究证实：在PEMFC中甚至经过1000h寿命试验后仍有高稳定性[72,76]。在某些情况下[88]，在半电池中在短的持续时间内发现材料的稳定性差。应当注意：半电池的结果可以导致与整个电池试验相比不同的结果。此外，操作参数如温度、压力、pH值和酸类型也可影响合金催化剂的性能。

依据某些报告[85,86,89]，在酸性环境下非贵金属的稳定性决定于金属的种类。铂-铬和铂-钴被认为比铂-钒、铂-镍和铂-铁更稳定。但是，在较小程度上，这些催化剂的稳定性取决于合金化程度和金属颗粒的尺寸，与金属类型无关。一般说来，铬和钴展示了比钒、镍和铁与铂更高的合金程度。这就能解释铂-铬和铂-

钴比铂-钒、铂-镍和铂-铁有更高的稳定性。各种研究显示：大部分溶解的 M 来自非贵金属的 M。另一个有趣的发现是：合金的粒子比纯铂粒子展现了更好的抗烧结性能[78-80]。这些非贵金属粒子的存在似乎阻碍了铂在碳上的移动。采用 Pt-M 催化剂对氧还原反应(ORR)的研究，各种主要研究成果以及催化剂的稳定性和活性显示于图 9.5 中。

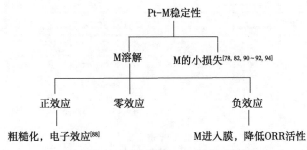

图 9.5 酸性环境下 Pt-M 稳定性与结果

可以说：基础金属的溶解以两种不同的途径影响其催化剂的特性。非贵金属的溶解通过表面粗糙化可导致增加其在氧还原反应(ORR)的活性，一方面，这种现象导致了增加铂表面积和/或从基础金属的损失产生铂外表层的电子结构调整。另一方面，非贵金属的溶解，由于有益结构的损坏导致了氧还原反应(ORR)的活性的降低。

9.6.2.3 非贵金属催化的氧还原反应(ORR)

在努力降低铂基燃料电池催化剂的成本和改进其可靠性的过程中，一种非铂催化方法极大地吸引了研究者。在金属表面上如铜(001)、铜(111)和镍(100)的氧还原反应(ORR)已由不同研究者得到验证[103-105]。通过扫描隧道显微镜显示了氧分子在铜(001)表面的吸附和迁移。用热脱附谱(TDS)和俄歇电子能谱(AES)研究了铜(111)表面上吸附氧的加氢，揭示了气态水的形成过程有如下两个连续步骤：紧随 H_2O_{ad} 的加氢生成了 OH_{ads}。在镍(100)的表面，观察到水分子的快速形成和脱附。

除了纯金属，也研究了金属氧化物和合金。发现在钛表面上形成的二氧化钛对氧还原反应(ORR)具有活性[106]。从旋转盘试验中，已经发现在二氧化钛上氧还原反应(ORR)在进行，在酸性溶液中通过两电子过程和在碱性溶液中通过四电子过程。

杂多酸盐是一大类过渡金属-氧簇化合物，它们有独特的属性，如稳定性、易于合成以及可买得到。已检测到钒氧化物对氧还原反应(ORR)具有活性[107]，而且展示了在 PEMFC 中作为阴极催化剂比作为阳极催化剂有高出一个数量级的电流。碳化钨是一种良好的氢氧化反应(HOR)催化剂，而且也试验了氧还原反应(ORR)。但是在氧还原反应(ORR)条件下它没有足够的稳定性,因此添加钽增强其阴极活性。通过钽的添加使碳化钨(WC)抗腐蚀性显著地增强,而且在0.8V时观察到碳化钨(WC)+钽(Ta)对氧还原反应(ORR)的电催化活性,比纯碳化钨催化剂高出0.3V[108]。另一个研究使用了钙钛矿型氧化物,锰酸镧在碱性介质中用于氧还原反应(ORR)[109]。

含非贵金属如钛、铬、铁、钴的钌基二元电化学催化剂,和碳载体上负载钯催化剂已用螯合工艺制备出来,并检测其对氧还原反应(ORR)的活性[110]。旋转圆盘电极测量显示:$RuFeN_x/C$ 展示了其对四电子氧还原生成水反应的活性和选择性,可与惯用的铂/碳催化剂相媲美。用 $RuFeN_x/C$ 制备的用于 PEMFC 膜电极组件(MEA)展示了 $0.18W/cm^2$ 的最大功率密度和连续操作 150h 后不会降低的性能。

9.6.2.4 由过渡金属硫族化合物催化的氧还原反应(ORR)

Vante 和 Tributsch[111] 提出的半导体 Chevrel 相钌-钼硫族化合物(硫化物,硒化物),在一些情况下,使用各种过渡金属硫族化合物对酸性介质中氧还原反应(ORR)出现了井喷式的研究高潮,报导了它们对 PEMFC 燃料电池的活性。硫族化合物的吸引力表现是在酸性环境下它们的高稳定性,特别是当它们与其他过渡金属结合时,一个金属原子簇的电子离域可以导致高的电子电导率和电子态的衰减松弛。对多电子电荷转移的电荷库的可用性是提高催化活性所必需的。氧还原反应(ORR)研究结果显示:利用液态电解质在半电池中使用的硫族化合物和由各个研究者开展的 PEMFC 研究列于表 9.5 中。大多数使用了钌基硫族化合物[111-117],而且最近有一个报告将钯硫族化合物[118]用于氧还原反应(ORR)。另外发现很少有研究采用非贵金属硫族化合物用于酸性介质[119,120]的氧还原反应(ORR)。

表 9.5 金属硫族化合物上的氧还原反应

	金属硫族化合物	电化学实验条件	主要发现	参考文献
贵金属硫族化合物	$Mo_{4.2}Ru_{1.8}Se_8$, $Mo_{3.7}Ru_{2.3}Se_8$, $Ni_{0.85}Mo_{1.8}Se_8$	半电池,氧气饱和 0.5mol/L 硫酸	$Mo_{4.2}Ru_{1.8}Se_8$ 紧密接触 Pt 催化剂,推荐催化剂结构进一步优化	[111]
	$Ru_xCr_ySe_z$	半电池,氧气饱和 0.5mol/L 硫酸氢/氧气 PEMFC 全电池 25,80℃	高活性,利于4电子转移,对于氧还原反应 Tafel 斜率仍维持 $-0.117V/dec$ 不变,而且电荷转移系数以 $d\alpha/dT=1.8\times10^{-3}$ 增加,归因于熵流动的影响效果类似于钌基的硒催化剂	[112]

续表

金属硫族化合物		电化学实验条件	主要发现	参考文献
贵金属硫族化合物	S、Se、Te 改性 Ru 催化剂	半电池，氧气饱和 0.5mol/L 硫酸	氧还原反应活性：Ru-Te>Ru-Se>Ru-S，与铂/碳催化剂相比，$RuTe_2$/C 催化剂显示了高的阴极电流，但与铂/碳催化剂相比，对氧还原反应展示了约 0.2V 的超电势	[113]
	碳负载上的 $Ru_xMo_ySe_z$	半电池，氧气饱和 0.5mol/L 硫酸氢气/氧气 PEMFC 全电池	在 240mW/cm², 0.30V 条件下，含 20% $Ru_xMo_ySe_z$/C 催化剂性能最佳。相同条件下，含铂催化剂性能的该值仅仅为其一半	[114]
	$Ru_xM_ySe_z$ (M = Cr, Mo, W)	半电池，氧气饱和 0.5mol/L 硫酸氢气/氧气 PEMFC 全电池	氧还原反应活性：$Ru_xMo_ySe_z$>$Ru_xW_ySe_z$>$Ru_xCr_ySe_z$	[115]
	$RuSe_x$/C (x = 0.35~2)	半电池，氧气饱和 0.5mol/L 硫酸	与 $RuSe_x$/CSe/Ru 比小于 1 和 $RuSe_{cluster}$/C 催化剂相比，含黄铁矿结构的 $RuSe_x$/C 与 Se/Ru 比接近 2 的催化剂展示高的氧还原活性和优异的稳定性	[116]
	$Ru_{1-x}Fe_xSe_y$/C (x=0.0~0.46, y=0.4~1.9)	半电池，氧气饱和 0.5mol/L 硫酸	随 Fe 和 Se 含量的增加氧还原反应活性增加。Fe 替代能提高活性和降低材料成本，但与 1.0% 不含 Fe 的催化剂相比，在 0.7 和 0.9V 之间，过氧化氢产率增加 3.0%。由于在电位循环达到 1.2V 时 Fe 和 Se 浸出，高活性 $Ru_{0.54}Fe_{0.46}Se_{1.9}$/C 催化剂比 $RuSe_{2.0}$/C 快速衰变。具有黄铁矿结构的催化剂比簇型的 $RuSe_{cluster}$/C(Ru：Se = 1：0.3)催化剂具有更高的耐久性	[117]
	$Pd_{0.5}Ni_xSe_{(0.5-x)}$	半电池，氧气饱和 0.5mol/L 硫酸	对于氧还原反应生成水的 4 电子过程，低 Se 含量提高催化活性和选择性，生成的过氧化氢低于 2%	[118]
非贵金属硫族化合物	Co-Se	半电池，氧气饱和 0.5mol/L 硫酸	尽管开路电位(OCP)低于 Pt，对于氧还原反应，具有变化 Se 的 Co-Se 薄膜催化剂具有活性	[119]
	W-Co-Se	半电池，氧气饱和 0.5mol/L 硫酸	起始电位 $0.755V_{NHE}$ 具有显著氧还原反应活性	[120]

9.6.2.5 由过渡金属配合物催化的氧还原反应(ORR)

各种碳载体的过渡金属大环配合物(如 N_4、N_2O_2、N_2S_2、O_4 和 S_4 系统)对氧还原反应都显示一定的催化活性。尤其是 N_4 大环配合物如酞菁、卟啉类化合物、席夫碱类化合物和相关的衍生物与铁、钴和镍等金属 $M^{[68,121,122]}$ 形成的大环配合物，它们在酸性介质中显示了有意义的氧还原反应(ORR)活性。

大环配体如四甲氧基卟啉(TMPP)、卟啉(TPP)和酞菁(Pc)等的分子结构显示于图 9.6 中。Beck[123]预言：过渡金属 N_4 螯合物催化氧还原反应(ORR)机理主要是与一种改性的氧化还原催化有关。在氧还原反应(ORR)中，第一步是氧吸附在催化剂金属中心上形成一个氧-催化剂加合物，之后发生了金属中心上一个电子转移以结合氧分子，并使被还原的 N_4 螯合物再生。

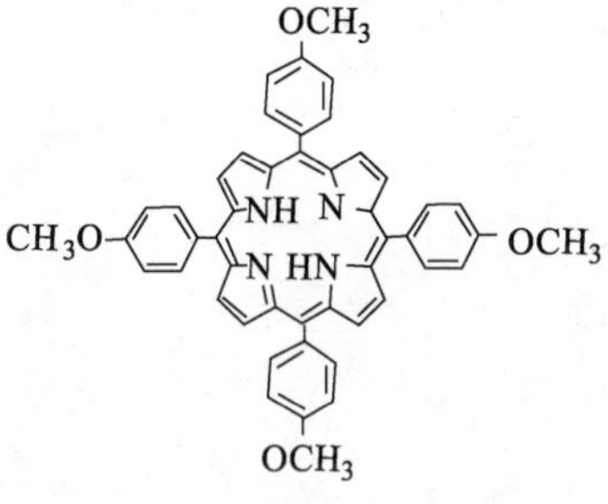

图 9.6　金属四甲氧基卟啉(TMPP)、卟啉(TPP)和酞菁(Pc)的分子结构

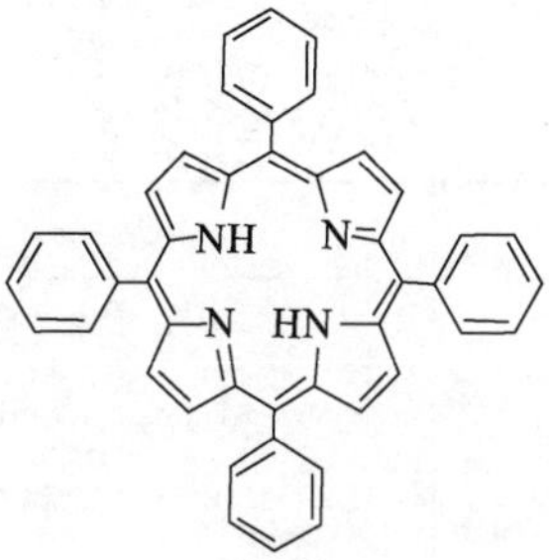

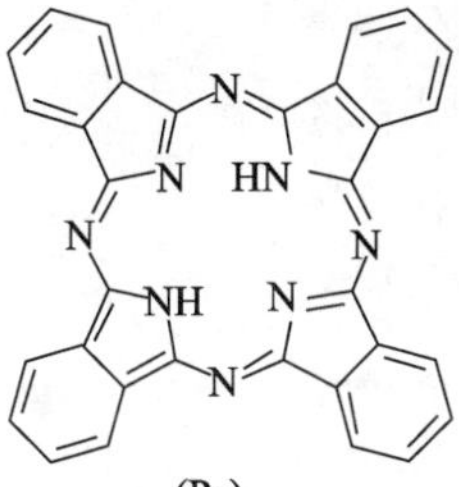

大环化合物的中心金属离子似乎在氧还原反应机理中起到了关键作用。取决于金属的性质，氧还原反应(ORR)可能发生四电子还原反应生成水(铁配合物)，两电子还原反应生成过氧化氢(钴配合物)。对于 N_4 螯合物、酞菁，金属离子的影响显示氧还原反应(ORR)活性顺序如下[124]：铁>钴>镍>铜>锰。活性的次序可通过分子轨道理论解释氧的吸附[125]。虽然酞菁和卟啉的铁配合物能促进四电子还原反应，但它们不稳定。钴配合物展示了比铁更高的稳定性；它们仅能催化氧的两电子还原反应。金属大环配合物对氧还原反应(ORR)的电化学稳定性顺序为钴>铁>锰[126]。

对于 N_4 大环配合物如卟啉的金属配合物，过氧化氢的形成被认为是随时间延长电极性能退化的原因。对配合物进行热处理发现可以克服这些缺点。van

Veen 等[127]建议了四种模式来解释热处理的影响:改善了负载的螯合物分散性,催化了一种特殊类型碳的形成,生成了 M—N 和促进了螯合物与邻近碳以这种途径反应,以使中心金属离子的电子结构得到改进并保留它的 N_4 配位环境。为了把铁配合物的四电子还原反应优势与钴配合物的更高电化学稳定性结合,Chu 和 Jiang[128]研究比较了两种过渡金属卟啉(钒/铁,钴/铁,镍/铁和铜/铁)的热处理混合物与热处理的单过渡金属卟啉对氧还原反应影响。他们发现热处理的双铁和钴四苯基卟啉单独使用时能给出更高的氧还原反应(ORR)电流。

电化学催化活性决定于旋转圆盘电极在单电池反应所选择的钴和铁-氮/碳,它们是在最好的热处理温度条件下合成的。催化剂负载的金属列于表 9.6 中[122]。

表 9.6 一些钴和铁大环配合物在半电池反应中的氧还原反应活性①

碳基催化剂	试验条件	活性/NHE(E_p^a/mV)	参考文献
钴 TMPP	0.5mol/L 硫酸	850②	[129]
铁 TMPP	1.0mol/L 硫酸	890②	[130]
钴 TPP/铁 TPP	0.5mol/L 硫酸	900③	[131]
FePhen/NH_3	0.5mol/L 硫酸	500	[132]
FeTMPP	0.5mol/L 硫酸		[133]
FePAN	0.5mol/L 硫酸	600	[134]
CoPAN	0.5mol/L 硫酸	550	[135]
FeAc/AN	0.5mol/L 硫酸	555	[136]
CoTMPP	0.5mol/L 硫酸	600	[137]
FeTTP	硫酸 pH 值 0.5		[138]
CoTTP	硫酸 pH 值 0.5		[138]
$FeCl_2$/AN	硫酸 pH 值 0.5	504	[139]
$FeCl_3$/AN	硫酸 pH 值 0.5	594	[139]
$Fe(OH)_2$/AN	硫酸 pH 值 0.5	494	[139]
$Fe(OH)_2$/AN	硫酸 pH 值 0.5	594	[139]
$Fe(OH)_2$/TCNQ	硫酸 pH 值 0.5	624	[140]
$Fe(OH)_2$/H_2Pc	硫酸 pH 值 0.5	644	[141]
$Fe(OH)_2$/AN	硫酸 pH 值 0.5	429	[142]
FeTPP	硫酸 pH 值 0.5	684	[142]
FeAc/NH_3	硫酸 pH 值 0.5	694	[143]
FeAc/NH_3	1.17mol/L 硫酸	694	[144,145]

续表

碳基催化剂	试验条件	活性/NHE(E_p^a/mV)	参考文献
FeTMPP	0.5mol/L 硫酸	659	[144，145]
FeTMPPCl	0.5mol/L 硫酸	711	[146]
FeAc/NH$_3$	0.5mol/L 硫酸	719	[147]
FeAc/NH$_3$	0.5mol/L 硫酸	744	[148]
FeAc/NH$_3$	0.5mol/L 硫酸	687	[149]
CoAc	0.5mol/L 硫酸	544	[150]
CoTMPP	0.5mol/L 硫酸	544	[151]
FeSO$_4$/NH$_3$	硫酸 pH 值 1.0	684	[151]
CoTMPP	0.5mol/L、pH 值 3.0 磷酸缓冲液	599	[152]

① Ac 是指醋酸盐；PAN 是指聚丙烯腈；PPY 是指 2-苯基吡啶；TMPPCl 是指四甲氧基卟啉氯化物；TCNQ 是指四氰基对醌二甲烷；E_p^a 是指氧还原反应的阴极峰高最大的电势。

② 开路电势 E_{ocp}。

③ 起始电势 E_{onset}。

在阴极上空气或氧气二者之一存在的情况下，PEMFC 燃料电池试验也采用 CoPPY、CoTMPP[129]、FeTMPP[145]、FeAc/NH$_3$[148]、CoPc[153]进行了研究。必须要提到：在基准铂/碳催化剂作用下，氧还原反应(ORR)的 E_p、E_{onset} 和 E_{ocp} 值分别为 0.71V[134]、1.0V[131]和 0.99V(相对于标准氢电极)[129]。通过比较表 9.6 中所列的各种参数和从 PEMFC 燃料电池研究得到的信息，可以得出两个重要的推论：第一，这些催化剂对氧还原反应(ORR)的电催化活性与铂基催化剂差的不太远，许多催化剂都展示了非常接近的 E_p、E_{onset} 和 E_{ocp} 值。第二，这些非贵金属催化剂周转率要比铂/碳催化剂的低。

9.6.3 质子交换膜燃料电池催化剂的载体

9.6.3.1 碳载体

质子交换膜燃料电池催化剂的研究与开发包含了适宜的载体材料开发。载体凭借其适宜的形态、金属载体相互作用和通过一定材料的协同影响在增强催化剂的活性和稳定性方面起着重要作用。各种形式的碳被广泛地用作燃料电池电极的载体材料。碳载体的吸引力特征如下：高表面积(范围从 60~175m^2/g)；良好的导电性和在较宽电势范围内的稳定性；合适的尺寸和机械稳定性；轻的质量；通过多孔性阻止团聚来改善活性金属组分的分散、增强活性和稳定性；丰富的表面化学和多功能的官能团修饰；由于其疏水特性易于传质。在燃料电池电极中最常用的碳载体与它们的特性列于表 9.7 中。

表9.7 燃料电池电极的碳载体

碳载体		制造商	表面积/(m^2/g)	颗粒大小/nm
炭黑	XC-72R	美国卡博特(Cabot)	254	30
	黑珍珠® 2000	美国卡博特(Cabot)	1475	15
	科琴炭黑,300J	阿克苏诺贝尔(Akzo Noble)	829	30~40
	乙炔黑	美国卡博特(Cabot)	70	
	实验样品 AB	电气化学工业公司(DenkiKagakuKogyo)	835	30
	Shavinigan AB	海湾石油公司(Gulf Oil)	70~90	40~50
	超导电乙炔炭黑	电气化学工业公司(DenkiKagakuKogyo)	58	40
	3950 FB	三菱化学(MitsubishiKasei)	1500	16
	德固赛炭黑 XE-2	德国赢创公司(Evonik)	950	
	SRC			
	Condutex 975 FB	哥伦比亚化学品公司(Columbian)	250	24
活性炭	NORIT SX ULTRA	荷兰诺芮特公司(Norit)	1076	5~400
	P33		15.5	
	RB carbon			

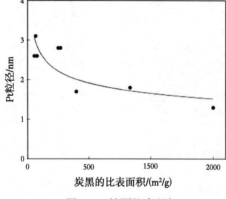

图 9.7 铂颗粒直径与炭黑比表面积的关联性[160]

炭黑的特性对负载金属的分散和对它们的电催化活性的影响已在文献里有很好的研究。假如通过浸渍方法在碳载体上沉积金属，碳的比表面积对铂的分散[153]影响不大。Uchida 等[154]评估了用胶体法制备的铂/碳催化剂时，不同碳的比表面积对铂颗粒尺寸的影响。随着活性炭的比表面积增加，铂颗粒尺寸减小，如图 9.7 所示。McBreen 等[155]检测了利用胶体法在五种碳载体上铂沉积的情况，碳载体如 Vulcan XC-72R、Regal 600R、Monarch 1300、CSX98 和 Mogul L。Vulcan XC-72R 和 Regal 600R 表现出比其他碳载体更高的铂分散性。Vulcan XC-72R 载体上的铂的高分散性归因于高的内部空隙度，Regal 600R 载体上 Pt 的高分散性归因于碳载体的表面特性，产生了强的金属与载体相互作用。

为了增强它们的电化学活性表面积，负载在高表面积碳材料上的铂的颗粒被广泛应用于质子交换膜燃料电池中(PEMFC)。碳载体的物理和化学性质严重地影响燃料电池催化剂的电化学性能。具有高表面积和高结晶性的碳材料促进了电子转移以及活性组分 Pt 的高分散性。在这个方向，新型非常规碳材料在许多形态中具有理想的物理化学性质，实例包括有序介孔碳、碳气凝胶、碳纳米管、碳纳米纤维、碳纳米角和碳纳米线圈。科学家们面临的挑战是开发在苛刻的燃料电池环境下具有合适孔径、高表面积、良好的导电性和化学稳定性的碳载体，以简单、高效节能方式实现其可靠和耐久性。在碳材料中，碳纳米管显示出它们用在燃料电池用电极方面所希望的特性，是有前途的材料，例如高结晶度，稳定性，高的导电性。正如文献所见，几个研究者报道[156]（和其引用的参考文献）：当用于阳极和或阴极材料时，负载在碳纳米管上的铂和 Pt-M 催化剂比负载在常规炭黑上的催化剂展示出更高的催化活性和稳定性。Pt 颗粒负载在碳纳米管（CNT）上比负载在炭黑上的活性更高可归结为几个因素：

① 中空和石墨层间的空隙比常规载体大，提供了易于反应气体进入的通道。例如，广泛使用的 VulcanXC-72 R 有随机分布的不同尺寸的孔，阻碍了反应物和产物的简便传质，其中作为碳纳米管的管状形态使反应物的扩散更容易。

② 碳纳米管的管状形态能增加边缘位置，这些位置易于铂颗粒沉积，而且这些位置比平面的炭黑位置更加活跃。

③ 碳纳米管的结晶性质使得它们成为良好的导电基质。

碳纳米管与炭黑之间的化学差异诱导了在碳纳米管上平坦的铂沉积。从程序温度分解（TPD）研究中推断出铂微晶的这种结构导致氢吸附能的降低。这可能会产生 d 键中心的铂晶格常数和/或固定铂位点的电荷转移的减少。这样的电子性质的变化可能是引起增强了碳纳米管上铂电化学活性的原因[157]。

各种新型碳材料的具体特点和常规碳材料以及所负载催化剂的特性列于表 9.8 中。

表 9.8　不同碳材料的特性及负载型催化剂的性能[156]

碳材料	表面积/(m^2/g)	多孔性	电子导电率/(S/cm)	负载型催化剂性能
Vulcan XC-72R	254	微孔	4.0	良好的金属分散性，低气体流量
有序介孔碳	400~1800	中孔	0.003~1.4	高的金属分散性，高气体流量，低金属可接近性
碳凝胶	400~900	介孔	>1	高的金属分散性，高气体流量，高金属可接近性
CNT(SWCNT)	400~900	微孔	10~10000（取决于基准）	良好的金属分散性，高气体流量
CNT(MWCNT)	200~400	介孔	0.3~3(功能化的)	低金属可接近性，高金属稳定性
碳纳米角，碳纳米线圈	150	微孔/介孔	3~200	高的金属分散性，高气体流量

续表

碳材料	表面积/ (m^2/g)	多孔性	电子导电率/ (S/cm)	负载型催化剂性能
活性炭纳米纤维	>1000	微孔	13	高的金属分散性,低气体流量,高金属稳定性
碳纳米纤维	10~300	介孔	100~10000	高的金属分散性,高气体流量,高金属稳定性
掺硼金刚石	2		1.5	低的金属分散性,低金属稳定性

9.6.3.2 其他载体材料

陶瓷材料如钛、锡、钌和钨的金属氧化物,以及碳化物(参考和引用)[158]被探索作为低温燃料电池应用的替代载体材料,以克服碳材料的两项主要不足:阴极的碳腐蚀和长期应用期间的铂溶解。Zhang 等[159]使用了采用 Vulcan XC-72 R 和碳化钨载体制备的铂/碳和 Pt/W_xC_y 催化剂,相应地,作为质子交换膜燃料电池的单电池的阳极及阴极材料,以比较它们的性能退化。已经发现:在稳定性试验之前,采用铂/碳的质子交换膜燃料电池比 Pt/W_xC_y 催化剂表现性能更好。相比之下,稳定性试验以后,Pt/W_xC_y 催化剂显示了比铂/碳催化剂更好的性能,表明 Pt/W_xC_y 催化剂具有较高的抗氧化性能。铂/碳和 Pt/W_xC_y 催化剂初始的电化学表面积分别是 $16.1m^2/g$ 和 $10.2m^2/g$。这种差异归因于碳比碳化钨有更高的表面积。期望找到合成用于燃料电池的高表面积碳化钨材料的方法。Chhina 等[160,161]比较了负载在商业碳化钨(BET=$1.6m^2/g$)上的铂催化剂、负载在 Vulcan XC-72 R 上的铂催化剂和商业铂/碳催化剂的稳定性。在这两个样品中,Pt/WC 催化剂的稳定性高于铂/碳催化剂的稳定性。

几种导电聚合物如聚苯胺、聚吡咯、聚噻吩以及它们的衍生物(参考和引用)[162]展示了作为燃料电池催化剂载体的更大优势,由于它们的高表面积、合适孔隙率、高电子和质子传导性能、机械性能和简单快捷的制备方式。对于导电聚合物的主要兴趣是由于它们对催化剂金属沉积的三维有效性,而目前在燃料电池系统中使用的常规碳载体由于其复杂的孔隙形貌抑制了活性金属中心的可接近性。

9.7 展望

燃料电池的研究和技术开发的挑战,特别是质子交换膜燃料电池的挑战是围绕阳极和阴极的催化材料。PEMFC 商业化的主要障碍是成本和铂金的稀缺性,因为 PEMFC 为了获得令人满意的性能不仅对阳极而且对阴极都采用铂。由于铂催化剂易于受杂质和燃料电池反应的中间产物影响引起中毒,因此耐久性是另一个问题。第一个问题是:我们是否学会了足够的知识来降低电极上所需的铂的数量?第二个问题是:我们是否学会了就像50年前以及从氢气-空气燃料电池诞生那一天起所建议的抛弃铂催化剂?第三个问题是:电催化材料是否具有适当的耐久性?我们愿通过图9.8和图9.9生动地回答这些问题。

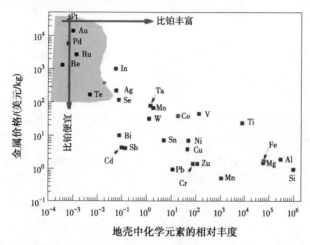

图9.8 金属的价格与地球上地壳中化学元素的相对丰度之间的关系[163]

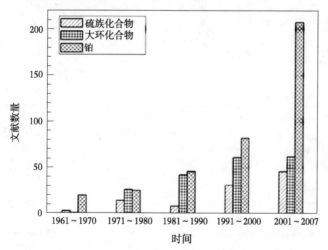

图9.9 1961~2007年关于用于氧还原反应的硫族化合物、大环化合物和铂公开的文献数量[163]

是的,我们看到了曙光,但不是太远。由于纳米级金属颗粒分散在高比表面积的替代载体上,人们正在实现高功率密度和效率。与过去几十年所做努力相比,负载的铂或铂合金用作气体扩散的电极的贵金属用量显著地减少到单位几何面积仅有几毫克。我们也已开始通过寻找非铂材料来脱离完全依赖铂，考虑用供应充足和可持续性的性价比高的非贵金属材料。大自然是一个好老师，人们在其中探索选择大环化合物的结构和功能模拟的材料，用于氧还原反应。的确，尽管它们对于氧还原反应的活性非常低，过渡金属化合物显示了其前途，由于它们的稳定性和涉及多电子转移反应的效率。新的合成方法是开发设计分子水平的组装催化剂。要发挥质子交换膜燃料电池技术的全部潜力，需要从能源经济的途径获得燃料氢。

在早前的报告中[164]，摆在燃料电池技术大规模商业化和大规模应用前面的挑战已经从学术的和技术的两个层面上予以展示。人们已经指出，燃料电池技术的成功发展将需要对于基础研究有持续、长期的投入，需要有商业化开发、渐进的市场进入战略。根据不同的市场板块，如移动通信、固定站点和交通运输应用，需要解决的挑战的数量和量级会发生变化，对这些内容的各类评估都已经有了[165]。

致谢

作者要感谢科学技术部、新能源和再生能源部和印度政府对研究项目的支持。

参 考 文 献

[1] http://www.fueleconomy.gov/feg/fcv_pem.shtml.
[2] Wu J, Yuan XZ, Wang H, Blanco M, Martin JJ, Zhang J(2008)Diagnostic tools in PEM fuel cell research: part I electrochemical techniques. Int J Hydrogen Energy 33: 1735-1746. doi: 10.1016/j.ijhydene.2008.01.013.
[3] Barbir F(2005)PEM fuel cells: theory and practice. Elsevier/Academic Press, New York.
[4] Ju H, Wang CY(2004)Experimental validation of a PEM fuel cell model by current distribution data. J Electrochem Soc 151: A1954-A1960. doi: 10.1149/1.1805523.
[5] Li X(2006)Principle of fuel cells. Taylor & Francis, New York.
[6] Viswanathan B, Aulice Scibioh M(2008)Fuel cells: principles and applications. Taylor & Francis, New York.
[7] Adams WA, Blair J, Bullock KR, Gardner CL(2005)Enhancement of the performance and reliability of CO poisoned PEM fuel cells. J Power Sources 145: 55-61. doi: 10.1016/j.jpowsour.2004.12.049.
[8] Papageorgopoulos DC, de Bruijn FA(2002)Examining a potential fuel cell poison: a voltammetry study of the influence of carbon dioxide on the hydrogen oxidation capability of carbon-supported Pt and PtRu anodes. J Electrochem Soc 149: 140-145. doi: doi.org/10.1149/1.1430413.
[9] Gottesfeld S, Pafford JJ(1988)A new approach to the problem of carbon monoxide poisoning in fuel cells operating at low temperatures. J Electrochem Soc 135: 2651-2652. doi: doi.org/10.1149/1.2095401.
[10] Schmidt VM, Oetjen H-F, Divisek J(1997)Performance improvement of a PEMFC using fuels with CO by addition of oxygen-evolving compounds. J Electrochem Soc 144: L237-L238. doi: doi.org/10.1149/1.1837928.
[11] Batista MS, Santiago EI, Assaf EM, Ticianelli EA(2005)Evaluation of the water-gas shift and CO methanation processes for purification of reformate gases and the coupling to a PEM fuel cell system. J Power Sources 145: 50-54. doi: 10.1016/j.jpowsour.2004.12.032.
[12] Bellows RJ, Marucchi-Soos E, Reynolds RP(1998)The mechanism of CO mitigation in proton exchange membrane fuel cells using dilute H_2O_2 in the anode humidifier. Electrochem Solid State Lett 1: 69-70. doi: S1099-0062(97)12-131-9.
[13] Choudhary TV, Goodman DW(1999)Stepwise methane steam reforming: a route to CO-free hydrogen. Catal Lett 59: 93-94. doi: 10.1023/A: 1019008202235.
[14] Lee S-H, Han J-S, Lee K-Y(2002)Development of PROX(preferential oxidation of CO)system for 1 kWe PEMFC. Kor J Chem Eng 19: 431-433. doi: 10.1007/BF02697152.
[15] Lee S-H, Han J-S, Lee K-Y(2002)Development of 10-kWe preferential oxidation for fuel cell vehicles. J Power Sources 109: 394-402. doi: 10.1016/S0378-7753(02)00096-4.
[16] Batista MS, Santiago EI, Assaf EM, Ticianelli EA(2004)High efficiency steam reforming of ethanol by cobalt-based catalysts. J Power Sources 134: 27-32. doi: 10.1016/j.jpowsour.2004.01.052.
[17] Heinzel A, Vogel B, Hubner P(2002)Reforming of natural gas-hydrogen generation for small scale stationary fuel cell systems. J Power Sources 105: 202-207. doi: 10.1016/S0378-7753(01)00940-5.
[18] Zalc JM, Loffler DG(2002)Fuel processing for PEM fuel cells: transport and kinetic issues of system design. J Power Sources 111: 58-64. doi: 10.1016/S0378-7753(02)00269-0.

[19] Chen G, Yuan Q, Li H, Li S(2004)CO selective oxidation in a microchannel reactor for PEM fuel cell. Chem Eng J 101: 101-106. doi: 10.1016/j.cej.2004.01.020.
[20] Gasteiger HA, Markovic NM, Ross PN Jr, Cairns EJ(1994)Carbon monoxide electrooxidation on well-characterized platinum-ruthenium alloys. J Phys Chem 98: 617-625. doi: 10.1021/j100053a042.
[21] Gasteiger HA, Markovic NM, Ross PN Jr (1995) H_2 and CO electrooxidation on well-characterized Pt, Ru, and Pt-Ru. 2. Rotating disk electrode studies of CO/H_2 mixtures at 62 degree C. J Phys Chem 99: 16757-16767. doi: 10.1021/j100045a042.
[22] Grgur BN, Zhuang G, Markovic NM, Ross PN Jr(1997)Electrooxidation of H_2/CO mixtures on a well-characterized Pt75Mo25 alloy surface. J Phys Chem B 101: 3910-3913. doi: 10.1021/jp9704168.
[23] Ley KL, Liu R, Pu C, Fan Q, Leyarovska N, Segree C, Smotkin ES(1997)Methanol oxidation on single-phase Pt-Ru-Os ternary alloys. J Electrochem Soc 144: 1543-1548. doi: doi.org/10.1149/1.1837638.
[24] Chen KY, Shen PK, Tseung ACC(1995)Anodic oxidation of impure H_2 on teflon-bonded Pt-Ru/WO_3/C electrodes. J Electrochem Soc 142: L185-L187. doi: doi.org/10.1149/1.2050038.
[25] Mukerjee S, Srinivasan S, Soriaga MP(1995)Role of structural and electronic properties of Pt and Pt alloys on electrocatalysis of oxygen reduction. J Electrochem Soc 142: 1409-1422. doi: doi.org/10.1149/1.2048590.
[26] Wang K, Gasteiger HA, Markovic NM, Ross PN Jr(1996)On the reaction pathway for methanol and carbon monoxide electrooxidation on Pt-Sn alloy versus Pt-Ru alloy surfaces. Electrochim Acta 41: 2587-2593. doi: 10.1016/0013-4686(96)00079-5.
[27] Gasteiger HA, Markovic NM, Ross PN Jr (1995) H_2 and CO electrooxidation on well-characterized Pt, Ru, and Pt-Ru. 1. Rotating disk electrode studies of the pure gases including temperature effects. J Phys Chem 99: 8290-8301. doi: 10.1021/j100020a063.
[28] Koper MTM, Shubina TE, van Santen RA(2002)Periodic density functional study of CO and OH adsorption on Pt-Ru alloy surfaces: implications for CO tolerant fuel cell catalysts. J Phys Chem B 106: 686-692. doi: 10.1021/jp0134188.
[29] Schmidt VM, Brockerhoff P, Hohlein B, Menzer R, Stimming U (1994) Utilization of methanol for polymer electrolyte fuel cells in mobile systems. J Power Sources 49: 299-313. doi: 10.1016/0378-7753(93)01830-B.
[30] Lin SD, Hsiao TC(1999)Morphology of carbon supported Pt-Ru electrocatalyst and the co tolerance of anodes for PEM fuel cells. J Phys Chem B 103: 97-103. doi: 10.1021/jp982296p.
[31] Acres GJK, Frost JC, Hards GA, Potter RJ, Ralph TR, Thompsett D, Burstein GT, Hutchings GJ(1997)Electrocatalysts for fuel cells. Catal Today 38: 393-400. doi: 10.1016/S0920-5861(97)00050-3.
[32] Iorio T, Yasuda K, Siroma Z, Fujiwara N, Miyazaki Y(2003)Enhanced CO-tolerance of carbon-supported platinum and molybdenum oxide anode catalyst. J Electrochem Soc 150: A1225-A1230, http://dx.doi.org/10.1149/1.1598211.
[33] Lipkowski J, Ross PN(1998)Electrocatalysis. Wiley-VCH, New York.
[34] Markovic NM, Ross PN(2002)Surface science studies of model fuel cell electrocatalysts. Surf Sci Rep 45: 117-230. doi: 10.1016/S0167-5729(01)00022-X.
[35] Watanabe M, Moto S(1975)Electrocatalysis by ad-atoms part II. Enhancement of the oxidation of methanol on platinum by ruthenium ad-atoms. J Electroanal Chem 60: 267-273. doi: 10.1016/S0022-0728(75)80261-0.
[36] Anderson AB, Grantscharova E, Seong S(1996)Systematic theoretical study of alloys of platinum for enhanced methanol fuel cell performance. J Electrochem Soc 143: 2075-2082, http://dx.doi.org/10.1149/1.1836952.
[37] Mukerjee S, Lee SJ, Ticianelli EA, McBreen J, Grger BN, Markovic NM, Ross PN Jr, Giallombardo PN, DeCatro ES(1999)Investigation of enhanced CO tolerance in proton exchange membrane fuel cells by carbon supported PtMo alloy catalyst. Electrochem Solid State Lett 2: 12-15, http://dx.doi.org/10.1149/1.1390718.
[38] Ticianelli EA, Mukerjee S, Lee SJ, McBreen J, Giallombardo JR, De Castro ES(1998)In: Gottesfeld S, Fuller TF, Halpert G(eds)Proton conducting membrane fuel cells, PV 98-27, The electrochemical society proceedings series, Pennington, NJ, p. 162.
[39] Grgur BN, Markovic NM, Ross PN(1999)The electro-oxidation of H_2 and H_2/CO mixtures on carbon-supported PtxMoy alloy catalysts. J Electrochem Soc 146: 1613-1619, http://dx.doi.org/10.1149/1.1391815.
[40] Grgur BN, Markovic NM, Ross PN(1999)In: Gottesfeld S, Fuller TF, Halpert G(eds)Proton conducting membrane fuel cells, PV 98-27, The electrochemical society proceedings series, Pennington, NJ, p. 177.
[41] Zhang H, Wang Y, Fachini ER, Cabrera CR(1999)Electrochemically codeposited platinum/molybdenum oxide electrode for catalytic oxidation of methanol in acid solution. Electrochem Solid State Lett 2: 437-439. doi: doi.org/10.1149/1.1390863.
[42] Igarashi H, Fujino T, Zhu Y, Uchida H, Watanabe M(2001)CO tolerance of Pt alloy electrocatalysts for polymer electrolyte fuel cells and the detoxification mechanism. Phys Chem Chem Phys 3: 306-314. doi: 10.1039/B007768M.
[43] Markovic NM, Ross PN(2000)Electrocatalysts by design: from the tailored surface to a commercial catalyst. Electrochim Acta 45: 4101-4115. doi: 10.1016/S0013-4686(00)00526-0.
[44] Gasteiger HA, Markovic NM, Ross PN(1996)Structural effects in electrocatalysis: electrooxidation of carbon monoxide on Pt_3Sn single-crystal alloy surfaces. Catal Lett 36: 1-8. doi: 10.1007/BF00807197.
[45] Markovic NM, Widelov A, Ross PN, Monteiro OR, Brown IG(1997)Electrooxidation of CO and CO/H_2 mixtures on a Pt-Sn catalyst prepared by an implantation method. Catal Lett 43: 161-166. doi: 10.1023/A:1018907110025.
[46] Ocko BM, Wang J, Davenport A, Isaacs H (1990) In situ X-ray reflectivity and diffraction studies of the Au (001) reconstruction in an electrochemical cell. Phys Rev Lett 65: 1466-1469. doi: 10.1103/PhysRevLett.65.1466.
[47] Tidswell IM, Markovic NM, Ross PN(1993)Potential dependent surface relaxation of the Pt(001)/electrolyte interface. Phys Rev Lett 71: 1601-1604. doi: 10.1103/PhysRevLett.71.1601.
[48] Lima A, Coutanceau C, Leger JM, Lamy C(2001)Investigation of ternary catalysts for methanol electrooxidation. J Appl Electrochem 31: 379-386. doi: 10.1023/A:1017578918569.
[49] Gotz M, Wendt H(1998)Binary and ternary anode catalyst formulations including the elements W, Sn and Mo for PEMFCs operated on methanol or reformate gas. Electrochim Acta 43: 3637-3644. doi: 10.1016/S0013-4686(98)00121-2.
[50] Holleck GL, Pasquariello DM, Clauson SL(1999)In: Gottesfeld S, Fuller TF, Halpert G(eds)Proton conducting membrane fuel cells, PV 98-27, The electrochemical society proceedings series, Pennington, NJ, p. 150.
[51] Papageorgopoulos DC, Keijzer M, de Bruijn FA(2002)The inclusion of Mo, Nb and TainPt and PtRu carbon supported electrocatalysts in the quest for improved CO tolerant PEMFC anodes. Electrochim Acta 48: 197-204. doi: 10.1016/S0013-4686(02)00602-3.
[52] Venkataraman R, Kunz HR, Fenton JM(2003)Development of new CO tolerant ternary anode catalysts for proton exchange membrane fuel cells. J

Electrochem Soc 150: A278-A284. doi: doi.org/10.1149/1.1543567.
[53] He C, Kunz HR, Fenton JM(2003) Electro-oxidation of hydrogen with carbon monoxide on Pt/Ru-based ternary catalysts. J Electrochem Soc 150: A1017-A1024. doi: doi.org/10.1149/1.1583714.
[54] Liang Y, Zhang H, Zhong H, Zhou X, Tian Z, Xu D, Yi B(2006) Preparation and characterization of carbon-supported PtRuIr catalyst with excellent CO-tolerant performance for proton-exchange membrane fuel cells. J Catal 238: 468-476. doi: 10.1016/j.jcat.2006.01.005.
[55] Liang Y, Zhang H, Tian Z, Zhu X, Wang X, Yi B(2006) Synthesis and structure-activity relationship exploration of carbon-supported PtRuNi nanocomposite as a CO-tolerant electrocatalyst for proton exchange membrane fuel cells. J Phys Chem B 110: 7828-7834. doi: 10.1021/jp0602732.
[56] Bohm H, Pohl FA(1968) Wiss. Ber, AEG-Telefunken, (Allg. Elektricitaets-Ges)-Telefunken 41: 46.
[57] von Benda K, Binder H, Kohling A, Sandstede G(1972) Electrocatalysis to fuel cells. University of Washington Press, Seattle.
[58] von Benda SP(1975) Surface characterization of catalytically active tungsten carbide. J Catal 39: 298-301. doi: 10.1016/0021-9517(75)90335-8.
[59] Ross PN, Stonehart P(1977) The relation of surface structure to the electrocatalytic activity of tungsten carbide. J Catal 48: 42-59. doi: 10.1016/0021-9517(77)90076-8.
[60] Christian JB, Mendenhall RG(2003) Tungsten containing fuel cell catalyst and method of making them. US Patent 6, 656, 870.
[61] Christian JB, Mendenhall RG(2006) Tungsten containing fuel cell catalyst and method of making them. US Patent 7, 060, 648.
[62] McIntyre DR, Burstein GT, Vossen A(2002) Effect of carbon monoxide on the electrooxidation of hydrogen by tungsten carbide. J Power Sources 107: 67-73. doi: 10.1016/S0378-7753(01)00987-9.
[63] Izhar S, Nagai M(2008) Cobalt molybdenum carbides as anode electrocatalyst for proton exchange membrane fuel cell. J Power Sources 182: 52-60. doi: 10.1016/j.jpowsour.2008.03.084.
[64] Nagai M, Yoshida M, Tominaga H(2007) Tungsten and nickel tungsten carbides as anode electrocatalysts. Electrochim Acta 52: 5430-5436. doi: 10.1016/j.electacta.2007.02.065.
[65] Izhar S, Yoshida M, Nagai M(2009) Characterization and performances of cobalt-tungsten and molybdenum-tungsten carbides as anode catalyst for PEFC. Electrochim Acta 54: 1255-1262. doi: 10.1016/j.electacta.2008.08.049.
[66] Tasik GS, Miljanic SS, Kaninski MPM, Saponjic DP, Nikolic VL(2009) Non-noble metal catalyst for a future Pt free PEMFC. Electrochem Commun 11: 2097-2100. doi: 10.1016/j.elecom.2009.09.003.
[67] Li B, Qiao J, Zheng J, Yang D, Ma J(2009) Carbon-supported Ir-V nanoparticle as novel platinum-free anodic catalysts in proton exchange membrane fuel cell. Int J Hydrogen Energy 34: 5144-5151. doi: 10.1016/j.ijhydene.2009.04.013.
[68] Wang B(2005) Recent development of non-platinum catalysts for oxygen reduction reaction. J Power Sources 152: 1-15. doi: 10.1016/j.jpowsour.2005.05.098.
[69] Norskov JK, Rossmeisl J, Logadottir A, Lindqvist L, Kitchin JR, Bligaard T, Jonsson H(2004) Origin of the overpotential for oxygen reduction at a fuel-cell cathode. J Phys Chem B 108: 17886-17892. doi: 10.1021/jp047349j.
[70] Gewirth AA, Thorum MS(2010) Electroreduction of dioxygen for fuel-cell applications: materials and challenges. Inorg Chem 49: 3557-3566. doi: 10.1021/ic9022486.
[71] Masel RI(1995) Principles of adsorption and reaction on solid surfaces. Wiley, New York.
[72] Gasteiger HA, Kocha SS, Sompalli B, Wagner FT(2005) Activity benchmarks and requirements for Pt, Pt-alloy, and non-Pt oxygen reduction catalysts for PEMFCs. Appl Catal B 56: 9-35. doi: 10.1016/j.apcatb.2004.06.021.
[73] Peng Z, Yang H(2009) Designer platinum nanoparticles: control of shape, composition in alloy, nanostructure and electrocatalytic property. Nano Today 4: 143-164. doi: 10.1016/j.nantod.2008.10.010.
[74] Chen JY, Lim B, Lee EP, Xia YN(2009) Shape-controlled synthesis of platinum nanocrystals for catalytic and electrocatalytic applications. Nano Today 4: 81-95. doi: 10.1016/j.nantod.2008.09.002.
[75] Zhang CJ, Luo J, Njoki PN, Mott D, Wanjala B, Loukrakpam R, Lim S, Wang L, Fang B, Xu ZC(2008) Fuel cell technology: nano-engineered multimetallic catalysts. Energy Environ Sci 1: 454-466. doi: 10.1039/B810734N.
[76] Mukerjee S, Srinivasan S(1993) Enhanced electrocatalysis of oxygen reduction on platinum alloys in proton exchange membrane fuel cells. J Electroanal Chem 357: 201-224. doi: 10.1016/0022-0728(93)80380-Z.
[77] Toda T, Igarashi H, Uchida H, Watanabe M(1999) Enhancement of the electroreduction of oxygen on Pt alloys with Fe, Ni, and Co. J Electrochem Soc 146: 3750-3756. doi: 10.1149/1.1392544.
[78] Colon-Mercado HR, Kim H, Popov BN(2004) Durability study of Pt3Nij catalysts as cathode in PEM fuel cells. Electrochem Commun 6: 795-799. doi: 10.1016/j.elecom.2004.05.028.
[79] Wei Z, Guo H, Tang Z(1996) Heat treatment of carbon-based powders carrying platinum alloy catalysts for oxygen reduction: influence on corrosion resistance and particle size. J Power Sources 62: 233-236. doi: 10.1016/S0378-7753(96)02425-1.
[80] Salgado JRC, Antolini E, Gonzalez ER(2004) Structure and activity of carbon-supported Pt-Co electrocatalysts for oxygen reduction. J Phys Chem B 108: 17767-17774. doi: 10.1021/jp0486649.
[81] Colon-Mercado HR, Popov BN(2006) Stability of platinum based alloy cathode catalysts in PEM fuel cells. J Power Sources 155: 253-263. doi: 10.1016/j.jpowsour.2005.05.011.
[82] Yu F, Pemberton M, Plasse P(2005) PtCo/C cathode catalyst for improved durability in PEMFCs. J Power Sources 144: 11-20. doi: 10.1016/j.jpowsour.2004.11.067.
[83] Bonakdarpour A, Wenzel J, Stevens DA, Sheng S, Monchesky TI, Lobel R, Atanasoski RT, Schmoeckel AK, Vernstrom GD, Debe MK, Dahn JR(2005) Studies of transition metal dissolution from combinatorially sputtered, nanostructured $Pt_{1-x}M_x$ (M = Fe, Ni; $0 < x < 1$) electrocatalysts for PEM fuel cells. J Electrochem Soc 152: A61-A72. doi: 10.1149/1.1828971.
[84] Protsailo L, Haug A(2005) Electrochemical society meeting abstracts, 208th ECS Meeting, Los Angeles, CA.
[85] Thompsett D(2003) In: Vielstich W, Gasteiger H, Lamm A(eds) Handbook of fuel cells—fundamentals, technology and applications vol. 3, Wiley, Chichester, UK.
[86] Ralph TR, Keating JE, Collis NJ, Hyde TI(1997) ETSU Contract Report F/02/00038.
[87] Xiong L, Manthiram A(2005) Effect of atomic ordering on the catalytic activity of carbon supported PtM (M = Fe, Co, Ni, and Cu) alloys for oxygen reduction in PEMFCs. J Electrochem Soc 152: A697-A703. doi: doi.org/10.1149/1.1862256.
[88] Yang H, Vogel W, Lamy C, Alonso-Vante N(2004) Structure and electrocatalytic activity of carbon-supported Pt—Ni alloy nanoparticles toward the oxygen reduction reaction. J Phys Chem B 108: 11024-11034. doi: 10.1021/jp049034+.

[89] Paulus UA, Wokaun A, Scherer GG, Schmidt TJ, Stamenkovic V, Markovic NM, Ross PN(2002) Oxygen reduction on carbon-supported Pt—Ni and Pt—Co alloy catalysts. J Phys Chem B 106: 4181-4191. doi: 10.1021/jp013442l.

[90] Xie J, Wood DL, Wayne DM, Zawodzinski TA, Atanassov P, Borup RL(2005) Durability of PEFCs at high humidity conditions. J Electrochem Soc 152: A104-A113. doi: doi.org/10.1149/1.1830355.

[91] Lim B, Jiang MJ, Camargo PHC, Cho EC, Tao J, Lu XM, Zhu YM, Xia YA (2009) Pd-Pt bimetallic nanodendrites with high activity for oxygen reduction. Science 324: 1302-1305. doi: 10.1126/science.1170377.

[92] Peng ZM, Yang H(2009) Synthesis and oxygen reduction electrocatalytic property of Pt-on-Pd bimetallic heteronanostructures. J Am Chem Soc 131: 7542-7543. doi: 10.1021/ja902256a.

[93] Zhang J, Sasaki K, Sutter E, Adzic RR(2007) Stabilization of platinum oxygen-reduction electrocatalysts using gold clusters. Science 315: 220-222. doi: 10.1126/science.1134569.

[94] Stamenkovic VR, Flower B, Mun BS, Wang GF, Ross PN, Lucas CA, Markovic NM(2007) Improved oxygen reduction activity on Pt3Ni(111) via increased surface site availability. Science 315: 493-497. doi: 10.1126/science.1135941.

[95] Stamenkovic VR, Mun BS, Arenz M, Mayrhofer KJJ, Lucas CA, Wang G, Ross PN, Markovic NM (2007) Trends in electrocatalysis on extended and nanoscale Pt-bimetallic alloy surfaces. Nat Mater 6: 241-247. doi: 10.1038/nmat1840.

[96] Zhang JL, Vukmirovic MB, Xu Y, Mavrikakis M, Adzic RR(2005) Controlling the catalytic activity of platinum-monolayer electrocatalysts for oxygen reduction with different substrates. Angew Chem Int Ed 44: 2132-2135. doi: 10.1002/anie.200462335.

[97] Adzic R, Zhang J, Sasaki K, Vukmirovic M, Shao M, Wang J, Nilekar A, Mavrikakis M, Valero J, Uribe F(2007) Platinum monolayer fuel cell electrocatalysts. Top Catal 46: 249-262. doi: 10.1007/s11244-007-9003-x.

[98] Zhang J, Mo Y, Vukmirovic MB, Klie R, Sasaki K, Adzic RR(2004) Platinum monolayer electrocatalysts for O_2 Reduction: Pt monolayer on Pd(111) and on carbon-supported Pd nanoparticles. J Phys Chem B 108: 10955-10964. doi: 10.1021/jp0379953.

[99] Zhang J, Lima FHB, Shao MH, Sasaki K, Wang JX, Hanson J, Adzic RR(2005) Platinum monolayer on nonnoble metal-noble metal core-shell nanoparticle electrocatalysts for O_2 reduction. J Phys Chem B 109: 22701-22704. doi: 10.1021/jp055634c.

[100] Zhang J, Vukmirovic MB, Sasaki K, Nilekar AU, Mavrikakis M, Adzic RR(2005) Mixed-metal Pt monolayer electrocatalysts for enhanced oxygen reduction kinetics. J Am Chem Soc 127: 12480-12481. doi: 10.1021/ja053695i.

[101] Shao M, Sasaki K, Marinkovic NS, Zhang L, Adzic RR (2007) Synthesis and characterization of platinum monolayer oxygen-reduction electrocatalysts with Co-Pd core-shell nanoparticle supports. Electrochem Commun 9: 2848-2853. doi: 10.1016/j.elecom.2007.10.009.

[102] Srivastava R, Mani P, Hahn N, Strasser P(2007) Efficient oxygen reduction fuel cell electrocatalysis on voltammetrically dealloyed Pt-Cu-Co nanoparticles. Angew Chem Int Ed 46: 8988-8991. doi: 10.1002/anie.200703331.

[103] Ohno S, Yagyuu K, Nakatsuji K, Komori F(2004) Dissociation preference of oxygen molecules on an inhomogeneously strained Cu(0 0 1) surface. Surf Sci 554: 183-192. doi: 10.1016/j.susc.2004.01.063.

[104] Kammler Th, Kuppers J(2001) The kinetics of the reaction of gaseous hydrogen atoms with oxygen on Cu(1 1 1) surfaces toward water. J Phys Chem B 105: 8369-8374. doi: 10.1021/jp0112222.

[105] Vellianitis DK, Kammler Th, Kiippers J(2001) Interaction of gaseous hydrogen atoms with oxygen covered Cu(1 0 0) surfaces. Surf Sci 482-485: 166-170. doi: 10.1016/S0039-6028(01)00855-X.

[106] Mentus SV(2004) Oxygen reduction on anodically formed titanium dioxide. Electrochim Acta 50: 27-32. doi: 10.1016/j.electacta.2004.07.009.

[107] Limoges BR, Stanis RJ, Turner JA, Herring AM (2005) Electrocatalyst materials for fuel cells based on the polyoxometalates [$PMo_{(12-n)}VnO_{40}$]$^{(3+n)-}$($n=0-3$). Electrochim Acta 50: 1169-1179. doi: 10.1016/j.electacta.2004.08.014.

[108] Lee K, Ishihara A, Mitsushima S, Kamiya N, Ota K(2004) Stability and electrocatalytic activity for oxygen reduction in WC+Ta catalyst. Electrochim Acta 49: 3479-3485. doi: 10.1016/j.electacta.2004.03.018.

[109] Hayashi M, Uemura H, Shimanoe K, Miura N, Yamazoe N(2004) Reverse micelle assisted dispersion of lanthanum manganite on carbon support for oxygen reduction cathode. J Electrochem Soc 151: A158-A163. doi: doi.org/10.1149/1.1633266.

[110] Liu L, Lee JW, Popov BN(2006) Development of ruthenium-based bimetallic electrocatalysts for oxygen reduction reaction. J Power Sources 162: 1099-1103. doi: 10.1016/j.jpowsour.2006.08.003.

[111] Vante A, Tributsch H(1986) Energy conversion catalysis using semiconducting transition metal cluster compounds. Nature 323: 431-432. doi: 10.1038/323431a0.

[112] Alcantara KS, Castellanos AR, Dante R, Feria OS(2006) RuxCrySez electrocatalyst for oxygen reduction in a polymer electrolyte membrane fuel cell. J Power Sources 157: 114-120. doi: 10.1016/j.jpowsour.2005.07.065.

[113] Hara Y, Minami N, Itagaki H(2008) Electrocatalytic properties of ruthenium modified with Te metal for the oxygen reduction reaction. Appl Catal A 340: 59-66. doi: 10.1016/j.apcata.2008.01.036.

[114] Alkantara KS, Feria OS(2008) Kinetics and PEMFC performance of RuxMoySez nanoparticles as a cathode catalyst. Electrochim Acta 53: 4981-4989. doi: 10.1016/j.electacta.2008.02.025.

[115] Alkantara KS, Feria OS(2009) Comparative study of oxygen reduction reaction on RuxMySez(M = Cr, Mo, W) electrocatalysts for polymer exchange membrane fuel cell. J Power Sources 192: 165-169. doi: 10.1016/j.jpowsour.2008.10.118.

[116] Shen MY, Chiao SP, Tsai DS, Wilkinson DP, Jiang JC(2009) Preparation and oxygen reduction activity of stable RuSex/C catalyst with pyrite structure. Electrochim Acta 54: 4297-4304. doi: 10.1016/j.electacta.2009.02.081.

[117] Chiao SP, Tsai DS, Wilkinson DP, Chen YM, Huang YS(2010) Carbon supported Ru1-xFexSey electrocatalysts of pyrite structure for oxygen reduction reaction. Int J Hydrogen Energy 35: 6508-6517. doi: 10.1016/j.ijhydene.2010.04.032.

[118] Sanchez GR, Feria OS(2010) Int J Hydrogen Energy, #5, 12105.

[119] Lee K, Zhang L, Zhang J(2007) Ternary non-noble metal chalcogenide(W-Co-Se) as electrocatalyst for oxygen reduction reaction. Electrochem Commun 9: 1704-1708. doi: 10.1016/j.elecom.2007.03.025.

[120] Susac D, Sode A, Zhu L, Wong PC, Teo M, Bizzotto D, Mitchell KAR, Parsons RR, Campbell SA(2006) A methodology for investigating new nonprecious metal catalysts for PEM fuel cells. J Phys Chem B 110: 10762-10770. doi: 10.1021/jp057468e.

[121] Zhang L, Zhang J, Wilkinson DP, Wang H(2006) Progress in preparation of non-noble electrocatalysts for PEM fuel cell reactions. J Power Sources 156: 171-182. doi: 10.1016/j.jpowsour.2005.05.069.

[122] Bezerra CWB, Zhang L, Lee K, Liu H, Marques ALB, Marques EP, Wang H, Zhang J(2008) A review of Fe-N/C and Co-N/C catalysts for the oxygen reduction reaction. Electrochim Acta 53: 4937-4951. doi: 10.1016/j.electacta.2008.02.012.

[123] Beck F(1977) The redox mechanism of the chelate-catalysed oxygen cathode. J Appl Electrochem 7: 239-245. doi: 10.1007/BF00618991.

[124] Wiesener K(1989) N4 macrocycles as electrocatalysts for the cathodic reduction of oxygen. Mater Chem Phys 22: 457–475. doi: 10.1016/0254-0584(89)90010-2.

[125] Alt H, Binder M, Sandstede G(1973) Mechanism of the electrocatalytic reduction of oxygen on metal chelates. J Catal 28: 8–19. doi: 10.1016/0021-9517(73)90173-5.

[126] Jiang R, Xu L, Jin R, Dong S(1985) Fenxi huaxue. Anal Chem 13: 270.

[127] van Veen JAR, Colijn HA, van Baar JF(1988) On the effect of a heat treatment on the structure of carbon-supported metalloporphyrins and phthalocyanines. Electrochim Acta 33: 801–804. doi: 10.1016/S0013-4686(98)80010-8.

[128] Chu D, Jiang R(2002) Novel electrocatalysts for direct methanol fuel cells. Solid State Ionics 148: 591–599. doi: 10.1016/S0167-2738(02)00124-8.

[129] Liu H, Song C, Tang Y, Zhang J(2007) High-surface-area CoTMPP/C synthesized by ultrasonic spray pyrolysis for PEM fuel cell electrocatalysts. Electrochim Acta 52: 4532–4538. doi: 10.1016/j.electacta.2006.12.056.

[130] Gojkovic SL, Gupta S, Savinell RF(1998) Heat-treated iron (Ⅲ) tetramethoxyphenyl porphyrin supported on high-area carbon as an electrocatalyst for oxygen reduction. J Electrochem Soc 145: 3493–3499. doi: doi.org/10.1149/1.1838833.

[131] Jiang R, Chu D(2000) Remarkably active catalysts for the electroreduction of O_2 to H_2O for use in an acidic electrolyte containing concentrated methanol. J Electrochem Soc 147: 4605–4609. doi: doi.org/10.1149/1.1394109.

[132] Bron M, Fiechter S, Hilgendorff M, Bogdanoff P(2002) Catalysts for oxygen reduction from heat-treated carbon-supported iron phenanthroline complexes. J Appl Electrochem 32: 211–216. doi: 10.1023/A:1014753613345.

[133] Schulenburg H, Stankov S, Schunemann V, Radnik J, Dorbandt I, Fiechter S, Bogdanoff P, Tributsch H(2003) Catalysts for the oxygen reduction from heat-treated Iron (Ⅲ) tetramethoxyphenylporphyrin chloride: structure and stability of active sites. J Phys Chem B 107: 9034–9041. doi: 10.1021/jp030349j.

[134] Ye S, Vijh AK(2003) Non-noble metal-carbonized aerogel composites as electrocatalysts for the oxygen reduction reaction. Electrochem Commun 5: 272–275. doi: 10.1016/S1388-2481(03)00043-2.

[135] Ye S, Vijh AK(2005) Cobalt-carbonized aerogel nanocomposites electrocatalysts for the oxygen reduction reaction. Int J Hydrogen Energy 30: 1011–1015. doi: 10.1016/j.ijhydene.2005.01.004.

[136] Matter PH, Zhang L, Ozkan US(2006) The role of nanostructure in nitrogen-containing carbon catalysts for the oxygen reduction reaction. J Catal 239: 83–96. doi: 10.1016/j.jcat.2006.01.022.

[137] Ma ZF, Xie XY, Ma XX, Zhang DY, Ren Q, Mohr NH, Schimidt VM(2006) A review of heat-treatment effects on activity and stability of PEM fuel cell catalysts for oxygen reduction reaction. Electrochem Commun 8: 389–394. doi: 10.1016/j.jpowsour.2007.08.028.

[138] Faubert G, Lalande G, Cote R, Guay D, Dodelet DP, Weng LT, Bertrand P, Denes G(1996) Heat-treated iron and cobalt tetraphenylporphyrins adsorbed on carbon black: physical characterization and catalytic properties of these materials for the reduction of oxygen in polymer electrolyte fuel cells. Electrochim Acta 41: 1689–1701. doi: 10.1016/0013-4686(95)00423-8.

[139] Fournier J, Lalande G, Cote R, Guay D, Dodelet JP(1997) Activation of various Fe-based precursors on carbon black and graphite supports to obtain catalysts for the reduction of oxygen in fuel cells. J Electrochem Soc 144: 218–226. doi: doi.org/10.1149/1.1837388.

[140] Faubert G, Cote R, Guay D, Dodelet JP, Denes G, Poleunis C, Bertrand P(1998) Activation and characterization of Fe-based catalysts for the reduction of oxygen in polymer electrolyte fuel cells. Electrochim Acta 43: 1969–1984. doi: 10.1016/S0013-4686(97)10120-7.

[141] Cote R, Lalande G, Faubert G, Guay D, Dodelet JP, Denes G(1998) Influence of nitrogen-containing precursors on the electrocatalytic activity of heat-treated Fe(OH)$_2$ on carbon black for O_2 reduction. J Electrochem Soc 145: 2411–2418. doi: doi.org/10.1149/1.1838651.

[142] Faubert G, Cote R, Guay D, Dodelet JP, Denes G, Bertrand P(1998) Iron catalysts prepared by high-temperature pyrolysis of tetraphenylporphyrins adsorbed on carbon black for oxygen reduction in polymer electrolyte fuel cells. Electrochim Acta 43: 341–353. doi: 10.1016/S0013-4686(97)00087-X.

[143] Faubert G, Cote R, Dodelet JP, Lefevre M, Bertrand P(1999) Oxygen reduction catalysts for polymer electrolyte fuel cells from the pyrolysis of Fen acetate adsorbed on 3, 4, 9, 10-perylenetetracarboxylic dianhydride. Electrochim Acta 44: 2589–2603. doi: 10.1016/S0013-4686(98)00382-X.

[144] Lefevre M, Dodelet JP, Bertrand J(2000) O_2 reduction in PEM fuel cells: activity and active site structural information for catalysts obtained by the pyrolysis at high temperature of Fe precursors. J Phys Chem B 104: 11238–11247. doi: 10.1021/jp002444n.

[145] Lefevre M, Dodelet JP, Bertrand P(2002) Molecular oxygen reduction in PEM fuel cells: evidence for the simultaneous presence of two active sites in Fe-based catalysts. J Phys Chem B 106: 8705–8713. doi: 10.1021/jp020267f.

[146] Medard C, Lefevre M, Dodelet JP, Jaouen F, Lindbergh G(2006) Oxygen reduction by Fe-based catalysts in PEM fuel cell conditions: activity and selectivity of the catalysts obtained with two Fe precursors and various carbon supports. Electrochim Acta 51: 3202–3213. doi: 10.1016/j.electacta.2005.09.012.

[147] Jaouen F, Charrarerour F, Dodelet JP(2006) Fe-based catalysts for oxygen reduction in PEMFCS. J Electrochem Soc 153: A689–A698. doi: doi.org/10.1149/1.2168418.

[148] Villers D, Jacques-Bedard X, Dodelet JP(2004) Fe-based catalysts for oxygen reduction in PEM fuel cells. J Electrochem Soc 151: A1507–A1515. doi: doi.org/10.1149/1.1781611.

[149] Jaouen F, Marcotte S, Dodelet JP, Lindbergh G(2003) Oxygen reduction catalysts for polymer electrolyte fuel cells from the pyrolysis of iron acetate adsorbed on various carbon supports. J Phys Chem B 107: 1376–1386. doi: 10.1021/jp021634q.

[150] Lefevre M, Dodelet JP, Bertrand P(2005) Molecular oxygen reduction in PEM fuel cell conditions: ToF-SIMS analysis of Co-based electrocatalysts. J Phys Chem B 109: 16718–16724. doi: 10.1021/jp0529265.

[151] Wang H, Cote R, Faubert G, Guay D, Dodelet JP(1999) Effect of the pre-treatment of carbon black supports on the activity of Fe-based electrocatalysts for the reduction of oxygen. J Phys Chem B 103: 2042–2049. doi: 10.1021/jp9821735.

[152] Zhao F, Harnisch F, Schroder W, Scholz F, Bogdanoff P, Herrmann I(2005) Application of pyrolysed iron(Ⅱ) phthalocyanine and CoTMPP based oxygen reduction catalysts as cathode materials in microbial fuel cells. Electrochem Commun 7: 1405–1410. doi: 10.1016/j.elecom.2005.09.032.

[153] Fraga MA, Jordao E, Mendes MJ, Freita MMA, Faria JL, Figueredo JL(2002) Properties of carbon-supported platinum catalysts: role of carbon surface sites. J Catal 209: 355–364. doi: 10.1006/jcat.2002.3637.

[154] Uchida M, Aoyama Y, Tanabe M, Yanagihara N, Eda N, Ohta A(1995) Influences of both carbon supports and heat-treatment of supported catalyst on electrochemical oxidation of methanol. J Electrochem Soc 142: 2572–2576. doi: doi.org/10.1149/1.2050055.

[155] McBreen J, Olender H, Srinivasan S, Kordesch K(1981) Carbon supports for phosphoric acid fuel cell electrocatalysts: alternative materials and methods of evaluation. J Appl Electrochem 11: 787-796. doi: 10.1007/BF00615184.
[156] Antolini E(2009) Polymer supports for low-temperature fuel cell catalysts. Appl Catal B 88: 1-19. doi: 10.1016/j.apcata.2009.05.045.
[157] Yoo E, Okada T, Kizuka T, Nakamura J(2008) Effect of carbon substrate materials as a Pt-Ru catalyst support on the performance of direct methanol fuel cells. J Power Sources 180: 221-226. doi: 10.1016/j.jpowsour.2008.01.065.
[158] Antolini E, Gonzalez ER(2009) Ceramic materials as supports for low-temperature fuel cell catalysts. Solid State Ionics 180: 746-763. doi: 10.1016/j.ssi.2009.03.007.
[159] Zhang S, Zhu H, Yu H, Hou J, Yi B, Ming P (2007) The oxidation resistance of tungsten carbide as catalyst support for proton exchange membrane fuel cells. Chin J Catal 28: 109-111. doi: 10.1016/S1872-2067(07)60014-X.
[160] Chhina H, Campbell S, Kesler O(2007) Thermal and electrochemical stability of tungsten carbide catalyst supports. J Power Sources 164: 431-440. doi: 10.1016/j.jpowsour.2006.11.003.
[161] Chhina H, Campbell S, Kesler O (2008) High surface area synthesis, electrochemical activity, and stability of tungsten carbide supported Pt during oxygen reduction in proton exchange membrane fuel cells. J Power Sources 179: 50-59. doi: 10.1016/j.jpowsour.2007.12.105.
[162] Antolini E, Gonzalez ER(2009) Polymer supports for low-temperature fuel cell catalysts. Appl Catal B 365: 1-19. doi: 10.1016/j.apcata.2009.05.045.
[163] Feng Y, Alonso-Vante N(2008) Nonprecious metal catalysts for the molecular oxygen-reduction reaction. Phys Status Solidi B 245: 1792-1806. doi: doi.10.1002/pssb.200879537.
[164] Viswanathan B(2009) In: Kaneco S, Viswanathan B, Katsumata H(eds) Photo/electrochem istry and photobiology in the environment, energy and fuel, Research signpost, pp. 1-14.
[165] http://www.evworld.com/news.cfm? newsid=888.

第10章 直接甲醇燃料电池的催化转换过程

C. Bock, B. MacDougall, and C. -L. Sun

直接甲醇燃料电池(DMFC)作为一个整套装置在技术方面的许多描述是随处可见的，因此本章中不包含这些内容。取而代之重点聚焦在甲醇氧化反应电化学的催化过程。然而，在适当的情况下，质子电解液燃料电池(PEMFC)和质子交换膜反应是相关的。

10.1 燃料电池开发与应用的简短历史

燃料电池(FCs)的发明要追溯到19世纪30年代后期。1839年，Christian Friedrich Schoenbein，报告了所谓的燃料电池实验结果[5]。他把充满了氢气和氧气的试管浸入稀硫酸中，而且用铂薄片作为电极，在H_2/O_2之间发现了电压差并测量到电流。斯考恩贝恩的工作聚焦于电化学反应基础。然后，他建议氢气与氧气的化合反应有可能用来发电。在他的研究成果公布了仅1个月后，Walter Grove作了题目为"铂金对于伏打系列和混合气体的影响"[6]的报告。沃尔特·格鲁夫先生连续开展其研究工作，并且于1840年制作了第一个示范工作装置[7]。这些"低"温燃料电池装置最早利用大块金属铂作为电极。他很快认识到：使用这些平滑的、低比表面积铂作为电极无法提供反应所需的足够高扩散界面，因此该装置既不能产生大电流也不能产生高的功率密度。因此格鲁夫探索使用了镀铂材料（即较高比表面积）催化剂电极，试验结果有了明显改善。然而，由于电极孔内充满了电解液，限制了反应物气体向催化剂位点扩散的通道。他最后认识到：为了燃料电池最优化，必须使由气体、液体和固体组成的所谓三相区最佳化。实验验证了使用疏水相可以改进"三相区"的特性[8]。此外。分散的铂催化剂和多孔电极可以获得较高的催化剂表面积[8,9]。几年之后，沉积在高表面积载体上的纳米铂催化剂将会得到广泛应用[10]。

在Schoenbein和Walter Grove的报告之后人们很快使用了比氢气更具吸引力的其他阳极燃料。到目前为止，已探索了能够提供氢气的燃料，像氨、各种乙醇以及碳氢化合物等。虽然酸性电解液好像几乎没有缺点一样显示了更多的吸引力，但碱性和酸性电解液均已被考虑使用。对燃料电池的长期研究工作可以得出如下结论：质子电解液燃料电池(PEMFC)潜在地适合于在运输系统和固定站点方面应用。使用氢气和氧气分别作为阳极、阴极燃料，配套地采用能传导质子的聚合物作为阳极与阴极分隔板，以保持质子电解液燃料电池(PEMFC)连续运转。典型较大的质子电解液燃料电池(PEMFC)可以达到10kW以上。长时间以来，直接甲醇燃料电池(DMFC)被认为是有趣的系统。然而，目前人们认为：直接甲醇燃料电池(DMFC)更适合低功率的发电装置($\ll$10kW)[11]，配带有电池(如应用于踏板车)的 DMFC 看起来也有吸引力，DMFC 与电池联合操作可以增加整套系统有效的工作范围(7~10倍)，电子设备(如手机)行业对 DMFC 也有兴趣。此外，DMFC 之所以对这些应用领域具有吸引力是由于它有高的电荷密度。在 DMFC 装置内部，甲醇起着氢源的作用，且直接供给到阳极区内转化为电力。甲醇燃料直接进料节省了重量和整体设计，不需要在外部利用转化炉将甲醇转化成氢气。必须指出甲醇的电化学氧化反应比非常快速的氢气电氧化反应要缓慢得多，导致 DMFC 比 PEMFC(提供纯净的氢气以驱动)需要更大量的昂贵铂基催化剂。从动力学上甲醇氧化比氢气氧化反应慢，结果产生低电流，因此一个 DMFC 装置输出能力比 PEMFC 装置要低。基于这些事实，普遍认为 DMFC 装置不适于在高动力需求的设备上应用(如汽车工业)。虽然如此，由于供给甲醇作为燃料具有许多吸引人的特点，DMFC 具有很高的技术价值。这些优点包括甲醇的高能量储存密度，甲醇是液体，甲醇容易获取，DMFC 在运行过程中可加注燃料等。尽管目前燃料电池的工作原理普遍的众所周知，若使 PEMFC 和 DMFC 经济可行仍有大量挑战需要克服，然而，作为发电装置，这类燃料电池提供了许多积极的方面，如它的高能量密度、偏远地区易于使用、操作范围宽泛等。

在本章中将讨论在 DMFC 中甲醇氧化反应的电催化方面内容。已公开出版的大量研究和评论文章已覆盖了燃料电池的各个方面。本章重点是甲醇氧化反应和相关反应的电催化作用，并扩展到高比表面积和三维电极等话题。

10.2 引言：直接甲醇燃料电池

10.2.1 直接甲醇燃料电池（DMFC）的基础知识：媒介与燃料的选择

在一个直接甲醇燃料电池中，甲醇被氧化成为二氧化碳，氧气被还原。空气或纯氧气被用作氧气还原反应(ORR)的燃料来源。这些过程显示在反应方程[式(10.1)~式(10.3)]中。需要指出：式(10.1)~式(10.3)显示了一个整体反应过程而不是一个详细的反应机理，机理将在后面讨论。甲醇的氧化反应发生在阳极，而氧气的还原反应发生在阴极。

$$CH_3OH+H_2O \longrightarrow CO_2+6H^++6e^- \qquad (10.1)$$

$$3O_2+6H^++6e^- \longrightarrow 6H_2O \qquad (10.2)$$

总反应式为：

$$CH_3OH+3O_2 \longrightarrow CO_2+3H_2O \qquad (10.3)$$

甲醇氧化反应以及氧气还原反应(ORR)的细节吸引了过去几十年研究人员的大量关注。在实际电池的电极结构中对催化剂使用方面所做的改进以及对阳极和阴极催化剂的活性改进将提高直接甲醇燃料电池(DMFC)的性能。然而，应该指出对于一个 DMFC 装置，更需要甲醇作为燃料而不是纯净的氢气作为燃料，主要改进工作需要放在阳极端。当然，该系统中的其他改进，如更好的氧还原反应(ORR)催化剂和电极，更好的水资源管理，并降低甲醇穿透等也将提高 DMFC 装置的性能。然而，改进阳极催化剂的催化活性、提高它们的稳定性(如保护它们在装置操作过程中免受溶解)是最本质的工作。对于实际的 DMFC 应用，为了使甲醇完全氧化成二氧化碳(见 11.5.1.1 节)通常优选酸性环境。此外，使用酸性的环境可以避免在碱性介质中导致形成碳酸盐化合物的系统问题。而且更稳定的阳极和阴极分离器(膜)对于酸性环境燃料电池也是适用的。因此，除非另有说明，本章节所讨论的反应一般指酸性环境系统。然而，值得注意是：碱性燃料电池系统，它们利用氨气(NH_3)、乙醇、乙二醇或甲醇作为阳极燃料，吸引了很多关注。另外，对碱性系统可能有兴趣的比如太空发电机，在太空形成碳酸盐不是问题。基于无论在阳极还是在阴极在碱性环境下比酸性环境下反应更快的事实，碱性燃料电池系统还是有吸引力的。这允许减少或避免(在氧还原反应的情况下)使用昂贵的贵金属催化剂。非常重要的是：为了实现高功率输出，对于低温酸性燃料电池应采用铂基催化剂。此外，如果使用碳基的阳极燃料，确保燃料完全氧化成二氧化碳是必要的。全部氧化为二氧化碳不仅避免催化剂上的结焦问题，而且避免不受欢迎的或经常中毒产品的产生[12,13]。

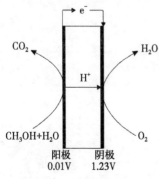

图 10.1 直接甲醇燃料电池的原理示意图

图 10.1 显示说明了 DMFC 工作原理的示意图。这些基本原理通常应用于燃料电池中。DMFC 与 PEMFC 之间的主要差异是前者采用氢气作为阳极燃料而不是甲醇。图 10.1 中原理图显示了一个燃料电池的心脏，它由阳极、阴极和质子传导膜组成。后者也是阳极与阴极分离器，为了阳极与阴极之间不发生短路，分离器必须是电子的非导体。如式(10.1)所示：在阳极生成的质子传输到阴极，并在阴极与氧气还原生成的氧离子(O^{2-})反应形成水(H_2O)，以上反应概括在式(10.2)中。

这就关闭了电路,满足了电中性的条件。通过相对离子传输的通常手段,发生了质子从阳极穿越膜到达阴极的质子移动,相对离子传输由于离子浓度梯度引起,如扩散以及电阻偏移(后者在燃料电池中居主导作用)[14,15]。此外,质子是水合的,水被从阳极拖到阴极,这些没有在图10.1中进行描述。

膜必须能够传导质子。此外,阳极和阴极的催化剂层相对较厚,一般在几个微米的范围内,而且在催化剂床层中也需要质子传导相。另一个燃料电池示意图显示于图10.2中,该图演示了膜电极组装和电极结构的更详细的制作。更多的研究工作一直致力于质子传导、低甲醇穿透、便宜以及低甲醇穿透稳定膜的开发[16]。由于甲醇阳极燃料的丢失,从阳极到阴极的甲醇穿透是不希望的,而且甲醇燃料在阴极氧化将导致低的阴极电势,因此会降低DMFC性能。膜必须能与催化剂层兼容,通过直接方式热压缩形成稳定的膜电极装配而且在操作期间不会有隆起。后者可能会引起催化剂层的开裂,进而导致催化剂层与膜之间的随后分离。大部分普通的全氟磺酸被用于膜以及催化剂层的质子(H^+)导体。全氟磺酸树脂用作膜时存在的主要缺点是高的甲醇穿透,而高的甲醇渗透性结果成为在阳极催化剂层的一个优势。由于全氟磺酸的薄层允许甲醇透过,甲醇燃料进入催化剂活性位的通道不受阳极催化剂层中全氟磺酸存在的阻碍。尽管有穿透问题,全氟磺酸目前仍然被选择为甲醇直接燃料电池(DMFC)膜。如果使用非全氟磺酸的膜,膜电极装件(MEA)的制造和它们在操作期间的稳定性等还存在一些问题,还应该注意甲醇穿透并不能总被认为是消极的。基于甲醇直接燃料电池(DMFC)领域的研究,建议甲醇穿透问题是学术性的,而且它可由燃料电池的选择参数裕度而被抵消[11]。此外,下面三个因素被列为在操作甲醇直接燃料电池(DMFC)系

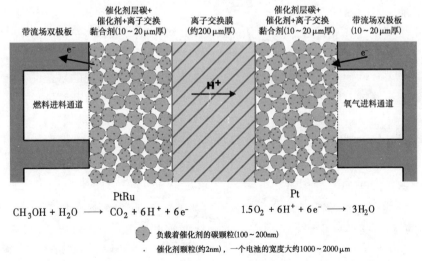

图10.2 显示一个燃料电池的心脏和膜电极组件制造的示意图

统时的有利因素[11]。甲醇穿透是处理干燥条件下水管理问题的一种方式。由于甲醇电氧化反应是放热的而且表面释放的热量是增加排烟温度最有效的方法，因此在启动状况下是有益的。另外，甲醇在膜电极装件（MEA）中扩散导致防冻液物质的分布（可能用于真实系统内），允许在低温环境下甲醇直接燃料电池（DMFC）的使用。

图 10.2 显示一个燃料电池的单个电池的组件，一个实用的装置由一个燃料电池堆栈组成，即几个这样的单元连接在一起。

10.2.2 反应速率和用于低温甲醇直接燃料电池（DMFC）的催化剂性质介绍

按照阿伦尼乌斯模型，甲醇氧化反应速率随着反应温度的升高而增加：

$$K = A \times \exp^{(-E_a/RT)} \tag{10.4}$$

在式（10.4）中，K 是反应速率系数，A 是常数，E_a 是活化能（kJ/mol），R 是通用气体常数[8.314×10^{-3} kJ/(mol·K)]，T 是反应温度（绝对温度）。式（10.4）提出：反应速率增加，相应地，当电池在较高温度下操作时甲醇直接燃料电池（DMFC）的性能提高。一般来说，简单化学反应温度提高 10℃ 反应速率增加 1 倍，甲醇氧化的电化学反应是包含反应物和中间产物在催化剂表面上的吸附和扩散的多级反应，因此像温度每提高 10℃ 甲醇反应速率增加 1 倍的简单反应关系是观察不到的。不过，能够看到随着反应温度增加甲醇氧化反应速率也随之提高[17,18]。例如从 60℃ 升温至 80℃ 的改变导致在 DMFC 中 0.5V 的阳极电势与可逆氢电极（RHE）对应条件下甲醇氧化电流增加 2 倍[17]。明显的，这低于每提高 10℃ 增加 2 倍的预测。

应该注意：对于 DMFC 典型的操作温度范围为 40~80℃，而且液体甲醇供料比蒸汽供料似乎更加可取[18,19]。在较高的温度以及使用蒸汽供料条件下可实现更好的 DMFC 性能[1]。然而，汽化过程消耗能量而且增加系统的复杂性。如果使用甲醇蒸汽供料，从气态的二氧化碳产品中分离出没有使用的甲醇燃料也是必要的。对于如此"低"温的燃料电池应用，需要使用含铂金属的催化剂。铂是独特的而且拥有从甲醇的甲基团的碳中提取氢原子的能力。这导致吸附在催化剂表面上（-CO_{ads}）的 -CO- 型物种的形成。这种物种进一步被水分子中的氧原子氧化为二氧化碳。中间物种和甲醇电化学氧化反应产品的鉴别已成为很多研究的主题[20-32]。甲醇氧化反应仍然是大量研讨的主题。然而，可以说甲醇电化学氧化反应的总机理现已被接受。虽然准确的反应路径和产品产率经常依赖于催化剂，总机理不仅可应用于纯铂催化剂（Pt-only）而且也可应用于双金属铂基催化剂。甲醇氧化反应的产率和反应产品不仅取决于电极的晶体结构和化学结构，而且取决于铂基电极的粗糙度。对于纯铂电极的研究已经持续几十年,而且已证明:增加阳极催化剂的表面粗糙度,二氧化碳产率远高于平滑的铂电极[33]。已确定的关于电极的粗糙度及结构对于甲醇氧化反应影响的观点将分别在 10.4.1.2 和 10.5.4.1 中讨论。对于纯铂电极上的甲醇氧化反应路径,这些参数显示是关联的。

由于铂和其他可能的贵金属成分(如钌)催化剂的高成本,铂基催化剂通常会分散在高表面积的载体上[34-39]。到目前为止,因为具有导电性和成本便宜的优势,通常采用高表面积的活性炭作为载体。然而,应注意到:已经有几项研究在使用活性炭作载体,如对腐蚀的稳定性。当然,对于阴极,这是一个非常明显的问题,作为一个燃料电池的阴极经历正极化和氧化环境,也就是氧气的存在。然而,碳腐蚀对于阳极可能也是个问题。已知的是阳极部件可能出现燃料短缺的情况。燃料短缺情况可驱使阳极部件衍生氧气,这也导致了非常积极的局部阳极电势,它可利于碳的腐蚀和其氧化成如二氧化碳[40]。这个过程展示在图 10.3 中。因此,对于非碳基催化剂载体材料人们已经寻找了许多年[37,41]。然而,负载在高比表面积炭黑上的纳米催化剂仍然是最常用的催化剂。在过去的几十年中,重大努力也一直致力于改善催化剂结构,如铂合金(见参考文献[42]~[58]中

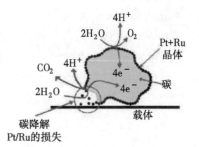

图 10.3 在 DMFC 阳极层的燃料短缺条件下,可能发生的碳氧化生产二氧化碳示意图[40]

例子)。这样做的目标为建立更好的催化活性。至于 DMFC 的阳极,利用所谓的双金属铂基催化剂。双金属铂基催化剂的有效性可追溯到 20 世纪 60 年代,据当时报道,将另一种金属添加到铂上,最有效的为钌,显示:甲醇氧化反应的初始电势大幅度地降低。所谓的双金属铂基催化剂需要达到一个低的阳极超电势(η_{an})。反过来,这导致更高的电池电压,因此有更高的功率(P)输出[见 10.3.1 节中的式(10.8)和式(10.9)]。在低的阳极电势(E_{anode})下比观察到的只含铂的催化剂,双金属机理被认为包含活性-OH_{ads}物种的形成。-OH_{ads}物种是通过水分子的电化学放电反应形成的,在这章中进一步讨论。这允许在较低的 E_{anode} 值甲醇氧化反应,因此结果是较高的电池电压(E_{cell})和较高的 P 值。其他影响如电子(也称为配体)和所谓的第三体效应也可以影响甲醇和一氧化碳的电化学氧化反应。一些报告建议电子效应是非常强的,即在一个电子伏特[59]的一半的范围内。然而,应该指出大量的研究表明有益电子效应是基于利用催化剂系统模型的理论计算。双金属效应已经明显的被接受,与只含铂的催化剂相比不仅能降低甲醇电化学氧化反应的起始电势而且 CO_{ads} 高达 0.3V。

10.3 热力学

10.3.1 平衡电势（E^o）与电池（E_{cell}）电势

甲醇氧化反应[概括在式（10.1）中]的标准电势（E^o）是 0.01V（相对于可逆氢电极 RHE）。氧还原反应[式（10.2）]的 E^o 值是 1.23V。因此，一个甲醇直接燃料电池（DMFC）的最大 E_{cell} 值是 1.22V，E_{cell} 值是阴极电势与阳极电势之差：

$$E_{cell} = E_{cathode} - E_{anode} \qquad (10.5)$$

甲醇直接燃料电池（DMFC）的 1.22V 理论值仅稍稍低于 1.23V 最大 E_{cell} 值，该值是质子交换膜燃料电池在理论上可以实现的。氢气（H_2）到质子（$2H^+$）氧化反应的 E^o 值是 0V（相对于可逆氢电极 RHE）。此外，对于甲醇氧化反应和氧还原反应（ORR）的 E^o 值揭示了阳极的电压要比阴极的电压小。从而由于自由能量推动了甲醇和氧气的电化学转换反应。在实际的燃料电池应用中，影响包括电阻（IR）下降，阳极（η_{an}）和阴极（η_{cat}）的超电势，以及甲醇从阳极到阴极的穿透低于 E_{cell} 值。这些影响的某些在负载量下是可以看到的，如当电力被从燃料电池中断掉，当电池处于平衡而其他已经被观测到，如零负载和当没有净电流测量时。原理图显示于图 10.4 中，说明当电流从系统引出时 E_{cell} 值是如何变化的。在零负荷下，如当没有电流时，一个特定的燃料电池的最大 E_{cell} 值是可测量的。在这些情况下，电池处于开路的电势。如以上所述，一个甲醇直接燃料电池（DMFC）的最大 E_{cell} 值是 1.22V。然而，对于一个实际的燃料电池，低于 1.22V 的 E_{cell} 值是测量的典型的开路电势。这是许多因素造成的，如甲醇从阳极到阴极的穿透，它导致阴极的去极化，即一个低的 $E_{cathode}$ 值。阴极的一个混合势引起了低的 $E_{cathode}$ 值。在甲醇穿透的情况下，三维阴极的部分对应甲醇的存在，即作为"阳极"，而其他部分对应氧气。而且，用于低温燃料电池应用的最先进的阴极催化剂是铂基催化剂。对于阴极的 1.23V 的 E^o 值只能实现不含氧化物的铂催化剂，如金属铂。在有水和氧气存在的情况下，在正电位时铂表面上形成氢氧化物和氧化物。氢氧化铂（PtOH）和氧化铂（PtO）的形成

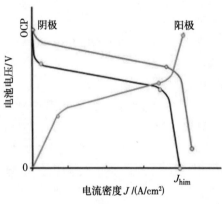

图 10.4 E_{cell} 值组成作为从燃料电池引出的电流密度（J）函数

和减少显示于图 10.5 中,该图显示了在 0.5mol/L 硫酸溶液中一块多晶铂箔的所谓的循环伏安曲线(CV)。x 轴记录电势(E)相对于一个可逆氢电极(RHE),电流(y 轴)记录在恒定速率下(如在 100mV/s)改变铂电极的电势。后者称为扫描速度。铂的电化学特性在文献[21]、[59]中有详细的记载。在低电势时,相对于可逆氢电极 0~0.3V 之间,观察到所谓的蝴蝶峰。它们是金属铂上氢原子($H_{ads/des}$)吸附和解析特性。在正电势扫描中,观察到电流增加,标志铂氧化物的形成。铂氧化物的形成发生几个步骤[60]。

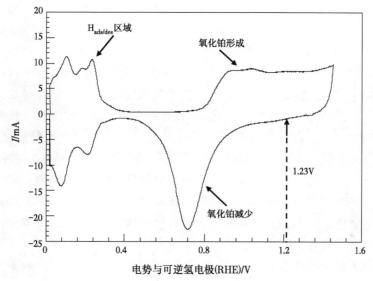

图 10.5 在 0.5mol/L 硫酸溶液中一个多晶铂薄的循环伏安曲线(CV)

首先,形成一个单层的 $Pt-OH_{ads}$,根据式(10.6)和式(10.7)随后形成一个单层的氧化铂(PtO):

$$Pt+H_2O \longrightarrow Pt-OH_{ads}+H^++e^- \tag{10.6}$$

$$Pt-OH_{ads}+H_2O \longrightarrow PtO+H^++e^- \tag{10.7}$$

(在电势高于正极时形成了一个单层氧化铂,在 1.335V 与可逆氢电极、0.5mol/L 的硫酸溶液中,形成了多层铂氧化物)$Pt-OH_{ads}$ 和氧化铂的形成是表面过程。因此,为了形成 $Pt-OH_{ads}$ 和氧化铂,对于不同的扫描速率(<100mV/s)获得相同的 CV 特性和电荷。在负电势扫描期间,铂氧化物被还原,标识在图 10.5 中。铂氧化物的还原过程强烈地依赖于正扫描过程中形成的铂氧化物的量,即它是受用于循环伏安法扫描中上限电位限制的影响。对于图 10.5 的情况,各自的铂氧化物还原启动,并在约 1.1V 和 0.4V 完成。从显示于图 10.5 的循环伏安法扫描看,很显然,在 1.23V 时,铂电极的表面被氧化物覆盖,从而阻止氧气燃料到催化剂位点。氧气的无能力吸附到氧化物覆盖的铂催化剂表面导致在燃料电池

的开路条件下 $E_{cathode}$ 值低于 1.23V。因此，对于实际系统，一个甲醇直接燃料电池和一个质子交换膜燃料电池的 E_{cell} 值分别为 1.22V 和 1.23V(理论上)。铂氧化物的完整还原不需要氧还原反应(ORR)发生。但是，对于一个部分覆盖的氧化物的铂电极来说，一个较小的活性铂(0)区域是有效的，从而降低了氧气的周转率。高 E_{cell} 和电流(I)的值是理想的，由燃料电池产生的 P 值是 E_{cell} 和电流(I)的函数，即：

$$P = E_{cell} \times I \tag{10.8}$$

或者，由功率密度(P^*)和 J，电流密度为：

$$P^* = E_{cell} \times J \tag{10.9}$$

然而，如图 10.4 所示，当电流在系统内流动时，E_{cell} 值下降。E 值变化可以分成三个区域，它们分别是由激活极化、电池阻抗和传质控制主导的区域。如式(10.5)所示，E_{cell} 值是 $E_{cathode}$ 值与 E_{anode} 值之差。当从系统汲取电流时，E_{anode} 和 $E_{cathode}$ 值都以类似的方式变化，它们受到相同的三种影响，即激活极化、电池阻抗和传质控制。对于 FC 在低 J 值下实际的 E_{cell}、E_{anode} 和 $E_{cathode}$ 与电流密度(J)曲线呈现显著的变化，证明在图 10.4 中。该区域中的变化由处于激活控制下的电化学反应的电流-电势(I-V)关系支配。在激活控制区域中，E_{cell} 值等于阴极和阳极的 E^o 值之间的差值，其针对相应的激活区域超电势(η_{act})中损失的校正。激活控制区域的变化是由于发生在电极/反应物界面的电化学反应的缓慢变化。这些损失以指数方式进行，如 Butler-Volmer 方程[见式(10.10)]针对在特定电极处所发生的法拉第反应的描述：

$$I = AJ_o\{\exp[(1-\alpha)nf(E-E_{eq})/RT] - \exp[-\alpha nf(E-E_{eq})/RT]\} \tag{10.10}$$

在式(10.10)中，A 是电极表面积，J_o 是交换的电流密度，E_{eq} 是平衡电势，α 是对称因子。所有其他符号都有它们通常的含义。此外，$E-E_{eq}$ 等于 η_{act}。Butler-Volmer 方程有两种极限情况，第一种是 η_{act} 值 <25mV 情况下的低电场情况。对于低电场的情况，η_{act} 值的变化是很小的，因此，指数项[见式(10.10)]可以近似为线性关系，从而式(10.10)简化为：

$$I/A = J_o nf(E-E_{eq})/RT = J_o nf\eta_{act}/RT \tag{10.11}$$

第二种情况是 η_{act} 值大于 30~100mV 的高电场情况。对于这种情况，电极足够极化以致正向反应的动力学远远快于逆向反应的动力学。例如，对于甲醇氧化反应的情况，仅需要考虑甲醇的氧化反应，而逆向的反应，"甲醇氧化产物"的"还原反应"可以忽略。类似地，仅对于阴极的情况，只需要考虑氧气的还原反应，例如氧离子(O^{2-})或双氧水的氧化反应对于高电场情况下可以忽略。式(10.10)可以简化，对于阳极的情况，见式(10.12)：

$$E_{anode} - E_{eq} = \eta_\alpha = a + b\log(I) \tag{10.12}$$

式(10.12)中所示的简化形式以著名 Tafel 方程的形式写成。符号 a 和 b 是对特定反应和特定温度特异的常数。此外，符号 η_a 代表阳极的过电位，用于指定(10.12)描述阳极的 E-I 关系。

在第二区域中，观察到介电常数 J′s、欧姆损失也有助于 E_{cell} 值的降低。欧姆损耗或 IR 是 I 和电池电阻 R 的乘积。在该区域中，E_{cell} 值遵循以下关系：

$$E_{cell} = \eta_{act} - R \times I \qquad (10.13)$$

在式(10.13)中，I 代表流经电池的总电流，η_{act} 描述了由于在阳极和阴极处的激活控制而引起的损耗。可以使用不同的方法来获得特定电池的 R 值，通常使用电流中断方法。然而，该方法产生[61,62]比其他方法更高的 R 值，例如交流电阻、高频电阻或交流阻抗光谱。从高频电阻获得的 R 值和交流阻抗测量 R 值应该是相同的。此外，这两种方法都涉及应用几个频率的小交流扰动。因此，它们优于电流中断方法的一个数据点测量和在 AC 电阻方法中应用的单个 AC 频率。典型的 R 值在 0.1~0.15Ωcm² 范围内[61,62]。

图 10.4 中显示在更高的 J′s 处，对应于更快的电子转移速率和更快的燃料消耗，观察到 E_{cell} 值的快速下降。该下降与极限电流(I_{lim})或极限电流密度(J_{lim})相关。这种效应的结果是在燃料电池结构中发生有限的传质过程，例如，与受限的燃料或质子运输或在催化剂层内相关联。在这个区域，浓度梯度在燃料电池中累积。由质量传递限制(η_{lim})引入的电势损失定义如下：

$$\eta_{lim} = RT/nf \cdot \ln[I_{lim}/(I_{lim} - I)] \qquad (10.14)$$

在式(10.14)中，I_{lim} 是由浓度梯度产生的极限电流。I_{lim} 的值由可以输送到催化剂表面的反应物的速率，即通过菲克定律(Fick's law)来定义。图 10.4 也表明：I_{lim} 是来自于一个特定的燃料电池的最大电流。

10.3.1.1 直接甲醇燃料电池(DMFC)性能值和催化剂负载的示例

过去的几年中已经开展了 DMFC 的性能改进。在 2002 年进行的一项概念验证研究中，显示 DMFC 可以运行超过 2000h，只有很小的性能损失[18]。在本研究中还讨论了所需的催化剂数量。在阳极和阴极分别使用 Pt-Ru/C 和 Pt/C 催化剂，并分别使用了 117 全氟磺酸膜。在 1mol/L 甲醇阳极与空气阴极情况下，一个 5cm² 的直接甲醇燃料电池在 80℃ 运行。每平方厘米燃料电池面积使用了总量为 3mg 的铂，并且达到了约 110mW/cm² 的最大功率(P_{max})。这是一个概念验证研究以显示 DMFC 确实可以运行 2000h。到目前为止，通常每平方厘米燃料电池使用较少的阳极和阴极催化剂，而且催化剂负载在高表面积的活性炭上。例如，Juelich 实验室的一项研究报告利用 Pt-Ru/C 作为阳极催化剂、Pt/C 作为阴极催化剂。每平方厘米燃料电池的总金属负载量为 (2+2)mg。在 80℃ 和环境压力下，阴极为空气和阳极为 1mol/L 甲醇的 18cm² 单电池运行显示出产生 85mW/cm² 的初

始最大功率 P_{max}。该单电池运行 5000h 后观察到其 P_{max} 值降低了 30%[63]。

10.3.2 燃料电池的驱动力：ΔG 和 ΔE

上面讨论了一个甲醇直接燃料电池（DMFC）的净反应。显示于式（10.3）：
$$CH_3OH + 3O_2 \Longrightarrow CO_2 + 3H_2O$$
一个燃料电池的阳极和阴极反应由反应的自由能（ΔG）的负差驱动，也就是：
$$\Delta G = \Delta G^\circ + RT\ln K \tag{10.15}$$
在式（10.15）中，ΔG° 是标准状态下的自由能，K 是总反应的平衡常数，所有其他符号具有其通常的含义。对于一个甲醇直接燃料电池（DMFC）：
$$K = p_{CO_2}/[CH_3OH][p_{O_2}]^3 \tag{10.16}$$
ΔG° 可以用标准电极电位（ΔE°）的差异来表示，即：
$$\Delta G^\circ = nF\Delta E^\circ \tag{10.17}$$
将式（10.17）插入到式（10.15）中然后产生以下关系：
$$\Delta G^\circ = nF\Delta E^\circ + RT\ln K \tag{10.18}$$
此外，在平衡时，当 ΔG 为 0 时，式（10.18）可以重新组织并且 ΔE° 可以表示为：
$$\Delta E^\circ = -RT \cdot \ln K/nF \tag{10.19}$$
如前所述，在平衡时，$\Delta E^\circ = \Delta E^\circ_{cathode} - \Delta E^\circ_{anode}$，如 $\Delta E^\circ_{O_2/H_2O} - \Delta E^\circ_{CH_3OH/CO_2}$，因此，$\Delta E^\circ = 1.23V - 0.01V = 1.22V \cong 1.2V$。这是零负载下的 E_{cell} 值，反映了理论开路电位值。正如 10.3.1 所讨论的，对于甲醇直接燃料电池（DMFC），由于如甲醇穿透和在铂催化剂表面氧化物的存在等问题，可观测到 ΔE° 值显著低于 1.2V。对于质子交换膜燃料电池（PEMFC）也观察到这种现象。

使用液体阳极燃料操作的甲醇直接燃料电池（DMFC）的优点是不需要气体和液体产物和反应物之间进行转换。在质子交换膜燃料电池（PEMFC）使用氢气的情况下，阳极气体氢气被氧化成为水合质子，如 H_3O^+。质子穿过膜传输到阴极，在那里与由氧气的电化学还原反应所产生的 O^{2-} 离子形成水。因此，在质子交换膜燃料电池以氢气和氧气运行的情况下，两种气体产品被转化为液体。这包含了更高熵状态（1mol 氢气+0.5mol 氧气）的产物向最终液体产物（1mol 水）的变化。

10.4 仅含铂电极上的甲醇和 CO_{ads} 电氧化反应的机理和速率

如前所述，质子交换膜燃料电池（PEMFC）和甲醇直接燃料电池（DMFC）需要铂基催化剂。对于在纯净氢气上运行的质子交换膜燃料电池情况，阳极催化剂层的铂负载量非常低(典型的每平方厘米燃料电池上的铂低于 0.1mg)。因此,在净氢气情况下操作的 PEMFC 的阳极处使用的铂量不是重要问题。对于利用含有一氧化碳杂质的甲醇或氢气进料的燃料电池,在阳极催化剂层中需要高得多的铂催化剂。在后两种情况下每平方厘米燃料电池的铂负载量为几毫克。已经进行了许多研究以了解仅含铂电极甲醇氧化反应的动力学和机理反应,这将在下面讨论。也有研究报告了对于甲醇电氧化反应不含铂催化剂的开发。通常,在这些研究中仅测量甲醇氧化电流,即反应产物的性质和甲醇是否完全氧化成二氧化碳并不总是确定的。在一些情况下,非铂的金属阳极催化剂基于它们更便宜来推进,即使甲醇氧化电流可能远低于观察到的目前技术水平的铂基催化剂。这样的观点是不成立的,对于一个甲醇直接燃料电池(DMFC)的阳极催化剂需要满足甲醇完全氧化为二氧化碳的需要。为了使甲醇至二氧化碳的反应发生,从甲醇的甲基(—CH_3)基团进行氢原子吸附和提取需要发生。

10.4.1 酸性溶液中低表面积铂电极的一般机理

自 20 世纪 60 年代以来,已对甲醇的电氧化反应进行了广泛的研究[20-32]。甲醇到二氧化碳的电氧化反应是一个六电子反应并涉及需要外部氧物质。这种氧物质由水提供。甲醇电氧化反应是多级反应。实际反应产品的产率和产物分布取决于几个因素,例如甲醇的浓度和反应温度[26]。许多研究已经采用了本体铂金属的电极,如多晶铂和单晶铂的电极。多年前已经建立了用"光滑"铂基电极的整体氧化机理(这里使用的"平滑"术语是指具有低粗糙度因数的电极,即类似电化学和几何表面积的电极)。众所周知,即使是大块金属电极也不是完全平滑的,并且具有边缘和扭结位置,这对电催化确实很重要。然而,关于铂本体金属电极上的甲醇电氧化反应的详细机理的讨论仍在进行中。特别地,关于甲醇转化至二氧化碳电化学氧化反应的反应产物和电流效率的细节正在讨论中。准确的反应动力学测量需要一个显著的反应产物的产生及合理的高电流的幅度,因此研究有点复杂。基于实际原因,对在相对正的电势高于相对于 RHE 的 0.5V 情况下,对平滑且低表面积铂电极进行测量。需要注意的是,这些条件不反映用于甲醇直接燃料电池(DMFC)操作条件的 E_{anode} 的目标值,相对于 RHE,该值大于 0.5V。单一碳和富氢分子的甲醇的氧化包括多个步骤。在酸性溶液中,第一步涉及甲醇吸附到铂表面上,随后夺取氢原子,见式(10.20)·式(10.22):

$$Pt_3 + H_3COH \longrightarrow Pt_2-H_2COH + Pt + H^+ + e^- \tag{10.20}$$

$$Pt_2-H_2COH \longrightarrow Pt-HCOH + Pt + H^+ + e^- \tag{10.21}$$

$$Pt-HCOH \longrightarrow Pt-COH + H^+ + e^- \tag{10.22}$$

关于反应式(10.22)中所示的中间体的确切性质和取向已经有很多争论。在早期的研究中，有研究者认为最终夺取氢步骤导致醛(-COH)的生成，如式(10.22)所示。各种放射化学和电化学方法已经被用于研究从许多有机分子吸附和形成中间物种[28-32]。现在普遍接受的是形成Pt-CO$_{ads}$物质。Pt-CO$_{ads}$物质也被称为在甲醇氧化反应期间形成的中毒中间体。需要注意的是，这些结论是基于用原位电化学红外光谱(原位红外)测量检测到的Pt-CO$_{ads}$[29,30,32]。这些测量用于研究吸附的表面物质的性质。然而，IR光谱的收集需要几秒的时间。这种方法没有检测到较短寿命的物质。因此，不知道通过原位IR检测到的Pt-CO$_{ads}$物质是否快速形成或通过最初形成的-COH物质的较慢反应转化，见式(10.23)：

$$Pt-COH \longrightarrow Pt-CO_{ads} + H^+ + e^- \tag{10.23}$$

实际上，NMR研究为转换反应提供了支持和认为-CO$_{ads}$物种形成需要较长的时间(几秒钟)[64]。甲醇转化为二氧化碳的完整氧化反应需要外部的氧原子。后者通过水在铂表面上的氧化吸附反应形成-OH$_{ads}$物质，显示于式(10.24)中。-OH$_{ads}$物质可以氧化Pt-CO$_{ads}$类物质完全转化为二氧化碳，从而释放铂催化剂位点，见式(10.25)：

$$Pt + H_2O \longrightarrow Pt-OH_{ads} + H^+ + e^- \tag{10.24}$$

$$Pt-OH_{ads} + Pt-CO_{ads} \longrightarrow 2Pt + CO_2 + H^+ + e^- \tag{10.25}$$

根据该反应机理，需要三个铂位点用于吸附的甲醇分子[见式(10.20)]，并且与水形成-OH$_{ads}$时需要另外的铂分子[见式(10.24)]。依据式(10.25)，对甲醇吸附反应有活性的催化剂位点应优选紧密接触其中对-OH$_{ads}$反应有活性的催化剂位点。-CO$_{ads}$分子可以穿过催化剂表面扩散到一个-OH$_{ads}$的活性位点。然而，由于其表面扩散过程可能需要时间这是所不希望的，因此导致较慢的总氧化速率(见7.3.1节)。该表面扩散过程和在低电位下通过对气态一氧化碳吸附形成-CO$_{ads}$氧化已经被广泛研究，例如，估计-CO$_{ads}$的扩散速率常数在10^{-14}cm/s范围内[65]。需要注意的是，CO$_{ads}$表面扩散速率取决于诸如工作电极的电位和催化剂粒度尺寸等因素。

值得注意的是，甲醇直接燃料电池(DMFC)阳极催化剂经常使用-CO$_{ads}$的电氧化反应来表征[66,67]，因此，本章也要讨论-CO$_{ads}$电氧化反应的特性。通过向电解质溶液鼓入一氧化碳气体形成-CO$_{ads}$，催化剂电极浸入在该电解液中。催化剂工作电极的电势通常是控制在金属催化剂表面上可以形成接近单层-CO$_{ads}$的值。可以提取关于催化剂表面的有用信息，即使由气态一氧化碳形成的-CO$_{ads}$和在甲醇氧化反应期间形成的中毒中间体(-CO$_{ads}$型)物质被认为是不同的。在铂电极表面上的-CO$_{ads}$的结合已经是一些讨论的主题。已经有许多关于原位红外光谱的研究[29,30,32,68,69]。然而，原位红外测量通常表明，对于溶解在电解质溶液中"一氧化碳气体"吸附形成的$-CO_{ads}$和在甲醇氧化反应期间形成的CO_{ads}，都是线性键合到铂电极上的[68]。该$-CO_{ads}$峰的波数可以测量CO_{ads}与电极表面的结合强度。通常，用电极电位的变化来观察CO_{ads}峰位置的偏移。一些观察到的波位置的移动可以归因于工作电极电位的变化(如围绕工作电极的外部静态场的变化)，而不仅仅是接合强度的变化。这些变化与一种被称为斯塔克效应的现象相关。

10.4.1.1 对碱性和"干"介质中甲醇电氧化机理的评论

式(10.20)~式(10.25)描述了在酸性介质中甲醇的电氧化反应，但是对在碱性介质中的情形也进行了研究。使用碱性介质具有优点和许多缺点。后者是实质性的，因此制造碱性直接甲醇燃料电池(DMFC)装置对于大多数应用不实用。与电化学在酸中观察到的反应速率相比，碱性介质的优点是无论氧还原反应(ORR)还是甲醇的氧化反应都得到增强。在氧还原反应(ORR)的情况下，不需要铂催化剂，并且可以使用更便宜的催化剂。在碱性溶液中的甲醇氧化速率增强解决方案源自这样一个事实：严格来说甲醇是酸，如：

$$CH_3OH+H_2O \longleftrightarrow CH_3O^-+H_3O^+ \tag{10.26}$$

甲醇的pK_a为15，因此，在碱性环境中，一部分甲醇以去质子化的形式存在，如CH_3O^-形式。例如，对于0.01mol/L氢氧化钠溶液，0.1%的甲醇分子以CH_3O^-阴离子的形式存在。甲醇和CH_3O^-的氧化反应的途径是不同的。去质子化CH_3O^-物质的氧化也更快。CH_3O^-的氧化不通过从$-CH_3$基团夺取氢原子来进行。CH_3O^-阴离子通过其氧基团吸附在铂催化剂表面上。通过这种机理的氧化反应产生的二氧化碳不是最终的氧化产物，但是可以形成二聚或偶联产物。这可以通过CH_3O^*基团的形成和Kolbe型反应来进行，即两个邻近的自由基分子的自由基反应。偶联产物可以是甲醛缩二甲醇$[H_2C(OCH_3)_2]$和甲酸甲酯($HCOOCH_3$)。此外，即使甲醇的$6\text{-}e^-$氧化反应也不会导致在碱性介质中形成二氧化碳，而是形成碳酸盐CO_3^{2-}。因为它形成固体产物，CO_3^{2-}形成不是所希望的，其可以在燃料电池中阻断燃料和产物的通道。应当注意：已经被探索为潜在阳极燃料的其他有机物质如乙醇和乙二醇也是酸。因此，对于甲醇在碱性溶液中也存在相同的问题。

准确的氧化机理和产物分布当然取决于氧化条件，即电位范围、电极和甲醇转化为水的比率[12,13,26]。事实上，对于甲醇氧化反应转化为水的比率应该是非常重要的[12]。在不存在水的情况下，即在"干"介质中，甲醇氧化反应通过甲醇O—H裂解发生，即：

$$CH_3OH \longrightarrow (CH_3O)_{ads}+H_{ads} \tag{10.27}$$

这类似于在碱性溶液中甲醇氧化的途径。由于这样复杂的问题产生于碱性溶液中，本章着重于在酸性介质中的甲醇氧化反应，通常为甲醇转化为水比至少为

1:1。然而，需要强调的是，当探索新燃料、不同介质、新催化剂配方或任何其他新的实验条件时，需要确定最终产物的产生。完全氧化反应，例如甲醇转化至二氧化碳的六电子($6-e^-$)反应，是实际的燃料电池应用以及出于安全原因的本质。

10.4.1.2 在清洁和单晶表面的反应速率：扭结、边缘、平台活性中心

甲醇和CO_{ads}氧化反应都取决于催化剂的表面。因此，相当大的努力一直致力于深入了解使用非常干净和明确定义的铂表面的这些反应的基本原理[70-72]。总之，结果表明甲醇的脱氢反应导致一种$-CO_{ads}$型物质的形成。它通常被称为中毒中间物种，以强调它是$-CO_{ads}$型物质，其不同于通过使气泡一氧化碳气体通过电解质溶液而形成的CO_{ads}，这将在10.4.1中讨论[70]。先前的研究清楚地确定铂表面的结构影响甲醇分解反应和键合以及$-CO_{ads}$型物质的进一步氧化。Sun等[70]对中毒中间体$-CO_{ads}$型物质的形成和氧化进行了广泛的研究。他们利用大量的单晶铂，即低折射率平面[Pt(100)、Pt(111)和Pt(110)]和阶梯表面[Pt(310)、Pt(511)、Pt(610)、Pt(211)、Pt(311)、Pt(332)、Pt(320)、Pt(210)]对多晶铂也进行了研究。基于研究结果得出结论：与平台位点相比，在阶梯表面上促进甲醇氧化反应。他们还提出，由甲醇分解反应形成的中毒中间物种类似于由甲酸形成的中毒物种。Herrero等[73]对低折射率平面铂表面即Pt(111)、Pt(100)和Pt(110)的甲醇氧化反应进行了详细研究。他们对所有三个表面上的甲醇氧化反应都进行了CV、计时电流和Tafel图研究，清楚地观察到甲醇氧化反应取决于表面结构并且还报道受电解质溶液的阴离子的影响。CV结果表明，对于Pt(111)表面的甲醇氧化反应，起始电位可以比对于Pt(110)表面的低0.2V。对于Pt(100)电极甲醇的起始电位最高。在不同的电解质溶液中甲醇的起始氧化电位也不同。然而，表面结构的影响足够大，可以将起始电位值分组如下：Pt(111)<Pt(110)<Pt(100)。此外，磷酸溶液通常显示出最低的起始电位。然而，需要说明的是银/氯化银(Ag/AgCl)电极用作参考。银/氯化银电极是pH值非依赖性电极，因此，不考虑电解液pH值的差异。此外，对于Pt(111)表面甲醇氧化反应的起始电位是最低的。然而，对于Pt(111)电极甲醇氧化电流是最低的。Pt(110)表面产生最高的甲醇电流。根据银/氯化银电极的Pt(110)电极的计时电流数据，计算出了每个铂位点、每秒163个分子的周转数。这是只有铂电极时的高周转次数。

对于三个电极，Pt(111)表面的周转率是最低的。对于该电极观察到低过电位的事实，表明甲醇在Pt(111)表面上的初始解离吸附反应快。然而，进一步氧化为二氧化碳是缓慢的，表明在Pt(111)表面上中毒中间体物质进一步氧化为二氧化碳是困难的。事实上，原位IR研究显示在三个电极表面上形成CO_{ads}，并建

议 CO_{ads} 转化为二氧化碳的氧化速率如下：Pt(110)>(100)>>(111)[75]。因此，在Pt(111)表面上甲醇的吸附和脱氢反应是快的(发生在低电位)，但Pt-OH_{ads}形成和-CO_{ads}完全氧化为二氧化碳[见式(10.25)]需要正电极电位。基于这些结果可知：使用纯单晶Pt(111)催化剂用于甲醇氧化反应并不是一种优势。此外，应当注意，使用低密勒指数铂表面仅限于模型研究而不是实际应用。众所周知，单晶表面的结构在实际的燃料电池应用下改变，其可能涉及电极电势的非常大的变化，可以等同于电势循环条件。

如上所述，电解质溶液的阴离子可以影响甲醇氧化反应。然而，应注意高氯酸和硫酸被认为是良好的电解质。硫酸似乎是甲醇氧化反应的首选，因为它被认为是更接近燃料电池的电解质环境。应避免使用盐酸等电解液，因为氯根(Cl^-)更强烈地吸附并且还具有与在甲醇氧化反应时形成的中间物质反应的倾向。对于氧还原反应(ORR)，阴离子吸附效应具有高相关性。氧还原反应(ORR)电极在比甲醇阳极更多的正电位下操作，因此，对于氧还原反应(ORR)阴极，阴离子吸附可以是非常显著的。当研究氧还原反应(ORR)的动力学时，不能忽略阴离子效应。

总之，可以说使用单晶铂电极进行的研究表明甲醇的吸附和脱氢反应强烈依赖于铂表面结构。扭结、边缘和缺陷位点的活性远高于低活性的平台位点。在纳米铂催化剂的情况下，扭结对平台位点的数量可能是重要的[70,73]。Kinoshita计算了位于边缘和平台位点的铂表面原子的数量对于立方八面体形状[74]的铂颗粒尺寸的依赖性。后者是铂颗粒的理论热力学稳定形式。计算表明，这些位点的数量和比例对铂粒径的依赖性很强。这可以解释观察到对Pt颗粒的尺寸小于5nm的反应速率的依赖性。需要注意的是，还提供了不同的观点来解释粒度效应。此外，作为电化学测试条件的结果，铂纳米颗粒可能经历形状变化。此外，制备的铂纳米颗粒实际形状取决于其制备方法，所得颗粒可以是或不是立方八面体。

10.5 促进甲醇和 CO_{ads} 的电氧化反应：向铂中加入反应促进剂

10.5.1 甲醇和 CO_{ads} 电氧化反应的双功能机理

如上所述，甲醇完全氧化成二氧化碳需要外部氧物质的辅助。它可以是由水的阳极放电反应形成的-OH物质，如式(10.24)和式(10.25)所示的在铂上形成的Pt-OH_{ads}。然而，在铂上的水活化反应发生在相对正电位。对于平滑的多晶铂电极,在 E_{anode} 值比 RHE 大 0.72V 的情况下可以清楚地观察到 Pt-OH$_{ads}$ 的形成反应,如图 10.5 中的 CV 所示。因此,在仅含铂的催化剂上,甲醇和-CO$_{ads}$ 转化为二氧化碳的完全氧化反应在正电势下发生。早在 20 世纪 60 年代,Frumkin 等认识到铂-钌催化剂显示对甲醇氧化反应的催化效果优于仅用铂的催化剂[24]。铂-钌催化剂(其现在通常称为双金属催化剂)允许在较低电位下将甲醇和-CO$_{ads}$ 完全氧化为二氧化碳。事实上,对于纯铂催化剂可以观察到铂-钌催化剂的甲醇氧化电位降低高达 0.3V[66,75]。Pt$_x$Ru$_y$ 催化剂的催化效果如图 10.6 所示。

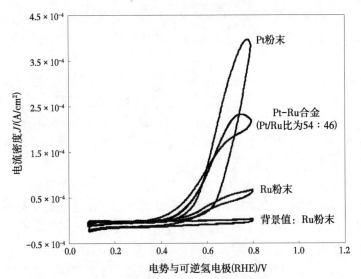

图 10.6　在 0.5mol/L 甲醇+0.5mol/L 硫酸溶液中,在 10mV/s 条件下各种催化剂粉末电极记录的 CV[47]

图 10.6 显示在 0.5mol/L 甲醇+0.5mol/L 硫酸溶液中记录的 CV。可以看到:对于甲醇氧化反应 Pt$_x$Ru$_y$ 合金显示最低的起始电位。双金属系统的催化效果归因于所谓的双功能机理,其涉及钌以低电势吸附水的事实。总结在以下方程中[45]:

$$Pt+CH_3OH \longrightarrow Pt-(CH_3OH)_{ads} \qquad (10.28)$$

$$Pt-(CH_3OH)_{ads} \Longleftrightarrow Pt-(CO)_{ads}+4H^++4e^- \qquad (10.29)$$

$$M+H_2O \longrightarrow M-OH+H^++e^- \qquad (10.30)$$

$$Pt-(CO)_{ads}+M-OH \longrightarrow Pt+M+CO_2+H^++e^- \qquad (10.31)$$

应该指出的是,式(10.28)~式(10.31)是一个示意,展示了整体甲醇氧化反应而不是建议的详细反应机理。式(10.30)和式(10.31)类似于式(10.23)和式(10.24)。然而,在式(10.30)和式(10.31)中,使用 M 而不是仅仅使用铂。M 代表作为形成活性-OH$_{ads}$ 起着活性位点的金属。对于钌金属电极的情况,已知在 RHE 相对于 0~0.2V 范围内表面氧化物(例如 Ru-OH$_{ads}$)的形成已经发生[76]。许多金属甚至金属氧化物已经被探索为用于甲醇和-CO_{ads}的氧化反应的潜在双功能催化剂。然而，对于电化学甲醇氧化反应的最好催化剂仍然是铂-钌基的催化剂。在来自于溶液中一氧化碳和气态一氧化碳形成的CO_{ads}的电化学氧化反应的情况下，像铂氧化钼($Pt-MoO_x$)和铂-锡($Pt-Sn$)体系也表现出相当高的催化效果。然而，后两种体系组分的电化学稳定性是有问题的。根据他们的Pourbaix图，在低电位情况下锡和钼都在酸性溶液中溶解。钌的稳定性也是一个问题(参见10.5.1.3)，虽然其低于类似于锡和钼的组分。从式(10.17)可以清楚地看到，为形成活性-OH_{ads}基团提供吸附位点的金属M需要紧密靠近Pt-CO_{ads}，以便形成快速重组反应的催化剂体系[式(10.31)]，快速形成二氧化碳。因此，在原子尺度上均匀分布的铂至钌位点组成的催化剂表面似乎是优选。已知铂和钌是无序合金，其Ru含量高达60%[77]。因此，铂和钌原子在原子尺度上的随机分布在Pt_xRu_y合金的主体中实现。然而，在Pt_xRu_y合金的表面上的原子尺度上铂和钌原子的随机分布可能不是这种情况。事实上，根据理论研究，除Pt_xAu_y合金之外[78]，对于大多数Pt_xM_y组合发生了铂表面偏析现象。这得到了实验证据的支持[47,79,80]。催化剂和催化剂表面的实际组成取决于制备方法。例如，在低至100℃的温度下在一个氧气(O_2)大气压条件下退火导致氧原子与钌的结合中，从而使钌以钌氧化物的形式进入其表面[79]。此外，如果使用化学还原方法制备催化剂，则相应前体盐的还原速率的差异影响最终催化剂的实际制备。铂的还原通常比低贵金属含量的金属盐还原快。如果是这种情况，则产生由富铂核和富含该组分的表面制成的催化剂。一般的观点是，实际的铂-钌系统由在铂或铂钌(Pt_xRu_y)合金的表面上形成的钌氧化物岛组成[81]。

许多报告讨论了在铂金属电极上形成的钌或钌氧化物岛的甲醇氧化反应的转换率[81-84]。其他研究讨论了Pt_xRu_y合金的甲醇周转率[43-45,47,85]。然而，据我们所知，没有一个单一的研究允许对Pt_xRu_y合金和在铂体电极上形成的钌氧化物岛之间的甲醇氧化速率作比较。需要注意的是，在个别研究中经常采用不同的实验条件，因此数据比较复杂。工作电极的电势、温度、电解质和甲醇浓度以及采样时间的微小差异可能对所得的甲醇周转率具有显著影响。

10.5.1.1 钌的活性形式及其对甲醇周转数的影响

对于双金属铂-钌催化剂中关于什么形式的Ru是最活跃的已经有一些讨论。一些研究提出，钌氧化物(优选水合形式)比Pt_xRu_y合金对甲醇氧化催化剂更加活跃[86]。其他研究有利于钌的还原形式[Ru(0)]提供形成活性-OH_{ads}的最活跃的催化剂位点[81,87,88]。钌的化学和电化学是复杂的，例如，钌金属的表面氧化能在宽的电势范围内发生。在低至0V相对于RHE的电势下表面氧化开始进行[76]。在非常低的电势下已经形成氢氧化钌(RuOH)和氧化钌(RuO)物质(可能是含水的)。这些物质的电化学是可逆的,即它们在阴极扫描中被还原。在更高正电位上发生进一步氧化反应变为 Ru(+Ⅲ)和 Ru(+Ⅳ)物质。

Long 等[86]强烈建议避免双金属 Pt_xRu_y 合金用于甲醇电氧化反应。他们提出了有效的甲醇氧化催化剂由单独的铂和钌氧化物相组成。他们报道:铂金属和水合钌氧化物(RuO_xH_y)混合相催化剂比 Pt_xRu_y 合金催化剂具有更高数量级的活性。他们报道了对于混合相的铂和 RuO_xH_y 催化剂与它们的所谓 Pt^0Ru^0 催化剂粉末在质子标准化甲醇交换电流密度($J_{o,mass}$)有 250 倍的差异。他们使用商业Pt-Ru黑色催化剂粉末用于他们的研究。该粉末按原样使用并称为混合相的 Pt 和 RuO_xH_y 粉末。原样的粉末也在不同的气氛中进行热处理,从而获得还原的 Ru 氧化物形式,即所谓的其他催化剂粉末中的 Pt^0Ru^0 粉末。从 Tafel 图中提取甲醇的氧化活性。在 100~125mV 的电位范围内,对于所研究的每种催化剂可获得五至六个点。然后通过对甲醇氧化反应 E_0 值的外推法,从这些数据估测 $J_{o,mass}$ 值。这涉及相对于 RHE 在 0.3~0.4V 范围内下降到接近 0V,相对于 RHE 测量的五到六个实验数据的外推。检查他们的数据表明所有粉末非常相似的 Tafel 斜率值,除了显示较高 Tafel 斜率的原样粉末外。对一种粉末,即原样粉末,Tafel 斜率值差异没有提供解释。此外,未报导通过在相当窄的电势范围上的几个数据点外推估计的 $J_{o,mass}$ 值的误差计算。在他们的研究中使用和制造的 Pt^0Ru^0 粉末显示最差的性能。该粉末是通过在氢气(H_2)气氛中在 100℃ 下将原样的混合相 Pt 金属和 RuO_xH_y 催化剂粉末还原制造的。已知这些条件足以将水合的钌氧化物还原为 Ru^0;然而,在 100℃ 时混合相粉末能否形成 Pt_xRu_y 合金是个问题。因此,他们的研究似乎没有提供足够的证据来得出 Pt_xRu_y 合金不能(宜)作为甲醇直接燃料电池(DMFC)阳极催化剂的结论。

在另一项研究中,制备和表征了一系列无载体的 Pt-Ru 粉末[88]。通过在低温下快速还原铂和钌的前体盐制备 Pt_xRu_y 合金粉末。二氧化钌(RuO_2)也沉积在预成型上未负载的铂粉末上。将后一种粉末的一部分,RuO_2,在氢气(H_2)气氛中100℃ 还原成 Ru(0)。然后在 0.2~0.7V 相对于 RHE 的宽电势范围内获得这些粉末的甲醇氧化速率。对于相应电极的电活性铂面积,将甲醇氧化电流归一化;因此而获得真实的电催化电流。在恒定电势下研究了 CO_{ads} 溶出伏安法和 CO_{ads} 汽提瞬变以获得关于铂和活性钌位点的位置分布的信息。还从瞬变获得了关于成核和钌位点上易于形成活性-OH_{ads} 的信息。这项研究的结果提出了铂和钌位点在 Pt-Ru 催化剂表面上的分布强烈影响甲醇氧化速率的观点。发现铂至钌表面位点最佳分布的催化剂粉末具有最高甲醇氧化活性,即 Pt_xRu_y 合金。

值得注意的是,选择甲醇直接燃料电池(DMFC)阳极催化剂时还需要考虑 Pt-Ru 催化剂的稳定性。最近的研究表明,与含有单独的 Ru/Ru 氧化物相的

Pt-Ru催化剂相比,在开路电位下Pt_xRu_y合金粉末对于钌溶解的敏感性较低(见10.5.1.3)。

10.5.1.2 铂与钌的最佳比例

式(10.14)~式(10.17)表明铂对钌位点催化剂表面上的分布对甲醇和$-CO_{ads}$氧化反应起主要作用。根据反应方案,由相邻铂至钌位点优化数目组成的催化剂位点的特定组件预期产生最佳催化剂性能。对于$-CO_{ads}$氧化反应的情况,认为一个一氧化碳分子吸附在一个铂位点上。然后提供活性$-OH_{ads}$形式的钌位点需要将一个$-CO_{ads}$分子氧化为二氧化碳。因此,由组成为 1 比 1 的铂钌原子均匀分布表面被认为对于$-CO_{ads}$的氧化反应具有最佳活性。事实上,$x=y$(1∶1 的 Pt/Ru 原子比)的Pt_xRu_y合金通常用于一氧化碳氧化催化剂[43]。对于甲醇电氧化反应的情况,认为甲醇的吸附脱氢反应需要三个铂位点和一个钌位点活性形成$-OH_{ads}$[26]。基于此,已经提出并通过实验数据支持的最佳铂对钌原子位点比为 3∶1[43,47]。在早期的研究中,已经提出当温度从 25℃ 升高到 60℃ 时,最佳 Pt/Ru 比变化从 3∶1 到 1∶1[43]。所提出的最佳 Pt/Ru 比随温度的变化被合理化为由于在升高的T_s'温度下表面钌的活化,即例如 60℃ 下钌也能够吸附甲醇。然而,仔细检查报告的实验数据表明:对于甲醇氧化反应 Pt 与 Ru 的最佳比例与反应温度无关[43,44,47,83],而且对于 25℃ 和 60℃ 范围内,最佳 Pt/Ru 比为 3∶1[47]。然而,应该注意的是,对于Pt_xRu_y合金提出了最佳 Pt/Ru 比为 3∶1。对于非Pt_xRu_y合金催化剂,可以确定不同的表观最佳 Pt/Ru 原子比。还应注意,上述关于最佳 Pt/Ru 比率的研究是针对大块金属型催化剂和未负载的 Pt-Ru 催化剂粉末进行的。因此催化剂体积和表面原子比相对较大。对于纳米催化剂,研究没有得出最佳 Pt 与 Ru 表面比的结论性答案。这是由于以下事实:具有确定组成的纳米 Pt-Ru 体系的合成和表征更复杂。尺寸小于 5nm 的纳米级双金属催化剂颗粒的详细表征不是简单的。此外,控制Pt_xRu_y合金含量和形成小于 5nm 和窄的大小分布的纳米颗粒比整体Pt_xRu_y合金更具挑战性。此外,对于催化剂纳米颗粒,需要避免随后阻碍燃料进入催化剂活性位点的大型稳定剂。

需要注意的是,已经确定了对于大块Pt_xRu_y合金最佳 Pt/Ru 比为 3∶1 和对于阳极电位范围甲醇直接燃料电池(DMFC)的实用操作条件,其相对于 RHE 在 0.3~0.5V 之间[47]。在该阳极电位范围内,$-OH_{ads}$的形成反应[式(10.30)]是速率决定步骤[45],而在更高的正电位,速率决定步骤变成甲醇[式(10.28)]的吸附反应。已经报道了在相对于 RHE 时电极电位为 0.68V 条件下[43],对于甲醇氧化反应的活化焓值为约 30kJ/mol。在相对于 RHE 的小于 0.5V 的低正电位条件下[47],这值低于报道的约 60kJ/mol 的E_{cat}值。该差异可能与甲醇氧化反应的速率决定步骤的变化有关。

10.5.1.3 铂-钌阳极催化剂的稳定性

最近的研究已经证明：从阳极催化剂中溶解的钌可能对甲醇直接燃料电池（DMFC）的性能具有重大不利影响[89-91]。在甲醇直接燃料电池（DMFC）单电池或电池组运行之后，在阴极隔室中发现了大量的钌[89]。这表明溶解的钌是穿过全氟磺酸膜从阳极传输到阴极的。此外，对于钌污染的阴极，已测量出阴极的性能更低[90]。还已知的是：在燃料缺乏条件下发生电化学钌溶解。燃料缺乏条件可以在阳极中局部发生，从而驱动部分阳极释放氧气（O_2）。钌溶解也可以在开路电位下进行。然而，在这种情况下，钌从单独的钌氧化物相中发生溶解，而Pt_xRu_y合金在开路电位下不易于钌溶解[91]。关于钌从铂-钌催化剂中溶解事宜仍有许多未解答的问题。例如，溶解和输送穿过阳极膜的钌的确切性质是未知的。预期形成带电的钌-络合物物质，尽管一些研究也推测可能形成钌氧化物纳米颗粒。研究已经表明：在酸性溶液（通常为 0.5mol/L 硫酸）中，在相对于 RHE 比 0.6V 更高的电位下对钌金属电极发生 Ru(+Ⅲ) 和 Ru(+Ⅳ) 物质的电化学溶解。如图 10.7 所示的从钌金属电极的钌损失量估计作为其电位的函数显示于图 10.7 中[92]。从电化学石英晶体微天平测量得到的结果中可以看出，钌的电化学溶解遵循与电位的指数关系。相对于标准氢电极（SHE），其电位比 0.7V 更高正电位的情况下钌的溶解达到显著水平。

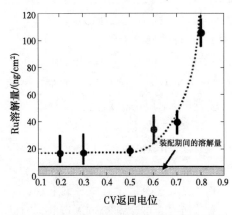

图 10.7 将钌金属电极溶解的钌数量作为相对于标准氢电极（SHE）的测量电势的函数，用电化学石英晶体微天平测量估计的钌溶解量[92]

基于迄今为止进行的钌溶解研究，可以得出结论，Pt_xRu_y合金在开路电位下对钌溶解几乎不敏感。此外，阳极室中的燃料缺乏情况导致钌的电化学溶解，对甲醇直接燃料电池（DMFC）性能伴随有不可逆的有害影响。作为一个经验法则，应该避免使用含有单独的钌组分以及有潜在偏移的较标准氢电极（SHE）阳极正电位高 0.7V 范围内的催化剂，以尽量减少钌的溶解。

10.5.2 第三体（整体）效应：抑制中毒表面物种的形成

除了双功能效应机理之外也已证明导致如甲醇氧化反应的电氧化反应的催化效果。这种效果是所谓的第三体效应[93-95]。这种效应，已经在几十年前有报道，似乎已经广泛用于甲酸的电氧化研究。在存在甲醇的情况下，第三体的催化效果比所观察到的Pt-Ru体系的双官能团机理催化效果小得多,因此对于甲醇氧化反应的应用较少。第三体效应涉及铂电极表面上外来金属(或氧化物)的吸附,例如铅、锑或铋的金属或氧化物。第三体的存在可以改变有机分子的吸附反应,从而阻碍难以完全氧化成二氧化碳的表面物质的形成[93]。如前所述,许多金属和金属氧化物的第三体的稳定性在用于酸性条件下甲醇直接燃料电池(DMFC)操作范围内时稳定性可能很差。另外,需要考虑金属和金属氧化物的毒性。

10.5.3 电子(配体)效应

所谓的电子(有时也称为配体)效应也引起了对甲醇和-CO_{ads}的电氧化反应的大量关注[59,96,97]。事实上,在过去几年里,这种机理似乎比一些研究团队所进行的双功能机理吸引了更多的关注[97]。多年来已对于氧还原反应(ORR)电子效应作为基本要素进行讨论。对甲醇和-CO_{ads}催化氧化的电子效应的许多兴趣似乎源自基于理论工作的报道[96]。科佩尔和诺尔斯科夫的报告可能是近年来关于-CO_{ads}和甲醇氧化反应的电催化剂的理论探索最著名的研究[59,96]。他们模拟了各种Pt-Ru催化剂的表面和所得催化剂"结构"对一氧化碳电氧化反应的影响,研究了不同模型的催化剂表面如Ru(0001)上完全单层的铂以及由完美的Pt_xRu_y合金组成的催化剂表面对一氧化碳的氧化反应和-OH的吸附反应的影响。催化剂被视为散装材料。它们的表面被认为是平坦的,没有曲率。计算表明,与铂相比在Ru(0001)上形成的完全单层的铂制成的催化剂表面在0.5eV范围内更有利地改变-CO_{ads}的结合能[59]。基于这些结果,已经进行了许多尝试以制备由块体金属钌上的单层铂组成的实用催化剂。然而,用于理论研究中的催化剂表面是模型表面,现在已经被普遍接受的,既不是在钌上一个完整单层的铂催化剂,也不是在铂上形成一个完整的单层钌催化剂。类似地,实际的Pt_xRu_y合金催化剂的表面不是完全合金组成的,而是由钌或铂簇组成的,取决于催化剂制备方法,上述已在10.5.1进行过讨论。因此,需要注意的是,实际和理论催化剂体系显示出对电催化效应所产生影响的基本差异。在单层或原子水平上形成这种"完美"结构化催化剂表面的实际能力的缺乏与铂倾向于与大多数元素表面分离的事实一致,并且形成三维团簇而不是单层的。唯一的例外似乎是铂-金(Pt-Au)体系,其中可能形成单层结构和表面合金[78]。

还应当注意,对于任何系统,基质的电子效应在第一单层中是最显著的。基质的影响呈指数衰减,即在以下层中快速衰减。这一事实以及铂与钌强烈的表面分离使得实际的铂-钌体系(由于底层的基质引起的电子变化而显示出实质性催化效果)是否能够在现实中制造出值得怀疑。

10.5.4 三维和高表面积的电极结构

10.5.4.1 平滑相对于高表面积和多孔电极的产物分布和二氧化碳产率

上述许多讨论和反应机理研究适用于平滑或薄层催化剂体系。这种电极的实际真实表面积小，总反应速率相对较低。在真实的直接甲醇燃料电池(DMFC)系统中的阳极催化剂层厚度为十分之几微米，多孔，并且在反应物和催化剂位点之间提供高界面面积的电极。对于平滑高表面积电极，甲醇氧化反应产生二氧化碳的反应机理，产物分布和产率可以是不同的。这对于镀铂电极的情况已经由例如Ota等[33]证实，当然也通过使用Pt(hkl)电极的研究予以验证。该效应是基于以下事实：甲醇、一氧化碳和水的吸附受铂催化剂的边缘和扭结位点的影响。如Ota等的研究，在电解的初始阶段，高表面积铂电极上的甲醇氧化反应的二氧化碳产率可能不是100%。这取决于温度、电位和甲醇的浓度，如可以形成甲酸和甲醛产品。Ota等进一步证明：在几十分钟的电解时间之后，二氧化碳产生的电流效率接近100%。值得注意的是，铂催化剂表面粗糙度对甲醇氧化反应的初始产物分布的影响是非常显著的。对于Pt-Ru催化剂没有观察到相同的延伸(条件是研究中存在足够量的水)，因此在本章中不做进一步讨论。

有人也已经研究了甲醇氧化活性与负载在高表面积炭上的催化剂的铂颗粒大小的关系。对于质量和比活性，观察到甲醇氧化电流取决于铂粒径[98](质量活性是每质量铂测量的电流，而比活性是每质量铂表面积标准化的电流。后者代表催化活性的真实测量数据)。预计观察到随铂粒度减小，质量活性增加。甲醇氧化反应在催化剂表面发生，并且相对于位于本体中的惰性铂原子，铂颗粒尺寸的减小引起铂表面增加。对于在负载的铂纳米颗粒上的甲醇氧化反应，催化剂的Pt纳米颗粒在4~5nm范围内时比活性显示出一个最大值[98]。这可能是由于铂纳米颗粒上的表面与边缘原子的比率的变化(见10.4.1.2)。对于Pt-Ru催化剂的情况，实验数据显示铂纳米颗粒大小对甲醇氧化反应的质量活性有影响，而似乎没有观察到其对比活性的影响。

10.5.4.2 建议使用钌氧化物作为电极结构中的质子传导相

有许多研究探讨了钌氧化物是质子导体的事实。在质子交换膜燃料电池(PEMFC)和甲醇直接燃料电池(DMFC)的催化剂层中，质子的传导是关键参数。事实上，已经报道了对于超过$10\mu m$厚度的阳极催化剂层，质子的传导可能是性能限制因素[99,100]。当然准确的极限厚度取决于甲醇直接燃料电池(DMFC)的操作条件，以及阳极层的确切组成及其制备方法。为了改善质子传导性并且使催化剂更好地利用，已经将铂基催化剂沉积在钌氧化物层上制备阳极催化剂层。这种催化剂层比用电解质作为质子导体结合形成的碳负载型催化剂制备的阳极催化剂层具有潜在优点，因为如果低密度碳组分被消除，则可以制备更薄的电极层。质子导电性和钌氧化物的表面积都与制备方法相关。处理和/或较高温度导致钌氧化物脱水，这伴随着质子传导率的损失。此外，在阳极催化剂层中大量使用单个钌氧化物相引起钌稳定性的问题（见 10.5.1.3）。据了解，这些类型的催化剂层中钌氧化物的稳定性仅在一项研究中提及[100]。用于负载铂颗粒的所谓的二氧化钌（RuO_2）纳米片的稳定性有可能通过循环实验来研究[100]。相对于 RHE 在 0.05~1.2V 之间完成 1000 个电位循环，对于负载二氧化钌（RuO_2）的纳米片铂催化剂，导致初始甲醇质量活性衰减 30%。事实上，对于铂/碳催化剂，观察到的相应的衰减为大约 86%，即明显更小。这被认为二氧化钌纳米片是"积极"的。根据迄今提出的研究，如果这样的催化剂层确实比使用有机离聚物（通常为 Nafion）作为质子导体制备的催化剂更好，结论似乎为时过早。

10.5.4.3 电极催化剂层的制备注意事项

对于质子交换膜燃料电池（PEMFC）和甲醇直接燃料电池（DMFC）的催化剂层实际制备在某种程度上像是一种黑色艺术。存在很多不同的方法。它们中的大多数涉及至少由负载或未负载的催化剂、电解质（Nafion）和溶剂，制成的催化剂层的有效性取决于制备方法、孔隙率和实际组成。例如，过量的电解质可以阻止反应物进入，而不足量的 Nafion 可以导致催化剂层的低的质子传导性。看来可以对用于甲醇直接燃料电池（DMFC）的实际催化剂层的设计、制备和表征进行改进。

10.5.5　铂基催化剂小结

迄今为止，对用于甲醇电氧化反应的催化剂进行的工作表明铂-钌催化剂仍然是最活泼的。Pt_xRu_y 合金催化剂似乎对甲醇电氧化反应表现最佳性能。此外，最近的研究还表明，Pt_xRu_y 合金比含有单一钌相的催化剂具有更好的稳定性[91]。铂钌催化剂更好的性能，被视为钌促进了活性-OH_{ads} 物种的生成，即所谓的双功能机理。一些研究还改进了含有金属氧化物相（如 MoO_x、WO_x、或 H_xWO_y）的铂基催化剂[101-103]。添加 MoO_x 在一氧化碳和-CO_{ads} 的电氧化反应情况下显示出一些前景[102]。然而，含 MoO_x 阳极的电位范围由于 MoO_x 的稳定性问题而受到限制。最初报道：将 H_xWO_y 和 WO_x 添加到铂和铂钌催化剂中产生的增强效果可能归因于对催化剂铂纳米颗粒大小的有益影响（即，导致表面上的贵金属催化剂位点数量大于体积），而不是真正的催化效应[104]。已经进行了制备三元甚至四元铂基催化剂的研究[45]。当然添加第三和第四金属或金属氧化物组分可能增加特定组成的催化剂的合成（例如，所有组分的均匀分布）以及催化剂的表征的挑战。为了解甲醇氧化电流的差异是否确实是由于真正的催化作用，新制或改性催化剂的全面表征是必不可少的。应在原子水平上获得催化剂的体积和表面信息。收集有关后者的可靠信息是具有挑战性的工作。因此，对于甲醇电氧化反应催化剂，组合方法在催化剂开发领域并没有提供任何真正的突破。

对于甲醇电氧化催化剂仍有许多挑战亟待解决。对于纳米级的双金属催化剂、纳米级的 Pt_xRu_y 合金催化剂可控合成方法和铂钌催化剂的稳定性，这些都需要全面的分析表征工具。对于实用甲醇直接燃料电池(DMFC)装置的催化剂层的制备，构造和表征也需要开展更多的工作。

10.6 用于催化剂评价的"纯"电化学方法

在本章的最后几节中，描述了可用于在实验室规模评价催化剂特性的"纯"电化学方法。讨论了允许区分是否测量真实或大规模甲醇氧化催化剂活性的方法。该方法涉及基本的电化学典型设备，通常可用于实验室相关的电催化研究。

10.6.1 区分真正的催化与质量活性

真实的催化活性的测量需要了解所研究的特定催化剂电极的电活性表面积以及确定甲醇电氧化反应的起始电位。

10.6.1.1 催化剂表面积的测定

实际催化剂的评价需要谨慎，以评估是否新制备的催化剂确实显示出更好的催化活性，或如果可能的话观察到所测试催化剂之间由于纯粹的物理性质不同引起的差异，例如，由于质量活性的差异。真实地测量催化活性如甲醇氧化的转化率或每平方厘米实际催化剂表面积的甲醇氧化电流。因此，为了估计真实的催化活性，需要知道电催化剂活性表面积。对于仅含铂的催化剂的情况，可以使用 $H_{ads/des}$ 反应计算催化剂表面积，即对于 $H_{ads/des}$ ($Q_{Hads/des}$)，由相应的 CV 计算观察到的电荷，参见图 10.4。对于双金属催化剂，$H_{ads/des}$ 区通常由于金属或金属氧化物的存在而变形。例如，像所观察到的铂一样，钌金属也在相同的电位区域中吸附氢。然而，与铂不同，$H_{ads/des}$ 电荷与钌表面积不成比例。此外，钌或一部分钌可以不以金属态存在，甚至在 $H_{ads/des}$ 区域中被氧化物覆盖。因此，像 Pt-Ru 使用 $H_{ads/des}$ 区域来估计实际催化剂通常是不合适的。-CO_{ads}电化学氧化反应也被应用于研究铂和铂基催化剂的表面。它被认为是获得有关催化剂表面信息的一个有用的原位探针[67]。已经显示用草酸的电化学氧化反应相结合的方法得到关于催化剂表面积可能有用的信息[105]。后者需要进行活化控制的电化学氧化反应，并且已经应用于未负载的催化剂，即分散粉末型 Pt-Ru 和 Pt-Ru 氧化物催化剂[105]。然而，草酸氧化方法在纳米催化剂中的应用从未被探索。草酸氧化法已应用于 Pt-Ru 粉末催化剂。草酸的吸附和氧化发生在铂金属表面上。其氧化为二氧化碳不遵循双功能机理，因为不需要额外的氧原子以形成二氧化碳。因此，活化控制的草酸氧化电流与铂表面积是成正比的。另一种有用的方法是铜欠电位沉积[106]。铜在铂和钌金属表面上经历欠电位沉积，并且随后可以从表面剥离。已经表明：每个 Pt(0) 和 Ru(0) 原子沉积一个铜原子。然而，这种铜欠电位沉积方法需要知道在铜的欠电位区域内相对于钌氧化物形式以 Ru(0) 存在的表面钌的百分比。

10.6.1.2 甲醇氧化反应的起始电势

甲醇氧化反应的起始电位是描述催化剂的关键参数。可以通过 CV 研究获得起始电位的估测。应使用正电位扫描进行评估。扫描的实际特性受到限制使用正电位的强烈影响。对于多晶体铂电极，当 RHE 比正电位高 0.7V 时，开始形成铂氧化物。铂氧化物阻碍甲醇吸附反应[见式(10.28)]。这导致在正、负电位扫描之间的滞后。甲醇氧化反应的起始电位由通过正扫描中将甲醇氧化电流外推至零电流时来确定。对于甲醇氧化反应的一个较低的起始电位，反映了真正的电催化好处，而在特定的电势下甲醇氧化电流增加，并且对于相同质量的催化剂，可能仅仅是由于催化剂表面积的变化。与铂催化剂相比现有技术的铂-钌催化剂在大约 0.3V 的甲醇氧化超电势下，其表面积显著降低。

一些研究检查在甲醇溶液中记录的 CV 正电位和负电位之间扫描的滞后，以试图进一步深入了解催化剂表面。应当注意，这种滞后强烈取决于催化剂表面的氧化程度。后者对所使用的正电势极限非常敏感。正电势极限中的甚至小的变化通常对滞后现象有影响，因此使数据的解释非常复杂。

10.6.2 确定速率确定步骤和 Tafel 图

对甲醇电氧化反应的速率确定步骤的认识也是重要的。根据阳极的电位范围，速率确定步骤可以改变。速率确定步骤通过研究特定催化剂电极在不同甲醇浓度下的甲醇氧化电流来确定。如果该电流独立于甲醇浓度，则$-OH_{ads}$形成反应[见式(10.30)]是速率确定步骤。如果该电流取决于甲醇浓度，则甲醇的吸附反应是速率确定[见式(10.28)]步骤。在对于实际的甲醇直接燃料电池(DMFC)应用感兴趣的阳极电位范围下，其相对于 RHE 还不及 0.5V，人们观察到甲醇电氧化反应是典型的零级反应[45]。这表明在这个电位范围内$-OH_{ads}$的形成反应而不是甲醇吸附反应是速率确定步骤。

Tafel 斜率测量对于电催化研究也是非常重要的手段。测量应该在较大的电势范围内进行，并且尽可能多点采集数据。取决于催化剂体系，可以获得多于一个的 Tafel 斜率。Tafel 斜率的值也产生反应的速率决定步骤的信息。例如，一个 120mV/dec Tafel 斜率表明初始 1 个电子转移反应的速率确定步骤在甲醇氧化反

应,即[73]:

$$CH_3OH \longrightarrow (CH_2OH)_{ads} + H^+ + e^- \qquad (10.32)$$

Tafel 斜率值可以小于 120mV/dec。然而,真实的 Tafel 斜率值不能大于120mV/dec。然而,可以观察到大于 120mV/dec 的值,这可能反映表面氧化物的形成和/或电阻效应。Tafel 斜率值的变化表示速率确定步骤的一个变化。通常,低的 Tafel 斜率值对于催化剂是优选的。较高的 Tafel 斜率表示对于相同的增量增加电流,阳极电势被移位到更正值。这相当于斜率的损失[见式(10.8)]。

10.6.3 在恒定电势下收集的电流瞬变

10.6.3.1 CO_{ads} 剥离瞬变

在恒定电位下记录的 CO_{ads} 剥离瞬变可产生有关催化剂表面的非常有价值的信息。此外,从这样瞬态收集的信息是电极的特定状态的反映,因为瞬态是在恒定电势下收集的。这与 CV 研究的情况不同,在此期间电极的表面发生改变。这种方法只在几个研究中应用[107-110]。在瞬变记录之前,一氧化碳由鼓泡一氧化碳气体通过电解质溶液吸附到催化剂表面上,同时电极电位保持在低值,即相对于 RHE 为 0.1V。该过程基本上与在记录 CO_{ads} 剥离伏安图之前是相同的。后者的方法在文献中有详细描述。在移除溶液一氧化碳之后,电势被阶跃到感兴趣的值,并且电流作为时间的函数被记录。最初,观察到大的正电流,其反映双层充电电流。电流迅速衰减。随后,观察到-CO_{ads} 氧化反应生成二氧化碳产生的电流。典型的 CO_{ads} 剥离瞬变显示于图 10.8。观察 CO_{ads} 剥离电流增加所需的时间(t_i)反映了引发-CO_{ads} 和-OH_{ads} 位点之间的重组反应所需的时间,即:

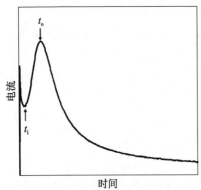

图 10.8 于铂基催化剂在恒定电势下记录的 CO_{ads} 剥离时间瞬变的实例

$$X\text{-}CO_{ads} + M\text{-}OH_{ads} \longrightarrow X + M + CO_2 + H^+ + e^- \qquad (10.33)$$

在式(10.33)中,X 代表吸附一氧化碳的位点。X 可以是铂或钌金属位点,M 代表允许形成-OH_{ads} 的催化剂位点。根据工作电极电位,M 是钌或铂。如果使用相对于 RHE 低 0.5V 的电位,铂可以排除为活性-OH_{ads} 位点的来源。在 t_i 之后,电流在时间 t_o 时增大达到最大值。在 t_i 和 t_o 之间的时间段中,接近活性-OH_{ads} 位点的-CO_{ads} 分子被氧化。在该时间段期间还可能形成额外的-OH_{ads} 位点。t_o 之后,观察到电流的衰减。t_o 之后,靠近活性-OH_{ads} 位点的-CO_{ads} 分子已经被氧化,并且重组反应[式(10.33)]受速率的限制,剩余的-CO_{ads} 分子可以跨越催化剂表面转移到活性的$-OH_{ads}$位点。众所周知，CO_{ads}可以转移到铂基催化剂表面包括游离催化剂表面位点，X^*如下：

$$X-CO_{ads}+X^* \longleftrightarrow X+X^*-CO_{ads} \quad (10.34)$$

可能只有铂催化剂表面位置用作X^*。一氧化碳不能吸附在覆盖钌的氧化物上，并且游离$Ru(0)$位点可能用作$-OH_{ads}$位点。因此，t_o和接近零电流所需的总时间之间的时间反映了剩余$-CO_{ads}$分子和活性$-OH_{ads}$位点之间的间隔距离的测量。如果已知$-CO_{ads}$（D_{COads}）的表面扩散系数，则该时间可以用于估计从最远的$X-CO_{ads}$位点到活性$-OH_{ads}$位点的分离距离，如在参考文献[110]中所描述的。然而，并非很多方法可用于D_{COads}的精确测量，而该数字通常是估算的。

通过t_i与t_o之间的电荷（Q_o）反映$-CO_{ads}$和相近的活性$-OH_{ads}$位点的数目。研究的电极总CO_{ads}电荷Q_o除以t_o（$\%Q_o/t_o$）的百分比（$\%Q_o$）反映了测量的特定催化剂的质量。较大的$\%Q_o$值表示邻近的$-CO_{ads}$和$-OH_{ads}$位点的数目较高。良好的催化剂能在获得的短t_o时间内产生大的$\%Q_o$值。因此，显示出大的$\%Q_o/t_o$值的催化剂是良好的CO_{ads}氧化催化剂。这类分析已经应用于各种铂-钌粉末催化剂[110]。

10.6.3.2 甲醇氧化瞬变

对于特定催化剂的甲醇氧化活性，通常是在一个恒定电势下提取的电流-时间瞬变记录。如上所述，甲醇氧化电流需要对电活性催化剂表面积归一化以提取真正的催化活性。描述试验细节至关重要，至于在记录瞬态之前的工作电极的电位，当然用于记录瞬态的电位，甲醇浓度和电解质溶液，以及在何时记录瞬时甲醇氧化电流。后者是重要的，因为甲醇氧化瞬态没有达到实际的稳态值。几分钟后它达到所谓的伪稳态值。然而，实际的甲醇氧化电流值以慢速率随时间而降低。这被认为是由于催化剂表面的缓慢中毒造成的。

假定对所进行的CO_{ads}剥离反应（见10.6.3.1）与用于剥离吸附甲醇（CH_3OH_{ads}）的反应的电流-时间瞬变分析类似。在低电位下，甲醇从含甲醇的电解质溶液中吸附，随后甲醇氧化反应缓慢。然后，可以通过用不含甲醇的电解质溶液冲洗来代替甲醇电解质溶液，在工作电极的电势维持在低电位下，在步进电位之前以更高正值记录CH_3OH_{ads}剥离瞬变。这种类型的研究可能由于在该催化剂表面上形成低于单层CH_3OH_{ads}的事实而有些复杂。几十年前已研究了在块状铂金属电极上的CH_3OH_{ads}表面分数[26]。甲醇吸附如上所述。然而，不是步进电位来氧化CH_3OH_{ads}，而是电位被扫描从阴极进入H_{ads}区域，并且随后沿正方向穿过铂电极的H_{des}区域。CH_3OH_{ads}抑制H_{ads}反应。因此，在使用和不使用CH_3OH_{ads}进行的CV扫描之间的$Q_{Hads/des}$值产生的差异，测量CH_3OH_{ads}覆盖的表面分数。

10.6.4 交流阻抗光谱

交流阻抗谱已经在几个研究中应用，以检测在电解质溶液中或在MEA的催化剂层中的甲醇电氧化反应[111,112]。交流阻抗是一个非常有用的技术，因为它允许提取大量的参数。在甲醇电氧化反应的情况下，已经提取了甲醇电氧化反应的电荷转移电阻(R_{ct})。记录的甲醇电氧化反应的阻抗谱也显示了低频下的电感。电感(L)已经解释为反映了由甲醇造成的催化剂表面的中毒，例如-CO_{ads}形成。然后使-CO_{ads}在较长的时间范围内氧化，即在滞后的电流中观察到较低的频率电位，即电感。看起来非常相似的等效电路(EQC)描述了用于在电解质溶液中和在甲醇直接燃料电池(DMFC)阳极催化剂层中的甲醇电氧化反应的交流阻抗谱。图10.9显示描述了在DMFC的阳极层中甲醇氧化反应的等效电路(EQC)[112]。R_m是膜电阻，是在电解质溶液中研究甲醇氧化反应时的溶液电阻。已经讨论了R_1和恒定相元素(CPE_1)的起源。然而，它们不同于在甲醇直接燃料电池(DMFC)中测量的甲醇阳极的交流光谱。C_{dl}是双层电容，R_{me}和L_1源自在交流光谱中较低频率处看到的-CO_{ads}表面中毒物质。

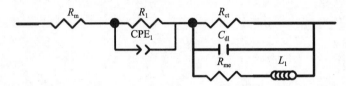

图10.9 甲醇直接燃料电池(DMFC)中用于阳极层甲醇氧化反应的等效电路(EQC)

致谢

作者希望感谢为他们提供了写这一章的机会的编辑。

缩略语

A——表面积，cm^2

AC——交流电流

α——对称因子

C_{dl}——双层电容，F

CPE——恒相元素

CV——循环伏安图

D_{COads}——-CO_{ads}表面扩散系数，cm^2/s

DMFC——甲醇直接燃料电池

E^o——标准电势，V

E_a——活化能，kJ/mol

E_{anode}——阳极电位，V

$E_{cathode}$——阴极电位，V

E_{cell}——电池电位，V

E_{eq}——平衡电位，V

EQC——等效电路

FC——燃料电池

F——法拉第常数，A·s/mol

ΔG——吉布斯自由能量，J/mol

ΔG°——标准状态吉布斯自由能量，J/mol

$H_{ads/des}$——氢吸附和解吸

I——电流，A

I_{lim}——限制电流，A

IR——电流-电阻；即电压降或红外光谱

J——电流密度，A/cm^2

J_{lim}——限制电流密度，A/cm^2

J_o——交换电流密度，A/cm^2

$J_{o,mass}$——每催化剂质量限制电流密度的交换电流密度，A/mg$_{Pt}$

K——平衡常数

L——电感，H

MEA——膜电极组件

η_{act}——活化超电位，V

η_{an}——阳极活化超电位，V

η_{cat}——阴极活化超电位，V

η_{lim}——质量传递限制引入的电势损失，V

ORR——氧还原反应

P——功率，W

P^*——功率密度，W/cm^2

P_{max}——最大功率密度，W/cm^2

PEM——质子交换膜

PEMFC——质子电解质燃料电池

p——分压

pK_a——酸碱常数的负对数

R——气体常数[kJ/(mol·K)或电阻(Ω)]

rds——速率确定步骤

$Q_{Hads/des}$——$H_{ads/des}$反应的电荷，C

Q_o——在一个-CO$_{ads}$剥离瞬变通过t_i和t_o之间的电荷，C

%Q_o——在紧邻附近-CO$_{ads}$和-OH$_{ads}$位点的数量指标，%

%Q_o/t_o——特定催化剂质量的测量，%/s

T——温度,℃或 K

t_i——$-CO_{ads}$ 和 $-OH_{ads}$ 重组反应的初始时间,s

t_o——在 $-CO_{ads}$ 剥离瞬变达到最大电流需要的时间,s

R_{ct}——电荷转移电阻,Ω

RHE——可逆氢电极

R_m——膜电阻,Ω

R_{me}——与催化剂表面中毒有关的电阻,Ω

SHE——标准氢电极

参 考 文 献

[1] Scott K, Taama WM, Argyropoulos P(1999)Engineering aspects of the direct methanol fuel cell system. J Power Sources 79: 43-59.

[2] Lamm A, Muller J(2003)System design for transport applications. In: Vielstich W, Lamm A, Gasteiger HA(eds)Handbook of fuel cells fundamentals technology and applications, vol. 4, fuel cell technology and applications: part 2, 1st edn. Wiley, New York.

[3] Narayanan SR, Valdez TI, RohatgiN(2003)DMFC system design for portable applications. In: Vielstich W, Lamm A, Gasteiger HA(eds) Handbook of fuel cells fundamentals technology and applications, vol. 4, fuel cell technology and applications: part 2, 1st edn. Wiley, New York.

[4] Gottesfeld S(2009)Design concepts and durability challenges for mini fuel cells. In: Vielstich W, Lamm A, Gasteiger HA(eds)Handbook of fuel cells fundamentals technology and applications, vol. 6, advances in electrocatalysis, materials, diagnostics and durability: part 2, 1st edn. Wiley, New York.

[5] Schoenbein FC(1838)Experimental researches in electricity. Phil Trans R Soc Lond 114: 1-5.

[6] Grove WR(1839)On voltaic series and the combination of gases by platinum. Phil Mag J Sci 149: 127-130.

[7] Grove WR(1842)On a gaseous voltaic battery. Phil Mag J Sci 201: 417-420.

[8] Junger EW(1919)Hydrophobieren von potassium hydroxidele mit paraffin. German Patent DRP 348'293.

[9] Schmid A(1923)Die diffusionsgaselektrode. Ferdinand Enke, Stuttgart.

[10] Lowde DR, Williams JO, Attwood PA, Bird RJ, McNicol BD, Short RT(1979)Characterization of electro-oxidation catalysts prepared by ion-exchange of platinum salts with surface oxide groups on carbon. J Chem Soc Faraday Trans 1 75: 2312-2324.

[11] Muller J(2009)Field experience with portable DMFC products. In: Vielstich W, Lamm A, Gasteiger HA(eds)Handbook of fuel cells fundamentals technology and applications, vol. 6, advances in electrocatalysis, materials, diagnostics and durability: part 2, 1st edn. Wiley, New York.

[12] Wasmus S, Wang J-T, Savinell RF(1995)Real-time mass spectrometric investigation to methanol oxidation in a direct methanol fuel cell. J Electrochem Soc 142: 3825-3833.

[13] Fan Q, Pu C, Smotkin ES(1996)In situ Fourier transform infrared-diffuse reflection spectroscopy of direct methanol fuel cell anodes and cathodes. J Electrochem Soc 143: 3053-3057.

[14] Eikerling M, Kornyshev AA(1998)Modelling the performance of the cathode catalyst layer of polymer electrolyte fuel cells. J Electroanal Chem 453: 89-106.

[15] Eikerling M, Kornyshev AA, Kuznetsov AM, Ulstrup J, Walbran S(2001)Mechanisms of proton conductance in polymer electrolyte membranes. J Phys Chem B 105: 3646-3662.

[16] Kim YS, Pivovar BS(2007)Polymer electrolyte membranes for direct methanol fuel cells. In: Zhao T, Kreuer K-D, Nguyen TV(eds)Advances in fuel cells, vol. 1, 1st edn. Elsevier, Oxford.

[17] Gurau B, Smotkin ES(2002)Methanol crossover in direct methanol fuel cells: a link between power and energy density. J Power Sources 112: 339-352.

[18] Thomas SC, Ren X, Gottesfeld S, Zelenay P(2002)Direct methanol fuel cells: progress in cell performance and cathode research. Electrochim Acta 47: 3741-3748.

[19] Ren X, Zelenay P, Thomas S, Davey J, Gottesfeld S(2000)Recent advances in direct methanol fuel cells at Los Alamos National Laboratory. J Power Sources 86: 111-116.

[20] Breiter MW, Gilman S(1962)Anodic oxidation of methanol on platinum II. Interpretation of potentiostatic current-potential curves in acidic solutions. J Electrochem Soc 109: 1009-1104.

[21] Buck RP, Griffith LR(1962)Voltammetric and chronopotentiometric study of the anodic oxidation of methanol, formaldehyde, and formic acid. J Electrochem Soc 109: 1009-1104.

[22] Giner J(1964)The anodic oxidation of methanol and formic acid and the reductive adsorption of CO_2. Electrochim Acta 9: 63-77.

[23] Liang C, Franklin TC(1964)The electrolytic oxidation of simple aldehydes and alcohols at platinum electrodes. Electrochim Acta 9: 517-530.

[24] Petry OA, Podlovchenko BI, Frumkin AN, Lal H(1965)The behaviour of a platinized-platinum and platinum-ruthenium electrodes in methanol solutions. J Electroanal Chem 10: 253-269.

[25] Podlovchenko BI, Petry A, Frumkin AN, Lal H(1966)The behaviour of a platinized-platinum electrode in solutions of alcohols containing more than one carbon atom, aldyhydes and formic acid. J Electroanal Chem 11: 12-25.

[26] Bagotzky VS, Vassilyev YB(1967)Mechanism of electro-oxidation of methanol on the platinum electrode. Electrochim Acta 12: 1323-1343.

[27] Bagotzky VS, Vassilyev YB, Khazova OA(1967)Generalized scheme of chemisorption, electrooxidation and electroreduction of simple organic compounds on platinum group metals. J Electroanal Chem 81: 229-238.

[28] Wieckowski A, Sobkowski J(1975)Comparative study of adsorption and oxidation of formic acid and methanol on platinized electrodes in acidic solutions. J Electroanal Chem 63: 365–377.
[29] Beden B, Lamy C, Bewick A, Kunimatsu K(1981)Electrosorption of methanol on platinum electrodes. IR spectroscopic evidence for adsorbed CO species. J Electroanal Chem 121: 343–347.
[30] Wilhelm S, Iwasita T, Vielstich W(1987) COH and CO as adsorbed intermediates during methanol oxidation on platinum. J Electroanal Chem 238: 383–391.
[31] Christensen PA, Hamnett A, Troughton GL(1993)The role of morphology in the methanol electro–oxidation reaction. J Electroanal Chem 362: 207–218.
[32] Hamnett A(1997)Mechanism and electrocatalysis in the direct methanol fuel cell. Catal Today 38: 445–457.
[33] Ota K, Nakagaway Y, Takahashi M(1984)Reaction products of anodic oxidation of methanol in sulfuric acid solution. J Electroanal Chem 179: 179–186.
[34] Goodenough JB, Hamnett A, Kennedy BJ, Manoharan R, Weeks SA(1988) Methanol oxidation on unsupported and carbon supported Pt+Ru anodes. J Electroanal Chem 240: 133–145.
[35] Bett J, Lundquist J, Washington E, Stonehart P(1973)Platinum crystallite size consideration for electrocatalytic oxygen reduction–I. Electrochim Acta 18: 343–348.
[36] Petrow HG, Allen RJ(1977)Finely particulated colloidal platinum compound and sol for producing the same, and method of preparation of fuel cell electrodes and the like employing the same. US Patent 4, 044, 193.
[37] McNicol BD(1981)Electrocatalytic problems associated with the development of direct methanol–air fuel cells. J Electroanal Chem 118: 71–118.
[38] Watanabe M, Uchida M, Motoo S(1986) Applications of the gas diffusion electrode to a backward feed and exhaust(BFE)type methanol anode. J Electroanal Chem 199: 311–322.
[39] Goodenough JB, Hamnett A, Kennedy BJ, Weeks SA(1987) XPS investigation of platinized carbon electrodes for the direct methanol air fuel cell. Electrochim Acta 32: 1233–1238.
[40] Knights SD, Colbow KM, St-Pierre J, Wilkinson D(2004) Aging mechanisms and lifetime of PEFC and DMFC. J Power Sources 127: 127–134.
[41] Fuentes RE, Garcia BL(2008) A Nb-doped TiO2 electrocatalyst for use in direct methanol fuel cells. ECS Trans 12: 239–248.
[42] Watanabe M, Makoto U, Motoo S(1987) Preparation of highly dispersed Pt+Ru alloy clusters and the activity for the electrooxidation of methanol. J Electroanal Chem 229: 395–406.
[43] Gasteiger HA, Markovic N, Ross PN, Cairns EJ(1994) Temperature-dependent methanol electro-oxidation on well-characterized Pt-Ru alloys. J Electrochem Soc 147: 1795–1803.
[44] Kabbabi A, Faure R, Durand R, Beden B, Hahn F, Leger J-M, Lamy C(1998) In situ FTIRS study of the electrocatalytic oxidation of carbon monoxide and methanol at platinum–ruthenium bulk alloy electrodes. J Electroanal Chem 444: 41–53.
[45] Gurau B, Viswanathan R, Liu R, Lafrenz TJ, Ley KL, Smotkin ES, Reddington E, Sapienza A, Chan BC, Mallouk TE, Sarangapani S (1998)Structural and electrochemical characterization of binary, ternary, and quaternary platinum alloy catalysts for methanol electroxidation. J Phys Chem B 102: 9997–10003.
[46] Laine RM, Sellinger A(2003) preparation of supported nano-sized catalyst particles via a polyol process. US Patent 6, 551, 960 B1.
[47] Bock C, MacDougall B, LePage Y(2004) Dependence of CH_3OH oxidation activity for a wide range of PtRu alloys. J Electrochem Soc 151: A1269–A1278.
[48] Wang ZB, Yin GP, Shi PF(2005) Stable Pt-Ru/C catalysts prepared from new precursors by thermal reduction for direct methanol fuel cell. J Electrochem Soc 152: A2406–A2412.
[49] Raman RK, Shukla AK, Gayen A, Hedge MS, Priolkar KR, Sarode PR, Emura S(2006) Tailoring a Pt-Ru catalyst for enhanced methanol electro-oxidation. J Power Sources 157: 45–55.
[50] Chen L, Guo M, Zhang H-F, Wang Z-D(2006) Characterization and electrocatalytic properties of PtRu/C catalysts prepared by impregnation–reduction method using Nd2O3 as dispersing reagent. Electrochim Acta 52: 1191–1198.
[51] Basnayake R, Li Z, Katar S, Zhou W, Rivera H, Smotkin ES, Casadonte DJ Jr, Korzeniewski C(2006) PtRu nanoparticle electrocatalyst with bulk alloy properties prepared through a sonochemical method. Langmuir 22: 10446–10450.
[52] Silva DF, Neto AO, Pino ES, Linardi M, Spinace EV(2007) PtRu/C electrocatalysts prepared using g-irradiation. J Power Sources 170: 303–307.
[53] Wang D, Zhuang L, Lu J(2007) An alloying-degree-controlling step in the impregnation synthesis of PtRu/C catalysts. J Phys Chem C 111: 16416–16422.
[54] Xu C, Wang L, Mu X, Ding Y(2010) Nanoporous PtRu alloys for electrocatalysis. Langmuir 26: 7437–7443.
[55] Kim MS, Fang B, Chaudhari NK, Song M, Bae T-S, Yu J-S(2010) A highly efficient synthesis approach of supported Pt-Ru catalyst for direct methanol fuel cell. Electrochim Acta 55: 4543–4550.
[56] Onodera T, Suzuki S, Takamori Y, Daimon H(2010) Improved methanol oxidation activity and stability of well-mixed PtRu catalysts synthesized by electroless plating method with addition of chelate ligands. Appl Catal A Gen 379: 69–76.
[57] Avila-Garcia I, Ramirez C, Hallen Lopez JM, Arce Estrada EM(2010) Electrocatalytic activity of nanosized Pt alloys in the methanol oxidation reaction. J Alloys Compd 495: 462–465.
[58] Bonnemann H, Khelashvili G(2010) Efficient fuel cell catalysts emerging from organometallic chemistry. Appl Organomet Chem 24: 257–268.
[59] Davies JC, Bonde J, Logadottir A, Norskov JK, Chorkendorff I(2005) The ligand effect: CO desorption from Pt/Ru catalysts. Fuel Cells 5: 429–439.
[60] Laitinen HA, Enke CK(1960) The electrolytic formation and dissolution of oxide films on platinum. J Electrochem Soc 107: 773–781.
[61] Smith M, Cooper K, Johnson D, Scribner L(2005) Comparison of fuel cell electrolyte resistance measurement. Fuel Cell Mag 5: 26–31.
[62] Cooper KR, Smith M(2006) Electrical test methods for on-line fuel cell ohmic resistance measurement. J Power Sources 160: 1088–1095.
[63] Wippermann K(2008) Topic 5: alcohol fuel Cells–Germany. Performance and durability enhancement for power DMFC, Canadian–German Corporation, NRC-ICPET, Ottawa, ON 4th+5th Feb.
[64] SlezakPJ, Wieckowski A(1993) Interfacing surface electrochemistry with solid-state NMR. Characterization of surface CO on polycrystalline platinum. J Magn Reson Ser 102: 166–172.
[65] Friedrich KA, Geyzers KP, Marmann A, Stimming U, Vogel R(1999) Bulk metal electrodeposition in the sub-monolayer regime: Ru on Pt (111). Z Phys Chem 208: 137–150.

[66] Gasteiger HA, Markovic N, Ross PN, Cairns EJ Jr(1994)CO electrooxidation on well-characterized Pt-Ru alloys. J Phys Chem 98: 617-625.
[67] Dinh HN, Ren X, Garzon FH, Zelenay P, Gottesfeld S(2000) Electrocatalysis in direct methanol fuel cells: in-situ probing of PtRu anode catalyst surfaces. J Electroanal Chem 491: 222-233.
[68] Markovic NM, Gasteiger HA, Ross PN Jr, Jiang X, Villegas I, Weaver MJ(1995) Electrooxidation mechanisms of methanol and formic acid on Pt-Ru alloy surfaces. Electrochim Acta 40: 91-98.
[69] Leger J(2001) Mechanistic aspects of methanol oxidation on platinum-based electrocatalysts. J Appl Electrochem 31: 767-771.
[70] Sun SG, Clavilier J(1987) Electrochemical study on the poisoning intermediate formed from methanol dissociation at low index and stepped platinum surfaces. J Electroanal Chem 236: 95-112.
[71] Markovic N, Ross PN(1992) The effect of specific adsorption of ions and underpotential deposition of copper on the electro-oxidation of methanol on platinum single-crystal surfaces. J Electroanal Chem 330: 499-520.
[72] Kita H, Gao Y, Nakato T, Hattori H(1994) Effect of hydrogen sulphate ion on the hydrogen ionization and methanol oxidation reactions on platinum single-crystal electrodes. J Electroanal Chem 373: 177-183.
[73] Herrero E, Franaszczuk WA (1994) Electrochemistry of methanol at low index crystal planes of platinum: an integrated voltammetric and chronoamperometric study. J Phys Chem 98: 5074-5083.
[74] Kinoshita K(1990) Particle size effects for oxygen reduction on highly dispersed platinum in acid electrolytes. J Electrochem Soc 137: 845-848.
[75] Watanabe M, Motoo S(1975) Electrocatalysis by ad-atoms part II. Enhancement of the oxidation of methanol on platinum by ruthenium Ad-atoms. J Electroanal Chem 60: 267-273.
[76] Hadzi-Jordanov KHA, Conway BE (1975) Surface oxidation and H deposition at ruthenium electrodes: resolution of component processes in potential-sweep experiments. J Electroanal Chem 60: 359-362.
[77] LePage Y, Bock C, Rodgers JR(2006) Small step graphs of cell data vs. composition for ccp solid-solution binary alloys: application to the(Pt, Ir), (Pt, Re)and(Pt, Ru)systems. J Alloys Compd 422: 164-172.
[78] Ruban AV, Skriver HL, Norskov JK(1999) Surface segregation energies in transition-metal alloys. Phys Rev B 59: 15990-16000.
[79] Nashner MS, Frenkel AI, Adler DL, Shapley JR, Nuzzo RG (1997) Structural characterization of carbon-supported platinum-ruthenium nanoparticles from the molecular cluster precursor $PtRu_5C(CO)_{16}$. J Am Chem Soc 119(33): 7760-7771.
[80] Hwang BJ, Chen C-H, Sarma LS, Chen J-M, Wang G-R, Tang M-T, Liu D-G, Lee J-F(2006) Probing the formation mechanism and chemical states of carbon-supported Pt-Ru nanoparticles by in situ X-ray absorption spectroscopy. J Phys Chem B 110: 6475-6482.
[81] Kim H, Rabelo de Moraes I, Tremiliosi-Filho G, Haasch R, Wieckowski A(2001) Chemical state of ruthenium submonolayers on a Pt(111) electrode. Surf Sci 474: L203-L212.
[82] Lee CE, Bergens SH(1998) Deposition of Ru adatoms on Pt using organometallic chemistry. J Electrochem Soc 145: 4182-4185.
[83] Iwasita T, Hoster H, John-Anacker A, Lin WF, Vielstich W(2000) Methanol oxidation on PtRu electrodes. Influence of surface structure and Pt-Ru atom distribution. Langmuir 16: 522-529.
[84] El-Shafei AA, Hoyer R, Kibler LA, Kolb DM(2004) Methanol oxidation on Ru-modified preferentially oriented Pt electrodes in acidic medium. J Electrochem Soc 151: F141-F145.
[85] Chu D, Gilman S(1996) Methanol electro-oxidation on unsupported Pt-Ru alloys at different temperatures. J Electrochem Soc 143: 1685-1690.
[86] Long JW, Sroud RM, Swider-Lyons KE, Rolison DR(2000) How to make electrocatalysts more active for direct methanol oxidations avoid PtRu bimetallic alloys! J Phys Chem B 104: 9772-9776.
[87] Frelink T, Visscher W, van Veen JAR(1996) Measurement of the Ru surface content of electrocodeposited PtRu electrodes with the electrochemical quartz crystal microbalance: implications for methanol and CO electrooxidation. Langmuir 12: 3702-3708.
[88] Bock C, Collier A, MacDougall B(2005) Active form of Ru for the CH_3OH electro-oxidation reaction: introduction of a simple electrochemical in-situ method. J Electrochem Soc 152(12): A2291-A2299.
[89] Piela P, Eickes C, Brosha E, Garzon F, Zelenay P (2004) Ruthenium crossover in direct methanol fuel cell with Pt-Ru black anode. J Electrochem Soc 151: A2053-A2059.
[90] Valdez TI, Firdosy S, Koel B, Narayanan SR(2006) Investigation of ruthenium dissolution in advanced membrane electrode assemblies for direct methanol based fuel cell stacks. ECS Trans 1: 293-303.
[91] Gancs L, Hakim N, Hult BN, Mukerjee S(2006) Dissolution of Ru from PtRu electrocatalysts and its consequences in DMFCs. ECS Trans 3: 607-618.
[92] Sugawara Y, Yadav AP, Nishikata A, Tsuru T(2008) EQCM study on dissolution of ruthenium in sulfuric acid. J Electrochem Soc 155: B897-B902.
[93] Capon A, Parsons R(1973) The oxidation of formic acid at noble metal electrodes. Part III: intermediates and mechanism on platinum electrodes. J Electroanal Chem 45: 205-231.
[94] Watanabe M, Motoo S(1975) Electrocatalysis by Ad-atoms. Part I. Enhancement of the oxidation of methanol on platinum and palladium by gold Ad-atoms. J Electroanal Chem 60: 259-266.
[95] Motoo S, Watanabe M(1979) Electrocatalysis by Ad-atoms. Part IV. Enhancement of the oxidation of formic acid on PtAu and AuPt electrodes by bismuth Ad-atoms. J Electroanal Chem 98: 203-211.
[96] Koper MTM, Shubina TE, van Santen RA(2002) Periodic density functional study of CO and OH adsorption on Pt-Ru alloy surfaces: implications for CO tolerant fuel cell catalysts. J Phys Chem B 106: 686-692.
[97] Stolbov S, Ortigoza MA, Adzic R, Rahman TS(2009) High CO tolerance of Pt/Ru nanocatalyst: insight from first principles calculations. J Chem Phys 130: 124714.
[98] Frelink T, Visscher W, van Veen JAR (1995) Particle size effect of carbon-supported platinum catalysts for the electrooxidation of methanol. J Electroanal Chem 382: 65-72.
[99] Rolison DR, Hangans PL, Swider-Lyons KE, Long JW (1999) Role of hydrous ruthenium oxide in Pt-Ru direct methanol fuel cell anode electrocatalysts: the importance of mixed electron/proton conductivity. Langmuir 15: 774-779.
[100] Saida T, Sugimoto W, Takasu Y (2010) Enhanced activity and stability of Pt/C fuel cell anodes by the modification with ruthenium-oxide nanosheets. Electrochim Acta 55: 857-864.
[101] Shen PK, Tseung ACC(1994) Anodic oxidation of methanol on Pt/WO_3 in acidic media. J Electrochem Soc 141: 3082-3090.
[102] Mukerjee S, Urian RC(2002) Bifunctionality in Pt alloy nanocluster electrocatalysts for enhanced methanol oxidation and CO tolerance in PEM fuel cells: electrochemical and in situ synchrotron spectroscopy. Electrochim Acta 47: 3219-3231.

[103] Barczuk PJ, Tsuchiya H, Macak JM, Schmuki P, Szymanska D, Makowski O, Miecznikowski K, Kulesza PJ (2006) Enhancement of the electrocatalytic oxidation of methanol at Pt/Ru nanoparticles immobilized in different WO_3 matrices. Electrochem Solid State Lett 9: E13–E16.
[104] Yang LX, Bock C, MacDougall B, Park J (2004) The role of the WOx Ad-component to Pt and PtRu catalysts in the electrochemical CH_3OH oxidation reaction. J Appl Electrochem 34: 427–438.
[105] Bock C, MacDougall B (2003) Novel method for the estimation of the electroactive Pt area. J Electrochem Soc 150: E377–E383.
[106] Green CL, Kucernak A (2002) Determination of the platinum and ruthenium surface areas in platinum–ruthenium electrocatalysts by underpotential deposition of copper. 2: effect of surface composition on activity. J Phys Chem B 106: 11446–11456.
[107] Metikos-Hukovic M, Omanovic S (1998) Electrocatalytic oxidation of preadsorbed monolayer of CO on polycrystalline Pt60–Ru40 electrocatalyst: nucleation and growth of oxygen-containing species. J Mol Catal A Chem 136: 75–84.
[108] Jiang J, Kucernak A (2003) Electrooxidation of small organic molecules on mesoporous precious metal catalysts II: CO and methanol on platinum-/ruthenium alloy. J Electroanal Chem 543: 187–199.
[109] Maillard F, Eikerling M, Cherstiouk OV, Schreier S, Savinova E, Stimming U (2004) Size effects on reactivity of Pt nanoparticles in CO monolayer oxidation: the role of surface mobility. Faraday Discuss 125: 357–377.
[110] Bock C, Blakely MA, MacDougall B (2005) Characteristics of adsorbed CO and CH_3OH oxidation reactions for complex Pt/Ru catalyst systems. Electrochim Acta 50: 2401–2414.
[111] Seland F, Tunold R, Harrington DA (2006) Impedance study of methanol oxidation on platinum electrodes. Electrochim Acta 51: 3827–3840.
[112] Hsu N-Y, Yen S-C, Jeng K-T, Chien C-C (2006) Impedance studies and modeling of direct methanol fuel cell anode with interface and porous structure perspectives. J Power Sources 161: 232–239.

第11章 合成金属纳米粒子基催化剂的一些胶体路线

Szilvia Papp, László Körösi, Rita Patakfalvi, and Imre Dékány

11.1 引言

科学家已经认识了在各种反应中纳米颗粒(NP)的物理特性和化学反应性不同于其他宏观材料。具有现实意义的贵金属纳米粒子的制备与表征已经进入了前沿研究的焦点。人们用金属纳米粒子已经成功地进行了各种各样的催化反应。由于其大的表面积和独特的反应性、稳定性和选择性等,它们是有效的催化剂。取决于催化剂复合材料的应用领域,它们的制备过程差异巨大。主要期望是每个工艺能生产所需的形状和大小均匀的纳米颗粒。通过仔细控制反应条件如时间、温度和试剂及稳定剂的浓度,这些要求是可以实现的。

各种方法可用于它们的制备。在制备过程中防止凝聚是必不可少的;这样就能合成纳米颗粒。最广泛使用的技术,利用制备环境的物理限制,像在反应阶段内部倒置胶团[1,2]、多孔固体材料[3]、凝胶剂[4]、聚合物[5]或树枝状大分子[6]。约翰布拉德利(John Bradley)把迄今为止已用于制备金属纳米粒子的反应分为四组,对应着四种方法[7]。由于其简单性,目前人们最喜欢用的是金属盐液相还原制备方法。使用的还原剂主要是氢气[8,9]、肼[10,11]或硼氢化钠[12,13],但柠檬酸盐[14,15]、次磷酸[16]和可氧化的溶剂如乙醇[17,18]也已经成功用于合成反应中。

为了能控制纳米颗粒的尺寸和几何形状,必须熟知纳米颗粒形成的机理。因此,对其进行研究的小组[19-30]数量不断增加。纳米粒子的形成可以用许多不同实验方法监测。纳米粒子具有在可见光波长范围内最大吸收的特性,检测它们形成过程的最简单的方法是紫外可见光谱。Mie 理论及其开发的版本甚至允许计算纳米粒子的尺寸[31]。

按照20世纪90年代末由 Watzky 和 Finke 提出的一个原理,缓慢连续成核后快速催化表面生长,结果是得到接近单分散的粒度分布[23]。试验已经证明强还原剂促进直径较小的核的形成,然后连续生长[24]。生长可以两种不同方式进行。根据一个概念,在第一阶段形成的核连接在一起;而另一个理论认为,已经凝固的颗粒进一步与新鲜还原金属离子碰撞增大。在特殊的文献中接受的概念是,最终尺寸由成核和生长的相对速率确定。Henglein 通过光谱法检测到银族的逐步增长过程[25]。根据他的结果,生长是一个自催化反应途径,包括金属离子和随后的还原对零价金属团簇表面的吸附。Caia 等通过他们的紫外-可见吸收光谱分析结果研究了由己硫醇稳定的银纳米颗粒的形成过程。银特征吸收峰首先向较低的波长位移,后来则随着反应的进展,又向更高的波长位移。从这些观察中推导出在所述第一部分的反应,大颗粒形成,然后破裂产生更小的颗粒,后来这些小颗粒也开始生长。这个反应可以描述为一阶速率方程。Hoogsteen 和 Fokkink 制备了稳定的聚合物钯溶胶,用次磷酸(H_3PO_2)作为还原剂[16]。由于聚乙烯醇(PVA)的存在,化合物弱吸附在钯表面,对纳米颗粒形成的动力学没有影响,而且颗粒的大小也不可控制。然而,聚乙烯吡咯烷酮(PVP),强烈结合到金属表面的聚合物确实影响纳米颗粒形成的动力学和粒径的大小:在它的存在下,形成较小的颗粒。聚-2-乙烯基吡咯烷酮(P2VP)通过对金属表面的高亲和力不仅影响溶胶的形成过程,而且通过其阳离子性质的优势,影响与前体盐 $PdCl_4^{2-}$ 复合物的形成。这些作者还明确:随这些稳定聚合物和还原剂浓度的增加,颗粒尺寸降低。后来 Ayyappan 等对其他金属溶胶提出相似的意见[27]。Busser 等研究了铑离子和各种聚合物之间的配位的强度[28]。他们发现当相互作用太强时,前体离子不能被还原,而弱配位导致大颗粒的形成。观察到通过 PVP[29] 稳定的银纳米粒子的光化学制备过程,较高 PVP 浓度带来更快的光化学反应:银纳米颗粒与活跃的 $C=O^*$ 基团相互作用,将银离子还原为金属银。Esumi 等考查了在纳米颗粒形成过程中前体分子的影响[30]。他们发现通过还原醋酸钯产生的纳米颗粒尺寸分布几乎是单分散的(2~4nm),而缓慢的还原乙酰丙酮钯产生相对较宽范围的粒度分布。

  嵌段共聚物被广泛应用于金属纳米颗粒的合成[32-37]。众所周知:在选择性溶剂中,两亲性双嵌段共聚物所形成的胶体大小的聚集体或胶束,其中的纳米颗粒可以合成。胶粒的大小和几何形状可以通过共聚物的组成和嵌段长度的变化来控制。成功合成金属纳米粒子的先决条件是金属盐应不溶于溶剂,并与形成所述胶束核心的聚合物嵌段进行相互作用(通常协调型的)。可以通过选择所使用的嵌段共聚物、还原剂的强度和前驱体的浓度来控制纳米颗粒的大小。Antonietti 等报告对于缓慢反应的三乙基硅烷(TES),单个纳米颗粒通常在每个胶粒上形成,而迅速还原(与超级氢化物硼氢化钠反应)导致每个胶束上有许多小颗粒形成[33];前者的情况被称为樱桃形态,而后者则称为山莓形态。Spatz 等阐述在微胶粒碰撞过程中缓慢的还原允许聚合物的交换,导致纳米颗粒的不均匀分布[34]。

  Liveri 等进行了纳米颗粒形成热力学研究的热测量[38-41]。他们将微乳液用作制备纳米颗粒,是由于他们能将合成的纳米粒子的大小可控制在 W/O 微乳液的液滴范围内。例如,他们研究了在气溶胶 OT 反相微乳液[38]中胶束微相的形成以及在水/AOT/正庚烷微乳中合成钯纳米颗粒[39]。他们的研究表明微乳液中钯纳米粒子的能量状态与在水相中是完全不同的。根据他们的试验，形成热是粒子大小的函数，生成焓取决于微乳液液滴的直径。他们还确定了成核的持续时间是几秒钟；然而，纳米颗粒的生长发生在几分钟时间内。生成焓是放热的，如纳米颗粒的形成；换句话说，钯离子(Pd^{2+})还原就是一个放热过程。放热的程度随纳米颗粒晶体尺寸增加而增加。最高的生成热是在纯水中测量的(约400~500kJ/mol)。

目前对固体载体上的金属催化剂的需求不断增加。许多不同的物理方法(脉冲激光蒸发、电子束光刻)和化学方法可用于制备负载型催化剂。这些主要是通过浸渍技术制备的，首选是由于它的工艺简单。在该制备过程中，金属前体首先浸渍在载体上然后被还原。但是，浸渍技术不能控制催化剂大小、形态和纳米颗粒在表面的分布。采用胶体化学法制备纳米颗粒正变得越来越普遍。这些方法中最实用的一个是金属溶胶的制备以及它们在载体上的沉积。在过程的第一阶段中，通过还原产生金属纳米颗粒的稳定的悬浮液，然后将纳米颗粒结合到载体上的，最后，将产物洗涤。Bönnemann 等通过由活性炭上的季铵盐稳定金属有机溶胶吸附合成了负载型双金属钯-铂催化剂[42]。通过蒙脱石和十四烷基稳定钯溶胶之间的钠离子交换反应制备了钯有机黏土[43]。Reetz 等应用电化学方法将得到的胶体负载在两种不同的在木炭上、二氧化硅、氧化铝载体上[44,45]。他在纳米粒子形成过程中或在电化学反应完成后将载体加入反应介质中。通过载体粒子的透射电子显微镜(透射电镜)分析，他确信在两种情况下它们的结构与大小在吸附过程中都没有改变。Wang 等[46,47]把聚乙烯吡咯烷酮(PVP-)键合的与聚乙烯醇(PVA)稳定化的钯、铂和钌纳米粒子结合到二氧化硅表面上。他们把这种结合解释为聚合物和金属纳米粒子的联合吸附。聚合物吸附源自氢键与二氧化硅的羟基基团的键合。

所谓的固液界面纳米反应器技术[也被称为"控制交替合成"(CCS)]能够在载体表面上原位形成和稳定金属纳米颗粒[48-51]。该过程包括将纳米晶体材料的前体离子吸附于分散在液相中的固体颗粒(即大约1nm厚的薄片)的界面吸附层中，并通过引入还原剂在固液界面进行了合成。层状硅酸盐矿物含有大的内表面，易于在含水介质中膨胀，在适当的条件下，不仅是在表面上而且也在其层间，适合于直径为几纳米的颗粒的制备。该纳米颗粒可以附着于表面上生长，在硅酸盐层之间可较好的控制其数量和尺寸。Király 等在乙醇-甲苯二元混合物的原位亲有机物蒙脱土(HDAM)上合成了钯纳米颗粒(2~14nm)[50]。吸附平衡建立以后，将1%醋酸钯甲苯溶液加入系统中。在适当的乙醇/甲苯比例条件下，乙醇优先吸附在层间的空间(作为纳米反应器)并通过扩散输送到那里还原钯离子(Pd^{2+})。类似的程序用于钯亚胶体制备，其黏土矿物颗粒直径为4~10nm[51]。

在所描述的工作中，我们研究了在均匀相及在载体表面上贵金属纳米颗粒的形成。我们的目的是通过分光光度法监测在含水介质中的稳定聚合物溶胶的形成来研究金属离子和还原剂的浓度对聚合物的成核和核生长率的比率存在的影响。此外，我们还调查了在光学透明锂蒙脱石悬浮液中异相成核的动力学。金属纳米颗粒的应用合成方法展示于图 11.1 中。

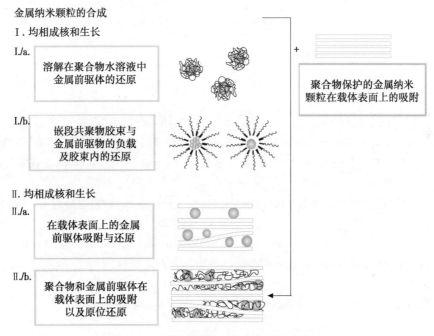

图 11.1　金属纳米颗粒制备的应用合成方法

11.2　金属纳米颗粒在聚合物溶液中形成

11.2.1　聚合物溶液中通过均匀成核形成钯纳米颗粒的动力学分析

直径几个纳米的稳定聚合物颗粒在水介质中生长。我们的目标是研究聚合物和金属离子浓度对成核率和粒子生长率的影响。钯离子被肼还原，可通过紫外-可见光谱可观察到随后的纳米颗粒的形成。两种不同的聚合物被用来稳定钯纳米粒子：[聚乙烯吡咯烷酮（PVP，相对分子质量=40000）]和[聚4-苯乙烯磺酸钠（PSSNa，相对分子质量=70000）]。在不断搅拌下将水合肼溶液注入适当的聚合物和氯化钯（酸性）溶液的混合物中[52]。由二极管阵列检测器每1~2s记录光谱的变化，共10min。由于钯纳米颗粒没有峰值特征，通过降低前体离子浓度或增加较高波长光的吸光度可监控它们的形成。吸光度的增加标志该纳米粒子形成的数量和大小的增加。在最大噪声处，我们选择了后一种方法。因此，我们通过吸光度值的增加表征纳米粒子形成，在 $\lambda = 600$ nm 进行测量。动力学曲线不允许分化成核和核生长。用吸光度与时间函数的初始截面的斜率来表征整个过程的速率，称之为表观动力学常数(k^*)。计算的动力学参数列于表 11.1 中。

表 11.1　稳定的聚合物钯溶胶的组成，动力学参数和粒径

稳定剂和浓度/(g/100cm^3)	$C_{Pd^{2+}}^0$/(mmol/L)	聚合物与钯比	k^*/s^{-1}	$\tau_{1/2}$/s
	0.075		0.098	7.07
PVP　0.5	0.075	4.67×10^4	0.0065	106.64
PSSNa　0.5	0.075	2.52×10^4	0.0028	247.55

在不存在聚合物的情况下，钯离子的还原瞬间完成，再后来，频谱显示几乎没有任何改变。在 250nm 以上的波长处的吸光度显著增加，标志聚集的钯纳米颗粒的形成。纳米粒子形成的表观动力学常数 $k^* = 0.098$ s^{-1}。TEM 图像显示 6~20nm 的聚集体是由平均粒径为 2.1nm 的个体纳米颗粒组成的。

当用聚乙烯吡咯烷酮(PVP)作稳定剂时，其频谱显示在图 11.2 中。图 11.3 给出的初始速度比没有稳定剂的还原速率低得多。在没有稳定剂时，吸光度在 40s 后($A = 0.104$)没有增加而且保持在不使用稳定剂的测量值($A = 0.137$)之下。从透射电子显微镜分析计算的平均粒径为 3.8nm(见图 11.4)。这意味着聚乙烯吡

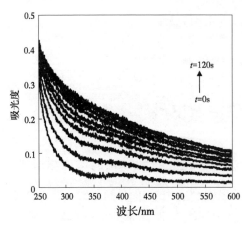

图 11.2　通过紫外可见光谱跟踪伴有 PVP 稳定的钯纳米粒子的形成

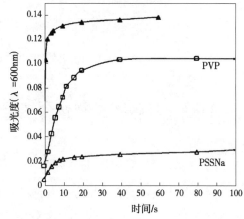

图 11.3　吸光度($\lambda = 600$nm)对由聚乙烯吡咯烷酮(PVP)和聚 4-苯乙烯磺酸钠(PSSNa)作稳定剂时稳定的钯纳米颗粒随时间的变化曲线($C_{stabilizer} = 0.5$g/100cm^3 和 $C_{Pd^{2+}} = 0.038$mmol/L)(见参考文献[52])

咯烷酮(PVP)分子能够强烈结合到金属表面，并通过碰撞抑制其生长。对带负电荷的 PSS⁻ 分子在纳米颗粒形成的动力学的影响也进行了评估。最初的光谱与含聚乙烯吡咯烷酮(PVP)时得到的光谱是相似的，但还原要慢得多。表观速率常数的值是相当低($k^* = 0.0065s^{-1} \rightarrow 0.0028s^{-1}$)的。在更高的波长的光谱的上升是不太明显的，即形成了更小的纳米颗粒。

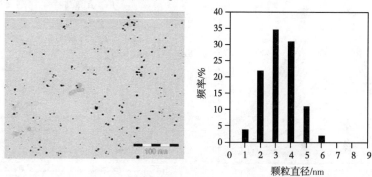

图 11.4　TEM 图像和聚乙烯吡咯烷酮(PVP)稳定的钯纳米溶胶的粒径分布

研究了聚合物[聚乙烯吡咯烷酮(PVP)和聚 4-苯乙烯磺酸钠(PSSNa)]在均相成核中的作用。所研究的聚合物能够稳定新生金属颗粒。聚 4-苯乙烯磺酸钠(PSSNa)比聚乙烯吡咯烷酮(PVP)能更有效地降低还原的速率。

11.2.2　银纳米颗粒均相成核的动力学分析

采用紫外-可见分光光度法和透射电镜监测到了用聚合物(PVP)作稳定剂的通过均相成核合成的银纳米粒子形成过程。我们的目标是区分粒子形成的两个主要阶段，即成核和生长阶段，借助于适当的动力学方程描述它们的速率。

对苯二酚是一种用于银离子还原的相对温和的还原剂。在适当选择的对苯二酚浓度条件下，颗粒形成的速度和由此产生的纳米颗粒的大小可以被控制。我们用柠檬酸钠和聚乙烯吡咯烷酮(PVP)来减慢反应过程和充当稳定剂。

从加入对苯二酚到硝酸银、柠檬酸钠和聚合物溶液的反应混合物的瞬间开始，吸收光谱被记录下来[53,54]。一个含有 $0.07g/100cm^3$ 聚乙烯吡咯烷酮(PVP)的银溶胶吸收光谱(每分钟记录一次，连续 20min)显示于图 11.5 中。反应的初始阶段是非常快的；约 20min 后，粒子的形成减慢下来。银的吸收带($\lambda = 420nm$)最大的波长在反应过程中没有改变。

也可以观察到在聚乙烯吡咯烷酮(PVP)溶液中制备的银溶胶光谱是不对称的(见图 11.6)。在 $0.5g/100cm^3$ 聚乙烯吡咯烷酮(PVP)溶液中制备溶胶的光谱在更高的波长范围内显示一个肩膀，标志存在较大的聚集颗粒。聚合物分子将单个粒子连接到更大的聚集体中。

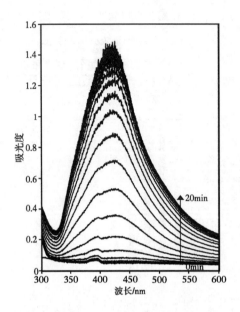

图11.5 在0.07g/100cm³的聚乙烯吡咯烷酮(PVP)溶液中合成稳定的银纳米粒子过程中的紫外可见光谱,该光谱每1min记录一次(见文献[53])

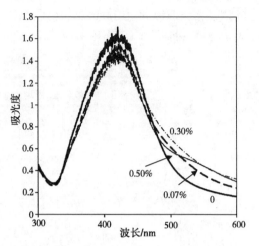

图11.6 反应30min后,在不同浓度聚乙烯吡咯烷酮(PVP)中稳定银纳米粒子的紫外可见光谱[53]

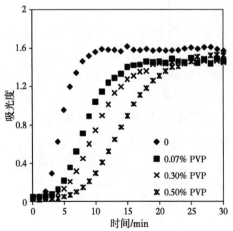

图11.7 在 $\lambda=422nm$ 处的吸光度曲线:用不同浓度聚乙烯吡咯烷酮(PVP)予以稳定的银纳米颗粒吸光度随时间变化进程

对于纳米粒子形成的动力学特性,绘制了几种聚合物浓度条件下420nm处测得的吸光度与时间的关系图(见图11.7)。整个函数曲线揭示了会首先发生一个缓慢的诱导过程,后来的进程则加快。在聚乙烯吡咯烷酮(PVP)存在的情况下,对于每个溶胶在大约25min时间内该过程可以被认为完成。我们假设:第一,相对慢的阶段对应于成核,这不会带来任何相当大的吸光度增加。5~8min后,更快的过程已经包含了核的生长。这个假设也与聚合物浓度的影响结果一致。很明显,由于溶液中存在的聚合物链,动力和空间受抑制,聚合物增加不仅减慢纳米颗粒的形成而且减缓它的生长。

用电子显微照片确定的平均粒径列在表11.2中。在没有聚合物的情况下,观察到平均直径为 9.3nm 的聚集粒子(见图 11.8)。溶胶是相当分散的,在聚合物稳定剂存在的情况下,平均颗粒尺寸减小而且颗粒分布较分散,尽管也观察到聚集颗粒,随着聚合物浓度的增加,银纳米粒子的尺寸反而减小。这种聚合可以从吸收光谱中预测到(见图 11.6)。

表 11.2 在不同聚合物浓度(k_a、k_1、k_2)下银纳米颗粒形成的平均颗粒大小与表观速率常数

PVP 浓度,%	d_{TEM}/nm	$k_a/10^3 s^{-1}$	$k_1/10^4 s^{-1}$	$k_2/[(mol/L)^{-1}s^{-1}]$	$(k_2/k_1)/10^{-4}(mol/L)^{-1}$
0	9.3±3.9	15.2	2.19	96.99	44
0.07	3.5±1.5	8.3	2.22	50.37	23
0.19	2.9±0.7	8.8	1.74	55.64	32
0.3	2.7±0.8	7.1	1.6	45.86	29
0.5	5.0±2.1	6.2	0.45	41.35	91.8

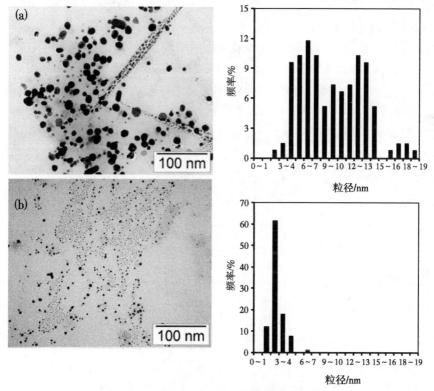

图 11.8 制备银纳米颗粒的透射电子显微照片和粒径分布[53]:
(a)没有聚合物的;(b)含有 0.3g/100cm³ 的聚乙烯吡咯烷酮(PVP)

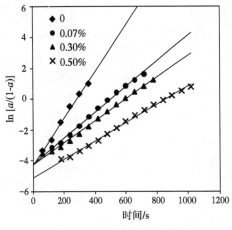

图11.9 ln[$a/(1-a)$]作为
反应时间函数所作的图[54]

动力学曲线的"S"形过程示于图中11.7中，从一个缓慢的诱导期开始，然后急剧上升，最后达到饱和，表明存在自催化反应[55]。在我们的例子中，如过程确是自催化的，则定量描述还原过程的函数为：ln[$a/(1-a)$]（这里$a = A_t/A_\infty$，A_t和A_∞分别是在t、∞时最大吸光度），随时间呈线性变化[55]，函数ln[$a/(1-a)$]对应t关系呈现于图11.9中。因此，银纳米粒子的形成确实是自催化达到一定转化率的结果。

自催化过程的表观速率常数（k_a）取决于ln[$a/(1-a)$]对应时间函数的斜率（见表11.2）。如已显示的吸光度随时间变化的函数，该速率常数的值，在没有聚合物的溶胶情况下是最高的（$15.2 \times 10^{-3} s^{-1}$）。含聚乙烯吡咯烷酮（PVP）溶胶的$k_a$值低于无聚合物溶胶。增加聚合物的浓度会导致速率常数的减少（$8.3 \times 10^{-3} s^{-1} \rightarrow 6.2 \times 10^{-3} s^{-1}$）。

在溶胶情况下，颗粒的大小、粒度分布、以及形成的颗粒结构取决于颗粒成核和生长的相对速率。尽管对颗粒形成的动力学以上的收率信息可以计算，但两个主要阶段不可能区分。Watzky和Finke[23]用氢气还原制备了铱的纳米团簇。该反应的动力学曲线也呈"S"形，即，发生了一个自催化过程。作者提出了两个重要的伪一级的步骤来进行解释：

$$A \xrightarrow{k_1} B$$

对应于一个缓慢的、连续的成核过程。紧随其后的是快速的自催化表面生长：

$$A+B \xrightarrow{k_2} 2B$$

包括两个速率常数（k_1、k_2）和A、A_0浓度以及B的动力学方程可以公式来描述整个过程[54]。速率方程的推导和线性化产生以下关系：

$$f(t) = \ln[([A]_0-[A])/[A]] = \ln[k_1/k_2[A]] + k_2[A]_0 t$$

因此，ln[$([A]_0-[A])/[A]$]作为时间的函数，表示可从交点和斜率进行表观速率常数计算。

在我们的例子中，成核过程是$n \rightarrow Ag_n$，生长过程是$Ag+Ag_n \rightarrow Ag_{n+1}$。表观的速率常数（$k_1$、$k_2$）列于表11.2[54]中。

由于在聚乙烯吡咯烷酮（PVP）中成核速率降低。速率常速k_2的值在没有聚合物时是最高的；换句话说，聚合物的存在抑制了颗粒生长。利用两个速率常数的比率可进行颗粒大小和粒度分布的估测。当生长速率大大高于成核速率时，颗粒的大小分布可能会更分散。

为了证明利用吸收光谱分析上确实可以区别成核和生长，将反应在一定时间点上冻结，并通过透射电子显微镜(TEM)测定颗粒大小。为了验证用分光光度法监测的过程确实是成核和核生长，我们在相同的图上绘制了含有 $0.5g/100cm^3$ 的聚乙烯吡咯烷酮(PVP)溶胶的形成和平均颗粒大小的动力学曲线(见图 11.10)。乍一看，结果是令人惊讶的：粒子尺寸的增加对应于吸光度的增加。

基于动力学方程，确定还原是自催化过程：一个缓慢的、连续的成核之后是迅速、自催化的颗粒生长。聚合物的存在阻碍了成核和降低颗粒生长速度。较慢的成核和更快的生长标志较大的颗粒大小和更分散的粒度分布。

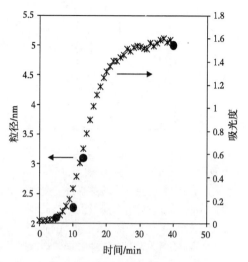

图 11.10 平均粒径(●)和 λ=422nm 处的吸光度值(✗)对于反应时间的函数，在 $0.5g/100cm^3$ 的聚乙烯吡咯烷酮(PVP)稳定的银溶胶中[54]

11.2.3 通过滴定微量热法监测的银纳米颗粒的成核和生长

通过滴定微量热计来跟踪银纳米粒子的成核和生长。在水溶液中用对苯二酚还原银离子，并用柠檬酸钠来稳定该纳米颗粒。我们研究了银离子前体离子浓度和还原剂的变化如何影响形成焓。

在实验中，我们将还原剂对苯二酚加入各种不同浓度的硝酸银溶液中，以观察银纳米粒子的形成是否是一个能量上有利的过程。图 11.11(a)显示了在加入 10×50mL 还原剂(银离子/对苯二酚=14)期间，4mmol/L 硝酸银溶液的焓测定曲线。当将还原剂逐渐加入时，在恒定的搅拌下，可以观察到的吸热效应越来越大。混合的焓曲线是由柠檬酸钠和对苯二酚的滴定实验记录的[见图 11.11(b)]。

当较高浓度(例如 10mmol)的硝酸银溶液在量热计中用 40mmol/L 对苯二酚(银离子/对苯二酚=0.875)滴定时，在实验的初始阶段已经获得放热的热效应(见图 11.12)。

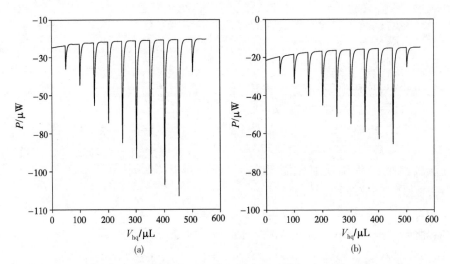

图 11.11 （a）银纳米颗粒形成的典型焓测定曲线图，银离子/对苯二酚＝14（10×50mL 的 1mmol/L 的对苯二酚加入 1.75cm³ 的 4mmol（mM）硝酸银和 0.25cm³ 的 10mmol/L 柠檬酸钠）；（b）（10×50mL 的 1mmol/L 的对苯二酚加入 1.75cm³ 的水和 0.25cm³ 的 10mmol/L 柠檬酸钠）[41]组分混合物的典型焓测定曲线图

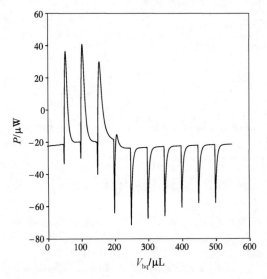

图 11.12 较大的、聚集的银纳米颗粒形成的焓测定曲线图，银离子/对苯二酚＝0.875（10×50mL 的 40mmol/L 的对苯二酚溶液加入 1.75cm³ 的 10mmol/L 硝酸银和 0.25cm³ 的 10mmol/L 柠檬酸钠中）（见文献[41]）

用量热法测得的总焓变化如下：

$$\Delta H_{total} = \Delta H_{nucl} + \Delta H_{mix}$$

式中，ΔH_{nucl} 是颗粒形成（成核）的焓，ΔH_{mix} 是还原（滴定法）过程混合的焓。

当 ΔH_{mix} 的值独立测量时，$\Delta H_{nucl} = \Delta H_{total} - \Delta H_{mix}$ 的值可从每个还原步骤中计算。加上这些焓值后，可由积分焓 $\sum \Delta H_{nucl} = f(V_{hq})$ 函数显示的变化得出加入对苯二酚后导致的焓变(见图 11.15)。可以清楚地看到，如果将最大量为 0.5cm³ 的 1mmol 对苯二酚加入 10mmol 的柠檬酸钠溶液中，混合焓(ΔH_{mix})会在量热仪中带来约 110mJ 的最大吸热焓变化。随着样本中硝酸银浓度增大并被还原时，还原反应的积分焓随对苯二酚的加入而增加；然而，吸热效应虽一定幅度下降。当 10mmol 硝酸银溶液被还原时(银离子/对苯二酚=35)，还原反应的净积分焓的值已经下降到放热范围，这表明在较高的对苯二酚浓度时，还原过程产生一个放热效应。当测量的数据与溶液中存在的银离子的数量关联时，所得曲线显示还原的银的摩尔焓是还原剂的浓度的函数[见图 11.13(b)]。

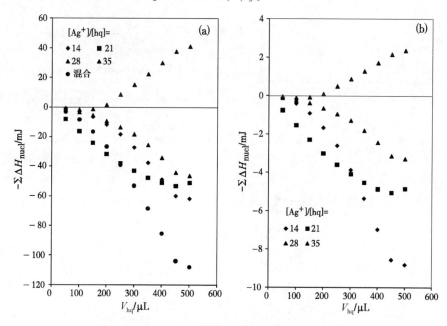

图 11.13 (a)成核的焓作为添加对苯二酚的函数；
(b)银纳米颗粒还原的摩尔焓作为还原剂的函数[41]

如图 11.14 所示，这个比率(其值在 1~35 范围内变化)作为银离子前体浓度的函数随银离子前体浓度的增加出现一个最小值，并达到放热范围。在前体/还原剂的比等于 28~35 时，大的银纳米颗粒(颗粒直径 15~25nm)的聚集物已经形成。

基于上述实验，由微量热法监测的纳米颗粒的形成可分为三个阶段。在第一阶段，通过还原剂的作用银离子被转化成金属银簇，这个过程可以被认为是成核的过程[见图 11.15(a)]。成核与银离子的脱水相联系并且呈现吸热焓变化。这种热效应是微不足道的,但是,脱水的焓需求(451.9kJ/mol[56])也必须考虑。当前体离子的浓度进一步增加时,成核颗粒生长和由微量热法检测的热效应被转移到吸热方向[见图11.15(b)]。由不同浓度记录的紫外-可见吸收光谱也证明了这一点。当银/对苯二酚的比例进一步增加时,颗粒开始聚集,尽管稳定剂柠檬酸钠存在于该溶液中[见图11.15(c),λ=465nm]。银纳米颗粒的凝聚导致的更大聚集物的出现引起热释放;该过程是放热的,这意味着这种影响又过度补偿与大量银离子存在(10mmol)的脱水有关联的吸热效应。由还原剂对苯二酚的加入所带来的成核、生长和聚集的过程可以在一个给定的实验顺序内观察到。TEM图片显示对苯二酚加入2×50mL后成核处于支配地位而且平均颗粒直径 d 等于2.6nm。然后,当对苯二酚加入6×50mL时开始颗粒生长,而且颗粒直径 d 等于4.1nm。当还原剂加入8×50mL后,颗粒聚集,且颗粒直径 d 等于7.8nm。

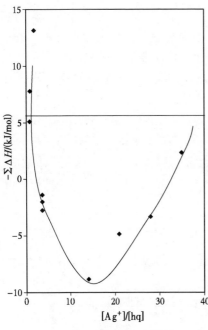

图11.14 摩尔焓作为银离子/对苯二酚比的函数[41]

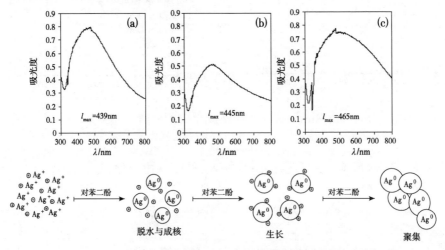

图11.15 银纳米颗粒形成的示意图和紫外-可见光谱图[41]:
(a)银离子/对苯二酚=14;(b)银离子/对苯二酚=21;(c)银离子/对苯二酚=35

由微量热法试验结果可知：成核是一个放热过程，热效应基本上由银离子与对苯二酚的比例确定。纳米粒子的形成过程分为三个阶段：成核阶段是放热的，生长阶段是吸热的，而且进一步地加热还原反应会导致银纳米颗粒的聚集，因为其产生第二次放热效应。

11.2.4 利用各种还原剂在嵌段共聚物胶束中形成金纳米颗粒

在选择性溶剂中，两性分子二嵌段共聚物可以形成胶束，在其中可以合成纳米粒子。通过氯金酸掺入到溶解在甲苯聚(苯乙烯)-b-聚(2-乙烯基吡啶)共聚物胶束极芯中，经还原制备金纳米颗粒。采用不同强度的三种还原剂控制金纳米颗粒的形成：肼(HA)、三乙基硅烷(TES)、三乙基氢硼化钾(PTB)。通过 TEM、紫外可见光谱、等温滴定量热法(ITC)和动态光散射(DLS)等来跟踪金纳米颗粒的形成[57]。

该嵌段共聚物胶束氯金酸原液(金离子负载胶束溶液：GILMS)按照 Mössmer 等所描述的方法制备。在无水甲苯中将含 0.5% PS(350)-b-P2VP(50)嵌段共聚物(未负载的胶束溶液：ULMS)的溶液与 0.5mol 的三水氯金酸混合。这种透明的黄色溶液用五倍体积的甲苯稀释并用肼(HA)、三乙基氢硼化钾(PTB)或三乙基硅烷(TES)还原。还原剂溶解于四氢呋喃(THF)中，用量是金离子的量的 30 倍。

图 11.16 显示出一个在硅胶表面组装的 PS-b-P2VP 胶束共聚物的 AFM 图像。由图可知，在载体表面上形成了单胶束层，而一些胶束似乎呈准六角形排列。沿水平线穿过的几个胶束决定了高度轮廓，见平面 b。横截面分析表明胶束直径为 20~30nm。

金离子(Au^{3+})还原和其纳米粒子的形成可以通过紫外可见光谱方便地监测。在反应过程中连续记录的光谱呈现在图 11.17(a)~(c)中。当加入肼(HA)时，原来黄色的 GILMS 溶液立刻变成暗红色，标志成核开始。这在图 11.17(a)的系列光谱中是清晰可见的。金纳米粒子的表面等离子体共振的最大特征吸收峰出现在 552nm，并且其强度不断加大。图 11.17(d)说明了在 λ_{max} 处吸光度的变化。初始的快速反应持续减速，但 60s 后几乎没有变化。三乙基硅烷(TES)的还原反应表现出不同的动力学。仅仅在加入还原剂 1min 后纳米粒子的特征吸收峰(在 530nm)就出现了。光密度先缓慢增加，然后在 120s 开始急剧上升，并最终持续放缓，直到反应停止。"S"形曲线显示于图 11.17(d)中。记录由三乙基氢硼化钾做还原剂(PTB)的反应过程的光谱示于图 11.17(c)中。得到的溶胶是棕红色的。该金纳米粒子的特征吸收峰在 488nm 处，用肼(HA)做还原剂，会生成较小尺寸的纳米粒子(这是由负载通过透射电镜测量的)。

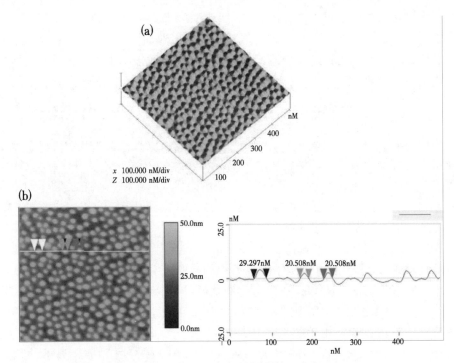

图 11.16 （a）原子力显微镜图像（1μm×1μm）；
（b）从 GILMS 到 P 掺杂的 Si 晶片上的单体胶片的横截面分析[57]

所形成的金纳米粒子的大小是依据 TEM 图像来确定的[57]。加入还原剂 0.5min 和 60min 后，由制备的溶胶中取出样品。最常见的是，每次胶束有一个纳米颗粒，但空胶束也出现在图像中。用肼（HA）还原，产生了平均直径为 8nm 的金纳米颗粒。

在使用三乙基硅烷（TES）做还原剂的情况下，纳米颗粒的数量在 60min 内增加了几倍。这符合紫外-可见光谱的结果，其揭示了在诱导期后（TES）还原反应加速了，平均纳米颗粒的大小在 1h 内从 2.2nm 增加到 2.6nm。在三乙基氢硼化钾（PTB）还原下，初始的胶束结构经历了一次重大的重排。原始胶束已替换为大液滴，并且纳米粒子在反应介质中自由浮动，或位于液滴的界面上。溶胶的结构及时地改变；许多较小的液滴/胶束被看见。这已经由 DLS 测量证实。大多数的纳米颗粒位于较小的液滴/胶束内部，或附着在较大的液滴/囊泡的边缘。采用三乙基氢硼化钾（PTB）还原，所形成的纳米颗粒最小，在 1h 内平均粒径从 1.1nm 变化到 1.7nm。

微量热测量结果清楚地表明，在使用三乙基硅烷（TES）和三乙基氢硼化钾（PTB）做还原剂的反应过程中发生的变化，不同于参考文献报道的金纳米粒子的

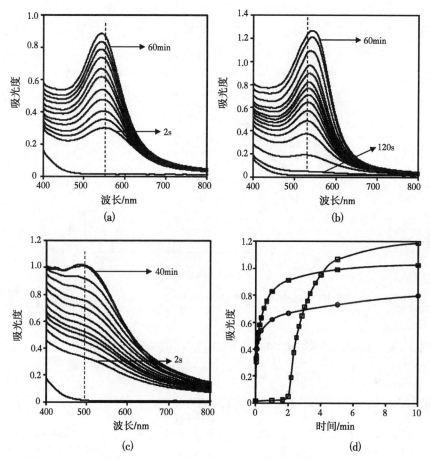

图 11.17 金纳米颗粒在还原过程中紫外-可见吸收光谱的演变[57]：(a)还原剂肼(HA)；(b)三乙基硅烷(TES)；(c)三乙基氢硼化钾(PTB)；(d)通过肼(HA)(圆形)、三乙基硅烷(TES)(方形)和三乙基氢硼化钾(PTB)(实心方形)在还原过程中、在 λ_{max} 处测定的吸收光谱的演变

形成过程。它可以计算在肼(HA)还原的情况下金纳米粒子的形成焓。因此，粒子形成焓的变化可以由表达式来计算：$\Delta H = \Delta H_{tot} - \Delta H_{mix}$，其中 ΔH_{tot} 是还原过程中测量的总焓变化，ΔH_{mix} 是在参考实验中测量的混合焓。当这些数据归一化为存在于溶液中金离子的数量时，就得到了金离子还原的摩尔焓。用摩尔焓对应肼(HA)与金离子的物质的量比的所作曲线示于图 11.18 中。在肼(HA)还原的情况下，金纳米颗粒形成的热是 $\Delta H_f = -195 \text{kJ/mol}$。

研究了使用各种还原剂的嵌段共聚物胶束纳米粒子的形成。人们发现：还原剂的强度不仅决定了金纳米粒子的大小，而且决定了其形成的速度。采用肼(HA)和三乙基氢硼化钾(PTB)，金离子的还原是快速的。三乙基硅烷(TES)证明是一种温和的合成金纳米颗粒的还原剂。TEM 和 DLS 测量表明：在采用三乙基氢硼化钾(PTB)还原过程中初始胶束结构重排。ITC 的测量显示，在还原过程中，除了金纳米粒子形成外也发生了其他的化学反应。

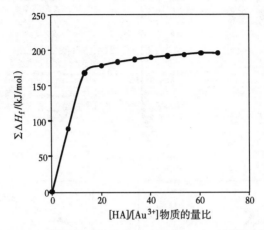

图 11.18　金纳米粒子形成的摩尔焓作为肼(HA)和金离了的物质的量比的函数[57]

11.3　层状硅酸盐中的金属纳米粒子的形成

11.3.1　硅酸镁悬浮液中非均相成核的粒子形成动力学

固体表面上的纳米粒子的形成动力学也得到了研究。对于非均相成核的研究，用各种镁硅酸盐形成一个光学透明悬浮液(锂蒙脱石，合成锂蒙脱石)代替聚合物分子作为稳定剂[52]。

在实验部分，钯(Pd^{2+})离子浓度保持恒定($C_{Pd^{2+}}^0$ = 0.075mmol/L，而锂蒙脱石的浓度在 0.5~0.001g/100cm^3 范围内变化)。当将氯化钯溶液加入锂蒙脱石悬浮液中时，测定的 pH 值是 5.8。锂蒙脱石减慢还原[见图 11.19(a)和图 11.20]很可能是由片层结构的黏度增加阻碍了还原剂的自由流动。我们提供的实验证明，增加悬浮液的浓度导致其黏度增加(结果没有显示)。因此，由于锂蒙脱石薄片的存在还原可能被抑制。除了增加黏度，对于减速作出很大贡献的另一个因素是多数钯离子物种吸附在表面上的事实。在一个分离试验中测试了钯离子在锂蒙脱石上的吸附。在所研究的浓度范围内，所有的离子都结合在其表面上，这意味着成核发生在表面上。随锂蒙脱石浓度降低，其反应速率增加，确定的表观速率常数列于表 11.3 中。A 对 t 的函数汇总于图 11.19(a)中。由于稀释 500 倍，表观速率常数(k^*)大大增加(0.0013s^{-1}→0.022s^{-1})。

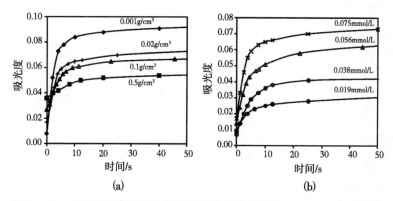

图 11.19 由锂蒙脱石稳定的钯纳米颗粒的吸光度($\lambda=600$nm)与时间的曲线[52]:(a)在恒定的钯离子和锂蒙脱石浓度变化;(b)在恒定的锂蒙脱石和钯离子浓度变化

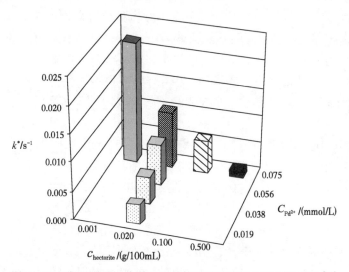

图 11.20 在不同的锂蒙脱石和前体的浓度条件下的速率常数[52]

我们研究了在恒定浓度为 0.02g/100cm³ 的锂蒙脱石悬浮液中前体离子对速度的决定作用[见图 11.19(b)]。氯化钯溶液的浓度在 0.019mmol/L 和 0.075mmol/L 之间变化。降低浓度使得 A 对 t 函数的初始斜率降低,表明还原减速。半衰期大大增加($67.95\text{s}^{-1} \rightarrow 247.5\text{s}^{-1}$)(见表 11.3 和图 11.20)。

我们试图通过透射电镜(TEM)确定实验进程中所形成的颗粒的大小。由于锂蒙脱石屏蔽的影响,只有具有最低锂蒙脱石浓度样品的影像可以评估。锂蒙脱石/钯复合物的图像显示了存在部分聚集的颗粒。

表 11.3　分散体的组成，动力学参数和颗粒直径

锂蒙脱石浓度/(g/100cm³)	$C_{Pd^{2+}}^{0}$/(mmol/L)	钯含量,%	k^*/s	$\tau_{1/2}$/s
0.5	0.075	0.16	0.0013	533
0.1	0.075	0.79	0.0059	117
0.02	0.075	3.84	0.0102	68
0.02	0.056	2.89	0.0075	92
0.02	0.038	1.98	0.0048	144
0.02	0.019	1.00	0.0028	247
0.001	0.075	44.40	0.022	32

11.3.2　纳米颗粒/黏土矿物复合材料的制备及结构研究

通过非均相成核在硅酸盐吸附剂的表面或层间空间内制备纳米颗粒/载体复合材料。在这种情况下，对于纳米颗粒，层状硅酸盐本身作为稳定剂(即作为一个无机稳定剂，并在同一时间作为载体基质)。鉴于聚合物的优异的稳定效果，我们试图利用聚合物/层状硅酸盐配合物在合成中的联合稳定作用。我们认为，这两种方法的组合可以导致非常稳定的贵金属/聚合物/层状硅酸盐复合材料的形成。在非均相成核的情况下，要描述的相互作用是那些聚合物和载体，聚合物和前体以及聚合物、载体和前体之间的相互作用。对于载体(高岭土、蒙脱石)的硅酸盐薄片，前体离子的吸附对颗粒大小有一定的影响。然而，吸附在载体表面的聚合物的影响也必须考虑，因为这些可能不仅吸附在层间的空间(蒙脱石)，也可在边缘吸附，这是因为聚合物和硅酸盐之间的静电相互作用。因此，阴离子、阳离子、中性聚合物可以在带负电的层状硅酸盐矿物表面发挥不同的作用。

11.3.2.1　蒙脱石和高岭土薄片表面的铑纳米粒子的合成

通过非均匀成核，在蒙脱石和高岭石的薄片上制备铑纳米颗粒。将氯化铑溶液加入黏土矿物的水分散体中，并用硼氢化钠还原。

人们对固体载体和大分子物质对生成的纳米颗粒稳定化的集聚效应也进行了研究。在这些实验中，大分子被提前吸附在载体上，然后再还原。非离子型PVP与铑的比例为1∶1、1∶5和1∶20的混合分散物中，仅当铑/聚合物单体的比例为1∶1时才有三种不同相对分子质量的阳离子PDDACl[聚(二烯丙基二甲基氯化铵)]和两种不同相对分子质量的PSS混合物[58]。用透射电镜测定了颗粒的大小。用X射线衍射和小角X射线散射研究了复合材料的结构。

通过X射线衍射确认了纳米粒子的层间结合。通过XRD的照片可知，由于片层间吸附水的存在，在干燥空气中的蒙脱石的层间间距d_L = 1.48nm。以PVP为稳定剂，随着单体/铑比的增加，另一个新的峰值出现在d_L = 2.5nm处；在

20∶1的比例时,蒙脱石的原始反射消失,结构被完全改变(见图11.21)。在高的PVP含量(21.5%)时,以及在阴离子PSSN的存在情况下,所述纳米颗粒的部分没有被吸附在载体的表面上。加入的大部分PVP不能绑定到载体或层间;因此,这多余的稳定聚合物在块体相中形成新的纳米粒子。在PSSN的情况下,由于负电荷的排斥,铑纳米颗粒实际上没有结合在蒙脱石的表面上。从这些样品的X射线衍射结果中没有观察到嵌入现象,即载体的存在没有影响铑纳米粒子的大小。在PVP/蒙脱石/铑的复合材料中,随金属含量的增加,颗粒尺寸增大。它可能是聚合物/载体相互作用的结果。在加入铑离子(Rh^{3+})之前,聚合物链的一部分被吸附在表面上;因此,残留在本体相中的聚合物分子可以稳定纳米颗粒,仅在低的铑/单体比例情况下,纳米颗粒一旦形成就将吸附到载体的表面上。这就是为什么含有蒙脱高岭土的反应介质和较低量的强吸附的聚合物(PVP、PDDA)将产生比均相成核更大的纳米颗粒。在这种情况下,非均相成核已不再是这种情况。

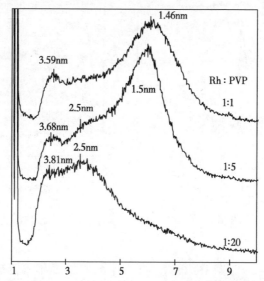

图11.21 不同的聚合物含量下显示铑纳米颗粒嵌入在层间空间的PVP保护铑/蒙脱石XRD图谱[58]

使用相似的技术,铑纳米颗粒也可生长在高岭土上。吸附纳米反应器制备技术也已成功应用在高岭土上。大的比表面积为纳米颗粒生长所必需,并且可以通过高岭石薄片的分层被创建。在专业文献中提到有几种适合的化合物;在这些化合物中,我们选择了二甲基亚砜(DMSO)。由于高岭土层状包通过嵌入的DMSO被分裂到基本片层,因而使层间空间适合金属纳米颗粒的生长[58]。

X射线衍射测量结果显示,在嵌入过程中基底间距从0.72nm增加至1.12nm(见图11.22)。分层高岭土的反射在水介质中消失,而且片层部分重新安排到其原来的位置,为 0.72nm 的层间距离。我们研究了聚合物掺入到分类高岭片层之间。由于比表面积和高岭石的离子交换容量是低的(分别为 $14m^2/g$ 和 $6\sim8mmol/g$),这可能仅仅意味着一个小百分比分子链的掺入。聚合物不仅被吸附在载体的外表面,而且也被吸附在内衬层间的内表面上,推层间的部分分开至约 3.7nm 的距离。在铑/聚合物/高岭土的复合物中,在 d_L 约 2.7nm 处出现一个新峰(见图 11.23)。在阳离子 PDDA 的情况下,相对分子质量发生变化。增加链的长度对结构的影响与增加 PVP 浓度是相似的。PSSN 是一种阴离子聚合物,不能够结合到带负电荷的高岭土表面上。

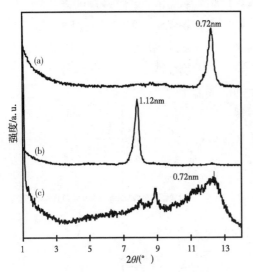

图 11.22 高岭土 XRD 图谱(a)、DMSO 处理的高岭土(b)和经过乙醇和水洗涤后再由 DMSO 处理的高岭土(c)

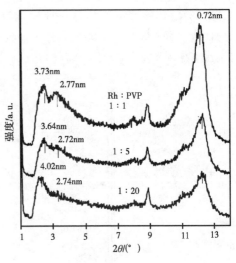

图 11.23 在不同聚合物含量时 PVP 保护的铑/高岭土的 XRD 图谱[58]

颗粒大小分析(透射电镜)表明,存在于高岭土层间的铑纳米颗粒尺寸要比蒙脱石上的小。根据所用的稳定化方法和前体铑离子(Rh^{3+})的浓度,平均粒度对蒙脱石为 $1\sim3nm$,对高岭土为 $1\sim2nm$(见图 11.24 和图 11.25)。

这些结果表明,纳米颗粒可以由黏土矿物片层予以稳定。这种简单的胶体法适于负载金属纳米粒子的制备。通过前体浓度可容易地控制粒子的大小。然而,用弱的还原剂制备的极小纳米颗粒的大小通过添加聚合物没有显著的变化。

对黏土矿物的结构特性和载体上的纳米颗粒以及聚合物链的改变也可通过 SAXS 实验检测到[58]。测量开始时,用不含纳米粒子和聚合物的载体样品。从 $logI=f(logh)$ 模型和 $I\times h^3=f(h^3)$ 计算的 SAXA 参数(所谓的 Porod 模型)在表 11.4 中给出。蒙脱石和高岭土的 $log(I)-log(h)$ 散射函数很好证明了两种类型的黏土

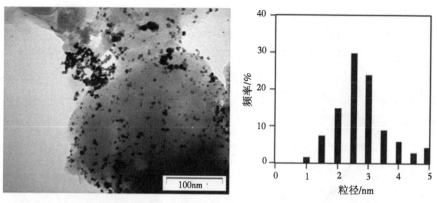

图 11.24　TEM 图像和 PVP 保护的铑/蒙脱石(2%铑)颗粒大小分布图[58]

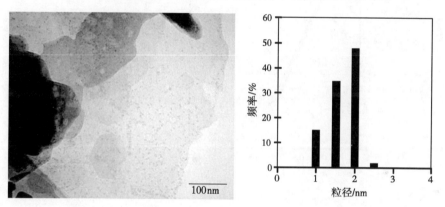

图 11.25　TEM 图像和铑/高岭土(0.5%铑)颗粒大小分布图[58]

矿物的差异(见图 11.26)。蒙脱石的散射强度(I)和曲线的斜率比高岭石的要小。从曲线的斜率计算的表面分形维数(D_s)如下：D_s(高岭土)= 2.42，D_s(蒙脱石)= 2.91。在光滑表面的情况下，表面分形维数的值为 D_s = 2.0。因此，在我们的情况下，高岭石的表面不光滑，且不均匀，而蒙脱石的表面更粗糙。这些值通过引入 PVP 和铑纳米粒子后进一步提高。X 射线散射强度归于表面金属纳米粒子较高的电子密度增强所致；因此，强度是随着金属含量的增加而增加的(见图 11.26)。样品之间的差异也由 Porod 模型确认(见图 11.27)。尾端常数 K_p 的交叉率由每个样品的线性外推法确定。K_p 的值，与各个相间的相互作用的大小成比例，随样品中铑纳米颗粒的数量增加趋于增加。当铑纳米粒子被嵌入到高岭石片状结晶中时，K_p 显著增加。对于高岭土，它的值是 K_p = 58.6cP/nm³($1cP \approx mPa \cdot s$，下同)，而且当样品中铑含量为 0.5% 和 1.0% 时，K_p 值增加到 178.7cP/nm³ 和 230.3cP/nm³。在铑/蒙脱石样品的情况下，也可以观察到 Porod 常数的增加。对于蒙脱石从 K_p/M_1 计算出的比表面积(S_p)较大(S_p = 73.4m²/g)(它有粗糙表面)，如果我们把聚合物(S_p = 93.3m²/g)或金属纳米粒子(S_p = 102.5m²/g)掺和在黏土的层间空间里,其值增加。在相同的金属含量时,对于蒙脱土的情况则散射强度增加的更多。由K_p值计算得出,相关长度l_c值,蒙脱石样品没有显著变化,高岭土几乎没有变化,显示出这些样品中解聚的影响(见表11.4)。SAXS 实验也适用于载体表面上聚合物链和铑纳米颗粒的检测。由于铑纳米颗粒的嵌入,其内部结构改变。

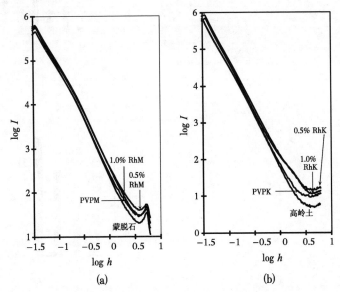

图 11.26 铑/蒙脱石的双对数 SAXS 曲线的曲线图(a)和铑/高岭土样品双对数 SAXS 曲线的曲线图(b)[58]

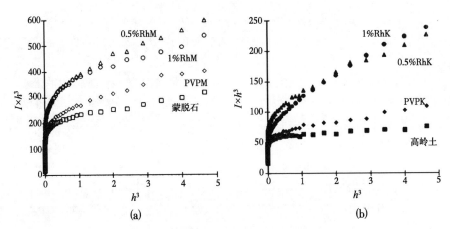

图 11.27 铑/蒙脱石的 SAXS 曲线的 Porod 曲线图(a)和铑/高岭土样品双对数 SAXS 曲线的 Porod 曲线图(b)[58]

表 11.4 黏土矿物和夹层样品的 SAXS 参数

SAXS 参数	蒙脱石	PVPM	RhM(0.5%)	RhM(1.0%)	高岭土	PVPK	RhK(0.5%)	RhK(1.0%)
D_s	2.91	3.08	3.07	3.09	2.42	2.46	2.55	2.52
$K_p/(cP/nm^3)$	222.3	296.4	478.9	422.5	58.6	66.9	178.7	230.3
$M_1/(cP/nm^2)$	3600.2	3176.5	3707.9	3296.9	1388.8	1552.1	2318.1	1941.7
K_p/M_1	0.0617	0.0933	0.1292	0.1282	0.0422	0.0431	0.0771	0.1186
$S/V/(nm^2/nm^3)$	0.050	0.089	0.129	0.125	0.036	0.042	0.047	0.116
$S_p/(m^2/g)$	73.4	93.3	102.5	118.1	40.9	49.4	75.6	108.8
l_c/nm	21.1	18.5	21.8	22.0	45.9	44.9	40.2	38.6

11.3.2.2 在蒙脱石和高岭土层间合成钯纳米颗粒

在水介质中采用不同方法已在蒙脱石和高岭土的层间生成了钯纳米粒子。原位制备方法是基于前体离子在乙醇-水二元液体混合物中在蒙脱石的富乙醇层间空间中的优先吸附,并随后在 65℃时将钯(Pd^{2+})离子还原[49,59]。还原也可用硼氢化钠代替乙醇完成。钯颗粒的大小由金属含量控制。理论和实验确定(ICP 电感耦合等离子体)了不同钯含量时,复合材料的结构参数和颗粒大小见表 11.5。

表 11.5 钯/蒙脱石样品的结构参数

样品代码	还原剂	钯含量①,%	PVP 含量,%	d_{XRD}/nm	d_{TEM}/nm	d_L/nm
钠蒙脱石						1.44
PVPM			12.4			1.58
PdM1	乙醇	0.5(0.50)		10.7	2.2	4.15; 1.49
PdM2	乙醇	1.0(1.00)		18	4.7	3.74; 1.49
PdM3	乙醇	2.5(2.53)		22	6.3	3.71; 1.48
PdM4	硼氢化钠	1			4.1	3.95; 1.57
PdM5	硼氢化钠	2			5.8	1.54
PVP PdM1	乙醇	2.0(1.95)	2.1	20.2	5.9	5.68; 1.45
PVP PdM2	乙醇	2.0(1.93)	4.1	16.2	3.8	3.24; 1.46
PVP PdM3	乙醇	2.0(1.68)	12.4	11.5	2.3	1.54
PVPPdM4	硼氢化钠	1	3.8		2.8	3.82; 1.52

① 钯含量由 ICP 测定。

对聚合物分子对金属颗粒大小的附加效应也进行了研究。金属/聚合物/蒙脱石复合材料的组成见表 11.5。用电感耦合等离子体发射光谱法(ICP)测定样品中的钯含量,显示其会随聚合物浓度增加而降低。在这种情况下,用肉眼观察到棕黑色的颜色,稳定化的金属纳米粒子在离心后上层清液中得以保留。

X-射线衍射图也得到了关于聚合物吸附和在还原过程中形成纳米颗粒嵌入

的信息。在较大角度(d_L=3.24~5.68nm)处出现的一个新反射似乎证实了纳米颗粒层的存在。从透射电镜图像数据构建的粒度分布函数分析数据看,复合材料也包含较大的纳米颗粒(5~10nm)。这些纳米颗粒可能生长在外表面上[见图11.28(a)]。颗粒大小随金属含量增加而增加。稳定的聚合物的加入导致形成较小的纳米颗粒;增加聚合物的添加量进一步导致其尺寸的减小。用硼氢化钠还原比乙醇还原($d_{ave.}$=4.1nm 和 5.8nm)导致形成更小的纳米颗粒。在用硼氢化钠还原(在PVP存在和不存在时 $d_{ave.}$ 分别为2.8nm 和 4.1nm)的情况下,聚合物的加入也进一步降低了颗粒尺寸。它建立了在合成过程中通过添加聚合物到载体上而使蒙脱石上钯纳米颗粒的尺寸减小,优先还原钯离子。

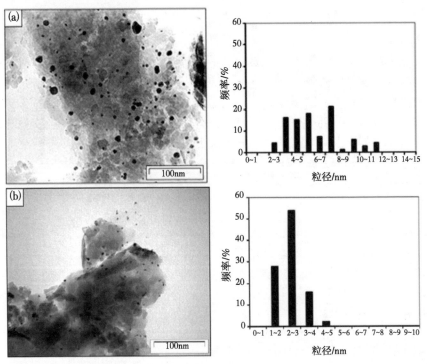

图11.28 透射电镜显微照片和钯/蒙脱石的粒度分布:
(a)PVPPdM1,$d_{ave.}$=5.9nm;(b)PVPPdM4,$d_{ave.}$=2.8nm[49]

对金属钯存在时,在 2θ 角为38°~42°范围内分析了样品。当使用 CuKα 辐射时,钯的(111)反射特征出现在40.15°(见图11.29)。由于颗粒尺寸减小,晶格常数被改变,其结果是,其中的反射器的位置也错开。由 Scherrer 公式(10~22nm)计算得到的反射的半值宽度的颗粒尺寸超过那些由电子显微镜测定的结果。原因是:X 射线衍射分析了整个样品,它可能含有大的晶粒,但没有观察到更小的、无定型的纳米颗粒。

在不同金属含量和在不同的金属/聚合物单体比例的高岭土上制备钯纳米颗粒。吸附的钯离子(Pd^{2+})通过肼、硼氢化钠还原。还原剂用量超过理论量的4倍。产品的金属含量分别为0.95%和1.9%。样品的组成和结构参数见表11.5。在PVP/高岭土复合材料情况下,一个新的反射在小2θ角度(d_L约3.6nm)出现衍射。在PVP/高岭土体系中,钯团簇的形成导致了反射从d_L=3.6到4.4nm的偏移(见图11.30)。

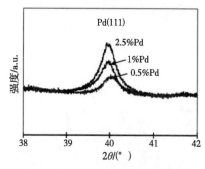

图11.29 不同的钯含量PVP/钯/蒙脱石样品的Pd(111)影像[49]

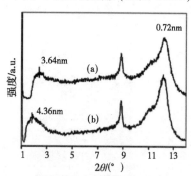

图11.30 样品PVPK(a)和PVPP DK3(b)的X射线衍射谱图

无PVP稳定剂情况下制备的含有钯的高岭土样品。在水溶液体系中制备的钯/高岭土样品产生了比较大的钯簇,呈多分散粒度分布。通过增加钯含量,颗粒的大小和分散性增大。根据X射线衍射谱图,纳米颗粒的掺入增加基底间距。在含有较大纳米颗粒复合材料的情况下,高岭土的(001)反射在衍射图上偏移较小的角度(见表11.6)。

表11.6 钯/高岭土样品的结构参数

样品代码	还原剂	钯含量,%	PVP含量,%	d_{TEM}/nm	d_L/nm
PdK1	肼	0.95		7.2	3.64
PdK2	肼	1.9		14.3	4.13
PVP PdK1	肼	0.95	3.8	2.8	5.33
PVP PdK2	肼	1.9	3.8	5.8	
PVP PdK3	肼	0.95	28.0	2.6	4.36
PdK3	硼氢化钠	0.95		6.0	5.95
PdK4	硼氢化钠	1.9		8.1	6.87

形成的纳米颗粒的粒度分布可以依据透射电镜图像来确定(见图11.31)。样品PVPPdK1的TEM图像显示球形纳米粒子尺寸为2~6nm,分别位于片层,没有聚集的迹象[见图11.31(a)]。当PVP的含量增加[见图11.31(b)],金属纳米粒子的簇好像黏附在载体薄片的边缘,而粒径没有显著改变。因为可得出结论:

聚合物链的部分,可能无法吸附在高岭土上,部分保留在本体相并稳定在还原过程形成的纳米颗粒。这些"大"单元只能附着在片层的外表面上。当钯含量在恒定的聚合物含量下增加时,形成较大的纳米颗粒(0.95%→2.8nm,1.9%→5.8nm)。在没有聚合物稳定剂和应用较慢的还原的方式(肼)条件下,当钯含量提高到2%时,测量到多样化形态如形成了20~30nm的结晶纳米颗粒。钯和铑粒子的合成过程比较表明:在相同的条件下,氯化铑比氯化钯产生了更小的颗粒。

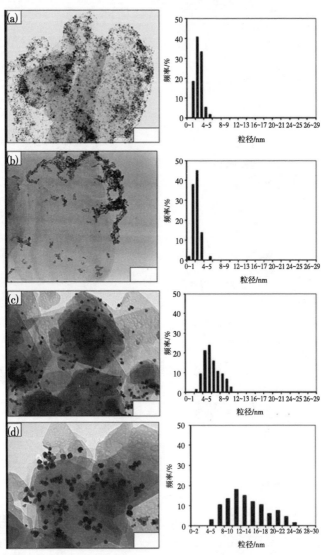

图11.31　TEM显微照片和粒度分布[59]:(a)PVPPdK1,$d_{ave.}$ = 2.8nm;(b)PVPPdK3,$d_{ave.}$ = 2.6nm;(c)PdK1,$d_{ave.}$ = 7.2nm;(d)PdK2,$d_{ave.}$ = 14.3nm

11.3.2.3 大分子在钯纳米颗粒表面的固定作用

对纳米颗粒在固体载体上的聚合物吸附中的作用也进行了研究。在钠基蒙脱石上测定了 PVP 和 PVP 稳定的钯纳米颗粒的吸附等温线。将黏土矿物分散在各种浓度的聚合物溶液中,且将悬浮液在室温下搅拌 2 天直到达到吸附平衡。将悬浮液离心,并在 TC 装置中测定聚合物溶液(上清液)的碳含量。结合的聚合物的量计算为初始(c_0)和吸收后(c_e)浓度的差值。在所有情况下,悬浮液中的蒙脱石浓度为 1g/100cm^3。吸附的聚合物数量关系式为 $n_{pol}^s = V^0(c_0-c_e)/m$,其中,$V^0$ 是聚合物溶液的体积,m 是蒙脱石的质量。在 0.025~2.5g/100cm^3 的浓度范围内测定吸附材料的量。如图 11.32(a)所示,PVP 的分子链容易吸附在蒙脱石薄片上。

我们研究了当聚合物链连接到纳米颗粒而不是游离聚合物分子时,绑定到表面作为稳定剂的大分子的吸附等温线如何改变。在这些实验中,聚合物溶液中均匀地含有 0.02mmol/L 钯和平均直径为 1.5~2nm 的钯纳米颗粒。观察到每单位表面结合了更大量的 PVP[见图 11.32(b)],可能是由于还原反应,聚合物链的膨胀稳定了纳米颗粒。

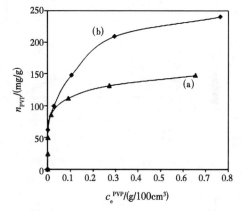

图 11.32 (a)PVP(b)在钠基蒙脱石上水溶液中 PVP 保护的钯纳米颗粒[59]的等温吸附曲线

通过 X 射线衍射监测颗粒掺入层间空间的情况。图 11.33 显示了(001)蒙脱石在 14.2nm 处的反射强度呈现出减弱,峰值逐渐平坦,而出现在 3.91nm 处的新峰值的强度同时增加,表明聚合物包覆的钯粒子发生了插层。在钯含量为 0.5%、1%、2%和 4%时,两个峰的强度比($I_d = 1.42nm : I_d = 3.91nm$)分别为 2.3、1.3、0.8 和 0.3,该数据可以被认为是发生了结构转型。

这些实验表明钯纳米颗粒促进了 PVP 分子在蒙脱石上的吸收。发现聚合物保护的钯颗粒不仅黏附到外表面,而且能够掺入黏土矿物的薄片之间。

11.3.2.4 解聚高岭土片层表面上银纳米粒子的合成

用 DMSO 预先分层,在高岭土上合成银纳米粒子[60,61]。比较了光还原和硼氢化钠还原对颗粒大小的影响。高岭土分散在硝酸银水溶液中,吸附银离子(Ag^+)的高岭土片层表面被硼氢化钠或紫外光照射被还原。将银离子以银/高岭石的比例 1%、2%、5%和 10%加入解聚的高岭土样品中。光还原如下进行:将分散体倒入石英烧杯中并在恒定搅拌下从 10cm 的距离用氙气灯(Xe)照射 1h。还原后,如上所述将悬浮液离心,洗涤和干燥(见图 11.34)。

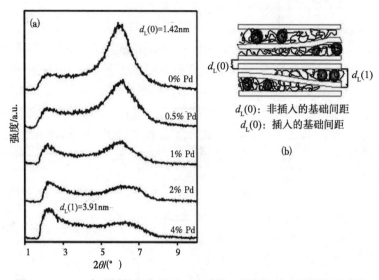

图 11.33 （a）在不同的钯含量下，显示嵌入层间钯纳米颗粒的聚合物保护钯/蒙脱石 X 射线衍射图；（b）嵌入蒙脱石的示意图[59]

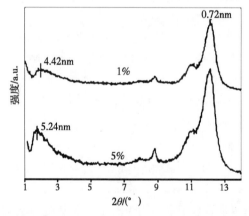

图 11.34 通过光化学还原制备的 1% 和 5% 银/高岭土的 XRD 图谱[60]

在吸附的金属离子还原后，在 $2\theta = 2.05°$ 处观察到新的布拉格反射，对于光还原的 1%银/高岭土样品限定 $d_L = 4.42\text{nm}$，但通过硼氢化钠还原的样品其布拉格反射出现在 $d_L = 4.28\text{nm}$ 处。这些增加的基底间距证明，在离子交换过程中，银离子(Ag^+)不仅结合在高岭土的边缘和外表面上，而且在层间空间内。比较相同银的含量但通过不同的方法还原的样品，其 X 射线衍射图也揭示出明显的差异[60,61]。光还原样品的插层反射更强烈并出现在更大的 2θ 处。原因是在光还原过程中比用硼氢化钠还原的情况形成更大的银纳米粒子。通过 TEM 测定银纳米颗粒的尺寸分布(见表11.7和图11.35)。随着金属含量增加,通过所有方法制备的纳米颗粒的平均尺寸均增加。含有2%银-高岭土的样品的粒径(光还原)为 $d_{TEM}=8.7nm$;当为10%Ag/高岭土时,$d_{TEM}=14.8nm$。如电子显微照片所示,硼氢化钠还原样品中的纳米颗粒间距更密,因为存在的所有银离子(Ag^+)通过过量加入的硼氢化钠而快速还原,有利于成核的过程。在光还原实验中,还原较慢,这有利于纳米颗粒生长。当比较各种样品的 Ag(111)($2\theta=38.3°$)布拉格反射时,可获得类似的结果(见图11.36)。在用硼氢化钠还原样品的情况下,随着银含量的增加反射强度增加并且半宽度降低,因为银纳米颗粒的尺寸和结晶度增加。由 Scherrer 方程计算的颗粒大小在 $d_{Sch}=12.7\sim24.0nm$ 内变化。然而,在光还原的样品中,在具有不同银含量的样品之间没有显著的变化:从半宽度计算的平均颗粒大小是 $d_{Sch}=10.1\sim11.3nm$。

比较两种还原方法,可以确定在光还原的情况下,形成更大的银纳米颗粒。

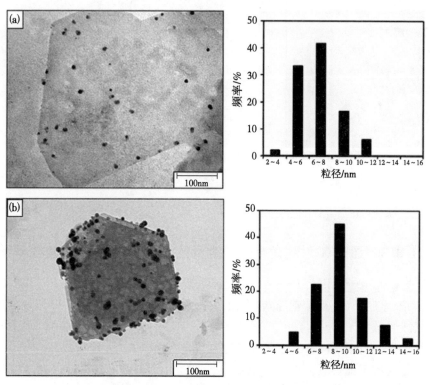

图11.35 由光化学(a)、硼氢化钠(b)还原制备的
2%银/高岭土的透射电镜图像和粒径分布[60]

表 11.7 银/高岭土样品的结构参数

样品代码	还原剂	银含量,%	d_{XRD}/nm	d_{TEM}/nm	d_L/nm
AgK1	硼氢化钠	0.5	10.7	5.6	4.58
AgK2	硼氢化钠	1.0	12.7	7.1	4.28
AgK3	硼氢化钠	1.5	13	7.6	4.24
AgK4	硼氢化钠	2.0	13.1	8.3	4.39
AgK5	硼氢化钠	5.0	24.0	10.5	4.95
AgK6	光还原	1.0	10.1	8.3	4.42
AgK7	光还原	2.0	10.1	8.7	5.64
AgK7	光还原	5.0	11.3	11.2	5.24
AgK7	光还原	10.0	10.1	14.8	3.69

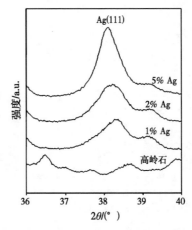

图 11.36 用硼氢化钠还原的银/高岭土样品的 Ag(111) 反射强度图[61]

11.3.3 通过 X 射线光电子能谱表征钯、铑和银纳米颗粒

X 射线光电子能谱(XPS)是研究纳米颗粒的表面氧化状态的工具。图 11.37 显示了钯/蒙脱石(2%)和钯/高岭土(1.9%)样品的光谱,解析为 Pd^0 和 Pd^{4+} 氧化态。输入参数是 $Pd3d_{3/2}$ 峰的结合能、$Pd3d_{3/2}$ 和 $Pd3d_{5/2}$ 峰的结合能的差和两个峰的强度的比。对于不同样品,每个峰的半宽度是相同的(见图 11.37)。

除了对应于钯零氧化态 $3d_{3/2}$ 和 $Pd3d_{5/2}$ 的结合能为 335.0eV 和 340.6eV 的峰之外,在 337.7eV 和 342.7eV 也出现了特征峰。这些峰是四价钯(Pd^{4+})氧化态的特征。除了处于零氧化态的金属原子之外,所研究的所有含钯的样品包含了处于四价(Pd^{4+})氧化态的钯离子。这意味着在表面上没有氧化钯(PdO),但是有钯

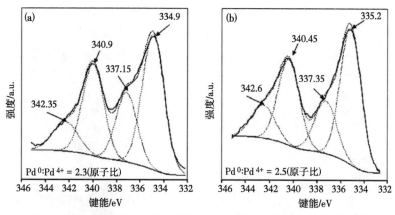

图 11.37 钯/蒙脱石(a)和钯/高岭土(b)样品的 XPS Pd3d 光谱图[59]

(Pd^0)和二氧化钯(PdO_2)。这些结果表明,在合成过程中,加入载体中的金属离子要么只有一部分被还原,要么全部被还原,但是有些通过与表面上的氧反应转化成金属氧化物。不能排除的可能原因是较高的钯氧化态形式的存在是由于在表面上的金属-载体的相互作用。

通过 XPS 分析,检查载体表面上的铑纳米颗粒的化合价。铑/蒙脱石(2%)和铑/高岭土(2%)复合材料的 Rh3d 的 XPS 光谱显示在图 11.38 上。Rh3d 的宽峰表明存在不止一种类型的铑。两个光谱显示在铑/蒙脱石样品(在 306.1eV)情况下的特征 3d 双峰加上 Mg 螺旋线。光谱解析为两种状态:Rh^0 和 Rh^{3+}。输入参数是 $Rh3d_{5/2}$ 峰的近似结合能,$Rh3d_{3/2}$ 和 $Rh3d_{5/2}$ 峰(4.8eV)之间的能量差和两个峰的强度比(2:3)。另一个条件是所有峰最大半峰宽应该相等(见图 11.38)。

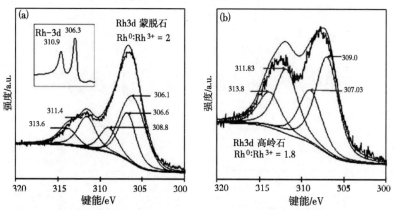

图 11.38 铑/蒙脱石(a)和铑/高岭土(b)样品的 XPS Rh3d 光谱图[58]

Rh^0 的特征是 $Rh3d_{5/2}$ 和 $Rh3d_{3/2}$(306.6eV 和 311.4eV)呈双峰。此外,观察到在 308.8eV 和 313.6eV 处的峰。在较高的结合能下,这些峰可以解释铑的氧化态。由于峰面积与表面处或表面附近的给定类型的原子的数量成比例,峰解析可以帮助确定 Rh^0/Rh^{3+} 比率。因此,在蒙脱石负载 Rh 的情况下,这个比率约为 2。对于高岭土载体的样品,此值约为 1.8。考虑到这种方法的精度,可以说在两种情况下 Rh^0/Rh^{3+} 比是相同的。这些结果表明 Rh^{3+} 被还原为 Rh^0 并且铑纳米颗粒的表面在空气中部分氧化为 Rh_2O_3。原因可能是超细铑纳米颗粒是非常活跃的,这是纳米尺寸的金属颗粒的共同特征,并且在伴有各种还原过程制备纳米颗粒时,Rh^{3+} 离子没有被硼氢化钠完全还原。也不能排除表面上存在 Rh^{3+} 是金属-载体相互作用的结果的可能性。

具有不同银含量的样品的 Ag3d XPS 谱图显示在图 11.39 中。$Ag3d_{5/2}$ 峰的结合能在 367.7~367.9eV 的范围内,而 $Ag3d_{3/2}$ 峰的结合能在 373.75~373.9eV 的范围内。峰的位置是金属银的特征并且不依赖于银的浓度。除了包含 5% 银的样品显示 1.68eV 的值之外,半峰宽(FWHM)范围为 1.81~183eV。结合能和 FWHM 的值在实验误差的范围内。

由于峰面积与存在的原子数目成正比,可利用该面积估算样品的银含量。作为理论银含量的函数的 Ag3d 峰的强度显示在图 11.40 中。可清楚地看出,直到 Ag^+ 含量达到 2% 之前,该函数为线性函数。然后朝向 x 轴弯曲,表明实际银含量低于基于 Ag^+ 添加量预期的值。这是根据分光光度测定结果而得出的结论,即高于一定浓度,不再有 Ag^+ 离子吸附在高岭土表面上;因此,纳米颗粒也在液相中形成。

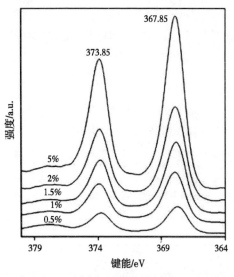

图 11.39 银/高岭土样品的 Ag3dX 射线光电子(0.5%、1%、1.5%、2% 和 5% 银含量)[61]

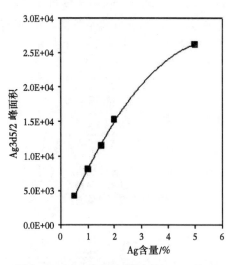

图 11.40 银/高岭土样品的 Ag3d 峰面积作为银含量的函数[61]

参 考 文 献

[1] Wilcoxon JP, Williamson RL, Baughman R(1993)Optical properties of gold colloids formed in inverse micelles. J Chem Phys 98: 9933–9950.
[2] Parsapour F, Kelley DF, Craft S, Wilcoxon JP(1996)Electron transfer dynamics in MoS_2 nanoclusters: normal and inverted behavior. J Chem Phys 104: 4978–4987.
[3] Pocard NL, Alsmeyer DC, McCreery RL, Neenan TX, Callstrom MR (1992) Nanoscale platinum(O) clusters in glassy carbon: synthesis, characterization, and uncommon catalytic activity. J Am Chem Soc 114: 769–771.
[4] Steigerwald ML, Brus LE(1990)Semiconductor crystallites: a class of large molecules. Acc Chem Res 23: 183–188.
[5] Chan YNC, Schrock RR, Cohen RE(1992)Synthesis of silver and gold nanoclusters within microphase-separated diblock copolymers. Chem Mater 4: 24–27.
[6] Zhao M, Sun L, Crooks RM(1998)Preparation of Cu nanoclusters within dendrimer templates. J Am Chem Soc 120: 4877–4878.
[7] Bradley JS(1994)In: Schmid G(ed)Clusters and colloids: from theory to applications. VCH, New York, pp. 459–536.
[8] Rampino LD, Nord FF(1941)Preparation of palladium and platinum synthetic high polymer catalysts and the relationship between particle size and rate of hydrogenation. J Am Chem Soc 63: 2745–2749.
[9] Boutonnet M, Kizling J, Stenius P, Maire G(1982)The preparation of monodisperse colloidal metal particles from microemulsions. Colloids Surf 5: 209–225.
[10] Wang CC, Chen DH, Huang TC(2001)Synthesis of palladium nanoparticles in water-in-oil microemulsions. Colloids Surf A Physicochem Eng Asp 189: 145–154.
[11] Nickel U, Castell A, Poppl K, Schneider S(2000)A silver colloid produced by reduction with hydrazine as support for highly sensitive surface-enhanced Raman spectroscopy. Langmuir 16: 9087–9091.
[12] Zhao MQ, Crooks RM(1999)Intradendrimer exchange of metal nanoparticles. Chem Mater 11(11): 3379–3385.
[13] Nakao Y, Kaeriyama K(1986)Preparation of noble-metal sols in the presence of surfactants and their properties. J Colloid Interface Sci 110: 82–87.
[14] Pillai ZS, Kamat PV(2004)What factors control the size and shape of silver nanoparticles in the citrate ion reduction method? J Phys Chem B 108: 945–951.
[15] Heard SM, Grieser F, Barraclough CG, Sanders JV(1982)The characterization of Ag sols by electron-microscopy, optical-absorption, and electrophoresis. J Colloid Interface Sci 93: 545–555.
[16] Hoogsteen W, Fokkink LGJ(1995)Polymer-stabilized Pd sols: kinetics of sol formation and stabilization mechanism. J Colloid Interface Sci 175: 12–26.
[17] Hirai H, Nakao Y, Toshima N(1979)Preparation of colloid transition-metals in polymers by reduction with alcohols of ethers. J Macromol Sci Chem A 13: 727–750.
[18] Teranishi T, Miyake M(1998)Size control of palladium nanoparticles and their crystal structures. Chem Mater 10: 594–600.
[19] Henglein A(1999)Radiolytic preparation of ultrafine colloidal gold particles in aqueous solution: optical spectrum, controlled growth, and some chemical reactions. Langmuir 15: 6738–6744.
[20] Jana NR, Gearheart L, Murphy CJ(2001)Evidence for seed-mediated nucleation in the chemical reduction of gold salts to gold nanoparticles. Chem Mater 13: 2313–2322.
[21] Privman V, Goia DV, Park J, Matijevic E(1999)Mechanism of formation of monodispersed colloids by aggregation of nanosize precursors. J Colloid Interface Sci 213: 36–45.
[22] Ji XH, Song XN, Li J, Bai Y, Yang W, Peng X(2007)Size control of gold nanocrystals in citrate reduction: the third role of citrate. J Am Chem Soc 129: 13939–13948.
[23] Watzky MA, Finke RG(1997)Transition metal nanocluster formation kinetic and mechanistic studies. A new mechanism when hydrogen is the reductant: slow, continuous nucleation and fast autocatalytic surface growth. Chem Mater 9: 3083–3095.
[24] Leisner T, Rosche C, Wolf S, Granzer F, Woste L(1996)The catalytic role of small coinage-metal clusters in photography. Surf Rev Lett 3(1): 1105–1108.
[25] Tauschtreml R, Henglein A, Lilie J(1978)Reactivity of silver atoms in aqueous solution, a pulse radiolysis study. Ber Bunsenges Phys Chem 82(12): 1335–1343.
[26] Cai M, Chen J, Zhou J(2004)Reduction and morphology of silver nanoparticles via liquid-liquid method. Appl Surf Sci 226: 422–426.
[27] Ayyappan S, Gopalan RS, Subbana GN, Rao CNR(1997)Nanoparticles of Ag, Au, Pd, and Cu produced by alcohol reduction of the salts. J Mater Res Soc 12(2): 398–401.
[28] Busser GW, Ommen JG, Lercher JA(1999)Preparation and characterization of polymer-stabilized rhodium sols. I. Factors affecting particle size. J Phys Chem B 103(10): 1651–1659.
[29] Huang HH, Ni XP, Loy GL, Chew CH, Tan KL, Loh FC, Deng JF, Xu GQ(1996)Photochemical formation of silver nanoparticles in poly(N-vinylpyrrolidone). Langmuir 12: 909–912.
[30] Esumi K, Itakura T, Torigoe K(1994)Preparation of organo palladium sols from palladium complexes in various alcohols. Colloids Surf A 82: 111–113.
[31] Mie G(1908)Beitrage zur Optik Truber Medien, Speziell Kolloidaler Metallosungen. Ann Phys 25: 377–445.
[32] Seregina MV, Bronstein LM, Platonova OA, Chernyshov DM, Valetsky PM, Hartmann J, Wenz E, Antonietti M(1997)Preparation of noble-metal colloids in block copolymer micelles and their catalytic properties in hydrogenation. Chem Mater 9: 923–931.
[33] Antonietti M, Wenz E, Bronstein L, Seregina M(1995)Synthesis and characterization of noble metal colloids in block copolymer micelles. Adv Mater 7: 1000–1005.
[34] Spatz JP, Sheiko S, Moller M(1996)Ion-stabilized block copolymer micelles: film formation and intermicellar interaction. Macromolecules 29: 3220–3226.
[35] Saptz JP, Mossmer S, Hartmann C, Moller M, Herzog T, Krieger M, Boyen HG, Ziemann P, Kabius B(2000)Ordered deposition of inorganic clusters from micellar block copolymer films. Langmuir 16: 407–415.
[36] Yoon NM, Yang HS, Hwang YS(1987)Reducing characteristics of potassium triethylbor-ohydride. Bull Korean Chem Soc 8: 285–291.

[37] Mossmer S, Spatz JP, Moller M, Aberle T, Schmidt J, Burchard W(2000) Solution behavior of poly(styrene)-block-poly(2-vinylpyridine) micelles containing gold nanoparticles. Macromolecules 33: 4791-4798.
[38] D'Aprano A, Donato ID, Pinio F, Liveri VT(1990) Complex formation in aerosol OT reversed micelles between sodium counterion and Kryptofix 221D macrobicyclic ligand. J Solution Chem 19: 589-595.
[39] Arcoleo V, Cavallaro G, Manna GL, Liveri VT(1995) Calorimetric investigation on the formation of palladium nanoparticles in water/AOT/n-heptane microemulsions. Thermochim Acta 254: 111-119.
[40] Aliotta F, Arcoleo V, Buccoleri S, Manna GL, Liveri VT(1995) Calorimetric investigation on the formation of gold nanoparticles in water/AOT/n-heptane microemulsions. Thermochim Acta 265: 15-23.
[41] Patakfalvi R, Dekany I(2005) Nucleation and growing of silver nanoparticles under control of titration microcalorimetric experiment. J Therm Anal Calorim 79: 587-594.
[42] Bonnemann H, Brijoux W, Brinkmann R, Tilling AS, Schilling T, Tesche B, Seevogel K, Franke R, Hormes J, Kohl G, Pollmann J, Rothe J, Vogel W(1998) Selective oxidation of glucose on bismuth-promoted Pd-Pt/C catalysts prepared from NOct(4)Cl-stabilized Pd-Pt colloids. Inorg Chim Acta 270(1-2): 95-110.
[43] Kiraly Z, Veisz B, Mastalir A, Razga Z, Dekany I(1999) Preparation of an organophilic palladium montmorillonite catalyst in amicellar system. Chem Commun 19: 1925-1926.
[44] Reetz MT, Helbig W(1994) Size-selective synthesis of nanostructured transition metal clusters. J Am Chem Soc 116(16): 7401-7402.
[45] Reetz MT, Quaiser SA, Breinbauer R, Tesche B(1995) A new method for the preparation of nanostructured metal clusters. Angew Chem Int Ed Engl 34: 2240-2241.
[46] Wang Q, Liu H, Wang H(1997) Immobilization of polymer-stabilized noble metal colloids and their catalytic properties for hydrogenation of olefins. J Colloids Interface Sci 190: 380-386.
[47] Wang Y, Liu H, Huang Y(1996) Immobilization of polymer-protected metal colloid catalysts by the formation of polymer hydrogen bond complexes. Polym Adv Techol 7: 634-638.
[48] Dekany I, Turi L, Szucs A, Kiraly Z(1998) Preparation of semiconductor and transition metal nanoparticles on colloidal solid supports. Colloids Surf A 141: 405-417.
[49] Papp S, Szucs A, Dekany I(2001) Preparation of Pd nanoparticles stabilized by polymers and layered silicate. Appl Clay Sci 19: 155-172.
[50] Kiraly Z, Dekany I, Mastalir A, Bartók M(1996) In situ generation of palladium nanoparticles in smectite clays. J Catal 161: 401-408.
[51] Szucs A, Kiraly Z, Berger F, Dekany I(1998) Preparation and hydrogen sorption of Pd nanoparticles on Al_2O_3 pillared clays. Colloids Surf A Physicochem Eng Asp 139: 109-118.
[52] Papp S, Dekany I(2006) Nucleation and growth of palladium nanoparticles stabilized by polymers and layer silicates. Colloid Polym Sci 284: 1049-1056.
[53] Patakfalvi R, Virsinyi Z, Dekany I(2004) Kinetics of silver nanoparticle growth in aqueous polymer solutions. Colloid Polym Sci 283(3): 299-305.
[54] Patakfalvi R, Papp S, Dekany I(2007) The kinetics of homogeneous nucleation of silver nanoparticles stabilized by polymers. J Nanoparticle Res 9: 353-364.
[55] Esumi K, HosoyaT, Yamahira A, Torigoe K(2000) Formation of gold and silver nanoparticles in aqueous solution of sugar-persubstituted poly (amidoamine) dendrimers. J Colloid Interface Sci 226: 346-352.
[56] Dobos D(1979) Electrochemical tables. Muszaki konyvkiado, Budapest.
[57] Papp S, Korosi L, Gool B, Dederichs T, Mela P, Moller M, Dekany I(2010) Formation of gold nanoparticles in diblock copolymer micelles with various reducing agents: kinetic and thermodynamic studies. J Therm Anal Calorim 101: 865-872.
[58] Papp S, Szel J, Oszko A, Dekany I(2004) Synthesis of polymer-stabilized nanosized rhodium particles in the interlayer space of layered silicates. Chem Mater 16: 1674-1685.
[59] Papp S, Patakfalvi R, Dekany I(2008) Metal nanoparticle formation on layer silicate lamellae. Colloid Polym Sci 286: 3-14.
[60] Patakfalvi R, Dekany I(2004) Synthesis and intercalation of silver nanoparticles in kaolinite/DMSO complexes. Appl Clay Sci 25(3-4): 149-159.
[61] Patakfalvi R, Oszko A, Dekany I(2003) Synthesis and characterization of silver nanoparticle/kaolinite composites. Colloids Surf A Physicochem Eng Asp 220(1-3): 45-54.

第 12 章 二氧化钛及其表面改性衍生物的合成、结构和光催化活性

LászlóKörösi,*Szilvia Papp*,*Imre Dékány*

12.1 引言

在地表水和大气环境中不易生物降解的有害化合物的积累促进了水和空气净化技术的发展。非均相光催化是用于降解或转化挥发性有机化合物(VOC)的众所周知的环境友好的方法。在实际应用中,理想的光催化剂应该是化学稳定的、易于制备和使用的、价格便宜的、对人类和环境安全的并且是高效的催化剂。在各种金属氧化物(TiO_2、ZnO、WO_3、SnO_2等)中,TiO_2几乎满足了所有这些要求。TiO_2多晶型物、锐钛矿和金红石都广泛用作光催化剂。在大多数反应中,锐钛矿表现出更高的光催化活性[1,2],这可能是由于其稍高的费米能级及其较高的OH基表面密度的缘故[3,4]。已经尝试改善TiO_2在可见光和紫外范围内的光活性。利用多种元素,掺杂在TiO_2的表面改性成为研究领域的研究热点。非金属在这方面的应用是最近才开始的,但已经产生了许多值得注意的结果。

由于其宽的带隙能量,TiO_2只能利用太阳光谱的一小部分区域。因此,对可见光的响应(即光敏性)的改善是光催化剂的最重要的方面之一。使用各种金属或金属离子(Pt、Ag、Au、Cr、Fe、Cu等)掺杂TiO_2已被广泛用作将光吸收扩展到可见光区的技术[5-10]。TiO_2的表面改性或掺杂通常通过诸如浸渍、光致沉积或溶胶-凝胶技术的方法进行。掺杂剂对光降解效率的影响不明显。金属沉积物的积极作用可通过改进的界面电荷转移过程来解释[11]。然而,TiO_2表面上的一些金属没有作用,或掺杂对有机化合物的光催化降解有不利影响[12,13]。

这种行为可能经常由研究的 VOC 的性质差异来解释。TiO_2-黏土矿物纳米复合材料作为有效的光催化剂,可以制备掺杂或非掺杂的TiO_2和层状硅酸盐[14-17]。应用层状硅酸盐大的比表面积有利于有机化合物的吸附[18,19]。吸附和异相光催化的组合可能是积累、去除和氧化有机污染物的有效的经济手段,其应用符合日益增长的环境需求[14,20,21]。

掺杂非金属阴离子优于金属离子,因为阴离子倾向于在TiO_2的表面上形成更少的复合中心。二氧化钛的阴离子改性研究已经有一些成果,卤素离子也受到了

特别的关注。Minero 等研究了氟化物对 TiO_2 悬浮液中苯酚光催化降解的影响[22,23]。他们发现苯酚的降解速率随着氟化物浓度的增加而增加。罗等[24]研究了 Br^- 和 Cl^- 共掺二氧化钛在水分解中的效率，发现比商业 Degussa P25 TiO_2 具有更高的光催化活性。硫酸化 TiO_2 还对几种物质，如已烷、甲醇、苯和三氯乙烯表现出增强的光活性[25-27]。磷酸盐改性的 TiO_2 已经成为相当少数量的研究的主题，并且结果证明，由于制备技术和磷酸盐含量的差异，光催化剂方面的结果是非常多样的。Colón 等[28]使用不同的含氧酸（HNO_3、H_2SO_4 和 H_3PO_4）来改性 TiO_2。他们报道，H_3PO_4 处理后，光活性降低。光催化性能不佳由表面上焦磷酸盐类物质的外观决定。相比之下，于等[29]发现磷酸盐改性 TiO_2 的光催化活性较高。该效应由四面体配位中增加的带隙能量、大的表面积和 Ti 离子的存在来解释。可见光驱动光催化可以通过施加氮掺杂的 TiO_2（$N-TiO_2$）[30-32]来实现。发现 TiO_2 的 N-掺杂导致显著的带隙变窄。中村等报道，$N-TiO_2$ 的可见光吸收增加是由于 N 诱导的中间间隙水平，其产生略高于 O 2p 价带[33]。Ihara 等[34]得出结论，在 $N-TiO_2$ 多晶结构中在晶界上产生的氧缺陷位点对于可见光活性也是重要的。$N-TiO_2$ 光催化剂可以通过物理（例如磁控溅射[35]）或化学（例如溶胶-凝胶[36]）方法制备。化学方法使用有机 N 源如胺[37]或尿素[38]，而其他使用无机 N 源如 NH_3[39,40]。

有机污染物在气相中的光催化氧化是一个颇有兴趣的课题。烷烃、醇、醛、酮、芳族化合物和卤代烃在固-气界面下被有效降解[41]。乙醇的光氧化原理是众所周知的[42,43]。Nimlos 等[44]提出的反应途径为，乙醇→乙醛→醋酸→甲醛→甲酸→CO_2，其中乙醛是主要的气相中间体。Sauer 和 Ollis 发表了乙醇和乙醛光催化氧化的第一个完整动力学模型[45]。

在本章中，我们简要地讨论各种 TiO_2 衍生物的结构和光催化性能，如磷酸盐、氮化物和银改性的 TiO_2。这些衍生物通过使用不同的化学表面处理方法制备。用 X 射线粉末衍射和氮吸附表征样品结构。为了确定改性 TiO_2 样品的光学特性和带隙能量，进行了扩散反射紫外-可见光谱测量。通过扩散反射红外和 X 射线光电子能谱研究了表面特征和组成。在固液界面和固气界面处比较了纯 TiO_2 和改性 TiO_2 样品的光催化活性。我们研究了液相中苯酚和硫二甘醇（TDG）的光降解过程和气相中乙醇的光降解过程。我们在这里报道了表面结合物质对这些有机化合物的光氧化速率的影响。

12.2 实验细节

12.2.1 材料与方法

通过溶胶-凝胶法制备具有不同磷酸盐含量的磷酸盐改性的 TiO_2 样品[46]。用

H_3PO_4 溶液处理水解异丙醇钛(Ⅳ)得到的无定形 $TiO_2 \cdot nH_2O$，P/Ti 物质的量比为 0.01、0.05、0.1、0.2 和 0.3。这些物质的量比包括在样品的名称中(例如 P-TiO_2/0.10)。干燥的粉末在 100~900℃ 的各种温度下煅烧。

通过简单的沉淀法制备 N 掺杂的 TiO_2 样品[47]。在 N/Ti 物质的量比为 1、3 和 5 的剧烈搅拌下，将异丙醇钛滴加到尿素溶液中。将所得沉淀物过滤并在 30℃ 下干燥。将干燥的粉末在空气中，在 400℃ 下煅烧 4h。这些样品分别表示为 N-TiO_2/1.0、N-TiO_2/3.0 和 N-TiO_2/5.0。

通过浸渍法制备 H_2SO_4 处理的 N 掺杂 TiO_2 样品(表示为 N-TiO_2-硫酸盐)。将 N-TiO_2 样品分散在 0.5mol/L H_2SO_4 溶液中，搅拌 1h，然后过滤。将固体在 30℃ 下干燥。

通过光沉积法从 Degussa P25TiO_2 分散体和 $AgNO_3$ 制备银改性的 TiO_2 样品[11]。将含有所需量的 $AgNO_3$ 的 TiO_2 水分散体用 UV 光源(Xelamp，300W)照射 1h。将得到的分散体离心并在 60℃ 下干燥。样品的计算的 Ag 含量为 0.1%、0.5% 和 1.0%。这些样品分别表示为 Ag-TiO_2/0.1%、Ag-TiO_2/0.5%、Ag-TiO_2/1.0%。

样品的 Ti 和 P 含量通过全氩顺序(Jobin-Yvon 24，France)电感耦合等离子体原子发射光谱法(ICP-AES)测定。在 213.62nm 和 337.28nm 测量(PⅠ)和(TiⅡ)谱线的强度。

使用 CuKα 辐射($\lambda = 0.1542$nm)在 Philips PW 1，830 粉末衍射仪上收集 X 射线衍射(XRD)图案。

通过在 -196℃ 记录 N_2 吸附等温线，在 Gemini 2375(Micromeritics)仪器上研究了孔隙率和表面积。在吸附测量之前，将样品在 120℃ 抽真空(1×10^{-5}Torr；1Torr≈133.3Pa，下同)过夜。通过使用 Brunauer-Emmett-Teller 方程计算特定的表面积。

用 Philips CM-10 电子显微镜在 100kV 的加速电压下获得透射电子显微镜(TEM)图像。使用 Hitachi S-4700 FE-SEM 仪器进行电子显微镜(SEM)扫描。在装有集成球体的 CHEM 2000 UV-Vis(Ocean Optics Inc)分光光度计上记录漫反射 UV-Vis 光谱。XP 光谱使用装备有 FAT 模式操作的 PHOIBOS 150 MCD 9 半球形电子能量分析仪的 SPECS 仪器。使用 Bio-Rad Digilab Division FTS-65A/896 测量仪进行漫反射红外傅里叶变换光谱(DRIFTS)测量，每个样品进行 256 次扫描，分辨率为 4cm^{-1}。

气相中的光催化反应试验在体积为约 700mL 的圆柱形光反应器[见图 12.1(a)、(b)]中于 (25±0.1)℃ 下进行。实验设置方案如图 12.2 所示。光反应器由两个同心定位的管组成。内管由石英制成，外部由耐热玻璃制成。特征发射波长为 254nm 的 15W 低压汞灯(GCL307T5L/CELL LightTech，匈牙利)放置在中心，如图 12.1(b)所示。使用 30%(质/体)水分散体将 TiO₂ 样品喷涂到内部石英管的外侧。TiO₂ 薄膜的表面积为 175.8cm²。以选定的时间间隔进行气相取样,在配备有热导池检测器(TCD)和荧光检测器(FID)的气相色谱仪(Shimadzu GC-14B)中分析组成。

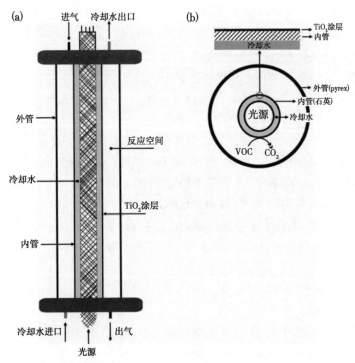

图 12.1　圆柱形 KL700 光反应器(a)[46]和其横截面的示意图(b)[11]

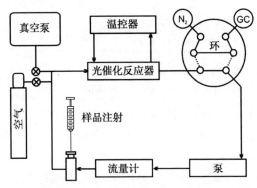

图 12.2　实验装置的示意图[46]

固体-液体界面的光催化实验在恒温 25℃ 的 400mL 间歇反应器中进行。使用 150W 浸没型高压汞灯(Heraeus TQ150)照射样品,灯被玻璃滤器包围,以便滤出高能光子($\lambda<310nm$)。苯酚的浓度通过 HPLC 测定，在 210nm 使用 UV-Vis 检测器。苯酚及其中间体在 C-18[LiChrospher 100 RP-18(5μm)]柱上分离，使用乙腈/水(20∶80)的混合物作为洗脱剂，流速为 1mL/min。

12.3 结果与讨论

12.3.1 磷酸盐修饰的 TiO_2

12.3.1.1 磷酸盐改性 TiO_2 的组成和结构

磷酸盐改性二氧化钛($P-TiO_2$)可以通过用 H_3PO_4 处理 $TiO_2 \cdot nH_2O$ 来制备。应用溶胶-凝胶合成方法分为两个主要步骤：在异丙醇钛(Ⅳ)与水的反应过程中，通过前体的水解和随后的产物缩合形成无定形 $TiO_2 \cdot nH_2O$；$TiO_2 \cdot nH_2O$ 与 H_3PO_4 反应，磷酸盐在氧化物纳米粒子的表面被化学吸附。图 12.3 中比较了 TiO_2 和 $P-TiO_2$ 样品的 DRIFT 光谱。在用 H_3PO_4 处理 TiO_2 后，新的吸收峰出现在 980~1200cm^{-1} 范围内。该宽带与磷酸酯基团的特征拉伸振动有关，其强度与磷酸盐含量成正比。1630cm^{-1} 的峰值是由于 O—H 弯曲振动所致。在约 3400cm^{-1} 处的宽带被指定为 O—H 拉伸振动。这些带的强度也随着磷酸盐含量的增加而增加。DRIFT 光谱显示，在 H_3PO_4 处理 TiO_2

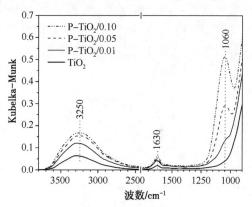

图 12.3 纯 TiO_2 和不同 $P-TiO_2$ 样品的光谱图[52]

悬浮液的过程中，磷酸盐含量与加入的 H_3PO_4 浓度成比例，并与其与 TiO_2 的表面结合情况相关联[48]。TiO_2 的质子化表面羟基($-OH_2^+$)可以与 HPO_4^{-2} 反应[49]。Connor 和 McQuillan[50]通过原位内反射光谱法研究了 TiO_2 表面从水溶液中吸收正磷酸盐的情况，并报道了二元形式的磷酸盐与表面的强结合。

从 $Ti2p$、$O1s$、$P2p$ 和 $C1s$ 区域获取高分辨率 XP 光谱。碳作为表面不定碳存在，并作为结合能参考。所得光谱如图 12.4 所示。底部 $Ti2p_{3/2}$ 和 $O1s$ 光谱是 Degussa P25 的光谱。从图中可以看出，$Ti2p_{3/2}$ 光谱在每种情况下都是对称的。Degussa P25 的 $Ti2p_{3/2}$ 峰值为 458.7eV，对应于 Ti^{4+} 在文献中报道钛白粉中的值。随着 P 浓度的增加，$Ti2p_{3/2}$ 光谱包络的峰位置从 458.9eV 略微偏移到 459.3eV，同时半峰全宽(FWHM)从 1.29eV 增加到 1.51eV，这些结果可以通过在向系统中加入磷酸盐时形成 Ti—O—P 键来解释。对于所研究的每个磷酸化样品，O1s 光谱显示出明显的不对称性。在 Degussa P25 中，O1s 结合能测量为 530.0eV，其特征在于 TiO_2 中的晶格氧。峰的高结合能侧的小肩峰是由 TiO_2 的表面和近表面的 OH 基团引起的。响应于磷酸盐添加，随着 P 含量的增加，包络的最大值从 530.2eV 转移到 530.6eV。这种积极变化的性质和程度与 $Ti2p_{3/2}$ 光谱中观察到的相似，在两个最高的 P/Ti 原子比下，这些特征更为明显。通过对光谱进行去卷积来确定各个组分。通过将包络分解成四个合成峰，以 FWHM 对于它们相同的约束来实现相当好的效果。分解结果如图 12.5 所示。假设能量增加的四个成分可以分配给参与的 Ti—O—Ti，Ti—O—P，H—O—P 和 H—O—C 键的氧。非结构碳：H—O—C 的形成可归因于与样品的不定碳含量相关的不同类型的碳-氧键，其浓度约为 5%，实际上与样品组成无关。峰值在约 530eV 的面积随着 P/Ti 的增加而降低，最大值为零富含 P 的样品。同时，与 Ti—O—P 和 H—O—P 键相关的峰强度分别从约 7% 提高到 60%，从 9% 提高到 39%。检测到的 P2p 不显示不对称，峰位置实际上与 P 浓度无关。P2p 结合能，134.0eV(±0.1)，是磷酸根离子中 P 的特征。我们没有在约 128eV 处检测到峰，这排除了样品表面上 Ti-P 的存在。

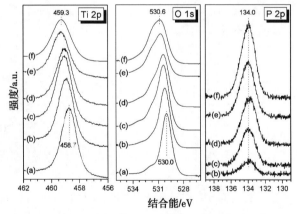

图 12.4 Ti2p、O1s 和 P2p 区域的高分辨率 XP 光谱[46]：
(a) Degussa P25；(b) P-TiO_2/0.01；(c) P-TiO_2/0.05；
(d) P-TiO_2/0.10；(e) P-TiO_2/0.20；(f) P-TiO_2/0.3

考虑到原子轨道的灵敏度因素以及 ICP-AES，通过 XPS 从峰面积确定 P:Ti 原子比，结果列于表 12.1 中，并绘制在图 12.6 中。从表格和图中可以看出，表面敏感的 XPS 比用 ICP-AES 观察到更高的 P:Ti 原子比，它也检测到来自体相的信号。这意味着 P 被累积在 TiO_2 颗粒的表面上[46]。

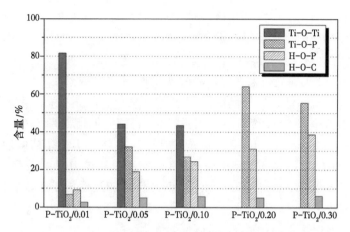

图 12.5 不同化学环境中各种 P-TiO$_2$样品中 O 的相对含量：
(Ti-O-Ti)、(Ti-O-P)、(H-O-P)和(H-O-C)[46]

表 12.1 在 700℃下煅烧的 P-TiO$_2$样品的化学成分[46]

样品编号	P 含量, %(摩)	Ti 含量, %(摩)	O 含量, %(摩)	(P：Ti)$_{XPS}$① 物质的量比	(P：Ti)$_{ICP}$② 物质的量比
P-TiO$_2$/0.01	1.9	29.0	69.2	0.065	0.012
P-TiO$_2$/0.05	4.2	24.0	71.8	0.176	0.055
P-TiO$_2$/0.10	6.3	22.8	71.0	0.275	0.106
P-TiO$_2$/0.20	8.2	22.0	69.8	0.373	0.205
P-TiO$_2$/0.30	10.2	19.0	70.7	0.537	0.308

① 由 XPS 测量确定。
② 由 ICP-AES 测量确定。

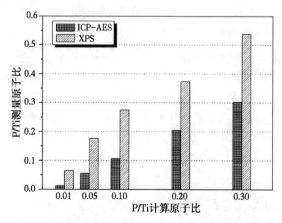

图 12.6 P-TiO$_2$的原子比 P：Ti(基于 XPS 和 ICP-AES)
作为计算的原子比 P：Ti 的函数(样品在 700℃下煅烧)[46]

· 363 ·

取自样品 P-TiO$_2$/0.05 的角度分辨 XP 光谱。光电子相对于表面法线的起飞角是通过使样品架围绕机械手的水平轴线倾斜来改变的。在 P2p 光谱的位置或形状上没有观察到变化。这个结果再次表明,富含磷的近表面层比样品中 P2p 电子的逸出深度厚。XP 测量结果支持将磷酸盐添加到 TiO$_2$ 中,在表面和近表面区域形成磷酸钛物质的想法。该层的厚度可能大于 P2p 光电子的逸出深度[46]。

样品的 N$_2$ 吸附等温线清楚地表明,P-TiO$_2$ 样品的孔隙度也取决于它们的磷酸盐含量。在 P/Ti=0.01~0.10 的原子比下,观察到表明介孔结构的迟滞回线。对于 P-TiO$_2$/0.05、P-TiO$_2$/0.10 和 P-TiO$_2$/0.20,通过 BJH 计算确定的最具有特征的孔径分别为 3.3nm、4.9nm 和 3.1nm。作为磷酸盐含量函数的特定表面积达到了最大值(见图 12.7);随着 P 含量的增加,P/Ti=0.10(105m^2/g)增加,P-TiO$_2$/0.30 的特定表面积低至 2.7m^2/g。

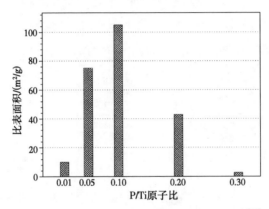

图 12.7 磷酸盐改性对 TiO$_2$ 特定表面积的影响[46]

由于锐钛矿含量对 TiO$_2$ 的光催化活性有显著影响,我们研究了磷酸盐改性对无定形 TiO$_2$ 结晶的影响。在 700℃ 焙烧的各种磷酸盐含量的 P-TiO$_2$ 样品的 XRD 图谱如图 12.8 所示。测量结果清楚地表明,(101)锐钛矿峰的强度和 FWHM 随磷酸盐含量的增加而降低。前者表明锐钛矿含量降低,后者表现为微晶尺寸的减小。P-TiO$_2$/0.01 的金红石含量仅为 4%,而在原子比 P/Ti>0.10 的情况下,完全没有观察到金红石形成。通过使用 Scherrer 方程从(101)峰的 FWHM 确定平均微晶直径。锐钛矿含量和平均微晶直径的变化作为原子比 P/Ti 的函数,如图 12.9 所示。随着磷酸盐含量的增加,锐钛矿含量从 86% 逐渐减少到 54%。因此,磷酸盐的存在抑制了 TiO$_2$ 的结晶;因此,10%~46% 的样品(取决于磷酸盐含量)包含无定形 TiO$_2$ 和无定形磷酸钛的混合物。图 12.9 还表明,P-TiO$_2$ 样品中锐钛矿微晶的生长受到抑制。锐钛矿(原子比 P/Ti=0.01)平均微晶尺寸为 24nm,而在较高的磷酸盐含量下,尺寸仅为 8~12nm。当相对较高的磷酸盐含量(P/Ti>

0.05)的样品在 900℃下煅烧时,确定了结晶磷酸钛的存在(JCPDS:38-1468)。X 射线研究表明,在煅烧过程中,磷酸钛物质的存在显著影响锐钛矿和金红石相的形成和微晶尺寸。

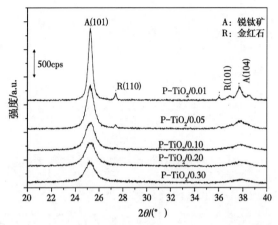

图 12.8 在 700℃下煅烧的不同 P-TiO$_2$ 样品的 XRD 图谱[46]

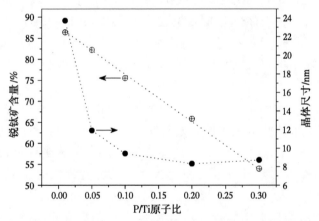

图 12.9 锐钛矿含量及其在 P-TiO$_2$ 样品中的微晶尺寸(基于 XRD 测量)[46]

从吸收边缘确定的带隙能量(E_g)如图 12.10 所示。可以看出,在每个煅烧温度下,P-TiO$_2$ 的带隙能量均超过纯 TiO$_2$ 的。P-TiO$_2$ 较高的带隙能量部分地由于 TiO$_2$ 表面(化学吸附磷酸盐)结构的变化以及部分由较小的锐钛矿微晶尺寸所决定[51]。带隙能量随着纯 TiO$_2$ 和 P-TiO$_2$ 的煅烧温度的升高而降低;不过,在 P-TiO$_2$ 样品的情况下,这一点不太重要。在煅烧过程中观察到的红移的部分原因可能是锐钛矿微晶尺寸增加,部分原因是锐钛矿-金红石相转变(500~700℃)[52]。

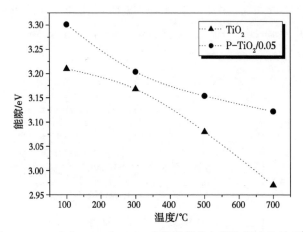

图 12.10 TiO_2 和 $P-TiO_2/0.05$ 的带隙能量与煅烧温度的关系[52]

12.3.1.2 磷酸盐改性 TiO_2 的光催化活性

在乙醇光氧化中测试了 $P-TiO_2$ 样品的光催化活性。在不存在和存在水蒸气的情况下进行反应。参比的光催化剂是众所周知的 Degussa P25 TiO_2。在没有催化剂的情况下进行光氧化实验，导致在 1h 照射期间乙醇浓度（低于 2%）的降低可以忽略不计。当在不存在 TiO_2 膜的情况下进行实验时，没有形成可检测到的二氧化碳。加入乙醇或乙醇/水后，将体系平衡放置静置 30min。该时间段（负区域）在乙醇降解的动力学曲线中用垂直线表示，并与照射期分离。

干燥条件下乙醇降解的动力学曲线（见图 12.11）和潮湿初始条件（$RH_i = 74\%$）（见图 12.12）的比较显示出显著的差异。乙醇降解速率取决于 TiO_2 的磷酸盐含量和 RH_i。在干燥和潮湿的初始条件下，反应速率对样品的磷酸盐含量的依赖性最大；在原子比 $P/Ti = 0.05$ 和 0.10（被认为是最佳磷酸盐含量）下检测到最高的光活性。在 $P-TiO_2$ 样品的情况下，乙醇光氧化的速率在水蒸气存在下高于不存在水蒸气的情况。相比之下，在 Degussa P25 TiO_2 中，乙醇光氧化的初始速率在水的存在下较低，尽管在两组反应条件下在 30min 内乙醇全部转化[46]。

二氧化碳生成的动力学曲线[见图 12.13(a)、(b)]表明总矿化速率强烈依赖于样品的磷酸盐含量和 RH_i。曲线清楚地表明，在干燥的初始条件下，具有较高磷酸盐含量的样品（$P-TiO_2/0.20$ 和 $P-TiO_2/0.30$）的二氧化碳生成非常缓慢。虽然在乙醇的总量中转化了 $P-TiO_2/0.20$，但即使在潮湿条件下也能观察到二氧化碳生成缓慢。作为这种部分氧化的结果，中间体（主要是乙醛）在照射过程中被累积。

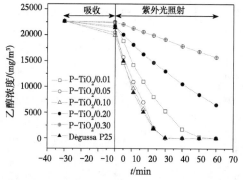

图 12.11 在干燥初始条件下，Degussa P25 TiO$_2$ 和各种 P-TiO$_2$ 样品上乙醇的光降解[46]

图 12.12 Degussa P25 TiO$_2$ 和各种 P-TiO$_2$ 样品在 74% 初始相对湿度下的乙醇光降解[46]

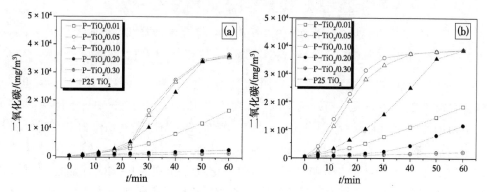

图 12.13 在 0%(a) 和 74%(b) 的初始相对湿度下，裸露 (Degussa P25) 和 P-TiO$_2$ 样品上的 CO$_2$ 形成与照射时间的关系[46]

通过使用 P-TiO$_2$/0.05 样品研究了 RH$_i$ 的影响。图 12.14 和图 12.15 说明当反应开始时水量的逐渐增加，反应速率如何增加。然而，应该强调的是，给定的 RH$_i$ 仅指初始条件，因为乙醇的光氧化速率伴随着水的形成。形成的水增加了乙醇光降解的速率，如图 12.14 所示的动力学曲线中的断点所示。随着 RH$_i$ 增加，断点越来越多地出现，即在 RH$_i$ = 0、25% 和 49% 时分别为

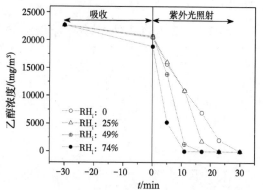

图 12.14 不同初始相对湿度条件下乙醇在 P-TiO$_2$/0.05 上的降解动力学曲线 (0~74%)[46]

17min、11min 和 5min。在这些初始阶段之后,由于形成额外的水,反应加快了。这是由二氧化碳形成的动力学曲线所证实的,随着 RH_i 逐渐增加,其诱导期变得越来越短(见图12.15)。

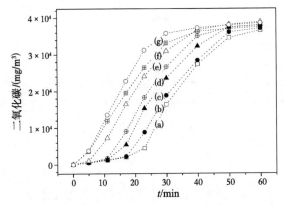

图 12.15　不同初始相对湿度下 P-TiO_2/0.05 二氧化碳形成的动力学曲线[46]:
(a)0;(b)12%;(c)25%;(d)37%;(e)49%;(f)62%;(g)74%

P-TiO_2 样品的结构参数、在光照前吸附的乙醇量、乙醇消耗的初始速率(k_{EtOH})和二氧化碳形成的初始速率(k_{CO_2})列于表12.2和表12.3中。乙醇吸附量与 P-TiO_2 样品的 BET 表面积成比例。由于 P-TiO_2 的 BET 表面积作为 P∶Ti 比值的函数显示出最大值,因此在干燥和潮湿的条件下,都是中等磷酸盐含量样品(P-TiO_2/0.05 和 P-TiO_2/0.10)吸附了最大量乙醇。此外,P-TiO_2 样品在水蒸气存在下比不存在水蒸气情况下吸收更多的乙醇。相反,由于水作为表面位点的竞争者的作用,与干燥条件相比,在水蒸气存在时,Degussa P25 TiO_2 上吸附的乙醇的量较少[53]。

表 12.2　在 700℃ 下煅烧的各种 P-TiO_2 样品的特定表面积(α_{BET}^s)和晶相组成[46]

样品编号	α_{BET}^s①/(m²/g)	锐钛矿/金红石/%
Degussa P25	51	87/13
P-TiO_2/0.01	10	86/4
P-TiO_2/0.05	75	82/2
P-TiO_2/0.10	105	75/-
P-TiO_2/0.20	43	66/-
P-TiO_2/0.30	3	54/-

① 使用 Brunauer-Emmett-Teller 方程计算。

表 12.3 P25 TiO_2 和各种 P-TiO_2 样品的吸附和光催化性能比较[46]①

样品编号	RH_i/%	m_{EtOH}^s/(mg/g)	k_{EtOH}/[mg/($m^3 \cdot s$)]	k_{CO_2}/[mg/($m^3 \cdot s$)]	w_{CO_2}/(mg/m^2)
Degussa P25	0	18	21.5	1.7	410
	74	11	17.8	3.6	612
P-TiO_2/0.01	0	4	11.8	1.3	181
	74	7	7.6	2.6	288
P-TiO_2/0.05	0	28	15.9	1.6	655
	74	49	51.1	12.4	1433
P-TiO_2/0.10	0	34	17.9	1.3	585
	74	48	44.1	7.0	1325
P-TiO_2/0.20	0	13	5.4	0.8	46
	74	26	9.0	0.8	77
P-TiO_2/0.30	0	3	1.5		23
	74	10	3.5	0.4	35

① RH_i 是指初始相对湿度；m_{EtOH}^s 是指乙醇在 1g 催化剂上的吸附量；k_{EtOH} 和 k_{CO_2} 是指乙醇光降解和二氧化碳形成的初始速率；w_{CO_2} 是指 30min 后在 UV 照射的表面单元上形成的二氧化碳量。

乙醇的光氧化初始速率和二氧化碳形成的初始速率作为磷酸盐含量的函数表现出最大值。对于 P-TiO_2/0.05 和 P-TiO_2/0.10，观察到了最高的初始速率(k)。吸附水导致 P-TiO_2 的光氧化速率增加；水的存在也促进了光催化剂表面的乙醇吸附。表 12.2 和表 12.3 中的数据表明，磷酸盐含量不仅调节样品的特定表面积和吸附的乙醇量，而且调节光活性组分的锐钛矿含量。由于磷酸盐含量较高的样品含有锐钛矿相的量较低，因此反应速率降低。通过比较 P-TiO_2/0.01 和 P-TiO_2/0.20 的光催化活性，可以很好地说明锐钛矿含量的影响。P-TiO_2/0.20 的特定表面积比 P-TiO_2/0.01 的大四倍，但在 P-TiO_2/0.01 上反应更快，虽然它的表面积较小，但其锐钛型含量高 20%。表 12.3 和表 12.4 中的最后一列显示了单位表面的 TiO_2 样品经 30min 照射后产生的二氧化碳量(w)。尽管在干燥初始条件下，在 Degussa P25 TiO_2 上测得最高的初始反应速率，在 P-TiO_2/0.05 上 w 值最高。其原因是在光氧化过程中产生水，这增加了乙醇对 P-TiO_2 催化剂表面的吸附，从而提高了光氧化速率。

在表 12.4 中可以看出吸附在 P-TiO_2/0.05 上的乙醇(m_{EtOH}^s)量和不同相对空气湿度下的光活性。乙醇光氧化的初始速率[$k_{(EtOH)}$]与吸附的乙醇量成比例。吸附乙醇的量和其光氧化速率都在 RH_i >约 50% 时增加。因此，在更高的 RH_i

(>50%)下观察到的反应速率的增加可能由较大量的乙醇吸附引起。二氧化碳形成的初始速率[$k_{(CO_2)}$]在RH_i>约50%时也显著增加。$RH_i = 74\%$时，CO_2的初始形成速率比干燥条件下高出约8倍。

表12.4 初始相对湿度(RH_i)对乙醇吸附和P-TiO_2/0.05光催化活性的影响[46]①

RH/%	m_{EtOH}^s/(mg/g)	k_{EtOH}/[mg/($m^3 \cdot s$)]	k_{CO_2}/[mg/($m^3 \cdot s$)]	w_{CO_2}/(mg/m^2)
0	28	15.9	1.6	655
12	28	16.0	1.6	754
25	28	15.9	1.6	944
37	28	16.1	2.2	1,067
49	30	22.8	3.3	1,240
62	35	45.4	11.9	1,327
74	49	51.1	12.4	1,433

① m_{EtOH}^s是指乙醇在1g催化剂上的吸附量；$k_{(EtOH)}$和$k_{(CO_2)}$是指乙醇光降解和二氧化碳形成的初始速率；$w_{(CO_2)}$是指30min后在UV照射的表面单元上形成的二氧化碳量。

总之，磷酸盐改性显著影响二氧化钛的结构和光催化性能。表面结合的磷酸盐影响光敏锐钛矿的形成，并有助于保留样品的高比表面积。TiO_2表面的磷酸盐改性可以通过增强电荷分离来促进乙醇的光氧化。在具有最高特异性表面积和锐钛矿含量的P-TiO_2催化剂上，乙醇的光氧化速率最高。这些标准在组成范围为P/Ti = 0.05~0.10时得到满足。此外，RH_i大于50%显著增加了吸附在P-TiO_2催化剂上的乙醇量。在水汽存在下，乙醛的转化率，反应的主要中间值和完全矿化率都显著增加。

12.3.2 N掺杂的TiO_2

12.3.2.1 N掺杂TiO_2的结构和表面组成

煅烧后的N-TiO_2样品的X射线衍射图如图12.16(a)所示。作为指数的每个衍射峰(由A表示)都对应于锐钛矿相，而金红石则检测不到。在30.8℃处具有非常低强度的峰对应于板钛矿相的(121)反射(由B表示)。仅对无磷和N-TiO_2/5.0样品鉴定出了布鲁克石(JCPDS No. 29-1360)。尽管N-TiO_2样品的N含量很高，但没有检测到Ti_xN_y化合物。N-TiO_2和N-TiO_2-硫化物的XRD图谱的比较[见图12.16(a)、(b)]表明，结晶相和微晶尺寸在硫酸处理中没有显著变化。通过使用Scherrer方程，从锐钛矿(101)反射计算平均微晶尺寸。N-TiO_2样品(9.7nm)的平均微晶尺寸略低于N-TiO_2-硫酸盐样品(11nm)的平均微晶尺寸。对于无掺杂的TiO_2，观察到最低的微晶尺寸为8.5nm[47]。

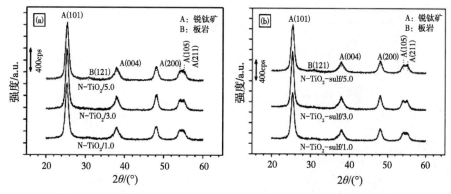

图 12.16 各种 N-TiO$_2$(a) 和 N-TiO$_2$-硫黄样品(b)的 XRD 图谱[47]

对于所有三个未处理的样品,高分辨率 XP 光谱仅包含一个峰,最大为约 400eV。根据文献数据,该信号可归因于吸附的 γ-N$_2$ 的 N—N 键。记录的光谱及其去卷积处理如图 12.17(a)所示。N1s 结合能仅略微变化,其组成为:N-TiO$_2$/1.0、N-TiO$_2$/3.0 和 N-TiO$_2$/5.0 分别为 399.95eV、400.1eV 和 400.3eV。硫酸处理样品后导致在 N1s 光谱较高结合能量侧出现另一组分。对于所有组合物,该组分的结合能为 402.1~402.4eV。由于能量测量中的误差至少为 0.1eV,所以这些值几乎相同。这个特征的起源在文献中仍然有争议。Asahi 等[54]认为,这是由于表面上 N$_2$ 弱的物理吸附。Fang 等[55]稍有不同想法,他们假设 400eV 和 402eV 峰都是由于 γ-N$_2$ 在表面上分子化学吸附所为。Qiu[56]指出,由 γ-N$_2$ 引起的峰出现在 400eV 和 405eV。Sathish 等给出了另一个解释[57],他们将 401eV 和 402eV 之间的特征归因于某种氧化氮,可能是 NO 或 NO$_2$。大多数研究者认为,N1s 特征(包括具有低于 400eV 的结合能的那些)的出现在很大程度上取决于起始材料的性质和产生 N 掺杂的 TiO$_2$ 的方法。

人们还研究了 Ti2p、O1s 和 S2p 高分辨率光谱。Ti2p$_{3/2}$ 结合能为 458.7eV,对应于 Ti^{4+}。用 H$_2$SO$_4$ 处理后,Ti2p$_{3/2}$ 结合能向上移动,因为吸附的硫酸盐物质形成双齿桥接结构,这些能够强烈地从相邻的 Ti^{4+} 中抽出电子[58]。图 12.17(b)显示了两个系列(即 N-TiO$_2$ 和 N-TiO$_2$-sulf)的 Ti2p$_{3/2}$ 光谱;在酸处理后,可以观察到从 458.7eV 到 459.6eV(即 Ti2p$_{3/2}$)的强烈转变,表明 SO$_4^{2-}$ 与 Ti^{4+} 之间的强相互作用。O1s 光谱可以解卷积处理成几个分量[见图 12.17(c)]。位于约 530eV 的最强峰对应于 TiO$_2$ 中的晶格氧。在 H$_2$SO$_4$ 处理后观察到该结合能的轻微增加。在 O1s 光谱中可以识别另外两个成分。具有结合能 531~532eV 的更强峰可以归因于 O—H 和 Ti—O—N 键,而 532.5~533.5eV 可能是由于源自非结构碳的不同 C—C 键。S2p$_{3/2}$ 峰最大值位于 168.9~169.4eV,而在 170eV 处的 S2p$_{1/2}$[见图

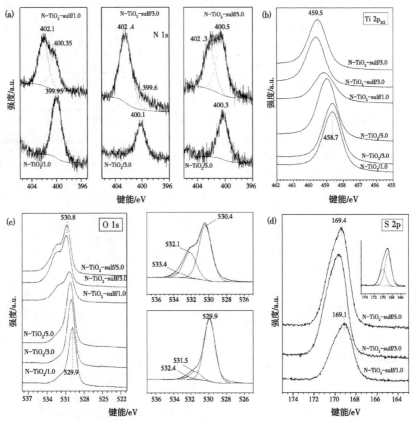

图 12.17 N1s(a)、Ti2p$_{3/2}$(b)、O1s(c)和 S2p(d)在 N-TiO$_2$ 和 N-TiO$_2$ 硫黄上的 S2p 区的高分辨率 XP 光谱[47]

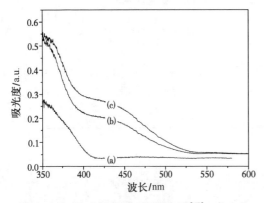

图 12.18 漫反射紫外-可见光谱[47]：(a)非掺杂 TiO$_2$；(b) N-TiO$_2$/1.0；(c) N-TiO$_2$/5.0

12.17(d)]，对应于 SO$_4^{2-}$(通常报道的)结合能。

随着 N/Ti 的增加，N 掺杂样品的颜色从淡黄色变为鲜黄色。在图 12.18 中比较了非掺杂和 N 掺杂的 TiO$_2$ 样品的漫反射紫外-可见光谱。可以看出，非掺杂 TiO$_2$ 的光吸收边缘在约 410nm，而 N 掺杂的 TiO$_2$ 样品在 400~500nm 波长范围内具有宽的吸收带。因此，N-TiO$_2$ 样品可以从可见光区吸收更多的光子。

12.3.2.2 N 掺杂 TiO₂ 的光催化性能

通过使用 UV($P=150W$, $\lambda=240\sim580nm$) 和可见光($P=15W$, $\lambda=400\sim630nm$) 光源研究 N-TiO₂ 样品在苯酚降解中的光催化活性[47]。降解曲线如图 12.19 所示。可以看出,未处理的 N-TiO₂ 样品的光降解速率最高。水悬浮液中的苯酚转化率随着 N-TiO₂ 中 N 含量的增加而增加(见图 12.20)。

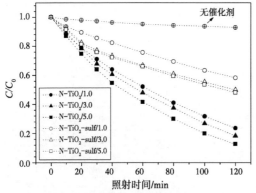
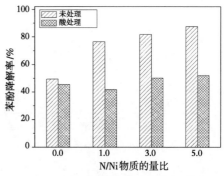

图 12.19 使用不同的 N 掺杂的 TiO₂ 催化剂在富含紫外光照射下的苯酚降解曲线[47]

图 12.20 用紫外线灯照射 2h 后苯酚含量降低(由前体的量计算 N/Ti 物质的量比)[47]

由于 H₂SO₄ 处理降低了样品的比表面积,因此在每种 N-TiO₂-硫酸盐上都观察到较低的反应速率。在酸处理的非掺杂 TiO₂(TiO₂-硫酸)上的反应速率也低于未处理的。尽管减少了表面积和孔容,酸处理催化剂表现出很高的光催化活性。考虑到催化剂的比表面积,可计算苯酚降解的特定量(见表 12.5)。这些标准化数据表明,使用 N-TiO₂-硫酸盐催化剂时苯酚降解量最高。吸附的 SO_4^{2-} 物质可能由于形成布朗斯特酸中心而增加了表面酸度。从表面酸度测量的结果可以看出,未处理的 N-TiO₂ 样品的表面酸度为约 0.05~0.06mmol/g,而酸处理的样品表现出至少高一个数量级以上的表面酸度(即 0.5~0.9mmol/g)。Colón 等[59]也发现硫酸处理后的二氧化钛的特定活性明显高于类似制备的非硫酸化 TiO₂ 或纯 Degussa P25 的特异性活性。

表 12.5 使用各种 N-TiO₂ 和 N-TiO₂-硫酸盐样品进行苯酚降解的光催化效率数据[47]

样品编号	残留苯酚含量①/%		苯酚降解量②/(μmol/m)	
	UV($p=150W$, $\lambda=240\sim580nm$)	Vis($p=15W$, $\lambda=400\sim630nm$)	UV($p=150W$, $\lambda=240\sim580nm$)	Vis($p=15W$, $\lambda=400\sim630nm$)
N-TiO₂/1.0	23.6	83.3	3.19	0.75
N-TiO₂/3.0	18.3	85.1	3.42	0.67

续表

样品编号	残留苯酚含量[①]/%		苯酚降解量[②]/(μmol/m)	
	UV(p=150W, λ=240~580nm)	Vis(p=15W, λ=400~630nm)	UV(p=150W, λ=240~580nm)	Vis(p=15W, λ=400~630nm)
N-TiO$_2$/5.0	12.6	76.1	3.29	1.01
N-TiO$_2$-sulf/1.0	58.3	82.9	2.95	1.29
N-TiO$_2$-sulf/3.0	49.9	81.6	4.73	1.72
N-TiO$_2$-sulf/5.0	48.1	74.3	3.77	1.86
TiO$_2$	50.6	85.7	1.87	0.53
TiO$_2$-sulf	54.5	88.5	2.05	0.55
无催化剂	92.9	96.3		

① 在2h的照射时间后的特定数据；
② 在2h的照射时间后，催化剂的特定表面积的苯酚降解量。

12.3.3 Ag改性TiO$_2$

12.3.3.1 Ag改性TiO$_2$的表面组成和光学性能

图12.21显示了纯的和Ag改性TiO$_2$的高分辨率XP光谱的Ti2p、O1s和Ag3d峰。TiO$_2$改性后，Ti2p双键(Ti2p$_{3/2}$，2p$_{1/2}$)的结合能不变；其形状在Ag的光沉积前后均呈对称性，表明在Ti—O—Ti型化学环境中呈单一化学状态。Ti2p$_{3/2}$组分在458.7eV处的位置对应于Ti^{4+}。O1s光谱不对称，它们在高结合能量侧表现出低强度的肩。在更高的能量而强度较低的氧分量去卷积谱在532.2eV和531.6eV的位置，而主成分的最大值为530.0eV。532.2eV的峰可分给C—C键，而在531.6eV的可以归因于TiO$_2$表面的OH基团。C═O或C—C—C型键的存在可能是由于非结构碳。Ag改性样品的Ag3d峰也是对称的；3d$_{5/2}$峰位于367.8eV，表明银的氧化物的存在。用XPS测定的Ag-TiO$_2$/1.0%样品中银含量为0.238%，与计算出的银含量相当接近(0.249%)。在氧化还原Ag的过程中，氧化银可能在TiO$_2$表面上形成。XRD测量表明，可以假定银氧化物在TiO$_2$表面是无定形的，这可以通过以下事实来解释：在合成过程中，样品在60℃下干燥而不是煅烧。

在图12.22中比较纯的和Ag-TiO$_2$样品的漫反射紫外-可见光谱。可以看出，Ag-TiO$_2$样品在可见光范围内提供了宽的吸收带，最大为455nm。纯TiO$_2$的吸收峰的位置与样品的Ag含量无关，为(400±3)nm。

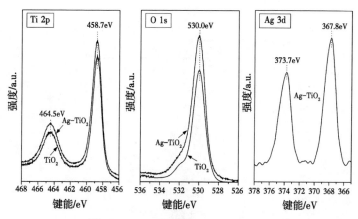

图 12.21 P25TiO$_2$ 和 Ag-TiO$_2$/1.0%
的 Ti2p、O1s 和 Ag3d 区域的高分辨率 XP 光谱[11]

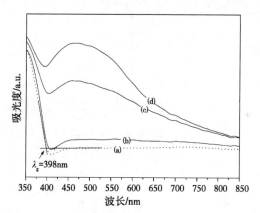

图 12.22 漫反射紫外-可见光谱[11]：(a) 未改性的 P25TiO$_2$；
(b) Ag-TiO$_2$/0.1%；(c) Ag-TiO$_2$/0.5%；(d) Ag-TiO$_2$/1.0%

12.3.3.2 Ag-TiO$_2$ 在固-气界面的光催化活性

在干燥的初始条件下，在固体-气体界面处测试了负载或不负载 Ag 的 TiO$_2$ 样品在乙醇光降解中的光催化活性[11]。在图 12.23 中，乙醇浓度被描绘为吸附时间(见图的负向区域)和照射时间(见图的正向区域)的函数。在表 12.6 中比较了在 30min 内纯净的和 Ag 改性的 TiO$_2$ 样品上吸附乙醇的量。乙醇吸附量随着样品中 Ag 含量的增加而增加，而 Ag 含量为 0.5% 和 1.0% 时，光氧化率显著增加。Ag-TiO$_2$/1.0% 的乙醇转化率是纯 Degussa P25 TiO$_2$ 的 3 倍。动力学曲线清楚地表明，在 Ag-TiO$_2$/0.5% 和 Ag-TiO$_2$/1.0% 样品上，15min 内乙醇全部降解，而在纯 TiO$_2$ 和 Ag-TiO$_2$/0.10% 上，乙醇 100% 转化需要 50min 以上。

· 375 ·

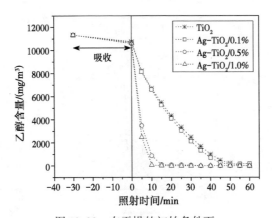

图 12.23 在干燥的初始条件下，
乙醇在 P25 TiO₂ 和 Ag-TiO₂ 上进行光降解[11]

表 12.6 纯 P25 TiO₂ 和 Ag-TiO₂ 的乙醇吸附量和光催化效率[11]

样品编号	吸附乙醇/(mg/g)	乙醇 5min 转化率,%	60min 后总矿化度,%
Degussa P25 TiO₂	18	24	38
Ag-TiO₂/0.1%	20	24	57
Ag-TiO₂/0.5%	24	67	77
Ag-TiO₂/1.0%	26	77	94

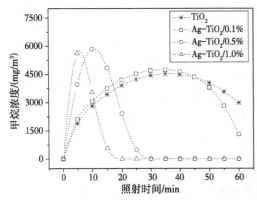

图 12.24 使用 P25 TiO₂ 和 Ag-TiO₂，
乙醛浓度随照射时间的变化[11]

乙醛浓度随时间的变化如图 12.24 所示。这些动力学曲线具有最大值，随着 Ag 含量的增加，其转化的反应时间更短。换句话说，乙醛含量的增加和随后的转化都比在纯的 TiO₂ 上更快。在光氧化的初始阶段，将乙醇的主要成分(60%~90%)转化为乙醛，表明在此阶段总矿化不显著。还观察到另外的中间体，例如甲醛、乙酸和甲酸。水、二氧化碳和甲烷也被确定为光反应的最终产物。甲烷形成的动力学曲线如图 12.25 所示。对于具有较高光活性(0.5%和1.0%Ag 负载量)的 Ag-TiO₂ 样品，这些曲线是饱和型：20~25min 后，甲烷的浓度没有变化。这一次对应于乙醛总转化的持续时间，之后没有明显生成额外的甲烷。对于具有较低活性的样品，例如纯 TiO₂ 和 Ag-TiO₂/0.1%，其中乙醛在整个反应时间内存在，形成甲烷是连续的。CO_2 在 Ag-TiO_2/0.5% 和 Ag-TiO_2/1.0% 上形成的动力学曲线也是饱和型(见图 12.26)。60min 后乙醇对 Ag-TiO_2/1.0% 的总矿化量为 94%,而在纯 TiO_2 上仅为 38%(见表 12.6)。

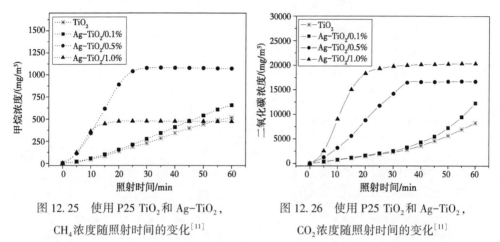

图 12.25 使用 P25 TiO_2 和 Ag-TiO_2,CH_4 浓度随照射时间的变化[11]

图 12.26 使用 P25 TiO_2 和 Ag-TiO_2,CO_2 浓度随照射时间的变化[11]

在固-气界面上的光氧化实验表明,TiO_2 的改性显著提高了乙醇在反应过程中形成中间体的光氧化速率。与纯 TiO_2 相比,具有 0.5% 和 1% Ag 含量的样品有显著的改进。

12.3.3.3 Ag-TiO_2 在固液界面的光催化活性

在 25℃下研究含有 0.1% 催化剂的水悬浮液中 TDG 的光氧化。通过 UV-Vis 光谱仪监测形成的 TDG 和中间体的浓度。图 12.27(a) 显示了在未改性的 Degussa P25 TiO_2 上 TDG 光氧化的各个时间点记录的光谱。在光氧化过程中,吸收光谱

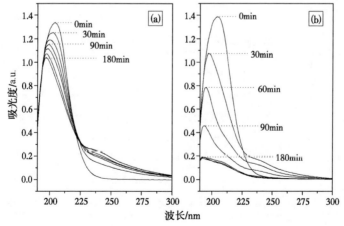

图 12.27 使用纯 P25 TiO_2(a) 和 Ag-TiO_2/0.5%(b) 的 TDG 光降解[11]

($\lambda=204$nm)的最大值向较短波长移动。在 30min 的照射时间后，在 225~300nm 的范围内出现新的吸收带，这也表示形成了各种中间体。30min 后该吸收带的强度降低，即作为照射时间的函数的中间体的浓度呈现最大值。当使用纯的 P25 TiO_2 时，有机化合物(最大吸收波长)的吸光度在 60min 后仅下降了 14%(见表 12.7)。Ag-TiO_2/0.5% 的吸光度下降显著增大(见图 12.27b)，显示出增强的催化活性。与固体-气体界面一样，具有 0.5% 和 1% Ag 含量的样品在固-液界面处被证明是最活跃的。使用这些样品 60min 后，吸光度降低了 60% 以上。光催化实验的结果总结在表 12.7 中。

表 12.7 纯 P25 TiO_2 和 Ag-TiO_2 样品对 TDG 分解的光催化效率[11]

编号	$[1-(A^{60min}/A^{0min})]$①	编号	$[1-(A^{60min}/A^{0min})]$①
Degussa P25 TiO_2	0.14	Ag-TiO_2/0.5%	0.64
Ag-TiO_2/0.1%	0.45	Ag-TiO_2/1.0%	0.62

① A^{60min} 是指吸光度在 204nm 处和反应时间 $t=0$ 的吸光度；A^{0min} 是指 60min 后，在图 12.27 紫外线范围内最大波长的吸光度。

总之，TiO_2 的 Ag 改性显著提高了乙醇和 TDG 的光氧化速率；但改性前后，对 TiO_2 的比表面积几乎不变。因此，假设观察到的改进的光活性是由于电荷转移过程受到氧化银的有利影响。TiO_2 表面的氧化银可能抑制光生电荷载体(电子和空穴)的复合。因此，增强了载流子(其寿命因此增加)与吸附物质的反应概率[11]。结果表明，应用各种化学表面处理的 TiO_2 和利用溶胶-凝胶化学的优点，使得能够简单且经济有效地制备高效光催化剂。

参 考 文 献

[1] Linsebigler AL, Lu G, Yates JT Jr (1995) Photocatalysis on TiO_2 surfaces: principles, mechanisms, and selected results. Chem Rev 95: 735-758.
[2] Tanaka K, Capule MFV, Hisanga T (1991) Effect of crystallinity of TiO_2 on its photocatalytic action. Chem Phys Lett 187: 73-76.
[3] Bickley RI, Gonzales-Carreno T, Lees JL, Palmisano L, Tilley RJD (1991) A structural investigation of titanium dioxide photocatalysts. J Solid State Chem 92: 178-190.
[4] Gerischer H, Heller A (1992) Photocatalytic oxidation of organic molecules at TiO_2 particles by sunlight in aerated water. J Electrochem Soc 139: 113-118.
[5] Hufschmidt D, Bahnemann D, Testa JJ, Emilio CA, Litter MI (2002) Enhancement of the photocatalytic activity of various TiO_2 materials by platinisation. J Photochem Photobiol A Chem 148: 223-231.
[6] Coleman HM, Chiang K, Amal R (2005) Effects of Ag and Pt on photocatalytic degradation of endocrine disrupting chemicals in water. Chem Eng J 113: 65-72.
[7] Gao YM, Lee W, Trehan R, Kershav R, Dwight K, Wold A (1991) Improvement of photocatalytic activity of titanium(Ⅳ) oxide by dispersion of Au on TiO_2. Mater Res Bull 26: 1247-1254.
[8] Herrmann JM, Disdier J, Pichat P (1984) Effect of chromium doping on the electrical and catalytic properties of powder titania under UV and visible illumination. Chem Phys Lett 108: 618-622.
[9] Arana J, Dona-Rodríguez JM, Gonzalez-Díaz O, Tello Rendon E, Herrera Melian JA, Colon G, Navio JA, Perez Pena J (2004) Gas-phase ethanol photocatalytic degradation study with TiO_2 doped with Fe, Pd and Cu. J Mol Catal A Chem 215: 153-160.
[10] Di Paola A, Marci G, Palmisano L, Schiavello M, Uosaki K, Ikeda S, Ohtani B (2002) Preparation of polycrystalline TiO_2 photocatalysts impregnated with various transition metal ions: characterization and photocatalytic activity for the degradation of 4-nitrophenol. J Phys Chem B 106: 637-645.
[11] Korosi L, Papp S, Menesi J, Illes E, Zollmer V, Richard A, Dekany I (2008) Photocatalytic activity of silver-modified titanium dioxide at solid-liquid and solid-gas interfaces. Colloid Surf A: Physicochem Eng Aspects 319: 136-142.

[12] Siemon U, Bahnemann D, Testa JJ, Rodriguez D, Litter MI, Bruno N(2002) Heterogeneous photocatalytic reactions comparing TiO_2 and Pt/TiO_2. J Photochem Photobiol A Chem 148: 247-255.
[13] Mills A, Le Hunte S(1997) An overview of semiconductor photocatalysis. J Photochem Photobiol A Chem 108: 1-35.
[14] Mogyorosi K, Dekany I, Fendler JH(2003) Preparation and characterization of clay mineral intercalated titanium dioxide nanoparticles. Langmuir 19: 2938-2946.
[15] Ilisz I, Dombi A, Mogyorosi K, Farkas A, Dekany I(2002) Removal of 2-chlorophenol from water by adsorption combined with TiO_2 photocatalysis. J Appl Catal B Environ 39: 247-256.
[16] Menesi J, Kekesi R, Korosi L, Zollmer V, Richardt A, Dekany I(2008) The effect of transition metal doping on the photooxidation process of titania-clay composites. Int J Photoenergy p 9 Article ID 846304. doi: 10.1155/2008/846304.
[17] Menesi J, Korosi L, Bazso E, Zollmer V, Richardt A, Dekany I(2008) Photocatalytic oxidation of organic pollutants on titania-clay composites. Chemosphere 70: 538-542.
[18] Kun R, Mogyorosi K, Dekany I(2006) Synthesis and structural and photocatalytic properties of TiO_2/montmorillonite nanocomposites. Appl Clay Sci 32: 99-110.
[19] Kun R, Szekeres M, Dekany I(2006) Photooxidation of dichloroacetic acid controlled by pH-stat technique using TiO_2/layer silicate nanocomposites. Appl Catal B Environ 68: 49-58.
[20] Mogyorosi K, Farkas A, Dekany I, Ilisz I, Dombi A(2002) TiO_2-based photocatalytic degradation of 2-chlorophenol adsorbed on hydrophobic clay. Environ Sci Technol 36: 3618-3624.
[21] Ilisz I, Dombi A, Mogyorosi K, Dekany I(2003) Photocatalytic water treatment with different TiO_2 nanoparticles and hydrophilic/hydrophobic layer silicate adsorbents. Colloid Surf A Physicochem Eng Aspects 230: 89-97.
[22] Minero C, Mariella G, Mauriono V, Pelizzetti E(2000) Photocatalytic transformation of organic compounds in the presence of inorganic anions. 1. Hydroxyl-mediated and direct electron-transfer reactions of phenol on a titanium dioxide—fluoride system. Langmuir 16: 2632-2641.
[23] Minero C, Mariella G, Mauriono V, Vione D, Pelizzetti E(2000) Photocatalytic transformation of organic compounds in the presence of inorganic ions. 2. Competitive reactions of phenol and alcohols on a titanium dioxide—fluoride system. Langmuir 16: 8964-8972.
[24] Luo H, Takata T, Lee Y, Zhao J, Domen K, Yan Y(2004) Photocatalytic activity enhancing for titanium dioxide by co-doping with bromine and chlorine. Chem Mater 16: 846-849.
[25] Deng X, Yue Y, Gao Z(2002) Gas-phase photo-oxidation of organic compounds over nanosized TiO_2 photocatalysts by various preparations. Appl Catal B Environ 39: 135-147.
[26] Muggli DS, Ding L(2001) Photocatalytic performance of sulfated TiO_2 and Degussa P-25 TiO_2 during oxidation of organics. Appl Catal B Environ 32: 181-194.
[27] Gomez R, Lopez T, Ortiz-Islas E, Navarrete J, Sanchez E, Tzompantzi F(2003) Effect of sulfation on the photoactivity of TiO_2 sol-gel derived catalysts. J Mol Catal A Chem 193: 217-226.
[28] Colon G, Sanchez-Espana JM, Hidalgo MC, Navío JA(2006) Effect of TiO_2 acidic pre¬treatment on the photocatalytic properties for phenol degradation. J Photochem Photobiol A Chem 179: 20-27.
[29] Yu JC, Zhang L, Zheng Z, Zhao J(2003) Synthesis and characterization of phosphated mesoporous titanium dioxide with high photocatalytic activity. Chem Mater 15: 2280-2286.
[30] Tachikawa T, Takai Y, Tojo S, Fujitsuka M, Irie H, Hashimoto K, Majima T(2006) Visible light-induced degradation of ethylene glycol on nitrogen-doped TiO_2 powders. J Phys Chem B 110: 13158-13165.
[31] Sathish M, Viswanathan B, Viswanath RP, Gopinath CS(2005) Synthesis, characterization, electronic structure, and photocatalytic activity of nitrogen-doped TiO_2 nanocatalyst. Chem Mater 17: 6349-6353.
[32] Belver C, Bellod R, Stewart SJ, Requejo FG, Fernandez-Garcia M(2006) Nitrogen-containing TiO_2 photocatalysts: part 2. Photocatalytic behavior under sunlight excitation. Appl Catal B Environ 65: 309-314.
[33] Nakamura R, Tanaka T, Nakato Y(2004) Mechanism for visible light responses in anodic photocurrents at N-doped TiO_2 film electrodes. J Phys Chem B 108: 10617-10620.
[34] Ihara T, Miyoshi M, Iriyama Y, Matsumoto O, Sugihara S(2003) Visible-light-active titanium oxide photocatalyst realized by an oxygen-deficient structure and by nitrogen doping. Appl Catal B Environ 42: 403-409.
[35] Asahi R, Morikawa T, Ohwaki T, Aoki K, Taga Y(2001) Visible-light photocatalysis in nitrogen-doped titanium oxides. Science 293: 269-271.
[36] Valentin CD, Pacchioni G, Selloni A, Livraghi S, Giamello E(2005) Characterization of paramagnetic species in N-doped TiO_2 powders by EPR spectroscopy and DFT calculations. J Phys Chem B 109: 11414-11419.
[37] Belver C, Bellod R, Fuerte A, Fernandez-Garcia M(2006) Nitrogen-containing TiO_2 photocatalysts: part 1. Synthesis and solid characterization. Appl Catal B Environ 65: 301-308.
[38] Kobayakawa K, Murakami Y, Sato Y(2005) Visible-light active N-doped TiO_2 prepared by heating of titanium hydroxide and urea. J Photochem Photobiol A Chem 170: 177-179.
[39] Yin S, Ihara K, Aita Y, Komatsu M, Sato T(2006) Visible-light induced photocatalytic activity of $TiO_{2-x}A_y$ (A = N, S) prepared by precipitation route. J Photochem Photobiol A Chem 179: 105-114.
[40] Kosowska B, Mozia S, Morawski AW, Grzmil B, Janus M, Kalucki K(2005) The preparation of TiO_2-nitrogen doped by calcination of $TiO_2 \cdot xH_2O$ under ammonia atmosphere for visible light photocatalysis. Sol Energy Mater Sol Cells 88: 269-280.
[41] Carp O, Huisman CL, Reller A(2004) Photoinduced reactivity of titanium dioxide. Prog Solid State Chem 32: 33-177.
[42] Muggli DS, Lowery KH, Falconer JL(1998) Identification of adsorbed species during steady-state photocatalytic oxidation of ethanol on TiO_2. J Catal 180: 111-122.
[43] Vorontsov AV, Dubovitskaya VP(2004) Selectivity of photocatalytic oxidation of gaseous ethanol over pure and modified TiO_2. J Catal 221: 102-109.
[44] Nimlos MR, Wolfrum EJ, Brewer ML, Fennell JA, Bintner G(1996) Gas-phase heterogeneous photocatalytic oxidation of ethanol: pathways and kinetic modeling. Environ Sci Technol 30: 3102-3110.
[45] Sauer ML, Ollis DF(1996) Photocatalyzed oxidation of ethanol and acetaldehyde in humidified air. J Catal 158: 570-582.
[46] Korosi L, Oszko A, Galbács G, Richardt A, Zollmer V, Dekany I(2007) Structural properties and photocatalytic behaviour of phosphate-modified nanocrystalline titania films. Appl Catal B Environ 129: 175-183.

[47] Kun R, Tarjan S, Oszko A, Seemann T, Zollmer V, Busse M, Dekany I(2009) Preparation and characterization of mesoporous N-doped and sulfuric acid treated anatase TiO_2 catalysts and their photocatalytic activity under UV and Vis illumination. J Solid State Chem 182: 3076-3084.
[48] Korosi L, Dekany I(2006) Preparation and investigation of structural and photocatalytic properties of phosphate modified titanium dioxide. Colloid Surf A Physicochem Eng Aspects 280: 146-154.
[49] Alfaya AAS, Gushikem Y, de Castro SC (1998) Highly dispersed phosphate supported in a binary silica—titania matrix: preparation and characterization. Chem Mater 10: 909-913.
[50] Connor PA, McQuillan AJ(1999) Phosphate adsorption onto TiO_2 from aqueous solutions: an in situ internal reflection infrared spectroscopic study. Langmuir 15: 2916-2921.
[51] Beydoun D, Amal R, Low G, McEvoy S(1999) Role of nanoparticles in photocatalysis. J Nanoparticle Res 1: 439-458.
[52] Korosi L, Papp S, Bertoti I, Dekany I(2007) Surface and bulk composition, structure, and photocatalytic activity of phosphate-modified TiO_2. Chem Mater 19: 4811-4819.
[53] Piera E, Ayllon JA, Domenech X, Peral J(2002) TiO_2 deactivation during gas-phase photocatalytic oxidation of ethanol. Catal Today 76: 259-270.
[54] Asahi R, Morikawa T(2007) Nitrogen complex species and its chemical nature in TiO_2 for visible-light sensitized photocatalysis. Chem Phys 339: 57-63.
[55] Fang X, Zhang Z, Chen Q, Ji H, Gao X(2007) Dependence of nitrogen doping on TiO_2 precursor annealed under NH_3 flow. J Solid State Chem 180: 1325-1332.
[56] Qiu X, Burda C(2007) Chemically synthesized nitrogen-doped metal oxide nanoparticles. Chem Phys 339: 1-10.
[57] Sathish M, Viswanathan B, Viswanath RP(2007) Characterization and photocatalytic activity of N-doped TiO_2 prepared by thermal decomposition of Ti-melamine complex. Appl Catal B 74: 307-312.
[58] Wang X, Yu JC, Liu P, Wang X, Su W, Fu X(2006) J Photochem Photobiol A Chem 179: 339-347.
[59] Colon G, Hidalgo MC, Munuera G, Ferino I, Cutrufello MG, Navio JA(2006) Probing of photocatalytic surface sites on SO_4^{2-}/TiO_2 solid acids by in situ FT-IR spectroscopy and pyridine adsorption. Structural and surface approach to the enhanced photocatalytic activity of sulfated TiO_2 photocatalyst. Appl Catal B 63: 45-59.

第 13 章 光催化：制造太阳能燃料和化学品

Guido Mul

13.1 引言

13.1.1 太阳能燃料

世界面临着巨大的能源挑战。由于石油和其他化石燃料储量正在逐步减少，考虑到使用这些石油和其他化石燃料的巨大环境影响，必须开发替代能源，为社会提供可持续的能源和运输燃料，以及可再生能源的化学产品[1]。目前关注的是生物质燃料和产品。然而，从将太阳能转化为化学能的观点来看，生物质的生长实际上是无效的。只有12%的太阳辐射适合于最有效的生物系统的转化，而至少40%的能量被植物用于其他(呼吸)过程[2]。总而言之，在北欧典型的地方，效率最好在1%左右。虽然短期至中期使用生物燃料和生物衍生化学品可以补偿化石原料的可用性降低，但人造太阳能转换系统具有更大的潜力。在将太阳能转换为电能的光伏技术方面取得了显著进步。然而，生产和需求需要在时间和不同地域跨度上进行平衡，这需要将太阳能可升级转换成燃料作为可运输的存储介质[1]。太阳能储存和燃料生产的主要反应式见式(13.1)和式(13.2)：

$$2H_2O \longrightarrow 2H_2 + O_2 \tag{13.1}$$

$$2CO_2 + 4H_2O \longrightarrow 2CH_3OH + 3O_2 \tag{13.2}$$

实现任一反应[式(13.1)或式(13.2)]的人工太阳能燃料(S2F)系统的工艺选择大致可分为两种。一个选择是使用先前提到的先进的光伏太阳能电池板，太阳能转化效率高达20%，而发电可以用于第二步，将水(优选与CO_2一起)转换成热力学上电催化产品[3-6]。氢气生产电解液[式(13.1)]目前具有约70%~80%的合理效率，主要的效率损失是析氧所需的超大电位(有效地导致热量的产生)[2]。不幸的是，对于电催化转化CO_2，效率要低得多，最多为1%[7]。这部分与二氧化碳在水中的浓度相对较低以及$2H^+$向H_2的动态优先还原有关。换句话说，许多关于电催化二氧化碳还原的研究表明，实际获得了H_2中高度稀释的烃流[7]。此外，电极容易失活[8]。更简单的过程是通过所谓的光催化将太阳光子直接转化为化学产品，这不仅需要一个工艺步骤，而且允许反应器在气相中运行，这对于传质限制是有利的(扩散常数通常在气相中更有利)。因此,第二个选择更具吸引力,高效光催化 S_2F 催化剂的开发是本章所述的首要目标(见图 13.1)。

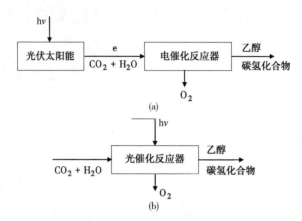

图 13.1　人工光合作用的过程选择:(a)光伏转换为光电,其次是电催化燃料发电;(b)光催化过程,仅需一个反应器,并允许进行气相工艺操作

除了 S_2F 转化外,光催化还可以有助于加工过程的强化,特别是通过提高反应选择性,从而提高实现化学转化的能源效率[9]。

13.1.2　光启动过程的强化

在化学工业中运行的各种工艺,特别是碳氢化合物的选择性氧化,由于非选择性转化的结果而遭受低能效。这导致了增加耗能的分离步骤的必要性,以获得纯化产品。这种方法的强化是非常需要的。在 Stankiewicz 和 Moulijn[9]最近的一篇综述中光已经被确定为一个有吸引力的替代能源来进行加工。Light 已证明其在(非催化)工艺中的价值,特别是与微反应器平台相结合上[10-12]。光在催化化学生产中是否拥有远大前程将取决于未来几代催化剂的活性和这些光的曝光效果。一个主要的挑战是提高光催化转化中的速率。对于 S_2F 转换,应尽可能减少收集太阳能所需的面积。对于化学转化,以下评估是说明性的,以证明对效率提高的需要。要想催化过程在经济上可行,通常需要 $1mol/m^3$ 反应器的反应性[13]。这意味着需要提高光催化过程效能大约 100~1000 倍(见图 13.2)。文献中提到的提高对异质光催化过程的理解和性能的努力涵盖了广泛的学科,包括能带隙工程和缺陷化学、材料科学合成(纳米)结构材料、(超)快速光谱研究光激发态的寿命、表面组成和催化的研究、光反应器设计。本章第二部分的重点是通过使用光能合成化学品,案例尝试实现工艺条件的优化,以及使用能够有效地将催化剂暴露于光的结构化反应器。

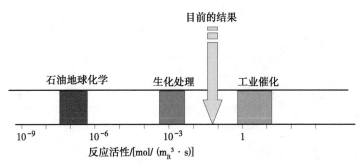

图 13.2　各种相关流程率的概述(目前用于光催化的结果由箭头表示,这显然在工业催化体系之外)[13]

13.2　理论

实现光催化实际上是很重要的。如果能量足够高,可以使用没有任何催化剂的光来激活化学键,这就是光化学领域,也称为光解。光催化是使用光子激发催化剂加速热反应,其中催化剂不应经历永久转变,而是在初始条件下能够恢复。在光催化中,光的波长应具有足够高的能量以激发催化剂,但不能太高,以防止反应物的直接光活化,这可能导致不期望的化学反应/选择性,稍后将在环己烷选择性氧化环己酮的情况下说明[14]。

当光催化剂吸收 UV/Vis 光能时,发生电子态的转变,产生光激发态。对于分子催化剂,光吸收过程涉及从最高占据分子轨道(HOMO)到色谱(光吸收实体)的最低未占分子轨道(LUMO)的电子激发。对于分离的 Ti 位点,例如在介孔材料中,可以通过以下方法描述:$Ti^{4+}-O^{2-} \rightarrow Ti^{3+}-O^{-}$ [15]。在分子催化剂吸收光之后,激发态的能量可能以各种方式丧失,通常主要是通过热降解(即产生热量),或者通过光子发射(通过荧光辐射衰减)(立即将吸收的光转化为能量)或磷光(光能储存在缓慢泄漏的储层中)[16]。除了分子催化剂,经常将结晶材料应用于光催化,其中研究最广泛的是二氧化钛[17]。然后就要讲到价带(占据基态的电子)和导带(含有处于激发态的电子)。价带的最高能级和导带的最低能级之间的能量差被称为"能带隙"。因此通过激发结晶催化剂而产生的活性位点的性质通常由术语"孔"来描述,它能够通过接受一个电子而氧化基板;另一个术语是"电子",它能够还原(第二)基板。因此,可以说在吸收一个光子时产生两个活性位点。

图 13.3 显示了教科书中描述的异质光催化的一般性说明。除了通过上述氧化还原反应之外,通过体积复合或表面复合发生激发态的变化,该能量以热或发

光的形式消散，类似于对分子催化剂所讨论的那样。事实上，这些过程比在氧化还原反应中使用激发态更有可能，解释了光催化中通常观察到的低速率[单位为 $\mathrm{mol_{product}}/(\mathrm{g_{cat}} \cdot \mathrm{s})$][18,19]。

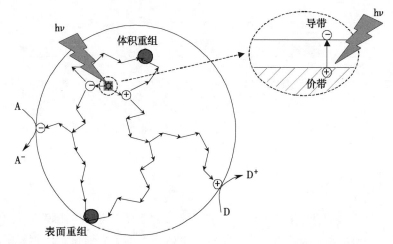

图13.3 通过晶体吸收光的过程表示半导体颗粒(创造一个激发的状态，可以导致形成两个活性表面位点，一个能够还原，另一个是表面吸附的氧化基板)

表面激发态(即催化活性位点)的数量和寿命的测定和操作对于改进光催化过程是重要的。应用材料这些特征的分析属于光谱学家和物理学家的领域，这些方法论背后的理论不在这里广泛讨论。Cox[20]很好地描述了半导体行为的各种理论。以下，回顾光催化剂开发的最新方法和成果。

13.3 太阳能燃料转换

13.3.1 结晶催化剂的设计

用太阳能生产氢已经在教科书[1]中广泛讨论，其中包括辐射半导体-液体界面的描述。后一种选择的研究与异质光催化相关，主要受到 Fujishima 和 Honda 在1972年报道的数据的启发[21]。他们表明，使用 TiO_2 光电二极管和 Pt 对电极，在电化学电池中可以通过紫外线诱导的水分解产生氢和氧。该配置的优点是 H_2 和 O_2 在独立的隔间中产生，从而消除了 $2H_2+O_2 \longrightarrow 2H_2O$ 反向反应的可能性。文献中有许多实例，表明电化学电池不是必需的。描述了在一个简单的反应器中基于二氧化钛负载铂钛的胶体悬浮液原理的光收集单元。此外，已经证明使用镀铂的 TiO_2，可以进行 H_2O 的气相转化[22]。

贵金属助催化剂(如 Pt)在 TiO_2 上的作用是双重的：它延长了光激发态的寿命(即改变了物理性质)，并且催化了 H_2 的形成。贵金属促进剂的缺点是它们也能够催化 $2H_2+O_2 \longrightarrow 2H_2O$ 的反应。可以通过用 CO 使 Pt 位点中毒来防止该反应，这确实已被发现能抑制不期望的反应。通过在 Na_2CO_3 溶液中进行光催化水分解而诱导的 Na 中毒已经被证明可以积极地影响系统在水分测量光分解中的总体效率。最后，可以通过在贵金属颗粒的表面上形成保护性氧化物层来防止反向反应。这已经通过沉积 Cr_2O_3 层而在 Rh 促进的光催化剂上得到实现[23]。该沉积层允许在 Rh 表面产生的氢气逸出，但能防止氧气向 H_2 和 O_2 的反应所需的金属表面扩散。

13.3.2 加入有效的水氧化催化剂

由 TiO_2 表面以及其他光敏材料产生氧气不是很有效。尽管在热力学上可行，显然这些表面不是非常适合于有效地实现分解水所需的四电子反应转移。换句话说，应该改进动力学。在 Pt/TiO_2 配方中，Grätzel 等率先使用 RuO_2 作为氧化催化剂[24,25]。虽然这种氧化物是有效的，但最近研究组在开发基于更便宜和更丰富元素的水氧化催化剂方面取得了重大进展。特别地，$CoPO_x$ 被发现作为阳极在水电解器中非常有效[3-6]，而二氧化硅支架中的纳米结构 Co_3O_4 或 MnO_x 最近被鉴定为有效的水氧化催化剂[26-28]。值得注意的是，这些氧化物的水氧化活性似乎能够将太阳能与催化剂相匹配[27]。

13.3.3 可见光敏感系统的任务

改进的可见光激活系统的发展对于提高太阳能到化学品的生产效率是必需的(与 UV 光相比，太阳能光含有大约 10 倍的可见光量)。例如，已经广泛研究了"N"和"C"掺杂以将 TiO_2 的带隙能量转移到可见光范围[17]。已经证明将离子添加到晶格中(例如，Rh^{3+} 进入 TiO_2[29] 或 Cr^{n+} 在 TiO_2 中[30])是有效的。大多数研究集中在改性基于 TiO_2 的系统。这与该催化剂的有利性质有关，它决定了适用性，即化学稳定性(催化剂不应改变状态或溶解于该过程)、价格和低毒性。已经报道了其他催化剂对 TiO_2 的可见光敏感性的重大努力，例如，Grätzel 和其他同事们，重点关注 CdS 颗粒，CdS 颗粒不一定具有催化活性表面，但主要改善水分解的热力学行为。通过加入促进剂颗粒再次建立活性；用于析氢的 Pt 和用于氧气析出的 RuO_2[31,32]，最近也取得了显著的进展。特别地，Domen 等集中于(氧)氮化物的发展，其中最成功的是混合 GaN-ZnO 系的 Ga(Zn)ON[33]。

重要的是这个研究小组采用先进的碳酸盐法制备这些催化剂，使用 Cr_2O_3 保护的 Rh 作为产氢催化剂[23,34]和 Mn_3O_4 作为水氧化催化剂。本田及 Grätze 早期报告的重大改进是可见光敏感系统的开发，替代了 $Cr(Cr_2O_3)$ 保护的 Rh（防止 H_2 和 O_2 反应），并使用 Mn_3O_4 作为便宜而有效的水氧化催化剂。

创建可见光敏感的水分解系统的有趣的替代路线是基于所谓的 Z 方案。该 Z 方案体系基于两种金属氧化物与可见光吸光度的组合，如图 13.4 所示，尤其是由 Kudo 等[35]进行的研究。该系统包括催化析氧过程的可见光活性 O_2^- 光催化剂，但是光激发电子的能级不足以引起 H_2 的形成。第二种催化剂也被可见光激发，导致氢气产生，但目前空穴不足以氧化水。然而，O_2^- 光催化剂的导带电子和 H_2^- 光催化剂的价带的能级使得通过 Fe^{2+}/Fe^{3+} 对的介导可以进行重组。这些系统的进一步改进仍然是必要的，特别是关于电子转移反应的有效性。

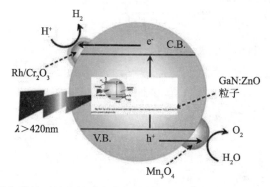

图 13.4 最先进的可见光敏感水分解系统之一（在不存在 $2H_2+O_2\longrightarrow 2H_2O$ 的反应情况下，Cr_2O_3 保护的 Rh 颗粒产生氢，而 Mn_3O_4 介导水的氧化，使用在可见光下暴露于 GaN：ZnO 颗粒中产生的空穴）[33]

应该注意的是，Kudo 等最近报道了电子转移而不使用电子继电器，这可以通过光催化剂颗粒之间的自组装接触来解释[29]。

13.3.4 载体化的发色团

有些人不是专注于如上所述的结晶材料，而是放眼于在易于使用的惰性载体材料中合成发色团的选择。就像在热催化中一样，光触媒领域已经接受了诸如 ETS-10、MCM-41、SBA-15 等结构良好的介孔材料的出现，为构成光催化活性位点提供了机会，并提高了其性能。在 CO_2 和 $H_2O(g)$ 的气相转化中已经研究了这些系统。使用载体化的 TiO_2 系统，CH_4 和 CH_3OH（报告的比例为 4∶1）是主要产物，其数量大大超过了来自结晶二氧化钛的数量。人们观察到各种二氧化硅载体的性能差异较大，SBA-15 具有最高的活性[36-39]。

人们也尝试了二氧化硅载体中可见光敏感发色团的分离，特别是 Frei 组[40]。该组中最先进的体系包括桥接到 Cu（Ⅰ）中心的 Zr-氧键，见图 13.5。当暴露于从 UV 区域到约 500nm 的辐射时，双金属 Zr(Ⅳ)—O—Cu(Ⅰ) 位点经历金属-金属电荷转移 (MMCT) 吸收。证明该中心能够将 CO_2 和 H_2O 还原成 CO 和 OH 自由基[40]。

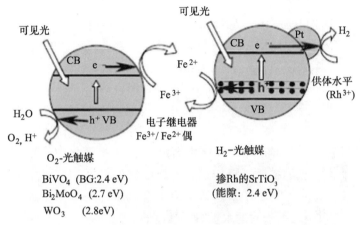

图 13.5 由 Fe^{2+}/Fe^{3+} 偶联介导的 Z 方案过程的表示 (在氧化物,如 $BiVO_4$、Bi_2MoO_4 和 WO_3O_2 的演化是热力学上可行的,而 Rh^{3+} 掺杂、Pt 促进的 $SrTiO_3$ 在可见光诱导的 H_2 演变非常有效)[35]

人们还研究了其他双金属体系，包括 Ti(Ⅳ)—O—Cr(Ⅲ)→Ti(Ⅲ)OCr(Ⅳ) MMCT 催化剂。Ti(Ⅳ)—O—Cr(Ⅲ) 实体也与载体中的 IrO_x 纳米颗粒偶联，催化水的氧化。实际上证明耦合到水氧化催化剂的双核电荷转移发色团能够在可见光诱导水的氧化[41] (见图 13.6)。

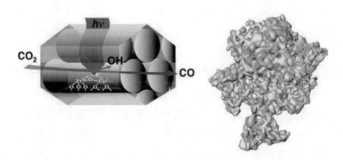

图 13.6 双金属发色团在二氧化硅基质中的表征[42] (双金属发色团是可见光敏感的,右图为 TUD-1 的海绵状结构模型)

MCM-41 载体的应用在合成分子结构方面具有优势，但似乎并不是最容易获得的。最近已经描述和使用了其他二氧化硅载体，包括 TUD-1 和 KIT-6。由 Ti-、Cr- 或 V-位点促进的前体被证明在光子诱导的选择性烷烃和烯烃转化中是有效的[43-45]，而后者已经成功应用于用氧化钴簇进行官能化后的水氧化[26]。各种研究小组着重于进一步优化相关光子诱导反应的载体结构。

13.3.5 结晶催化剂上 H_2O 活化的机理

在大多数光催化研究中，光激活活性位点尚未得到化学证实。由于这些物种的寿命极短，所以必须使用先进的光谱来识别由光吸收形成的（主要）催化位点的性质。对于 TiO_2 来说，在光子诱导反应中研究最多的光催化材料，表面激发位点的化学性质已经被认为包括表面羟基自由基（通过与"孔"反应产生），与 Ti^{3+} 位点组合，其中 Ti 在氧化过程中将电子转移到表面吸附的氧上，形成超氧化物阴离子 O_2^-。表面羟基自由基和超氧化物阴离子都能够氧化碳氢化合物基质。

人们还没有精准了解在光激发催化剂位置上 H_2O 转化中的光化学步骤。仅只对于 TiO_2 表面，已经提供了反应途径的详细建议[46,47]。早期提议涉及以下步骤。光激发后，表面 Ti^{4+}-OH 基团转化为 Ti^{3+}-OH$^•$ 自由基（类似于提出的烃类氧化反应），然后与表面吸附的水重组，具体如下：

$$4Ti^{3+}\text{-}OH^• + 2(HOH)_{ads} \longrightarrow 4Ti^{4+}\text{-}OH^- + 4OH^• + 2H_2 \quad (13.3)$$

$$4OH^• \longrightarrow 2H_2O_2 \rightarrow 2H_2O + O_2 \quad (13.4)$$

将瞬态 OH 自由基重组为 H_2O_2 并最终分解成氧和 H_2O 完成催化循环[48]。Nakamura 等[49]最近很好地总结了目前的发展水平，并提出了以下方案。

方案 B 代表了先前讨论的简化形式[48]。在参考文献[49]中提供了金红石表面（特定的 TiO_2 晶体形式）的证据，即氧的光析反应不是由电子转移型氧化引发的，而是由 H_2O 分子（路易斯碱）对表面捕获的孔（路易斯酸）的亲核攻击引发的，同时伴随着价键断裂（见图 13.7 中的初始步骤路线 a）。提出氧析反应的最后一步是表面过氧化物（Ti—OOH）和羟基的复合，产生 O_2 和桥连的 Ti—O—Ti 基团。ESR 光谱法有助于确定 OH-自由基对 TiO_2 光致诱导反应的影响，而最近的光致发光研究主张在 Ti—O—Ti 位点中形成表面捕获的空穴，作为光氧化反应的主要步骤（路线 b）。DFT 计算最近有报道[46]，支持上述机制的几个步骤。

使用 ESR 光谱法，主要是不可能分析 OH 自由基的起源（TiO_2 表面通常含有不同反应性的各种 OH 基团），而光致发光研究也不能提供表面分子组成的直接信息。未来的研究应该集中在修复光催化水分离过程中不太明确的和锐钛矿 TiO_2 表面的路径。红外光谱技术的发展应用显得尤为有益。事实上，使用内部反射元件的红外测量已经被成功应用[50]。这些研究揭示了二氧化钛表面组成在时间尺度上的显著不可逆变化，但并没有详细分析可逆的，即在毫秒级到秒级尺度的反应中所涉及的催化步骤。此外，研究仅在几个 TiO_2 系统（通常是金红石表面）上进行，而没有系统地研究 TiO_2 形态（结晶度、相位相关性、粒度）对所涉及的表

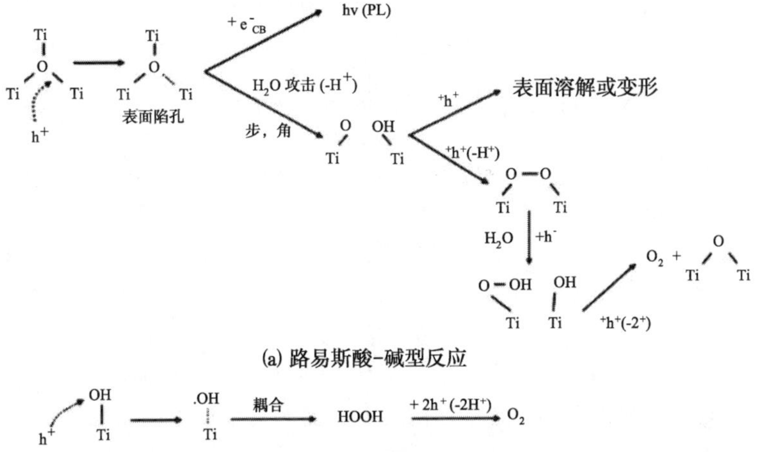

(a) 路易斯酸-碱型反应

(b) 电子转移型反应

图 13.7 TiO_2表面水氧化机理的拟议方案[49]

面化学的作用。金属催化剂的作用[51]，如纳米尺寸的 Pt 或 Au 颗粒，显著提高TiO_2的性能，对表面化学步骤的影响也在很大程度上是未知的，而沉积这些金属助催化剂的方法可能会显著改变表面 OH–基团[52,53]。对于与反应相关的所有时间尺度[从小于 100fs($1fs=1\times10^{-15}s$)到数秒][44,54]的时间分辨红外光谱，揭示TiO_2上光催化氧生成的机理似乎是可行的，其中使用同位素标记的 D_2O 或 $H_2{}^{18}O$，导致促进光谱解析的红外频率的特定变化可能是有益的。如果这些研究证实或反驳了目前的理解水平，未来将会显示出来。

13.3.6 结晶催化剂：二氧化碳还原

关于结晶催化剂上的光致二氧化碳活化的机理研究是鲜见的。Rasko 等[55,56]在 190K 光照下观察到预还原 TiO_2上的 CO^{2-} 物质弯曲。仅在预还原的 Rh/TiO_2催化剂上检测到 CO。最近，采用 DRIFT 光谱和同位素标记的$^{13}CO_2$的结合进一步研究了结晶 Cu(Ⅰ)/TiO_2的表面化学性质[57]。据报道，Cu 促进二氧化钛在二氧化碳还原反应中效率很高[57,58]。使用 CO 对 Cu(Ⅰ)位点的强吸附来鉴定该产物的来源，表明碳残留在 CO_2还原中光催化剂的初始活性方面非常重要。此外，对于 Cu(Ⅰ)/TiO_2观察到表面富碳酸盐化学物质，其中在无光中形成的 CO_2诱导的碳酸盐相互转化为在照射时形成的 CO 诱导的碳酸盐。本研究对使用含碳前体合成的光活性材料的文献研究意义在于，应该认真考虑 H_2O 诱导的光催化碳气化，并与 CO_2光还原的评估进行比较[57]。强烈推荐使用上述时间分辨红外光谱技术进行研究，以进一步阐明表面状态对二氧化碳吸附和后续转化的作用。衰减的总反射光谱似乎对液相过程是有用的[59]，而透射或扩散反射实验适用于分析气相中的反应[57]。

13.3.7 载体化的发色团：CO_2还原

尽管关于TiO_2基催化剂上的CO_2还原有许多研究，对于表面化学和导致CH_4或其他烃反应的机理则知之甚少。安波等提出了基于EPR数据的二氧化硅载体上分离的激发（Ti^{+III}-O^{-I}）位点的机制[60]，其中CO和C的同时还原和H_2O分解分别导致CO和C自由基、H和OH自由基。随后，这些光诱导的C、H和OH基团与最终产物如CH_4和CH_3OH重新组合。

在最近对MCM-41负载的钛的高级IR研究中，CO被证明是反应的主要产物。有人提出了一种能量方案，如图13.8所示[15]。

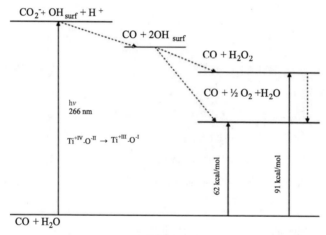

图13.8 在MCM-41中的分离的Ti位点上存在H_2O时
CO_2还原的方案框架[15]（转换由266nm激光脉冲诱发）

Ti-O配体对Ti中心的金属电荷转移转变的激发导致瞬态Ti^{+III}和骨架氧（$-O^{-I}$）上的空穴。从Ti^{+III}到CO_2的电子转移产生CO_2^-，并且将孔转移到水中产生表面OH自由基，且使H^+、CO_2^-和H^+与CO和第二OH基团重组。OH基团结合产生H_2O_2或直接分解以产生O_2和H_2O。图13.8表示与形成稳定产物相关的自由能。唯一的推测能量是表面OH自由基的能量。

为了评估反应性，使用不含碳残留物的纯介孔材料是非常重要的，这通常不容易实现。考虑到由于随机游走（数百微秒）在室温下分子筛中OH自由基的长寿命，即使在非常低的浓度下，OH自由基也与这些碳质残基反应，至少部分有助于二氧化碳还原产物的分布。类似于对结晶催化剂的陈述，建议对文献数据进行仔细评估。在转化率方面，目前已知的催化剂对于减少二氧化碳极其不利，而且这些速率远远不能使人为的光合作用的梦想成为现实。期望进一步了解所涉及的化学途径，特别是活性中心的性质，以合理设计改进催化剂。

13.4 过程强度

各种研究小组集中在开发用于选择性氧化烃类的催化剂。已经获得了一些有趣的结果。选择性光催化氧化研究可分为气相法和液相法两种方法，分别使用丙烷和环己烷的氧化作为实例。

13.4.1 丙烷氧化

如前所述，影响 TiO_2 光催化性能的方法是在惰性 SiO_2 基材料上负载 TiO_2。通常用 TiO_2 前体浸渍介孔材料（如 MCM-41 和 SBA-15），以四面体配位形成分离的分子 Ti 位点[61]。在这些方法中，除了分离的位点之外，如果负载增加到 1%~2%以上，则经常产生聚集的 Ti 位点。通常不考虑这些聚集位点和/或纳米颗粒对负载在 SiO_2 基材上的 TiO_2 的总体光活性的影响。因此，涉及 TUD-1 的研究集中在这一方面。通过改变结晶时间，得到两个不同纳米粒子大小分别为 3nm 和 7nm 的样品。所获得的光催化结果表明，颗粒越大，对产物的活性越高；颗粒越小，对部分氧化产物的选择性似乎越大[45]。通过进行红外光谱法分析，确定在孔内形成选择性，对于丙酮相当于约 40%，其他产物构成更高氧化度（羧酸盐，碳酸盐）的物质，其最终分解形成 CO_2。

除了 Ti 基催化剂之外，还选择性地使用基于 $Cr^{[62]}$ 和 V 作为发色团的催化剂进行选择性烷烃氧化[63,64]。特别地，对于 Cr 体系，在丙烷选择性氧化成丙酮时已经评估了波长对性能的影响[62]。为此，合成了装载有 10%铬/硅的无定形介孔二氧化硅基质，并测试其性能。光谱、显微镜和 X 射线衍射显示，铬作为独立的 Cr(Ⅵ) 和结晶 Cr(Ⅲ) 氧化物都存在于该催化剂中。光化学反应速率强烈依赖于 300~700nm 范围内的激发波长，在 460nm 处具有最大值。在这种波长下，吸附产生的丙酮，其选择性比羧酸盐高大约 60%。在相同的波长范围内仅观察到极小的选择性变化。通过比较吸光度、发光和反应激发光谱，光活化的催化位点被鉴定为四面体配位中独立的 Cr(Ⅵ) 氧化物的激发态。因此，与未解析的吸收光谱的异质性相关的化学结构的异质性可以是波长依赖性光催化活性的基础。

虽然在这些催化剂配方的表征和鉴定方面取得了进展，但公平地说，选择性，特别是如果与低转化率相关的，则在实践中做得还不够。应该提到的是，在改性沸石[65-67]中已经获得了更高的选择性，但鉴于特别是丙酮在沸石的孔中的强吸附，产物的收集仍然很困难[68]。也许评估过程条件（向进料中添加水分）和温度可能导致新的途径使丙烷的选择性光氧化更接近现实。

13.4.2 环己烷氧化

通常选择环己烷氧化制环己酮作为模拟反应,以在更广泛的背景下评估液相选择性光催化。因为反应是高选择性的(例如烯烃产生一系列的产物)、在实验室反应容易操作(例如苯衍生物具有高度致癌性,需要特殊预防措施)、产品相对易于分析识别(特别是 ATR 光谱),以及反应与工业相关:

$$C_6H_{12}+O_2 \longrightarrow C_6H_{10}O+H_2O \tag{13.5}$$

图 13.9 显示了使用不同反应条件的环己烷在 TiO_2 上的光子诱导氧化产物形成。在没有催化剂的情况下,通过环己酮吸收深紫外线辐射诱发的产物(仅发生在约 270nm 以下)如图 13.9(a)所示。显然,环己醇是光分解的优选产物,其对于环己酮并不理想。通过比较图 13.9(a)、(b),可以明显看出,通过添加 TiO_2 催化剂对产物选择性的影响是明显的,但仍然存在深紫外辐射。虽然催化剂降低总体生产率(通过非反应性光吸收),但对环己酮的选择性大大提高。图 13.1(c)显示出了光解被排除时[由图 13.1(d)确定]的选择性,这可以通过使用热解反应器、过滤 UV 光来实现,从而确保只有催化剂被光活化(主要是 366nm 使用汞灯的光谱线)。因此对环己酮可以实现大于 90% 的选择性。主要在 366nm 处的催化剂在光催化中的作用与热催化中的相似:如同得到所需产物的选择性得以提高那样,速率也得到提高(或是催化剂可以在不太苛刻的条件下使用,比如在这里的较高波长情况下)。

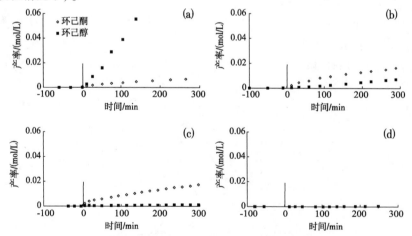

图 13.9 实验条件对环己酮和环己醇在环己烷光催化氧化中产生的量的影响(灯在 $t=0$ 分时开启)[14]:(a)石英反应器、无催化剂(纯光解);(b)有催化剂(1g/L 的 TiO_2、光解和光催化的组合)的石英反应器;(c)有催化剂的 Pyrex 反应器(1g/L 的 TiO_2、不包括光解);(d)Pyrex 反应器、无催化剂

13.4.3 催化剂失活

一个尚未得到很好解决的主要问题是催化剂失活，这使得光催化二氧化钛在选择性氧化中的实际应用受到影响。通过表面吸附产物的连续氧化形成表面结合的碳酸盐和羧酸盐可能是催化剂失活的原因[59,69]。已经提出了通过表面甲硅烷基化来刺激环己烷氧化产物(即环己酮，包括 TiO_2 表面改性)解吸的各种策略[70]，以及晶体结构和形态的优化[71,72]。粒径和晶体结构对光效的影响是显著的。特别是，我们观察到，当增加微晶尺寸时，生产率(g 催化剂$^{-1}$)降低，而 TOF(每 OH-位点每分钟形成的环己酮的物质的量)、环己酮解吸速率、催化位点稳定性、环己醇/环己酮比例等都有所增加。尽管通过这些策略改进了催化剂性能和可再生性，但是需要进一步改进工艺操作，特别是当一个目标持续进行时。

最近，空气流的加湿被证明是对失活问题的解决方案，特别是对于完好的光催化剂，如 Solaronix TiO_2。正如 ATR-FTIR 光谱法清楚地显示那样，水产生增强的产物解吸并刺激钝化表面羧酸盐物质的分解。就反应中的高稳定性而言，由 Solaronix 生产的特定 TiO_2 催化剂的性能比 Hombikat UV100 更有利。环己酮被水很快置换的事实，表明 Solaronix 的表面是相当亲水的。环己酮的水诱导脱附限制了连续氧化成失活物种。同时，前面提到的光电子性质是这样的，如果形成羧酸盐容易氧化成 CO_2，再生活性 OH^- 位点。

该研究的结果清楚地表明，可以解决一个妨碍实际应用的光催化选择性氧化，即催化剂失活的问题。其他问题仍然存在，包括提高该方法的光效，即每单位能量的化学转化率。虽然已经报道了一些进展，包括粒度优化和晶体形态，以及诸如光强度和浆料密度的操作条件，但是要显著降低光催化团体在光活化时形成的空穴与电子的复合速率还不成功。添加金属颗粒如 Pt 或 Au 作为电子受体已被证明是一种选择，这肯定有进一步改进的余地。

13.4.4 反应器设计

目前用于液相氧化的光反应器通常基于浆料系统，即固相分散在反应器内的液体中。通常，浆料从顶部(顶部照明反应器)照射或通过使用被称为环形反应器的浸没的光源照射。虽然这些设计使得构造容易、催化剂装载提高，但是它们显然具有缺点。例如催化剂颗粒与反应混合物分离困难，以及由于反应介质和催化剂颗粒的光散射和屏蔽引起的较低的光利用效率。

通过固定光催化体系，已经进行了各种尝试来修正上述的光分布问题。一种方法是使用光纤作为光分布导向器和光催化剂的支撑。光传播通过纤芯，而一定量的光子被折射到涂覆的二氧化钛层中。通过这种方式，光纤能够将光子能量远程传递给光催化剂的反应位点。有报道说，二氧化钛涂覆光纤在空气和水的光催化净化中得到成功应用。然而，在石英纤维上涂覆 TiO_2 催化剂层有几个固有的缺陷。首先，涂层上的黏合强度和层厚度对其耐久性和性能的影响很大。由于 TiO_2 颗粒在石英纤维上的黏附主要是由于静电相互作用，所以在大规模的连续操作模式中，涂层不可能经受严重的气体和/或液体流动。为了提高二氧化钛涂层的耐久性，在催化剂固定之前，纤维经常被粗糙化。然而，这将不可避免地导致催化剂和光沿轴向方向分布不均匀。其他重要的问题是短光传播长度（小于10cm）和捆扎阵列中的热积聚，这可能导致催化剂局部失活。

将催化剂涂覆在纤维上的替代方案是侧光发射纤维和陶瓷的组合。侧光纤被均匀分布在陶瓷整料结构内部，其内壁上涂覆有二氧化钛光催化剂。反应体系被构造成可以在各种流体动力学方面流动，例如泰勒流（交替的气泡和液体）和流体流。因为没有催化剂涂覆在纤维上，发射的光可以到达催化剂-反应物界面，而不会被固体颗粒强烈衰减。事实上，这个概念已经取得了有希望的成果[73]，尽管仍然需要改进。这包括进一步评估各种工艺参数的影响，如温度、流动状态和催化剂涂层的优化。特别地，流动体系可以刺激增强的传质特征和环己酮解吸以及再生速率，因为环己烷的液体良好混合，（优选加湿的）气泡（即再生相）仅通过相对薄的环己烷液体薄膜与催化剂表面分离（见图 13.10）。

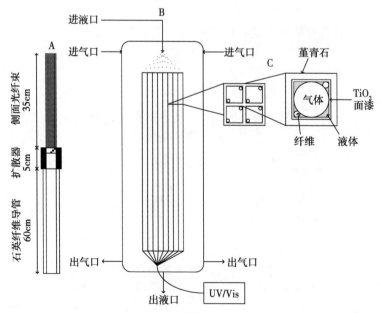

图 13.10 内部照明的整体式反应装置的方案[由陶瓷组成具有方形通道的整料，其壁上涂覆有催化剂（TiO_2），其中两根光纤被插入并位于通道的角部]

另一个创新的光反应器设计是基于微反应器的概念。LED 光源可用于照亮具有良好定义波长的微反应器,包括在 UV[7]中。光源和催化剂之间的距离小,催化剂固定在微通道的壁上。此外,在气体/液体配置中,微反应器允许对气体-液体分布进行明确控制。在文献中证明了微反应器在光催化中的可行性。已经观察到对选择性的积极影响,无论是使用单色光(LED 的优点,例如汞灯)还是对反应物的停留时间的优异控制[12]。各种研究小组,专注于优化微反应器与光催化剂的功能化,这当然不是微不足道的。只有将优化的催化剂体系结合优化的反应器配置,才能实现光采收和化学转化。实际上,通过基于微反应器的光催化转化,然后生产大规模化学品的化学合成似乎更可实现,前者的经验可在后一领域中得到应用。

13.5 结论

越来越多的研究团队在同质和异质催化领域活跃,意识到光可以成为热能进行催化转化的有吸引力的替代方案。随着高效率 LED 光源和新型(微)反应器概念的出现,光诱导催化的实际应用可能变得可行。虽然光催化领域具有重要的历史,但是用振动光谱分析反应条件下的表面组成和表面化学性质却相当罕见,特别是在液相中,还有很多规律在继续发现。该领域肯定会从综合方法中获益,而不是单单从带隙工程师、材料科学家、光谱学家、催化组和最近的理论家进行的个别研究。这将推动这个领域的科学进步,并制定合理设计新型催化剂配方的规则。光催化无疑对于化学工业,特别是整个社会的各种能源挑战作出了贡献。

致谢

感谢 J. A. Moulijn, MD 教授,进行了富有成效的讨论,让我探索了光催化领域。博士生导师 P. Du 博士、M. S. Hamdy 博士、J. T. Carneiro 博士、A. R. Almeida 博士和 C. C Yang 博士对本文的形成是必不可少的。最后,我要感谢 STW 在 VIDI 计划框架(DPC. 7065)中资助我的光催化研究。

参 考 文 献

[1] Rajeshwar K, McConnel R, Licht S(2008)Solar hydrogen generation-toward a renewable energy future. New York, NY, Springer Science and Business Media.
[2] MacKay DJC(2009)Sustainable energy: without the hot air. UIT, Cambridge.
[3] Lewis NS, Nocera DG(2006)Powering the planet: chemical challenges in solar energy utilization. Proc Natl Acad Sci USA 103(43): 15729 15735. doi: 10.1073/pnas.0603395103.
[4] Lutterman DA, Surendranath Y, Nocera DG(2009)A self-healing oxygen-evolving catalyst. J Am Chem Soc 131(11): 3838—3839. doi: 10.1021/ja900023k.
[5] Surendranath Y, Kanan MW, Nocera DG(2010)Mechanistic studies of the oxygen evolution reaction by a cobalt-phosphate catalyst at neutral pH. J Am Chem Soc 132(46): 16501-16509. doi: 10.1021/ja106102b.
[6] Young ER, Nocera DG, Bulovic V(2010)Direct formation of a water oxidation catalyst from thin-film cobalt. Energy Environ Sci 3(11): 1726-1728. doi: 10.1039/c0ee00177e.
[7] Shibata H, Moulijn JA, Mul G(2008)Enabling electrocatalytic Fischer-Tropsch synthesis from carbon dioxide over copper-based electrodes. Catal

Lett 123(3-4): 186-192. doi: 10.1007/s10562-008-9488-3.
[8] Hori Y, Konishi H, Futamura T, Murata A, Koga O, Sakurai H, Oguma K (2005) "Deactivation of copper electrode" in electrochemical reduction of CO_2. Electrochim Acta 50(27): 5354-5369. doi: 10.1016/j.electacta.2005.03.015.
[9] Stankiewicz A, Moulijn JA(2002) Process intensification. Ind Eng Chem Res 41(8): 1920-1924. doi: 10.1021/ie011025p.
[10] Lu H, Schmidt MA, Jensen KF(2001) Photochemical reactions and on-line UV detection in microfabricated reactors. Lab Chip 1(1): 22-28. doi: 10.1039/b104037p.
[11] Maeda H, Mukae H, Mizuno K (2005) Enhanced efficiency and regioselectivity of intramolecular (2 pi + 2 pi) photocycloaddition of 1- cyanonaphthalene derivative using microreactors. Chem Lett 34(1): 66-67. doi: 10.1246/cl.2005.66.
[12] Van Gerven T, Mul G, Moulijn J, Stankiewicz A(2007) A review of intensification of photocatalytic processes. Chem Eng Process 46(9): 781-789. doi: 10.1016/j.cep.2007.05.012.
[13] Moulijn JA, Makkee M, van Diepen A(2001) Chemical process technology. John Wiley & Sons Ltd, West Sussex.
[14] Du P, Moulijn JA, Mul G(2006) Selective photo(catalytic)-oxidation of cyclohexane: effect of wavelength and TiO_2 structure on product yields. J Catal 238(2): 342-352. doi: 10.1016/j.jcat.2005.12.011.
[15] Lin WY, Han HX, Frei H(2004) CO_2 splitting by H_2O to CO and O_2 under UV light in TiMCM-41 silicate sieve. J Phys Chem B 108(47): 18269-18273. doi: 10.1021/jp040345u.
[16] Atkins PW(1986) Physical chemistry. Oxford University Press, Oxford.
[17] Carp O, Huisman CL, Reller A(2004) Photoinduced reactivity of titanium dioxide. Prog Solid State Chem 32(1-2): 33-177. doi: 10.1016/j.progsolidstchem.2004.08.001.
[18] Bahnemann DW, Hilgendorff M, Memming R(1997) Charge carrier dynamics at TiO_2 particles: reactivity of free and trapped holes. J Phys Chem B 101(21): 4265-4275.
[19] Hoffmann MR, Martin ST, Choi WY, Bahnemann DW (1995) Environmental applications of semiconductor photocatalysis. Chem Rev 95(1): 69-96.
[20] Cox PA(1987) The electronic structure and chemistry of solids. Oxford University Press, Oxford.
[21] Fujishima A, Honda K(1972) Electrochemical photolysis of water at a semiconductor electrode. Nature 238(5358): 37-38.
[22] Kawai T, Sakata T(1980) Photocatalytic decompsoition of gaseous water over TiO_2 and TiO_2-RuO_2 surfaces. Chem Phys Lett 72(1): 87-89.
[23] Maeda K, Lu DL, Teramura K, Domen K(2010) Simultaneous photodeposition of rhodium-chromium nanoparticles on a semiconductor powder: structural characterization and application to photocatalytic overall water splitting. Energy Environ Sci 3(4): 471-478. doi: 10.1039/b915064a.
[24] Borgarello E, Kiwi J, Pelizzetti E, Visca M, Gratzel M(1981) Photochemical cleavage of water by photocatalysis. Nature 289(5794): 158-160.
[25] Kalyanasundaram K, Borgarello E, Gratzel M(1981) Visible light induced water cleavage in CdS dispersions loaded with Pt and RuO_2, hole scavenging by RuO_2. Helv Chim Acta 64(1): 362-366.
[26] Jiao F, Frei H(2009) Nanostructured cobalt oxide clusters in mesoporous silica as efficient oxygen-evolving catalysts. Angew Chem Int Ed 48 (10): 1841-1844. doi: 10.1002/anie.200805534.
[27] Jiao F, Frei H(2010) Nanostructured cobalt and manganese oxide clusters as efficient water oxidation catalysts. Energy Environ Sci 3(8): 1018-1027. doi: 10.1039/c002074e.
[28] Jiao F, Frei H (2010) Nanostructured manganese oxide clusters supported on mesoporous silica as efficient oxygen-evolving catalysts. Chem Commun 46(17): 2920-2922. doi: 10.1039/b921820c.
[29] Sasaki Y, Nemoto H, Saito K, Kudo A(2009) Solar water splitting using powdered photocatalysts driven by Z-schematic interparticle electron transfer without an electron mediator. J Phys Chem C 113(40): 17536-17542. doi: 10.1021/jp907128k.
[30] Borgarello E, Kiwi J, Gratzel M, Pelizzetti E, Visca M(1982) Visible light induced water cleavage in colloidal solutions of chromium-doped titatium dioxide particles. J Am Chem Soc 104(11): 2996-3002.
[31] Kiwi J, Borgarello E, Pelizzetti E, Visca M, Gratzel M(1980) Cyclic water cleavage by visible light—drastic improvement of yield of H_2 and O_2 with bifunctional redox catalysts. Angew Chem Int Ed 19(8): 646-648.
[32] Borgarello E, Kiwi J, Pelizzetti E, Visca M, Gratzel M(1981) Sustained water cleavage by visible light. J Am Chem Soc 103(21): 6324-6329.
[33] Maeda K, Xiong AK, Yoshinaga T, Ikeda T, Sakamoto N, Hisatomi T, Takashima M, Lu DL, Kanehara M, Setoyama T, Teranishi T, Domen K(2010) Photocatalytic overall water splitting promoted by two different cocatalysts for hydrogen and oxygen evolution under visible light. Angew Chem Int Ed 49(24): 4096-4099. doi: 10.1002/anie.201001259.
[34] Sakamoto N, Ohtsuka H, Ikeda T, Maeda K, Lu DL, Kanehara M, Teramura K, Teranishi T, Domen K(2009) Highly dispersed noble-metal/chromia (core/shell) nanoparticles as efficient hydrogen evolution promoters for photocatalytic overall water splitting under visible light. Nanoscale 1 (1): 106-109. doi: 10.1039/b9nr00186g.
[35] Kudo A, Miseki Y(2009) Heterogeneous photocatalyst materials for water splitting. Chem Soc Rev 38(1): 253-278. doi: 10.1039/b800489g.
[36] Anpo M, Yamashita H, Ikeue K, Fujii Y, Zhang SG, Ichihashi Y, Park DR, Suzuki Y, Koyano K, Tatsumi T(1998) Photocatalytic reduction of CO_2 with H_2O on Ti-MCM-41 and Ti-MCM-48 mesoporous zeolite catalysts. Catal Today 44(1-4): 327-332.
[37] Zhang SG, Fujii Y, Yamashita K, Koyano K, Tatsumi T, Anpo M(1997) Photocatalytic reduction of CO_2 with H_2O on Ti-MCM-41 and Ti-MCM-48 mesoporous zeolites at 328 K. Chem Lett 44(7): 659-660.
[38] Anpo M, Yamashita H, Ichihashi Y, Fujii Y, Honda M(1997) Photocatalytic reduction of CO_2 with H_2O on titanium oxides anchored within micropores of zeolites: effects of the structure of the active sites and the addition of Pt. J Phys Chem B 101(14): 2632-2636.
[39] Yamashita H, Fujii Y, Ichihashi Y, Zhang SG, Ikeue K, Park DR, Koyano K, Tatsumi T, Anpo M(1998) Selective formation of CH_3OH in the photocatalytic reduction of CO_2 with H_2O on titanium oxides highly dispersed within zeolites and mesoporous molecular sieves. Catal Today 45 (1-4): 221-227.
[40] Lin WY, Frei H(2002) Photochemical and FT-IR probing the active site of hydrogen peroxide in Ti silicalite sieve. J Am Chem Soc 124(31): 9292-9298. doi: 10.1021/ja012477w.
[41] Han HX, Frei H(2008) In situ spectroscopy of water oxidation at Ir oxide nanocluster driven by visible TiOCr charge-transfer chromophore in mesoporous silica. J Phys Chem C 112(41): 16156-16159. doi: 10.1021/jp803994d.
[42] Lin WY, Frei H(2005) Photochemical CO_2 splitting by metal-to-metal charge-transfer excitation in mesoporous ZrCu(I)-MCM-41 silicate sieve. J Am Chem Soc 127(6): 1610-1611. doi: 10.1021/ja040162l.
[43] Hamdy MS, Berg O, Jansen JC, Maschmeyer T, Arafat A, Moulijn JA, Mul G(2006) Chromium-incorporated TUD-1 as a new visible light-sensitive photo-catalyst for selective oxidation of propane. Catal Today 117(1-3): 337-342. doi: 10.1016/j.cattod.2006.05.058.

[44] Mul G, Wasylenko W, Hamdy MS, Frei H (2008) Cyclohexene photo-oxidation over vanadia catalyst analyzed by time resolved ATR-FT-IR spectroscopy. Phys Chem Chem Phys 10(21): 3131-3137. doi: 10.1039/b800314a.

[45] Hamdy MS, Berg O, Jansen JC, Maschmeyer T, Moulijn JA, Mul G (2006) TiO_2 nanoparticles in mesoporous TUD-1: synthesis, characterization and photocatalytic performance in propane oxidation. Chem Eur J 12(2): 620-628. doi: 10.1002/chem.200500649.

[46] Hussain A, Gracia J, Nieuwenhuys B, Niemantsverdriet JW (2010) Chemistry of O- and H-containing species on the (001) surface of anatase TiO_2: a DFT study. Chem Phys Chem 11(11): 2375-2382. doi: 10.1002/cphc.201000185.

[47] Yu JG, Qi LF, Jaroniec M (2010) Hydrogen production by photocatalytic water splitting over Pt/TiO_2 nanosheets with exposed (001) facets. J Phys Chem C 114(30): 13118-13125. doi: 10.1021/jp104488b.

[48] Vandamme H, Hall WK (1979) Photoassisted decomposition of water at the gas-solid interface on TiO_2. J Am Chem Soc 101(15): 4373-4374.

[49] Nakamura R, Okamura T, Ohashi N, Imanishi A, Nakato Y (2005) Molecular mechanisms of photoinduced oxygen evolution, PL emission, and surface roughening at atomically smooth (110) and (100) n-TiO_2 (rutile) surfaces in aqueous acidic solutions. J Am Chem Soc 127(37): 12975-12983. doi: 10.1021/ja053252e.

[50] Nakamura R, Nakato Y (2004) Primary intermediates of oxygen photoevolution reaction on TiO_2 (rutile) particles, revealed by in situ FTIR absorption and photoluminescence measurements. J Am Chem Soc 126(4): 1290-1298. doi: 10.1021/ja0388764.

[51] Kato H, Kudo A (2002) Visible-light-response and photocatalytic activities of TiO_2 and $SrTiO_3$ photocatalysts codoped with antimony and chromium. J Phys Chem B 106(19): 5029-5034. doi: 10.1021/jp0255482.

[52] Carneiro JT, Savenije TJ, Mul G (2009) Experimental evidence for electron localization on Au upon photo-activation of Au/anatase catalysts. Phys Chem Chem Phys 11(15): 2708-2714. doi: 10.1039/b820425j.

[53] Carneiro JT, Yang CC, Moma JA, Moulijn JA, Mul G (2009) How gold deposition affects anatase performance in the photo-catalytic oxidation of cyclohexane. Catal Lett 129(1-2): 12-19. doi: 10.1007/s10562-008-9801-1.

[54] Shaw DJ, Panman MR, Woutersen S (2009) Evidence for cooperative vibrational relaxation of the NH-, OH-, and OD-stretching modes in hydrogen-bonded liquids using infrared pump-probe spectroscopy. Phys Rev Lett 103(22). doi: 22740110.1103/PhysRevLett.103.227401.

[55] Rasko J, Solymosi F (1994) Infrared spectroscopic study of the photoinduced activation of CO_2 on TiO_2 and Rh/TiO_2 catalysts. J Phys Chem 98(29): 7147-7152.

[56] Rasko J, Solymosi F (1997) Reactions of adsorbed CH_3 species with CO_2 on Rh/SiO_2 catalyst. Catal Lett 46(3-4): 153-157.

[57] Yang CC, Yu YH, van der Linden B, Wu JCS, Mul G (2010) Artificial photosynthesis over crystalline TiO_2-based catalysts: fact or fiction? J Am Chem Soc 132(24): 8398-8406. doi: 10.1021/ja101318k.

[58] Nguyen TV, Wu JCS (2008) Photoreduction of CO_2 in an optical-fiber photoreactor: effects of metals addition and catalyst carrier. Appl Catal A Gen 335(1): 112-120. doi: 10.1016/j.apcata.2007.11.022.

[59] Almeida AR, Moulijn JA, Mul G (2008) In situ ATR-FTIR study on the selective photooxidation of cyclohexane over anatase TiO_2. J Phys Chem C 112(5): 1552-1561. doi: 10.1021/jp077143t.

[60] Anpo M, Yamashita H, Ichihashi Y, Ehara S (1995) Photocatalytic reduction of CO_2 with H_2O on various titanium-oxide catalysts. J Electroanal Chem 396(1-2): 21-26.

[61] Telalovic S, Ramanathan A, Mul G, Hanefeld U (2010) TUD-1: synthesis and application of a versatile catalyst, carrier, material. J Mater Chem 20(4): 642-658. doi: 10.1039/b904193a.

[62] Berg O, Hamdy MS, Maschmeyer T, Moulijn JA, Bonn M, Mul G (2008) On the wavelength-dependent performance of Cr-doped silica in selective photo-oxidation. J Phys Chem C 112(14): 5471-5475. doi: 10.1021/jp075562k.

[63] Amano F, Yamaguchi T, Tanaka T (2006) J Phys Chem B 110: 281-288.

[64] Takenaka S, Tanaka T, Funabiki T, Yoshida S (1997) J Chem Soc Faraday Trans 93: 4151-4158.

[65] Sun H, Blatter F, Frei H (1997) Oxidation of propane to acetone and of ethane to acetaldehyde by O_2 in zeolites with complete selectivity. Catal Lett 44(3-4): 247-253.

[66] Blatter F, Sun H, Vasenkov S, Frei H (1998) Photocatalyzed oxidation in zeolite cages. Catal Today 41(4): 297-309.

[67] Frei H (2006) Selective hydrocarbon oxidation in zeolites. Science 313(5785): 309-310. doi: 10.1126/science.1128981.

[68] Xu J, Mojet BL, van Ommen JG, Lefferts L (2005) Formation of $M^{2+}(O_2^-)(C_3H_8)$ species in alkaline-earth-exchanged Y zeolite during propane selective oxidation. J Phys Chem B 109(39): 18361-18368. doi: 10.1021/jp052941+.

[69] Renckens TJA, Almeida AR, Damen MR, Kreutzer MT, Mul G (2010) Product desorption limitations in selective photocatalytic oxidation. Catal Today 155(3-4): 302-310. doi: 10.1016/j.cattod.2009.12.002.

[70] Almeida AR, Carneiro JT, Moulijn JA, Mul G (2010) Improved performance of TiO_2 in the selective photo-catalytic oxidation of cyclohexane by increasing the rate of desorption through surface silylation. J Catal 273(2): 116-124. doi: 10.1016/j.jcat.2010.05.006.

[71] Carneiro JT, Almeida AR, Moulijn JA, Mul G (2010) Cyclohexane selective photocatalytic oxidation by anatase TiO_2: influence of particle size and crystallinity. Phys Chem Chem Phys 12(11): 2744-2750. doi: 10.1039/b919886e.

[72] Hernandez-Alonso MD, Almeida AR, Moulijn JA, Mul G (2009) Identification of the role of surface acidity in the deactivation of TiO_2 in the selective photo-oxidation of cyclohexane. Catal Today 143(3-4): 326-333. doi: 10.1016/j.cattod.2008.09.025.

[73] Du P, Carneiro JT, Moulijn JA, Mul G (2008) A novel photocatalytic monolith reactor for multiphase heterogeneous photocatalysis. Appl Catal A Gen 334(1-2): 119-128. doi: 10.1016/j.apcata.2007.09.045.

第14章 结论和未来展望

András Tompos

在不久的将来，太阳能将在可再生能源中占主导。为了开发不均匀分布的太阳能和其他可再生能源，过程强化是必要的。本文旨在突出非均相催化剂在为替代能源生成设计的新型催化方法中的作用。开发用于储存和运输从各种可再生能源生产能源的催化剂和技术是至关重要的。人们正在研究在电池中或化学品如氢气中能源的存储方式。由于目前为利用化石资源而开发的基础设施的齐备性，所以有一部分研究致力于开发生物质源液体燃料的生产或使用二氧化碳作为碳源的催化过程。新的催化剂是具有层状组织的 3D 纳米结构的复杂多组分体系。这种系统的表征和建模需要开发原位表征工具。

可再生能源发电在过去几十年中越来越受到重视，其目的是提供一种可持续的在不久的将来可能会耗尽的传统化石能源的替代方案。此外，在内燃机和发电厂使用化石能源的情况下，导致温室效应增加的二氧化碳排放量以及 NO_x 和不同颗粒物的排放，将推动可再生能源在未来能源中的贡献。排放控制和能源供应安全是社会挑战的两个关键领域。

可再生能源的最终来源是太阳。太阳能收集器和光伏器件可以实现直接利用，而太阳能由"自然"转化为生物质、风力发电和水力发电。此外，也可以利用来自海洋的地热能和能源。由自然界提供的可再生能源必须转化为最终用户的燃料、电力、机械能和热量。正如本书所预期的那样，太阳能在未来将成为主导的可再生能源。

虽然变化是不可避免的，但现有能源相关基础设施(管道、发动机、发电厂)的齐备性和广泛性使化石燃料为基础的经济相当稳固，而化石燃料仍将是未来二三十年的主要能源。预计新技术的变化首先是开发用于处理迄今为止被忽视的化石能源的新催化剂，例如重劣质原油、煤或含硫量高的天然气以及潜在的甲烷水合物。其次，仍然利用目前的基础设施，将生物质转化为与柴油兼容的液体燃料的技术和材料的开发具有很高的可能性。其他可再生能源可以主要用于生产电力。然而，对于车辆应用，由于电池的能量密度太低，所以似乎需要使用液体燃料或某种其他化学形式的储能。单靠生物质不能满足社会日益增长的能源需求。除生物质外，未来还必须利用其他可再生能源生产与柴油兼容的液体燃料、其他液体燃料(如甲醇、乙醇等)或氢气。如果能够实现任何方式储存这些能源，则再生能源生产将具有重要意义。氢气广泛用于从生物质生产烃和用于生产醇(来自 CO 或 CO_2)。然而，必须提及的是，在大多数上述氢化反应中，会产生一定量的水，这样就会消耗大量的氢气，在甲醇合成过程中还会成为催化剂上的抑制剂。长远来看，建立"氢经济"基础设施似乎是合理的。2009 年，戴姆勒、福特、通用、欧宝、本田、现代、起亚、雷诺、日产、丰田等汽车制造企业已经签署了关于从 2015 年起大幅提高氢燃料电池汽车产量的宣言。

在本书的各章中，已经证明，在不同的能量转换步骤中，催化作用可以被认为是满足可持续发展的关键因素。在生物质转化技术中的氢化、水相重整(APR)、蒸汽重整和聚合物电解质膜(PEM)燃料电池中的发电等方法通常需要贵金属催化剂，其作用有限。因此，这些领域的主要目标之一是发现非贵金属催化剂。开发能量转换技术所需的新催化剂需要新的方法、新概念和新工具。需要应用高通量实验技术、原位表征工具以及通过新的表面分析技术研究模型催化剂。新催化剂最可能是多组分体系。主要目标是识别和区分多组分系统中可能的配体和整体效应。此外，纳米科学和纳米技术特别关注制造具有均匀复杂结构的材料。新型催化剂不仅是多组分的，而且是以整齐有序朝着特殊方向的纳米棒、纳米线和纳米管的形式制备的，相应设计的是核-壳纳米结构以及层次结构，这可以显著影响最终的催化性能。要开发的核心技术是制备具有可控尺寸、形状和/或结构的新型纳米材料。在新型纳米结构材料中，不仅必须考虑组分之间的交叉影响，还要考虑由于较小的微晶尺寸("真实尺寸效应")和对电荷和质量传输的影响、量子尺寸效应。真正的挑战是不仅为沸石和介孔材料开发定制的 3D 纳米结构，而且还要为过渡金属氧化物开发定制的 3D 纳米结构。

为了了解在新型纳米系统表面发生的反应机理和基本步骤，以及发现参与表面过程的表面物质，必须应用新的原位表征工具。表面分析技术对模型催化剂的应用和研究变得越来越重要。在缩小表面科学方法与真实催化过程间的"压力鸿沟"方面取得了重大进展。因此，模型催化剂不仅可以在超高真空(UHV)条件下而且可以在实际条件下进行研究。可以通过原位透射电子显微镜(TEM)[1]、紫外和 X 射线光电子能谱(UPS 和 XPS)[2,3]、低能离子散射(LEIS)[3,4]、偏振调制红外反射吸收光谱(PM-IRAS)[3,5]、低能电子衍射(LEED)[6]和频(SFG)振动光谱[7,8]等，在清洁和良好控制的条件下研究单晶表面或定义明确的纳米团簇。

14.1 储能

基于可再生能源的能源生产是相当不平衡的，可再生能源的丰富度高度依赖于当地的选择。根据当地情况和临时性政策，能源生产会有或多或少的不规则变化。与基于化石能源的发电厂相比，可再生能源不仅分布不均，而且离域化。因此，能源的储存和传播/运输至关重要，必须以最有效的方式完成，根据当地的可能性，这种方式具有很高的分散性。电能可以存储在锂离子电池/超级电容器中，并转换成适当的能量载体材料。有利的能量载体材料可以由各种可再生能源生产，并承载着高密度的化学能。它们必须易于储存、运输和有效地转化为其他形式的能源。氢被认为是未来的潜在的环境友好能量载体。未来"氢经济"的一个主要挑战是为移动和其他应用开发一种安全、紧凑、稳健且有效的氢气储存手段。除了氢，生物柴油和其他生物质起源的液体燃料，作为集中和易于运输的能源形式，在近期应该具有至关重要的意义。

用于储氢的有希望的纳米尺寸材料是金属和氢化合物。不仅必须增加存储容量，还必须提高解吸/吸收动力学，并且必须调整解吸/吸收温度。在新型储氢材料中，必须提及嵌入纳米多孔碳气凝胶支架中的 $LiBH_4$ 和 MgH_2 纳米粒子[9]。在该系统中，与散装条件相比，氢解吸动力学显著改善，纳米系具有高度的可逆性和稳定性，并且还具有改善的热力学性质。纳米复合材料系统的可逆储氢容量为 3.9%。这种纳米材料方案在将来可能有广泛的应用，例如在可再生能源化学品储存的合并领域。

石墨和活性炭仍然是锂离子电池和超级电容器最常用的材料。纳米结构碳与纳米结构金属（氧化物）结合为开发用于高性能锂离子电池和超级电容器的先进碳基电极开辟了新的视角[10-13]：

① 可以为两个电极（例如纳米复合电极、分级结构）引入具有不足自身电导率的新材料。

② 可以增加电极和电解质之间的接触表面积，并且通过与电极的催化反应可以防止电解质分解。

③ 通过使用碳作为结构化剂同时保持其导电功能（例如高度官能化的碳结构），可以减少电子和离子的输送路径长度。较短的输送通道使得能够获得高的充放电速率，从而实现高功率。然而，非常高的表面积、大的固体-电解质界面增强了不可逆的容量[10]。

14.2　生物质转化：液体燃料的生产

生物质原料的加工与化石能源的加工不同。生物质来源的原料具有低的热稳定性和高度的功能度（通常在本质上是亲水性的），因此需要独特的反应条件，例如水相加工。此外，生物物质的广泛分布与化石能源资源不同。因此，石化行业的技术不能直接适应生物质的转化。需要开发新的催化剂和催化技术，这些催化剂和催化技术可以安装在生物质能源生产装置附近，处理能力较小，拥有经济性。过程强化是采用不同工具（如微反应器技术和模块化）来提高能量转换效率[14]。

根据原油的实际价格，将生物质转化为不同的生物燃料可能是经济的。然而，不同的补贴资源似乎是不可避免的。除了使用生物质能对能源安全和排放控制的直接影响外，还可以对农村发展产生有利影响。

第一代生物柴油由植物油（大豆或植物油）生产，或通过经酯交换法生产二手食用油[15-18]。由淀粉（玉米）制备氧化烃。首先，通过水解淀粉产生糖，然后将其发酵。糖可以进行脱水，这也产生了碳氢化合物。

第二代生物燃料需要大量使用催化过程才能获得。原料主要以木质纤维素（草本、木质、城市固体废物）为主，其比用于生产第一代生物燃料的原料更丰富。然而，由于纤维素的高结晶度、材料的低表面积、木质素对纤维素的保护、生物质颗粒的异质性以及半纤维素的纤维素鞘，木质纤维素难以转化为糖类[19]。为了获得糖单体，使用以下预处理方法：非催化蒸汽爆破、在热水或pH值控制的热水中处理、流经热水或稀酸、流过酸、用石灰处理、用氨处理[19]。

糖单体的水相加工可以产生多种多样的产品。用于生物固化过程的氢的生产由 APR 完成[20,21]。生物固化还可以通过水相脱氢/氢化（APD/H）产生 $C_1 \sim C_6$ 的轻质烷烃[21,22]。轻质烷烃可用作合成天然气、液化石油气和轻质石蜡。在 APD/H 步骤[21,23]之前，通过将脱水/氢化反应与醛醇缩合步骤组合，水相处理也可以产生 $C_7 \sim C_{15}$ 的较长烷烃。这些较长的烷烃可用作优质的无硫柴油燃料组分。

除了水相过程，生物质的气化可生成合成气（$CO+H_2$）[24]。然而，气化过程需要挥发水，降低总体能源效率[25]。合成气可用于通过费-托合成（FTS）制备烷烃[26]。甲醇在正常条件下是液体，易于储存、运输和分配，就像目前使用的汽油和柴油一样。它也可以通过脱水容易地转化成二甲醚，一种十六烷值为55的柴油替代品。必须指出，诺贝尔奖得主乔治·奥拉（George A. Olah）最近出版了一本专注于"甲醇经济"的书，强调通过化学回收的 CO_2 生产甲醇（或二甲醚）[27]。短期内，甲醇合成用的二氧化碳将是通过碳捕获和封存（CCS）技术获取。长期看，大气中低浓度的二氧化碳可以通过甲醇捕获和再循环获得。生物质转化过程主要依靠贵金属催化剂的使用，发现替代贵金属催化剂的非贵金属催化体系至关重要。

14.3 通过重整生产氢气

乙醇、甲醇或沼气甲烷通常可以通过蒸汽重整作为氢气生产的原料，也可以通过干重整使用甲烷制氢。乙醇与燃料混合也直接用于内燃机。后一种方法的缺点是因使用无水乙醇，在发动机中形成不希望的副产物。

从醇生产氢气更合理，并将其提高用于燃料电池生产电力。氢能有效利用不均匀分布的可再生能源。然而，必须小规模氢气生产的强度。应开发合适的技术（模块化、微反应器）和新型催化剂，以能够在应用现场用醇生产氢气。

在运载情况下，重整器直接连接到燃料电池。这种做法的有效性仍在争论之中。运载系统的主要缺点之一是难以快速启动和瞬态运行。为此，可以在整体式反应器和板式热交换器以及微反应器中实现重整[28]，尽管在这些情况下，启动时间也很难低于几分钟，而这在大多数便携式应用中是不可接受的。最终，运载系统的重整、净化和电氧化的燃料电池不如混合动力技术辅助内燃机更有效。

为了实现有效的运载改造，已经提出了一种燃料电池-热机混合动力系统，其由膜重整器、燃料电池和往复式内燃机组成[29]。烃的蒸汽重整需要额外的热量输入，可以利用内燃机回收的废热。膜重整器的滞留物可用于内燃机中，以进一步提高系统效率。提出甲醇作为膜重整器的燃料，因为所需的温度水平足够低以回收用于甲醇蒸汽重整的往复式内燃机的废热[29]。所提出的混合动力系统比具有车载重整器的燃料电池更加灵活，因为在冷启动或快速负载增加时可以在内部发动机中直接燃烧额外的燃料。由于燃料电池效率随着负载和内燃机效率的降低而降低，与这些技术的效率相比，整体系统效率与负载相关较小[29]。

分散在二氧化硅气凝胶中的钴滑石纳米粒构成了乙醇蒸汽重整产生氢的性能优异的新型纳米复合材料。它在低温(312~322℃)下以及在空气中，关闭而氧化后的反复快速启动时都显示出高催化活性[30]。

已经制备了核-壳纳米结构 RhNi@ CeO_2 催化剂，用于乙醇的氧化蒸汽重整。在只有 300℃ 时乙醇实现了完全转化，产物中，包含 60% 的 H_2 和小于 0.5% 的 CO[31]。

嵌入非晶 ZnO 层并通过 SiO_2 机械稳定的外延生长的 Pd 颗粒已被证明在宽温度范围(473~873K)内具有结构和热稳定性。强颗粒稳定效应(SPSE)对于 Pd/ZnO 催化剂上的甲醇蒸汽重整和甲醇合成等催化过程很重要[32]。使用一系列原位表面分析技术，如 XPS、LEIS 和 PM-IRAS，已经确定 PdZn 的表面合表现复出"Zn-up/Pd-down"波纹。已经确定了用于可逆水活化为 ZnOH 和甲醇(通过甲醛+ZnOH)制备 CO_2 反应的双功能活性位[3]。

14.4 聚合物电解质膜燃料电池：电催化剂

燃料电池是比内燃机或涡轮机更有效的能量转换器。氢燃料的 PEMFC 最有吸引力，特别是来自汽车制造公司的。生物质来源的液体化学物质(特别是乙醇，还有其他化学物质如乙二醇)例如甲醇也可以用作燃料。在这本书中，有许多与降低 Pt 含量的电催化剂的发展有关的例子，已经讨论了如何通过开发具有适当稳定性的无 Pt 电极催化剂，从 Pt 催化剂中脱离出来。在不久的将来，燃料电池电催化剂设计的重点将放在 Pt 含量的减少和无 Pt 电催化剂的开发上。Pt 含量的降低可以简单地通过 Pt 颗粒尺寸的减少来增加电化学活性表面。然而，Pt 颗粒的分散不能无限增加，因为非常小的颗粒导致对电子转移阻力的增加和对阻止活性位点吸附强度增加的 OH_{ads} 的增加[33]。为了提高特定的活性，还设计了不同的 Pt 纳米结构材料，如多层结构、纳米线和支化结构[34]。

类似于锂离子电池，作为活性金属载体的纳米结构碳材料，特别是碳纳米管(CNT)可显著增强电催化活性。更好的电催化性能可以归因于改善 Pt 和 CNT 边界上的电子和质量传递、CNT 的电导率较高、Pt 改性电子结构促进氢吸附[35]。纳米结构的导电过渡金属氧化物作为载体也在开发[36]。

14.5 光催化剂

长期来看，太阳能最有可能在可再生能源生产中处于领先地位。创新但尚未成熟的领域是光催化水分解，用于水力生产和应用光电催化(PEC)装置，用于从 CO_2 中生产碳水化合物和长链醇[37-39]。PEC 反应器与传统的光电化学方法不同。在后一种情况下，阳极和阴极的反应在液相下进行。与此相反，在 PEC 装置，在光催化阳极上，使用太阳光分离出气态水以产生 O_2、质子和电子。在电催化阴极上，基于新型纳米结构碳基电极，使用来自光催化侧的质子和电子分别通过膜转移到气相中的 CO_2。在厌氧条件下，该电池产生氢气，而在二氧化碳存在的情况下，根据所使用的阴极电催化剂和施加的温度，可以形成丙酮、醇和烃。还可以形成直到 $C_9 \sim C_{10}$ 的长链烃和醇，使用基于 CNT 的阴极电极会优先形成异丙醇[37]。然而，其生产率非常低，因此进一步的长期研发对于 PEC 设备的商业化是必要的。

与 PEC 太阳能电池有关的问题是需要特定的纳米结构光电阳极材料。使用一维排列的纳米结构(纳米棒、纳米管等)的阵列改善了光收集，并限制了相对于纳米颗粒组件在晶界处的电荷重组。同时，维持高的几何表面积改善了光响应[40,41]。作为 PEC 装置中的光催化阳极，有人已经提出了纳米结构 TiO_2。适当的制备方法是钛薄箔的阳极氧化以形成垂直排列的二氧化钛纳米管的有序阵列[41,42]。

14.6 结论

总而言之,在不远的未来,太阳能将占主导地位。可再生资源的能源生产可能会离域化,这会导致分散、小规模现场能源生产的必要性。经济有效的小规模能源生产需要开发新型催化剂、新型反应器,如微反应器和新型催化技术。当地生产的能源形式应该很容易地和有效地相互转化。将当地能源生产现场连接到"智能电网"将导致强大的、灵活的能源供应系统。氢似乎是最合适的能量载体,可以在燃料电池中转化为电力。然而,有效的储氢仍然是一个挑战。开发具有较高能量密度的锂离子电池和超级电容器也在进行中。

用于车辆应用的液体燃料的生产必须由可再生能源完成。目前,在商业规模下,只有生物柴油可以从生物质制备。在液体燃料生产中使用二氧化碳作为碳源的催化过程正在开发中。必须指出的是,不仅将二氧化碳转化为液体燃料,而且转化为化学品,特别是在化石资源完全消耗之后,也将具有非常重要的意义。

已经证明,催化在替代能源生产中起着至关重要的作用。新型纳米结构和复合成分的开发是非常具有挑战性的;然而,通过适当的催化剂可以实现环境良性与经济可行的能量生产。

参 考 文 献

[1] Hansen TW, Wagner JB, Hansen PL, Dahl S, Topsoe H, Jacobsen CJH(2001) Atomic-resolution in situ transmission electron microscopy of a promoter of a heterogeneous catalyst. Science 294: 1508-1510.
[2] Somorjai GA, Li YM(2011) Impact of surface chemistry. Proc Natl Acad Sci USA 108: 917-924.
[3] Rameshan C, Weilach C, Stadlmayr W, Penner S, Lorenz H, Havecker M, Blume R, Rocha T, Teschner D, Knop-Gericke A, Schlogl R, Zemlyanov D, Memmel N, Rupprechter G, Klotzer B(2010) Steam reforming of methanol on PdZn near-surface alloys on Pd(111) and Pd foil studied by in-situ XPS, LEIS and PM-IRAS. J Catal 276: 101-113.
[4] Gon AWD, Cortenraad R, Jansen WPA, Reijme MA, Brongersma HH(2000) In situ surface analysis by low energy ion scattering. Nucl Instrum Methods Phys Res Sect B Beam Interact Mater At 161: 56-64.
[5] Rupprechter G(2007) Sum frequency generation and polarization-modulation infrared reflection absorption spectroscopy of functioning model catalysts from ultrahigh vacuum to ambient pressure. Adv Catal 51: 133-263.
[6] Bluhm H, Havecker M, Knop-Gericke A, Kleimenov E, Schlogl R, Teschner D, Bukhtiyarov VI, Ogletree DF, Salmeron M(2004) Methanol oxidation on a copper catalyst investigated using in situ X-ray photoelectron spectroscopy. J Phys Chem B 108: 14340-14347.
[7] Paszti Z, Hakkel O, Keszthelyi T, Berko A, Balazs N, Bako I, Guczi L(2010) Interaction of carbon monoxide with Au(111) modified by ion bombardment: a surface spectroscopy study under elevated pressure. Langmuir 26: 16312-16324.
[8] Somorjai GA, Li YM(2010) Major successes of theory-and-experiment-combined studies in surface chemistry and heterogeneous catalysis. Top Catal 53: 311-325.
[9] Nielsen TK, Besenberg U, Gosalawit R, Dornheim M, Cerenius Y, Besenbacher F, Jensen TR(2010) A reversible nanoconfined chemical reaction. ACS Nano 4: 3903-3908.
[10] Su DS, Schlogl R(2010) Nanostructured carbon and carbon nanocomposites for electrochemical energy storage applications. ChemSusChem 3: 136-168.
[11] Wilson AM, Dahn JR(1885) Lithium insertion in carbons containing nanodispersed silicon. J Electrochem Soc 142: 326-332.
[12] Hu YS, Demir-Cakan R, Titirici MM, Muller JO, Schlogl R, Antonietti M, Maier J(2008) Superior storage performance of a Si@SiO$_x$/C nanocomposite as anode material for lithium-ion batteries. Angew Chem Int Ed 47: 1645-1649.
[13] Wang Y, Cao GZ(2008) Developments in nanostructured cathode materials for high-performance lithium-ion batteries. Adv Mater 20: 2251-2269.
[14] Centi G, Perathoner S(2008) Catalysis, a driver for sustainability and societal challenges. Catal Today 138: 69-76.
[15] Pesaresi L, Brown DR, Lee AF, Montero JM, Williams H, Wilson K(2009) Cs-doped $H_4SiW_{12}O_{40}$ catalysts for biodiesel applications. Appl Catal A Gen 360: 50-58.
[16] MacLeod CS, Harvey AP, Lee AF, Wilson K(2008) Evaluation of the activity and stability of alkali-doped metal oxide catalysts for application to an intensified method of biodiesel production. Chem Eng J 135: 63-70.

[17] Issariyakul T, Kulkarni MG, Meher LC, Dalai AK, Bakhshi NN (2008) Biodiesel production from mixtures of canola oil and used cooking oil. Chem Eng J 140: 77-85.
[18] Jacobson K, Gopinath R, Meher LC, Dalai AK (2008) Solid acid catalyzed biodiesel production from waste cooking oil. Appl Catal B Environ 85: 86-91.
[19] Mosier N, Wyman C, Dale B, Elander R, Lee YY, Holtzapple M, Ladisch M (2005) Features of promising technologies for pretreatment of lignocellulosic biomass. Bioresour Technol 96: 673-686.
[20] Cortright RD, Davda RR, Dumesic JA (2002) Hydrogen from catalytic reforming of biomass-derived hydrocarbons in liquid water. Nature 418: 964-967.
[21] Huber GW, Dumesic JA (2006) An overview of aqueous-phase catalytic processes for production of hydrogen and alkanes in a biorefinery. Catal Today 111: 119-132.
[22] Huber GW, Cortright RD, Dumesic JA (2004) Renewable alkanes by aqueous-phase reforming of biomass-derived oxygenates. Angew Chem Int Ed 43: 1549-1551.
[23] Huber GW, Chheda JN, Barrett CJ, Dumesic JA (2005) Production of liquid alkanes by aqueous-phase processing of biomass-derived carbohydrates. Science 308: 1446-1450.
[24] Valliyappan T, Bakhshi NN, Dalai AK (2008) Pyrolysis of glycerol for the production of hydrogen or syn gas. Bioresour Technol 99: 4476-4483.
[25] Wilhelm DJ, Simbeck DR, Karp AD, Dickenson RL (2001) Syngas production for gas-to-liquids applications: technologies, issues and outlook. Fuel Process Tech 71: 139-148.
[26] Zwart RWR, Boerrigter H (2005) High efficiency co-production of synthetic natural gas (SNG) and Fischer-Tropsch (FT) transportation fuels from biomass. Energy Fuel 19: 591-597.
[27] Olah GA, Goeppert A, Prakash GKS (2006) Beyond oil and gas: the methanol economy. Wiley-VCH, Weinheim.
[28] Ehrfeld W, Hessel V, Loowe H (2000) Microreactors-new technology for modern chemistry. Wiley-VCH, Weinheim, pp 1-283.
[29] Suslu OS, Becerik I (2009) On-board fuel processing for a fuel cell-heat engine hybrid system. Energy Fuel 23: 1858-1873.
[30] Dommguez M, Taboada E, Idriss H, Molinsc E, Llorca J (2010) Fast and efficient hydrogen generation catalyzed by cobalt talc nanolayers dispersed in silica aerogel. J Mater Chem 20: 4875-4883.
[31] Neltner B, Peddie B, Xu A, Doenlen W, Durand K, Yun DS, Speakman S, Peterson A, Belcher A (2010) Production of hydrogen using nanocrystalline protein-templated catalysts on M13 phage. ACS Nano 4: 3227-3235.
[32] Penner S, Jenewein B, Gabasch H, Klootzer B, Wang D, Knop-Gericke A, Schloogl R, Hayek K (2006) Growth and structural stability of well-ordered PdZn alloy nanoparticles. J Catal 241: 14-19.
[33] Gasteiger HA, Kocha SS, Sompalli B, Wagner FT (2005) Activity benchmarks and requirements for Pt, Pt-alloy, and non-Pt oxygen reduction catalysts for PEMFCs. Appl Catal B Environ 56: 9-35.
[34] Chen JY, Lim B, Lee EP, Xia YN (2009) Shape-controlled synthesis of platinum nanocrystals for catalytic and electrocatalytic applications. Nano Today 4: 81-95.
[35] Antolini E (2009) Carbon supports for low-temperature fuel cell catalysts. Appl Catal B Environ 88: 1-24.
[36] Shao YY, Liu J, Wang Y, Lin YH (2009) Novel catalyst support materials for PEM fuel cells: current status and future prospects. J Mater Chem 19: 46-59.
[37] Centi G, Perathoner S, Rak Z (2003) Gas-phase electrocatalytic conversion of CO_2 to fuels over gas diffusion membranes containing Pt or Pd nanoclusters. Stud Surf Sci Catal 145: 283-286.
[38] Centi G, Perathoner S, Rak Z (2003) Reduction of greenhouse gas emissions by catalytic processes. Appl Catal B Environ 41: 143-155.
[39] Centi G, Perathoner S (2010) Problems and perspectives in nanostructured carbon-based electrodes for clean and sustainable energy. Catal Today 150: 151-162.
[40] Centi G, Perathoner S (2009) Nano-architecture and reactivity of titania catalytic materials. Bidimensional nanostructured films. In: Spivey JJ, Dooley KM (eds) Catalysis, vol 21. Royal Society of Chemistry, Cambridge, pp 82-130.
[41] Mor GK, Varghese OK, Paulose M, Shankar K, Grimes CA (2006) A review on highly ordered TiO_2 nanotube-arrays: fabrication, material properties and solar energy applications. Sol Energy Mater Sol Cells 90: 2011-2075.
[42] Ampelli C, Passalacqua R, Perathoner S, Centi G, Su DS, Weinberg G (2008) Synthesis of TiO_2 thin films: relationship between preparation conditions and nanostructure. Top Catal 50: 133-144.